OPTIK DES MENSCHLICHEN AUGES

THEORIE UND PRAXIS DER REFRAKTIONSBESTIMMUNG

VON

ROBERT SIEBECK

PRIVATDOZENT DER AUGENHEILKUNDE
UND OBERARZT DER AUGENKLINIK DER UNIVERSITÄT ERLANGEN

MIT 157 ABBILDUNGEN

SPRINGER-VERLAG

BERLIN · GÖTTINGEN · HEIDELBERG

1960

ISBN-13:978-3-642-48474-2   e-ISBN-13:978-3-642-87719-3
DOI: 10.1007/978-3-642-87719-3

© by Springer-Verlag oHG. Berlin · Göttingen · Heidelberg 1960
Softcover reprint of the hardcover 1st edition 1960

Vorwort

Der Plan zu diesem Buch reicht bis in das Jahr 1951 zurück, als Dr. Horst Müller, damals Oberarzt der Univ.-Augenklinik Heidelberg, aus seinem Studien-Aufenthalt in Amerika das Buch "Motility and Refraction" von Lancaster mitbrachte und, von seinem didaktischen Wert begeistert, eine Übersetzung desselben ins Deutsche vorschlug. Seit dieser Zeit gewann ich die Überzeugung, daß es möglich sein müsse, auf einer breiteren Basis als der Optik des Gaußschen Raumes zu einem tieferen Verständnis der Optik des menschlichen Auges zu gelangen, und daß insbesondere eine umfassende Kenntnis der physikalischen Optik auch dazu beitragen müsse, die Kluft zwischen physikalischer und physiologischer Optik zu überbrücken. Ich bemühte mich daher zunächst, in die von dem schwedischen Ophthalmologen Alvar Gullstrand entwickelten allgemeinen Abbildungsgesetze einzudringen. In diesem Bemühen hat mir seit 1954 Prof. Dr. Friedrich Wilhelm Neuhaus vom Mathematischen Institut der Universität Köln wertvolle Hilfe geleistet. Ihm verdanke ich Einblicke in das Gebiet der Differentialgeometrie und andere Gebiete der höheren Mathematik, die ich in eine dem Augenarzt verständliche Form zu bringen suchte.

Auch in der Wellentheorie des Lichtes schien mir eine breitere Basis, als sie dem angehenden Augenarzt gewöhnlich geboten wird, erstrebenswert. Bei der Abfassung dieses Kapitels habe ich von Prof. Clemens Schaefer in Köln wichtige Anregungen bekommen.

Das Kapitel „Schwingungslehre" im Mechanikband des Lehrbuchs der Experimentalphysik von Bergmann und Schaefer hat mir hierbei zusammen mit dem Band „Optik und Atomphysik" der „Einführung in die Physik" von Pohl zur Grundlage gedient. Zahlreiche Anregungen, besonders auf dem Gebiete der Lichttechnik, habe ich in Unterhaltungen mit Doz. Dr. H. Littmann, Oberkochen, erhalten. Sein Mitarbeiter, Optikermeister K. H. Wilms, hat die erste Hälfte (Kap. I—III) des Manuskriptes einer fruchtbaren Kritik unterzogen.

Meine ophthalmologischen Lehrer, Prof. Dr. Engelking, Prof. Dr. vom Hofe und Prof. Dr. Schreck, haben mir in der Ausrichtung des Buches auf klinische Fragestellungen wichtige Anregungen gegeben und darüber hinaus bei der Herstellung der Zeichnungen und Photographien großzügig die materielle Unterstützung ihrer Kliniken zur Verfügung gestellt.

In mehreren Fortbildungskursen mit ausgiebigen Aussprachen vor selbständigen und in Ausbildung befindlichen Augenärzten habe ich die vorliegende Form der Darstellung entwickeln können und wurde gleichzeitig zur Abfassung dieses Buches ermutigt.

Bei der Lektüre der Korrekturen hat mir Herr Dr. Wollensak, Erlangen, geholfen. Allen, die auf diese Weise an dem Buch mitgearbeitet haben, möchte ich an dieser Stelle meinen aufrichtigen Dank aussprechen. Zum Schluß möchte ich auch dem Springer-Verlag für sein großzügiges Entgegenkommen in der Herstellung und Ausstattung des Buches danken.

Erlangen, Sommer 1960 Robert Siebeck

Inhaltsverzeichnis

Einleitung

Die Optik, griechisch $\dot{\eta}\ \dot{o}\pi\tau\iota\varkappa\dot{\eta}\ \tau\dot{\varepsilon}\chi\nu\eta$, ist in ihrer ursprünglichen Bedeutung die Lehre vom Sehen. In den Begriffen der physiologischen und psychologischen Optik sowie der Pleoptik und Orthoptik hat sich dieser ursprügliche Sinn auch noch weitgehend erhalten.

Im griechischen Denken ist ein Organ mit seiner Funktion noch so untrennbar verbunden, daß beide gewöhnlich mit dem gleichen Namen bezeichnet werden.

Danach wäre eine Optik des Auges eigentlich eine Tautologie. Dieser Tautologie steht jedoch ein eigentümlicher Doppelsinn von „Auge" und „Sehen" gegenüber. Der Mensch sieht mit seinem Auge, ohne sich seines Auges und seines Sehvorganges in irgendeiner Weise bewußt zu werden, und lernt damit allmählich seine reichhaltige Umwelt kennen. Darüberhinaus sieht er aber — als Teil dieser Umwelt — die Augen seiner Mitmenschen, schließlich im Spiegel auch seine eigenen, ohne daß zunächst ein unmittelbarer Zusammenhang zwischen seinem eigenen Erlebnis des Sehens und dem (eigenen oder fremden) gesehenen Auge erkennbar wird.

Der Augenarzt ist mehr als andere genötigt, sich mit jenem Auge als Teil seiner Umwelt auseinanderzusetzen, seine Bestandteile, Funktionen, Masse zu erlernen und sich mit seinen Krankheiten vertraut zu machen. Indem er sich aber mit der Funktionsweise „des Auges" vertraut macht, wird er auch seinem eigenen Erlebnis des Sehens anders, gleichsam als ein Beobachtender, gegenüberstehen. Zwar verliert das Sehen für ihn nichts von der zwingenden Unmittelbarkeit, aber er hat doch die Möglichkeit, wissend sein Sehen zu beeinflussen und damit eine Verbindung herzustellen zwischen dem Auge *mit dem* er sehen muß, und dem Auge, *das* er sehen kann.

Durch die Entwicklung der Naturwissenschaften hat seit JOHANNES KEPLER die Optik als Teilgebiet der Physik besonders in den letzten 100 Jahren eine derartig stürmische Weiterentwicklung erfahren, daß mit der zunehmenden mathematischen Durchdringung der Optik ihr ursprünglicher Zusammenhang mit dem Sehen leicht in Vergessenheit geriet. Die maßgeblichen Physiker haben allerdings den Zusammenhang zwischen Optik und Sehen ebensowenig aus den Augen verloren wie sie sich der Sinneswahrnehmung als Ausgangspunkt aller naturwissenschaftlichen Erfahrungen stets bewußt geblieben sind.

Insofern besteht also zwischen Physik und Medizin ein unmittelbarer Zusammenhang, als beide Fächer auf der Sinneswahrnehmung und der hieraus gewonnenen Erfahrung begründet sind. In besonderem Maße gilt dies für die Augenheilkunde, die mehr unmittelbare Beobachtungsmöglichkeiten läßt als andere Zweige der Medizin.

Ausgerechnet die ophthalmologische Optik hat jedoch mit zunehmender rechnerischer Auswertung immer mehr an unmittelbarer Anschaulichkeit verloren, so daß sie als „graue Theorie" nicht immer das Interesse findet, das sie verdient.

Aber das Wort „Theorie" ist aus dem griechischen Wort $\vartheta\varepsilon\acute{\alpha}o\mu\alpha\iota$ = ich schaue, ich betrachte abgeleitet und steht somit in seinem ursprünglichen Sinn mit „Anschaulichkeit" keineswegs im Widerspruch — im Gegenteil.

Mathematische Formeln stellen *eine* Möglichkeit dar, Theorien darzustellen und zwar möglichst in einfacher Form. Daher wurde auch im vorliegenden Buch mitunter auf solche mathematischen Formeln zurückgegriffen. Diese Form wird jedoch oft mit dem Verzicht auf Anschaulichkeit erkauft. Schon die „Formel" $2 + 2 = 4$ ist nicht mehr anschaulich, aber jeder hat sie zunächst an anschaulichen Beispielen gelernt.

Viele Zusammenhänge der Optik und sogar der höheren Mathematik lassen sich jedoch auch mit den Informationsmitteln des Nicht-Mathematikers, nämlich Wort und Bild, verständlich darstellen. Wort und Bild können aber nur dort „informieren", wo sie an bereits Bekanntes anknüpfen. Sie schließen die eigene „Bearbeitung" des Themas durch den Leser und Betrachter nicht aus, sollen ihn vielmehr zur Sammlung eigener Erfahrung durch Beobachtung und Experiment anleiten. Dabei entspricht es dem Wesen der „ophthalmologischen Optik", daß das menschliche Auge als das beobachtende und beobachtete im Mittelpunkt aller Untersuchungen und Betrachtungen zu stehen hat. Für quantitativ-messende Experimente ist das technische Modell dem Auge meist überlegen, die Erfassung qualitativer Zusammenhänge — die in der ophthalmologischen Optik nicht immer genügend gewürdigt werden — wird durch unmittelbare Beobachtung oft erleichtert.

I. Die geradlinige Ausbreitung des Lichtes und der Strahlenraum

Das Verständnis optischer Abbildungsvorgänge wird wesentlich erleichtert, wenn man sich zunächst einmal mit den Grundsätzen der geometrischen Projektion und des Schattenwurfs vertraut macht. Dabei kann auf eine exakte Definition des Begriffes der „Abbildung" zunächst um so eher verzichtet werden, als der Schatten als „Bild" eines Gegenstandes jedem Unbefangenen ohne weiteres vertraut ist. Eine präzisere Definition des Abbildungsbegriffes wird sich im Laufe der Untersuchungen zwanglos ergeben.

Einfachste einer Abbildung vergleichbare Vorgänge können schon durch Kontakt vermittelt werden: eine körperwarme Hand, die dicht über eine Schneedecke gebracht wird, wird den Schnee dort kurzfristig zum Schmelzen bringen, wo er ihr am engsten anliegt, und sich dadurch auf der Schneedecke „abbilden". Mechanische Druckverfahren und plastische Abgüsse vermitteln ebenfalls „Abbildungen". Die Anreicherung bestimmter Körpergewebe mit radioaktiven Substanzen ermöglicht deren Abbildung auf einer photographischen Platte in ähnlicher Weise wie die Wärmestrahlung der Hand in der Schneedecke (Autoradiographie).

Auch der photographische Kontaktabzug läßt sich im gleichen Sinne als Abbildung durch Kontakt deuten; er ist jedoch zugleich Grenzfall für eine Abbildung durch Schattenwurf, wobei schattenspendendes Objekt und Schattenbild unmittelbar benachbart, „unendlich nahe" sind. — Die zugehörige Entfernung ist 0.

1. Die geometrische Projektion und das homozentrische Strahlenbündel

Die geometrische Projektion ist ursprünglich die mathematische Darstellung eines Abbildungsvorganges wie etwa des Schattenwurfs oder der Abbildung durch eine Lochkamera. Darauf weist besonders der mathematische Satz hin, auf den sich die quantitativen Beziehungen der geometrischen Projektionen gründen: der erste Strahlensatz.

Ist doch der Strahl (lat. Radius) ursprünglich nichts anderes als der Licht und Wärme spendende Sonnenstrahl. Nachdem dieser Strahl dann mit den mathematischen Eigenschaften einer Geraden ausgestattet worden ist, kann er in der Physik nur noch formales Interesse beanspruchen. Darstellbar sind lediglich Strahlenbündel, die wir uns aus unendlich vielen Strahlen zusammengesetzt denken, ohne daß der Physiker jemals in der Lage wäre, einen einzelnen Strahl zu isolieren.

Grundlage für den Schattenwurf (und für die geometrische Projektion) ist die geradlinige Ausbreitung des Lichtes.

Dabei ist es erkenntnistheoretisch nicht ohne Interesse, daß die Geradlinigkeit selber (die ja auch für die geometrische Projektion von entscheidender Bedeutung ist) in der ungehinderten Ausbreitung des Lichtes am vollkommensten verwirklicht ist, und daß man in astronomischen Bereichen überhaupt nur insoweit von Geradlinigkeit sprechen kann, als man von einer geradlinigen Ausbreitung des Lichtes sprechen kann.

Wir wollen daher, ehe wir auf quantitative Einzelheiten in den Gesetzen der geometrischen Projektion eingehen, zunächst einmal den grundsätzlichen Unterschied zwischen den auf den ersten Blick so ähnlichen Dingen wie geometrische Projektion einerseits und Schattenwurf und Lochkamerabild andererseits eingehen. Dabei bleiben wir zunächst noch durchaus im Rahmen der „Strahlenoptik", vernachlässigen also zunächst die auf der Wellennatur des Lichts beruhenden Interferenzerscheinungen, die grundsätzlich bei jedem Schattenwurf in Erscheinung treten (Abb. 31).

Die geometrische Projektion einer Fläche in eine andere erfolgt durch ein *homozentrisches Strahlenbündel*, das ist eine (zweifach unendliche) Menge von Geraden, die alle durch einen Punkt, das Projektionszentrum gehen. Das Projektionszentrum kann auch im Unendlichen liegen, dann liegt ein Parallelstrahlenbündel vor. Der Begriff „*Bündel*" drückt bereits aus, daß es sich nicht um sämtliche Strahlen handelt, die durch einen Punkt gehen, d. h. also um Strahlen in allen Richtungen, sondern daß unter diesen Strahlen eine begrenzende Auswahl getroffen wird. Eine solche Begrenzung kann etwa durch eine Kegelmantelfläche erfolgen, also eine (einfach unendliche) Menge von Geraden. Da indessen jede dieser Geraden bereits durch einen Punkt außer dem Projektionszentrum bestimmt

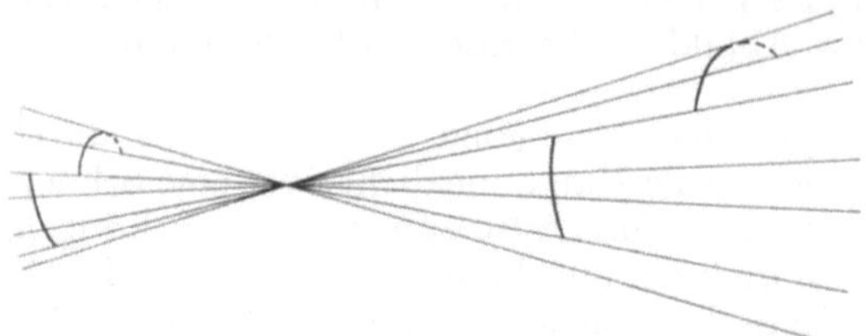

Abb. 1. Die Begrenzung eines homozentrischen Strahlenbündels kann an verschiedenen Stellen erfolgen. Die an vier verschiedenen Stellen befindlichen Luken bilden insgesamt die Gesichtsfeldblende des Strahlenbündels. Sie lassen sich zusammen in eine geschlossene Linie projizieren

ist, genügt etwa eine auf der Kegelmantelfläche gelegene Kurve, oder auch mehrere Kurvenstücke, die auf verschiedenen Abschnitten des Kegelmantels gelegen sein können — sofern sie nur eine geschlossene Kurve bilden, wenn man sie mit Hilfe des genannten homozentrischen Strahlenbündels auf eine Fläche projiziert. Eine solche Begrenzung des Strahlenbündels wird allgemein als *Blende* bezeichnet. Beschränkt man sich hingegen darauf, die Vorgänge innerhalb einer Ebene darzustellen, bildet man also eine Linie in eine andere ab, so benötigt man eine einfach unendliche Menge von Geraden, die in dieser Ebene liegen und durch einen gemeinsamen Punkt gehen. Eine solche Geradenschar heißt ein Strahlen*büschel*. Da man häufig bei der Beschreibung eines (räumlichen) Strahlenbündels vom (flächenhaften) Strahlenbüschel ausgehen muß, empfiehlt es sich, diese beiden Begriffe von Anfang an streng auseinanderzuhalten.

Führt man das Problem des Schattenwurfs und der Abbildung durch eine Lochkamera auf die geometrische Projektion zurück, so betrachtet man die Mitte der Lichtquelle oder die Mitte des Loches der Lochkamera als Projektionszentrum. Alle Strahlen, die durch dieses (willkürlich gewählte) Projektionszentrum gehen, werden als *Hauptstrahlen* bezeichnet. Die Hauptstrahlen bilden also insgesamt ein homozentrisches Strahlenbündel, das *Hauptstrahlenbündel*. Die Begrenzung des Hauptstrahlenbündels wird im allgemeinen als *Gesichtsfeldblende* oder Luke bezeichnet. Sie kann auf der „Bildseite" liegen, wie etwa die Mattscheibe einer Lochkamera, sie kann die Begrenzung des Objektes sein, wie es beim Schattenwurf häufig der Fall ist, und sie kann schließlich zwischen Projektionszentrum und Objekt oder Projektionszentrum und Bild gelegen sein. In gewissem Sinne stellt sie den Rahmen des Bildes dar, und der Name weist bereits darauf hin, daß sie in enger Beziehung zum Gesichtsfeld des Auges steht (Abb. 1).

Unter den Hauptstrahlen wählt man einen besonders ausgezeichneten, etwa den durch die Mitte der Gesichtsfeldblende gehenden, als *Achse* aus. Man bezeichnet dann den Winkel, den jeder übrige Hauptstrahl mit der Achse einschließt, als *Hauptstrahlneigungswinkel* und den größten der vorhandenen Hauptstrahlneigungswinkel als *Gesichtsfeldwinkel*.

Indessen haben wir mit dem Hauptstrahlenbündel ja nur einen ganz kleinen Teil der beim Schattenwurf mitwirkenden Strahlen erfaßt, nämlich diejenigen Strahlen, die durch die Mitte der Lichtquelle oder des Kameraloches gehen.

2. Schattenwurf und Lochkamera; der Strahlenraum

Durch alle übrigen Punkte der Lichtquelle oder des Kameraloches können wir aber ebenso ein homozentrisches Strahlenbündel legen, und die Gesamtheit dieser Strahlenbündel wird begrenzt durch die Grenze der Lichtquelle oder den Rand des Kameraloches. Auch diese Strahlenbegrenzung ist eine Blende, und wir bezeichnen sie zweckmäßigerweise als *Öffnungsblende* oder *Aperturblende*. Insbesondere können wir jeden Objektpunkt als Zentrum eines homozentrischen Strahlenbündels auffassen, welches durch die Aperturblende begrenzt wird. Ein solches Strahlenbündel heißt *Öffnungsstrahlenbündel*. Jedes dieser Öffnungsstrahlenbündel enthält einen Hauptstrahl, eines enthält den Axialstrahl. Wir wollen es das axiale Öffnungsstrahlenbündel nennen.

Als Öffnungswinkel wird der Winkel bezeichnet, den der äußerste Strahl des axialen Öffnungsstrahlenbündels mit dem Axialstrahl einschließt.

Die Gesamtheit aller Strahlen, die durch Aperturblende und Gesichtsfeldblende begrenzt werden, wird als *Strahlenraum* bezeichnet. Man erkennt leicht, daß es sich hierbei um eine vierfach unendliche Strahlenmannigfaltigkeit handelt, da Aperturblende und Gesichtsfeldblende als Flächen aus einer zweifach unendlichen Mannigfaltigkeit von Punkten bestehen und jeder Punkt der einen Blende mit jedem Punkt der anderen durch eine Gerade verbunden werden kann.

Der gleiche Sachverhalt läßt sich auch so ausdrücken: Sämtliche homozentrischen Strahlenbündel, die durch die Gesichtsfeldgrenze begrenzt werden, und deren Zentren innerhalb der Aperturblende gelegen sind, bilden in ihrer Gesamtheit den Strahlenraum; oder: Sämtliche Öffnungsstrahlenbündel, die durch die Aperturblende begrenzt werden, und deren Gesamtheit in-

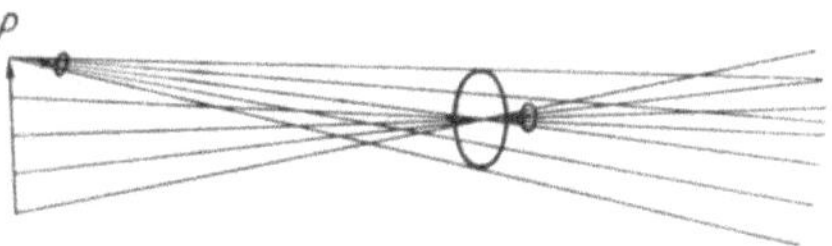

Abb. 2. Öffnungsstrahlenbündel und Hauptstrahlenbündel. Jedem Objektpunkt P entspricht ein Öffnungsstrahlenbündel, welches von der Aperturblende begrenzt wird. Sämtliche Objektstrahlen zusammengenommen, welche durch die Mitte der Aperturblende gehen, bilden insgesamt das Hauptstrahlenbündel. Dieses wird durch die Gesichtsfeldblende begrenzt. Durch jeden anderen Punkt der Aperturblende läßt sich ein dem Hauptstrahlenbündel analoges, aber nicht identisches Strahlenbündel sehen

nerhalb der Begrenzung des Gesichtsfeldes liegt, bilden den Strahlenraum. Beide Definitionen sind identisch. Der Unterschied zwischen geometrischer Projektion einerseits und Schattenwurf und Lochkameraabbildung andererseits läßt sich also dahingehend definieren, daß die geometrische Projektion eines Objektpunktes durch einen Strahl bewirkt wird, mithin der Objektpunkt als Bildpunkt abgebildet wird, daß hingegen beim Schattenwurf ein Objektpunkt durch ein Strahlenbündel abgebildet wird, dem Objektpunkt mithin auf der Bildseite eine begrenzte Fläche, eine Projektion der Aperturblende entspricht (Abb. 2).

Da sich auf diese Weise auf der Bildseite zahlreiche „Zerstreuungskreise" überlagern (sofern wir die Aperturblende als kreisförmig annehmen wollen), kann man bei Schattenwurf drei Zonen unterscheiden: Die Zone des sog. Kernschattens, in der das schattenspendende Objekt die Lichtquelle vollständig verdeckt, auf die also kein von der Lichtquelle herkommender Strahl hinkommt. Diese Zone ist umgeben von der „Halbschattenzone", innerhalb derer ein Teil der Lichtquelle von dem Objekt verdeckt wird und schließlich eine Zone, innerhalb derer die Lichtquelle überhaupt nicht verdeckt ist, auf die die Lichtquelle mit „voller Apertur" strahlt. Man erkennt schon hieraus, daß der oben definierte Öffnungswinkel von maßgeblichem Einfluß auf die Beleuchtungsstärke ist (Abb. 3).

Die lichttechnische Bedeutung dieser Zonen wird im Zusammenhang mit den anderen lichttechnischen Fragen an späterer Stelle erörtert werden.

Es erhebt sich sofort eine nicht unwesentliche Frage: Was liegt denn nun vor, wenn wir die Sonne durch das Loch einer Lochkamera scheinen lassen? Wirft die Sonne einen Schatten der Blende oder bildet die Blende der Lochkamera die Sonne ab?

Auf der Mattscheibe erscheint ein unscharf begrenzter Kreis: Ob wir ihn als Schatten der Kcamerablende oder als Bild der Sonne auffassen, ist gleichgültig und ändert nichts an der Form des Schattens, an seiner Helligkeitsverteilung mit Kernschatten, Halbschatten, aber es zeigt sich, daß hier ein grundsätzliches Problem vorliegt, welches bei allen optischen Fragen mitspielt, sofern es sich nicht um den Idealfall einer Punkt- zu Punkt-Abbildung handelt, die jedoch im Realfalle nur näherungsweise verwirklicht werden kann. Wenn wir etwa im Sommer das Schattenbild eines Laubbaumes auf der Erde beobachten, so können wir wohl sagen, die Sonne bilde den Baum „in Zerstreuungskreisen" als Schatten ab (durch die schräge Projektion erscheinen die Kreise meist als Ellipsen), aber jeder dieser Zerstreuungskreise ist ja nichts anderes als ein kleines Sonnenbild, welches von den Lücken des Blätterwerks nach dem Lochkameraprinzip entworfen wird.

Daß es sich dabei — wie bei der Lochkamera — um umgekehrte Bilder handelt, kann man freilich nur bei einer partiellen Sonnenfinsternis — oder bei hellen Halbmondnächten — erkennen: An Stelle der gewohnten „Zerstreuungskreise" sieht man dann „Zerstreuungshalbkreise" oder Halbmonde, die leicht als umgekehrte Bilder der verfinsterten Sonne oder des Mondes zu erkennen sind (Abb. 4).

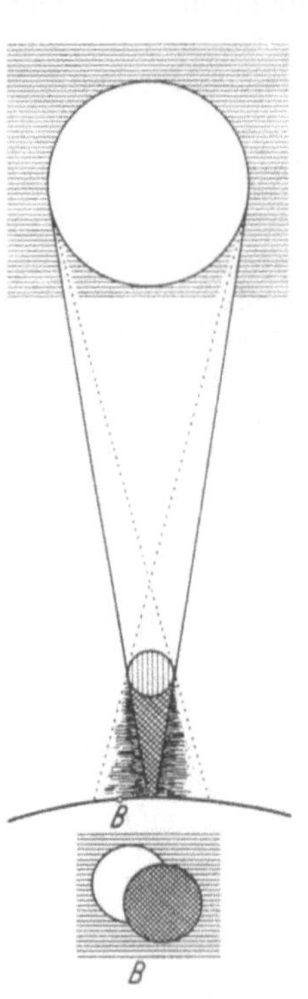

Abb. 3. Schattenwurf bei einer Sonnenfinsternis. Zentral das kegelförmige, mit der Spitze auf der Erde befindliche Gebiet „des Kernschattens", in den keine direkte Sonnenstrahlung hingelangt. Dieses ist konzentrisch umgeben von der Zone des sogenannten Halbschattens. Sie kommt dadurch zustande, daß wie etwa vom Beobachtungspunkt *B* aus ein Teil der strahlenden Sonnenfläche durch den Mond verdeckt ist, und die Sonne dorthin nur mit einem Teil ihrer Oberfläche oder „Apertur" strahlt. Ganz außen die schattenfreie Zone, in der von der Sonnenfinsternis nichts zu bemerken ist

Sehr schön lassen sich diese Zusammenhänge an einem beliebten Kinderspiel demonstrieren: Bekanntlich kann man mit einem Spiegel das Licht der Sonne auch in Gebiete lenken, die sonst im Schatten liegen, etwa in ein auf der Schattenseite liegendes Zimmer. Dabei ist das Spiegelbild der Sonne die Lichtquelle und der Spiegel selbst die Blendenöffnung.

Nimmt man nun zu diesem Zweck einen viereckigen Spiegel und lenkt mit dessen Hilfe das Licht der Sonne auf eine sehr naheliegende Wand, so erscheint dort ein viereckig begrenzter Lichtfleck, gewissermaßen ein negatives Schattenbild des Spiegels. Entfernt man den Spiegel von der Wand, so werden die Ecken dieses Lichtflecks immer mehr abgerundet, und bei großer Entfernung erscheint schließlich ein kreisrunder *oder elliptisch verzerrter* Lichtfleck, als „Lochbild" der Sonne.

Abb. 4. Schattenwurf durch eine halbmondförmige Lichtquelle. Lichtquelle als Aperturblende, schattengebendes Objekt als Gesichtsfeldblende. Jeder Punkt der Lichtquelle erzeugt eine Projektion des Objektes, die sich insgesamt zu dem Schattenbild rechts überlagern. Die Gesamtheit aller Strahlenbündel, deren Zentrum in der Aperturblende liegt, bilden den Strahlenraum. Jeder Objektpunkt liefert gleichzeitig eine umgekehrte Projektion (Lochkameraprinzip) der Aperturblende. Die Gesamtheit der Strahlenbündel, deren Zentrum im Objekt (Gesichtsfeldgrenze) gelegen ist und die Aperturblende projiziert, bilden den Strahlenraum. Beide Definitionen des Strahlenraumes sind identisch. (Der Übersicht halber sind die Grenzen des Hauptstrahlenbündels und eines Öffnungsstrahlenbündels gezeichnet.)

Durch kleine Lichtquellen, etwa die bei der Filmprojektion häufig gebrauchten Niedervoltlampen, lassen sich natürlich sehr viel bessere Schattenbilder herstellen als durch die Sonne. Die Röntgenabbildung ist nichts anderes als eine Abbildung durch Schattenwurf. Daher auch das Bestreben, die Lichtquelle, den Röntgenfocus, so klein wie möglich zu halten, und womöglich immer mehr zu verkleinern.

Der Strahlenraum des Auges. Wir wollen bei dieser Gelegenheit schon versuchen, eine Vorstellung vom „Strahlenraum" des Auges zu gewinnen. Die Tatsache, daß im Auge die Strahlen gebrochen werden, ist dabei zunächst von untergeordneter Bedeutung. Die Aperturblende ist das Loch in der Iris. (Der Begriff der Pupille wird erst im Zusammenhang mit der Lichtbrechung verwandt. Die Pupille des Auges ist ja das Bild, welches von diesem Irisloch durch die Lichtbrechung an der Hornhaut erzeugt wird.)

Als Gesichtsfeldblende kann die pars optica retinae[1] aufgefaßt werden, da die Strahlen, die peripher von dieser auf die Netzhaut treffen, für das gesehene Bild (nicht das Netzhautbild) ohne Bedeutung sind. Blickt dagegen ein Auge stark nach innen, so kann auch die Nase, unter Umständen auch der obere Augenhöhlenrand, die Funktion der Gesichtsfeldgrenze übernehmen (Abb. 5).

Es ist wichtig, sich diese Zusammenhänge für die Perimetrie klar zu machen: Hierbei prüfen wir ja die Gesichtsfeldgrenze, und nehmen dabei ohne weiteres an, daß sie durch die pars optica retinae bestimmt ist. Hierbei wären dann allerdings unter pars optica nur diejenigen Netzhautareale zu verstehen, die im Einzelfall auch eine unversehrte Verbindung zur Sehrinde besitzen.

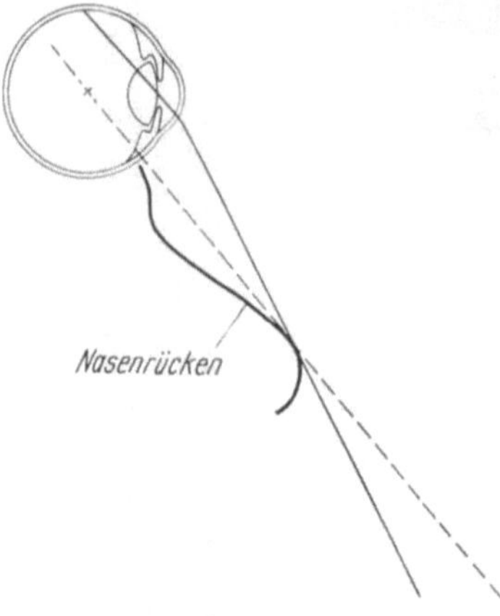

Abb. 5. Der Nasenrücken als Gesichtsfeld- und als Blickfeldgrenze. Für das Gesichtsfeld (ausgezogen) ist die Pupillenmitte Projektionszentrum, für das Blickfeld der 13,5—15 mm hinter dem Hornhautscheitel gelegene Drehpunkt des Auges Projektionszentrum. Daher ist das nasale Gesichtsfeld größer als das nasale Blickfeld

Bei peripheren Gesichtsfeldeinschränkungen können Zweifel entstehen, ob es sich um eine Gesichtsfeldeinschränkung im klinischen Sinne, also einen Funktionsausfall im Bereiche der Retina bzw. ihrer Verbindungen zum Zentralnervensystem, oder aber um ein im Außenraum gelegenes Hindernis, also etwa ein herabhängendes Oberlid oder eine stark vorspringende Nase oder Orbitawand handelt. In diesem Falle beobachtet der Untersucher das untersuchte Auge vom Orte des Perimeterobjektes aus. Ist dann die Pupille des untersuchten Auges verdeckt und daher nicht zu sehen, so befindet sich der Beobachter mit seinem Auge bzw. das Perimeterobjekt nicht im Strahlenraum des untersuchten Auges, die beobachtete Gesichtsfeldeinschränkung beweist also nichts. Nur wenn der Beobachter vom Ort des Perimeterobjektes die Pupille sehen kann, kann das Gesichtsfeld klinisch verwertet werden.

Wir können jedoch auf einfache Weise auch die Pupille zur Gesichtsfeldblende machen: Bringen wir dicht vor das Auge ein mit einer Nadel durchbohrtes schwarzes Blatt Papier und blicken durch dieses auf eine gleichmäßige beleuchtete Fläche, so ist das Loch im Papier eine sekundäre Lichtquelle, die als Projektionszentrum wirkt. Wir sehen dann eine helle Kreisscheibe auf dunklem Grund, eine Projektion bzw. ein Schattenbild der eigenen Pupille. Daß es tatsächlich die Pupille ist, läßt sich sehr überzeugend nachweisen, indem man durch plötzliche Beleuchtung des anderen Auges eine konsensuelle Pupillenreaktion auslöst: Man erkennt dann leicht, wie die helle Scheibe kleiner wird.

---

[1] Vgl. auch S. 135.

Entoptische Phänomene. Im allgemeinen dient uns das Auge dazu, Dinge, die außerhalb des Auges gelegen sind, sichtbar und damit unserem Bewußtsein zugänglich zu machen. Durch geeignete Versuchsanordnungen ist es jedoch möglich, auch Dinge, die innerhalb des Auges selbst gelegen sind, für das Auge sichtbar zu machen, wie wir dies oben für die Pupille gezeigt haben. Man nennt eine solche Darstellung von Dingen, die sich im Auge selbst befinden, eine entoptische Darstellung. Die kleine Lichtquelle in Form eines Nadelloches in einem schwarzen Papier wirft nämlich nicht nur einen Schatten der Pupille auf unsere Netzhaut, sondern auch Schatten von zarten Trübungen und Unregelmäßigkeiten unserer brechenden Medien, die unserer eigenen Beobachtung normalerweise verborgen bleiben. Kleine Hornhautnarben, beginnende Linsentrübungen und zarteste Glaskörpertrübungen, wie sie auch beim Gesunden vorkommen, werden durch diese Darstellung deutlich sichtbar. Das hat zwei verschiedene Gründe: Einmal kann bei dieser Versuchsanordnung kein deutliches Bild der Umwelt auf der Netzhaut entstehen. Durch die gleichmäßige Ausleuchtung der Netzhaut werden kleine Inhomogenitäten der vor der Netzhaut gelegenen Strukturen viel leichter auffallen, als wenn auf der Netzhaut ein deutliches Bild der Umwelt entsteht. Zum anderen folgt aus den Gesetzen des Strahlenraumes, daß schattengebende Objekte um so deutlicher projiziert werden, je weiter sie vom Projektionszentrum bzw. der Aperturblende entfernt sind und je größer sie im Verhältnis zu derselben sind. Die innerhalb des Auges gelegenen Strukturen sind aber im allgemeinen größenordnungsmäßig wesentlich kleiner als die Pupille. Sie werden dagegen sichtbar, wenn die Pupille durch eine wesentlich kleinere Aperturblende ersetzt wird. Strukturen die unmittelbar vor der Netzhaut oder gar innerhalb derselben gelegen sind, können indessen schon dadurch sichtbar gemacht werden, daß die Netzhaut homogen ausgeleuchtet wird, auf ihr also kein strukturreiches Bild der Umwelt entsteht: Blicken wir etwa gegen einen wolkenlosen Himmel oder gegen eine gleichmäßig hell erleuchtete Fläche, so können wir die Bewegung der Blutkörperchen in den Netzhautgefäßen deutlich bemerken, außerdem bemerken wir zarte schlierenförmige Schatten, die von schwadenförmigen Strukturen des unmittelbar vor der Netzhaut gelegenen Glaskörpers herrühren. Daß wir bei dieser Form der Beobachtung die Netzhautgefäße selbst nicht erkennen können, hat einen anderen Grund:

Da ihre Schatten stets auf die gleichen Sinneszellen der Netzhaut fallen, tritt hier das physiologische Phänomen der sog. Lokaladaptation auf:

Bei konstanter Reizung umschriebener Netzhautstellen pflegt nämlich die Erregung in denselben und damit die Empfindung allmählich abzuklingen, um schließlich ganz aufzuhören. Da das Auge normaler Weise dauernd in Bewegung ist, fallen die Bilder der Objekte der Umwelt immer wieder auf andere Stellen der Netzhaut, so daß die Lokaladaptation hier nicht störend in Erscheinung tritt. Durch eine geeignete Versuchsanordnung können wir aber auch die Schatten der Netzhautgefäße entoptisch sichtbar machen:

Bringen wir nämlich eine sehr helle, kleine Lichtquelle — etwa die Spitze einer Langeschen Diaskleralleuchte — unmittelbar auf die Sklera und bewegen sie dort schnell hin und her, so werden die Gefäßschatten nicht mehr dauernd auf die gleichen Sinneszellen fallen und daher deutlich sichtbar werden. Noch besser als eine direkt auf die Sklera aufgebrachte Lichtquelle eignet sich hierfür das von einem Linsensystem entworfene reelle Bild einer solchen, wie es auch von manchen elektrischen Augenspiegeln entworfen wird, etwa dem Euthyskop nach CÜPPERS (EHRICH). Man kann hierbei sehr deutlich die Zeichnung der Netzhautgefäße bis in ihre feinsten Verästelungen zur Macula hin und ihre Herkunft aus der Austrittsstelle des Sehnerven erkennen. Außerdem kann man bei dieser Versuchsanordnung die Struktur der Macula lutea entoptisch sichtbar machen.

3. Die quantitativen Beziehungen in der geometrischen Projektion

Wir sagten anfangs, daß die geometrische Projektion nichts anderes sei, als die mathematisch-idealisierte Darstellung eines Schattenwurfs, und stützten diese Behauptung durch den mathematischen Satz, der die Grundlage der geometrischen Projektion ist: den ersten *Strahlen*satz.

Wir untersuchen zunächst die Beziehungen der Projektion einer Geraden in eine andere innerhalb der Zeichenebene.

Dann ordnet ein homozentrisches Strahlenbüschel jedem Punkt der „Objektgeraden" einen Punkt der „Bildgeraden" eindeutig zu, ferner ordnet das gleiche Strahlenbüschel jedem Punkt der Bildgeraden einen Punkt der Objektgeraden eindeutig zu, so daß man diese Zuordnung als *eineindeutige* Abbildung bezeichnet.

Sind nun Objekt- und Bildgerade einander parallel, so ist für jedes Streckenpaar, welches durch zwei Strahlen des Strahlenbüschels aus den Geraden herausgeschnitten wird, das Verhältnis $\dfrac{\text{Bildgröße}}{\text{Objektgröße}}$ konstant, und zwar gleich dem Abstandsverhältnis vom Projektionszentrum zwischen Bildgerade und Objektgerade; also:

$$\frac{a'}{a} = \frac{b'}{b} = \frac{c'}{c} = \frac{l'}{l}$$

(Abb. 6). Man bezeichnet dieses (konstante) Abstandsverhältnis als Vergrößerungskoeffizienten, Vergrößerungsquotienten oder auch als Maßstab.

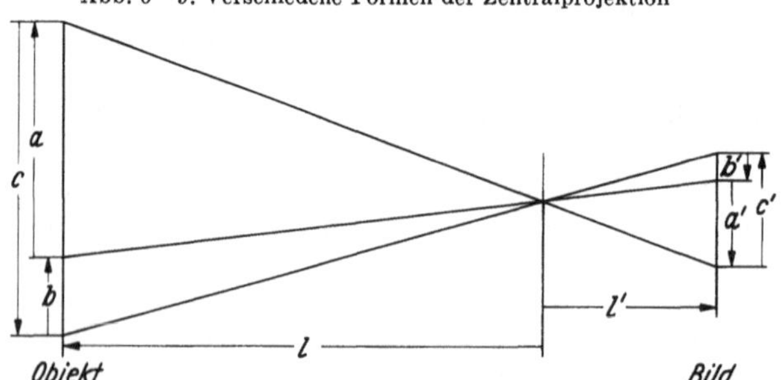

Abb. 6—9. Verschiedene Formen der Zentralprojektion

Abb. 6. Projektionszentrum im Endlichen, Objekt und Bildfläche parallel. Die Beziehungen zwischen Objektgröße und Bildgröße sind nach dem ersten Strahlensatz leicht zu erkennen. Insbesondere verhält sich

$$\frac{a}{a'} = \frac{b}{b'} = \frac{c}{c'} = \frac{l}{l'} \, .$$

Beachte die entgegengesetzten Vorzeichen der Abstände vom Projektionszentrum und die damit verbundene Umkehr

Ein Sonderfall der Zentralprojektion liegt vor, wenn das Projektionszentrum im Unendlichen gelegen, das die Projektion vermittelnde Strahlenbüschel also ein Parallelstrahlenbüschel ist. Dann ist jedes Streckenpaar untereinander gleich, der Vergrößerungskoeffizient also + 1 (Abb. 7).

Mit Hilfe der Parallelstrahlenprojektion lassen sich die quantitativen Verhältnisse auch dann noch leicht übersehen, wenn die beiden ineinander abzubildenden Geraden nicht aufeinander senkrecht stehen. Man bezeichnet dann den Winkel, den die projizierenden Parallelstrahlen mit den Senkrechten auf den Objekt- und Bildgraden einschließen, als „Einfallswinkel" oder „Incidenzwinkel". Den Winkel, den die Senkrechten auf den Parallelstrahlen mit den Objekt- und Bildgeraden selbst einschließen, bezeichnet man als Neigungswinkel der Objekt- und Bildgeraden. Man sieht auf Abb. 8 leicht, daß Neigungswinkel und Incidenzwinkel einander gleich sind. Man erkennt aus dieser Zeichnung auch leicht die quantitativen Beziehungen zwischen einer Bildstrecke und der zugehörigen

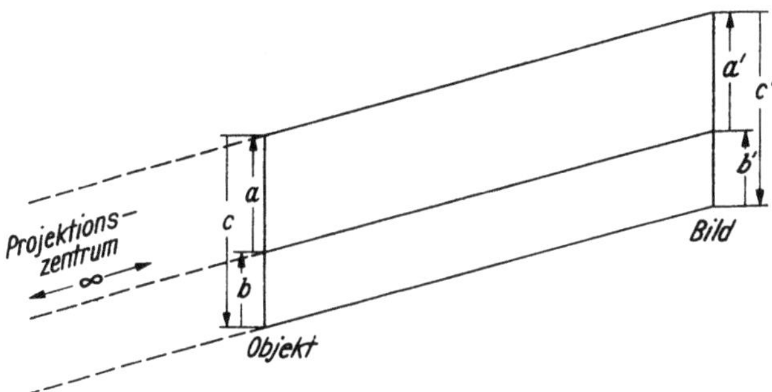

Abb. 7. Parallelstrahlenprojektion (Projektionszentrum im Unendlichen) bei parallelen Objekt- und Bildflächen. Die Größen bleiben bei der Abbildung unverändert

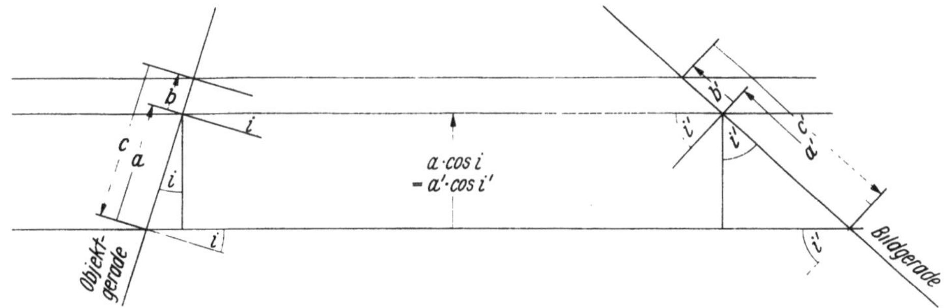

Abb. 8. Parallelstrahlenprojektion (Projektionszentrum im Unendlichen), Objekt und Bildfläche jedoch nicht mehr parallel, sondern gegeneinander geneigt. Die Neigung wird auf die zu den Projektionsgeraden senkrechten Geraden bzw. Ebenen bezogen. Der Neigungswinkel auf der Objektebenengeraden beträgt i, auf der Bildgeraden i'.
Der Vergrößerungs- bzw. Projektionskoeffizient $\dfrac{a'}{a} = \dfrac{\cos i}{\cos' i}$. Erweitert man Objekt- und Bildgerade zu einer auf der Zeichenebene senkrecht stehenden Objekt- und Bildebene, so gelten die Vergrößerungsbeziehungen lediglich für solche Linien, die der Zeichenebene parallel laufen. Linien, die senkrecht zur Zeichenebene stehen, sind objekt- und bildseitig parallel, für sie gelten die in Abb. 7 gezeigten Größenbeziehungen. Objekt und Bild sind also nicht mehr ähnlich im geometrischen Sinne

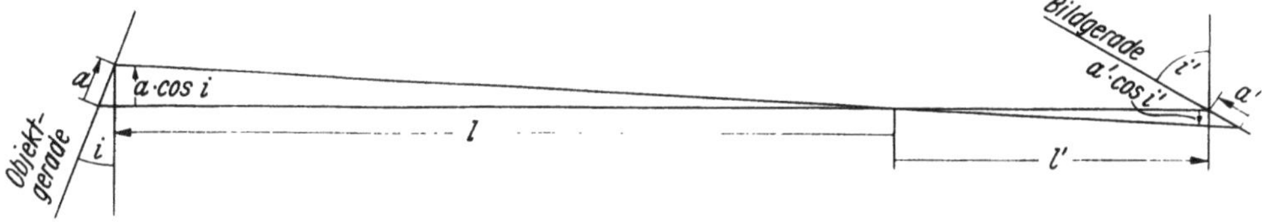

Abb. 9. Liegt das Projektionszentrum im Endlichen, so kann man bei kleinen Strahlneigungswinkeln eine Kombination aus a) und c) zur Darstellung benützen. Es gilt dann die Näherungsgleichung $\dfrac{a'}{a} = \dfrac{1' \cos i}{1 \cos i}$. Die Gleichung ist um so genauer, je kleiner der Neigungswinkel der beiden Projektionsstrahlen ist. Mit der Differentialrechnung können die betreffenden Beziehungen auch exakt ausgedrückt werden. In Gleichung a) und c) ist das Projektionszentrum zwischen Objekt und Bild gelegt worden. Grundsätzlich kann das Projektionszentrum auch außerhalb von Objekt und Bild liegen (wie dies z. B. auch bei der Parallelprojektion der Fall ist), dann haben Objekt und Bildweiten die gleichen Vorzeichen, folglich der Vergrößerungskoeffizient ein positives Vorzeichen, das Bild ist aufrecht

Objektstrecke, etwa $a':a$. Der Abstand zwischen zwei Parallelstrahlen ist nämlich gleich dem Produkt aus dem Abstand der zugehörigen Punkte auf den Bild- bzw. Objektgeraden und dem Neigungswinkel der jeweiligen Geraden; also $a \cdot \cos i = a' \cdot \cos i'$ oder, als Vergrößerungskoeffizient ausgedrückt:

$$\frac{a'}{a} = \frac{\cos i}{\cos i'} \cdot$$

Sind hingegen weder die ineinander abzubildenden Geraden noch die die Projektion vermittelnden Strahlen einander parallel, so lassen sich die Beziehungen nicht mehr mit einfachsten Mitteln übersehen: Denn dann wird sich der Einfallswinkel ja von Strahl zu Strahl ändern, und zwar auf der Objektseite anders als auf der Bildseite.

Man kann aber immerhin Beziehungen aufstellen, welche exakterweise bereits in das Gebiet der Differentialrechnung und Differentialgeometrie gehören, als Näherungswerte indessen auch mit elementaren Mitteln gelöst werden können, solange die abzubildenden Strecken im Verhältnis zu den Abständen vom Projektionszentrum, d. h. die Winkel zwischen den projizierenden Strahlen, sehr klein sind (Abb. 9).

Man führt dann gewissermaßen zunächst eine Parallelprojektion der geneigten Strecke in die auf den projizierenden Strahlen senkrecht stehende Gerade durch. — Hier muß eine Näherung durchgeführt werden, denn exakterweise kann natürlich eine Gerade nur auf einem der beiden projizierenden Strahlen senkrecht stehen.

Diese Strecke hat dann die Länge $a \cdot \cos i$.

Auf der Bildseite besitzt die ihr parallele Strecke die Länge $a' \cdot \cos i'$. Diese beiden Strecken werden nun nach dem Prinzip der Zentralprojektion so ineinander projiziert, daß

$$\frac{a' \cdot \cos i'}{a \cdot \cos i} = \frac{l'}{l} \text{ oder } \frac{a'}{a} = \frac{l' \cdot \cos i}{l \cdot \cos i'} \, .$$

Die Projektion einer Ebene in eine andere kann grundsätzlich auf die Projektion von Geraden ineinander zurückgeführt werden. Am einfachsten zu übersehen sind die Verhältnisse im Falle paralleler Ebenen: Zwischen zwei solchen Ebenen läßt sich eine Zentralprojektion wie zwischen zwei parallelen Geraden durchführen, wobei sämtliche zugehörigen Streckenpaare im gleichen Verhältnis stehen, sämtliche ineinander projizierten Winkel gleich und damit sämtliche ineinander projizierten Flächenstücke einander ähnlich sind.

Sind hingegen die beiden Ebenen gegeneinander geneigt, so haben sie stets eine Gerade, in der sie sich schneiden, gemeinsam. Dies gilt natürlich auch dann, wenn es sich um Flächenstücke handelt, welche sich realiter nicht schneiden, weil solche Flächenstücke stets innerhalb einer Ebene unendlicher Ausdehnung gelegen sind.

Alle Geraden auf den beiden Ebenen bzw. Flächen, die nun der Schnittgeraden zwischen den beiden Ebenen parallel sind, sind auch untereinander parallel. Zwischen solchen Geraden kann also sowohl eine Parallelprojektion als auch eine Zentralprojektion nach den Gesetzen des ersten Strahlensatzes, d. h. also unter Aufrechterhaltung der Proportionalität erfolgen.

Anders hingegen verhält es sich mit der Projektion von Geraden, die untereinander nicht parallel sind. Unter diesen Geraden wählen wir zunächst diejenigen aus, die auf der Schnittgeraden und den ihr parallelen Geraden in beiden Ebenen senkrecht stehen, wie etwa die Zeilen eines aufgeschlagenen Buches auf der Knicklinie der Seiten. Mittels zweier derartiger Geraden, welche sich in der Schnittgeraden schneiden, von denen also jede einer der beiden Ebenen angehört, wird zunächst einmal überhaupt der Winkel definiert, unter dem die beiden Ebenen sich schneiden. Eine Projektion zweier derartiger Geraden ineinander erfolgt nach den Gesetzmäßigkeiten, welche wir für zwei nicht parallele Geraden in einer Ebene entwickelt haben, denn da sich diese beiden Geraden in der Schnittkante der beiden Ebenen schneiden, haben sie auch untereinander eine gemeinsame Ebene.

Wir haben also auf jeder der beiden ineinander zu projizierenden Ebenen zwei bevorzugte Geradenscharen betrachtet: die zur Schnittkante parallelen und die hierauf senkrecht stehenden Geraden. Man nennt allgemein solche Kurvenscharen (und damit im speziellen Falle auch Geradenscharen), welche die Eigenschaft haben, daß jede Kurve der einen Schar auf jeder Kurve der anderen Schar senkrecht steht, *orthogonale Trajektorien.*

Orthogonale Trajektorien müssen aber nicht unbedingt Gerade sein: Auch die durch einen Punkt gezogenen Geraden einerseits und sämtliche um den gleichen Punkt als Zentrum gezogenen Kreisbögen andererseits sind solche orthogonale Trajektorien, ferner konfokale Hyperbelscharen einerseits und Ellipsenscharen andererseits, sofern die beiden Brennpunkte beiden Scharen gemeinsam sind, ebenso zwei Parabelscharen mit gleichem Brennpunkt, aber entgegengesetzter Richtung (Abb. 10 u. 24).

Nicht nur in einer Ebene gibt es solche orthogonale Trajektorien, sondern auch im Raum. Das einfachste Beispiel ist ein Raumgitter eines dreidimensionalen rechtwinkligen Koordinatensystems. Hier sind sowohl die drei Koordinatenrichtungen als auch die Koordinatenflächen jeweils drei Scharen orthogonaler Trajektorien (wobei die Koordinatengeraden die Schnittgeraden zweier Koordinatenebenen sind); schließlich bildet jede Ebene mit den auf ihr senkrecht stehenden Geraden zwei Scharen orthogonaler Trajektorien.

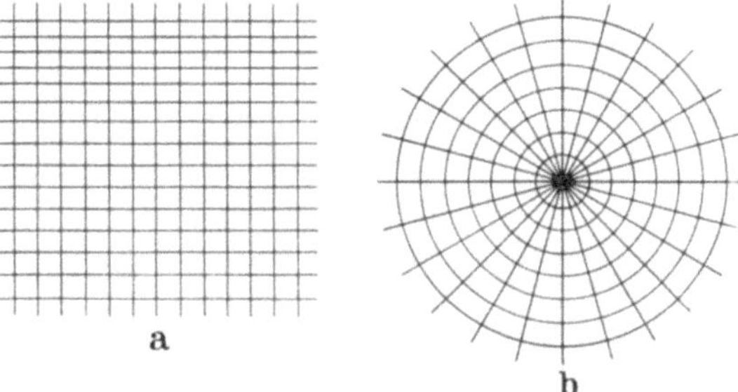

Abb. 10a u. b. Orthogonale Trajektorien. a) Parallele Geraden und ihre Senkrechten. b) Konzentrische Kreise und ihre gemeinsamen Normalen. Auch die in Abb. 28 gezeigten confocalen Hyperbel- und Ellipsenscharen sind orthogonale Trajektorien

So wenig wie in der Ebene ist jedoch auch im Raum die Geradlinigkeit erforderlich; so wie in der Ebene und darüber hinaus auch auf einer gekrümmten Fläche zwei Kurvenscharen die Eigenschaften orthogonaler Trajektorien haben können, so können sich im Raum drei Flächenscharen als o. T. durchsetzen. Da je zwei Flächen, die nicht derselben Schar angehören, sich in einer Kurve schneiden, bilden die drei Scharen der Schnittkurven ebenfalls ein System von o. T., und schließlich bildet jede Flächenschar mit den auf ihr senkrecht stehenden Schnittkurven ein Paar orthogonale Trajektorien.

Die orthogonalen Trajektorien spielen in der Beziehung zwischen Strahlen und Wellenflächen sowie für die Form der letzteren und ihre Beziehung zum Astigmatismus eine grundlegende Rolle. Daher haben wir sie ausführlicher behandelt, als es im bisher gezeigten Zusammenhang erforderlich ist.

Doch zurück zur Projektion zweier nicht paralleler Flächen: Wir haben gezeigt, daß für zwei verschiedene Liniensysteme auf den beiden Flächen unterschiedliche Vergrößerungskoeffizienten bestehen, somit ist eine derartige Projektion im allgemeinen Falle nicht mehr „ähnlich" im geometrischen Sinne, sondern verzerrt. Man kann die Art der Verzerrung am besten erfassen, indem man zunächst die Projektion eines Gradnetzes aus den Parallelgeraden und ihren orthogonalen Trajektorien durchführt und dann eine objektseitige Zeichnung mit einem derartigen Gradnetz überzieht.

Mit Hilfe der geometrischen Projektion ist es nun möglich, einen Raum auf eine Fläche abzubilden. Eine solche projektive Abbildung ist freilich von der später zu erwähnenden optischen Abbildung im engeren Sinne zu unterscheiden, trägt aber dennoch wesentlich zu deren Verständnis bei — tatsächlich ist die optische Abbildung im strengen Sinne sehr selten und wird vielfach durch eine Projektion bestimmt.

Bei einer derart geschilderten Projektion ist jedem Punkt des abzubildenden (Ding-)Raumes ein Punkt der Bildfläche eindeutig zugeordnet. Hingegen sind jedem Punkte der Bildfläche unendlich viele Punkte des Dingraumes, nämlich alle auf einer Geraden liegenden, zugeordnet. Man spricht bei einer derartigen Zuordnung von *eindeutiger Abbildung* (Abb. 11).

Abb. 11. Perspektivische Zeichnung. Der Künstler blickt über ein Visier (Projektionszentrum) und ein Gradnetz (Projektionsfläche) auf das zu zeichnende Objekt. Er überträgt diese Projektion auf ein zweites, auf dem Tisch liegendes Gradnetz (nach METZGER [1])

(Die optische Abbildung im engeren Sinne hingegen ist, zumindest in der theoretischen Konzeption des Gaußschen Raumes, eine *eineindeutige Abbildung*, weil hier jedem Punkt des Dingraumes ein Punkt des Bildraumes und jedem Punkt des Bildraumes ein Punkt des Dingraumes zugeordnet ist.)

4. Die Perspektive

Eine solche Abbildung eines Raumes auf eine Fläche mittels Zentralprojektion bezeichnet man in der künstlerischen Darstellung als perspektivische Abbildung. Sie ist weder eine Abbildung in natürlicher Größe, noch in natürlichen Größenbeziehungen zwischen Ding und Bild, sie wirkt jedoch natürlich, weil sie die Abbildungsverhältnisse des menschlichen Auges näherungsweise imitiert. Ein perspektivisch gezeichnetes Bild ruft beim Beschauer einen ähnlichen Eindruck hervor wie die Wirklichkeit, nach der es gezeichnet ist.

So stellt diese scheinbar so objektive — weil nach mathematischen Grundsätzen durchführbare — Darstellung in der Kunstgeschichte tatsächlich einen entscheidenden Schritt zum Subjektivismus dar, insofern der Beschauer den „Standpunkt" bzw. das Projektionszentrum des Künstlers einnehmen muß, um den „natürlichen" Eindruck von einem perspektivischen Bild zu erhalten. Es ist daher kein Zufall, daß die Entdeckung der Perspektive, wenn man von einigen Vorstufen im klassischen Altertum absieht, eine Leistung der italienischen Renaissance ist, also einer Zeit, die Individuum und Persönlichkeit neu entdeckt hat.

Für die auf der geometrischen Projektion basierende Perspektive gelten im wesentlichen zwei Grundsätze, wenn man zugrundelegt, daß die Bildfläche auf der Projektionsrichtung senkrecht steht:

1. Ferne Dinge werden kleiner, nahe Dinge größer abgebildet; der *Vergrößerungskoeffizient*, das ist das Verhältnis *Bildgröße*:*Dinggröße* ist *gleich* dem Verhältnis *Bildweite*:*Dingweite* (gemessen vom Projektionszentrum) oder, was später noch genauer definiert werden soll, dem Verhältnis Dingnähe:Bildnähe (sofern die Objektlinien auf der Projektionsrichtung senkrecht stehen).

2. Linien eines Gegenstandes, welche nicht senkrecht zur Projektionsrichtung stehen, werden *perspektivisch verkürzt* abgebildet.

---

[1] W. METZGER: Gesetze des Sehens, Frankfurt/M. 1953.

Diese Verkürzung ist proportional dem Kosinus des Neigungswinkels der Objektlinien gegen die zur Projektionsrichtung senkrechte Fläche. Auf einer Fläche, welche gegen die zur Projektionsrichtung senkrechte Fläche geneigt ist, werden stets auch solche gerade Linien liegen, welche zur Projektionsrichtung senkrecht stehen. Solche Linien werden ohne perspektivische Verkürzung abgebildet. Innerhalb der geneigten Ebene gibt es wiederum Linien, welche auf jenen, ohne perspektivische Verkürzung abgebildeten, senkrecht stehen. Diese Linien sind innerhalb der geneigten Fläche diejenigen, die mit der größten perspektivischen Verkürzung abgebildet werden. Diese beiden Linienscharen sind orthogonale Trajektorien.

Aus diesen Überlegungen folgt, daß die ideale Bildfläche für eine perspektivische Wiedergabe nicht die Ebene, sondern die Kugelfläche ist, deren Mittelpunkt das Projektionszentrum ist. Denn in einer solchen Kugelfläche steht jedes Flächen- und Linienstück auf der jeweiligen Projektionsrichtung senkrecht, und zudem ist der Abstand jedes Bildpunktes vom Projektionszentrum gleich.

Die Kugelfläche als Bildfläche wird auch den Abbildungsbedingungen durch das Auge in besonderer Weise gerecht: Die Netzhaut des Auges ist eine annähernd kugelförmige Hohlfläche; auch wenn hier durch die Brechung innerhalb des Auges noch Bedingungen geschaffen werden, die nicht allein aus der Projektion heraus verständlich sind, so vermittelt doch die Projektion in eine Kugelfläche eine viel anschaulichere Vorstellung von den Verhältnissen im Auge als eine Projektion in eine Ebene (Abb. 57).

Außerdem bewegt sich das Auge beim Blicken um seinen Drehpunkt (zwar ebenfalls nur näherungsweise), so daß jeder Punkt, insbesondere auch die Fovea centralis, die Stelle des schärfsten Sehens, beim Blicken Kurven beschreibt, die auf einer Kugel gelegen sind. Der Drehpunkt des Auges, das Projektionszentrum für das blickende Auge, liegt hinter der Pupille, deren Mitte wir als Projektionszentrum für das ruhende Auge auffassen können. Aus diesem Grunde ist es zu erklären, daß

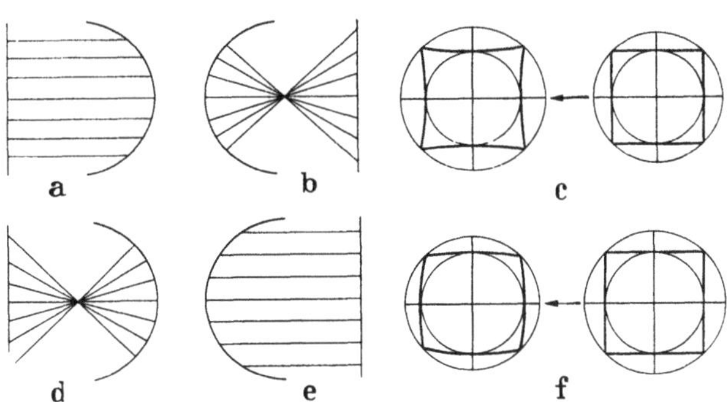

Abb. 12a—f. Verzeichnung bei Projektion in- oder aus Kugelflächen. a) Parallelprojektion aus einer Ebene in eine Kugelfläche. b) Zentralprojektion aus einer Kugel in eine Ebene. Bei a und b liegt das Projektionszentrum im Krümmungsmittelpunkt der Objektfläche (bei a im Unendlichen). Dadurch entsteht eine periphere Dehnung. c) Die periphere Dehnung führt zur kissenförmigen Verzeichnung. d) Zentralprojektion aus einer Ebene in eine Kugelfläche. e) Parallelprojektion aus einer Kugelfläche in eine Ebene. Bei d und e liegt das Projektionszentrum im bildseitigen Krümmungsmittelpunkt. Hierdurch ist eine periphere Schrumpfung im Abbildungsmaßstab bedingt. f) Die periphere Schrumpfung führt zur tonnenförmigen Verzeichnung

das nasale Gesichtsfeld ausgedehnter ist als das nasale Blickfeld: Bestimmt man beim Blick geradeaus die Gesichtsfeldgrenze von nasal und versucht anschließend, die betreffende Stelle anzublicken, so wird sie vom Nasenrücken verdeckt (Abb. 5).

Da die Gesetze der elementaren Geometrie in der Ebene besser bekannt sind als die Geometrie auf der Kugeloberfläche (sphärische Geometrie), verzichtet man im allgemeinen in der Darstellung auf die Projektion in Kugelflächen, berücksichtigt nur die an eine solche Kugelfläche gelegte Tangentialebene und führt die Untersuchungen im Bereiche kleiner Hauptstrahlneigungswinkel und kleiner Öffnungswinkel aus, in deren Bereich das Verhältnis zwischen Tangens und Bogenlänge eines Winkels nahezu 1 ist.

Auch die Gesichtsfelduntersuchung kann in beschränktem Umfang (bis etwa 30°) auf einer Ebene durchgeführt werden: Kampimetrie (BJERRUM). Größere Gesichtsfelduntersuchungen dagegen werden an Kreisbogen- oder Kugelperimetern durchgeführt.

Durch die Projektion in eine Kugelfläche werden Linien, die auf einer Ebene liegen, nicht geometrisch ähnlich abgebildet, sondern es tritt eine Schrumpfung im Abbildungsmaßstab nach der Peripherie zu ein (Abb. 12). Allgemein kann man sagen:

Werden zwei Flächen ineinander projiziert, von denen eine das Projektionszentrum als Krümmungsmittelpunkt hat, so tritt eine periphere Schrumpfung im Abbildungsmaßstab ein, wenn der Krümmungsmittelpunkt der Bildfläche das Projektionszentrum ist, umgekehrt hingegen eine periphere Dehnung des Abbildungsmaßstabes, wenn der Mittelpunkt der Dingfläche Projektionszentrum ist. Bei der Projektion eines Quadrates führt die periphere Schrumpfung des Abbildungsmaßstabes zur tonnenförmigen, die periphere Dehnung zur kissenförmigen Verzeichnung.

Wenn auch gesagt ist, daß die Perspektive die Abbildungsverhältnisse im menschlichen Auge näherungsweise wiedergibt, so darf dies doch nicht zu einem falschen Schluß über das Wesen des Sehvorganges führen: Wir *sehen* die Dinge unserer Umwelt ja nicht auf unserer Netzhaut, sondern etwa an ihrem wirklichen Ort; der Wahrnehmungsakt besteht in einer Projektion des Netzhautbildes in die Außenwelt; dabei werden Gegenstände, welche sich in verschiedenen Entfernungen befinden, auch in verschiedenen Entfernungen gesehen. Wie das geschieht, ist eine Frage des Raumsinns, bei dem zahlreiche Faktoren, u. a. die binoculare Parallaxe, die Akkommodationsfähigkeit des Auges und zahlreiche Faktoren, die man unter dem Begriff der Erfahrung zusammenfassen kann, zusammenwirken.

Da wir Dinge aus verschiedenen Entfernungen, welche sich also alle auf eine Fläche, die Netzhaut, projizieren bzw. abbilden[1], beim Sehvorgang wiederum in verschiedene Entfernungen in die Außenwelt lokalisieren bzw. projizieren, *sehen* wir die Dinge in verschiedenen Entfernungen nun keineswegs in den Proportionen, in denen sie sich auf der Netzhaut abbilden.

Man nähere die eigene Hand von 60 cm auf 30 cm: man hat dabei wohl den Eindruck einer geringen Größenzunahme, keineswegs aber den Eindruck einer Verdoppelung.

5. Die Parallaxe

Vermag die Perspektive an sich schon einen gewissen räumlichen Eindruck zu vermitteln, so kann ein solcher noch erheblich dadurch verstärkt werden, daß das Projektionszentrum verschoben wird. Man spricht hierbei von *parallaktischer Verschiebung*. Wird eine Beobachtung von zwei Projektionszentren aus (gleichzeitig oder nacheinander) durchgeführt, so bezeichnet man den Winkel, den die Verbindungen eines Dingpunktes mit den beiden Projektionszentren einschließen (Scheitelpunkt dieses Winkels ist also der Dingpunkt) als *Parallaxe* dieses Punktes.

Dieser Winkel wird bei gleichbleibender Beobachtungsrichtung um so größer sein, je näher der betrachtete Dingpunkt den beiden Projektionszentren liegt und je größer deren Abstand voneinander ist, und zwar wird der Sinus des halben Parallaxenwinkels der Entfernung von beiden Projektionszentren umgekehrt proportional sein, wenn die mittlere Beobachtungsrichtung auf der Verbindungslinie der beiden Projektionszentren senkrecht steht.

---

[1] Der Unterschied zwischen „Projektion" und „Abbildung" wird im Zusammenhang mit den Brechungsgesetzen näher erörtert werden.

Im allgemeinen wird dieser Winkel jedoch nicht unmittelbar meßbar sein. Nur wenn ein in „unendlicher Ferne", d. h. verglichen mit dem zu messenden Punkt in sehr großer Entfernung befindlicher Gegenstand gleichzeitig durch die gleichen Projektionszentren mitprojiziert wird, kann die Parallaxe durch Vergleich mit der Richtung des „unendlich fernen Punktes", dessen Parallaxe also 0° ist, gemessen werden.

Das sinnfälligere Phänomen ist in jedem Falle die *parallaktische Verschiebung*, welche sowohl als Simultanparallaxe als auch als Sukzessivparallaxe in Erscheinung treten kann, und welche darin besteht, daß *nahe gelegene Gegenstände eine der Bewegung des Projektionszentrums entgegengesetzt gerichtete scheinbare Verschiebung erleiden, während ferne gelegene Gegenstände in der Richtung des Projektionszentrums mitzuwandern scheinen* (Abb. 13).

Das klassische Beispiel einer simultanen Parallaxe bildet das beidäugige Sehen, welches die wichtigste Grundlage dafür bildet, daß wir von unserer Umwelt einen unmittelbaren räumlichen Eindruck erhalten.

Die binoculare Parallaxe kann durch optische Instrumente vergrößert werden, welche die beiden Pupillen in wesentlich größerem Abstand voneinander abbilden (Entfernungsmesser, Scherenfernrohr), umgekehrt aber, bei Mikroskopen auch verkleinert, und daher für einen kleineren Beobachtungsbereich nutzbar gemacht werden.

In der Bewegungsparallaxe wird ein räumlicher Eindruck dadurch gewonnen, daß das Projektionszentrum bewegt wird: Dies kann durch Bewegen des Kopfes geschehen, womit sich dann ein räumlicher Eindruck auch dort gewinnen läßt, wo eine binoculare Beobachtung nicht möglich ist (etwa beim Augenspiegeln) oder die Entfernungen für eine brauchbare binoculare Parallaxe zu groß sind.

Die größte parallaktische Verschiebung wird in der Astronomie nutzbar gemacht: ferne Fixsterne werden im Abstand von $^1/_2$ Jahr von zwei entgegengesetzten Stellen des Erdbahndurchmessers aus beobachtet: Die Basis einer solchen Parallaxe beträgt rund 300 000 000 km, d. h. 1000 Lichtsekunden.

Die Entfernung eines Fixsterns, der von diesen beiden Punkten aus die Parallaxe von 1″ hat, wird als ein parsec bezeichnet und beträgt etwa 6,5 Lichtjahre.

6. Lichttechnische Bedeutung des Strahlenraumes

Unter einem Strahl versteht man in der Geometrie eine ins Unendliche verlängerte Verbindung von Punkt zu Punkt; dieser Begriff ist auch in den allgemeinen Sprachgebrauch übernommen worden. Wieweit dieser Begriff in der Optik berechtigt ist, wurde bereits angedeutet und wird bei der Besprechung der Wellenoptik noch weiterhin zu klären sein.

Unter *Strahlung* hingegen verstehen wir im allgemeinen Sprachgebrauch eine *Energieübertragung von der Oberfläche eines strahlenden Körpers auf die Oberfläche eines anderen, bestrahlten Körpers*, in gewissem Sinne also eine Verbindung von Fläche zu Fläche. In dem Begriff der Strahlung ist also der ursprüngliche Sinn des Wortes Strahl besser erhalten als in dem geometrischen Strahlbegriff selbst.

Das verbindende Glied zwischen strahlender Fläche und bestrahlter Fläche ist der *Strahlenraum*, in welchem ein bestimmter *Energiestrom* fließt.

Zwischen der *Strahlungsstärke*, der *strahlenden* Fläche, der *Strahlungsdichte* eines Senders, dem im Strahlenraum fließenden *Energiestrom* oder der *Strahlungsleistung* und der *Strahlungsmenge* sowie der *Bestrahlungsstärke* der bestrahlten Fläche bestehen gesetzmäßige Beziehungen, welche der Physiker experimentell bestimmen kann, indem er die von einem Sender ausgesandte Energie und die von einem Empfänger aufgenommene Energie mißt und mit den übrigen gemessenen Größen in quantitative Beziehungen setzt. Im allgemeinen wird dabei in

Abb. 13. Parallaktische Verschiebung

Abb. 13a läßt die von den betreffenden Projektionszentren (Abb. 13b) aus gewonnenen Bilder erkennen. Die Bilder sind so angeordnet, daß die Mitteltür des Schlosses stets untereinander zu liegen kommt. Beachte insbesondere die perspektivische Verkürzung bei schräger Beobachtung und die stärkere parallaktische Verschiebung der näheren Objekte

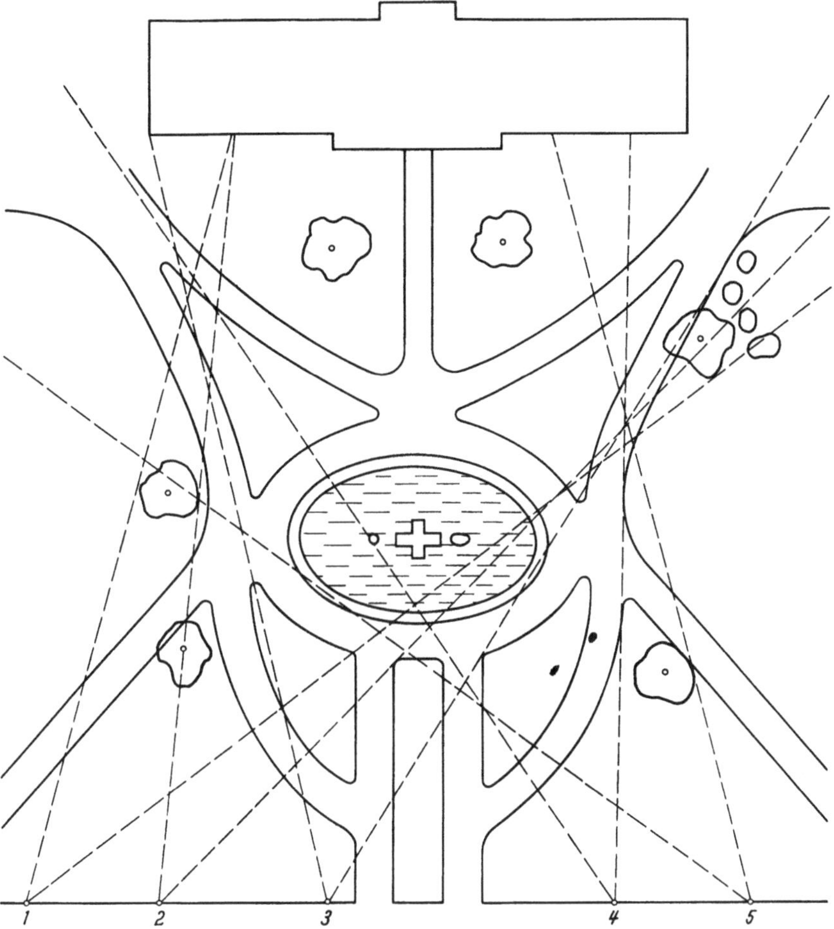

Abb. 13b zeigt auf einem Grundriß die nacheinander (*1—5*) eingenommenen Beobachterstandpunkte bzw. Projektionszentren

irgendeiner Form die Energieaufnahme einer bestrahlten Fläche, z. B. in Form von Erwärmung gemessen.

Neben dieser „physikalischen" Meßmethode benützen aber auch Physiker und Techniker häufig eine „physiologische" Meßmethode, indem sie etwa die *Helligkeiten* verschiedener Flächen vergleichen.

Jedes Messen ist ja ein Vergleichen mit einer bekannten Größe, etwa einer Länge mit einem in einem einheitlichen Längenmaß geeichten Maßstab, oder eines Gewichtes mit einem bekannten Gewicht. Somit ist auch das Vergleichen zweier Flächen hinsichtlich ihrer Helligkeit ein echter Meßvorgang. Nur müssen wir uns dabei im klaren sein, daß die physiologisch bestimmten Größen nicht ohne weiteres mit den physikalisch bestimmten Größen übereinstimmen. Ist es doch nur ein ganz geringer Teil der elektromagnetischen Strahlung, der vom Auge wahrgenommen und als *hell* empfunden wird, während das ganze Gebiet des „ultravioletten Lichts" bis zur Röntgenstrahlung und schließlich der kosmischen Strahlung einerseits und die „Infrarotstrahlung" bis zu den verschiedenen, in der Radiotechnik verwendeten elektromagnetischen Wellen zwar Energie liefern, die als solche ohne weiteres mit den Energien der Strahlung des sichtbaren Spektrums verglichen werden können, für das Auge aber „*dunkel*" sind und daher trotz gleicher *Strahlungsdichte* eine ganz andere *Leuchtdichte* haben können.

Auch innerhalb des sichtbaren Spektrums kann z. B. eine grüne Lichtquelle weniger Strahlungsstärke, aber mehr Lichtstärke liefern als eine Lichtquelle an den beiden Enden des sichtbaren Spektrums. Hierbei ist allerdings für den Begriff der Helligkeitsgleichung bei verschiedenen Farben noch eine besondere Definition erforderlich.

Als *Licht* wird also *die im sichtbaren Spektralbereich ausgestrahlte, physiologisch bewertete und empfundene Strahlung* bezeichnet.

Aus diesem Grunde hat man ein eigenes „lichttechnisches" Maßsystem geschaffen, welches auf dem Vergleich mit einer genormten Einheitslichtquelle durch das menschliche Auge beruht.

Wir können dann unseren oben genannten Absatz in eine andere Nomenklatur übersetzen: Das verbindende Glied zwischen *leuchtender* Fläche und *beleuchteter* Fläche ist der *Strahlenraum*, in welchem ein bestimmter *Lichtstrom* fließt. Zwischen der *Lichtstärke*, der *leuchtenden* Fläche, der *Leuchtdichte* einer *Lichtquelle*, dem im Strahlenraum fließenden *Lichtstrom* oder der *Lichtleistung* und der *Lichtmenge* sowie der *Beleuchtungsstärke* der beleuchteten Fläche bestehen gesetzmäßige Beziehungen, welche der Physiker oder Lichttechniker experimentell bestimmen kann. Die Methode des Vergleiches von Helligkeiten wird sich im Laufe weiterer Untersuchungen ergeben.

a) Lichtstärke und Leuchtdichte

Als Grundgröße der Lichttechnik wird im allgemeinen die *Lichtstärke* gewählt. Ihre Einheit ist die Candela (cd., lat. = Kerze). Es ist die Lichtstärke eines „schwarzen Körpers" mit einer Öffnung von 1/60 cm² und einer Temperatur von 1770°, der Erstarrungstemperatur des Platins. Von ihr lassen sich alle übrigen Größen der Lichttechnik als abgeleitete Größen behandeln.

Auf die Bedeutung des schwarzen Körpers und seiner Strahlung kann in diesem Zusammenhang nicht näher eingegangen werden. Entscheidend ist lediglich, daß eine bestimmte Norm als Grundgröße für ein Maßsystem gelten muß. In früheren Zeiten war dies die Hefnerkerze, die Lichtstärke einer mit Amylacetat gespeisten Flamme von bestimmter Höhe bei vorgeschriebener Temperatur und Luftdruck sowie vorgeschriebener Dochtgröße.

Die Lichtstärke einer anderen Lichtquelle kann also durch Vergleich mit einer Normallichtquelle gemessen werden. Hierzu sind allerdings schon die abgeleiteten Größen erforderlich, da der Vergleich im allgemeinen über die Beleuchtungsstärke erfolgt.

Grundsätzlich gibt es keine punktförmigen Lichtquellen, wenn es auch aus Gründen rechnerischer Vereinfachung häufig zweckmäßig ist, von der Hypothese einer punktförmigen Lichtquelle auszugehen.

Für die physiologische Beurteilung ist die *Leuchtdichte* von noch größerer Bedeutung als die Lichtstärke. Hierunter wird das Verhältnis $\dfrac{\text{Lichtstärke}}{\text{leuchtende Fläche}}$ verstanden. Einheit der Leuchtdichte ist 1 Stilb (1 sb), die Leuchtdichte einer Lichtquelle, die pro cm² die Lichtstärke 1 cd aussendet. Ein schwarzer Körper von der Erstarrungstemperatur des Platins besitzt somit die Leuchtdichte von 60 sb, da er definitionsgemäß bei einer Öffnung von 1 cm² mit einer Lichtstärke von 60 cd leuchtet.

Wird also die leuchtende Oberfläche einer Lichtquelle verkleinert, etwa durch teilweises Verdecken, so ändert sich ihre Lichtstärke, während ihre Leuchtdichte konstant bleibt.

Jede beleuchtete Fläche wirkt ihrerseits als sekundäre Lichtquelle, sofern es sich nicht um eine Fläche handelt, die die gesamte auf sie treffende Lichtstrahlung absorbiert, somit vollkommen „schwarz" ist. Dies kommt aber praktisch kaum vor.

Um die Beziehungen zwischen Lichtstärke und Leuchtdichte einerseits und Beleuchtungsstärke einer beleuchteten Fläche andererseits zu klären, bedürfen wir zunächst des Lichtstromes als des eigentlichen „Vermittlers" zwischen beiden Flächen.

Hierzu muß aber zunächst geklärt werden, ob es sich dabei um Lichtquellen handelt, deren Lichtstärke von der Richtung abhängt, in der sie strahlen, oder nicht. Eine kugelförmige Lichtquelle, wie etwa die Sonne oder eine allseits gleichmäßig mattierte Glühbirne strahlt ihr Licht nach allen Richtungen gleichmäßig aus (die Glühbirne natürlich nicht in Richtung ihrer Fassung). Andere Lichtquellen hingegen, etwa ein glühendes Metallblech oder eine beleuchtete weiße Fläche, welche als sekundäre Lichtquelle wirkt, oder eine mit einem Lampenschirm versehene Glühbirne, leuchten nicht in allen Richtungen gleich stark. Bei ihnen ist somit die Lichtstärke von der Richtung abhängig, in die sie leuchten. Bei einem glühenden Metallblech oder einer beleuchteten Fläche ist die Lichtstärke in der zur leuchtenden Fläche senkrechten Richtung am größten, in den übrigen Richtungen vermindert sie sich derart, daß sie stets der Projektion[1] der leuchtenden Fläche proportional bleibt (Abb. 14).

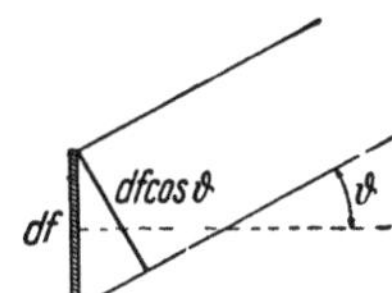

Abb. 14. Abhängigkeit der Lichtstärke von der Richtung. Die leuchtende Fläche df hat in der Richtung ϑ die scheinbare Größe $df \cdot \cos \vartheta$ (nach POHL[2])

Demnach ist die Lichtstärke in einer um den Winkel ϑ gegen die Senkrechte geneigten Richtung = Lichtstärke in senkrechter Richtung $\cdot \cos \vartheta$.

Daher gehört zur Charakterisierung der Lichtstärke einer Lichtquelle stets die Richtung, in der die Lichtstärke gemessen wird. Die Abhängigkeit der Lichtstärke von der Richtung und die damit verbundene Proportion zur Projektion der Senderfläche enthält zugleich eine andere wichtige Aussage: *Die Leuchtdichte einer Lichtquelle erscheint einem Beobachter unabhängig von der gegen die Flächennormale gemessenen Richtung* (Lambertsches Gesetz). Das Lambertsche Gesetz, welches empirisch gefunden wurde, gilt freilich nicht für sämtliche Lichtquellen. Es gilt uneingeschränkt für mattweiße Sekundärstrahler, in großer Annäherung auch für ein glühendes Metallblech.

Es gilt hingegen nicht für „durchsichtige" Lichtquellen. Solche sind uns freilich im allgemeinen wenig geläufig. Füllt man einen Glastrog mit einer verdünnten Fluoresceinlösung und beleuchtet diese Lösung mit einer stark gebündelten Lichtquelle (etwa dem Bündel einer Spaltlampe), so wirkt diese Fluoresceinlösung als annähernd richtungsunabhängige Lichtquelle. Das bedeutet also, daß die Lichtstärke von der Richtung zur Flächennormalen und damit von der Projektion der Lichtquelle unabhängig ist, somit also die Leuchtdichte umgekehrt proportional zur Projektionsgröße der Lichtquelle wächst.

Solche richtungsunabhängigen Strahler sind auch die Kathoden der Röntgenröhren. Um daher bei einem möglichst kleinen Röntgenfocus (welcher ja für das Auflösungsvermögen entscheidend ist) eine möglichst starke Strahlungsstärke zu erzielen, verwendet man eine zur Flächennormalen nahezu senkrechte Strahlungsrichtung -- also eine Richtung, die mit der Fläche einen sehr spitzen Winkel einschließt. Gemäß der obigen Definition der Lichtstärke wurde bei der Erwähnung der Röntgenstrahlung der Begriff des Lichtes ausdrücklich vermieden.

b) Lichtstrom

Das verbindende Glied zwischen leuchtender und beleuchteter Fläche ist der Lichtstrom.

---

[1] Hier und im Folgenden ist unter Projektion eine Parallelprojektion zu verstehen.
[2] R. W. POHL: Optik und Atomphysik 10. Auflage. Springer-Verlag 1958.

Die Kenntnis des Strahlenraumes ermöglicht uns eine sehr einfache Definition dieses Begriffes:

Der Lichtstrom ist diejenige Größe, welche innerhalb des gesamten Strahlenraumes konstant bleibt.

Um indessen die Beziehungen des Lichtstromes zur Lichtquelle selbst aufdecken zu können, muß zunächst der Begriff des Raumwinkels geklärt werden.

Wir gehen dabei vom Winkel in der Ebene aus, da dieser allgemein geläufig sein dürfte. Man kann den Umfang eines Kreises in 360 gleiche Teile teilen; verbindet man dann die beiden Enden eines solchen Kreisbogenstückes durch je eine Gerade mit dem Mittelpunkt des Kreises, so bilden diese beiden Geraden dort einen Winkel, dessen Größe mit 1° definiert wird. Dies ist die in der Geographie und Astronomie sowie in der „Schulgeometrie" am meisten geübte Praxis.

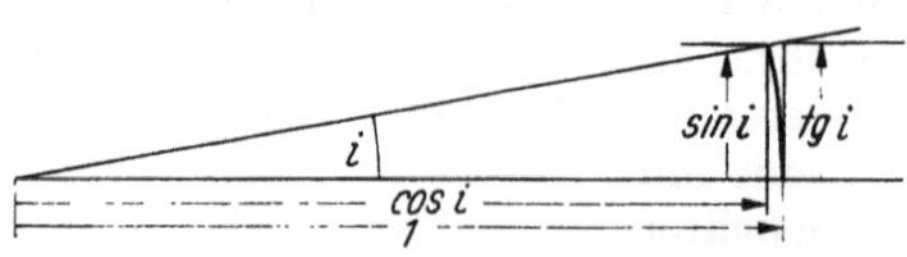

Abb. 15. Bei kleinen Winkeln nähert sich das Verhältnis des Sinus zur Bogenlänge und das Verhältnis des Tangens zur Bogenlänge dem Werte 1. Fernerhin strebt bei kleinen Winkeln der Cosinus dem Grenzwert 1 zu

In der höheren Mathematik bedient man sich einer anderen Größe: Man mißt oder berechnet auf dem Kreisumfang ein Bogenstück, dessen Bogenlänge die Länge des Kreisradius hat. Den Winkel, den die beiden Radien vom Ende dieses Bogenstückes einschließen, bezeichnet man als Einheitswinkel von der Größe 1. Im Gradmaß beträgt er 57,296° bzw. 57° 18′. Der Winkel eines vollen Kreisumfanges, also 360°, beträgt in diesem Maßsystem 2π, ein rechter Winkel $\pi/2$.

Die Winkelberechnung im Bogenmaß besitzt in der höheren Mathematik große Vorzüge vor der Gradrechnung: Zunächst sind die Winkel als Verhältnis zweier Längen $\left(\dfrac{\text{Bogenlänge}}{\text{Radius}}\right)$ dimensionslose Zahlen. Für kleine Winkel streben zudem die trigonometrischen Winkelfunktionen sinus und tangens sowie die Sehnen einem Grenzwert zu, der sich dem Winkel selbst immer mehr nähert, so daß das Verhältnis $\dfrac{\text{Winkelfunktion}}{\text{Winkel}}$ sich dem Werte 1 über alle Grenzen nähert (Abb. 15). Da in der Optik gerade die kleinen Winkel eine große Rolle spielen, ist die Winkelmessung im Bogenmaß von besonderer Bedeutung: Für einen Winkel von 8° beträgt die Bogenlänge 0,1396, der Sinus 0,1392 und der Tangens 0,1405, somit das Verhältnis

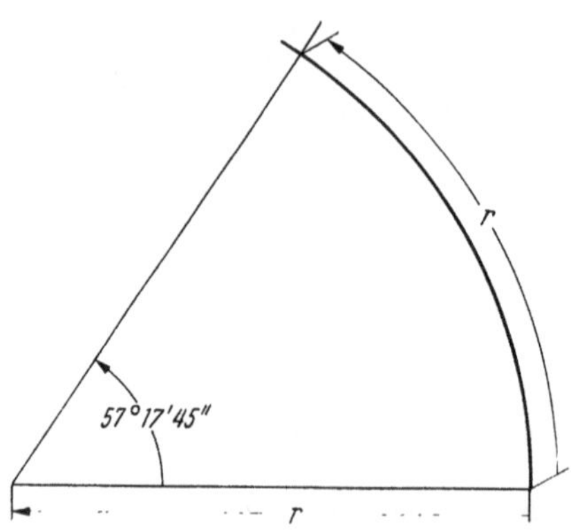

Abb. 16. Als Winkel in der analytischen Geometrie wird das Verhältnis von Bogenlänge zu Radius definiert. Der Einheitswinkel, also der Winkel, bei dem die Bogenlänge gleich dem Radius ist, beträgt 57°, 17′, 45″

$$\frac{\sin 8°}{\text{arc } 8°} = \frac{0,1392}{0,1396} = 0,997$$

und das Verhältnis

$$\frac{\tan 8°}{\text{arc } 8°} = \frac{0,1405}{0,1396} = 1,007 \,.$$

In beiden Fällen unterscheiden sich also die Winkelfunktionen um weniger als 1% vom Winkel selbst. Bereits bei einem Winkel von 1° beträgt das Verhältnis

$$\frac{\sin 1°}{\text{arc } 1°} = 0,99995$$

und das Verhältnis

$$\frac{\tan 1^\circ}{\text{arc } 1^\circ} = 1{,}00004$$

d. h., der Unterschied beträgt noch 0,05 °/₀₀.
Man nennt den *Einheitswinkel*, den Winkel von der Bogenlänge 1, auch 1 *Radiant*.
$^1/_{100}$ *dieser Einheit*, also ein Winkel von 0,573° oder 34,38′, wird als *Zentradian*
bezeichnet (Abb. 16).

Die im Maßsystem prismatischer Gläser gebräuchliche *Prismendioptrie* (prdptr) ist der *Tangens* des Zentradian, unterscheidet sich also nur innerhalb der oben erwähnten Grenzen von diesem.

Das gleiche Maßsystem wird auch zur Kennzeichnung räumlicher Winkel benützt. Der räumliche Einheitswinkel (Radiant)² oder Steradiant (sterad) genannt, wird durch ein Stück einer Kugeloberfläche bestimmt, dessen Fläche gleich dem Quadrat des Kugelradius ist: entsprechend mißt der räumliche Vollwinkel 4π.

Im Gegensatz zum Winkel in der Ebene kann also ein räumlicher Winkel bei gleicher Größe verschiedene Formen haben, da er lediglich durch die Größe des Kugelflächenstückes bestimmt wird.

Einheit des Lichtstroms. *Der Lichtstrom ist das Produkt aus <u>Lichtstärke und Raumwinkel</u>.*
<u>Leuchtet eine Lichtquelle von der Lichtstärke 1 cd in einen Raumwinkel von 1 sterad bzw. 1 (Radiant)², so besteht dort der Lichtstrom von 1 Lumen (lm)</u>.

Wie ein Winkel in der Ebene, so setzt auch ein Raumwinkel einen Scheitelpunkt voraus. Die Definition des Lichtstroms setzt somit eine Lichtquelle in diesem Scheitelpunkt voraus; eine punktförmige Lichtquelle ist aber ein Ding der Unmöglichkeit, weil nämlich die Leuchtdichte in diesem Punkt unendlich groß sein müßte. Man bedient sich also hier, wie das in der Optik oft erforderlich ist, einer Näherungsdefinition, die den Vorteil großer praktischer Brauchbarkeit und hinreichend großer Genauigkeit hat. Hat man aber erst ein Maßsystem für den Lichtstrom geschaffen, so kann man es auch für solche Lichtquellen anwenden, deren Fläche nicht mehr vernachlässigt werden kann.

Der so definierte Lichtstrom ist somit nicht die gesamte Lichtleistung, die von einer flächenhaften Lichtquelle in den Raum gestrahlt wird.

Geht man von der Voraussetzung aus, daß eine flächenhafte Lichtquelle, welche den Bedingungen des Lambertschen Gesetzes genügt, die Innenfläche einer Kugel, welche sie berührt, gleichmäßig ausleuchtet (näheres hierüber unter „Beleuchtungsstärke"), so beträgt der Gesamtlichtstrom π lm.

Da der Scheitelpunkt des Raumwinkels 1 auf der Peripherie der gleichmäßig ausgeleuchteten Kugel liegt, ist der Radius der homogen ausgeleuchteten Kugel nur halb so groß wie der Radius der Kugel, welche den Raumwinkel festlegt. Kugeloberfläche beträgt $4\,r^2\pi$ bzw. $(2\,r)^2\pi$. Der in den Einheitswinkel ausgestrahlte Lichtstrom beträgt somit $1/\pi$ des Gesamtlichtstromes.

Bedienen wir uns der beim Strahlenraum erörterten Definitionen, so kann der Lichtstrom als Produkt aus *Lichtstärke und räumlichem Öffnungswinkel* bezeichnet werden, sofern man die Begrenzung der Lichtquelle als Gesichtsfeldblende und die der beleuchteten Fläche als Aperturblende definiert.

Diese Festsetzung ist natürlich willkürlich. Man kann mit gleichem Recht die Begrenzung der Lichtquelle als Aperturblende und den oben erwähnten Winkel als räumlichen Hauptstrahlneigungswinkel definieren. Wegen der bei der Abbildung auftretenden Probleme empfiehlt sich indessen die obige Festsetzung, die dann, einmal getroffen, auch konsequent durchgeführt werden muß.

c) Die Beleuchtungsstärke

Eine Fläche, die in den Lichtstrom eines Strahlenraumes gebracht wird, wird von diesem Lichtstrom beleuchtet. Die Fläche wird um so stärker beleuchtet werden, je näher sie der Lichtquelle liegt und je weniger sie gegen die Lichtrichtung geneigt ist, d. h. also je kleiner sie ist. Die Definition der Beleuchtungsstärke ist somit das Verhältnis $\dfrac{\text{Lichtstrom}}{\text{Empfängerfläche}}$, ihre Einheit wird Lux (lx) genannt und ist die Stärke, mit der ein Lichtstrom von 1 lm eine Fläche von 1 m² auf einer Kugel von 1 m Radius beleuchtet, also $\dfrac{1\ \text{cd} \cdot \text{rad}^2}{\text{m}^2}$; der Quotient eines Winkels durch das von ihm eingeschlossene Bogenstück ist aber nichts anderes als der reziproke Wert des Radius des zugehörigen Kreises; dementsprechend ist der Quotient eines Raumwinkels durch das von ihm eingeschlossene Flächenstück das reziproke Quadrat des Kugelradius. Somit kann das Verhältnis $\dfrac{\text{Lichtstrom}}{\text{Empfängerfläche}} =$

$$= \frac{\text{Lichtstärke} \cdot \text{räumlicher Öffnungswinkel}}{\text{Empfängerfläche}} \quad \text{durch} \quad \frac{\text{Lichtstärke}}{(\text{Abstand d. Lichtquelle})^2} \quad \text{ersetzt}$$

werden.

Die Beleuchtungs*stärke* besitzt somit als Quotient der Lichtstärke durch eine Fläche eine andere Dimension als die Licht*stärke*, hingegen die gleiche Dimension wie die Leucht*dichte*.

Dieser kleine sprachliche Schönheitsfehler dürfte mit einer der Gründe sein, die das Verständnis lichttechnischer Fragen so sehr zu erschweren imstande ist.

Die letzte Definition $\dfrac{\text{Lichtstärke}}{(\text{Abstand d. Lichtquelle})^2}$ für die Beleuchtungsstärke trifft allerdings nur dann zu, wenn die beleuchtete Fläche senkrecht vom einfallenden Licht getroffen wird. Anderenfalls ist dieser Bruch noch mit dem Kosinus des Einfallwinkels zu multiplizieren.

Die Beleuchtungsstärke der Erde durch die Sonne ist am Äquator, wo die Erde senkrecht von der Sonnenstrahlung getroffen wird, der Einfallswinkel fast 0 ist, am größten, an den Polen, wo das Sonnenlicht streifend auf die Erde trifft, der Einfallswinkel also nahezu 90° beträgt, am geringsten. Der gleiche Raumwinkel bestrahlt auf dem Äquator ein vielfach kleineres Stück der Erdoberfläche als in der Nähe der Pole.

Wir können die Beleuchtungsstärke noch auf eine dritte Weise definieren:

Aus der Umkehr der Definition der Leuchtdichte folgt, daß die Lichtstärke gleich dem Produkt aus Lichtquellenfläche (bzw. deren Projektion) und Leuchtdichte ist.

Dann ist die Beleuchtungsstärke einer senkrecht getroffenen Fläche $=$

$$= \frac{\text{Lichtstärke}}{(\text{Abstand})^2} = \frac{\text{Leuchtdichte} \times \text{scheinbare Lichtquellenfläche}}{(\text{Abstand})^2} \cdot$$

Nun drückt aber das Verhältnis der leuchtenden Fläche bzw. ihrer Projektion zum Quadrate des Abstandes wiederum einen Raumwinkel aus, und zwar, da wir die Grenze der Lichtquelle als Gesichtsfeldblende definiert haben, den räumlichen Gesichtsfeldwinkel. Daraus folgt aber: *Beleuchtungsstärke = Leuchtdichte × räumlicher Gesichtsfeldwinkel.*

In Umkehr der Definition des Lichtstroms wird also hier die leuchtende Fläche als Fläche betrachtet, von der beleuchteten Fläche hingegen nur ein Punkt berücksichtigt.

Wird die beleuchtete Fläche nicht senkrecht von dem einfallenden Licht getroffen, so ist die Beleuchtungsstärke kleiner, und zwar proportional zum Cosinus des Neigungswinkels der Fläche. Wir haben also die Beziehung noch zu erweitern: Beleuchtungsstärke = Leuchtdichte × räumlicher Gesichtsfeldwinkel × Cosinus des „Einfallswinkels".

Damit haben wir die Lichttechnik mit den im Strahlenraum vorkommenden Größen untersucht. Ein homozentrisches Strahlenbündel kann auch als Raumwinkel aufgefaßt werden und umgekehrt. Wie wir beim Aufbau des Strahlenraumes das Zentrum der Strahlenbündel je nach Bedarf in die Aperturblende oder in die Gesichtsfeldblende legen konnten und jeweils die andere Blende als Begrenzung des Strahlenbündels verwendeten, so können wir auch in den lichttechnischen Fragen den in Frage kommenden Raumwinkel so legen, daß sein Scheitelpunkt auf der leuchtenden oder auf der beleuchteten Fläche liegt.

Die Beziehung zwischen Lichtstärke, Leuchtdichte, Raumwinkel und Beleuchtungsstärke lassen sich am Beispiel einer partiellen Sonnenfinsternis besonders schön erläutern (Abb. 3).

Es handelt sich hierbei gleichsam um ein Negativ des auf S. 6 erwähnten Problems: Die Sonne scheint nicht durch das kreisrunde Loch einer Lochkamera, sondern wird durch eine Kugel (welche sich also ebenfalls als kreisrunde Scheibe projiziert) verdeckt.

Wir wissen, solange die Sonne nur teilweise verdeckt ist, leuchtet sie mit der gleichen Leuchtdichte — (sofern man die Leuchtdichte über der gesamten Sonnenoberfläche als konstant annimmt) aber ihre Lichtstärke wird kleiner, proportional zum Raumwinkel, unter dem die Sonne von einem Punkte der beleuchteten Fläche aus gesehen wird. Proportional zur Lichtstärke ändert sich auf der Erde die Beleuchtungsstärke.

Man kann bei einer Sonnenfinsternis auf der Erde drei Zonen unterscheiden:

1. eine Zone, von der aus die Sonne vom Mond überhaupt nicht verdeckt wird. Diese Zone wird von der Sonne mit voller Fläche beleuchtet. Man sagt hierbei auch, die Sonne strahlt mit voller Apertur. Bei unserer Festsetzung bezüglich Aperturblende—Gesichtsfeldblende ist diese Ausdrucksweise jedoch irreführend.

2. eine sog. Halbschattenzone, von der aus ein Teil der Sonne durch den Mond verdeckt ist, so daß die Sonne dorthin nur mit einen Teil ihrer Fläche leuchtet.

3. eine Kernschattenzone (tritt nur bei totaler Sonnenfinsternis in Erscheinung), von der aus die Sonne vollständig vom Mond verdeckt ist (Abb. 3).

Den gleichen drei Zonen begegnen wir nicht nur bei der Sonnenfinsternis, sondern bei jedem Schattenwurf, der von einer Lichtquelle mit nicht zu vernachlässigender Oberfläche bewirkt wird.

Eine beleuchtete Fläche, also die beleuchtete Oberfläche eines Körpers, kann das Licht zurückwerfen, der Körper kann das Licht hindurchlassen oder „absorbieren", d. h. die entsprechende Energie in sich aufnehmen. Energetisch gesehen ist die Summe aus zurückgeworfener, absorbierter und durchgelassener Strahlung gleich der einfallenden Strahlung. (Der Begriff des Lichtes kann hier nicht verwendet werden, weil die Absorption die Strahlungsenergie unsichtbar macht, ihr also die Eigenschaften des Lichtes nimmt.) Sowohl bei zurückgeworfenem als auch bei durchgelassenem Licht ist zwischen „diffus" und „gerichtet" zurückgeworfenem bzw. durchgelassenem Licht zu unterscheiden. Gerichtete Reflexion = Spiegelung, gerichtete Durchlassung = Brechung.

Die Anteile an gerichtet und diffus reflektiertem, absorbiertem und gerichtet und diffus hindurchgelassenem Licht sind durch die Einfallsrichtung, Wellenlänge des Lichtes und Mikrostruktur des beleuchteten Körpers bedingt.

Läßt ein Körper das Licht „gerichtet" durch, so nennen wir ihn durchsichtig (z. B. Wasser und Glas), läßt er es ungerichtet durch, so nennen wir ihn durchscheinend (z. B. Mattglas, Papier). Wirft er das Licht gerichtet zurück, so nennen wir ihn glänzend oder spiegelnd, wirft er das Licht ungerichtet (diffus) zurück, so nennen wir ihn matt und hell, absorbiert er den größten Teil des auf ihn fallenden Lichtes, so nennen wir ihn dunkel.

Das Wirken einer sekundären Lichtquelle hängt im wesentlichen davon ab, in welcher Weise und in welchem Ausmaße sie das auf sie auffallende Licht weiterleitet.

Wie im nächsten Kapitel gezeigt werden soll, kann das Verhalten des Lichtes beim Auftreffen auf Materie, welches sich also in den oben geschilderten Formen äußern kann, grundsätzlich aus einem einzigen Prinzip erklärt werden: der Wellentheorie des Lichtes oder dem Huygens-Fresnelschen Prinzip.

d) Die beleuchtete Fläche als (sekundäre) Lichtquelle
Ihre Lichtstärke und Leuchtdichte und ihre Beziehungen zur Beleuchtungsstärke

Jede beleuchtete Fläche stellt für unser Auge eine Lichtquelle dar, sie ist sogar prinzipiell von einer selbstleuchtenden (primären) Lichtquelle nicht zu unterscheiden. Lediglich unsere Erfahrung versetzt uns in die Lage, zu beurteilen, ob eine leuchtende Fläche selbstleuchtend ist oder von einer anderen Lichtquelle beleuchtet wird. Nur weil die beleuchtete Fläche eine Lichtquelle darstellt, ist sie unserem Auge überhaupt sichtbar.

Die folgenden Überlegungen setzen voraus, daß die beleuchteten Flächen das auf sie auffallende Licht nach allen Seiten diffus zurückwerfen. Solche Flächen sind z. B. mattes weißes Papier oder eine Magnesiumoxydfläche. Als vollkommen mattweiße Fläche wird eine solche Fläche bezeichnet, die *alles* auf sie auffallende Licht diffus nach allen Seiten zurückwirft.

Eine solche Fläche zeigt bei Beleuchtung mit der Beleuchtungsstärke 1 lx die Leuchtdichte 1 Apostilb (1 Apostilb $= 1$ asb $= \dfrac{1 \text{ sb}}{\pi \cdot 10000}$, d. h. 1 sb $= 31416$ asb).

Diese eigentümliche und zunächst befremdliche Größenbeziehung zwischen Stilb und Apostilb hat folgende Ursache:

Eine Lichtquelle, die dem Lambertschen Gesetz entsprechend strahlt, deren Lichtstärke also proportional mit dem Cosinus des Neigungswinkels abnimmt, vermag eine Kugel, auf deren Umfang sie (die Lichtquelle) sich befindet, gleichmäßig auszuleuchten. Von dieser Möglichkeit wird bei der Ulbricht-Kugel und beim Goldmann-Kugelperimeter Gebrauch gemacht. Bei letzterem erfolgt dies dadurch, daß ein Teil des Kugelumfangs durch eine Lichtquelle angeleuchtet wird, und dieser Teil, welcher dem Auge des Untersuchten verborgen bleibt, seinerseits die übrige Kugel völlig homogen ausleuchtet.

Die Ursache dieser homogenen Ausleuchtung ist freilich nicht ganz so einfach, wie sie allgemein dargestellt wird, doch soll für Interessenten trotzdem der Versuch gemacht werden, sie zu klären.

Die Lichtstärke des leuchtenden Kugelflächenstücks in senkrechter Richtung, d. h. auf den Kugelmittelpunkt, sei 1 cd, das leuchtende Flächenstück sei 1 cm² groß und habe mithin die Leuchtdichte 1 sb. In einer zu der radiären um den Winkel ϑ geneigten Richtung beträgt die Lichtstärke demnach cos ϑ cd. Der Durchmesser der Kugel betrage 1 m, weil dann die dem leuchtenden Flächenstück gegenüberliegende Stelle mit $\dfrac{1 \text{ cd}}{1 \text{ m}^2} = 1$ lx beleuchtet wird.

Zunächst ist zu beweisen, daß dann auch sämtliche übrigen Flächenstücke der Kugel mit 1 Lux beleuchtet werden.

Das Licht, welches in einer um den Winkel ϑ gegen den Radius geneigten Richtung von dem leuchtenden Flächenstück aus gesandt wird, trifft die Kugeloberfläche auf einem Flächenstück, dessen Flächennormale bzw. Radius gegen die Richtung dieses Lichtes seinerseits um den Winkel ϑ geneigt ist. Die

Beleuchtungsstärke auf diesem Flächenstück ist also, wenn wir mit a seine zunächst unbekannte Entfernung vom leuchtenden Flächenstück bezeichnen,

$$\frac{\cos^2 \vartheta \; \mathrm{cd}}{a^2}.$$

Die Strecke a, der Abstand zwischen dem leuchtenden und beleuchteten Flächenstück, beträgt nun nach dem zweiten Strahlensatz $2\,\mathrm{r} \cdot \cos \vartheta$ oder, da $2\,\mathrm{r} = 1\,\mathrm{m}$ (nach obiger Vereinbarung) $\cos \vartheta$ m. Folglich beträgt, wenn dieser Wert in den Bruch eingesetzt wird, die Beleuchtungsstärke des betreffenden Flächenstückes $\dfrac{\cos^2 \vartheta \; \mathrm{cd}}{(2\,\mathrm{r} \cdot \cos \vartheta)^2} = \dfrac{\cos^2 \vartheta \; \mathrm{cd}}{(2\,\mathrm{r})^2 \cdot \cos^2 \vartheta} = \dfrac{1\,\mathrm{cd}}{1\,\mathrm{m}^2} = 1\,\mathrm{lx}$.

Das Licht, welches von dem 1 cm² großen Stück der Kugeloberfläche ausgestrahlt wird, verteilt sich also gleichmäßig auf der Oberfläche einer Kugel, deren Radius $^1/_2$ m beträgt.

Die Formel für die Kugeloberfläche lautet aber $4\,\mathrm{r}^2\pi$ bzw. $(2\,\mathrm{r})^2\pi$, die Oberfläche unserer Kugel ist somit π m² oder $\pi \cdot 10\,000$ cm², beträgt also das 31416fache des leuchtenden Flächenstückes. Da sie zugleich sämtliches Licht auffängt, welches von diesem Flächenstück ausgestrahlt wird, würde ihre Beleuchtungsstärke 1/31416 der Leuchtdichte des leuchtenden Flächenstückes betragen, *wenn dies alles Licht wäre, welches auf die Kugelfläche fällt.*

Dies ist allerdings nicht der Fall, sofern die geschilderte Kugel realiter vorhanden ist: denn dann wirkt jedes beleuchtete Flächenstück zugleich als Sekundär-, Tertiär-, Quartär- usw. Strahler, so daß die Kugel tatsächlich wesentlich stärker ausgeleuchtet wird. Sie hat uns aber inzwischen für das Verständnis der Beziehungen zwischen Stilb und Apostilb so wertvolle Dienste geleistet, daß wir sie nun wieder abbauen können bis auf das kleinste Oberflächenstück, welches dem leuchtenden Flächenstück gegenüberliegt. Dieses übrigbleibende Flächenstück wird nun mit 1 lx beleuchtet und leuchtet als Sekundärstrahler mit 1 asb, sofern es sich um eine vollkommen mattweiße Fläche handelt.

Eine vollkommen mattweiße Fläche gibt es indessen nicht. Ein Teil des auf eine solche Fläche treffenden Lichtes wird stets hindurchgelassen oder absorbiert. Man bezeichnet daher das Verhältnis des diffus zurückgeworfenen Lichtes zum auffallenden Licht, d. h. das Verhältnis der Leuchtdichte der sekundär leuchtenden Fläche (min asb) zur Beleuchtungsstärke (min lx), mit der sie zu dieser Leuchtdichte angeregt wird, als Weißegrad oder *Albedo* der betreffenden Fläche. Die Albedo wird meist in Prozent ausgedrückt und beträgt für frisch aufgedampftes Magnesiumoxyd 97%, Schnee 80%, weißes Papier 78%, Ackererde 8%, schwarzen Samt 0,25%.

Schließlich ist die Beleuchtungsstärke die Grundlage der Photometrie, der Lichtmeßtechnik. Praktisch alle diesbezüglichen Geräte messen oder vergleichen die Beleuchtungsstärke — die Lichtstärke der Lichtquelle kann dann hieraus nach den oben geschilderten Beziehungen berechnet werden.

Die einfachste Form eines Photometers besteht in dem Fettfleckphotometer nach BUNSEN. Bringt man auf ein mattweißes Papier einen nicht zu kleinen Fettfleck, so erleidet das Papier an dieser Stelle in seiner Mikrostruktur eine Änderung. Infolgedessen wird an der fettigen Papierstelle mehr Licht hindurchgelassen, aber weniger diffus reflektiert. Der Fettfleck erscheint also im auffallenden Licht dunkler, im durchfallenden Licht heller als das ihn umgebende mattweiße Papier. Das gleiche kann man auch bei Papier mit „Wasserzeichen" beobachten.

Beleuchtet man nun ein solches „Fettfleckphotometer" von beiden Seiten so, daß auf beiden Seiten die Beleuchtungsstärke gleich groß ist, so ist der Fettfleck

nicht mehr zu sehen, weil dann von jeder Seite aus gleich viel Licht hindurchgelassen und diffus reflektiert wird. Man kann nun dieses Papier von der einen
Seite mit einer Lichtquelle bekannter Leuchtstärke bzw. einer Einheitslichtquelle
aus bestimmter Entfernung beleuchten und damit die Lichtstärke einer anderen,
zunächst unbekannten Lichtquelle messen, indem man die unbekannte Lichtquelle in eine solche Entfernung von dem Papier bringt, daß der Fettfleck unsichtbar wird. Dann sind die Beleuchtungsstärken auf beiden Seiten gleich. Da die
Lichtstärke der einen Lichtquelle bekannt ist, kann man hieraus und aus der
Entfernung die Beleuchtungsstärke berechnen, und hieraus dann weiter aus der
Entfernung der zweiten unbekannten Lichtquelle deren Lichtstärke. Das scheinbare Verschwinden des Fettflecks setzt freilich voraus, daß das Licht von beiden
Seiten farbgleich ist. Bei verschiedenen Farben bedarf der Begriff der Helligkeits-
gleichheit ohnehin einer besonderen Definition. Diese Fragen gehören jedoch in
das Gebiet der Farbphysiologie und sollen hier nicht erörtert werden.

In der Photographie bedient man sich gewöhnlich einer anderen Technik,
um Beleuchtungsstärken zu messen: Man mißt Bestrahlungsstärken auf physikalischer Grundlage, und richtet die zugehörigen Meßgeräte so ein, daß sie auf
Strahlungsenergien verschiedener Wellenlängen quantitativ in gleichem Verhältnis reagieren wie das menschliche Auge.

Die Photometrie ist deshalb von so großer Bedeutung, weil unser Auge auf
verschiedene Helligkeiten sehr anpassungsfähig ist und daher ohne Vergleichs-
helligkeit nicht imstande ist, verschiedene Helligkeiten zu verschiedenen Zeiten
quantitativ zu unterscheiden.

e) Die Lichtmenge

Als letzte Größe der Lichttechnik bleibt schließlich noch die *Lichtmenge*
(physikalisch Strahlungsmenge) zu erwähnen. Sie ist das Produkt des Lichtstroms mit der Zeit. Sie spielt in der Optik des Auges vor allem in schwellennahen
Lichtstärkebereichen sowie bei sehr kurzen Belichtungszeiten eine maßgebliche
Rolle.

Für eine bestimmte Wellenlänge sind darüber hinaus sowohl Lichtmenge als auch Strahlungsmenge proportional zur Zahl der emittierten bzw. absorbierten Lichtquanten oder
Photonen. Für alle photochemischen Reaktionen ist die Licht- bzw. Strahlungsmenge die
entscheidende Größe. Für die photochemischen Reaktionen in der Netzhaut gilt grundsätzlich das gleiche, da aber das Auge die Fähigkeit hat, diese Reaktionen dem jeweiligen Lichtstrom anzupassen, wird die Abhängigkeit dieser Reaktionen von der Lichtmenge nur bei
besonderen Untersuchungsbedingungen offenbar.

7. Die geradlinige Ausbreitung des Lichtes als nützliche Arbeitshypothese

Wir haben gesehen: Die „Strahlen" der geometrischen Optik sind formale
Gebilde, die zur Erklärung eines realen Phänomens zweckmäßig sind, ohne im
einzelnen selbst real darstellbar zu sein. Das gleiche gilt für Strahlenbüschel- und
Bündel. Erst der Strahlenraum mit seiner 4fach unendlichen Strahlenschar ist
beim Schattenwurf real darstellbar. Wir haben ferner gesehen, daß der Strahlenraum grundsätzlich von zwei Blenden begrenzt wird, von denen wir die eine als
Luke oder Gesichtsfeldblende und die andere (im Hinblick auf die Bedeutung bei
brechenden Systemen) als Aperturblende bezeichnet haben. Dabei kann sehr wohl
eine Blende an verschiedenen Stellen des Strahlenraumes verteilt sein; zum Beispiel ist die Gesichtsfeldblende eines stark adduzierten, nach oben blickenden
Auges nasal oben der Orbitarand und Nasenrücken, temporal und unten dagegen
die pars optica retinae. Entscheidend ist, daß sie sich von der Mitte der Aperturblende auf eine Ebene projizieren lassen.

Im nächsten Kapitel werden wir indessen sehen, daß auch der Strahlenraum nicht ausreicht, um alle Erscheinungen des Schattenwurfs zu erklären, weil die „geometrischen" Schattengrenzen vom Licht grundsätzlich überschritten werden; doch ist diese Überschreitung oft sehr gering, sodaß wir sie nicht wahrnehmen können.

Würde die geradlinige Ausbreitung des Lichts uneingeschränkt gelten, so würde die Schattenbildung ausschließlich nach den oben erwähnten Prinzipien vor sich gehen, und wir würden, gleichgültig, wie groß Lichtquelle und Schatten spendendes Objekt auch sind, stets die drei Zonen eines Kernschattens, Halbschattens und einer schattenfreien Zone zu unterscheiden haben. Die Halbschattenzone müßte um so kleiner werden, je kleiner die Lichtquelle und je weiter sie von Objekt und Bild entfernt ist. Die Lochkameraabbildung müßte um so schärfer sein, je kleiner das abbildende Loch, die Aperturblende, gewählt wird.

Hat man indessen eine sehr kleine Lichtquelle (unter 1 mm Durchmesser) und eine Aperturblende von der Größe eines Nadelstichs, so sieht man auf der Mattscheibe einen ausgedehnten hellen Fleck, der sich nicht in Form einer Halbschattenzone gegen die dunkle Umgebung absetzt, sondern zunächst von hellen und dunklen farbigen Ringen umgeben ist.

Diese Erscheinungen und zahlreiche andere zeigen, daß sich das Licht nicht immer geradlinig ausbreitet, sondern unter bestimmten Bedingungen „gebeugt" wird.

Wir werden daher im folgenden Kapitel näher auf die Ursachen dieser „Beugung" eingehen und dabei zeigen, daß sich alle diese und noch zahlreiche andere Beobachtungen aus der konsequenten Anwendung einer Theorie folgerichtig erklären: der *Wellentheorie des Lichtes* oder des *Huygens-Fresnelschen Prinzips*, und daß die im ersten Kapitel geschilderte geradlinige Ausbreitung des Lichts nichts anderes ist als ein Spezialfall der Wellentheorie.

II. Die Wellentheorie des Lichtes. Das Huygenssche Prinzip

Während die geradlinige Ausbreitung des Lichtes eine sehr alte und leicht verständliche Erfahrungstatsache ist, fehlt der Wellentheorie diese unmittelbare Anschaulichkeit. Sie entspricht ja auch nicht einer so unmittelbaren Erfahrung wie die geradlinige Ausbreitung des Lichtes, sondern allein der Tatsache, daß es zahlreiche Beobachtungen gibt, die sich mit dieser ersten Erfahrung nicht in Einklang bringen lassen. Man könnte nun gleichsam historisch die Entstehung der Wellentheorie anhand dieser mit der geradlinigen Ausbreitung des Lichtes nicht im Einklang stehenden Tatsachen entwickeln. Es scheint uns aber zweckmäßiger, die Theorie an den Anfang zu stellen und die verschiedenen Beobachtungen als notwendige Folgerungen dieser Theorie zu entwickeln.

Dabei sei nochmals betont, daß „Theorie", abgeleitet vom griechischen $\vartheta\varepsilon\acute{a}o\mu\alpha\iota$, soviel wie „Anschauung" oder etwa „Ansicht" bedeutet, jedenfalls keineswegs etwas, das zu unserer unmittelbaren Erfahrung keinen Bezug hat.

1. Welle und Schwingung

Um dieser Anschaulichkeit willen wollen wir die Wellentheorie zunächst an einem unmittelbar anschaulichen Modellfall, der Wellenausbreitung auf einer Wasseroberfläche, entwickeln, um die hierbei gewonnenen Erkenntnisse für das Verständnis der „Natur" des Lichtes anzuwenden. Dabei müssen wir freilich in Kauf nehmen, daß unser Modellfall die Wellenausbreitung auf einer Fläche, der Oberfläche des Wassers, darstellt, während sich das Licht im Raum nach allen

Seiten ausbreitet. Versetzen wir eine spiegelnd glatte Wasseroberfläche an einer Stelle in Bewegung, etwa dadurch, daß wir einen Stein hineinwerfen, so sehen wir alsbald konzentrische Wellenkreise, die sich mit gleichmäßiger Geschwindigkeit nach allen Seiten auf der Wasseroberfläche ausbreiten. Dabei läßt sich leicht zeigen, daß es nicht die Wasseroberfläche selbst ist, die sich nach allen Seiten gleichmäßig ausbreitet: Bringen wir Papierschnitzel auf die Wasseroberfläche, so werden sie von der Wellenbewegung auf und ab, nicht aber in der Richtung der Wellenausbreitung fortbewegt. Dabei ist es gleichgültig, ob wir Papierschnitzel in das Zentrum unserer Wellenkreise (die Stelle, an der der Stein ins Wasser geworfen wurde) oder an irgendeinen beliebigen anderen Punkt der Wasseroberfläche bringen: An allen Stellen wird das Papierstückchen, welches die Wasseroberfläche „markiert", in gleicher Weise auf und ab schwingen.

a) Einfache Schwingungen

Offenbar ist also die Wellenbewegung aus Schwingungen zusammengesetzt, und wir haben uns zunächst mit dem Problem der Schwingung zu befassen, um zu verstehen, was bei einer Welle vor sich geht.

Schwingungen treten uns im täglichen Leben in zahlreichen Formen entgegen, etwa bei elastischen Federn, Gummibändern, Pendeln, Stimmgabeln, Saiten, hohen Gebäuden, Brücken und anderen Dingen.

Wir wählen als Modellbeispiel die Pendelschwingung, obgleich die grundsätzlichen Probleme bei jeder anderen Schwingung die gleichen sind (Abb. 17a). Hängt man an einem nahezu gewichtslosen Faden ein Gewicht auf, so ist dieses System ein Pendel. Der Schwerpunkt des Gewichtes wird im allgemeinen den tiefsten möglichen Punkt aufsuchen, das ist der Punkt senkrecht unter dem Befestigungspunkt des Fadens. Das Gewicht befindet sich dann im Zustande des stabilen Gleichgewichts. Es kann durch Veränderung seiner Lage keine Energie abgeben, weil es schon am tiefsten Punkt ist; seine potentielle Energie ist also gleich 0. Es besitzt auch keine Geschwindigkeit, seine kinetische Energie ist somit ebenfalls 0.

Wird das Pendel aus dieser Lage herausgebracht (wobei stets vorausgesetzt bleibt, daß der Aufhängepunkt des Fadens unverändert bleibt), so ist dies nur dadurch möglich, daß der Schwerpunkt des Pendels gehoben wird, dem Pendel also Energie zugeführt wird. Wir setzen voraus, daß das Pendel bei der Anhebung seines Schwerpunktes seine Form nicht ändert, daß also der Faden gespannt bleibt. Dann muß sich der Schwerpunkt auf einer kreisbogenförmigen Bahn bewegen. Man nennt die Energie, die das Pendel dadurch erhält, daß sein Schwerpunkt angehoben wird, potentielle Energie, weil sie nicht unmittelbar verfügbar ist, sondern nur durch ihre Fähigkeit, dem Gewicht eine bestimmte Fallbeschleunigung zu erteilen. Wird das Gewicht losgelassen, so strebt das Pendel in seine stabile Gleichgewichtslage

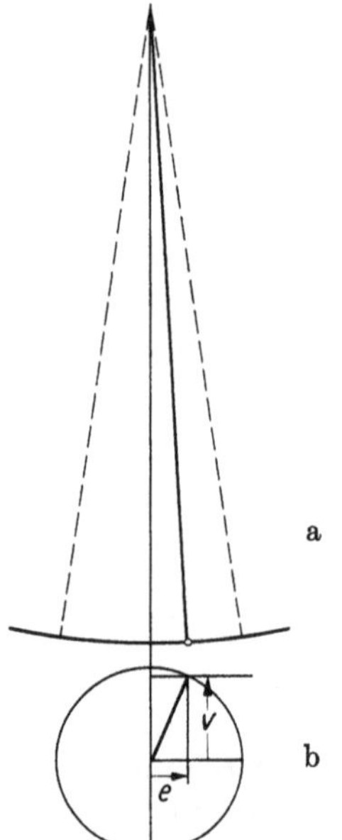

Abb. 17. Formale Rückführung der Pendelschwingung (a) auf eine Kreisbewegung (b): Auf der Ordinate die Geschwindigkeit v. Die Richtung der Geschwindigkeit ist hier rein formal aufzufassen, sie steht nicht wie in der Zeichnung senkrecht zur Elongation. Auf der Abszisse die Elongation e. Die Summe aus $e^2 + v^2$, also die Summe aus potentieller Energie und kinetischer Energie ist in allen Pendellagen konstant, dies wird durch den unter dem Pendel stehenden Kreis ausgedrückt

zurück, der Schwerpunkt bewegt sich auf Grund der Fallgesetze auf den tiefst möglichen Punkt, den Punkt unter dem Aufhängepunkt des Fadens zu. Dabei erfährt das Gewicht eine Beschleunigung; im Augenblick, in dem die stabile Gleichgewichtslage erreicht ist, besitzt das Pendel die größte Geschwindigkeit: Die anfangs verfügbare potentielle Energie ist in kinetische Energie umgewandelt, die das Pendel nun befähigt, seine Bewegung über den Schwerpunkt hinaus fortzusetzen, wobei der Schwerpunkt wieder angehoben wird, die Geschwindigkeit sich verlangsamt, die kinetische Energie also wieder in potentielle Energie umgewandelt wird. Dabei ist in jedem Augenblick und an jeder Stelle die Summe aus potentieller Energie und kinetischer Energie konstant.

Nach einer bestimmten Zeit wird die Geschwindigkeit des Pendels wieder 0 sein, das Pendel hat dann wieder seinen höchsten Punkt, den „toten Punkt", erreicht, und seine gesamte kinetische Energie, die es beim Durchgang durch den Punkt des Gleichgewichts hatte, in potentielle Energie umgewandelt. Damit beginnt das Spiel von neuem in entgegengesetzter Richtung und wiederholt sich solange, bis die Energie durch unvermeidliche Reibungsverluste aufgebraucht, d. h. in Wärme umgewandelt ist. Es findet also eine zeitlich periodische Umwandlung von potentieller in kinetische Energie und umgekehrt statt. Eine solche zeitlich periodische Umwandlung zweier Energieformen untereinander wird als Schwingung bezeichnet.

Man bezeichnet die Zeit, die das Pendel benötigt, um zu einem bestimmten Schwingungszustand zurückzukehren, als *Schwingungsdauer T*; hierbei werden also beide toten Punkte und der Schwerpunkt in beiden Richtungen durchlaufen. Die Schwingungsdauer ist eine für jedes Pendel konstante Größe. Bei „mathematischen Pendeln", d. h. Pendeln, deren ganzes Gewicht in ihrem Schwerpunkt vereinigt ist, d. h. der Aufhängefaden gewichtslos ist, hängt die Schwingungsdauer allein von ihrer Länge und von der Erdanziehung ab, nicht dagegen vom Gewicht des Pendels. Praktisch hat man es indessen stets mit „physikalischen Pendeln" zu tun, weil die Aufhängung selbst nicht gewichtslos sein kann. Den reziproken Wert der Schwingungsdauer $\frac{1}{T} = \nu$, die Zahl der Schwingungen in der Zeiteinheit, bezeichnet man als *Frequenz* einer Schwingung. Als Zeiteinheit wird hierbei die Sekunde zugrunde gelegt.

Schwingungsdauer und Frequenz sind insbesondere unabhängig von der Schwingungsweite, d. h. der Entfernung des toten Punktes von der Gleichgewichtslage. Diese Beziehung gilt freilich nur für den Fall, daß die Schwingungsweite sehr klein gegen die Länge des Pendels ist, der Winkel des Pendelausschlages also so klein ist, daß man den Unterschied zwischen Bogenlänge und Sinus vernachlässigen kann. Man bezeichnet ferner die Entfernung des Pendels aus seiner Gleichgewichtslage als *Elongation*, und die Entfernung der toten Punkte von der Gleichgewichtslage, also die größte Elongation, als *Amplitude* einer Schwingung.

Die Amplitude eines Pendels wird sich im Laufe der Schwingungen vermindern, sofern dem Pendel nicht in irgendeiner Form neue Energie zugeführt wird. Man nennt solche Schwingungen, deren Energie durch Reibungsverluste, also Umwandlung in Wärme, allmählich aufgebraucht wird, gedämpfte Schwingungen. Die Amplitude einer Schwingung ist also eine Ausdrucksmöglichkeit für die Energie, die bei einer solchen Schwingung periodisch umgewandelt wird. Eine andere Ausdrucksmöglichkeit für diese Energie ist etwa die Geschwindigkeit, mit der der Schwerpunkt des Pendels sich durch den Punkt des stabilen Gleichgewichts bewegt.

Bezieht man sich bei einem gegebenen Pendel auf die Amplitude der Schwingung, so ist die Energie dem Quadrat der Amplitude proportional (womit insbesondere zum Ausdruck gebracht wird, daß an beiden toten Punkten, deren

Elongationen ja entgegengesetzte Vorzeichen haben, die Energie gleich ist). Bezieht man sich auf die Geschwindigkeit im Gleichgewichtspunkt, so ist die Energie dem Quadrat der Geschwindigkeit proportional, also auch hier wieder unabhängig von der Richtung, in der der Gleichgewichtspunkt durchlaufen wird. Schließlich ist in jedem Punkt der Pendelbahn die kinetische Energie dem Quadrat der Geschwindigkeit, die potentielle Energie dem Quadrat der Elongation proportional und – wie schon eingangs erwähnt – die Summe aus kinetischer und potentieller Energie konstant.

Dies gibt uns die Möglichkeit, eine Schwingung graphisch auf einem Koordinatensystem darzustellen (Abb. 17b). Man trägt etwa auf der Abszisse die Elongation des Pendels ab und auf der Ordinate seine Geschwindigkeit, wobei man für die Darstellung der Amplitude (der maximalen Elongation) und der maximalen Geschwindigkeit (beim Passieren der Gleichgewichtslage) gleiche Längen wählt.

Da die potentielle Energie des Pendels dem Quadrat der Elongation, seine kinetische Energie dem Quadrat der Geschwindigkeit proportional ist, liegen in der graphischen Darstellung sämtliche Punkte, für die die Summe aus potentieller und kinetischer Energie konstant ist, auf einem Kreisumfang. Die Begründung hierfür liefert der Satz des Pythagoras: Im rechtwinkligen Dreieck ist das Quadrat über der Hypothenuse gleich der Summe der Quadrate über den Katheten.

Man kann also eine Schwingung *formal* auf eine Kreisbewegung zurückführen. Dies gilt für jede ungedämpfte Schwingung. Eine Schwingungsdauer entspricht dabei einem vollen Kreisumlauf. Erfolgt dieser (formale) Kreisumlauf mit konstanter Winkelgeschwindigkeit, wie etwa beim Pendel, so spricht man von *harmonischer* Schwingung.

Bei dieser Darstellung gibt die Bewegung des Abszissenpunktes die Pendelbewegung unmittelbar wieder. Man kann ein Pendel auch eine Kreisbewegung ausführen lassen: Auch dann liegt eine Schwingung vor, nur werden dann nicht zwei Energieformen periodisch ineinander umgewandelt, sondern lediglich die Geschwindigkeitsrichtungen der kinetischen Energie, während die potentielle Energie konstant bleibt.

Der Vergleich einer Schwingung mit einem Kreisumlauf gibt auch die Grundlage für die Beziehungen der verschiedenen Stellungen einer Schwingung untereinander: Eine volle Schwingung entspricht einem Kreisumlauf, mithin einem Winkel von 360° oder, im Bogenmaß (s. S. 22), $2\,\pi$. Eine halbe Schwingung, etwa von einem toten Punkt zum anderen oder vom Passieren der Gleichgewichtsstellung bis zur Wiederkehr in dieselbe in entgegengesetzter Richtung, entspricht einem Winkel von 180° oder π, eine Viertelschwingung, etwa von einem toten Punkt bis zur Gleichgewichtsstellung, einem Winkel von 90° oder $^\pi/_2$. Man bezeichnet somit den jeweiligen Zustand einer Schwingung im Winkelmaß als ihre Phase und den Abstand zweier Schwingungszustände im Winkelmaß als Phasendifferenz. Bei dem von uns gewählten Koordinatensystem wurde die Zeit durch den Kreisumlauf dargestellt, während Ordinate und Abszisse die beiden sich periodisch wechselnden Energieformen ausdrückten.

Man kann eine Schwingung graphisch auch so darstellen, daß man die Zeit auf der Abszisse und die Elongation oder die Geschwindigkeit auf der Ordinate eines

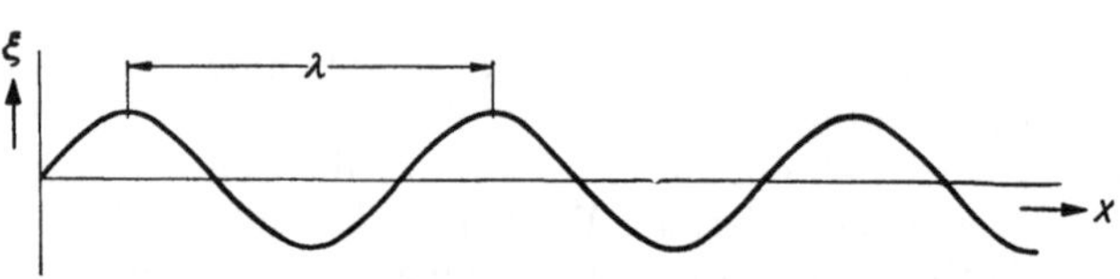

Abb. 18. Sinuskurve als Ausdruck einer ungedämpften harmonischen Schwingung. λ = Schwingungsdauer (zeitlich) bzw. Wellenlänge (räumlich) (nach GEHRTSEN[1])

[1] CHR. GEHRTSEN: Physik 4. Auflage. Springer-Verlag.

Koordinatensystems aufträgt. Dann wird die Schwingung in Form einer periodischen Kurve dargestellt, insbesondere in der Form einer Sinuskurve, wenn es sich um eine ungedämpfte harmonische Schwingung handelt. Bei der Welle werden wir die periodische Kurve, insbesondere die Sinuskurve, noch in anderem Zusammenhang kennenlernen (Abb. 18).

b) Gekoppelte Schwingungen

Man kann nun mehrere Pendel gleicher Schwingungsdauer miteinander koppeln, indem man sie mit einer elastischen Feder verbindet. Hierzu ist es zweckmäßig, jedes Pendel an zwei Fäden aufzuhängen, damit es nur in einer Ebene schwingen kann. Dann wird durch die Schwingung des ersten Pendels die elastische Feder, durch die es mit dem zweiten Pendel verbunden ist, periodisch gespannt und entspannt. Auf diese Weise wird auch das zweite Pendel zum Schwingen angeregt, und zwar mit einer gewissen zeitlichen Verzögerung gegenüber dem ersten Pendel. Nacheinander führen schließlich sämtliche Pendel die gleiche Schwingung aus, es pflanzt sich also die Schwingung des ersten Pendels mit endlicher Geschwindigkeit durch die ganze Reihe der Pendel fort, bis schließlich auch das letzte Pendel zu schwingen anfängt (Abb. 18).

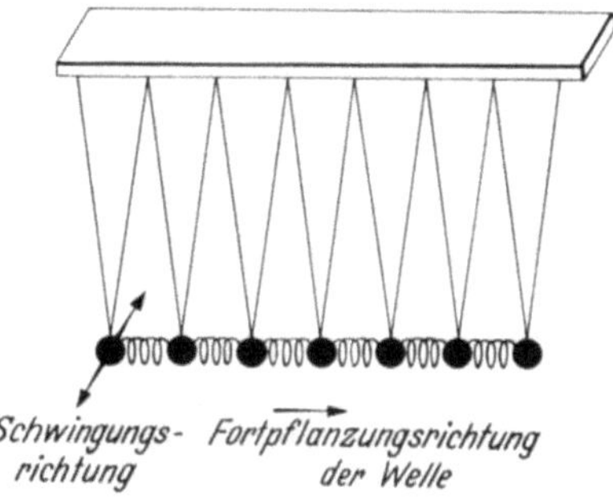

Abb. 19. Gekoppelte Pendel. Die Pendel sind biflar aufgehängt, so daß sie nur in einer Richtung schwingen können und untereinander durch Spiralfedern verbunden (nach BERGMANN-SCHAEFER[1])

In Abb. 19 sind für 16 Pendel in gleichen Zeitabschnitten aufeinanderfolgende Momentbilder des Schwingungszustandes wiedergegeben. Zur Zeit 0 befinden sich alle Pendel noch in Ruhe, zur Zeit I ist das Pendel 0 zur Seite abgelenkt, während Pendel 1 sich noch in Ruhelage befindet; zur Zeit II ist der Ausschlag von Pendel 0 größer geworden, Pendel 1 beginnt nun auch bereits nach derselben Seite zu schwingen, während Pendel 2 noch in Ruhe ist. Zur Zeit III hat Pendel 0 seine größte Schwingungsweite, seine Amplitude, erreicht, und Pendel 2 beginnt mit seiner Schwingung. Während in den darauf folgenden Zeiten IV bis VI Pendel 0 in die Ruhelage (Gleichgewichtslage) zurückkehrt, um sich dann nach der entgegengesetzten Seite zu bewegen, erreichen nacheinander die Pendel 1, 2 und 3 usw. ihre größte Schwingungsweite. Man kann dann deutlich verfolgen, wie

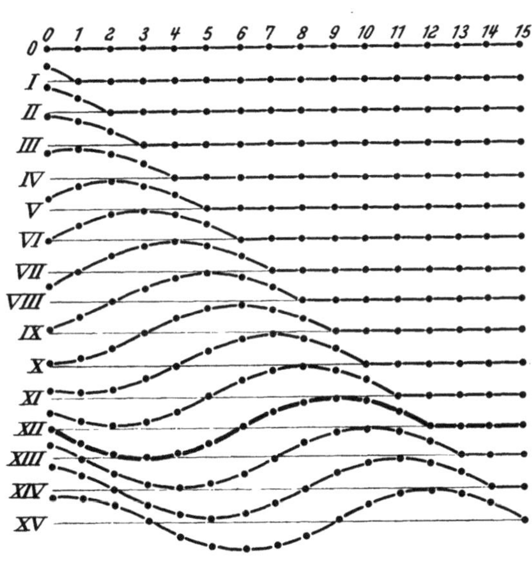

Abb. 20. Siehe Text (nach BERGMANN-SCHAEFER)

sich die Schwingungsbewegung allmählich von links nach rechts fortpflanzt, und zwar in den gleichen Zeiten um das gleiche Stück. Verbindet man, wie dies auch

---

[1] BERGMANN, L., und CL. SCHAEFER: Lehrbuch der Experimentalphysik, Bd. 1. Berlin, de Gruyter 1945.

in Abb. 19 geschehen ist, die gleichzeitigen Lagen sämtlicher Pendel durch einen Linienzug, so stellt dieser eine räumliche Schwingung dar, die für jeden Zeitmoment der Bewegung eine andere Lage hat und als Ganzes starr nach rechts wandert. Zusammenfassend können wir sagen: wenn wir *ein einzelnes Pendel* betrachten, so *führt* dieses *eine zeitlich periodische Schwingung* aus, betrachten wir aber die *Gesamtheit aller Pendel in einem einzigen Zeitmoment* so haben wir *eine räumlich periodische Schwingung* vor uns; betrachten wir aber *alle Pendel zu allen Zeiten*, so ist der Vorgang *zeitlich und räumlich periodisch*; man nennt ihn eine *Welle*. Bei einer Welle schwingt jedes Teilchen stets nur um seine Ruhelage, entfernt sich also im Mittel nicht von seiner Stelle; lediglich der Schwingungszustand pflanzt sich fort. Den Abstand zweier Teilchen, die sich wie die Teilchen *0* und *12* (in den Zeiten *XII* bis *XV*) oder die Teilchen *2* bis *14* (in den Zeiten *XIV* und *XV*) im gleichen Bewegungszustand befinden — man bezeichnet diesen Bewegungszustand auch als Phase — nennt man die Wellenlänge der Welle. Die Wellenlänge, die räumliche Periode, stellt also das Analogon zur Schwingungsdauer, der zeitlichen Periode T dar. Zum Durchlaufen der Strecke λ braucht die Welle gerade die Zeit T einer Schwingungsdauer, wie man in Abb. 20 z. B. am Teilchen *0* erkennt. Demnach ergibt sich als *Fortpflanzungsgeschwindigkeit* c der Welle die wichtige Beziehung

$$c = \frac{\lambda}{T} = \nu \cdot \lambda \, ,$$

wobei ν die Anzahl der Schwingungen in der Zeiteinheit bedeutet und als Frequenz bezeichnet wird. Sie ist gleich dem reziproken Wert der Schwingungsdauer T. Diese Beziehung zwischen Fortpflanzungsgeschwindigkeit, Frequenz bzw. Schwingungsdauer und Wellenlänge gilt für alle Wellenvorgänge, welcher Art sie auch immer sein mögen. Auch die anfangs erwähnten Wasserwellen sind als solche fortgeleitete Schwingung zu verstehen.

Man kann diesen Vorgang etwa folgendermaßen deuten: Die spiegelnd glatte Wasseroberfläche befindet sich in einem Gleichgewichtszustand. An der Stelle, an der der Stein in das Wasser geworfen wird, wird das Wasser nach unten gedrückt und muß wegen seiner geringen Zusammendrückbarkeit ringsherum nach oben ausweichen. Die Schwerkraft versucht diese Verformung der Oberfläche auszugleichen. Es kommt zu einer schwingenden Auf- und Abwärtsbewegung der Flüssigkeitsteilchen, die sich nach allen Seiten ausbreitet. Daß dabei jedes Teilchen nur am Orte schwingt, wurde bereits anfangs erwähnt und gezeigt.

In den gewählten Beispielen schwingen die einzelnen Teilchen senkrecht zur Fortpflanzungsrichtung der Wellenbewegung. Man nennt solche Wellen Transversalwellen. Schwingen dagegen die Teilchen in der Richtung der Wellenbewegung, wie dies bei der Schallausbreitung der Fall ist, so spricht man von Longitudinalwellen.

Allen Wellen ist indessen eine Eigenschaft gemeinsam:

Zur Erzeugung jeder Welle muß man eine bestimmte Arbeit aufwenden, die dann als Energie durch den Raum mit der Welle fortwandert, und zwar so, daß in jedem Punkte, über den die Welle hinweggleitet, diese Energie in periodischem Wechsel in zwei verschiedenen Formen, z. B. als kinetische und potentielle Energie auftritt, je nachdem, ob das von der Welle erfaßte Teilchen maximale Geschwindigkeit oder die Geschwindigkeit *0* besitzt. Man erkennt dies z. B. an den in Abb. 19 und 20 benutzten Pendeln: Die dem ersten Pendel zugeführte Energie überträgt sich auf die folgenden Pendel, wobei jedes einzelne sämtliche Schwingungsphasen durchläuft. Wir können daher sagen — und das gilt mutatis mutandis auch für die elektromagnetischen Wellen, zu denen die Lichtwellen gehören:

Das allgemeine Merkmal einer Wellenbewegung ist die Fortpflanzung von Energie, wobei sich die Form der Energie in periodischem Wechsel dauernd umwandelt.

Bei den mechanischen Wellen sind diese beiden Energieformen potentielle Energie — Energie, die durch Arbeit gegen einen bestimmten Widerstand, etwa den der Schwerkraft oder auch einer Elastizität gewonnen wurde — und kinetische Energie. Bei den elektromagnetischen Wellen, von denen ein kleiner Teil als „Licht" wahrgenommen wird — sind diese beiden Energieformen elektrische und magnetische Energie, welche in periodischem Wechsel ineinander umgewandelt werden. Da bei einer Wellenbewegung jedes Teilchen nur an seinem Orte schwingt, findet in der Welle ein Energietransport ohne Massentransport statt.

Bei der Wellenerzeugung durch gekoppelte Pendel oder durch eine gespannte Schnur geschieht die Ausbreitung der Welle nur in Richtung einer Geraden. Man nennt derartige Wellen lineare Wellen. Bei den Wasserwellen erfolgt die Ausbreitung längs der Oberfläche in allen Richtungen gleichmäßig, so daß wir von flächenhaften Wellen (Oberflächenwellen) sprechen. Der all-

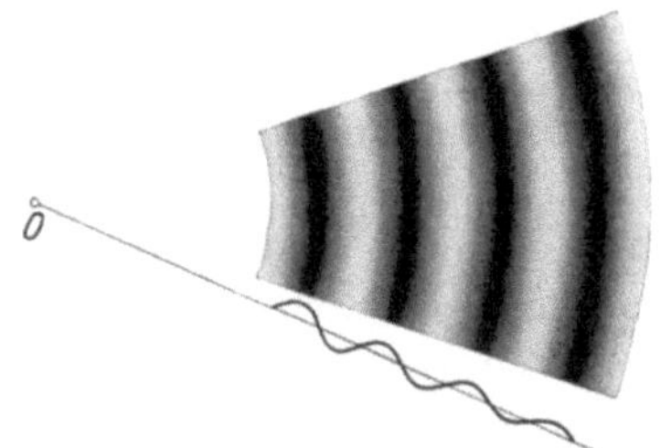

Abb. 21. Ausschnitt aus einer räumlichen Welle, auf eine Fläche projiziert. Die in dem Wellenbild nur an den unterschiedlichen Schwärzungen erkenntlichen Amplituden sind unten noch einmal graphisch dargestellt (nach RÜCHARDT[1])

gemeinste Fall ist schließlich der, der uns auch in der Optik interessiert, daß nämlich die Wellenerzeugung in einem den ganzen Raum gleichmäßig erfüllenden Medium stattfindet; dann erfolgt die Ausbreitung nach allen Seiten, wir sprechen von räumlichen Wellen (Abb. 21).

c) Die Schwingungsrichtung

Die Wellenbewegung bei gekoppelten Pendelschwingungen kann so dargestellt werden, daß die Richtung der einzelnen Pendelschwingungen mit der Ausbreitungsrichtung der Wellenbewegung übereinstimmt: Dann sprechen wir von Longitudinalwellen. In dem auf S. 33 skizzierten Beispiel schwingen die gekoppelten Pendel in einer zur Ausbreitungsrichtung der Wellenbewegung senkrechten Richtung, man spricht daher hierbei von Transversalwellen (Abb. 22). Auch die Wellen auf der Wasserober-

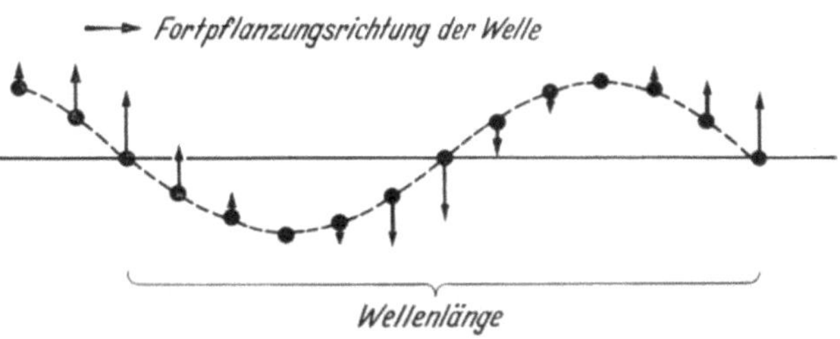

Abb. 22. Bei Transversalwellen schwingen die Teilchen senkrecht zur Fortpflanzungsrichtung der Wellen. Die Pfeilspitzen geben einen späteren Schwingungszustand der gleichen Welle wieder (nach BERGMANN-SCHAEFER)

fläche sind Transversalwellen, denn die Ausbreitung der Wellenbewegung erfolgt auf allen Richtungen der Wasseroberfläche, die Schwingungen hingegen erfolgen senkrecht zur Wasseroberfläche.

Bei den Lichtwellen handelt es sich ebenfalls um Transversalwellen, also um Wellen, die senkrecht zu ihrer Ausbreitungsrichtung schwingen. Dies ist nun schwerer verständlich als bei den Wasserwellen, weil sich die Lichtwellen ja nach allen Richtungen im Raum ausbreiten, es zu jeder Ausbreitungsrichtung aber unendlich viele senkrechte Richtungen gibt. Beim „natürlichen" Licht sind nun sämtliche zur Ausbreitungsrichtung senkrechten Richtungen „Schwingungsrichtungen", mit anderen Worten: „Schwingungsebenen" sind sämtliche Ebenen,

---

[1] E. RÜCHARDT: Sichtbares und unsichtbares Licht. Springer-Verlag 1952.

die die Ausbreitungsrichtung (als Gerade) enthalten. Da es schwer vorstellbar ist, daß ein Teilchen zu gleicher Zeit in verschiedenen Richtungen schwingt, ist anzunehmen, daß in rascher regelloser Folge Schwingungen in verschiedenen Schwingungsrichtungen über die Teilchen hinwegziehen.

Durch geeignete Maßnahmen, wie Spiegelung, Brechung in Kristallen und ähnliche Vorkehrungen kann indessen das natürliche Licht dahingehend beeinflußt werden, daß für irgendeine Ausbreitungsrichtung eine bestimmte Schwingungsrichtung bevorzugt wird. Man kann auf diese Weise Lichtstrahlung erzeugen, welche nur in einer einzigen Richtung senkrecht zur Ausbreitungsrichtung schwingt. Man nennt solches Licht *polarisiert*.

Auch die Wasserwellen sind in diesem Sinne als polarisiert anzusehen, denn die Schwingung der Wasserteilchen erfolgte ja nur in *einer* zur Ausbreitungsrichtung senkrechten Richtung, während es keine Teilchen gibt, die, ebenfalls senkrecht zur Ausbreitungsrichtung der Wellenbewegung, seitlich hin und her schwingen.

Die Optik des polarisierten Lichtes ist ein umfangreiches Kapitel, auf dessen Darstellung indessen im Rahmen einer ophthalmologischen Optik weitgehend verzichtet werden kann, zumal die hiermit im Zusammenhang stehenden Probleme innerhalb des Auges nur wenig untersucht sind und wohl auch keine entscheidende Rolle spielen. Für die Erforschung anorganischer und organischer Strukturen spielt indessen die Optik des polarisierten Lichtes eine große Rolle. Interessenten seien auf die einschlägigen Physikbücher verwiesen.

Da die Verwendung polarisierten Lichtes in der Ophthalmologie indessen eine gewisse praktische Bedeutung hat, seien die Zusammenhänge insoweit dargestellt, als dies für das Verständnis dieser praktischen Anwendungsmöglichkeiten erforderlich ist.

Man nennt jede Einrichtung, die in der Lage ist, aus dem natürlichen Licht die in einer bestimmten Richtung schwingende Strahlung auszusondern, einen Polarisator. Von einer Ausnahme abgesehen, ist unser Auge nicht in der Lage, polarisiertes von unpolarisiertem Licht zu unterscheiden. Dies kann aber mit Hilfe eines weiteren Polarisators geschehen, der dann allerdings als Analysator bezeichnet wird. Er läßt das polarisierte Licht nur dann durch, wenn seine „Polarisationsrichtung" mit der des Polarisators übereinstimmt. Steht sie senkrecht dazu, so wird das polarisierte Licht nicht hindurchgelassen, steht sie schräg dazu, so wird das Licht abgeschwächt.

Hierdurch ist nun die Möglichkeit gegeben, ohne besondere haploskopische Einrichtungen dem rechten und linken Auge getrennte Bilder anzubieten. So werden z. B. durch einen Projektionsapparat auf eine Projektionswand aus einem nicht depolarisierenden Material (z. B. Aluminiumschirm) zwei verschiedene Bilder mit aufeinander senkrecht stehenden Polarisationsrichtungen projiziert. Der Beobachter trägt eine Polarisationsbrille, das heißt zwei Analysatoren in den gleichen aufeinander senkrecht stehenden Polarisationsrichtungen, so daß jedes Bild nur ein Auge erreicht, vor dem anderen aber durch den Analysator ausgelöscht wird.

Die Netzhaut des menschlichen Auges besitzt in der Macula lutea ebenfalls die Eigenschaft eines Analysators: Blickt man auf eine gleichmäßige, in polarisiertem Licht leuchtende Fläche, so kann man unter günstigen Beobachtungsbedingungen eine zarte büschelförmige Figur beobachten, die sogenannten Haidingerschen Büschel.

Diese Haidingerschen Büschel werden im „Koordinator" nach CÜPPERS zur entoptischen Darstellung der Fovea ausgenützt.

d) Die Wellenfläche

Wenn wir die Wasserwellen beobachten, die beim Hineinwerfen eines Steines in eine Wasserfläche entstehen, so sehen wir, daß sich die Wellen von der Erregungsstelle gleichmäßig nach allen Seiten auf der Wasseroberfläche ausbreiten: Wellentäler und Wellenberge bilden immer größer werdende Kreise, außerhalb deren die Wasseroberfläche noch in Ruhe ist.

Wird allgemein eine Welle durch eine Erregungsstelle in einem homogenen und isotropen Medium erzeugt — unter homogen wird verstanden, daß die Wellenausbreitung in dem betreffenden Medium überall mit gleicher Geschwindigkeit stattfindet, das heißt, daß die Geschwindigkeit der Wellenausbreitung vom *Ort* unabhängig ist, während unter isotrop verstanden wird, daß die Wellenausbreitung nach allen Richtungen mit gleicher Geschwindigkeit erfolgt, also *von der Richtung* unabhängig ist —, so breiten sich die Wellen nach allen Richtungen gleichmäßig aus. Wir können auch hier zu jeder Zeit in dem betreffenden Medium eine Fläche konstruieren, derart, daß innerhalb derselben nur die Punkte eingeschlossen sind, die die Welle bereits erreicht hat, während außerhalb der Fläche sich alle Punkte befinden, die noch nicht in Schwingungen versetzt worden sind. Eine solche Fläche ist offenbar eine Fläche gleicher Phase und wird als Wellenfläche bezeichnet. Die Ausbreitung der Welle erfolgt also stets senkrecht zur Wellenfläche.

Man kann die Wellenfläche auch so definieren: Alle diejenigen Punkte liegen auf einer Wellenfläche, die von der Welle in gleichen Zeiten vom Erregungsort aus erreicht werden. Nach der Form der Wellenfläche unterscheidet man verschiedene Arten von Wellen: Bei einer punktförmigen Erregungsstelle bildet die Wellenfläche in einem homogenen und isotropen Medium eine Kugelfläche; man spricht in diesem Falle von Kugelwellen. Einer ebenen Welle entspricht eine Ebene als Wellenfläche; sie ließe sich nur durch eine unendlich ausgedehnte Ebene erzeugen, die parallel zu sich schwingt. Daraus ergibt sich schon, daß der Begriff der ebenen Welle eine Abstraktion ist, die nur angenähert hergestellt werden kann. Man kann aber in großer Entfernung vom punktförmigen Erregungszentrum einen kleinen Ausschnitt aus der Wellenfläche einer Kugelwelle als eben, das entsprechende Stück der Kugelwelle also angenähert als ebene Welle betrachten. Es sind z. B. die Lichtwellen, die von einem Punkt der Sonne oder von entfernten Lichtquellen kommen, als ebene Wellen zu behandeln. Bildet schließlich das Erregungszentrum eine Gerade, so nimmt die Wellenfläche Zylinderform an, und man spricht von Zylinderwellen. Bei den Wasserwellen, die sich längs der Oberfläche ausbreiten schrumpft bei punktförmiger Erregung die Kugelfläche in einen Kreisring zusammen. Ebene Wasserwellen lassen sich z. B. mit einem auf der Oberfläche liegenden Stab erzeugen, den man senkrecht zur Oberfläche in eine schwingende Bewegung versetzt.

Bei nicht isotropen Medien kann die Wellenfläche sehr komplizierte Gestalten annehmen. Zum Beispiel ist bei bestimmten Kristallen die Wellenfläche der Lichtwellen eine Ellipsoidfläche, da sich die Ausbreitungsgeschwindigkeit des Lichts mit der Richtung im Kristall ändert.

Von besonderem Interesse für die Optik des Auges sind die Wellenflächen in inhomogenen Medien, also in Medien, in denen die Ausbreitungsgeschwindigkeit nicht konstant ist. Mit ihnen werden wir uns im Kapitel III, 4 zu beschäftigen haben.

Bei einer ebenen Welle ist die mittlere Energiedichte in der Welle konstant, da die Größe der Wellenflächen, durch die die Energie hindurchtritt, sich nicht ändert. Daher ist auch die Amplitude einer ebenen Welle konstant. Anders liegen die Verhältnisse natürlich bei Kugelwellen. Hier nimmt die Größe der Wellenfläche mit dem Quadrat der Entfernung vom Erregungszentrum zu; die durch jeden Quadratzentimeter der Wellenfläche hindurchströmende Energie der Welle, die sich gleichmäßig auf die ganze Kugelfläche verteilt, nimmt also mit dem Quadrat der Entfernung ab, die Amplitude ist der Entfernung selbst umgekehrt proportional. In der Mitte zwischen Kugelwellen und ebenen Wellen stehen die Zylinderwellen. Bei ihnen wächst die Größe der Wellenfläche direkt mit der Entfernung; die Energiedichte nimmt also mit der senkrechten Entfernung von der Erregungslinie ab, und die Amplitude ist umgekehrt proportional der Wurzel aus dem Abstand r von der Erregungslinie.

Der Energietransport durch die Welle erfolgt bei ungestörter Ausbreitung geradlinig vom Erregungszentrum aus durch die Wellenfläche hindurch, und zwar in homogenen isotropen Medien senkrecht zu diesen, d. h. in Richtung ihrer Normalen. Bei einer Kugelwelle sind die Normalen die vom Erregungszentrum ausgehenden Radien, und analog ist es bei den übrigen Wellenarten, worauf wir bei der Ausbreitung in inhomogenen Medien näher einzugehen haben.

Daher kann man sagen, daß die Energie sich längs dieser Normalen „strahlenartig", d. h. geradlinig fortpflanze, und nennt diese Normalen zur Wellenfläche auch direkt „Strahlen" (z. B. Lichtstrahlen).

Es ist indessen zu betonen, daß einem „Strahl" als einer rein geometrisch definierten Geraden keine physikalische Wirklichkeit zukommt. Wirklich sind nur die Wellenflächen bzw. Stücke von denselben. Hat man es mit einem sehr kleinen Stück einer Wellenfläche zu tun, so ist es zwar bequem und unter Umständen auch vorteilhaft, von „einem" Strahl zu sprechen, aber dies ist eine Abstraktion, die sich von der Wirklichkeit mehr oder weniger weit entfernt. Gemeint ist mit „einem" Strahl, daß es sich um das zu diesem kleinen Wellenstück gehörige enge Normalenbündel, also um eine Gesamtheit von Strahlen handelt.

2. Das Huygens-Fresnelsche Prinzip

Die Darstellung der Wellenbewegung als zeitlich *und* räumlich periodischer Vorgang hat gezeigt, daß jeder Punkt, der von einer Wellenbewegung getroffen wird, in gleicher Weise schwingt wie das Wellenzentrum selbst, daß also grundsätzlich jeder von einer Wellenbewegung getroffene Punkt auf Grund seines eigenen Verhaltens nicht vom Wellenzentrum zu unterscheiden ist.

Huygens sah daher alle Punkte einer Wellenfläche als selbständige Erregungszentren an:

Jeder Punkt einer Wellenfläche sendet zur gleichen Zeit Wellen (sog. Elementarwellen) in den Raum hinaus; die äußere Einhüllende dieser Elementarwellen soll dann nach Huygens die tatsächlich beobachtbare Welle ergeben (Huygenssches Prinzip).

Läßt man z. B. eine ebene Wasserwelle sich gegen eine kleine Öffnung von der Größenordnung der Wellenlänge bewegen, so breitet sich hinter dieser Öffnung nach allen Seiten eine kreisförmige Welle aus, die ihr Zentrum in der Öffnung hat (Abb. 23).

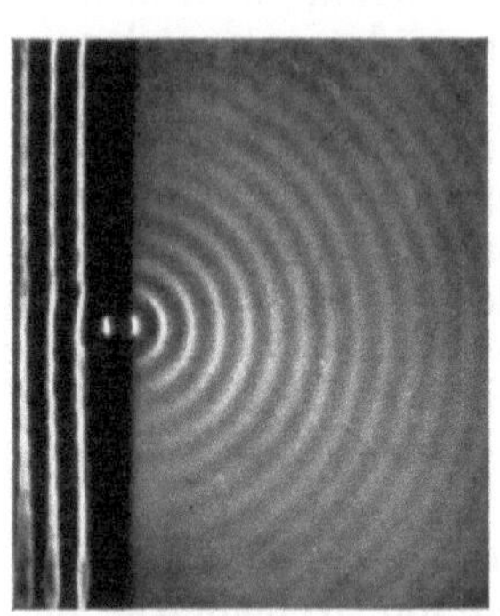

Abb. 23. Beugung einer Wasserwelle an einem Spalt. Die von links kommende gradlinige Wasserwelle tritt durch einen engen Spalt und breitet sich von dort aus kreisförmig nach allen Seiten aus (n. Pohl)

Läßt man hingegen die Welle durch mehrere nebeneinander liegende Lücken gehen, so vereinigen sich die kreisförmigen Einzelwellen in einigem Abstand hinter diesem „Gitter" wieder zu einer annähernd ebenen Welle von der Breite des Gitters (Abb. 24).

In dieser Form genügt das Huygenssche Prinzip zur Erklärung des Brechungsgesetzes und des Spiegelungsgesetzes (vgl. S. 49 ff.). Die übrigen Erscheinungen der

„Wellentheorie des Lichtes" bedürfen ebenso wie das Huygenssche Prinzip selber indessen noch einer eingehenderen Erklärung.

Offenbar wird ja nach dem Huygensschen Prinzip jeder Punkt, der überhaupt von der Wellenbewegung getroffen wird, zu gleicher Zeit nicht nur von einer, sondern von unendlich vielen Elementarwellenbewegungen getroffen. Wie sich aber

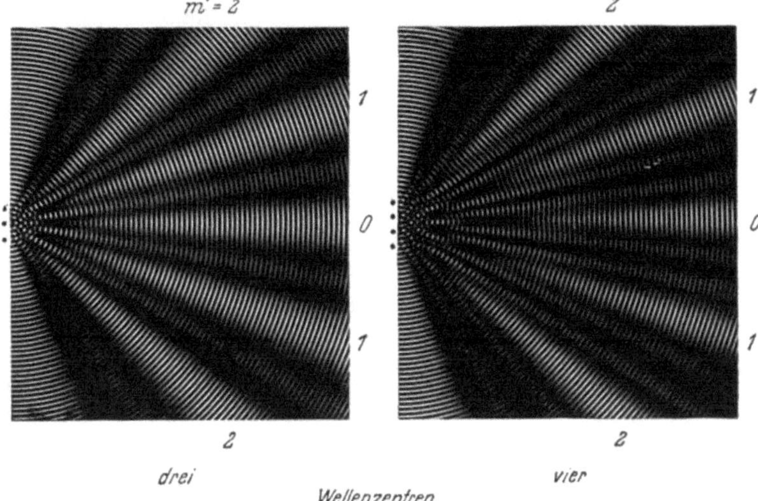

Abb. 24. Modellversuch zur Interferenz von 3 und 4 Wellenzügen mit äquidistanten, durch Punkte markierten Zentren. Die Ziffern bedeuten die Ordnungszahlen m' (nach POHL)

ein Punkt verhält, der zu gleicher Zeit von mehreren Wellenbewegungen getroffen wird, der also verschiedene Schwingungen in sich vereinigt, das soll im folgenden erörtert werden.

a) Superposition von Schwingungen

Wird ein Punkt gleichzeitig zu mehreren Schwingungen angeregt, so gilt das Gesetz von der ungestörten Superposition: Führt ein Massenpunkt mehrere Schwingungen zugleich aus, so ist die Elongation der resultierenden Schwingung in jedem Moment gleich der Summe der Elongationen der Einzelschwingungen und die Geschwindigkeit gleich der Summe der Geschwindigkeiten der Einzelschwingungen. Hierbei ist vorausgesetzt, daß die sich überlagernden Schwingungen die gleiche Schwingungsrichtung haben, eine Voraussetzung, die etwa auf einer Wasseroberfläche ohnehin erfüllt ist, da hier ja jeder Punkt nur in einer Richtung schwingt. nämlich senkrecht zur Wasseroberfläche, in der Richtung der Erdanziehung.

Das Gesetz der ungestörten Superposition gilt unabhängig von Amplituden und Frequenzen der Einzelschwingungen; in unserem Zusammenhang interessiert freilich vorwiegend der Spezialfall gleicher Frequenz und im allgemeinen sogar gleicher Amplitude.

Wenn wir uns hierbei weiterhin auf den Fall beschränken, daß ein schwingender Punkt nur durch zwei Schwingungen zu gleicher Zeit angeregt wird, so wird die Form der resultierenden Schwingung allein von der Phasendifferenz abhängen, mit der der schwingende Punkt von den beiden Einzelschwingungen erregt wird. Haben die beiden sich superponierenden Schwingungen gleiche Phase, so werden sich in jedem Augenblick zwei gleichgroße und gleichgerichtete Elongationen superponieren, es wird somit eine Schwingung entstehen, deren Amplitude doppelt so groß ist wie die der Einzelschwingungen, deren Frequenz hingegen gleich ist. Das gleiche ist der Fall, wenn zwischen den beiden Schwingungen eine Phasendifferenz von $2\,\pi$ (360°) oder einem ganzzahligen Vielfachen davon besteht (Abb. 25 b).

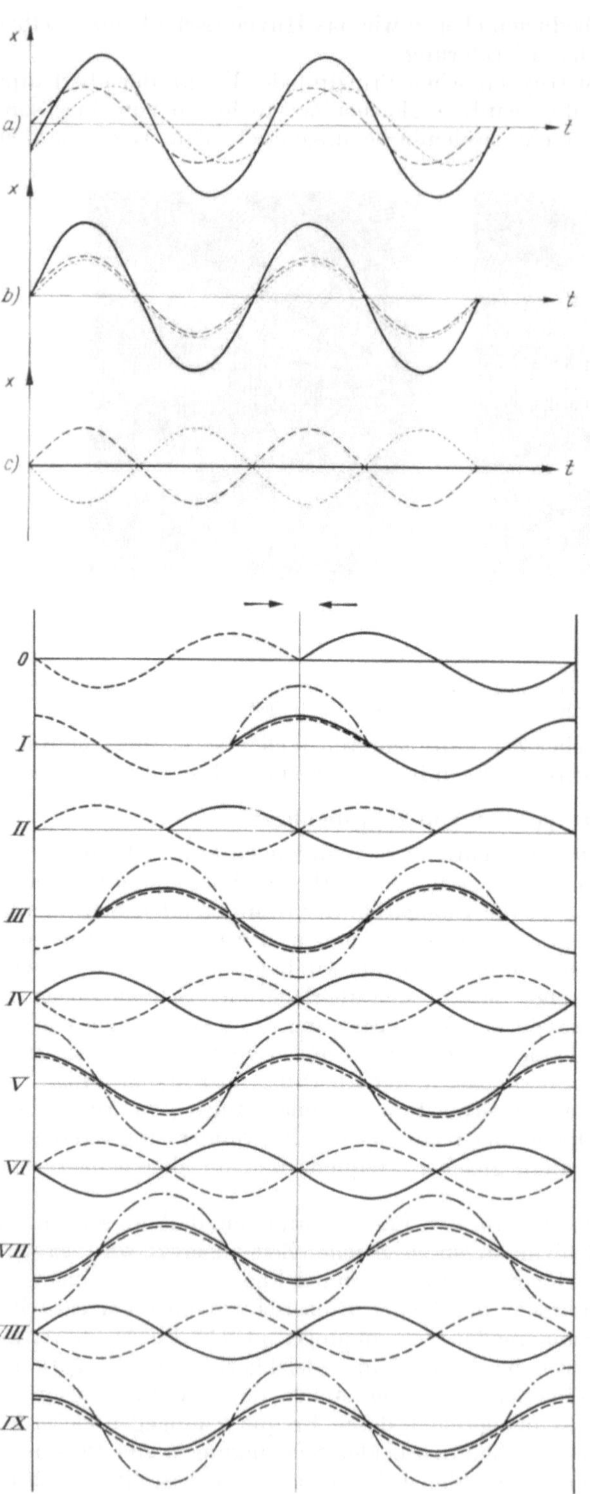

Abb. 25 a — c. Superposition von gleichgerichteten Schwingungen mit gleicher Amplitude und Frequenz bei verschiedenen Phasendifferenzen: a) = 0,4 H. b) = 0. c) H (nach GEHRTSEN)

Haben die beiden sich superponierenden Schwingungen eine Phasendifferenz von π (180°), so werden sich ebenfalls in jedem Augenblick zwei gleichgroße, aber entgegengesetzt gerichtete Elongationen superponieren, die resultierende Elongation wird also in jedem Augenblick 0 sein. An einer solchen Stelle wird also keine Schwingung stattfinden. Gleichbedeutend mit einer Phasendifferenz von π sind alle Phasendifferenzen, die ein ungeradzahliges Vielfaches von $\dfrac{\lambda}{2}$ betragen $\left(\dfrac{\lambda}{2},\ \dfrac{3}{2}\,\lambda,\ \dfrac{5}{2}\,\lambda\right)$ usw. (Abb. 25c).

Abb. 26. Die Entstehung stehender Wellen, zugleich Modellfall der Interferenz. Im Zeitpunkt 0 treffen die beiden Wellenzüge gerade in der Mitte zusammen. Im Zeitpunkt I sind beide Wellenzüge um $\pi/2$ in entgegengesetzter Richtung verschoben, so daß sich in der Mitte zwei maximale Elongationen überlagern. Es bildet sich hier ein „Bauch" der stehenden Schwingung aus. Zu Zeitpunkt II sind beide Wellenbewegungen gegenüber 0 jeweils um π verschoben und heben sich in diesem Gebiet rechts und links von der Mitte gegenseitig auf. Zum Zeitpunkt III beträgt die Verschiebung gegen 0 $^3/_2\,\pi$, neben dem Bauch in der Mitte bilden sich zwei weitere Bäuche im Abstand von π von der Mitte aus, während im Abstand von $\pi/_2$ sich zwei Nulldurchgänge zu einem „Knoten" überlagern. Zum Zeitpunkt IV haben sich beide Wellenbewegungen über das ganze bezeichnete Gebiet ausgedehnt und löschen sich überall vollständig aus. Im Zeitpunkt V findet im ganzen Gebiet eine Summierung der beiden Wellenzüge statt. Man erkennt insgesamt 5 Bäuche und 4 Knoten. Zum Zeitpunkt VI und VIII ist der gleiche Zustand wie zum Zeitpunkt IV hergestellt, im Zeitpunkt VII schwingt die stehende Welle nach der anderen Seite aus. Zeitpunkt IX ist eine Wiederholung von Zeitpunkt V. Man beachte, daß sich in der Mitte sowie zu beiden Seiten im Abstand von π und $2\,\pi$ von der Mitte stets maximale Elongationen summieren, hier also die Bäuche der Schwingungen entstehen, während bei den Stellen im Abstand von $\pi/_2$ und $^3/_2\,\pi$ von der Mitte die Teilchen niemals schwingen, hier bestehen also die sog. Knoten der stehenden Wellen, die der minimalen Interferenz entsprechen (nach BERGMANN-SCHAEFER)

Bei anderen Phasendifferenzen resultiert, wie Abb. 25a zeigt, ebenfalls eine Schwingung gleicher Frequenz, aber anderer Amplitude *und* Phase — es genügt indessen für das Verständnis des Folgenden, sich auf die beiden Spezialfälle einer Phasendifferenz von 0 bzw. 2π zu beschränken.

Bei linearen, also eindimensionalen Wellen (wie etwa den gekoppelten Pendeln), lassen sich solche Superpositionen in einfacher Weise erzielen, indem man zwei Wellen gleicher Frequenz und Amplitude aus entgegengesetzter Richtung aufeinander zulaufen läßt.

In Abb. 26 sei dieser Vorgang für zehn verschiedene Zeiten mit gleichem Abstand untereinander dargestellt: Zur Zeit 0 treffen beide Wellen in der Mitte der Skizze zusammen. Zur Zeit 1 sind beide um das gleiche Stück übereinander weggelaufen, wir erhalten als resultierende Welle eine solche von doppelter Amplitude. Verfolgen wir diesen Vorgang weiter, so sehen wir, daß sich der Gangunterschied der beiden übereinanderlaufenden Wellen dauernd ändert. Die resultierende Welle ergibt zwar wieder eine Welle mit der gleichen Wellenlänge, die aber mit der Zeit nicht fortschreitet, sondern stehen bleibt. Man nennt eine solche durch Interferenz zweier in entgegengesetzter Richtung laufender gleicher Wellen erzeugte Welle eine stehende Welle. In Abständen von $^1/_2$ finden sich Stellen, an denen das Medium zu allen Zeiten in Ruhe ist: Knoten (der Bewegung). Dazwischen schwingt das Medium dauernd maximal: Bäuche (der Bewegung). Verfolgen wir den zeitlichen Verlauf der stehenden Welle, so finden wir, daß in Zeitabständen von $T/2$ die Wellenerscheinung vollständig verschwunden ist, während dazwischen die Zeiten liegen, in denen die Ausbildung der stehenden Wellen ein Maximum ist.

„Stehende Wellen" mit Knoten und Bäuchen führen z. B. Saiten aus, die zu Schwingungen angeregt werden. Man kann sie auch dadurch darstellen, daß man ein Seil an einem Ende an einer Wand befestigt und das andere Ende mit der Hand in Schwingungen versetzt. Dann läuft über das Seil eine Welle, die an der Wand „reflektiert" wird und sich nun mit der auf die Wand zu laufenden Welle superponiert.

Auch bei zweidimensionalen Wellen kommt es zu ähnlichen Erscheinungen, wenn mehrere Wellenbewegungen über einen Punkt hinweggehen.

Abb. 27. Interferenz von zwei konzentrisch zueinanderschwingenden Wasserwellen (nach RUCHARDT)

Zunächst fällt bei Betrachtung von Wasserwellen, die etwa durch Regentropfen in einem ruhigen See erzeugt werden, auf, daß die Wellenkreise sich gegenseitig durchdringen, ohne sich in irgendeiner Weise eigentlich zu stören (Abb. 27). Wir gehen nun von der Annahme aus, daß auf der Wasserfläche zwei Punkte mit gleicher Frequenz, gleicher Amplitude und gleicher Phase schwingen, und versuchen zunächst zu klären, wie sich irgend ein Punkt der Wasserfläche, der von beiden Wellenbewegungen gleichzeitig getroffen wird, verhält.

b) Interferenz und Beugung

Dann wird das Verhalten des zu untersuchenden Teilchens allein von der Phasendifferenz der beiden Wellenbewegungen abhängen, d. h., da beide Wellenzentren phasengleich schwingen, von der Abstandsdifferenz zu den Wellenzentren.

Schwingen beide ankommenden Bewegungen an der zu untersuchenden Stelle in gleicher Phase, sind also beide Wellenzentren vom Punkt gleichweit entfernt, oder beträgt der Unterschied ein ganzes Vielfaches der Wellenlänge, so wird an diesem Punkt eine Wellenbewegung von gleicher Frequenz, aber doppelter Amplitude entstehen, weil sich die beiden Schwingungsimpulse (Abb. 25 b), die der Punkt empfängt, addieren.

Haben die beiden ankommenden Bewegungen dagegen eine Phasendifferenz von $\lambda/_2 = 180°$, d. h. ist die Differenz der Abstände der beiden (phasengleich schwingenden) Wellenzentren vom schwingenden Punkt $\lambda/_2$ oder ein ungerades Vielfaches davon, also $3\,\lambda/_2$, $5\,\lambda/_2$, $7\,\lambda/_2$, so wird jede der beiden Wellenbewegungen den entgegengesetzten Einfluß auf den Punkt ausüben, die beiden Wellenbewegungen löschen sich gegenseitig aus (Abb. 25a).

Wir haben nun noch zu untersuchen, wo sich die beiden Wellenzüge verstärken und wo sie sich auslöschen. Zunächst findet eine Verstärkung statt auf dem Mittellot der Verbindungsstrecke der beiden Zentren, weil von dort aus jeder Punkt zu beiden Wellenzentren gleichen Abstand hat. Man nennt diese Linie und den umgebenden Bereich, in dem noch eine Verstärkung stattfindet, ein Maximum, und zwar das Maximum 0. Ordnung. Es wird zu beiden Seiten begrenzt von Linien, die aus solchen Punkten bestehen, für die die Abstandsdifferenz zu beiden Wellenzentren $\lambda/_2$ beträgt, die also von beiden Wellenbewegungen mit einer Phasendifferenz von π erregt werden, auf denen demnach die Wellenbewegung erloschen ist. Man nennt diese Kurven die beiden Minima 1. Ordnung, an die sich dann zu beiden Seiten — mit einer Phasendifferenz von $2\,\pi$ und einer Abstandsdifferenz von λ — wieder Kurven anschließen, auf denen sich die Erregungen gegenseitig verstärken, die Maxima 1. Ordnung (Abb. 27).

Für jedes Minimum und Maximum ist also eine bestimmte Abstandsdifferenz ihrer Punkte zu den beiden Wellenzentren charakteristisch: Der geometrische Ort derartiger Punkte ist aber die also Hyperbelscharen, die die Wellenzentren haben. Man nennt solche Hyperbeln

Max. V
Max. IV
Max. III
Min. II
Max. II
Max. 0.Ord. Min. I

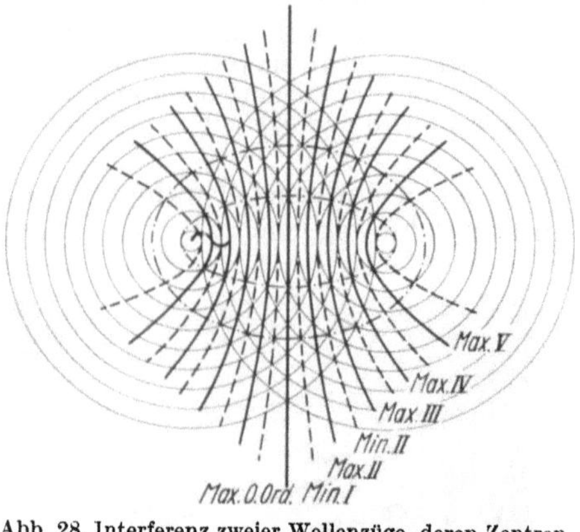

Abb. 28. Interferenz zweier Wellenzüge, deren Zentren in gleicher Frequenz, Phase und Amplitude schwingen. Auf der Halbierungssenkrechten zwischen beiden Wellenzentren treffen stets zwei gleiche Schwingungsphasen zusammen. Es entsteht hier ein Maximum nullter Ordnung. An allen Stellen, wo die Phasendifferenz $\dfrac{\lambda}{2}$ oder ein ungerades Vielfaches davon beträgt, findet eine Auslöschung statt. Geometrisch werden diese Stellen durch Hyperbeln bestimmt, deren Abstandsdifferenz von den beiden Zentren $\dfrac{\lambda}{2}$ oder ein ungerades Vielfaches davon beträgt. An allen Stellen, an denen die Phasendifferenz ein gerades Vielfaches von $\dfrac{\lambda}{2}$ beträgt, findet eine Summierung der Energien statt, es bilden sich hier Maxima. Auf allen Ellipsen, die die beiden Schwingungszentren als Brennpunkte haben, entstehen stehende Wellen

Hyperbel. Maxima und Minima bilden die Wellenzentren als gemeinsame Brennpunkte haben. Man nennt solche Hyperbeln *konfokal*.

Die gesamte Erscheinung, auf Grund derer das Zusammenwirken zweier Wellenbewegungen in gesetzmäßigem Wechsel Verstärkung und Auslöschung, im Falle des Lichtes Hell und Dunkel erzeugt, wird als *Interferenz* bezeichnet.

Auch bei der Interferenz zweier zweidimensionaler Wellen können wir „Knoten" und „Bäuche" unterscheiden wie bei der Interferenz linearer Wellen; die Maxima entsprechen den Bäuchen, die Minima Knoten der Bewegung; indessen ist der Vergleich unvollständig, da es sich ja nicht um stehende Wellen handelt. Betrachten wir alle diejenigen Punkte gleichzeitig, die auf einer der Maxima-Hyperbeln liegen, so bewegt sich über diese eine Wellenbewegung etwa in Richtung der Hyperbeln hinweg, die prinzipiell alle Charakteristica einer fortschreitenden Wellenbewegung hat.

Betrachten wir hingegen alle diejenigen Punkte gleichzeitig, die auf Ellipsen liegen, welche beide Wellenzentren zu Brennpunkten haben und welche in jedem Punkte auf den konfokalen Hyperbelscharen senkrecht stehen, so wird jede solche Ellipse nach Art einer stehenden Welle schwingen — dort, wo eine solche Ellipse eine Maximum-Hyperbel schneidet, wird ein Bauch der stehenden Welle sein, wo sie eine Minimum-Hyperbel schneidet, wird sich ein Knoten der stehenden Welle befinden.

Dies ist nicht schwer zu verstehen: Das zwischen zwei Punkten ausgespannte Seil, an welchem die Erscheinungen der stehenden Wellen zuerst studiert wurde, ist ja nur ein Grenzfall einer solchen Ellipse um zwei Brennpunkte; für jeden Punkt des Seiles ist die *Summe* der Abstände von den beiden Festpunkten gleich (nämlich gleich der Länge des Seiles). Dies ist aber nach der Definition der Ellipse für jeden Punkt der Ellipse grundsätzlich auch der Fall.

Für das Verständnis der Bedeutung der Interferenz in der Optik ist es zweckmäßig, zu wissen, in welcher *Richtung* die verschiedenen Maxima und Minima liegen. Dabei kann man von der Voraussetzung ausgehen, daß die Abstände der beiden Punkte untereinander sehr klein sind im Verhältnis zur Entfernung von den Punkten, an denen das Maximum oder Minimum beobachtet wird. In großer Entfernung von ihren Brennpunkten verlaufen die Hyperbeln sehr gestreckt — sie nähern sich hierbei über alle Grenzen einer Geraden, die sie jedoch niemals erreichen, die also gleichsam im Unendlichen ihre Tangente wird. Diese Gerade wird Asymptote genannt.

Die Asymptotenrichtung ist charakterisiert durch das Verhältnis zweier für jede Hyperbel charakteristischer Strecken: das Verhältnis der (konstanten) Abstandsdifferenzen jedes Hyperbelpunktes von beiden Brennpunkten zum Abstand der Brennpunkte untereinander. Dieses Verhältnis, also für das Minimum 1. Ordnung $\lambda/_2 : d$, für das Maximum 1. Ordnung $\lambda/_2$, ist der Sinus des Winkels, um den die jeweilige Minimum- oder Maximum-Asymptote vom Mittellot der Verbindung der beiden Wellenzentren, also dem Maximum 0-ter Ordnung, abweicht.

c) Kohärenz

Wir haben bei allen Betrachtungen über die Interferenz zweier Wellenzüge vorausgesetzt, daß zwischen ihnen konstante Phasenbeziehungen bestehen, d. h., daß zumindest die Phasenverschiebung zwischen den beiden Schwingungszentren für die Dauer vieler Schwingungen konstant bleibt. In diesem Falle nennt man die interferierenden Wellen *kohärent*. Bei nicht kohärenten Wellen, bei denen sich die Phasendifferenz dauernd sehr schnell und unregelmäßig ändert, überlagern sich die auftretenden Interferenzen ungeordnet, so daß ihre Beobachtung nicht möglich ist.

Dies ist insbesondere der Fall bei zwei verschiedenen Lichtquellen, ja schon bei zwei Punkten ein und derselben Lichtquelle, die stets inkohärent schwingen und somit keine „ortsfesten" Interferenzen liefern. Sonst würde sich in einem Raum, der durch mehrere Lichtquellen beleuchtet wird, Interferenz bemerkbar machen, indem an bestimmten Stellen Dunkelheit herrscht.

Die zur Interferenz zu bringenden Wellenzüge müssen deshalb aus der gleichen Lichtquelle stammen. Durch Spiegelung (etwa an der Vorder- und Rückseite einer Glasplatte oder einer Seifenblase), Brechung oder durch Aufspaltung an Interferenzgittern können sie physikalisch geteilt werden und dann bei Vereinigung verschiedene Wege zurückgelegt haben, so daß zwischen ihnen Phasendifferenzen bestehen. Diese Phasendifferenzen sind dann für jedes Paar von Einzelwellen gemeinsamen Ursprungs gleich. Auf diese Weise kommen die bekannten Interferenzerscheinungen an Seifenblasen oder an Ölfilmen auf einer Wasserfläche zustande.

d) Die Fresnelsche Zonentheorie und die geradlinige Ausbreitung des Lichts als Interferenzphänomen

Wir haben uns bisher darauf beschränkt, die Interferenz zweier Wellenzüge zu untersuchen. Wir haben aber schon auf S. 48 angedeutet, daß jede flächenhafte oder räumliche Wellenausbreitung als Interferenz unendlich vieler Wellenzüge gedeutet werden kann. In angedeuteter Weise hat dies HUYGENS 1678 getan:

Als Wellenfläche wurde auf S. 48 der Ort aller derjenigen Punkte definiert, die von einer Welle in gleichen Zeiten vom Erregungszentrum erreicht werden und somit phasengleich schwingen. Alle diese Punkte sah HUYGENS als selbständige Erregungszentren an:

Jeder Punkt einer Wellenfläche sendet zur gleichen Zeit Wellen (sog. Elementarwellen) in den Raum hinaus; die äußere Umhüllende dieser Elementarwellen soll dann die tatsächlich beobachtbare Welle ergeben (Huygenssches Prinzip) (Abb. 29).

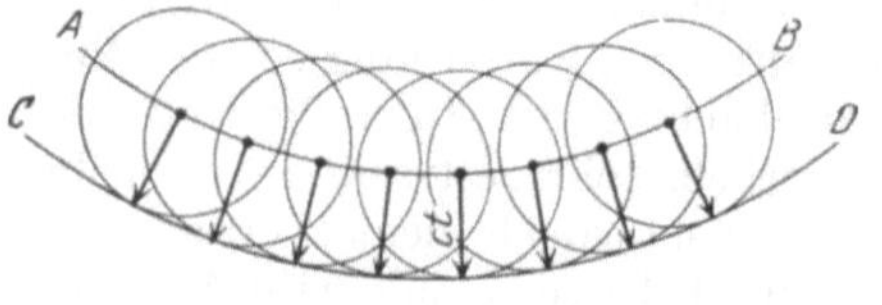

In dieser Form reicht das Huygenssche Prinzip aus, um insbesondere die Erscheinungen der Lichtbrechung und Spiegelung zwanglos zu erklären, wie auf S. 49 ff. näher ausgeführt werden soll.

Indessen bedarf das Prinzip der Elementarwellen selbst einer Erklärung, die zuerst FRESNEL gegeben hat.

Abb. 29. Zum Huygensschen Prinzip: Auf dem Wellenkreis AB bilden sich sogenannte Elementarwellen aus, die nach einer bestimmten Zeit den Kreis CD erreicht haben. Die Umhüllende dieser Elementarwellen CD ist ein neuer Wellenkreis (nach WESTPHAL[1])

Wenn nun das Interferenzprinzip *auch* die Erklärung für das Huygenssche Prinzip liefern soll, so ist zu erwarten, daß sich von den Elementarwellen, die von einer Wellenfläche ausgehen, nur die parallel bzw. konzentrisch nach vorn zur vorhandenen Wellenfläche gehenden Impulse zu einer von 0 verschiedenen Schwingung summieren, während alle übrigen (nach den Seiten und nach rückwärts gerichteten) Elementarwellen sich jeweils zu 0 summieren.

FRESNEL hat 1819 gezeigt, daß man ganz allgemein den Schwingungszustand eines Punktes in einem Wellenfeld als Summierung oder Superposition sämtlicher Elementarwellen in diesem Punkte betrachten kann; durch diese Verknüpfung mit dem Interferenzprinzip erhielt das Huygenssche Prinzip erst seine große Fruchtbarkeit, die es gestattet, neben den Erscheinungen der Lichtbrechung und Spiegelung auch sämtliche Erscheinungen, die unter dem Begriff der Beugung zusammengefaßt werden, wie das Hindurchgehen des Lichtes durch kleine Öffnungen, das Vorbeigehen an kleinen Hindernissen, das Verhalten an Rastern und Gittern, bei

---

[1] W. WESTPHAL: Physik 20. und 21. Aufl. Springer-Verlag 1959.

zweifacher Spiegelung, das Auflösungsvermögen von Objektiven und damit die Leistungsfähigkeit von Fernrohren und Mikroskopen, die Erscheinungen der Polarisation aus der konsequenten Anwendung dieses einen Prinzips, zu erklären.

Da die meisten der oben erwähnten Erscheinungen auch am menschlichen Auge vorkommen und beobachtet werden können, ist es wohl gerechtfertigt, dieses Prinzip auch in einer „Ophthalmologischen Optik" ausführlich zu bringen.

Im folgenden untersuchen wir daher als Beispiel des Huygensschen Prinzips unter gleichzeitiger Berücksichtigung der Interferenz der Elementarwellen die freie Ausbildung einer Kugelwelle. Eine solche gehe in Abb. 30 vom Punkt L aus und habe nach einer gewissen Zeit die Kugelfläche WO erreicht. Nach dem Huygensschen Prinzip soll nun jeder Punkt dieser Wellenfläche als selbständiges Erregungszentrum betrachtet werden können, d. h., von jedem Punkt sollen neue elementare Kugelwellen ausgehen. Wir fragen nach der Wirkung derselben etwa im Punkt P; wir können uns, um ein konkretes Beispiel vor Augen zu haben, in L eine Licht- (oder Schall-) Quelle, in P ein Auge (oder Ohr) denken. Ein in P befindliches Auge bekommt nun von der Lichtquelle L nach aller Erfahrung nur Licht längs des Strahles LP zugesandt, und dies scheint im Gegensatz zu HUYGENs Behauptung zu stehen, daß alle Punkte der Wellenfläche WO Erregungszentren, d. h. Lichtquellen, sein sollen. Wie erklärt sich dieser Widerspruch ?

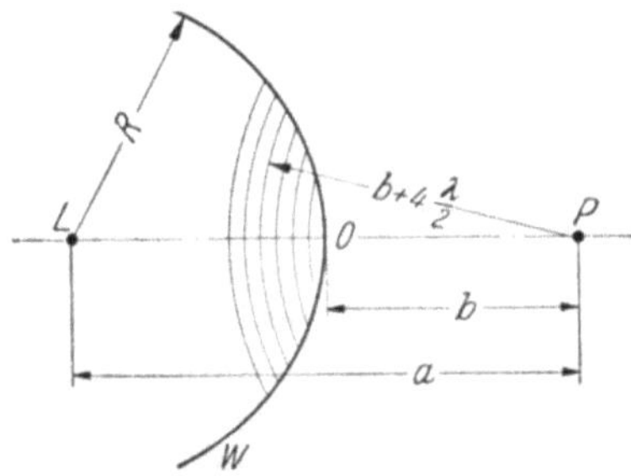

Abb. 30. Konstruktion der Fresnelschen Zonen (nach GEHRTSEN[1]). (Erläuterung siehe Text)

Zur Erklärung denken wir uns um P eine konzentrische Schar von Kugelflächen gelegt, die erste mit den Radius b, und jede weitere mit einem um $\lambda/_2$ größeren Radius als die vorhergehende. Durch die beschriebene Konstruktion ist der innerhalb des Tangentenkegels liegende Teil der Wellenfläche in ringförmige „Zonen" geteilt, die so beschaffen sind, daß die von jeder Zone nach P gelangenden Elementarwellen im Mittel eine um $\lambda/_2$ verschiedene Phasendifferenz gegen die unmittelbar benachbarten Zonen haben. Nennen wir die Amplituden, die die von den einzelnen Zonen ausgehenden Elementarwellen in P für sich erzeugen, $m_1, m_2, m_3, \ldots$ bis m_n, so ist die resultierende Verrückung im Punkt P nach dem Interferenzprinzip: $m_1 - m_2 + m_3 - m_4 + \cdots \pm m_n$.

Nun nimmt aber die Schwingungsweite jeder Elementarwelle mit wachsender Entfernung von ihrem Erregungszentrum ab. Es läßt sich zeigen, was hier freilich nicht näher ausgeführt werden soll, daß die Wirkung jeder Zone sehr nahe gleich dem arithmetischen Mittel aus der vorhergehenden und der nachfolgenden Zone ist, so daß wir haben:

$$m_2 \approx \frac{m_1 + m_3}{2}, \quad m_4 \approx \frac{m_3 + m_5}{2}.$$

Es bleibt also für die resultierende Amplitude in P nur

$$m_1 - \frac{m_1 + m_3}{2} + m_3 - \frac{m_3 + m_5}{2} + \cdots + \frac{m_{n-2} + m_n}{2} = \frac{m_1}{2} \pm \frac{m_n}{2}$$

d. h., nur die Hälfte der ersten und letzten Zone übrig, während sich alle anderen gegenseitig durch Interferenz auslöschen. Da schließlich die Zonen umso kleiner werden, je mehr man sich der tangentialen Richtung nähert — dort besitzen die Zonen eine Breite von $\lambda/_2$ —, so kann man die Wirkung der Hälfte der letzten Zone vernachlässigen, so daß für die in P hervorgerufene Elongation nur die Hälfte

---

[1] CHR. GEHRTSEN: Physik 4. Auflage. Springer-Verlag 1956.

der Wirkung der ersten Zone, d. h. der Kugelkalotte um O übrig bleibt. Das Ergebnis ist nicht auf kugelige Wellenflächen beschränkt, sondern gilt allgemein, wie sich durch Ausführung der oben geschilderten Konstruktion leicht zeigen läßt. Daher können wir den Satz aussprechen:

Alle Elementarwellen, die nach dem Huygens-Fresnelschen Prinzip von allen Punkten einer Wellenfläche ausgehen, wirken auf einen vor der Welle liegenden Punkt so wie die Hälfte der ersten Elementarzone, die den Fußpunkt des von dem betreffenden Punkt auf die Wellenfläche gefällten Lotes umgibt; die Wirkung aller übrigen Zonen wird durch Interferenz ausgelöscht.

Nun ist der Radius der allein wirksamen ersten Zone dadurch bestimmt, daß $A_0 B$ um eine halbe Wellenlänge kleiner ist als $C B$. Für das Gebiet der Optik, wo wir es mit Lichtwellenlängen zwischen 400 und 800 Millionstel Millimetern zu tun haben, ist das Gebiet der ersten Zone verschwindend klein und wird insbesondere unter einem verschwindend kleinen Winkel gesehen, wenn der Abstand des Punktes B von der Wellenfläche viele Wellenlängen beträgt, was praktisch stets der Fall ist.

Nehmen wir z. B. $O A_0 = 1$ m, $A_0 B = 2$ m, so erscheint die erste Zone von B unter einem Winkel von $1'$, und die erste Zone selbst ist weniger als 1 mm² groß. Bei größeren Abständen werden die Zonen selbst zwar etwas größer, aber die Winkel, unter denen sie gesehen werden, noch kleiner. Die Lichtwellen breiten sich also deshalb praktisch geradlinig aus, weil ihre Wellenlängen außerordentlich klein im Verhältnis zu den übrigen Dimensionen sind.

Ganz anders liegen die Verhältnisse beim Schall, wo wir es im Gebiet der hörbaren Töne, z. B. der menschlichen Sprache, mit Wellenlängen der Größenordnung von 1 m zu tun haben. In diesem Falle ist die erste Zone von erheblicher Ausdehnung; bei einer Wellenlänge von 1 m würde sie bei gleichen Abmessungen wie vorhin die Größe von einigen Quadratmetern besitzen. Es läßt sich daher auch die Wirkung dieser Zone durch ein in den Weg gestelltes Hindernis nicht ganz beseitigen, falls dieses nicht sehr groß gegen die Wellenlängen ist, d. h. riesige Dimensionen aufweist. Es kann also in allen Fällen, in denen die Wellenlängen groß gegen die Dimensionen der Hindernisse oder mit ihnen vergleichbar sind, von einer Geradlinigkeit der Ausbreitung keine Rede mehr sein, der Begriff des „Strahls" versagt hier vollkommen. Wir bezeichnen ganz allgemein die Abweichungen der Wellenausbreitung von der Geradlinigkeit als Beugungserscheinungen.

e) Der Schattenwurf als Interferenzphänomen

Solche Hindernisse, die sich der Ausbreitung einer Wellenbewegung in den Weg stellen können, sind aber nichts anderes als die Schatten spendenden Objekte, die wir im ersten Kapitel kennengelernt haben. Wir sind dabei von der einzigen Voraussetzung ausgegangen, daß die Ausbreitung des Lichtes geradlinig erfolge. Das Fresnelsche Prinzip der Interferenz der Elementarwellen läßt hingegen erwarten, daß gerade beim Passieren Schatten gebender Hindernisse Abweichungen von der geradlinigen Ausbreitung des Lichtes zu beobachten sein müssen, weil einzig und allein die Summe der Elongationen der Elementarwellen, die an einem Punkt „auf der Schattenseite", d. h. hinter dem Schatten gebenden Objekt, zusammentreffen, darüber entscheidet, ob an dem betreffenden Punkt Licht oder Schatten ist. Freilich, im allgemeinen wird die hierdurch bedingte Verteilung von Hell und Dunkel, von Licht und Schatten, sich nicht merkbar von der Verteilung unterscheiden, die allein durch die geradlinige Ausbreitung des Lichtes zu erklären ist und die wir einer allgemeinen Übereinkunft gemäß als geometrische Schattengrenze bzw. geometrische Licht- und Schattenverteilung bezeichnen können. Insbesondere ist das der Fall, wenn nicht nur die Schatten spendenden

Objekte, sondern auch die Lichtquellen selbst von großer Oberfläche sind bzw. unter großem Winkel gesehen werden.

Aber aus der Beobachtung des täglichen Lebens sind uns doch manche Beispiele geläufig, wo die Schattengrenzen nicht so verlaufen, wie wir sie nach den geometrischen Gesetzen zu erwarten hätten: Unmittelbar vor dem Aufgang der Sonne über einem bewaldeten Berggipfel erscheinen die Wipfel und Zweige der Bäume in einem eigentümlichen Glanz, als ob sie selbstleuchtend wären.

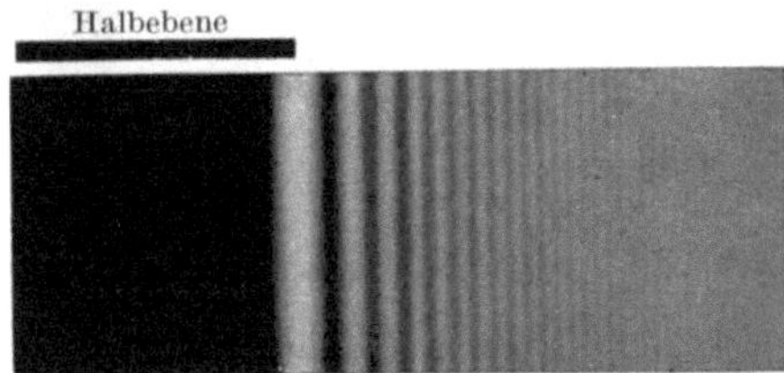

Abb. 31. „Schattenbild einer Halbebene.“ Beachte die zahlreichen Interferenzfiguren auf der „Lichtseite“ (nach Pohl)

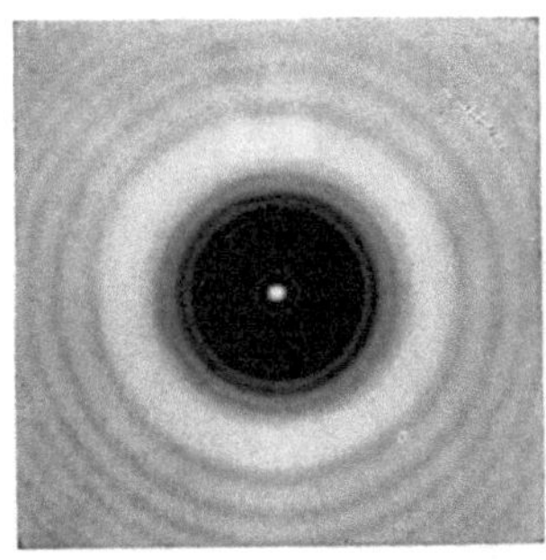

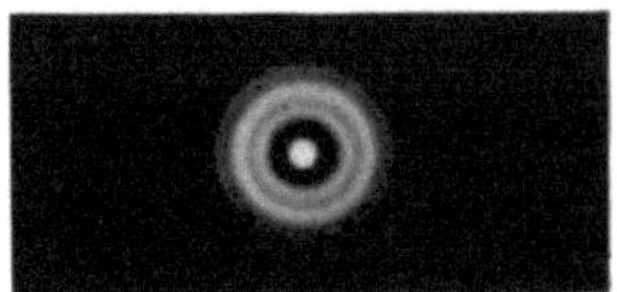

Abb. 32. Schatten einer kreisförmigen Scheibe (Durchmesser 7,4 mm, Abstand der Lichtquelle und der Projektionsfläche je 17,5 m) (nach Pohl)

Abb. 33. Schatten eines kreisförmigen Loches gleicher Größe wie Abb. 32 (nach Pohl)

Abb. 31—33 zeigt verschiedene „Schattenbilder“ von einer gerade begrenzten Fläche, einer kreisrunden Scheibe, und einer kreisrunden Öffnung, welche erkennen lassen, daß auch beim Schattenwurf ähnliche Bedingungen vorliegen, wie wir sie bei „einfacher“ Interferenz gezeigt haben. Jedes dieser Schattenbilder läßt sich grundsätzlich nach dem Superpositionsprinzip deuten, indem sich sowohl im „geometrischen Schattenraum“ als auch außerhalb desselben diejenigen Elementarwellen überlagern, die nicht an ihrer Ausbreitung behindert werden. Das gleiche gilt für das von einer punktförmigen Lichtquelle entworfene Schattenbild einer Schere (Abb. 34)[1].

Grundsätzlich läßt der Wechsel zwischen hellen Streifen und dunklen Streifen oder hellen Ringen und dunklen Ringen hinter einer Blende oder einer geraden Fläche die gleichen Zusammenhänge erkennen wie die Interferenz zweier Wellenzüge. Diese Interferenzen sind besonders deutlich bei kleinflächigen Lichtquellen zu beobachten bzw. bei Lichtquellen, die unter einem kleinen Winkel gesehen werden. Der Grund hierfür ist leicht zu erkennen: Die einzelnen Punkte einer flächenhaften Lichtquelle schwingen nicht kohärent. Die Maxima eines Teiles der Lichtquelle werden sich daher mit den Minima eines anderen Teiles überlagern, wenn der Winkel, unter dem die Lichtquelle vom beugenden Hindernis aus gesehen wird, größer ist als der Winkel, um den die einzelnen Maxima und Minima voneinander abweichen.

---

[1] Arkadiew: Physik. Zeitschr. Bd. 14 (1913). Hirzel, Leipzig. (Nach Rüchardt.)

Während also die Gesetze der geradlinigen Ausbreitung des Lichtes gerade dort eine optimale Abbildung durch Schattenwurf erwarten lassen, wo Lichtquelle oder abbildende Blende (Lochkamera) möglichst klein sind, hebt die Beugung gerade bei kleinen Lichtquellen und kleinen Blenden (bzw. Schattenhindernissen) die geradlinige Lichtausbreitung am meisten auf und setzen hierdurch eine unüberwindliche Grenze in der Leistungsfähigkeit optischer Auflösung (Abb. 35).

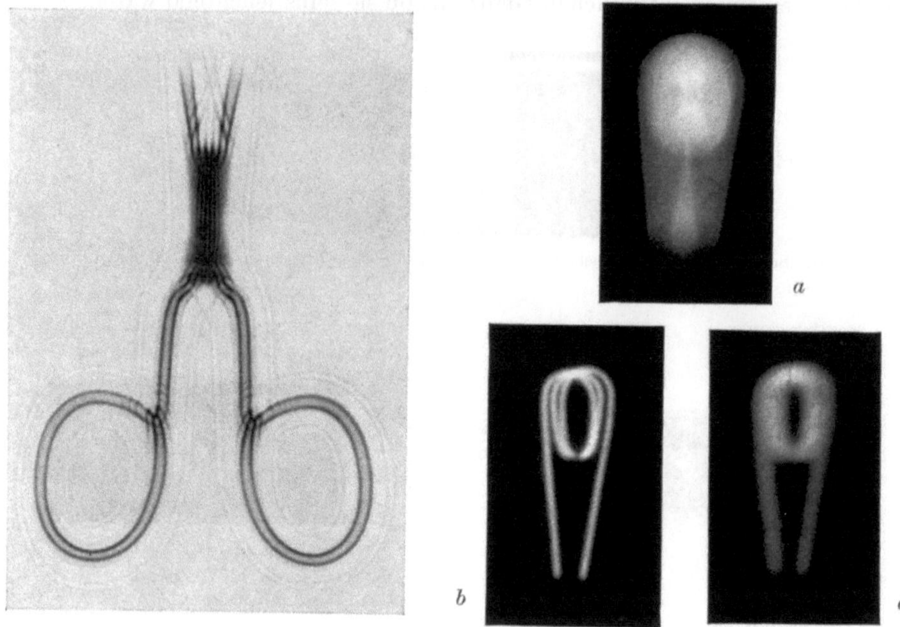

Abb. 34   Abb. 35

Abb. 34. Schattenbild einer Schere (nach RÜCHARDT)

Abb. 35. Lochkameraaufnahmen eines Glühfadens. Plattenabstand vom Loch 10 cm. Durchmesser des Loches *a* 1,6 mm, *b* 0,4 mm, *c* 0,1 mm. Obwohl die Aufnahme *c* mit der kleinsten Lochblende hergestellt wurde, ist die Aufnahme *b* am schärfsten (nach RÜCHARDT)

f) Beugung und Auflösungsvermögen

Das Schattenbild einer Blende ist demnach ein System konzentrischer Ringe, in denen sich Minima und Maxima in gesetzmäßiger Weise ablösen. Das gleiche gilt für das Schattenbild eines undurchsichtigen Hindernisses, gleichsam einer negativen Blende. An Stelle der „geometrischen Schattengrenze" tritt gewöhnlich das Minimum 1. Ordnung der Interferenz, welches etwas außerhalb der geometrischen Schattengrenze liegt.

Hinsichtlich der geometrischen Schattengrenzen gäbe es grundsätzlich keine Grenze des Auflösungsvermögens: sofern Objekt, abbildende Blende und bildauffangende Fläche nur hinreichend weit auseinander liegen, können zwei leuchtende Punkte (bei Abbildung nach dem Lochkameraprinzip) oder zwei getrennte schattengebende Hindernisse (beim Schattenwurf) auch auf der Projektionsfläche wieder getrennt erscheinen (Abb. 36). Der Winkel indessen, um den das Minimum erster Ordnung von der geometrischen Schattengrenze abweicht, bestimmt grundsätzlich das anguläre Auflösungsvermögen. Der Sinus dieses Winkels (welcher bei kleinen Winkeln mit dem Winkel selbst gleichgesetzt werden kann) wird durch das Verhältnis Wellenlänge:Blendenöffnung bzw. Wellenlänge:Durchmesser des Hindernisses bestimmt (Abb. 37). Man nennt die Beugung divergenter Wellenzüge an einem Hindernis, also die Beugung, die bei Schattenbildung stattfindet, auch Fresnelsche Beugung.

Die grundsätzlich gleichen Beziehungen zwischen Wellenlänge, beugendem Hindernis bzw. Öffnung und Beugungswinkel bestehen indessen auch für konvergente Wellenzüge, wie sie nach Brechung oder Spiegelung des Lichtes entstehen können. Die Begrenzung einer Linse oder eines Hohlspiegels hat dann bezüglich der Beugung die gleichen Eigenschaften wie die einer runden Öffnung. Man spricht hierbei von Fraunhoferscher Beugung, obwohl es sich in beiden Fällen physikalisch um die gleichen Vorgänge handelt.

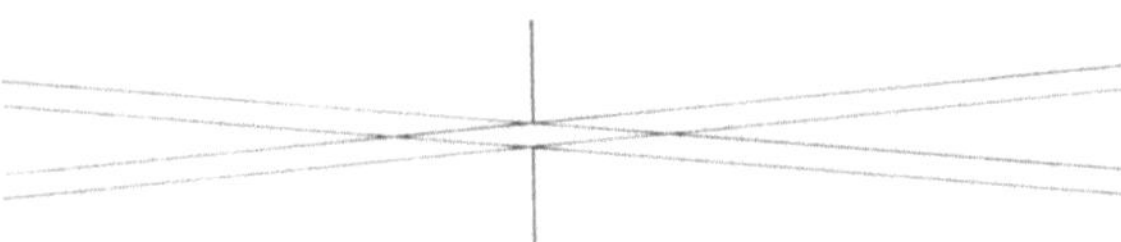

Abb. 36. Bei genügender Entfernung des Objekts und der Projektionsfläche vom Projektionszentrum würde bei streng gradliniger Ausbreitung des Lichts keine Begrenzung des angulären Auflösungsvermögens durch eine Lochkamera-Abbildung möglich sein

Praktisch spielt die Interferenz konvergenter Wellenzüge sogar noch eine erheblich größere Rolle als die Interferenz divergierender Wellenzüge. Da aber konvergierende Wellen in der Natur nicht vorkommen, sondern erst durch Spiegelung oder Brechung an entsprechenden Flächen künstlich erzeugt werden können, erscheint es zweckmäßig, zunächst einmal die Entstehung konvergierender Wellenzüge durch Brechung und Spiegelung zu besprechen, um im Anschluß daran näher auf die Interferenz konvergierender Wellenzüge, also die „Fraunhofersche Beugung" einzugehen (S. 121).

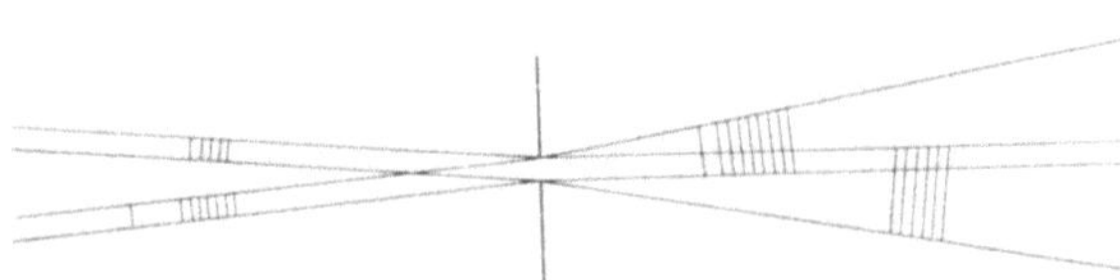

Abb. 37. Durch die Beugung an der Öffnung des Lochkameraloches werden die vom ersten Minimum der Interferenz begrenzten Wellenzüge breiter, als nach der geometrischen Schattenkonstruktion zu erwarten. Daher können zwei parallele Wellenzüge oder Strahlenbündel, die einen Winkel einschließen, der kleiner ist als der Winkel des ersten Minimums der Interferenz, nach Durchgang durch die Blende auch in noch so großer Entfernung nicht mehr getrennt werden. (Der Übersicht halber sind in Abb. 36 und 37 auch die links von der Blende befindlichen Wellenzüge als begrenzte Strahlenbündel bezeichnet, obwohl die tatsächliche Bündelbegrenzung ja erst durch die Blende bewirkt wird)

Das Kapitel „Interferenz" soll daher zunächst einmal mit den Erscheinungen der Fresnelschen Beugung abgeschlossen werden. Im Anschluß an die Besprechung der Lichtbrechung und der damit verbundenen Möglichkeit, konvergente Wellenzüge herzustellen, werden wir dieses Kapitel noch einmal aufgreifen und dann die Interferenzerscheinungen besprechen, die *ohne* Lichtbrechung und konvergente Wellenzüge nicht praktisch darstellbar sind, obwohl sie prinzipiell nicht an das Vorhandensein konvergenter Wellenzüge gebunden sind.

g) Interferenz als Grundlage des Brechungsgesetzes

Die Fortpflanzungsgeschwindigkeit des Lichtes im Vakuum beträgt, wie zahlreiche Messungen sichergestellt haben, etwa 300 000 km/sec, die Wellenlänge der sichtbaren Lichtstrahlung zwischen 0,4 μ und 0,75 μ. Aus diesen zwei Größen lassen sich leicht zwei weitere berechnen: Die Anzahl der Schwingungen in der Sekunde, gewöhnlich als Frequenz bezeichnet, und die Dauer einer Einzelschwingung, die Schwingungsdauer.

Um die Frequenz zu erhalten, haben wir also die in 1 sec zurückgelegte Strecke durch die während einer Schwingung zurückgelegte Strecke zu dividieren:

$$300\,000 \text{ km/sec}:0,75\,\mu$$

$$\frac{300\,000\,000\,000\,000}{0,75} \cdot \frac{1}{\text{sec}} = 400\,000\,000\,000\,000/\text{sec (d. h. pro sec.)}.$$

Der reziproke Wert dieser Zahl, also 1/400 000 000 000 000 sec, ist die Dauer *einer* Schwingung, der die Wellenlänge 0,75 μ entspricht. Aber das trifft eben nur zu, solange sich die Lichtstrahlung mit dieser Geschwindigkeit ausbreitet. Eine Schwingung von gleicher Dauer kann sich in einem anderen Medium, etwa Wasser oder Glas, mit geringerer Geschwindigkeit ausbreiten, dann muß die Wellenlänge notgedrungen kleiner werden.

Da jedoch die Zahlen für Frequenz und Schwingungsdauer ungewöhnlich groß sind und sie ferner nicht unmittelbar gemessen, sondern erst aus Wellenlänge und Geschwindigkeit errechnet werden können, hat man sich daran gewöhnt, die verschiedenen Lichtstrahlungen nicht nach ihrer Frequenz, sondern nach ihrer Wellenlänge im Vakuum zu charakterisieren, und bezeichnet diese gewöhnlich als Wellenlänge schlechthin. Wegen der unterschiedlichen Wellenlänge ein und derselben Strahlung in verschiedenen Medien ist dies jedoch nicht gerechtfertigt, denn das Charakteristische einer Strahlung ist allein ihre Frequenz bzw. ihre Schwingungsdauer.

Allgemein bezeichnet man das Verhältnis der Vakuum-Lichtgeschwindigkeit zur Lichtgeschwindigkeit in einem anderen Stoff oder Medium als *Brechungsindex* dieses Mediums. Der Brechungsindex des Vakuums ist nach dieser Definition 1, der der Luft weicht nur sehr wenig davon ab. Medien mit höherem Brechungsindex bezeichnet man auch als Medien mit größerer optischer Dichte. Man erhält demnach die Wellenlänge in einem Medium größerer optischer Dichte dadurch, daß man die Vakuum-Wellenlänge durch den Brechungsindex dividiert.

Die Lichtgeschwindigkeit in Wasser beträgt 225000 km/sec, der Brechungsindex also $\frac{300\,000}{225\,000} = 1,33$, eine Lichtstrahlung von der Wellenlänge 0,4 μ hat im Wasser nur die Länge 0,4 : 1,333 = 0,3 μ. Man bezeichnet in diesem Falle 0,4 μ auch als die auf Luft bzw. Vakuum reduzierte Wellenlänge. Man erhält sie, indem man die tatsächliche Wellenlänge mit dem Brechungsindex multipliziert.

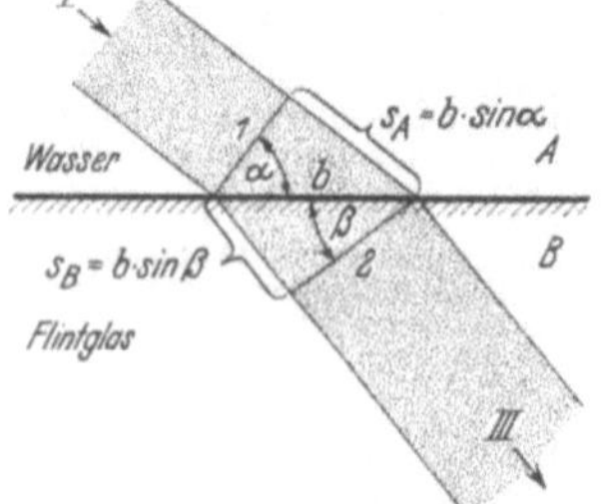

Abb. 38. Zur Definition der optischen Weglänge mit einem parallel begrenzten Lichtbündel. Die optische Weglänge von der Wellenfläche 1 zur Wellenfläche 2 ist längs des Strahls SA und SB gleich (nach POHL)

Als *optische Weglänge* bezeichnet man schließlich in einem optisch dichteren Medium oder auch beim Lichtdurchgang durch verschiedene Medien diejenige Strecke, die das Licht in der Zeit, die es zum Durchlaufen dieser Strecke benötigt, im Vakuum zurücklegen würde (Abb. 38). Also auch die optische Weglänge wird eigentlich durch eine Zeit charakterisiert, ebenso wie die Wellenlänge. Man erhält die optische Weglänge beim Durchgang durch Medien verschiedener optischer Dichte, indem man in jedem einzelnen Medium die tatsächlich zurückgelegte Strecke mit dem Brechungsindex des betreffenden Mediums multipliziert und diese einzelnen Weglängen addiert. Der Begriff der optischen Weglänge ist für das Verständnis der Wellentheorie innerhalb von Medien mit unterschiedlichem Brechungsindex von großer Bedeutung.

Die folgenden Untersuchungen werden sich mit der Frage zu befassen haben, wie ein Wellenzug bei Änderung seiner Geschwindigkeit verändert wird. Dabei sollen unsere Untersuchungen auf einer Voraussetzung basieren: daß die Geschwindigkeit in jedem Medium von der Strahlungsrichtung unabhängig ist. Medien, in denen diese Bedingung erfüllt ist, nennt man (von gewissen Ausnahmen abgesehen) *isotrope Medien*. Isotrope Medien sind z. B. Luft, Wasser und Glas. In fast allen durchsichtigen Stoffen mit regelmäßiger atomarer Struktur, also Kristallen und den meisten lebenden Geweben, ist diese Bedingung nicht erfüllt. Solche Medien bezeichnet man als anisotrop. Auch die meisten brechenden Medien des Auges sind anisotrop. Doch ist die Anisotropie des Auges noch wenig untersucht und für die meisten optischen Fragestellungen im Bereiche des Auges auch ohne Belang, so daß man sie üblicherweise vernachlässigt.

Die Grenzfläche zwischen zwei Medien unterschiedlicher optischer Dichte bezeichnet man als brechende Fläche.

Wir wollen unsere Untersuchungen mit einem Spezialfall beginnen und annehmen, daß sowohl brechende Flächen als auch Wellenflächen eben seien und bestimmen die von der brechenden Fläche nach dem Huygensschen Prinzip ausgehenden Elementwellen.

Den Winkel, unter dem die Wellenflächen die brechenden Flächen schneiden, bezeichnen wir als *Einfallswinkel*, die Ebene, die auf Wellenflächen und brechender Fläche senkrecht stehen, bezeichnen wir als *Einfallsebenen*. Der Winkel, unter dem sich zwei Ebenen schneiden, ist bereits auf S. 12 definiert. Es ist der Winkel, den die Geraden dieser beiden Ebenen, welche auf der Schnittgeraden der beiden Ebenen senkrecht stehen und sich dort schneiden, miteinander einschließen. In allen Zeichnungen, in denen nicht besonders darauf hingewiesen wird, ist die Zeichenebene eine Einfallsebene, damit also repräsentativ für unendlich viele andere Ebenen, die durch Drehung oder Parallelverschiebung in sie überführt werden können.

Lassen wir nun eine Welle in ihrem Verlauf auf eine brechende Fläche treffen, so werden die Elementarwellen, die von der brechenden Fläche ausgehen, sich halbkugelförmig nach beiden Seiten der brechenden Fläche ausbreiten. Dabei haben die Halbkugeln der Elementarwellen im optisch dichteren Medium einen kleineren Abstand voneinander, weil ihre Fortpflanzungsgeschwindigkeit dort kleiner ist.

Die neuen Wellenflächen erhält man wie bei der ungehinderten Ausbreitung des Lichtes dadurch, daß man an die zugehörigen Elementarwellenflächen (Abb. 39) die gemeinsamen Tangentialebenen legt. Man bezeichnet die Winkel, unter denen die ankommenden und die weiterziehenden Wellenflächen die brechende Ebene schneiden, als Einfalls- und Ausfallswinkel. Ihre Größenbeziehungen werden durch den zweiten Satz des Brechungsgesetzes und des Reflexionsgesetzes ausgedrückt:

Brechungsgesetz: Der Sinus des Einfallswinkels ist dem Produkt aus dem Sinus des Ausfallswinkels und dem Brechungsindex gleich.

Reflexionsgesetz: Einfallswinkel und Ausfallswinkel sind einander gleich.

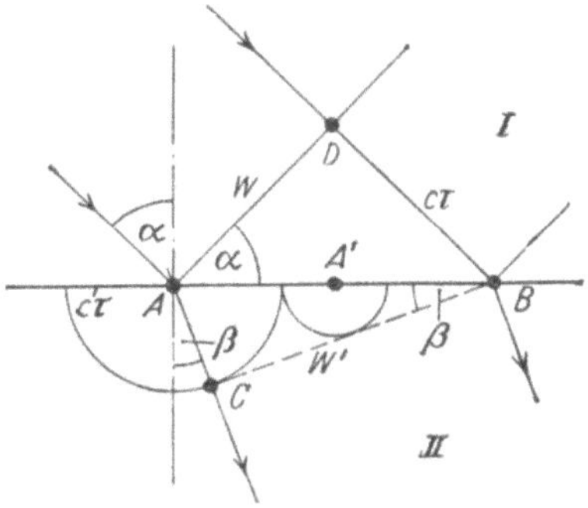

Definiert man, wie dies in der geometrischen Optik üblich ist, als Einfalls- und Ausfallswinkel diejenigen Winkel, die die bezüglichen Strahlen mit dem Einfallslot einschließen, so ist zur Ergänzung noch der erste Satz des Brechungs- und Reflexionsgesetzes erforderlich:

Abb. 39. Längs des Strahles DB erreicht die Wellenfläche W die brechende Fläche AB erst um $c\tau$ später als in dem Punkte A. In der gleichen Zeit hat sich vom sekundären Wellenzentrum A eine neue Elementarwelle $c'\tau$ ausgebildet. Hieraus resultiert eine neue Wellenfläche W' (nach GEHRTSEN)

Der einfallende Strahl, der gebrochene Strahl, der reflektierte Strahl und das Einfallslot liegen in einer Ebene. Infolge der Definition des Winkels zwischen zwei Ebenen wird dieser Satz überflüssig, wenn man die Winkel zwischen Wellenfläche und brechender Fläche als Ein- bzw. Ausfallswinkel definiert.

In dieser zweiten Form war das Reflexionsgesetz schon in der Antike bekannt, während das Brechungsgesetz von SNELLIUS und wahrscheinlich unabhängig von ihm von RENÉ

DESCARTES gefunden wurde. Während man sich aber das Reflexionsgesetz aus der Mechanik erklären konnte — ein gegen eine Wand geworfener Ball wird nach dem gleichen Gesetz zurückgeworfen —, fehlte bis zur Entdeckung der Wellennatur des Lichtes durch CHR. HUYGENS eine plausible Erklärung für das Brechungsgesetz.

Wir sehen also auch hier wieder, daß ein und derselbe Vorgang durch „Wellen" und durch „Strahlen" beschrieben werden kann. Da das Verständnis optischer Zusammenhänge bald in der einen, bald in der anderen Darstellungsweise übersichtlicher wird, werden wir uns auch weiterhin beider Darstellungsweisen bedienen.

Zusammenfassend läßt sich daher mit anderen Worten sagen: Tritt ein Strahlenbündel aus einem Medium in ein Medium anderer optischer Dichte über, so wird es an der Grenzfläche zum Teil zurückgeworfen, zum Teil tritt es unter anderem Winkel in das neue Medium ein, es wird „gebrochen" (sofern es nicht senkrecht auf die Grenzfläche trifft) (Abb. 40 u. 41).

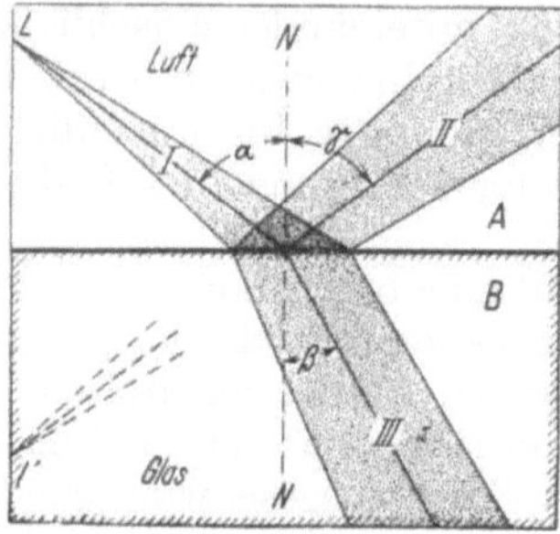

Abb. 40. Brechung und Spiegelung eines aus Luft kommenden Strahlenbündels an einer Grenzfläche gegen Glas. Das vom Punkt L herkommende Strahlenbündel I wird z. T. in das Strahlenbündel II gespiegelt, z. T. in das Strahlenbündel III gebrochen. N das Flächenlot auf die brechende Fläche (nach POHL)

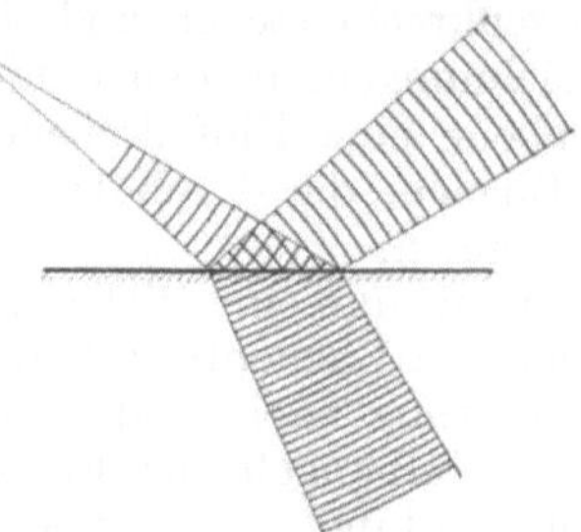

Abb. 41. Dasselbe mit Darstellung der Wellenflächen. Beachte die kürzeren Abstände der Wellenflächen im optisch dichteren Medium (nach POHL)

Energetische und geometrische Bündelteilung. *Das Bündel wird also geteilt.* Da bei dieser Teilung die vorhandene Energie auf dem ganzen Querschnitt geteilt wird, spricht man auch von *energetischer Bündelteilung.* Wird ein Strahlenbündel in seinem Querschnitt geteilt, so daß beide Teile eine verschiedene Ablenkung erfahren, spricht man von *geometrischer Bündelteilung* (Abb. 150 ff). Bezeichnet man mit i den Einfallswinkel, mit i' den Ausfallswinkel des gebrochenen Strahls und mit i'' den Winkel des reflektierten Strahls mit dem Einfallslot, ferner mit n und n' die Brechungsindices im ersten und zweiten Medium, so lautet die mathematische Formel für das Brechungsgesetz $n \cdot \sin i = n' \cdot \sin i'$ und für das Reflexionsgesetz $i' = -i$.

Formal kann man dabei $n'' = -n$ als Brechungsindex für den reflektierten Strahl auffassen. Dann erhält man für das Reflexionsgesetz die gleiche Formel wie für das Brechungsgesetz bzw.

$$n \cdot \sin i = n'' \cdot \sin i'' \,.$$

Diese Fassung des Reflexionsgesetzes hat den großen Vorteil, daß damit alle Rechnungen, die für die Brechung ermittelt werden, sinngemäß ohne weiteres auch auf die Reflexion angewandt werden können. Das negative Vorzeichen beim Reflexionsgesetz hat folgende Bedeutung: Definiert man einen Winkel als gerichtete Größe, etwa als die Drehung, die man einem Strahl erteilen muß, um ihn mit dem Einfallslot zur Deckung zu bringen, so müssen einfallender und reflektierter Strahl in entgegengesetzter Richtung auf das Einfallslot zugedreht werden und erhalten daher entgegengesetzte Vorzeichen, während einfallender und gebrochener Strahl in gleicher Richtung auf das Einfallslot zugedreht werden müssen, also gleiche Vorzeichen erhalten.

Man bezeichnet die geometrische Optik, soweit sie die *Lichtbrechung* betrifft, auch als *Dioptrik* und, soweit sie die *Spiegelung* betrifft, als *Katoptrik*.

III. Die Verformung von Strahlenbündeln und Strahlenräumen durch Lichtbrechung und Spiegelung

Nachdem wir am Beispiel der Brechung eines Parallelstrahlenbündels an einer Ebene das Snelliussche Brechungsgesetz erläutert haben, welches die Grundlage für das Verständnis der geometrischen Optik ist, haben wir zu untersuchen, wie ein homozentrisches Strahlenbündel, dessen Zentrum im Endlichen gelegen ist, bei der Brechung (und Spiegelung) an einer Ebene, an einer Kugelfläche und schließlich an einer allgemein gekrümmten Fläche verändert wird, und schließlich, wie ein derart gebrochenes, ursprünglich ebenfalls homozentrisches Strahlenbündel bei der Brechung an den verschiedenen Flächen verändert wird.

1. Demonstrationsversuche mit homozentrischen Strahlenbündeln

Wir wollen dabei von einigen Erfahrungen des täglichen Lebens oder von leicht reproduzierbaren Versuchen ausgehen. Dabei sei dem Leser dringend empfohlen, diese Versuche nachzumachen. Die erforderlichen Versuchsanordnungen wird sich jeder Interessierte ohne weiteres selbst aufstellen können, zumal der Augenarzt, der im Besitze eines Brillenkastens, einiger Blenden und einiger Lichtquellen hoher Leuchtdichte, wie sie in elektrischen Augenspiegeln Verwendung finden, ist.

a) Brechung an einer Ebene

1. Versuch. Auf den Boden einer Waschschüssel oder eines Waschbeckens lege man eine Münze. Man blicke aus einer solchen Höhe über den Rand des Waschbeckens, daß die Münze gerade nicht mehr zu sehen ist. Sodann fülle man die

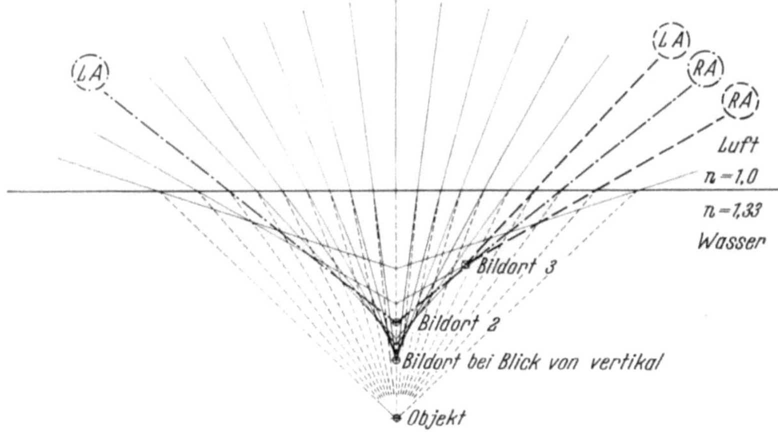

Abb. 42. Beobachtung eines in Wasser gelegenen Objekts. Man denke sich die Zeichnung in dem vom Objekt über den Bildort 2 auf die brechende Fläche ziehenden Lot geknickt. Blickt man aus der Richtung dieses Lots, so erscheint das Objekt am „Bildort beim Blick von vertikal", der der Spitze der virtuellen kaustischen Fläche entspricht. Senkt man den Kopf soweit, daß man von den Punkten auf die Wasserfläche blickt, so erscheint das Objekt am „Bildort 2" auf der zweiten virtuellen kaustischen Fläche, also der Umdrehungsachse gelegen. Neigt man hingegen den Kopf derart zur Seite, daß rechtes und linkes Auge übereinanderkommen, so erscheint das Objekt am Bildort 3, einem Punkt in unmittelbarer Nähe der ersten kaustischen Fläche

Schüssel mit Wasser bis zum Rande: Die Münze wird wieder sichtbar werden und auch sichtbar bleiben, wenn der Kopf weiterhin gesenkt wird (Abb. 42). Die Münze wird aber nur senkrecht zur Wasseroberfläche hochsteigen. Nun versuche man, den Kopf auf die Seite zu neigen, so daß die Verbindungslinie der Augen, die bisher horizontal gestanden hat, nunmehr vertikal steht; dabei achte man besonders darauf, daß die Mitte zwischen beiden Augen ihren Platz behält. Eine derartige Bewegung ist nicht leicht durchführbar, und man bedient sich am besten einer Hilfsperson, die darauf achtet, daß der Halbierungsort zwischen beiden Augen an der gleichen Stelle bleibt. Man wird nun sehen, daß sich die Münze dem Auge zu nähern und dabei etwas kleiner zu werden scheint.

Ähnliche Versuche lassen sich in der Badewanne, in einem Schwimmbad und überall dort anstellen, wo wir deutlich durch die Wasseroberfläche in die Tiefe sehen können.

b) Brechung an einer einzelnen oder zwei zentrierten Kugelflächen

2. Versuch. Man lasse im leicht verdunkelten Raum das Licht einer hellen, kleinflächigen Lichtquelle (Niedervoltlampe eines Augenspiegels oder einer Spaltlampe, notfalls auch Taschenlampenbirne, aber ohne „Scheinwerfer") aus 1—2 m Entfernung auf eine frei stehende Linse von großem Durchmesser und großer Krümmung fallen. Am besten eignet sich dazu eine einzelne Kondensorlinse aus einem Projektionsapparat, aber ein Probier-Brillenglas von 20 dptr oder eine Lupe tut den gleichen Dienst. Nur Breitrandbrillengläser sind wegen des kleinen Durchmessers weniger zweckmäßig. Man beachte dabei, daß die Linse zur Lichtquelle zentriert ist, d. h., daß die Lichtquelle auf der Achse der Linse liegt. Exakt erreicht man das dadurch, daß man sein Auge dicht über die Lichtquelle bringt und von dort aus die beiden Spiegelbilder der Lichtquelle an der Linsenvorder- und -hinterfläche prüft. Ist die Linse zentriert, so müssen diese Spiegelbilder sich decken. Die Befestigung der Linse auf dem (möglichst dunklen und nicht glänzenden) Tisch kann durch Modellierwachs („Knete") oder einfach durch ein Brillengestell erfolgen, welches man auf den Tisch legt.

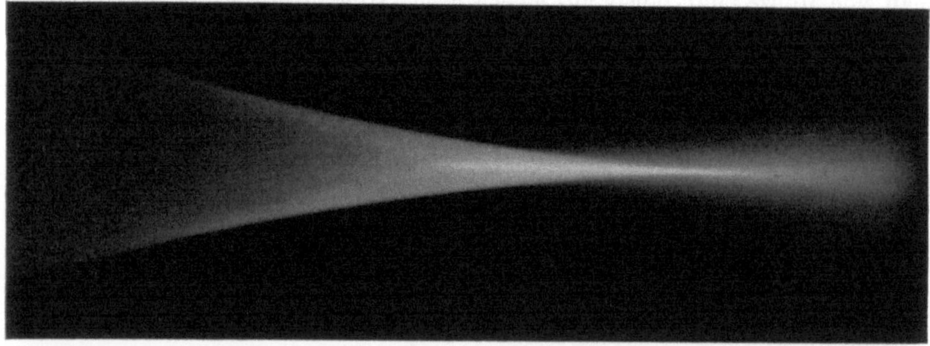

Abb. 43. Brechung eines Parallelstrahlenbündels an einer sphärischen Linse (praktisch mit der Brechung an einer Kugelfläche gleich). Im Schauversuch bringt man eine punktförmige Lichtquelle (Niedervoltlampe) in großem Abstand auf die Achse der Linse. Im verdunkelten Raum kann dann die Strahlenvereinigung durch Tabakrauch sichtbar gemacht werden. Eigene photographische Technik: Die auf Zeitaufnahme eingestellte Kamera steht senkrecht zur optischen Achse des zu photographierenden Strahlenbündels. Ein weißer Karton wird in schräger Richtung zu den Strahlen gehalten und gleichmäßig in Richtung der Achse hin und her bewegt. Die auf dem Karton erscheinenden Schnitte durch das gebrochene Strahlenbündel summieren sich zu der im Bild erkenntlichen Figur. Wird der Karton mit großer Geschwindigkeit hin und her bewegt, dann kann man die kaustischen Flächen auch auf diese Weise im Schauversuch darstellen

Nun mache man sich das gebrochene Strahlenbündel durch den Rauch einer Zigarette oder durch ein Stück weißes Papier, welches nach verschiedenen Seiten hin und her gewedelt wird, sichtbar. Man erkennt dann eine hell erleuchtete Rotationsfläche, die, ähnlich einem Sektglas ohne Fuß, sanft geschwungen in eine

Spitze ausläuft, und inmitten dieser Rotationsfläche, ebenfalls hell erleuchtet und in die gleiche Spitze auslaufend, ihre Achse (Abb. 43). Jenseits der Spitze ist ein annähernd gleichmäßig erleuchteter Kegel zu erkennen. Betrachtet man diese Figur auf einer Papierfläche, mit der man sie mit zum Schnitt bringt, so erkennt man überdies, daß der helle Ring, den die erstgenannte Rotationsfläche aus der Papierfläche herausschneidet rot, der Kegel jenseits der Spitze dagegen blau umrandet ist.

An Stelle einer Linse kann man auch eine mit Wasser gefüllte oder eine massive Glaskugel verwenden. Dann braucht man sich um die Zentrierung nicht weiter zu kümmern, weil die Flächen einer Kugel immer zueinander zentriert sind.

c) Brechung an einem paraxialen Ausschnitt eines Systems zentrierter Kugelflächen

3. Versuch. Man blende mit Hilfe einer kreisrunden, aus dunklem Papier ausgeschnittenen Blende von $^1/_4$ Linsendurchmesser oder weniger ein Teilbündel aus dem die Linse treffenden Bündel aus und beachte, was von dem gebrochenen Strahlenbündel übrig bleibt: Liegt die Blende zentral, so wird die erleuchtete Umdrehungsfläche und ihre erleuchtete Achse nach der gemeinsamen Spitze zu um so mehr zusammenschmelzen, je kleiner die Blende ist. Schließlich wird nur noch ein kurzes hell erleuchtetes Achsenstück übrigbleiben. Bei peripherer Blendenlage wird gleichsam nur noch eine Scheibe der Umdrehungsschale und ein kurzes Achsenstück übrigbleiben. Schale und Achsenstück treffen sich jedoch nicht mehr unmittelbar, sondern sind durch ein schwach erleuchtetes Zwischenstück getrennt.

Brechung eines paraxialen Strahlenbündels

4. Versuch. (Hier kann die Linse nicht mehr durch eine Glaskugel ersetzt werden.)

Im übrigen gleiche Versuchsanordnung wie 2.

Man drehe die Linse langsam um eine senkrecht zu ihrer optischen Achse gelegenen Achse heraus, so daß die Lichtquelle sich immer weiter von der optischen Achse entfernt; man beobachte — wieder mittels Zigarettenrauch oder einer

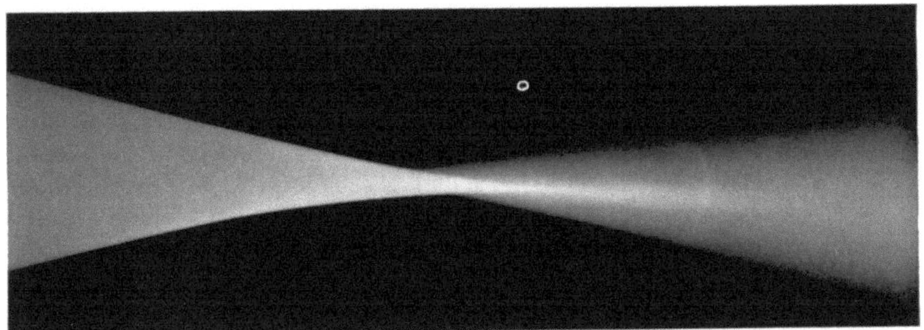

Abb. 44. Wie Abb. 43 Zentrum des ungebrochenen Strahlenbündels, jedoch nicht auf der Achse gelegen

schnell bewegten Papierfläche —, wie sich die helle Rotationsfläche und ihre Achse allmählich verformen: Man beschreibt diese Verformung am besten mit einer leichten Durchbiegung der Achse, wobei die gemeinsame Spitze erhalten bleibt, außerdem werden die äußere Fläche und die verbogene Achse sich an ihrer Konkavseite nähern, zudem wird der rote Rand an der Konkavseite verschwinden und an der Konvexseite stärker werden (Abb. 44).

Hält man die auffangende Papierfläche still, stellt sich also Schnitte aus dieser Fläche her, so erkennt man eine eigenartige Verbindung zwischen Axialpunkt und peripherem Ring; an der Spitze ist der helle Achsenpunkt zunächst von einem exzentrischen Hof umgeben, bei weiterem Herausdrehen der Linsenachse von der Lichtquelle wird der Spitzenpunkt schließlich zu einem kurzen unsymmetrischen Strich. Man bezeichnet diese Figur auch als Koma.

d) Brechung an zylindrischen Flächen

5. Versuch. An Stelle der Linsen nehme man zunächst einen Glaszylinder, etwa einen Meßzylinder, ein Becherglas oder ähnliches, und fülle es mit Wasser. Erzeugt man hier das gebrochene Strahlenbündel, so hat es etwa die Form eines Rasiermessers mit starkem Hohlschliff. Im Schnitt (Schnittebene nahezu senkrecht zur Zylinderachse) sieht man eine ähnliche geschwungene Pfeilspitze wie bei Abb. 43, doch fehlt die erleuchtete Mittellinie (Abb. 45).

Abb. 45. Brechung eines nahezu parallelen Strahlenbündels an zwei zylindrischen Flächen. Das gebrochene Strahlenbündel ist nicht mehr rotationssymmetrisch, es besitzt aber noch zwei Symmetrieebenen, eine in der horizontalen und eine in der vertikalen. Die Horizontalebene würde bei Parallelverschiebung stets das gleiche Bild aus dem gebrochenen Strahlenbündel ausscheiden. Im Inneren des Glastrogs erkennt man das gespiegelte Strahlenbündel, welches in eine prinzipiell gleichartige Figur ausläuft

Zu empfehlen ist auch das Studium eines im Inneren eines Serviettenringes gespiegelten Strahlenbündels. Es zeigt zwei helle Halbkreisbögen, die in eine gemeinsame Spitze münden, und an ihrer Konkavseite von einem stärkeren Dunkel begrenzt werden als an ihrer Konvexseite.

e) Brechung an beliebig gekrümmten Flächen

6. Versuch. Schließlich beurteile man die Brechung an weniger regelmäßig gekrümmten Flächen ohne Kanten, etwa gefüllten Weingläsern oder anderen gefüllten Glasgeräten, die Brechung an einer klaren, aber bewegten Wasserfläche, Spiegelungen an allen Geräten des täglichen Lebens, sofern sie eine Konkavität erkennen lassen: Fast immer wird man, wenn man das gebrochene Strahlenbündel auf einer Papierfläche auffängt, helle, leicht geschwungene Linien erkennen, die nach der Konkavseite schärfer begrenzt sind und steiler ins Dunkle abfallen als nach der Konvexseite.

f) Spiegelung an beliebig gekrümmten Flächen

7. Versuch. In einer beliebig gekrümmten, spiegelnden Fläche — die größten Mannigfaltigkeiten derartiger Flächen findet man heute an den modernen Autokarosserien, an denen sich der folgende Versuch besonders gut ausführen läßt — suche man zunächst das Spiegelbild des eigenen Auges auf. Dann ist die Verbindungslinie zwischen dem eigenen Auge und seinem Spiegelbild ein Flächenlot auf der spiegelnden Fläche. Nun halte man einen 0,5—1 m langen, geraden Stab so vor das beobachtende Auge, daß er die Verbindungslinie zwischen dem Auge und seinem Spiegelbild rechtwinklig schneidet. Man erkennt dann, sofern der Stab das Spiegelbild des Auges nicht gerade verdeckt, ein Spiegelbild des Stabes vor dem Spiegelbild des Auges. Handelt es sich bei der spiegelnden Fläche nicht gerade um ein Stück einer Kugelfläche oder einer Ebene, so wird im allgemeinen das Spiegelbild des Stockes nicht in der gleichen Ebene liegen wie der Stock selbst. Drehen wir jedoch den Stock um die Visierlinie als Achse, so wird sich auch sein Spiegelbild drehen, der Stock und sein Spiegelbild vollenden eine halbe Umdrehung um die Achse jeweils gleichzeitig. Bei einer solchen halben Umdrehung (d. h. einer Umdrehung um 180°) wird das visierende Auge erkennen, daß der Stock und sein Spiegelbild zweimal in der gleichen Richtung, d. h. in der gleichen Ebene, liegen, während in allen übrigen Stellungen der Stock und sein Spiegelbild ein wenig gegeneinander verdreht sind. Die beiden Richtungen, in denen die Lage des Stockes mit der des Spiegelbildes übereinstimmt, stehen aufeinander senkrecht.

2. Erklärung der Versuche

Alle beschriebenen Versuche sollen zeigen. wie ein ursprünglich homozentrisches Strahlenbündel beim Übertritt in ein anderes optisches Medium, also bei Brechung, verändert wird. Für die theoretische Untersuchung dieser Frage genügen die Tatsache der geradlinigen Ausbreitung des Lichtes und das Snelliussche Brechungsgesetz, also zwei physikalische Erfahrungstatsachen, die durch das Huygenssche Prinzip erklärt sind.

a) Die Bedeutung der Zeichenebene in der Darstellung der kaustischen Flächen

Im ersten Versuch geht von einem Objektpunkt ein homozentrisches Strahlenbündel bzw. eine Schar konzentrischer Kugelwellen aus, die sich an einer Ebene brechen. Ein solches System muß notwendigerweise rotationssymmetrisch sein, denn fällen wir vom betrachteten Objektpunkt, also dem Zentrum von Strahlenbündeln und Wellenkugeln, ein Lot auf die brechende Fläche (dieses Lot ist auch ein Strahl des untersuchten Strahlenbündels, den wir als Axialstrahl bezeichnen wollen), so wird jede Ebene, die durch dieses Lot geht, aus Strahlenbündeln, Wellenflächen und brechender Fläche die gleichen Kurven herausschneiden. Da diese Ebene zudem auf der brechenden Fläche senkrecht steht, ist sie für alle in ihr liegenden Strahlen die „Einfallsebene".

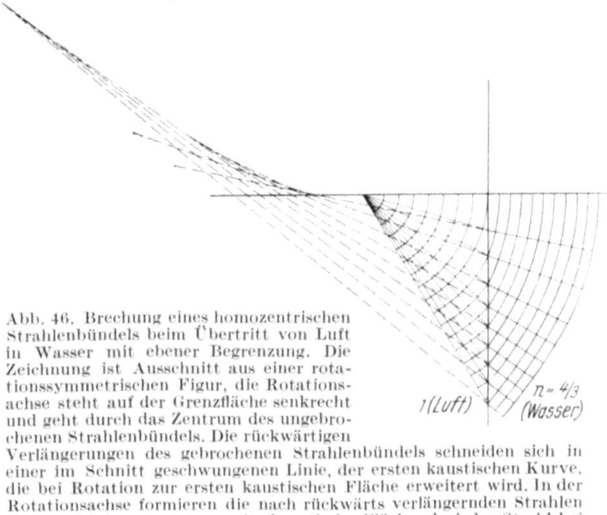

Abb. 46. Brechung eines homozentrischen Strahlenbündels beim Übertritt von Luft in Wasser mit ebener Begrenzung. Die Zeichnung ist Ausschnitt aus einer rotationssymmetrischen Figur, die Rotationsachse steht auf der Grenzfläche senkrecht und geht durch das Zentrum des ungebrochenen Strahlenbündels. Die rückwärtigen Verlängerungen des gebrochenen Strahlenbündels schneiden sich in einer im Schnitt geschwungenen Linie, der ersten kaustischen Kurve, die bei Rotation zur ersten kaustischen Fläche erweitert wird. In der Rotationsachse formieren die nach rückwärts verlängernden Strahlen die zur Linie entartete zweite kaustische Fläche, da jeder Strahl bei der Rotation einen Kegelmantel beschreibt, dessen Spitze also Vereinigungspunkt benachbarter Strahlen und somit Teil der Kaustik ist

Es genügt also, die Lichtbrechung innerhalb einer solchen Ebene näher zu untersuchen, um dann durch Rotation dieser Ebene um den Axialstrahl das gebrochene Strahlenbündel darzustellen. — Die Konstruktion wird mit Strahlen durchgeführt, weil dies geometrisch einfacher darzustellen ist als mit Wellenflächen. Überlegungen über die Form der Wellenflächen nach der Brechung werden wir daran anschließend anstellen können.

Führt man eine solche Konstruktion zeichnerisch durch, so erkennt man leicht, daß das gebrochene Strahlenbüschel, ebenso wie das ungebrochene, divergiert. Verlängert man diese gebrochenen Strahlen nach rückwärts über die brechende Fläche hinaus, so sollte man das Zentrum des gebrochenen Strahlenbüschels erhalten. Da dieses Zentrum nicht einer realen Strahlenvereinigung entspricht, nennt man es auch ein virtuelles Zentrum oder einen virtuellen Strahlenschnittpunkt (Abb. 46).

Man sieht jedoch leicht, daß sich die nach rückwärts verlängerten Strahlen gar nicht mehr in einem Punkt schneiden, daß also ein Zentrum des gebrochenen Strahlenbündels im bisherigen Sinne gar nicht existiert, daß sich vielmehr die Schnittpunkte der nach rückwärts verlängerten Strahlen über ein weites Gebiet verteilen. Doch interessieren uns nicht die Schnittpunkte aller Strahlen überhaupt, sondern lediglich die Schnittpunkte „unendlich naheliegender" Strahlen. Man erhält diese Schnittpunkte dadurch, daß man gedanklich einen Grenzprozeß durchführt, indem man einen Strahl festhält, und einen zweiten Strahl auf ihn zubewegt, so daß sich diese beiden Strahlen beliebig nähern, ohne sich je zu erreichen. Zeichnerisch ist so ein Prozeß wegen der endlichen Dicke eines Bleistiftstriches gar nicht durchführbar, wohl aber rechnerisch. Der Schnittpunkt der beiden Strahlen bewegt sich dann auf einen Punkt zu, den wir zunächst als „Schnittpunkt unendlich naheliegender Strahlen" bezeichnen wollen.

Führt man diesen Vorgang für jeden Strahl (innerhalb der Zeichenebene) durch, so bilden die so gewonnenen Punkte in ihrer Gesamtheit eine Kurve, die das gebrochene Strahlenbüschel „umhüllt", eine „Umhüllende" oder „Enveloppe". Da jeder Punkt dieser Kurve als Schnittpunkt zweier unendlich naher Geraden gedacht werden kann, kann der gleiche Sachverhalt auch umgekehrt dahingehend ausgedrückt werden, daß jeder Strahl die Kurve in zwei unendlich nahen Punkten schneidet — d. h., jeder Strahl ist eine Tangente dieser Kurve.

Die Berechnung durch „Grenzprozesse" gewonnener Kurven gehört in das Gebiet der Differentialgeometrie und soll für Interessenten am Schluß dieses Kapitels in vereinfachter Weise dargestellt werden.

Die Kurve selbst berührt den Axialstrahl, d. h., sie entfernt sich um so mehr von demselben, je stärker die sie jeweils erzeugenden ungebrochenen Strahlen vom Axialstrahl abweichen. Nun lassen wir die ganze Zeichenebene um den Axialstrahl rotieren. Dann beschreibt uns jeder ungebrochene und jeder gebrochene Strahl einen Kegelmantel, die Spitzen all dieser Kegelmäntel liegen auf der Achse. Die Umhüllende der gebrochenen Strahlen beschreibt eine auf die Achse spitz zulaufende Umdrehungsfläche, die sog. 1. kaustische Fläche. Die durch Rotation der gebrochenen Strahlen entstandenen Kegelmantelspitzen stellen nun ebenfalls Schnittpunkte unendlich benachbarter Strahlen dar (da ja jeder Kegelmantel unendlich viele Strahlen repräsentiert). Man bezeichnet daher den Achsenabschnitt, auf dem diese Kegelmantelspitzen liegen, auch als die II. kaustische Fläche, die im vorliegenden Spezialfall zur Strecke „entartet" ist.

Die Bedeutung des Wortes „kaustische Flächen" kann erst besprochen werden, wenn die Brechung an einer Kugelfläche erörtert wird.

b) Die zweite kaustische Fläche

Wir wollen nun zur Besprechung unseres 1. Versuches zurückkommen: Das blickende Augenpaar lokalisiert die im Wasser befindliche Münze dorthin, wo sich die rückwärtigen Verlängerungen der an der Wasserfläche gebrochenen und in die beiden Augen eintretenden Strahlen schneiden. Die Lichtbrechung im Auge spielt für diese Lokalisation keine entscheidende Rolle, es genügt also, für jedes Auge einen Hauptstrahl (etwa den von der Mitte der Münze ausgehenden) zu berücksichtigen. Solange die beiden Augen horizontal, ihre Verbindungslinie also parallel zur Wasserfläche stehen und mit symmetrischer Konvergenz auf die

Münze blicken, werden sich die beiden zu jedem Auge ziehenden Hauptstrahlen in ihrer rückwärtigen Verlängerung in der Achse schneiden; der Schnittpunkt wird um so höher liegen, je flacher über die Wasserfläche geblickt wird. Blickt man dagegen so auf die Wasserfläche, daß die Verbindungslinie beider Augen senkrecht steht, so werden die beiden zu jedem Auge ziehenden Strahlen in einer der Zeichenebene analogen gemeinsamen Ebene liegen und einen Schnittpunkt in der Nähe der umhüllenden Kurve haben — nicht auf derselben, da es sich um räumlich getrennte Strahlen handelt. Dagegen werden solche Strahlen, die weder eine gemeinsame Meridionalebene (dargestellt in der Zeichenebene) noch einen gemeinsamen Kegelmantel haben, sich in ihrer Verlängerung überhaupt nicht schneiden:

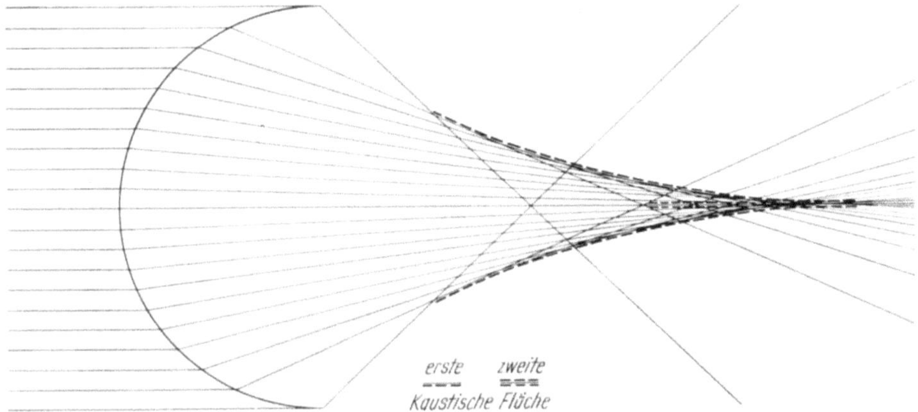

Abb. 47. Brechung eines Parallelstrahlenbündels an einer Kugelfläche (schematisch). Man denke sich die Zeichenebene um die Achse rotiert: Die erste kaustische Fläche erscheint im Schnitt und bildet bei der Umdrehung eine rotationssymetrische Fläche, welche in eine Spitze ausläuft. Die zweite kaustische Fläche entsteht erst durch die Rotation, in dem sämtliche durch die Achse gehenden Strahlen untereinander an ihrem Schnittpunkt mit der Achse sich vereinigen. Erste und zweite kaustische Fläche laufen in eine gemeinsame Spitze aus, den Brennpunkt im Sinne der Optik des Gaußschen Raumes

Solche Strahlen gehen „windschief" aneinander vorbei. Blickt man daher schräg auf die am Boden liegende Münze, so wird man sie u. U. doppelt sehen. Windschief heißen zwei Geraden im Raum, die nicht in einer gemeinsamen Ebene liegen, also weder einen Schnittpunkt im Endlichen noch einen solchen im Unendlichen haben, d. h. auch nicht parallel sind.

Wir haben am gebrochenen Strahlenbündel vorwiegend die rückwärtige Verlängerung der gebrochenen Strahlen untersucht, am ungebrochenen Strahlenbündel dagegen fast nur die „Originalstrahlen". Natürlich können wir uns auch die ungebrochenen Strahlen in ihrer ursprünglichen Richtung unendlich verlängert denken. Wir können daher folgende, für das Verständnis der Lichtbrechung im allgemeinen wichtige Tatsache vorwegnehmen:

Jeder Strahl (und damit auch jedes Strahlenbündel und jeder Strahlenraum), der eine Richtungsänderung durch Übergang in ein anderes optisches Medium erleidet, hat einen realen Teil (die ungebrochenen Strahlen von ihrem Ursprungspunkt bis zur brechenden Fläche, die gebrochenen Strahlen von der brechenden Fläche an bis zum Auge bzw. bis ins Unendliche) und einen virtuellen Anteil, der durch Verlängerung seines realen Anteils, in einer oder auch zwei Richtungen besteht (wenn nämlich der gebrochene Strahl an einer weiteren Fläche gebrochen wird). Bei den Untersuchungen der geometrischen Optik wird der reale mit dem imaginären oder virtuellen Anteil als Ganzes betrachtet (Abb. 46).

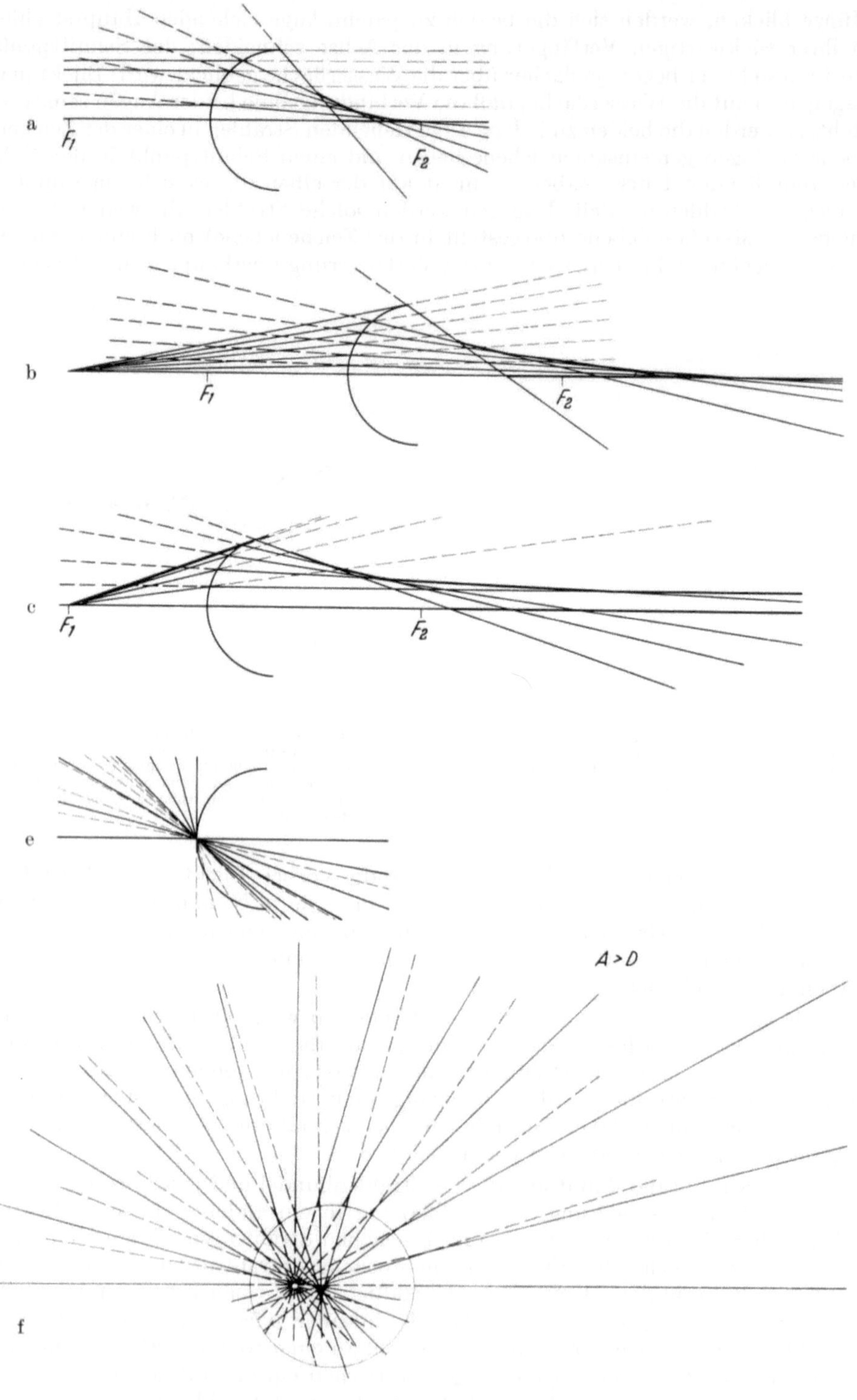

Abb. 48. a—c, e u. f

Im zweiten Versuch haben wir die Brechung eines homozentrischen Strahlenbündels an zwei Kugelflächen (den beiden Seiten einer Linse) dargestellt. Die Mittelpunkte der beiden Kugelflächen und das Zentrum des ungebrochenen Strahlenbündels liegen dabei auf einer Geraden. Auch hier liegt also, wie bei der Brechung an einer Ebene, eine Rotationssymmetrie vor, und wir können die Untersuchungen zunächst innerhalb einer Zeichenebene darstellen, um dann die räumlichen Verhältnisse durch Rotation der Zeichenebene um die Achse zu erhalten (Abb. 46). Im Gegensatz zum ersten Versuch sind es jedoch nunmehr die realen Teile der gebrochenen Strahlen, die sich schneiden, und deshalb können wir diese Schnittpunkte sichtbar machen. Auch hier erhalten wir in der Zeichenebene eine die gebrochenen Strahlen umhüllende Kurve, aus der durch die Rotation eine Umdrehungsfläche, die erste kaustische Fläche, wird. Auch hier beschreibt jeder gebrochene Strahl bei der Rotation eine Kegelmantelfläche, deren Spitze auf der Achse liegt, der Achsenabschnitt, der solche Kegelspitzen enthält, stellt auch hier die zur Strecke entartete zweite kaustische Fläche dar. Da jedoch beide kaustischen Flächen realen Strahlenvereinigungen entsprechen, können sie durch Lufttrübung oder Auffangen auf einer rasch bewegten Fläche sichtbar gemacht werden, da sie Orte maximaler Lichtkonzentration darstellen. Daher rührt auch ihre Bezeichnung „kaustische" Flächen: $\varkappa\alpha\nu\sigma\tau\iota\varkappa\acute{o}\varsigma$ = brennend. Der gewünschte Brennpunkt der Optik stellt einen selten realisierten Idealfall dar, in dem beide kaustischen Flächen zu einem (gemeinsamen) Punkt entarten. In einem solchen Brennpunkt ist dann die Lichtkonzentration so groß, daß ein leicht brennbarer Gegenstand damit angezündet werden kann.

Welche Bedeutung kommt nun in diesen gebrochenen Strahlenbündeln den Wellenflächen zu? Im ungebrochenen homozentrischen Strahlenbündel, welches sich mit gleicher Geschwindigkeit fortpflanzt – man spricht hierbei

Abb. 48. Brechung homozentrischer Strahlenbündel an einer Kugelfläche bei verschiedenem Abstand. Die kaustischen Flächen sind doppelt ausgezogen, reelle Strahlen durchgezogen, nach rückwärts verlängerte, gebrochene (virtuelle) Strahlen unterbrochen. Brechungsindex 1,5, A_0 = Objektnähe vom Scheitelpunkt. a) Objekt im Unendlichen. Gemeinsame Spitze der beiden kaustischen Flächen im bildseitigen Brennpunkt. ($A = 0$). b) $A_0 < 0$, $-A_0 < D$ Objekt liegt außerhalb der dingseitigen Brennweite, gemeinsame Spitze der kaustischen Flächen außerhalb der bildseitigen Brennweite. (In der Zeichnung Objekt und Bild in der doppelten Brennweite). c) $A = -D$. Beide kaustische Flächen beginnen im Endlichen und münden ins Unendliche. d) $-A > D$; Objekt zwischen dingseitiger Brennweite und brechender Fläche. Die gemeinsame Spitze der kaustischen Flächen ist virtuell und liegt auf der Objektseite, die beiden kaustischen Flächen beginnen jedoch im Endlichen, hinter der brechenden Fläche und ziehen über das positive und negative Unendliche in ihre gemeinsame Spitze. e) $A = \infty$ ($1/A = 0$) Objekt und Bild liegen auf der brechenden Fläche. Ist A schließlich größer als 0, aber endlich, so besteht ein virtuelles Objekt, d. h. ein konvergentes Strahlenbündel wird gebrochen, bevor es sein Zentrum erreicht hat. In diesem Falle liegt die Spitze der kaustischen Flächen reell zwischen brechender Fläche und bildseitigem Brennpunkt. Werden die Brechungsindices vertauscht, besteht also vor der Brechung ein größerer Brechungsindex, so handelt es sich um eine zerstreuende Fläche. Die Zeichnungen behalten ihre Gültigkeit, wenn reelle und virtuelle sowie objekt- und bildseitige Strahlen durchgehend vertauscht werden

auch von Lichtausbreitung im homogenen Medium —, sind die Wellenflächen Kugelflächen, die zweierlei repräsentieren:

1. die Orte aller Punkte, die vom Zentrum gleichen Abstand haben,

2. die Orte aller Punkte, die phasengleich schwingen, d. h. die von einer vom Zentrum ausgehenden Wellenbewegung *gleichzeitig* getroffen werden.

Dabei gilt ferner unter der Voraussetzung der Isotropie, d. h. einer von der *Richtung* unabhängigen Fortpflanzungsgeschwindigkeit, daß die Wellenflächen (als Kugelflächen) und die Strahlen (als zugehörige Radien bzw. Normalen) immer aufeinander senkrecht stehen.

c) Allgemeine Beziehungen zwischen „Strahlen" und Wellenflächen

Nach der Brechung, und zwar auch nach der Brechung an beliebig vielen gekrümmten Flächen (sofern diese Flächen stetig sind, d. h. keine Ecken und Kanten haben) behalten die Wellenflächen die zweite Eigenschaft bei, d. h. sie repräsentieren auch weiterhin diejenigen Punkte, die *gleichzeitig* von einer vom Wellenzentrum ausgehenden Erregung getroffen werden, also phasengleich schwingen. Statt gleicher Zeitdauer spricht man allerdings in der Optik gewöhnlich von optischer Weglänge. Die Wellenflächen sind also Flächen gleicher optischer Weglänge. Ferner bleibt nach der Brechung die Beziehung erhalten, daß Wellenflächen und Strahlen aufeinander senkrecht stehen. — Daraus folgt nun ein Satz von großer allgemeiner Bedeutung: *Verbindet man zwei Wellenflächen, die von einem Zentrum ausgehen, miteinander durch die zugehörigen Strahlen, so ist die optische Weglänge zwischen diesen beiden Wellenflächen auf allen Strahlen gleich.* Dabei ist es gleichgültig, wieviele Lichtbrechungen zwischen den beiden Wellenflächen stattfinden, und ob sich eine oder beide Wellenflächen zugleich in verschiedenen Medien befinden (Abb. 41 u. 46).

Diese Beziehungen gelten auch für die Lichtbrechung innerhalb inhomogener Medien, das sind Medien mit kontinuierlich variablem Brechungsindex, wie etwa die menschliche Linse oder die Erdatmosphäre.

Dagegen sind, von besonderen Ausnahmen abgesehen, die Wellenflächen nach der Brechung nicht mehr die Orte aller Punkte, die vom Zentrum den gleichen *räumlichen* Abstand haben.

Da die Strahlen der gebrochenen Strahlenbündel kein gemeinsames Zentrum mehr haben, sind die zugehörigen Wellenflächen, die ja auf allen Strahlen senkrecht stehen, keine Kugelflächen.

d) Über Krümmungen von Kurven

Wir untersuchen daher die Form der Wellenflächen nach der Lichtbrechung zunächst an Hand ihrer Schnitte mit der Zeichenebene und daran anschließend als Ganzes.

Während die Krümmung einer Kugel oder eines Kreises als Reziprokwert des Krümmungsradius definiert wird, ist dies bei einer beliebigen Kurve und erst recht bei einer beliebigen Fläche, nicht mehr ohne weiteres möglich. Man muß ähnlich vorgehen, wie dies bei der Definition der Tangente geschieht. Diese entsteht bekanntlich als Grenzfall der Sekante, d. h., man legt eine Gerade durch zwei Punkte dieser Kurve und nähert die Punkte einander immer mehr. Die Sekante strebt dann einem Grenzwert zu, der Tangente. Für die Krümmung einer Kurve wird ein ähnliches Verfahren angewandt: Bekanntlich wird durch drei Punkte, sofern sie nicht in einer Geraden liegen, immer eindeutig ein Kreis bestimmt. (Man erhält diesen Kreis dadurch, daß man die drei Punkte zu einem Dreieck verbindet und auf zwei Seiten die Mittellote errichtet, der Schnittpunkt dieser Lote ist der gesuchte Mittelpunkt des Kreises.)

Wählt man nun auf einer Kurve drei Punkte und denkt sich den zugehörigen Kreis konstruiert und läßt man diese Punkte einander beliebig nähern, so daß sie als Grenzfall einem einzigen Punkt zustreben, so strebt der Kreis einem Grenzwert zu, dem Krümmungskreis im betreffenden Kurvenpunkt. Der *Kehrwert des Radius* dieses Kreises gilt dann als *Krümmung* der Kurve in dem betreffenden Punkte. Die Krümmungen von Wellenflächen werden in der Optik als Vergenzen bezeichnet; ihr Maßsystem ist die Dioptrie (dptr), die Krümmung einer Wellenfläche vom Radius 1 m (S. 79). Anstatt von drei Punkten einer Kurve auszugehen, kann man auch von zwei Normalen der gleichen Kurve ausgehen (Abb. 49). (Eine Normale einer Kurve ist ein Lot auf der Tangente im Berührungspunkt.) Hält man eine solche Kurvennormale fest und nähert ihr eine zweite, so strebt der Schnittpunkt dieser beiden Normalen einem Grenzpunkt zu, der ebenfalls der Krümmungsmittelpunkt des betreffenden Kurvenabschnittes ist.

Diese zweite Darstellung läßt die Verbindung zu dem gebrochenen Strahlenbüschel leichter erkennen: Man sieht, daß die Krümmungsmittelpunkte der Wellenkurven mit den „Schnittpunkten der unendlich nahen Strahlen" identisch sind, d. h. also, in der gewählten Zeichenebene liegen die Krümmungsmittelpunkte der Wellenflächen auf der kaustischen Kurve. Nur ist eben jeder Punkt dieser kaustischen Kurve Mittelpunkt für ein unendlich kleines — also ebenfalls als Punkt aufzufassendes — Stück der zugehörigen Wellenkurve, aber es ist dies nicht nur für eine einzige Wellenkurve, sondern zugleich für unendlich viele, so wie ja auch das ursprüngliche Wellenzentrum Mittelpunkt unendlich vieler Wellenkreise oder Wellenkugeln ist.

Man kann diesen Sachverhalt auch in anschaulicher Weise zeichnerisch darstellen: Einen Kreis kann man bekanntlich dadurch zeichnen, daß man das eine Ende eines Fadens in einem Punkte festhält und das andere Ende eine Kurve beschreiben läßt. Läßt man jeden Punkt des Fadens eine Kurve beschreiben, so erhält man eine

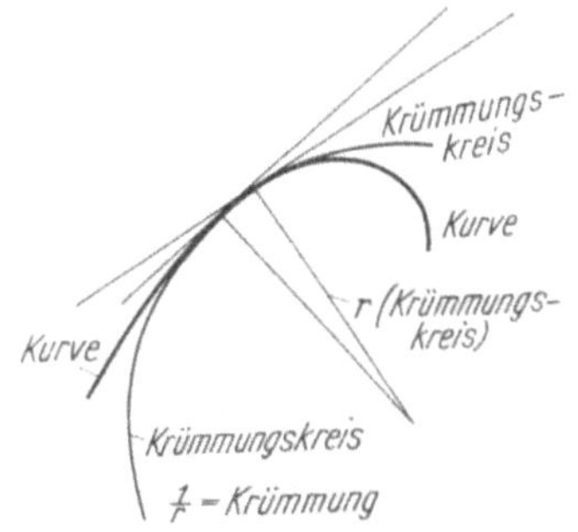

Abb. 49. Errichtet man auf einer beliebig gekrümmten Kurve in zwei Punkten, die über alle Grenzen aneinander zu nähern sind, die Normalen, das sind die Lote auf den Tangenten, so nähert sich der Schnittpunkt dieser beiden Normalen immer mehr einem Punkt, der der Mittelpunkt des sogenannten Krümmungskreises in dem betreffenden aus ursprünglich zwei Punkten gebildeten Kurvenpunkt ist. Der reziproke Wert des Krümmungskreises wird als die Krümmung der Kurve im betreffenden Punkt definiert

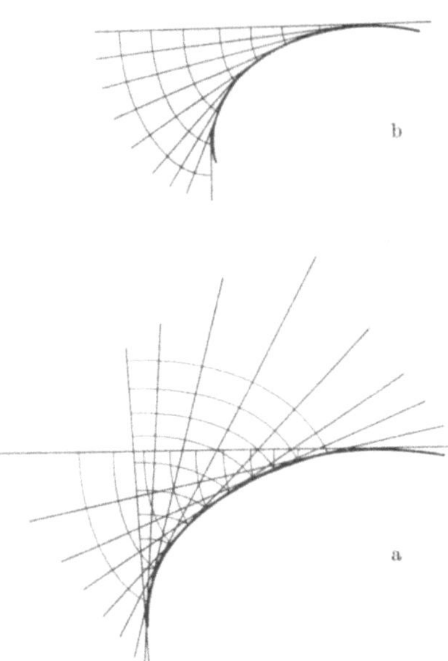

Abb. 50 a u. b. Wickelt man von einer Kurve einen Faden ab, so gibt der Faden in jeder Lage eine Tangente an die betreffende Kurve wieder. Jeder Punkt des Fadens beschreibt dabei eine sogenannte Evolvente. Die Krümmungsmittelpunkte dieser Evolventen liegen auf der ursprünglichen Kurve, der sogenannten Evolute. b) Wickelt man statt eines Fadens ein Lineal von der ursprünglichen Kurve ab, so gibt dieses die Tangente nach beiden Richtungen von der Kurve aus wieder. Dabei beschreibt jeder Punkt des Lineals eine Kurve, die in eine auf der Evolute gelegene Spitze mündet. Die abgewickelten Kurven entsprechen in der Optik den Wellenflächen, die Tangenten den Strahlen, die ursprüngliche Kurve der kaustischen Kurve. Strahlen und Wellen sind orthogonale Trajektorien (vgl. S. 13)

Schar konzentrischer Kreise. Spannt man stattdessen einen Faden über ein Kurvenlineal, indem man ihn ebenfalls an einem Ende festhält und „wickelt ihn von dieser Kurve ab", so wird sein Ende — und jeder andere Punkt des Fadens ebenfalls — auch eine Kurve beschreiben, deren Krümmungsradius sich aber in jedem Augenblick ändert. Man erkennt leicht, daß man auf diese Weise durch Abwicklung von der kaustischen Kurve eine Schar von Wellenkurven erhält.

Man nennt dann die kaustische Kurve Evolute und die von ihr abgewickelten Wellenkurven ihre Evolventen (Abb. 50).

Wir können also die kaustische Kurve sowohl als umhüllende Kurve der Strahlen als auch als abwickelbare Kurve für die Wellen auffassen. Man kann weiterhin erkennen, daß jede Wellenkurve auf der kaustischen Kurve senkrecht steht und daß ihr Krümmungsradius in dem Schnittpunkt mit der kaustischen Kurve gleich 0 ist. Dieser letzte Umstand ist in der Wellendarstellung für die Energieverteilung von großer Bedeutung. Wir werden darauf jedoch bei der räumlichen Darstellung noch näher zu sprechen kommen. Denn bisher haben wir die Beziehung zwischen Strahlen und Wellen ja nur innerhalb der Zeichenebene, also an Strahlenbüscheln, Wellenkurven und einer kaustischen Kurve erörtert.

Den Schritt in die räumliche Gliederung wiederholen wir in gleicher Weise, wie wir dies schon einmal getan haben, indem wir die Zeichenebene, welche nun außer der kaustischen Kurve und dem gebrochenen Strahlenbüschel auch die zugehörigen Wellenkurven enthält, um den Axialstrahl rotieren lassen. Die Wellenkurven beschreiben dabei rotationssymmetrische Flächen, die Wellenflächen.

Bei der Rotation fanden wir für die Strahlen eine weitere Schar von Schnittpunkten, die Punkte auf einem Achsenabschnitt, die wir als Grenzfall der zweiten kaustischen Fläche erkannten. Diese Punkte sind nun ebenfalls zugleich Krümmungsmittelpunkte der Wellenflächen, wie aus Analogiegründen zu erwarten ist. Zudem ist ja ohnehin zu erwarten, daß auf einer Umdrehungsachse irgendwelche Krümmungsmittelpunkte gelegen sein müssen.

Doch müssen wir nun den grundlegenden Unterschied zwischen der Krümmung einer Kurve und einer Fläche näher untersuchen. Das Verständnis des Folgenden wird wesentlich erleichtert, wenn man sich dabei den Versuch Nr. 7 vergegenwärtigt.

e) Über Krümmungen von Flächen

Auf einer Kurve konnten wir eine Krümmung in jedem ihrer Punkte durch einen Grenzübergang bestimmen, indem zu drei unbegrenzt aufeinander zuwandernden Punkten der zugehörige Kreis gebildet wurde. Auf einer Fläche ist ein derartiges Verfahren nicht mehr anwendbar. Man kann durch eine Fläche in jedem Punkt Kurven legen, und zwar unendlich viele, und von jeder dieser Kurven in der gleichen Weise wie in der Ebene den zugehörigen Krümmungskreis bestimmen.

Es genügt jedoch für unsere Bedürfnisse, unter diesen Kurven, die durch einen Punkt einer Fläche gelegt werden können, eine Auswahl zu treffen. Hierzu benützt man das Flächenlot in dem zu untersuchenden Punkt der Kurve und legt durch dieses Lot eine Ebene. Diese Ebene schneidet aus der Fläche eine Kurve aus. Man nennt eine solche Kurve einen *Normalschnitt* der Fläche. Da man durch jedes Flächenlot nicht nur eine, sondern unendlich viele Ebenen legen kann, erhält man auf diese Weise für einen einzigen Flächenpunkt im allgemeinen unendlich viele Normalschnitte verschiedener Krümmung, sofern es sich nicht um den Punkt einer Kugelfläche handelt. In diesem Fall haben alle Normalschnitte die gleiche Krümmung, denn der Krümmungsradius dieser Normalschnitte ist gleich dem Kugelradius. Diese unendlich vielen Krümmungen lassen sich jedoch in einfacher

Weise ordnen, indem man die Drehrichtung der schneidenden Ebene berücksichtigt. Zunächst leuchtet ohne weiteres ein, daß man nach einer Drehung der Schnittebene um 180° wieder die gleiche Krümmung aus der Fläche herausschneidet.

Würde man die bei jeder Drehrichtung bestimmten Krümmungen (also nicht die Krümmungsradien, sondern ihre reziproken Werte) graphisch aufzeichnen, so würde man eine Sinuskurve erhalten, deren Periodik jedoch im Gegensatz zur eigentlichen Sinuskurve bei 180° liegt. Das bedeutet aber weiter: *Unter den Normalschnitten gibt es einen mit der größten und einen mit der kleinsten Krümmung. Die Ebenen, die diese beiden Normalschnitte aus der gekrümmten Fläche herausschneiden, stehen aufeinander senkrecht.* Nur diese beiden Normalschnitte und ihre zugehörigen Krümmungen sind in der Optik von Interesse: Sie werden (sowohl in der Differentialgeometrie als auch in der Optik) Hauptschnitte genannt.

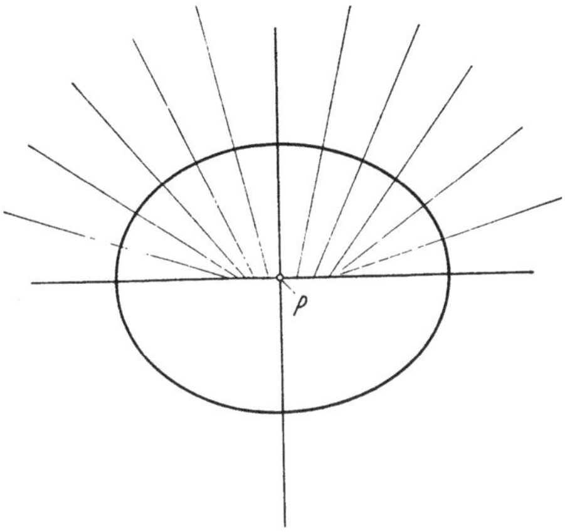

Diese zunächst etwas kompliziert aussehenden Zusammenhänge kann man sich auch in eine Ebene projiziert denken: Legt man in den untersuchten Flächenpunkt P die Tangentialebene und verschiebt sie ein wenig parallel zu sich selbst in Richtung auf die gekrümmte Fläche, so schneidet sie aus der Fläche näherungsweise eine Ellipse, einen Kreis oder eine Hyperbel aus. Diese Schnittfigur wird auch die Dupinsche Indikatrix der Kurve genannt. Die beiden Hauptschnitte der gekrümmten Fläche werden in diese Ellipse als die beiden Hauptachsen projiziert. Die beiden Hauptachsen einer Ellipse sind aber zugleich ihr größter und ihr kleinster Durchmesser und stehen senkrecht aufeinander (Abb. 51).

Die beiden Hauptachsen sind aber zugleich auch die einzigen durch den Mittelpunkt der Ellipse (die Projektion des Flächenlotes im untersuchten Flächenpunkt P) gehenden Geraden, die auf der Peripherie der Ellipse senkrecht stehen. Alle anderen Ellipsendurchmesser — die also allen übrigen Normalschnitten entsprechen — stehen nicht auf der Peripherie senkrecht. Entsprechend gilt für die Flächenlote bzw. Strahlen: Die Normalschnitte, die keine Hauptschnitte sind (sich also in schräge Ellipsendurchmesser projizieren), enthalten außer dem Lot im Punkt P kein Flächenlot. Die Hauptschnitte sind also die einzigen Normalschnitte, in denen auch die Flächenlote der benachbarten Punkte von P gelegen sind.

Errichtet man in jedem Punkt der Ellipse das Flächenlot (diese Flächenlote projizieren sich als Geraden, die auf der Ellipsenperipherie senkrecht stehen), so werden nur vier dieser Flächenlote, eben die innerhalb der Hauptschnitte liegenden, das ursprüngliche Flächenlot schneiden.

Abb. 51. Bei einer Ellipse sind die einzigen Normalen, welche durch den Mittelpunkt der Ellipse gehen, die beiden Hauptachsen. Verschiebt man die an eine beliebige Fläche gelegte Tangentialebene parallel zu sich selbst, so schneidet sie im Grenzfall unendlich kleiner Verschiebungen aus dieser Fläche eine Ellipse heraus. Sämtliche Flächennormalen in der unmittelbaren Umgebung des ursprünglichen Berührungspunktes P projizieren sich in der Zeichnung in Normale dieses Ellipsenumfangs. Dementsprechend schneiden nur diejenigen in der Umgebung des ursprünglichen Berührungspunktes liegenden Flächenlote die im Berührungspunkt errichtete Flächennormale, welche innerhalb der beiden Hauptkrümmungsebenen verlaufen. Die übrigen Flächenlote gehen windschief an dem Flächenlot auf P vorbei. (Besitzt die Fläche eine sattelförmige Krümmung, so schneidet die Tangentialebene bei Parallelverschiebung ein Hyperbelstück aus ihr heraus.) — Die kaustischen Flächen sind dabei als Interferenzmaxima 0. Ordnung zu erkennen. Wie bereits aus Abb. 50 b ersichtlich, haben die einzelnen Wellenflächen an der kaustischen Fläche eine scharfe Knicklinie. Dadurch kommen die Wellenflächen auch in unmittelbarer Umgebung der kaustischen Fläche zur Interferenz

Man kann übrigens Versuch Nr. 7 noch dahingehend ergänzen, daß man anstatt des Stockes einen Kreis so vor das Auge hält, daß die Visierlinie durch seinen Mittelpunkt und senkrecht durch die Ebene des Kreises geht. Als Spiegelbild dieses Kreises sieht man dann eine Ellipse, deren Hauptachsen die gleichen Richtungen haben wie die mit Hilfe des gedrehten Stockes gefundenen Hauptschnitte.

Betrachten wir also nun rückblickend wieder das Flächenlot im Punkt P, d. h. den durch P gehenden Lichtstrahl, so gibt es im allgemeinen zwei Punkte auf diesem Lichtstrahl, auf die sich die Schnittpunkte zwischen Strahlen aus der unmittelbaren Umgebung und dem Strahl selbst zu bewegen, wenn man diese Strahlen dem Strahl durch P unendlich nähert. Dabei hat man sich vor Augen zu halten, daß man diese Annäherung *nur* mit vier Strahlen aus der nächsten Umgebung durchführen kann, weil die übrigen Strahlen den Strahl in P nicht schneiden, sondern windschief an ihm vorbeigehen (Abb. 51). Man nennt nun diese beiden so erhaltenen Schnittpunkte die *Hauptkrümmungsmittelpunkte* des betreffenden Wellenflächenpunktes, ihre beiden Abstände vom Punkt P die *Hauptkrümmungsradien*. Damit ist also jeder Punkt einer Fläche durch seine beiden *Hauptkrümmungen* und seine aufeinander senkrecht stehenden *Hauptkrümmungsrichtungen* charakterisiert, und man kann auf einer Fläche solche Kurvenscharen bestimmen, die in jedem Punkt die Hauptkrümmungsrichtung angeben; natürlich gibt es auf einer Fläche zwei solcher Kurvenscharen, die in dem Punkt paarweise aufeinander senkrecht stehen.

Die *Differenz zwischen den beiden Hauptkrümmungen eines Wellenflächenpunktes bezeichnet man auch als den Astigmatismus des zugehörigen Strahls.* Man erkennt leicht, daß zwar mit fortschreitender Entfernung von den beiden Hauptkrümmungsmittelpunkten auf einem Strahl die Differenz der beiden *Hauptkrümmungsradien* konstant bleibt, daß aber die Differenz der beiden *Hauptkrümmungen*, also der reziproken Werte der Krümmungsradien, mit zunehmender Entfernung von den Hauptkrümmungszentren zunehmend kleiner wird. Der Astigmatismus ist also eine Größe, die längs eines Strahls veränderlich ist.

Dies gilt grundsätzlich für jede Form des Astigmatismus bzw. astigmatischer Strahlenbündel, also auch für die, welche zwei Symmetrieebenen besitzen. Dieser Astigmatismus spielt in der Brillenoptik eine besondere Rolle, weil er durch Gläserschliff auch bei axialen Strahlenbündeln systematisch erzeugt werden kann und damit die einzige Astigmatismusform am Auge ist, die einer unmittelbaren Brillenkorrektur zugänglich ist.

Es sei jedoch betont, daß derartige Strahlenbündel, welche unter dem Modell des *Sturmschen Conoids* allgemein bekannt sind, im Auge nicht vorkommen. Indessen kann ein solches Strahlenbündel unter Umständen vom brechenden Apparat des Auges besser zu einem sog. Bildpunkt vereinigt werden als ein homozentrisches Bündel. In einem solchen Falle sprechen wir dann allgemein von einem regulären Astigmatismus des Auges (Vgl. S. 69, 189).

Besondere Verhältnisse liegen für alle diejenigen Punkte einer rotationssymmetrischen Wellenfläche vor, die auf der Umdrehungsachse gelegen sind. Der Axialstrahl wird ja von sämtlichen Strahlen, insbesondere auch denen aus seiner nächsten Umgebung geschnitten, und zwar in einem Punkt. Dieser Punkt ist die gemeinsame Spitze der beiden kaustischen Flächen. Die Wellenflächen selbst sind auf dem Punkt, in dem sie die Umdrehungsachse schneiden, rotationssymmetrische Flächen, können also als kleinster Ausschnitt einer Kugelfläche aufgefaßt werden.

Der Spitze der kaustischen Fläche kommt insofern eine besondere Bedeutung zu, als sie derjenige Punkt ist, welcher bei Beschränkung auf den achsennahen

Raum, den sog. Gaußschen Raum, dem Brennpunkt bzw. Bildpunkt entspricht und als Vereinigungspunkt sämtlicher, von einem Punkt ausgehender Strahlen gilt.

f) Die kaustischen Flächen als Interferenzmaxima 0-ter Ordnung

Da die vom ursprünglichen Zentrum zurückgelegte optische Weglänge auf allen Punkten einer Wellenfläche konstant ist, ist sie auch auf den Punkten der kaustischen Flächen für diejenigen Strahlen, die sich dort schneiden, konstant; daher besteht auf den Punkten der kaustischen Fläche ein Interferenzmaximum 0. Ordnung. Die erhöhte Lichtkonzentration auf den kaustischen Flächen ist also auch aus dem Gesichtspunkt der Interferenz zu erklären.

Man kann diese Konstanz des optischen Lichtweges sogar zur Grundlage der geradlinigen Ausbreitung des Lichtes und des Brechungsgesetzes machen und erklärt dann diese Phänomene auf Grund des *Fermatschen Prinzips: Das Licht bewegt sich in isotropen Medien stets so, daß die Zeit zwischen beliebigen Punkten seiner Bahn ein Minimum ist.*

Der große Vorzug des Huygensschen Prinzips liegt jedoch darin, daß damit

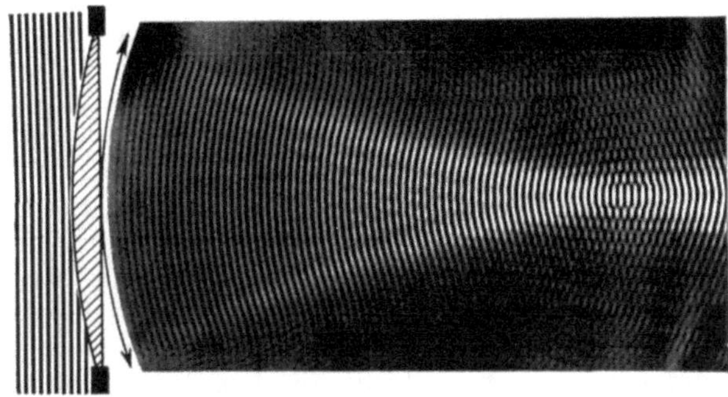

Abb. 52. Modellmäßige Darstellung eines an einer Sammellinse gebrochenen Wellenzuges (nach Pohl). Jeder Punkt auf dem gebogenen Doppelpfeil ist Ausgangspunkt der Wellenbewegung. Eine Glasscheibe mit konzentrischen Halbringen wird mit dem Zentrum auf den Doppelpfeil hin- und herbewegt und in einer fotografischen Zeitaufnahme festgehalten

auch das große Gebiet der Interferenz erklärt werden kann, daß es leichter zu verstehen ist, und schließlich, daß ein Kausalprinzip dem naturwissenschaftlichen Denken besser gerecht wird als ein Finalprinzip.

Es ist somit zu erwarten, daß die kaustischen Flächen, die Maxima 0. Ordnung, von Minimis 1. und Maximis 1. Ordnung schichtweise umhüllt sind. Eingehend untersucht sind diese Verhältnisse freilich nur für Umdrehungssysteme, und hierin vorwiegend für die Spitze der kaustischen Fläche, den sog. Brennpunkt, der für ein sehr kleines Objekt (z. B. Fixstern) stets ein Beugungsmaximum 0. Ordnung, von Minimis und Maximis höherer Ordnung konzentrisch umgeben, ist (Abb. 91). Die Abbildung des Beugungsmodells in Abb. 52 vermag eine Vorstellung davon zu geben, wie man sich etwa die Beziehungen zwischen Kaustik und umgebenden Interferenzschalen zu denken hat. Freilich ist dieses Modellbild mit Wellenlängen dargestellt, die vieltausendfach größer sind als die Lichtwellenlängen.

Einer besonderen Untersuchung bedürfen die Punkte, die auf der Umdrehungsachse gelegen sind, und zwar die axialen Punkte der Wellenflächen, der Punkt der brechenden Fläche und die gemeinsame Spitze der beiden kaustischen Flächen. Die betreffenden Wellenflächenpunkte sind sog. Kreispunkte; sie schneiden aus einer parallel verschobenen Tangentialebene keine Ellipse, sondern einen Kreis heraus. Daher entfällt für diese Punkte auch der Begriff der Hauptkrümmungsebenen, sie haben nur einen Krümmungsradius und einen Krümmungsmittelpunkt, die Spitze der ebenfalls auf der Achse gelegenen kaustischen Fläche. Die Umdrehungsachse als Strahl nimmt also eine Sonderstellung ein.

g) Die Formen nichthomozentrischer Strahlenbündel und ihrer Wellenflächen

Wir können nun gleich den Versuch Nr. 3 besprechen, in dem wir aus dem Strahlenbündel, welches die Linse in ihrer gesamten Öffnung durchsetzt, kleinere

Strahlenbündel, d. h. solche mit kleinerer Öffnung, herausblenden. Wie eng wir die Blende auch wählen — praktisch sind dem allerdings gewisse Grenzen gesetzt, da mit zunehmender Blendenenge die Beugung stärker in Erscheinung tritt —, wir können grundsätzlich zwei Typen von Strahlenbündeln unterscheiden:

1. *Bündel, die den Axialstrahl nicht enthalten*, die also allgemein gesagt, keinen Strahl enthalten, der in einem Punkt von nächstliegenden Strahlen aus allen Richtungen geschnitten wird, sondern nur solche Strahlen, die in zwei ihrer Punkte von Strahlen aus bevorzugten Richtungen ihrer nächsten Umgebung geschnitten werden. Solche Strahlenbündel werden *astigmatisch* genannt, weil in ihnen das von einem Punkt ausgehende Licht nicht mehr in einem Punkt gesammelt wird. Diese Strahlenbündel besitzen außerdem eine Symmetrieebene, nämlich die Meridionalebene; man nennt sie daher „einfach symmetrische" (oder auch einfach asymmetrische) astigmatische Strahlenbündel.

Astigmatische Strahlenbündel von anderen Symmetrieformen werden uns im Laufe der weiteren Untersuchungen begegnen. Es sei hier nur darauf hingewiesen, daß solch ein astigmatisches Strahlenbündel im allgemeinen nicht durch das sog. Sturmsche Conoid erklärt wird.

2. *Bündel, die den Axialstrahl enthalten.* Sie sind jedoch nach der Brechung nicht homozentrisch, weil sich nicht alle Strahlen nach der Brechung in einem Punkt sammeln, sondern nur die Strahlen aus der nächsten Umgebung des Axialstrahls. Immerhin enthält ein solches Strahlenbündel einen Strahl (eben die Achse), auf dem sich alle Strahlen aus der nächsten Umgebung in einem Punkt sammeln, also einen Strahl, auf dem der Astigmatismus beseitigt ist. Ein solches Strahlenbündel nennt man mit Gullstrand *anastigmatisch*.

Diese sprachlich etwas befremdende doppelte Verneinung (an-a-stigmatisch) bringt zum Ausdruck, daß ein gebrochenes Strahlenbündel im allgemeinen Fall astigmatisch und nur in besonders gelagerten Ausnahmefällen nicht astigmatisch ist, außerdem soll aber ein derartiges Strahlenbündel klar von einem solchen unterschieden sein, in welchem sich alle Strahlen nach der Brechung in einem Punkt schneiden, welches also auch nach der Brechung homozentrisch ist.

Die weiteren Untersuchungen dienen dazu, die Bedingungen der Lichtbrechung noch mehr zu verallgemeinern, um dadurch allgemein gültige Gesetze für die Eigenschaften gebrochener Strahlenbündel zu erhalten.

So zeigt uns Versuch Nr. 4, daß die beiden kaustischen Flächen ihre Form verändern, wenn man die Lichtquelle, also das Zentrum des ungebrochenen Strahlenbündels, von der optischen Achse wegführt, das Licht also schräg auf die Linse fallen läßt. Diese Verformung besteht darin, daß die beiden kaustischen Flächen eine Durchbiegung erfahren und sich auf der Konvexseite dieser Biegung nähern. Die beiden kaustischen Flächen haben aber zunächst noch eine gemeinsame Spitze, das Strahlenbündel der vollen Linsenöffnung ist also noch anastigmatisch. Allerdings geht der Strahl, auf dem die gemeinsame Spitze der kaustischen Flächen liegt, nicht mehr durch die Mitte der Linse. In seiner Gesamtheit hat das Strahlenbündel nach der Brechung noch eine Symmetrieebene: Die durch die Lichtquelle und die optische Achse bestimmte Ebene, es ist also einfach-symmetrisch, d. h. spiegelbildsymmetrisch. Blenden wir aus diesem großen Bündel ein Teilbündel mit kleiner Öffnung heraus, so wird dieses nach der Brechung astigmatisch und einfach-symmetrisch sein, sofern die Symmetrieebene des Strahlenbündels durch die Blende geht, anderenfalls wird das Strahlenbündel astigmatisch ohne Symmetrieebene — man spricht dabei auch von doppelt-asymmetrisch — sein.

Wir haben damit also zwei verschiedene Typen astigmatischer Strahlenbündel kennengelernt: solche mit einer und solche ohne eine Symmetrieebene. Wir werden auch noch eine dritte Form kennenlernen, astigmatische Strahlenbündel mit zwei Symmetrieebenen — solche Strahlenbündel sind unter der Näherungsvorstellung des Sturmschen Konoids allgemein bekannt. Es sei aber ausdrücklich betont, daß das Sturmsche Konoid nur einen Spezialfall des allgemeinen Astigmatismusproblems darstellt, und daß Strahlenbündel von der Art des Sturmschen Konoids allenfalls bei Brillengläsern von kleiner Öffnung, dagegen niemals im Auge entstehen können (S. 177, 189).

Versuch Nr. 5 lehrt, daß unter Umständen nur eine der beiden kaustischen Flächen sichtbar sein kann — wenn nämlich die andere virtuell ist.

Schließlich zeigen Beobachtungen der Lichtbrechung an kantenlosen gekrümmten Flächen (Versuch Nr. 6), daß sich ein ursprünglich homozentrisches Strahlenbündel ganz allgemein in zwei kaustischen Flächen (von denen eine, beide oder keine reell bzw. virtuell sein kann) sammelt.

Auch ein im menschlichen Auge gebrochenes Strahlenbündel wird in dieser Form gesammelt, und wir werden später sehen, wie sich die kaustischen Flächen im Auge darstellen lassen.

h) Kartesische Systeme

Bisher haben wir darauf hingewiesen, daß die Form der Strahlenvereinigung, wie sie in den Darstellungen der geometrischen Optik üblicherweise behandelt wird, als Regelfall nicht vorkommt.

Es gibt indessen optische Systeme, welche durch Spiegelung oder Brechung alle Strahlen, die von einem Punkt ausgehen, auch wieder in einem Punkt sammeln, wenigstens alle Strahlen gleicher Wellenlänge. In diesen Systemen ist also auch das gebrochene Strahlenbündel homozentrisch. Man nennt solche optischen Flächen, die das Licht in der genannten Weise ablenken, auch kartesische Flächen, weil sich der französische Philosoph und Mathematiker RENÉ DESCARTES[1] (RENATUS CARTESIUS) als erster eingehend mit ihrer Berechnung befaßt hat. Leider können solche Flächen oder Systeme nur für ein einziges Punktepaar eine solche vollständige Strahlenvereinigung erzeugen, daß also jeweils der eine Punkt dieses Paares als Zentrum des ungebrochenen und der andere Punkt als Zentrum des gebrochenen Strahlenbündels auftritt. Wegen der Umkehrbarkeit des optischen Lichtweges ist es gleichgültig, in welchen von beiden Punkten die Lichtquelle kommt und in welchem sie sich abbildet. Da indessen alle übrigen Punkte beiderseits eines solchen Systems nicht in dieser Weise „abgebildet" werden, sondern das von ihnen kommende Licht nicht anders gebrochen wird als an anderen Flächen, so kommt solchen Systemen nur eine begrenzte praktische Bedeutung zu.

Das bekannteste Beispiel einer kartesischen Fläche dürfte wohl für den Fall der Spiegelung die Ellipse bzw. das Rotationsellipsoid sein, welches durch Drehung einer Ellipse um ihre große Achse entsteht. Ein solches Ellipsoid reflektiert bekanntlich alle Strahlen, die von einem Brennpunkt ausgehen so, daß sie sich im anderen Brennpunkt wieder treffen.

Strahlenbündel, die von anderen Punkten ausgehen, werden dagegen nach der Reflexion zwei kaustische Flächen bilden.

3. Chromatische Aberration

Eine stillschweigende Voraussetzung hatten wir allen bisherigen Betrachtungen zugrunde gelegt, die wir nun auch fallen lassen wollen: Wir nahmen an, daß alle Wellen beim Übertritt in das andere Medium die gleiche Verzögerung ihrer Ausbreitungsgeschwindigkeit erfahren; dies stimmt jedoch nicht ganz: In den meisten Medien werden kurzwellige Strahlen stärker verlangsamt als langwellige, anders

---

[1] GERTRUD LEISEGANG: Descartes Dioptrik. Monographien zur Naturphilosophie Bd. II. Westkulturverlag Meisenheim am Glan 1954.

ausgedrückt, für kurzwellige Strahlen ist der Brechungsindex größer als für langwellige. Der Unterschied beträgt z. B. für leichtes Kronglas 1,5236 für eine Wellenlänge von 405 mμ gegen 1,5076 für eine Wellenlänge von 656 mμ (wie üblich beziehen sich die Wellenlängenangaben auf Luft).

Aus diesem Grunde hat also strenggenommen jede Wellenlänge ihre eigenen Kaustiken, die dann schichtweise übereinanderliegen. Da langwelliges Licht (rot) am schwächsten, kurzwelliges (blauviolett) am stärksten gebrochen wird, ist die erste kaustische Fläche außen von den am schwächsten gebrochenen roten Strahlen umgeben, die Spitze der kaustischen Flächen für Rot am weitesten vorgeschoben, während das divergierende Strahlenbündel hinter der kaustischen Fläche von einem blauen Saum begrenzt ist, da diese Strahlen sich am nächsten der brechenden Fläche gekreuzt haben und folglich zuerst zu divergieren beginnen.

Die Brechung hat also auf die Farbzerlegung den entgegengesetzten Effekt wie die Beugung: Bei der Beugung wird langwelliges Licht am stärksten abgelenkt, begrenzt also den divergierenden Beugungskegel nach außen, während bei der Brechung das kurzwellige Licht am stärksten abgelenkt wird und den divergierenden Kegel des gebrochenen Strahlenbündels außen begrenzt — die konvergierende Kaustik des gebrochenen Strahlenbündels dagegen wird von außen rot umgrenzt.

Die einzelnen Schichten der kaustischen Fläche, insbesondere der ersten, ordnen sich also wie ein Spektrum übereinander. Daß man davon nicht allzuviel merkt, liegt daran, daß an den meisten Stellen, insbesondere bei rotationssymmetrischen Systemen auf der Rotationsachse als zweiter kaustischer Fläche, sich Strahlen verschiedener Wellenlängen treffen und insgesamt den Eindruck weiß hervorrufen.

4. Die Konstitution des im menschlichen Auge gebrochenen Strahlenbündels. — Die subjektive Stigmatoskopie

Die Erforschung der allgemeinen Eigenschaften eines beliebig gebrochenen ursprünglich homozentrischen Strahlenbündels ist die Grundlage für das Verständnis der Lichtbrechung im menschlichen Auge, der „Konstitution des im menschlichen Auge gebrochenen Strahlenbündels" (GULLSTRAND)[1].

Zunächst ist hierbei der Weg verschlossen, den wir bei der Erforschung der Lichtbrechung an unbelebten Strukturen erfolgreich beschreiten konnten. Die kaustischen Flächen, welche das menschliche Auge von einem Objektpunkt entwirft, liegen im Inneren des Auges und können dort für einen fremden Beobachter nicht sichtbar gemacht werden, und auf der Netzhaut des betroffenen Auges wird nur ein einziger Schnitt durch diese kaustischen Flächen abgebildet; dieser Schnitt kann zwar auch nicht von einem fremden Beobachter gesehen werden, wohl aber von dem Beobachter, in dessen Auge das ursprünglich homozentrische Strahlenbündel gebrochen wird.

a) Methode der Darstellung

Es handelt sich also um eine entoptische Beobachtung. Um nun diese Beobachtung auf das gesamte im Auge gebrochene Strahlenbündel ausdehnen zu können, muß dieses Strahlenbündel gleichsam durch die Netzhaut durchgezogen werden, da die Netzhaut selbst ja zu den brechenden Medien unbeweglich ist. Indem nun das Zentrum des ungebrochenen Strahlenbündels — also die Lichtquelle — in einer Richtung, etwa auf das Auge hin, bewegt wird, werden sich auch die Zentren

---

[1] A. GULLSTRAND: In Handbuch der Physiologischen Optik von H. v. HELMHOLTZ. 3. Aufl. 1. Bd. S. 226ff. L. Voss: Hamburg und Leipzig 1909.

des gebrochenen Strahlenbündels, die kaustischen Flächen, in der gleichen Richtung bewegen (nämlich in der Richtung Hornhaut-Netzhaut), so daß also nacheinander verschiedene Schnitte der kaustischen Flächen auf die Netzhaut zu liegen kommen.

Für die Darstellung der kaustischen Flächen ist eine „punktförmige", d. h. praktisch eine unter sehr kleinem Winkel erscheinende Lichtquelle Voraussetzung. Betrachtet man etwa aus 7 m Entfernung die 2 mm × 2 mm große Glüh-Wendel einer Niedervoltlampe, so erscheint sie unter einem Winkel von etwa 1', kann also für das Auge fast als „punktförmig" angesehen werden; bei zunehmender Näherung der Lichtquelle an das Auge würde sich der Sehwinkel jedoch erheblich vergrößern; man erzeugt daher durch Vorhalten eines Brillenglases dicht vor das Auge ein virtuelles Bild der Lichtquelle, dessen Abstand man nun durch verschiedene Gläserstärken beliebig ändern kann. Man bewirkt daher die benötigten verschiedenen Beobachtungsabstände durch Zwischenschalten von Brillengläsern und kann dann — durch sammelnde Gläser — auch solche Strahlenbündel untersuchen, die konvergent auf das Auge fallen, deren Zentrum also als „virtueller Gegenstand"[1] hinter dem Auge gelegen ist. Dieses Verfahren hat zudem den Vorteil, daß die Abstandsänderung der Lichtquelle nicht in Linearmassen, sondern in deren Reziprokwert, nämlich dioptrienweise erfolgt.

Wir werden freilich erst auf Seite 145 begründen können, warum die durch die Brillengläser gebrochenen Strahlenbündel noch als homozentrisch angesehen werden dürfen und diese Versuchsanordnung somit statthaft ist. Die Winkelgröße der Lichtquelle für das Auge erfährt bei diesem Verfahren keine nennenswerte Änderung.

Bei der Verwendung von Weißlicht würde nun für jede Farbe eine andere Stelle der kaustischen Flächen gleichzeitig von der Netzhaut geschnitten werden und somit durch Farbenmischungen wenig übersichtliche Verhältnisse entstehen; um also den Effekt der „chromatischen Aberration" auszuschalten und die „monochromatische Aberration" allein untersuchen zu können, ist es erforderlich, vor die Lichtquelle ein Farbfilter mit engem Spektralbereich vorzuschalten. Bei Verwendung eines geeigneten Kobaltfilters, welches je einen engen Spektralbereich im kurzwelligen (blau-violett) und langwelligen (rot) Teil des Spektrums durchläßt, kann man dann außerdem noch die chromatische

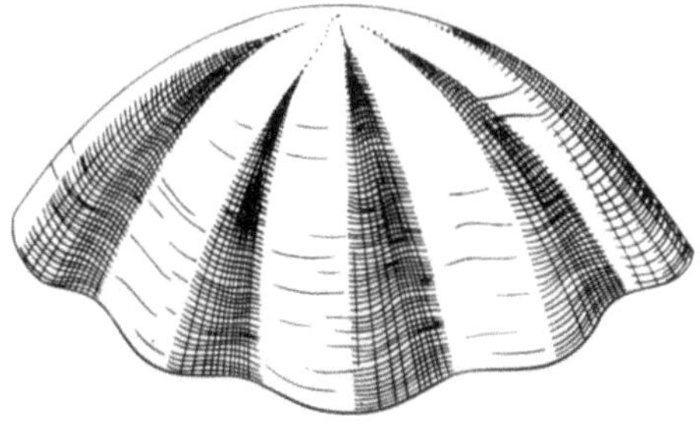

Abb. 53. Form der Isoindizialfläche der Linse und der Wellenflächen des im Auge gebrochenen Strahlenbündels. (Schematisch; stark überhöht)

Aberration des Auges darstellen, weil die beiden kaustischen Flächenpaare für Blau und Rot weit getrennt sind und sich gegenseitig nur wenig durchdringen. Zudem kann man nun noch durch teilweises Verdecken der Pupille erkennen, ob die auf der Netzhaut liegenden „Zerstreuungsfiguren" Strahlen angehören, die die Achse schon geschnitten haben, oder solchen, die die Achse erst hinter der Netzhaut schneiden würden: Haben die Strahlen die Achse noch nicht geschnitten (wie dies im allgemeinen bei hyperopen Augen oder beim Vorsetzen von zerstreuenden Gläsern der Fall ist), so verschwinden die Zerstreuungsfiguren auf der Netzhaut von der gleichen Seite, von der auch die Pupille verdeckt wird: Da aber das Netzhautbild ein „umgekehrtes Bild" ist, *sieht* man in diesem Falle die Zerstreuungsfiguren von der entgegengesetzten Seite, von der die Pupille verdeckt wird, verschwinden. Haben dagegen

---

[1] Näheres über den Begriff des virtuellen Gegenstandes bzw. Objekts s. S. 89 u. 91.

die betreffenden Strahlen die Achse schon geschnitten, so werden beim Verdecken der Pupille die Zerstreuungsfiguren auf der Netzhaut von der entgegengesetzten Seite verschwinden: Man *sieht* sie dann also von der gleichen Seite verschwinden.

Diese Form der systematischen Durchmusterung des im eigenen Auge gebrochenen Strahlenbündels wird von GULLSTRAND als *subjektive Stigmatoskopie* bezeichnet. Vergleicht man nun ein solches im Auge gebrochenes Strahlenbündel mit einem an einem zentrierten Umdrehungssystem gebrochenen, so fällt zunächst eine größere Formenmannigfaltigkeit auf. Die erste kaustische Fläche ist nicht rotationssymmetrisch, sondern hat (im Schnitt auf der Netzhaut) rosettenartige Einbuchtungen, die Fläche insgesamt hat etwa die Form eines zusammengefalteten, aber noch nicht zusammengerollten Regenschirms, wobei allerdings die Speichen des so gedachten Schirmes nicht gerade, sondern leicht geschwungen verlaufen.

b) Deutung

Da dieses Strahlenbündel nicht rotationssymmetrisch ist, ist seine zweite kaustische Fläche auch nicht auf die Umdrehungsachse beschränkt. Sie wird vorwiegend aus Strahlen gebildet, die die Achse schon geschnitten haben, wird also von der Netzhaut myoper Augen oder beim Vorsetzen sammelnder Gläser dargestellt. In ihren Schnitten auf der Netzhaut stellt sich diese zweite kaustische Fläche im allgemeinen als achtstrahliger Stern dar, dessen Zentrum jedoch beim weiteren Fortschreiten auf der Kaustik — d. h. beim Vorsetzen stärker sammelnder Gläser — dunkel wird (Abb. 53). Man kann sich also diese zweite kaustische Fläche — die sich aus mehreren Einzelflächen zusammensetzt — ähnlich vorstellen wie acht Fischflossen, die sich von einer gemeinsamen Achse nach verschiedenen Seiten ausrichten. Indessen ist mit diesen reell darstellbaren Teilen der zweiten kaustischen Fläche noch nicht die gesamte zweite kaustische Fläche erfaßt. Das werden wir sehen, nachdem wir den Versuch unternommen haben, eine Vorstellung von den Wellenflächen zu gewinnen, die dem so gebrochenen Strahlenbündel angehören. Zum Unterschied zu den Wellenflächen der an Umdrehungsflächen gebrochenen Strahlenbündel lassen sich diese Wellenflächen nicht als rotationssymmetrische Flächen auffassen. Geht man von solchen Wellenflächen aus, wie wir sie

Abb. 54. Querschnitte durch das im menschlichen Auge gebrochene Strahlenbündel.
Eine Niedervoltlampe 2 × 2 mm mit vorgeschaltetem Kobaltfilter, welches den gesamten mittleren Spektralbereich absorbiert und nur Blau- und Rotlicht durchläßt, wird aus 7 m Entfernung unter Vorschalten von sphärischen Gläsern beobachtet. Links beginnend mit + 4 und rechts endigend mit — 4, zwischen + 2 und — 2 dptr jeweils 0,5 dptr Abstufung. Es befinden sich somit links die myopen, außen blauen, innen roten Zerstreuungsfiguren, rechts die hyperopen, außen rot, innen blauen Zerstreuungsfiguren. Rechts außerhalb der Zeichnung kann man sich den dioptrischen Apparat des Auges denken

bei den Umdrehungssystemen angenommen haben, so kann man die Wellenflächen im Auge sich dadurch entstanden denken, daß die Rotationsflächen von acht auf die Achse einmündenden Speichen leicht eingedrückt werden; würde man mit einem Zylindermantel, dessen Achse die Rotationsachse des Systems ist, einen Schnitt aus einer Rotations-Wellenfläche herausschneiden und den Zylindermantel in eine Ebene ausbreiten, so wäre die Schnittfigur eine gerade Linie — dagegen die Schnittfigur der Wellenfläche im Auge eine gewellte Linie mit acht Wellenbergen und 8 Wellentälern (Abb. 53).

Zu einer derartigen Fläche würden tatsächlich die Hauptkrümmungsmittelpunkte in der Anordnung liegen, wie wir sie bei der subjektiven Stigmatoskopie gefunden haben — die zweiten Hauptkrümmungsmittelpunkte müssen sich indessen zu beiden Seiten der Fläche verteilen. Außer den auf der Netzhaut darstellbaren reellen Teilen der zweiten kaustischen Fläche existieren also weit vor den brechenden Medien des Auges in der rückwärtigen Verlängerung des gebrochenen Strahlenbündels gelegen noch ebenso viele virtuelle Anteile der zweiten kaustischen Fläche.

Noch komplizierter wird der Bau der kaustischen Flächen im Auge dadurch, daß der *Längsschnitt* der kaustischen Fläche nicht eine, sondern drei Spitzen hat, ähnlich einem Objektiv mit korrigierter sphärischer Aberration (Abb. 55).

Die eigenartige Form des gebrochenen Strahlenbündels muß ihre Ursache in der Form der brechenden Medien selbst haben: Irgendwo in denselben muß eine ähnliche Abweichung von der Rotationssymmetrie bestehen: Es läßt sich nachweisen, daß die brechenden Flächen nicht in dieser Art von der Rotationssymmetrie abweichen. Nach GULLSTRAND ist diese Form des Strahlenbündels vielmehr in der inneren Struktur der Linse bedingt: Die Linse ist kein optisch-homogenes Medium, d. h. der Brechungsindex ist nicht in allen ihren Teilen derselbe. Es bestehen aber — zumindest in der jugendlichen Linse — auch keine Diskontinuitätsflächen, sondern der Brechungsindex ändert sich kontinuierlich von 1,386 in der Rindenzone bis 1,406 im Kerngebiet. Diese Art des Linsenaufbaues bewirkt, daß die Brechkraft der Linse größer ist, als sie etwa bei einer Linse gleicher äußerer Form und dem Brechungsindex des Kernes wäre.

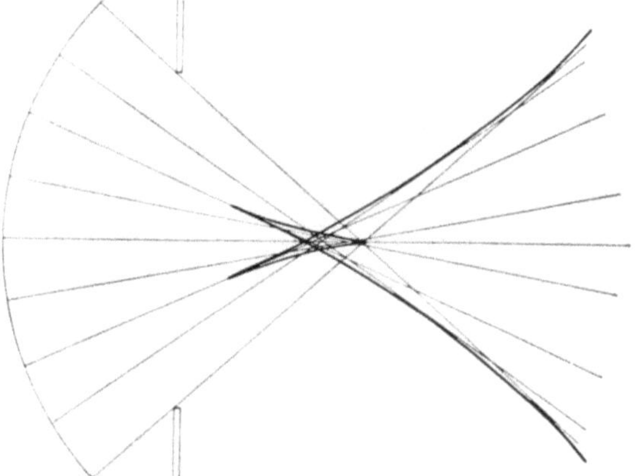

Abb. 55. Längsschnitt durch ein ursprünglich homozentrisches, von der Hornhaut des menschlichen Auges gebrochenes Strahlenbündel. Zentral erkennt man eine kaustische Fläche wie bei der Brechung an einer Kugelfläche. Durch die periphere Abflachung der Hornhaut erfährt die kaustische Fläche jedoch eine Umkehrung, so daß im Querschnitt zwei entgegengesetzt gerichtete Spitzen entstehen

Grundsätzlich ähnliche Verhältnisse liegen übrigens in der Erdatmosphäre vor: Entsprechend der kontinuierlichen Abnahme des Luftdruckes von Meereshöhe bis in die äußersten Schichten der Erdatmosphäre ändert sich auch der Brechungsindex, allerdings nur von 1,00027 in Meereshöhe bis 1,000000 im Vakuum des Weltraumes. Immerhin genügt bereits diese geringe Änderung des Brechungsindex, um der Erdatmosphäre die Eigenschaft eines optischen Systems zu verleihen: Beobachtet man einen Sonnenuntergang bei sehr fernem Horizont, etwa über dem Meer, von großer Höhe aus, so sieht man mitunter der bereits untergegangenen Sonne noch einen grünlichen Schimmer folgen: Das stärker gebrochene kurzwelligere Sonnenlicht ist auch dann noch sichtbar, wenn die Sonne „geometrisch" bereits hinter dem Horizont verschwunden ist. Auch die Vergrößerungen und Verzerrungen der Sonne kurz vor ihrem Untergang sind durch Strahlenbiegungen in der Erdatmosphäre zu erklären.

Man kann sich auf einfache Weise ein Modell solcher Strahlen„biegung" darstellen (Abb. 56). Schichtet man in einem Glastrog (Aquarium) eine hochkonzentrierte Zuckerlösung vorsichtig unter Wasser und läßt die beiden Lösungen einige Tage diffundieren, so erhält man ebenfalls ein kontinuierliches Brechungsgefälle, in dem ein Strahlenbündel gebogen wird. Auch sonst lassen sich interessante Versuche über die Lichtbiegung an solch einem Modell darstellen. In einem solchen Medium, in dem sich der Brechungsindex kontinuierlich ändert, lassen sich nun Flächen denken, auf denen der Brechungsindex gleich ist: In der Erdatmosphäre handelt es sich dabei um annähernd zur Erde konzentrische Kugelflächen, im

Wassertrog der diffundierenden Flüssigkeiten um parallele Ebenen. Man nennt diese Flächen *Isoindizialflächen.* Ähnliche Gebilde sind aus der Geographie allgemein bekannt, allerdings nicht als Flächen, sondern als Linien; alle Orte der Erdoberfläche, auf denen gleiche Temperatur herrscht (sei es zu einem bestimmten Zeitpunkt oder, als Mittelwert, über eine größere Zeitspanne), werden als Isothermen, Orte gleichen Luftdrucks als Isobaren, Orte gleicher Meereshöhe als Isohypsen zusammengefaßt. All diesen Iso-Linien und -Flächen ist gemeinsam, daß sie die Aufgabe haben, ein Kontinuum zu gliedern und so gewissermaßen in Zonen zu unterteilen, innerhalb derer die jeweiligen Funktionen homogen sind: Z. B. wird bei den Isohypsen ein Berg so dargestellt, als ob er aus stufenförmig übereinander-

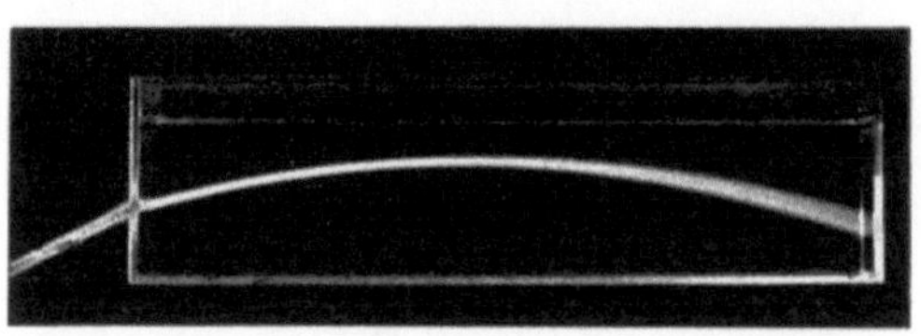

Abb. 56. Biegung eines Strahlenbündels beim Durchtritt durch ein Medium mit kontinuierlich variablem Brechungsindex (nach Pohl). Die im Bild horizontalen Isoindizialflächen entstehen durch Unterschichtung zweier Flüssigkeiten von verschiedenem spezifischem Gewicht, etwa einer hochprozentigen Zuckerlösung unter Wasser. Zur Sichtbarmachung des Strahlenbündels wird den Lösungen etwas Fluorescein beigegeben (nach Pohl)

liegenden Schichten bestünde. Je kleiner die Stufen gewählt werden, desto größer ist die Annäherung an die Wirklichkeit. Die Isoindizialflächen wirken so gewissermaßen wie unendlich viele brechende Flächen, die jedoch Medien voneinander trennen, deren Brechungsindices nur unendlich kleine Unterschiede aufweisen.

Diese Isoindizialflächen sind nun nach Gullstrand keine Umdrehungsflächen, sondern zeigen ähnliche Einbuchtungen wie die Wellenflächen der gebrochenen Strahlenbündel. Bei der Besprechung der Linsenfunktion und des intrakapsulären Akkommodationsmechanismus werden wir uns näher mit den Isoindizialflächen auseinandersetzen müssen.

Die Besonderheiten des Längsschnittes durch die kaustische Fläche indessen werden durch die periphere Abflachung der Hornhaut erklärt.

5. Das Prinzip anastigmatischer Abbildung bei großen Öffnungswinkeln

Die bisherigen Untersuchungen hatten die Brechung *eines* ursprünglich homozentrischen Strahlenbündels zum Inhalt und zeigten bereits, daß sich das von einem solchen ausgehenden Licht nach der Brechung über einen großen Raum verteilt, und daß es keine Fläche gibt (abgesehen von den kartesischen Systemen), auf der sich alles Licht wieder in einem Punkte sammelt. Wie ist auf dieser Grundlage überhaupt eine „optische Abbildung" möglich, die doch die Sammlung aller von einem Punkte ausgehenden Strahlen in einem Bildpunkt zur Voraussetzung hat ?

a) Einfacher Modellfall: Abbildung durch eine Kugelfläche

Dieses Problem soll an einem besonders übersichtlichen Beispiel gezeigt werden, an der Lichtbrechung an *einer* Kugelfläche, also an einem einfachen optischen System (Abb. 57). Unter einem einfachen optischen System versteht man ein System, welches nur aus einer einzigen brechenden Fläche besteht. Sämtliche Linsen sind also keine einfach brechenden Systeme, weil sie stets eine Vorder- und eine Hinterfläche haben, das Licht beim Durchgang durch sie also zweimal gebrochen wird.

Das besondere Problem der einfachen optischen Systeme besteht darin, daß im Objektraum und Bildraum grundsätzlich ein anderer Brechungsindex vorliegt und deshalb für die Beziehungen zwischen „Schnittweiten" und „Vergenzen" andere Bedingungen gelten als in Luft.

Da auch im Auge auf der „Bildseite" (d. h. zwischen Hornhaut und Retina) ein anderer Brechungsindex herrscht als auf der Objektseite (Luft), vermag ein solches Beispiel überdies eine bessere Vorstellung von der Strahlenvereinigung im Auge zu geben als das übliche Modell des Photoapparates, der den Verhältnissen im Auge weniger gerecht wird.

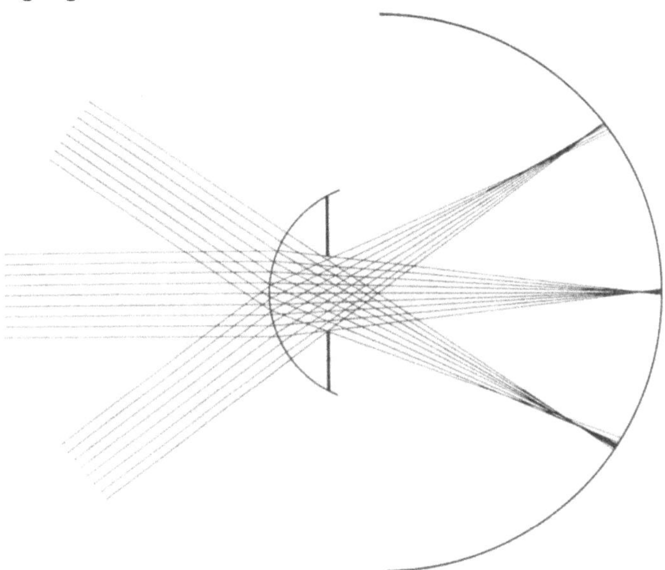

Abb. 57. Abbildung eines in unendlicher Ferne befindlichen Objektes, welches verschiedene Parallelstrahlenbündel aussendet, durch eine Kugelfläche. Jedes Strahlenbündel für sich bildet nach der Brechung ein Paar kaustische Flächen gemäß Abb. 43 und 47, die Spitze der jeweiligen kaustischen Fläche ist der sogenannte Bildpunkt. Diese Bildpunkte liegen sämtlich auf einer Kugelfläche, die zur brechenden Fläche konzentrisch ist. Eine Abbildung entsteht dadurch, daß die Lichtkonzentration des von jedem einzelnen Parallelstrahlenbündel ausgehenden Lichtes in den betreffenden Bildpunkten unendlich viel größer ist als in allen anderen Punkten der Bildfläche. Die Abbildung entsteht dagegen nicht dadurch, wie vielfach angenommen wird, daß sämtliche Strahlen, die von einem Punkt ausgehen, sich nach der Brechung wieder in einem Punkt treffen

Zunächst lassen wir in diesem System die Blende unberücksichtigt. Ein Parallelstrahlenbündel, welches an einer solchen Kugelfläche gebrochen wird, wird sich wie alle homozentrischen Strahlenbündel, die von der Achse eines rotationssymmetrischen Systems ausgehen, in Form zweier kaustischer Flächen vereinigen, die sich in einer Spitze treffen und von denen die eine auf der Umdrehungsachse gelegen ist. Diese Spitze der kaustischen Fläche gilt dann als Bildpunkt des (in unserem Falle unendlich weit gelegenen) Objektpunktes. Wohl wird auch in die Umgebung dieser Spitze Licht fallen, welches von dem gleichen Punkt seinen Ausgang nimmt. Indessen wird die Lichtkonzentration in diesem einen Punkt unvergleichlich viel höher als selbst in den Punkten der nächsten Umgebung sein.

Jedes aus einer anderen Richtung kommende Parallelstrahlenbündel wird aber von derselben Kugelfläche in völlig gleicher Weise gebrochen werden, denn auch von diesem anderen Strahlenbündel trifft ein Strahl senkrecht auf die Kugelfläche, wird also nicht gebrochen und ist dann für dieses Strahlenbündel ebenfalls Rotations-Symmetrie-Achse. Auch dieses Strahlenbündel wird sich in zwei kaustischen Flächen mit einer gemeinsamen Spitze sammeln, und diese Spitze wird vom Kugelmittelpunkt die gleiche Entfernung haben wie die Spitze des ersten Strahlenbündels, da ja die Lichtbrechung nur von der Krümmung der brechenden Fläche und dem Indexunterschied der Medien beiderseits der brechenden Fläche abhängt. D. h. also: Sämtliche Parallelstrahlenbündel, die aus den verschiedensten Richtungen des Dingraumes kommen, werden so gebrochen, daß die Spitzen ihrer kaustischen Flächen auf einer zu der brechenden Fläche konzentrischen Kugelfläche liegen, soweit diese Strahlenbündel Strahlen enthalten, die durch den Mittelpunkt der Kugel gehen. Wir fassen den Kugelmittelpunkt dann zweckmäßigerweise als Projektionszentrum und die durch ihn gehenden Strahlen als Hauptstrahlen auf. Man bezeichnet den Kugelmittelpunkt dann auch als Knotenpunkt. Für all diese Strahlen besteht also eine anastigmatische Abbildung auf einer Kugelfläche. Welche Strahlenbündel aus dem Dingraum aber Strahlen enthalten, die durch den Kugelmittelpunkt gehen, hängt allein von der Größe und Lage der Blende ab, und zwar wird das Gebiet, welches anastigmatisch abgebildet wird, bei gleicher Blendenlage um so größer sein, je weiter die Blende geöffnet ist.

Man kann solch ein Bild also auf einer gekrümmten Mattscheibe, die konzentrisch zur brechenden Fläche liegt, auffangen.

Der Krümmungsradius der Bildfläche ist gleich der realen Bildweite, vermindert um den Krümmungsradius der brechenden Fläche, und kann somit aus den allgemeinen Abbildungsgleichungen berechnet werden (S. 83 ff). Für dingseitige Parallelstrahlenbündel ist er übrigens gleich der auf Luft reduzierten bildseitigen Brennweite (S. 87).

Man erkennt an diesem Beispiel sehr schön das Wesen einer anastigmatischen Abbildung: Jeder Punkt des Objektraums sendet Licht auf ein großes Flächenstück der Bildfläche.

Aber die Verteilung ist sehr ungleichmäßig, so daß in dem Punkt der Bildfläche, auf den die Spitze der kaustischen Flächen trifft, die Lichtkonzentration so unvergleichlich viel höher ist, daß sie im allgemeinen das von allen übrigen Objektpunkten auf diesen Punkt treffende „Streulicht" überstrahlen wird.

b) Was heißt eigentlich Blendung

Wir wollen an diesem Beispiel gleich ein Problem erörtern, welches weit in das Gebiet der physiologischen Optik übergreift. „Blenden" heißt ja ursprünglich nichts anderes als „blind" machen; heutzutage verstehen wir unter Blendung fast ausschließlich eine Störung des Sehens dadurch, daß zuviel Licht in unsere Augen tritt. Es ergibt sich dabei, daß zuviel Licht für das Sehen genauso nachteilig sein kann wie zuwenig Licht. Allerdings liegt die Grenze für „zuviel Licht" meist sehr hoch, so daß sie bei der großen Anpassungsfähigkeit unseres Auges oft keine große Rolle spielt.

Analog zur Wirkungsweise der übrigen Sinnesorgane ist unser Auge vorwiegend darauf eingestellt, relative Unterschiede in der Lichtkonzentration zu beurteilen und zu verwerten. Soll ein Helligkeitsunterschied zwischen zwei benachbarten Punkten wahrgenommen werden, so ist hierfür nicht die *Differenz* der auf benachbarte Flächenelemente der Netzhaut fallenden Beleuchtungsstärken, sondern deren *Quotient* maßgebend.

Die Differenz zwischen den Leuchtdichten eines Sterns und des umgebenden Himmels ist bei Tag und Nacht fast gleich. Indessen ist bei Tag die Leuchtdichte des Himmels so groß, daß der Quotient aus Leuchtdichtendifferenz und Leuchtdichte des übrigen Himmels minimal wird, so daß der Stern nicht gesehen wird. Wir sind also durch den hellen Himmel für den Stern „geblendet". Bei Nacht hingegen wird die Leuchtdichte des übrigen Himmels so gering, daß sie gegenüber dem Stern gar nicht als Helligkeit bemerkt wird.

Die Leuchtdichte des Mittagshimmels im Sommer beträgt etwa 1 sb. Für das Himmellicht in sternklarer, mondloser Nacht werden etwa $^1/_{100000000} = 10^{-8}$ sb angegeben. Ein Stern, dessen Leuchtdichte $^1/_{10000}$ sb beträgt, wird also das umgebende Nachthimmelslicht um das 10000fache überstrahlen, hingegen das Licht des Tageshimmels an der betreffenden Stelle nur um $^1/_{10000}$ verstärken. Dieser Zuwachs wird aber von dem Auge nicht wahrgenommen.

Ähnliche Bedingungen liegen vor, wenn wir nachts von einem hellen Scheinwerfer angestrahlt werden. Wie wir schon im einfachsten Modellbeispiel gesehen haben, verteilt sich das von diesem Scheinwerfer kommende Licht auf der ganzen Netzhaut, wenn auch in unterschiedlicher Dichte. Senden aber die übrigen Objekte so wenig Licht aus, daß dies nicht ausreicht, um gegen das Streulicht des Scheinwerfers noch einen ins Gewicht fallenden Helligkeitszuwachs zu erzeugen, so können wir diese Objekte nicht sehen, wir sind „geblendet". Findet zudem noch vor dem Auge eine diffuse Zerstreuung des Lichtes vom Scheinwerfer statt, etwa an einer leicht behauchten Brille oder einer schmutzigen Fensterscheibe, so wird die Blendung noch störender.

Allerdings ist dies nur der Teil der Blendung, der physikalisch bedingt ist. Natürlich ist Blendung ein physiologisches Problem, das z. T. auch durch die Eigenschaften der Sinneszellen der Netzhaut bedingt ist. Jeder Sinnesreiz, der im Übermaß angeboten wird, kann außer seinem spezifischen Sinnesreizerfolg noch Schmerzen verursachen, außerdem kann es zu Nachbildern kommen, die auch nach Abklingen des Sinnesreizes noch einen Blendungseffekt bewirken. Doch zeigt dieses Beispiel, wie eng physikalische und physiologische Optik am Auge verbunden sind.

6. Die Berechnung der Vergenzen gebrochener Strahlenbündel

Die bisherigen Untersuchungen hatten zum Ziel, allgemeingültige Eigenschaften gebrochener, ursprünglich homozentrischer Strahlenbündel aufzuzeigen. Der Übersicht halber haben wir uns dabei vorzugsweise auf die Brechung an verhältnismäßig einfachen Flächen, meist Kugelflächen, beschränkt. Alle Untersuchungen waren aber nur qualitativ. Es wurde gewissermaßen eine Morphologie der gebrochenen Strahlenbündel aufgezeigt, auf quantitative Zusammenhänge indessen verzichtet. Dies soll nun in gewissem Umfange nachgeholt werden, wenigstens insoweit die Probleme mit elementar-geometrischen Mitteln dem Verständnis einigermaßen nahegebracht werden können. Dabei werden wir uns darauf beschränken, die Gesetzmäßigkeiten für „unendlich dünne" Teilbündel des gesamten Strahlenbündels aufzuzeigen, d. h. wir werden zu zeigen versuchen, an welchen Stellen ein beliebiger Strahl von seinen nächstliegenden Strahlen geschnitten wird bzw. wo er die beiden kaustischen Flächen berührt.

a) Vorzeichenwahl in der geometrischen Optik

Im allgemeinen wird die Richtung der Lichtausbreitung von links nach rechts dargestellt. Diese Richtung wird als positiv bezeichnet. Als Vergenz wird, wie bereits oben angedeutet, die Krümmung einer Wellenfläche definiert; als gerichtete Größe wird der Krümmungsradius als Abstand des Krümmungsmittelpunktes vom Scheitel der gekrümmten Fläche verstanden. Die „Vergenz" bzw. Krümmung ist somit gleich der *Nähe* des Krümmungsmittelpunktes (S. 78). Die Lichtrichtung selbst wird als positiv definiert.

Bei einem ungebrochenen, also divergenten Strahlenbündel liegt nun der Krümmungsmittelpunkt, nämlich die Lichtquelle, in der der Lichtausbreitung entgegengesetzten Richtung von der Wellenfläche, der Krümmungsradius und damit auch sein Kehrwert, die Vergenz, sind demnach immer negativ (Abb. 58).

Für brechende Flächen gilt die gleiche Vorzeichenwahl: Trifft ein Lichtstrahl auf eine konvexe Fläche, so liegt deren Krümmungsmittelpunkt in der Lichtrichtung, Krümmungsradius und Krümmung werden also als positiv definiert; trifft der Lichtstrahl auf eine konkave Fläche, so liegt deren Krümmungsmittelpunkt ebenso wie der der Wellenfläche der Lichtrichtung entgegengesetzt, gilt also als negativ (Abb. 59 u. 60).

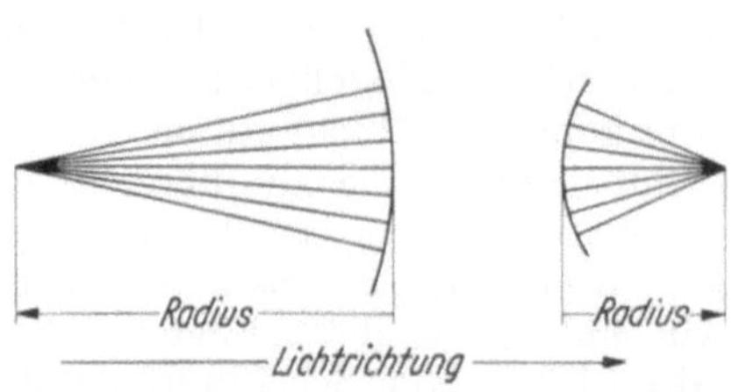

Abb. 58. In der Optik wird als Radius der Abstand des Krümmungsmittelpunktes vom Scheitelpunkt definiert; daher: Negative Vergenz eines divergierenden Strahlenbündels, positive Vergenz eines konvergierenden Strahlenbündels. Die Lichtrichtung wird als positiv gerechnet

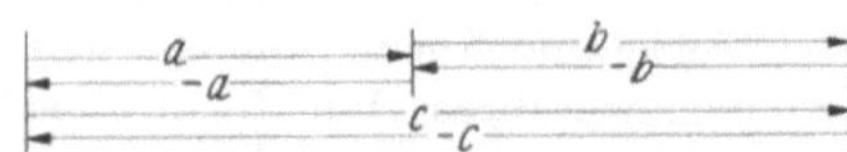

Abb. 59. Addition und Subtraktion gerichteter Größen als zurückgelegte Strecken: $a + b = c$; $c + (-b) = c - b = a$; $a - c = -c + a = -b$; $c - a = -a + c = b$; $-a - b = -c$; $a - a = 0$

Auch Winkel werden als gerichtete Größen dargestellt: Eine Drehung im Uhrzeigersinn wird in der Optik als positiv, entgegen dem Uhrzeigersinn als negativ definiert. Man hat also dabei stets zu beachten, von wo aus eine gedachte Drehung ihren Ausgang nimmt, ähnlich wie man bei einer durchlaufenden Strecke den Ausgangspunkt zu beachten hat (etwa den Scheitelpunkt einer gekrümmten Fläche).

b) Nähe und Ferne. GULLSTRANDs allgemeiner Dioptriebegriff

Entfernung, *Weite*, *Ferne* und *Strecke* sind verschiedene Ausdrucksformen für eine Größe, die der Physiker meist als *Länge* bezeichnet. Die Einheit dieser Größen ist der Meter. Die Länge ist eine Grundgröße, sie kann unmittelbar gemessen werden, etwa durch Anlegen eines Maßstabes, also durch Vergleich mit einer bekannten Länge.

Unser Sprachgebrauch kennt außerdem noch die Begriffe der *Nähe*, *Kürze*, *Enge*, ein in der Physik und Mathematik allerdings weniger gebräuchlicher Ausdruck. Für die Optik sind indessen diese Ausdrücke von großem Nutzen, wenn sie sinngemäß angewendet werden. Unter großer Nähe verstehen wir eine kleine Entfernung, unter unendlich großer Nähe die Entfernung 0, ja wir sprechen sogar von „doppelt so nahe" und meinen damit halb so weit oder von „halb so nahe" und meinen damit doppelt so weit. Wir können also die Nähe bzw. Kürze mit gutem Recht als abgeleitete Größe definieren, und zwar als reziproken Wert der Länge (oder Ferne). Eine solche Definition wird jedenfalls der landläufigen Vorstellung, die wir von dem Begriff der Nähe haben, in exakter Weise gerecht.

Der erste, der die große Bedeutung der „Nähe" in der Optik erkannt hat, war der englische Astronom JOHN HERSCHEL[1], der für den reziproken Wert von Entfernungen (Brennweiten, Bildweiten) den Begriff „*proximity*" einführte. Offenbar hat sich dieser Begriff jedoch nicht fest eingebürgert, denn es wurde in der Folgezeit weiterhin mit den Begriffen der „*Weite*" oder „*Entfernung*" in der Optik operiert (Brennweite, Dingweite, Bildweite). Linsen wurden nach ihrer Brennweite geordnet, was für die Ordnung von Brillengläsern nicht besonders günstig war. Da diese Brennweiten außerdem in Zoll gemessen wurden — eine Längeneinheit,

---

[1] JOHN HERSCHEL: "Light" in "Encyclopaedia Metropolitana". London 1827.

die in jedem Land etwas verschieden war —, wurde mit dem Bedürfnis, Linsen nach ihrer Brechkraft zu ordnen, gleichzeitig die Einführung eines metrischen Systems für die Messung derselben ein dringendes Bedürfnis.

Ein 1867 dem in Paris tagenden (internationalen) Ophthalmologenkongreß vorgelegter Antrag von NAGEL und JAVAL auf Einführung einer metrischen Ordnung in die Brillenlehre wurde nach Befürwortung dieses Antrages durch DONDERS 1875 allgemein angenommen. Die Einheit dieser „Brechkraft" wurde als Dioptrie bezeichnet, das ist die Brechkraft einer Linse, deren Brennweite 1 m beträgt — nach unseren einführenden Bemerkungen ist die Brechkraft gleichbedeutend mit der *Nähe* des Brennpunktes —, eine Linse von der Brennweite $1/2$ m besitzt demnach die Brechkraft oder Brennpunktnähe von 2 dptr. Die Dimension der Dioptrie ist m^{-1}.

Der Dioptriebegriff. Diesen zunächst für Linsen geschaffenen Dioptriebegriff erweiterte GULLSTRAND[1] 1900, um damit Eigenschaften ungebrochener und gebrochener Strahlenbündel zu bezeichnen. Er nannte diese Eigenschaften „Vergenzen" der Strahlenbündel, womit er also die Stärke des Konvergierens oder Divergierens eines Strahlenbündels an einer Stelle zum Ausdruck brachte. Ohne uns an die von GULLSTRAND geschaffene Definition der Dioptrie zu halten, können wir den von ihm erkannten Sachverhalt etwa so ausdrücken:

In der Optik ist es vielfach zweckmäßig, nicht von der Entfernung zweier Punkte auszugehen, sondern von ihrer Nähe, wobei unter Nähe der reziproke Wert der Entfernung verstanden wird. Die Einheit dieser neuen Größe ist die Nähe zweier Punkte, deren Abstand 1 m beträgt; sie wird als Dioptrie bezeichnet. Ihre Dimension ist 1/m oder m^{-1}.

Der Dioptriebegriff, auf dessen eigentliche Bedeutung uns erst die folgenden Untersuchungen führen werden, erwies sich für die Ordnung der Brillengläser und der Brechungsfehler des menschlichen Auges als äußerst vorteilhaft. Man kann die sphärischen Brillengläser nach ihrer Brechkraft nämlich so anordnen wie die Zahlen auf einer Zahlengeraden. Dann stehen links, etwa mit — 20,0 dptr beginnend, die starken Zerstreuungsgläser oder Gläser mit starker negativer Brechkraft, welchen sich die schwächeren Zerstreuungsgläser in der Reihenfolge — 19,0, — 18,0 bis — 1,0 anschließen. Dann kommt, der Null auf der Zahlengeraden entsprechend, ein Glas ohne Brechkraft, eine planparallele Platte. Daran schließen sich nach rechts die sammelnden Gläser in steigender Brechkraft an, mit + 1,0 beginnend und etwa bei + 20,0 aufhörend. Natürlich haben dazwischen auch kleinere Abstufungen Platz. Bei dieser Anordnung stehen also auf der rechten Seite die sammelnden und auf der linken die zerstreuenden Gläser. Ein Glas, welches auf dieser Anordnung weiter rechts steht als ein anderes, wird man in jedem Falle etwa als „stärker sammelnd" bezeichnen können, gleichgültig, ob es sich nun um ein Plus-Glas von größerer Brechkraft oder um ein Minus-Glas geringerer Brechkraft handelt: So ist ein Glas von + 5,0 dptr stärker sammelnd als ein solches von 0 dptr, aber das Glas von 0 dptr stärker sammelnd als ein solches von — 3,0 dptr und dieses wiederum stärker sammelnd als ein Glas von — 6,0 dptr. Die Vorzüge einer derartigen Anordnung werden sich im Laufe der weiteren Untersuchungen von selbst ergeben.

Hat man sich mit diesem Begriff der „Nähe" einmal vertraut gemacht, so erkennt man leicht, daß es viele Größen in der Optik gibt, die der Nähe proportional sind. So ist z. B. die Krümmung einer Kurve durch den reziproken Wert des Krümmungsradius definiert, also durch die *Nähe* des Krümmungsmittelpunktes. Die Winkelgröße, unter der ein aus senkrechter Richtung betrachtetes Linienelement gesehen wird, nimmt ebenfalls mit der *Nähe* zu, und schließlich können wir

---

[1] A. GULLSTRAND: Über die Bedeutung der Dioptrie. v. Graefes Arch. **49**, 46 (1899).

die Anwendung des ersten Strahlensatzes für die Vergrößerungskoeffizienten der Projektion: Bildgröße: Dinggröße = Bildweite: Dingweite auch durch das Verhältnis Dingnähe: Bildnähe definieren, wobei wir wiederum dem allgemeinen Sprachgebrauch besonders entgegenkommen, denn wir wissen ja, daß ein Ding um so größer erscheint, je näher es ist. Schließlich ist in manchen Zusammenhängen auch das „Quadrat der Nähe" von Bedeutung, wenn man etwa nach der Energieabnahme einer Strahlung fragt. Das Quadrat der Nähe ist nichts anderes als das „umgekehrte Quadrat der Entfernung".

Wir werden also im folgenden, wenn wir von den Eigenschaften gebrochener Strahlenbündel sprechen, häufig von der *Nähe* der Schnittpunkte sprechen. Die Berechnungen werden dann schon ohne weitere Erklärung zeigen, warum die Verwendung des Begriffes der Nähe vorteilhafter ist als die des Begriffes Entfernung oder „Weite". (Z. B. wird der Sachverhalt der Gaußschen Linsenformel $1/a + 1/b = 1/f$ sich dann so darstellen, daß die Summe aus Dingnähe und Bildnähe gleich der Brechkraft ist.)

Wer die graphische Darstellung von Funktionen schätzt, der kann sich „Nähe" und „Ferne" zweier Punkte als Ordinate und Abszisse einer rechtwinkligen Hyperbel von der Formel $y = 1/x$ darstellen. Eine solche Darstellung ist zweckmäßig, weil sie am besten eine Vorstellung davon zu wecken vermag, wie wenig sich die „Nähe" selbst bei sehr großen Entfernungsunterschieden ändert, wenn die Entfernungen selbst groß sind, wie umgekehrt bei sehr kleinen Entfernungen schon winzige Unterschiede genügen, um die Nähe ganz erheblich zu verändern (Abb. 60).

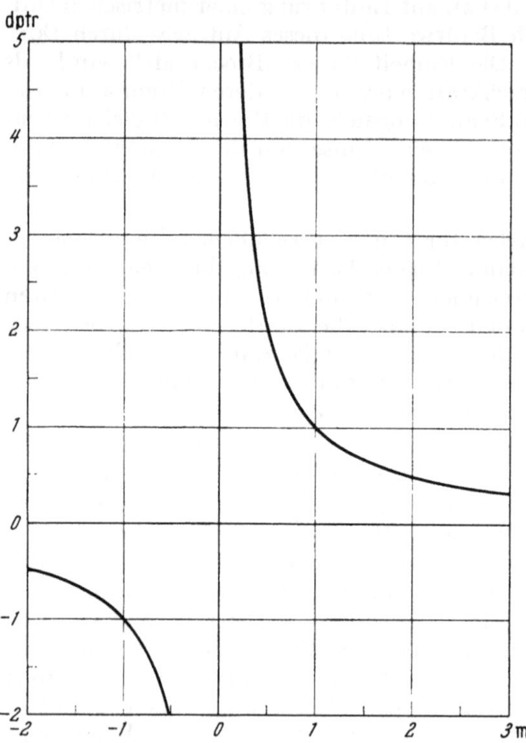

Abb. 60. Die Beziehungen zwischen Ferne und Nähe werden am besten auf einer Hyperbel veranschaulicht. Auf der Ordinate „Nähen" in dptr, auf der Abszisse Entfernungen in m. Die Kurve zeigt auch die Beziehungen zwischen Brennweite und Brechkraft einer Linse. Die Kurvenscharen zum Umrechnen der erforderlichen Brechkraft bei Verschieben eines Brillenglases sind nichts anderes als Teile dieser Hyperbel, auf einen anderen Maßstab gebracht. Der zweite Hyperbelast unten links deutet an, daß negativen Brechkräften auch negative Brennweiten entsprechen

c) Die Reduktion auf Luft

Durch die Geschwindigkeitsverlangsamung in Medien mit größerer optischer Dichte werden die Wellenlängen bei gleicher Frequenz kürzer, und zwar proportional zur Geschwindigkeit. Man müßte also eine Welle eigentlich durch ihre Frequenz kennzeichnen. Da die Ordnung nach Wellenlängen jedoch im allgemeinen übersichtlicher und anschaulicher ist, muß man die Wellenlängen einer bestimmten Frequenz auf ein gemeinsames Maß bringen: Dies geschieht dadurch, daß man sie auf Luft bzw. auf Vakuum reduziert. Man multipliziert also die reale Wellenlänge mit dem Brechungsindex des Mediums, in dem sie sich bewegt, und erhält dann die auf Luft reduzierte Wellenlänge. Dieser Vorgang ist so selbstverständlich, daß man im allgemeinen unter Wellenlänge bereits den auf Luft reduzierten Wert versteht, aus dem sich dann gegebenenfalls durch den umgekehrten Rechenvorgang, nämlich die Division dieser Wellenlänge durch den betreffenden Brechungsindex, der reale Wert der Wellenlänge errechnen läßt.

In gleicher Weise empfiehlt es sich, auch die übrigen Größen, welche uns in der Optik begegnen, auf Luft zu reduzieren, wenn man eine übersichtliche Vergleichsmöglichkeit erhalten will. Am sinnfälligsten wird diese Notwendigkeit, wenn man ein Strahlenbündel, dessen Zentrum im Endlichen gelegen ist, nahezu senkrecht auf eine Begrenzungsfläche fallen läßt. Wie sich weiter unten zeigen wird, kommt einer Ebene als begrenzender Fläche zwischen zwei Medien unterschiedlicher optischer Dichte keine „Brechkraft" im Sinne einer Änderung der Vergenz zu. Das wird auch dadurch sinnfällig, daß beim Durchgang durch eine planparallele Platte der Brechungseffekt an der ersten Fläche durch den an der zweiten Fläche nahezu aufgehoben wird, so daß eine derartige Platte leicht unsichtbar bleibt.

Wir lassen ein homozentrisches Strahlenbündel nahezu senkrecht auf eine Grenzfläche zwischen Luft und Wasser fallen. (Die Einschränkung „nahezu" soll lediglich ausdrücken, daß streng genommen nur ein Strahl eines solchen Strahlenbündels senkrecht auf die brechende Fläche fallen kann.) Der Abstand des Strahlenbündels von der brechenden Fläche betrage l, er ist zugleich der Krümmungsradius der Wellenfläche, welche die brechende Fläche schneidet.

Der äußerste Strahl des Bündels bzw. der Kegelmantel, der das Strahlenbündel begrenzt, schließe mit dem Axialstrahl den Winkel i ein. Dieser ist zugleich der Einfallswinkel für den betreffenden Strahl. Der ihm zugehörige gebrochene Strahl ist nach dem Brechungsgesetz zu konstruieren, der Ausfallswinkel i' gehorcht der Bedingung $n' = \sin i' = n \cdot \sin i$ (wobei $n = 1$, n' der Index des optisch dichteren Mediums ist).

Da es sich um kleine Winkel handelt, genügt die Näherung $n' i' = n i$ oder

$$i' = \frac{n}{n'}\, i.$$

Dieser Strahl ist ein Teil des Kegelmantels, der das gebrochene Strahlenbündel begrenzt, der Schnittpunkt seiner rückwärtigen Verlängerung mit der Achse ist das Zentrum des gebrochenen Strahlenbündels bzw. seiner Wellenflächen. Der Abstand dieses Schnittpunktes von der brechenden Ebene sei l', dann ist

$$l' i' = l i \text{ oder } l' = \frac{l\,i}{i'} \text{ oder } l' = \frac{l\,n'}{n}\,, \text{ wobei } n = 1.$$

Die Schnittweite wird also auf Luft reduziert, indem man sie durch den Brechungsindex des Mediums, in dem sie gemessen wird, dividiert. Ihr Kehrwert, die Vergenz, muß dementsprechend mit dem zugehörigen Brechungsindex multipliziert werden.

Die Reduktion auf Luft erfolgt also für

Wellenlängen		Multiplikation
„Schnittweiten"	durch	Division
(Krümmungsradien von Wellenflächen)		
Vergenzen (Krümmungen)		Multiplikation
Strahlneigungs- und Öffnungswinkel		Multiplikation

mit bzw. durch den Brechungsindex.

Die jeweils umgekehrte Rechenoperation ist vorzunehmen, wenn der reale Wert im optisch dichteren Medium aus dem auf Luft reduzierten Wert errechnet werden soll.

Die im vorigen Abschnitt gegebene Definition des Dioptriebegriffes ist also dahingehend zu ergänzen, daß die Dioptrie die Einheit der auf Luft reduzierten Vergenzen oder Nähen ist.

Läßt man das gebrochene Strahlenbündel durch eine Ebene, die zur ersten brechenden Fläche parallel ist, aus dem Medium größerer optischer Dichte wieder in Luft eintreten, so sind die nunmehr zum zweiten Male gebrochenen Strahlen den zugehörigen ungebrochenen jeweils parallel. Ihre rückwärtige Verlängerung, das Zentrum des zum zweiten Male gebrochenen Strahlenbündels, ist jedoch nicht mit dem Zentrum des ungebrochenen Strahlenbündels identisch, sondern liegt der Glasplatte etwas näher. Die Vergenz hat sich auf dem Weg durch die Glasplatte weniger geändert, als sie es ohne das Vorhandensein der Glasplatte getan hätte. Wir können auch die Dicke der Glasplatte durch Division durch ihren Brechungsindex auf Luft reduzieren und erhalten dann die Wegstrecke in Luft, in der das Strahlenbündel die gleiche Vergenzänderung erlitten hätte. Aus diesem Grunde erscheinen also Dinge, die unter einer dicken Glasplatte liegen, etwas näher.

d) Die Berechnung der zweiten kaustischen Fläche eines Umdrehungssystems

Für die weitere Berechnung gehen wir zunächst von einem axialsymmetrischen System aus, bei dem der Bildpunkt, das Zentrum des ungebrochenen Strahlenbündels, auf der Umdrehungsachse liegt. Jeder Strahl, den wir bei einem solchen System in der Zeichenebene verfolgen, ist stellvertretend für eine kegelmantelartige Schar von Strahlen, welche wir erhalten, wenn die Zeichenebene um die Achse gedreht wird. Man nennt ein Strahlenbüschel, welches sich in dieser Form vereinigt, auch tangentiales Strahlenbüschel, weil seine Strahlen in einer Tangentialebene an der Kegelmantelfläche gelegen sind. Folglich ist auch der Schnittpunkt jedes Strahls mit der Achse zugleich ein Schnittpunkt nächstliegender Strahlen, ein Hauptkrümmungsmittelpunkt einer Wellenfläche und — als Schnittpunkt von Strahlen mit gleichen optischen Weglängen — ein Interferenzmaximum 0. Ordnung. Wir haben also lediglich zu berechnen, wann ein von einem Achsenpunkt ausgehender Strahl die Achse wieder schneidet.

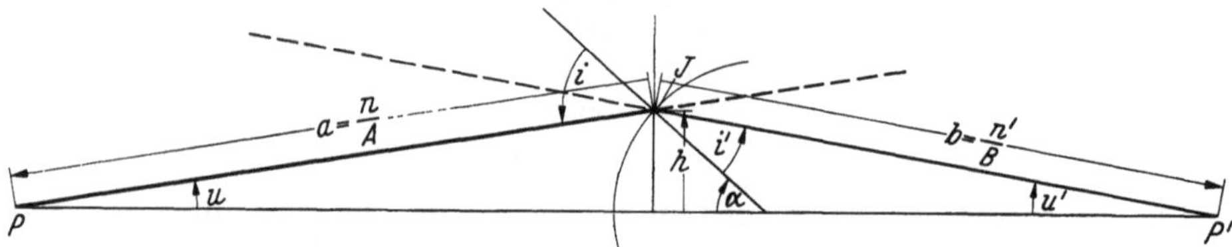

Abb. 61. Zur Berechnung eines Punktes auf der zweiten kaustischen Fläche eines Umdrehungssystems. (Erläuterungsskizze zum Text)

In Abb. 61 sei PP' die Achse, I der Incidenzpunkt des untersuchten Strahls, a der Abstand des „Objektpunktes" vom Incidenzpunkt, b der Abstand des „Bildpunktes", d. h. des Schnittpunktes des gebrochenen Strahls mit der Achse, vom Incidenzpunkt (beide haben im erwähnten Beispiel entgegengesetzte Vorzeichen); u und u' seien die Winkel, die die beiden Strahlen mit der Achse einschließen, h sei der Abstand des Incidenzpunktes von der Achse, r der tangentiale Hauptkrümmungsradius der brechenden Fläche. (In der Zeichnung ist er *auch* als Krümmungsradius innerhalb der Zeichenebene dargestellt; dies ist aber nicht unbedingt erforderlich: Innerhalb der Zeichenebene kann die brechende Fläche am gleichen Punkt auch einen anderen Krümmungsradius haben; nur die Richtung der Tangente in diesem Punkt der brechenden Fläche ist für diese Berechnung maßgebend. Wäre z. B. die Tangente selbst die Schnittlinie durch die brechende Fläche, so wäre die brechende Fläche eine Kegelmantelfläche; für den hier untersuchten Strahl und seinem Schnittpunkt mit der Achse wäre das aber ganz gleichgültig.) Ferner sei α der Winkel, den der tangentiale Hauptkrümmungsradius r mit der Achse einschließt, ferner i und i' der Einfalls- bzw. Ausfallswinkel.

Dann ist:

$$\frac{h}{a} = \sin u \quad \text{(1a)} \qquad \frac{h}{b} = \sin u' \quad \text{(1b)} \qquad \frac{h}{r} = \sin \alpha \ \text{bzw.} \ \frac{h}{r \cdot \sin \alpha} = 1 \quad \text{(1c)}$$

$$u = \alpha + i \quad \text{(2a)} \qquad u' = \alpha + i' \ \text{(unter Beachtung der Drehrichtung!)} \qquad \text{(2b)}$$

ferner

$$\sin u = \sin (\alpha + i) = \sin \alpha \cdot \cos i + \cos \alpha \cdot \sin i \qquad \text{(3a)}$$

$$\sin u' = \sin (\alpha + i') = \sin \alpha \cdot \cos i' + \cos \alpha \cdot \sin i'. \qquad \text{(3b)}$$

Aus (1a) und (1c) folgt $\dfrac{h}{a} = \sin u \cdot 1 = \sin u \cdot \dfrac{h}{r \cdot \sin \alpha}$, nach Kürzen durch h und Erweitern

mit n: $\dfrac{n}{a} = \dfrac{n \cdot \sin u}{r \cdot \sin \alpha}$ und mit Hilfe von (3a):

$$\frac{n}{a} = \frac{n \cdot \sin \alpha \cdot \cos i + n \cdot \cos \alpha \cdot \sin i}{r \cdot \sin \alpha}. \qquad \text{(4a)}$$

Entsprechend folgt aus (1b) und (1c) und (3b):

$$\frac{n'}{b} = \frac{n' \cdot \sin \alpha \cdot \cos i' + n' \cdot \cos \alpha \cdot \sin i'}{r \cdot \sin \alpha}. \qquad \text{(4b)}$$

Nach dem Snelliusschen Brechungsgesetz ist

$$n \cdot \sin i = n' \cdot \sin i', \qquad \text{(5)}$$

also folgt durch Subtraktion (4b — 4a)

$$\frac{n'}{b} - \frac{n}{a} = \frac{n' \cdot \sin \alpha \cdot \cos i' + n \cdot \cos \alpha \cdot \sin i}{r \cdot \sin \alpha} - \frac{n \cdot \sin \alpha \cdot \cos i + n \cdot \cos \alpha \cdot \sin i}{r \cdot \sin \alpha} =$$

$$= \frac{n' \cdot \cos i' - n \cdot \cos i}{r}$$

oder
$$\frac{n'}{b} = \frac{n}{a} + \frac{n' \cdot \cos i' - n \cdot \cos i}{r}. \tag{6}$$

Setzt man $\quad \dfrac{n'}{b} = B, \dfrac{n}{a} = A \quad$ und $\quad \dfrac{n' \cdot \cos i' - n \cdot \cos i}{r} = D$, so lautet die Formel

$$A + D = B. \qquad \text{(7)}$$

Die Ableitung der Additionsformeln für sin und cos ist auf Abb. 63 an Hand von Übersichtsskizzen erläutert.

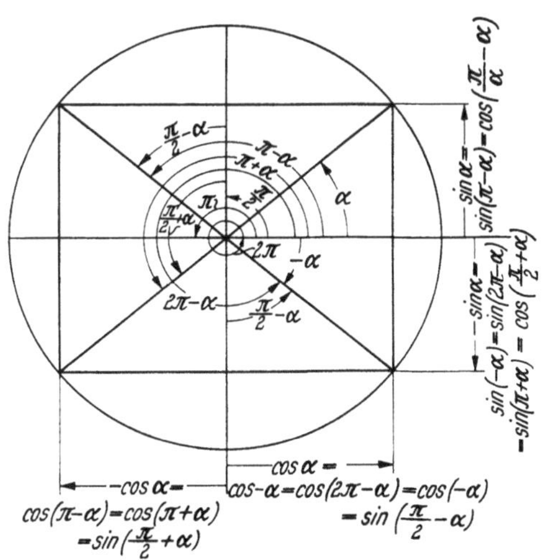

Abb. 62. Vorzeichenregeln für sin und cos. (Einheitskreis, d. h. Radius = 1)

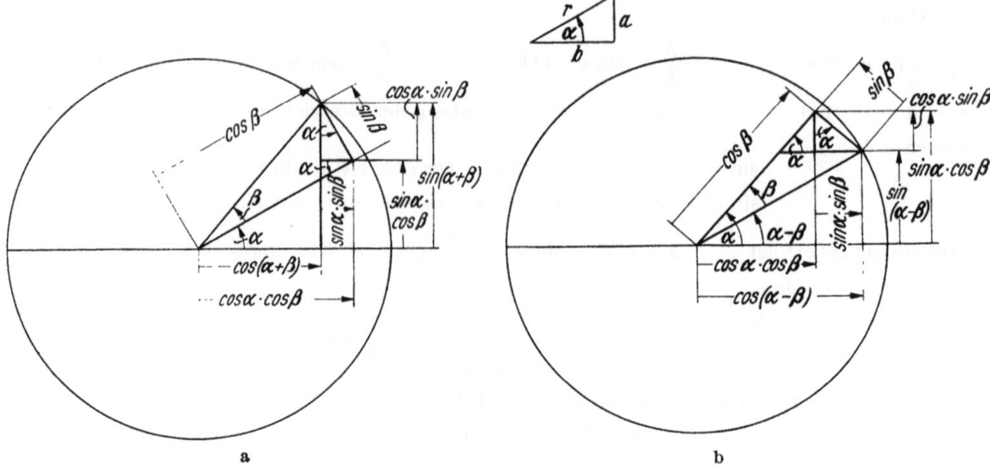

Abb. 63. a) Additionsformeln für sin $(\alpha + \beta)$ und cos $(\alpha + \beta)$. b) Subtraktionsformeln für sin $(\alpha - \beta)$ und cos $(\alpha - \beta)$

e) Die Berechnung eines Punktes der ersten kaustischen Fläche

Etwas schwieriger ist die Strahlenvereinigung im meridionalen Strahlenbündel, also innerhalb der Zeichenebene, darzustellen, weil hier exakterweise auf differentialgeometrische Berechnungen überhaupt nicht verzichtet werden kann; indessen ist hier ein mathematisch nicht ganz einwandfreies Verfahren angegeben, welches darin besteht, daß zwei Strahlen, die einen unendlich kleinen Winkel miteinander bilden, einerseits bei Bedarf wie Parallelstrahlen (nämlich bei Berechnung ihrer Abstandsänderung beim Durchtritt durch die brechende Fläche) und andererseits wie Strahlen, die einen endlichen Winkel miteinander bilden (wenn es sich nämlich darum handelt, die Beziehungen zwischen Strahlenlänge, eingeschlossenem Winkel und Abstand der Strahlen zu ermitteln) behandelt werden.

Dieses Verfahren ist von GULLSTRAND angegeben und hier in Einzelheiten etwas geändert worden.

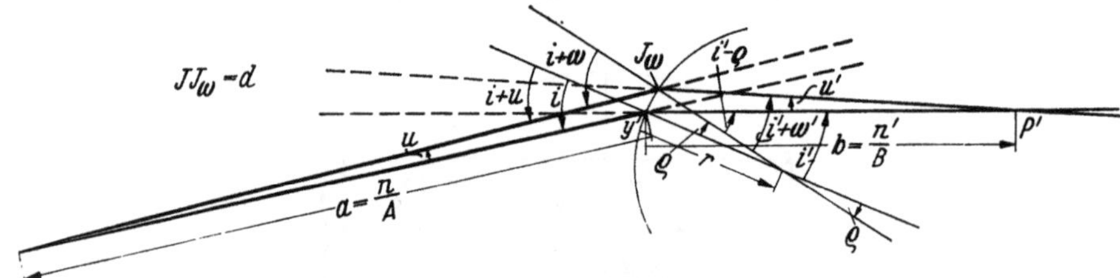

Abb. 64. Zur Berechnung eines Punktes der ersten kaustischen Fläche. Rotationssymmetrie ist nicht erforderlich. Erläuterungsskizze zum Text. (Der untere Inzidenzpunkt I ist in der Zeichnung versehentlich mit y gekennzeichnet)

Es ist (Abb. 64)

geometrisch-exakt: $\quad u + i = i + \omega + \varrho; \; u = \omega + \varrho$

$$i' + (- \varrho) = i' + \omega' + (- u'); \; u' = \omega' + \varrho \,. \tag{1}$$

$$n \cdot \sin i = n' \cdot \sin i'; \; n \cdot \sin (i + \omega) = n' \cdot \sin (i' + \omega'); \; n \cdot \sin i \cdot \cos \omega +$$

$$+ n \cdot \cos i \cdot \sin \omega = n' \cdot \sin i' \cos \omega' + n' \cdot \cos i \cdot \sin \omega' = n \cdot \sin i \cdot \cos \omega' + \tag{2}$$

$$+ n' \cdot \cos i \cdot \sin \omega'; \; n \cdot \sin i (\cos \omega - \cos \omega') = n' \cdot \cos i' \cdot \sin \omega' - n \cdot \cos i \cdot \sin \omega \,,$$

im Grenzfall unendlich kleiner Winkel u, u', ϱ, ω und ω':

$$d = r \cdot \varrho, \; u \delta \cdot a = \cos i \cdot d, \; u' \delta \cdot b = \cos i' \cdot d \,, \tag{3}$$

ferner zufolge (2), da $\cos \omega = 1$ und $\sin \omega \to \omega$ wird:

$$n \cdot \sin i \,(1-1) = 0 = n' \cdot \omega' \cdot \cos i' - n \cdot \omega \cdot \cos i \quad \text{bzw.} \quad n' \cdot \omega' \cdot \cos i' = n \cdot \omega \cdot \cos i . \tag{4}$$

Aus (1) und (3) folgt ferner:

$$a \cdot (\omega + \varrho) = \cos i \cdot r \cdot \varrho, \quad b \cdot (\omega' + \varrho) = \cos i' \cdot r \cdot \varrho$$

$$\omega + \varrho = \frac{\cos i \cdot r \cdot \varrho}{a} \qquad \omega' + \varrho = \frac{\cos i' \cdot r \cdot \varrho}{b}$$

$$\omega = \frac{\cos i \cdot r \cdot \varrho}{a} - \varrho = \varrho \cdot \left(\frac{\cos i \cdot r}{a} - 1 \right); \quad \omega' = \varrho \left(\frac{\cos i' \cdot r}{b} - 1 \right). \tag{5}$$

Setzt man diese Werte für ω in (4) ein, so erhält man:

$$n \cdot \cos i \cdot \varrho \left(\frac{\cos i \cdot r}{b} - 1 \right) = n' \cdot \cos i' \cdot \varrho \cdot \left(\frac{\cos i' \cdot r}{b} - 1 \right) \quad \text{bzw. durch Division durch } \varrho$$

und Ausmultiplizieren der Klammern:

$$\frac{n \cdot \cos i \cdot \cos i \cdot r}{a} - n \cdot \cos i = \frac{n' \cdot \cos i' \cdot \cos i' \cdot r}{b} - n' \cdot \cos i' , \tag{5b}$$

durch Umstellung: $\quad \dfrac{n' \cdot \cos^2 i' \cdot r}{b} = \dfrac{n \cdot \cos^2 i \cdot r}{a} + n' \cdot \cos i' - n \cdot \cos i$

und schließlich durch Division durch r:

$$\frac{n' \cdot \cos^2 i'}{b} = \frac{n \cdot \cos^2 i}{a} + \frac{n' \cdot \cos i' - n \cdot \cos i}{r} . \tag{6}$$

Man bezeichnet ferner

$$\frac{\cos i'}{\cos i} = \varkappa \tag{7}$$

als linearen Vergrößerungskoeffizienten im Incidenzpunkt, weil der Durchmesser des Strahlenbündels in der Meridionalebene nach der Brechung um diesen Faktor vergrößert wird. Durch Division von Gl. (6) durch $\cos i \cdot \cos i'$ erhält man:

$$\frac{n' \cdot \cos^2 i'}{b \cdot \cos i' \cdot \cos i} = \frac{n \cdot \cos^2 i}{a \cdot \cos i' \cdot \cos i} + \frac{n' \cdot \cos i' - n \cdot \cos i}{r \cdot \cos i' \cdot \cos i}$$

$$\text{bzw.} \quad \frac{n' \cdot \varkappa}{b} = \frac{n}{\varkappa \cdot a} + \frac{n' \cdot \cos i' - n \cdot \cos i}{r \cdot \cos i' \cdot \cos i} ; \tag{8}$$

setzt man $\quad \dfrac{n' \cdot \cos i' - n \cdot \cos i}{r \cdot \cos i' \cdot \cos i} = D$ und, wie beim tangentialen Strahlenbündel,

$$\frac{n'}{a} = B \quad \text{und} \quad \frac{n}{b} = A, \quad \text{so erhält man} \quad \varkappa B = \frac{A}{\varkappa} + D$$

Bestimmt man außerdem mit Hilfe von (3) $u' \cdot b = \cos i' \cdot d$ und $u' \cdot a = \cos i \cdot d$ das Verhältnis des bildseitigen zum dingseitigen Öffnungswinkel $\dfrac{u'}{u}$, so ist: $\dfrac{u' \cdot b}{u \cdot a} = \dfrac{\cos i' \cdot d}{\cos i \cdot d} =$

$= \varkappa$, setzt hierin für $b = \dfrac{n'}{B}$ und $a = \dfrac{n}{A}$, also die Reziprokwerte der *nicht* auf Luft redu-

zierten Vergenzen ein, so erhält man $\dfrac{u' \delta}{u \delta} \cdot \dfrac{n'}{B} \cdot \dfrac{A}{n} = \varkappa$ oder $\dfrac{u' \delta \cdot n'}{u \delta \cdot n} = \varkappa \dfrac{B}{A}$, welches

den auf Luft reduzierten, und $\dfrac{u' \delta}{u \delta} = \varkappa \dfrac{n B}{n' A}$, welches den realen angulären Vergrößerungskoeffizienten des Öffnungsstrahlenbündels angibt.

Eine so dargestellte Abbildung ist umkehrbar, indem man den Bildpunkt als Dingpunkt der inversen Abbildung wählt und zeigt, daß der Bildpunkt dieser inversen Abbildung der ursprüngliche Dingpunkt ist. Auf die Durchrechnung kann indessen verzichtet werden.

Grundsätzlich werden die Vergenzen des einfallenden und des gebrochenen Strahlenbündels unter Umkehr ihres Vorzeichens vertauscht, der Vergrößerungskoeffizient geht in seinen reziproken Wert über.

f) Die Brennpunkte

Die so ermittelten ,,Schnittpunkte unendlich benachbarter Strahlen'' oder Hauptkrümmungsmittelpunkte der Wellenflächen werden von GULLSTRAND auch als ,,Fokalpunkte'' bezeichnet. Dieser Begriff darf allerdings nicht mit Brennpunkt verwechselt werden, da der Brennpunkt lediglich einen Spezialfall für ein paralleles Strahlenbündel darstellt.

Man kann nun erkennen, daß es sich bei den Formeln um Additionsformeln handelt, wobei wir allerdings die Bedeutung der einzelnen Summanden noch näher zu erläutern haben. Im ersten Falle, beim tangentialen Strahlenbündel, fanden wir $A + D = B$ als einfachsten Ausdruck. Dabei ist A eine Funktion des einfallenden Strahlenbündels, und zwar nicht seine eigentliche Nähe $1/a$, sondern seine auf Luft reduzierte Nähe oder Vergenz, die durch Multiplikation seiner wirklichen Nähe mit dem Brechungsindex des Mediums, in dem sich dieses Strahlenbündel befindet, entsteht[1]. In der gleichen Weise ist $n'/b = B$ die auf Luft reduzierte Nähe bzw. Vergenz des gebrochenen Strahlenbündels.

Schließlich ist D eine Funktion des Krümmungsradius der brechenden Fläche, der Differenz der Brechungsindizes und der Ein- und Ausfallswinkel.

Man versteht jetzt, warum GULLSTRAND für die Vergenzen des einfallenden und gebrochenen Strahlenbündels den Begriff der Dioptrie eingeführt hat und kann daher den geschilderten Zusammenhang auch so beschreiben:

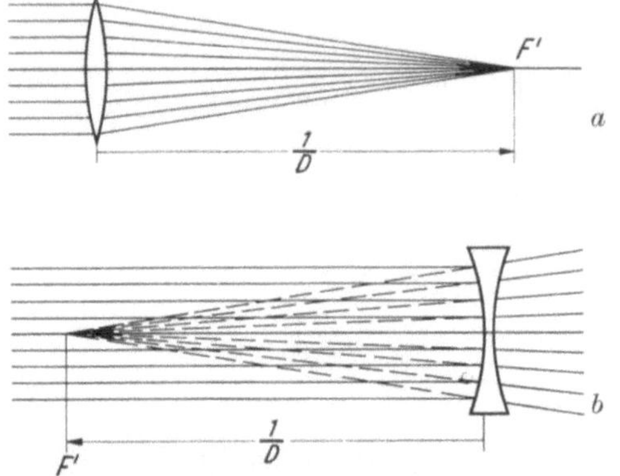

Abb. 65. Bildseitiger Brennpunkt (dingseitiges Parallelstrahlenbündel). *a* bei Sammellinsen: reell auf der Bildseite. *b* bei Zerstreuungslinsen: virtuell auf der Objektseite. Der Abstand des *bildseitigen* Brennpunktes vom Glas wird als Brennweite definiert, sein reziproker Wert als Brechkraft

Tritt ein Strahlenbündel durch eine gekrümmte Fläche in ein Medium anderer optischer Dichte, so wird seine auf Luft reduzierte Vergenz um die Brechkraft der brechenden Fläche vermehrt.

Läßt man ein Parallelstrahlenbündel auf eine brechende Fläche fallen, so ist seine Vergenz = 0. Die Vergenz des gebrochenen Strahlenbündels ist dann für das tangentiale Strahlenbündel $(A + D = B)$ $D = B$, da $A = 0$, für das meridionale Strahlenbündel $(A/\varkappa + D = \varkappa B)$ hingegen $B = D/\varkappa$.

Da wir den Faktor $\varkappa$ erst im Zusammenhang mit der Entwicklung der Vergrößerungskoeffizienten erklären können, beschränken wir uns zunächst auf die einfachere der beiden *Brennpunktsformeln* $B = D$. Ersetzen wir den Vergenzwert B durch die reale Entfernung, also $\frac{n'}{b}$, so sagt sie aus, daß die bildseitige Brennweite gleich dem reziproken Wert der Brechkraft, multipliziert mit dem Brechungsindex ist. Die bildseitige Brennweite hat also das gleiche Vorzeichen wie die Brechkraft (Abb. 65).

Der dingseitige Brennpunkt, d. h. der Punkt, der nach der Brechung im Unendlichen abgebildet wird, errechnet sich nach den gleichen Grundlagen, wenn man $B = 0$ setzt, d. h. $A + D = 0$ oder $A = -D$. Die dingseitige Brennweite hat also das entgegengesetzte Vorzeichen wie die Brechkraft der Fläche.

---

[1] Meist ist indessen für das einfallende Strahlenbündel $n = 1$, da der ,,Dingpunkt'' in Luft liegt.

Bedeutungsvoll ist vor allem, daß die gleiche brechende Fläche oder auch das gleiche brechende System in Luft eine andere Brennweite hat als im optisch dichteren Medium. So beträgt die hintere (im optisch dichteren Medium gemessene) Brennweite des Auges + 23, die vordere − 17 mm (nach GULLSTRAND, auf Millimeter aufgerundet). Bei einfach brechenden Systemen, d. h. bei Brechung an *einer* Kugelfläche, gilt außerdem allgemein, wie durch entsprechende Anwendung der Formeln leicht berechnet werden kann[1]: Ohne Berücksichtigung der Vorzeichen ist der Abstand des einen Brennpunktes vom Einfallspunkt der brechenden Fläche so groß wie der Abstand des anderen Brennpunktes vom Krümmungsmittelpunkt. Darüber hinaus kommt bei derartigen Systemen dem Krümmungsmittelpunkt noch insofern eine besondere Bedeutung zu, als alle Strahlen, die durch ihn gehen, beim Durchtritt durch die brechende Fläche nicht abgelenkt werden, weil sie diese ja senkrecht durchsetzen. Man bezeichnet daher bei einfach brechenden Systemen den Krümmungsmittelpunkt auch als Knotenpunkt. Man hat diesen Begriff früher auch noch verallgemeinert und für alle die brechenden Systeme angewandt, bei denen auf der Bildseite ein Medium anderer optischer Dichte vorliegt als auf der Dingseite (wie z. B. im Auge). Bei ihnen hat man als Knotenpunkt denjenigen Punkt definiert, dessen Abstand vom Brennpunkt im optisch dichteren Medium der auf Luft reduzierten Brennweite entspricht.

g) Weitere Anwendungsmöglichkeiten der Gullstrand-Formeln

Aus den beiden Formeln für die Brechkraft

$$D = \frac{n' \cdot \cos i' - n \cdot \cos i}{r} \quad \text{und}$$

$$D = \frac{n' \cdot \cos i' - n \cdot \cos i}{\cos i' \cdot \cos i \cdot r}$$

kann man außerdem erkennen, in welcher Weise sich die Brechkraft einer Fläche allein durch die *Richtung* der einfallenden Strahlenbündel ändert. Der cosinus eines Winkels weicht bekanntlich bei kleinen Winkeln nur wenig vom Werte 1,00 ab, in diesem Falle nehmen beide Formeln die Form $D = \frac{n' - n}{r}$ an, welche die Brechkraft bei Beschränkung auf den Gaußschen Raum angibt.

Mit zunehmendem Einfallswinkel i nähert sich der $\cos i$ dem Wert 0, welcher der Grenzwert für streifende Incidenz eines Strahlenbündels ist. Während diese Veränderung für das tangentiale Strahlenbündel von verhältnismäßig geringfügiger Bedeutung ist, wird beim meridionalen Strahlenbündel die Brechkraft D unbegrenzt wachsen, wenn der Einfallswinkel oder der Ausfallswinkel sich auf 90° zu bewegt, denn der Faktor $\cos i' \cos i$ im Nenner wird sich immer mehr dem Wert 0 nähern.

Das hat folgende praktische Bedeutung: Eine ebene Fläche hat die Brechkraft 0, der Krümmungsradius ist ∞. Benutzt man eine solche Fläche als Spiegel, so liefert sie ein völlig unverzerrtes Bild, welches sich auch in keiner Weise ändert,

---

[1] Es ist nämlich

$$-\frac{n}{f_1} = \frac{n' - n}{r} \; ; \quad -\frac{f_1}{n} = \frac{r}{n' - n} \; ; \quad -f_1 = \frac{n \cdot r}{n' - n}$$

$$\frac{n'}{f_2} = \frac{n' - n}{r} \; ; \quad \frac{f_2}{n'} = \frac{r}{n' - n} \; ; \quad f_2 = \frac{n' \cdot r}{n' - n}$$

$$f_2 - (-f_1) = \frac{n' \cdot r - n \cdot r}{n' - n} = r$$

wenn man den Beobachtungsstandpunkt wechselt. Ist eine solche Fläche dagegen an einer Stelle etwas gekrümmt, so wird sie an dieser Stelle sowohl als spiegelnde als auch als brechende Fläche eine von 0 verschiedene Brechkraft haben, welche bei gleicher Krümmung umso größer sein wird, je schräger über die Fläche geblickt wird. Diese von 0 verschiedene Brechkraft wird sich dann in einer mehr oder weniger starken Verzerrung des Spiegelbildes bemerkbar machen.

Wir wollen hierbei noch einmal die Vorzeichenfrage erwähnen: Die Brechungsindices sind immer positiv, ändern also das Vorzeichen nicht.

a und mithin auch $\frac{n}{a} = A$ ist im allgemeinen, wenn es sich um ein bisher ungebrochenes Strahlenbündel handelt, negativ. Schwieriger zu übersehen ist zunächst das Vorzeichen von D: Es läßt sich leicht zeigen, daß $\cos i'$ immer dann gleich oder größer ist als $\cos i$, wenn n' größer ist als n (das gilt auch für den Fall, daß i und i' negativ genommen werden, etwa wenn man den Lichtstrahl von der anderen Seite der Achse einfallen läßt, da $\cos - i = \cos i$). Das Vorzeichen des Zählers $n' \cos i' - n \cos i$ hängt also lediglich davon ab, ob n' größer oder kleiner ist als n: Tritt das Licht in ein optisch dichteres Medium ein (etwa aus Luft in Glas), so ist n' größer als n, $n' - n$ oder $n' \cos i' - n \cos i$ also positiv, im umgekehrten Fall negativ.

Das Vorzeichen des Nenners r bzw. $r \cos i' \cos i$ hängt allein davon ab, ob der einfallende Strahl auf eine konvex oder konkav gekrümmte Fläche trifft: Im ersten Fall ist r positiv (weil der Krümmungsmittelpunkt von der Fläche aus in der Lichtrichtung liegt), im zweiten Fall negativ. Natürlich kann eine Fläche auch so gekrümmt sein, daß der eine Hauptkrümmungsradius positiv, der andere negativ ist (Sattelfläche).

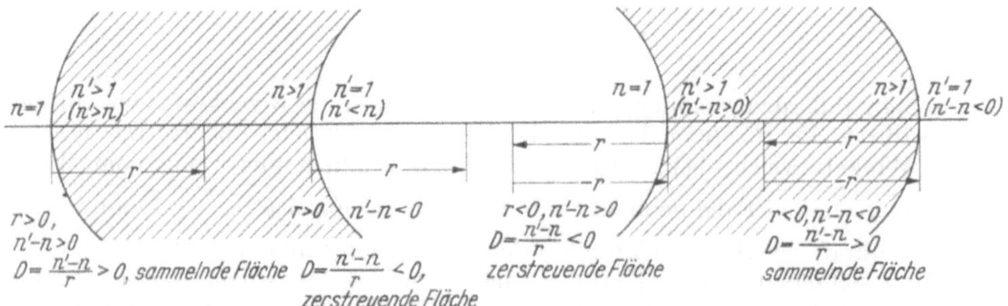

Abb. 66. Sammelnde und zerstreuende Flächen. Von links nach rechts: Eintritt in ein Medium mit größerem Brechungsindex, positiver Krümmungsradius: sammelnde Fläche. Eintritt in ein Medium mit kleinerem Brechungsindex, positiver Krümmungsradius: zerstreuende Fläche. Eintritt in ein Medium mit größerem Brechungsindex, negativer Krümmungsradius: zerstreuende Fläche. Eintritt in ein Medium mit kleinerem Brechungsindex, negativer Krümmungsradius: sammelnde Fläche

Für das Vorzeichen von D gibt es also vier Möglichkeiten (Abb. 66):

1. Zähler und Nenner sind positiv: Das ist der Fall, wenn das Licht in eine Konvexlinse eintritt, allgemein, wenn es in die konvexe Seite einer Linse eintritt.

2. Zähler und Nenner sind negativ: Auch dann ist D positiv; dies ist der Fall, wenn Licht aus der konvexen Seite einer Linse austritt.

3. Zähler ist positiv, Nenner negativ: Licht tritt in die konkave Seite einer Linse ein, D ist negativ.

4. Zähler ist negativ, Nenner positiv: Licht tritt aus der Konkavseite einer Linse aus, D ist negativ.

Schließlich sei noch eine 5. Möglichkeit erwähnt: Die brechende Fläche sei eine Ebene, oder ein Hauptschnitt sei eine Gerade (Zylinderfläche): Für eine solche

Fläche kann der Krümmungsradius als unendlich groß gedacht werden, D ist also $= 0$. Die Formeln gelten also auch ohne weiteres für die Brechung an einer Ebene.

In diesem Fall wird die Bedeutung der Reduktion auf Luft, die bei allen Strahlenbündeln und Vergenzen in einem optisch dichteren Medium vorgenommen werden muß, besonders sinnfällig: Im Fall $D = 0$, also der Brechung an einer Ebene, bleibt die reduzierte Vergenz des axialen Strahlenbündels unverändert. Abb. 46 zeigt aber, daß das Strahlenbündel in Luft eine größere Vergenz hat als das ihm zugehörige in Wasser — der Krümmungsradius der Wellenfläche in Luft ist kleiner als der der gleichen Wellenfläche, solange sie in Wasser ist.

Das Vorzeichen von B hängt dann davon ab, ob D größer oder kleiner ist als $- A$: Ist D größer als $- A$, wird B positiv: Der Krümmungsmittelpunkt oder Schnittpunkt der benachbarten Strahlen liegt also, von der brechenden Fläche aus gesehen, in der Lichtrichtung. Ist D kleiner als $- A$ (was insbesondere immer dann der Fall ist, wenn $D = 0$ oder negativ bei negativem A ist), so ist B negativ, der Krümmungsmittelpunkt liegt also nicht in der Lichtrichtung, sondern ihr entgegengesetzt, in der rückwärtigen Verlängerung des Strahlenbündels, es ist kein Punkt, an dem sich reale Strahlen schneiden, man spricht daher auch von einem virtuellen Schnittpunkt.

Schließlich ist aber noch die Möglichkeit zu erwähnen, daß auch A positiv ist: Bei einem ungebrochenen Strahlenbündel kann dies zwar nicht der Fall sein, wohl aber bei einem Strahlenbündel, welches schon einmal beim Durchgang durch eine brechende Fläche eine positive Vergenz erhalten hat, also konvergent geworden ist: Tritt ein solches Strahlenbündel auf eine brechende Fläche, so liegt sein zugehöriger Krümmungsmittelpunkt in Lichtrichtung, also evtl. schon hinter der (zweiten) brechenden Fläche. Dieser Punkt entspricht dann auch nicht mehr einer realen Strahlenvereinigung und wird als virtueller Dingpunkt bezeichnet.

Zusammengefaßt ergeben sich also je zwei Möglichkeiten für einfallendes und gebrochenes Strahlenbündel: Einfallendes Strahlenbündel: reeller Dingpunkt — negative Vergenz, virtueller Dingpunkt — positive Vergenz (Abb. 48). Gebrochenes Strahlenbündel: reeller Bildpunkt — positive Vergenz, virtueller Bildpunkt — negative Vergenz.

Für die Brechung an einer weiteren Fläche wirkt ein virtueller Bildpunkt wie ein reeller Dingpunkt, ein reeller Bildpunkt dagegen nur dann als reeller Dingpunkt, wenn das Bild wirklich zustande kommt. Im anderen Fall wirkt er als virtueller Dingpunkt.

Da D in den beiden Hauptschnittebenen verschiedene Werte annehmen kann, kann B auch bei einem ursprünglich homozentrischen Strahlenbündel nicht nur verschiedene Werte, sondern auch verschiedene Vorzeichen annehmen, sogar nach Brechung an einer Kugelfläche. Die Wellenfläche eines solchen Strahlenbündels, dessen Hauptschnitte entgegengesetzte Vergenzen haben, ist eine Sattelfläche.

Aus den beiden Formeln für die beiden Fokalpunkte des gebrochenen Strahlenbündels kann nun ohne weiteres die gemeinsame Spitze der beiden kaustischen Flächen bei der Brechung eines homozentrischen Strahlenbündels an einer Kugelfläche berechnet werden:

Für diesen Fall werden Ein- und Ausfallswinkel beim Umdrehungssystem gleich 0, unter der Annahme einer Kugelfläche ist zudem für die brechende Fläche ein gemeinsamer Wert für den Radius einzusetzen; dann wird $\cos i = 1$, und man erhält sowohl für das meridionale als auch für das tangentiale Bündel:

$$\frac{n'}{b} = \frac{n}{a} + \frac{n'}{r} - \frac{n}{r}, \qquad \text{das heißt} \quad D = \frac{n' - n}{r}.$$

h) Astigmatische Abbildung

Wir haben die Formel $\dfrac{A}{\varkappa} + D = \varkappa\,B$ für solche Strahlen*büschel* abgeleitet, die in einer Fläche liegen, welche entweder mit einer Hauptkrümmungsfläche der brechenden Fläche übereinstimmt oder auf ihr senkrecht liegt.

Sofern dies nicht der Fall ist, Strahlen*bündel* und brechende Fläche also nicht wenigstens eine Hauptkrümmungsebene gemeinsam haben, erfahren die Strahlenbündel durch die Brechung auch eine Torsion ihrer Hauptkrümmungs- oder Hauptschnittsebenen. Die Berechnung derselben soll hier nicht ausgeführt werden. Sie kann übrigens nur unter Berücksichtigung der Brechung in beiden Hauptschnittsebenen des Astigmatismus und beiden Hauptkrümmungsebenen der brechenden Flächen durchgeführt werden, weil in diesem Falle die Brechungsverhältnisse in den beiden Hauptschnitts- oder Hauptkrümmungsebenen nicht mehr als voneinander unabhängige Größen auftreten. Dies ist hingegen der Fall, wenn wenigstens eine Hauptschnittsrichtung des Astigmatismus mit einer Hauptkrümmungsebene der brechenden Fläche übereinstimmen.

Wie verhält es sich im Falle dieses allgemeinen astigmatischen Strahlenbündels nun mit den Strahlen, die nicht dem untersuchten Strahlenbüschel angehören, die also zwar ebenfalls in der nächsten Umgebung des untersuchten Strahls liegen, aber in einer anderen Ebene?

Sofern nicht der besondere Fall eintritt, daß die in der anderen Hauptschnitts- oder Hauptkrümmungsrichtung liegenden Strahlen sich am gleichen Punkte vereinigen, der Astigmatismus für das gebrochene Strahlenbündel also aufgehoben ist, werden sich diese nicht in der untersuchten Zeichenebene liegenden Strahlen in der Umgebung des Schnittpunktes außerhalb der Zeichenebene ebenfalls schneiden. Verbindet man die auf diese Weise gewonnenen Schnittpunkte außerhalb der Zeichenebene miteinander, so erhält man — als Ausschnitt aus der kaustischen Fläche — eine Bildlinie, welche auf der ursprünglichen Zeichenebene senkrecht steht. Bei einer Umkehr des Abbildungsvorganges wird man aus Analogiegründen im allgemeinen Fall ebenfalls eine Bildlinie erhalten, welche ebenfalls senkrecht zur Zeichenebene durch den ursprünglichen Dingpunkt geht.

Mit anderen Worten: Bei der allgemeinen astigmatischen Abbildung gibt es eine Zuordnung von Objektlinien und Bildlinien, welche ineinander abgebildet werden, ohne daß hierbei einzelne Punkte innerhalb der Objekt- und Bildlinien eine besondere Zuordnung erführen. Und zwar wird jeder Punkt von zwei aufeinander senkrecht stehenden abbildbaren Linien geschnitten — die zugehörigen beiden Bildlinien im Bildraum gehen aber nicht mehr durch einen Punkt, weil die Brechung in jedem der beiden Hauptschnitte anders verläuft.

Die gleiche Formel läßt sich aber darüber hinaus auch für solche homozentrischen Strahlenbündel anwenden, welche in der unmittelbaren Umgebung der Achse eines zentrierten Umdrehungssystems verlaufen, d. h. eines Systems aus brechenden Kugelflächen, deren zugehörige Kugelmittelpunkte alle auf einer gemeinsamen Achse gelegen sind. Solche Strahlenbündel bleiben auch nach der Brechung wenigstens näherungsweise homozentrisch. Man bezeichnet den Raum in der unmittelbaren Umgebung der Achse, innerhalb dessen Einfalls-, Öffnungs- und Hauptstrahlneigungswinkel so klein sind, daß das Verhältnis ihres Sinus zu ihrer Bogenlänge nahezu 1 beträgt und ihr Cosinus ebenfalls nicht nennenswert von 1 abweicht, als den Gaußschen Raum. Der Gaußsche Raum ist also eine Näherungsdefinition, je nachdem, welche Fehlerbreite für die Berechnungen man zuläßt. Innerhalb des Gaußschen Raumes bezeichnen also die gleichen Formeln die Zuordnung von Ding- und Bildpunkten homozentrischer Strahlenbündel.

Hat man also die Lage zweier Punktepaare, welche als Objekt- und Bildpunkt einander zugeordnet sind, von denen ein Punktepaar als ding- und bildseitiges Projektionszentrum gelten kann, das andere Punktepaar als Ding- und Bildpunkt im engeren Sinne, so benötigt man nur noch einen Vergrößerungskoeffizienten — etwa den im Projektionszentrum —, um alle übrigen interessierenden Größen rechnerisch ableiten zu können. Der Abstand des eigentlichen Objektpunktes vom dingseitigen Projektionszentrum ist nämlich die Dingweite, der Abstand des Bildpunktes vom bildseitigen Projektionszentrum die Bildweite, womit also insgesamt drei Größen aus den beiden Gleichungen bekannt sind. Man kann dann mit Hilfe dieser Formeln auch die sog. Hauptpunkte berechnen, welche dadurch gekennzeichnet sind, daß in ihnen der Vergrößerungskoeffizient $= + 1$ ist, weswegen sich diese Punkte in der geometrischen Optik großer Beliebtheit erfreuen.

Optik des Gaußschen Raumes. Diese Formeln bilden *auch* die Grundlage der geometrischen Optik innerhalb des *Gaußschen Raums*, der dadurch charakterisiert ist, daß die Differenzen zwischen endlichem Öffnungswinkel bzw. endlichem Hauptstrahlneigungswinkel und ihrem Sinus vernachlässigt bzw. als unendlich klein berechnet werden. Daß solch ein Verfahren trotzdem in weiteren Grenzen brauchbarere Resultate liefert, als man vielleicht auf den ersten Blick annehmen möchte, ist dadurch erklärt, daß z. B. $\cos 8° = 0,9903$, also ein Wert, der sich von $1,000$ nur um etwa 1% unterscheidet, der Wert des $\cos^2 8°$ um etwa 2%.

Man muß sich freilich darüber im klaren bleiben, daß es sich immer um Näherungswerte handelt, und daß insbesondere bei Brechung an mehreren Flächen — daß es sich dabei nur um zentrierte Kugelflächen handelt, ist ebenfalls eine Voraussetzung des Gaußschen Raumes — Einzelfehler so summieren können, daß sie nicht mehr vernachlässigt werden können. Im Gaußschen Raum herrschen also relativ einfache Gesetze, es besteht kein Astigmatismus schiefer Bündel.

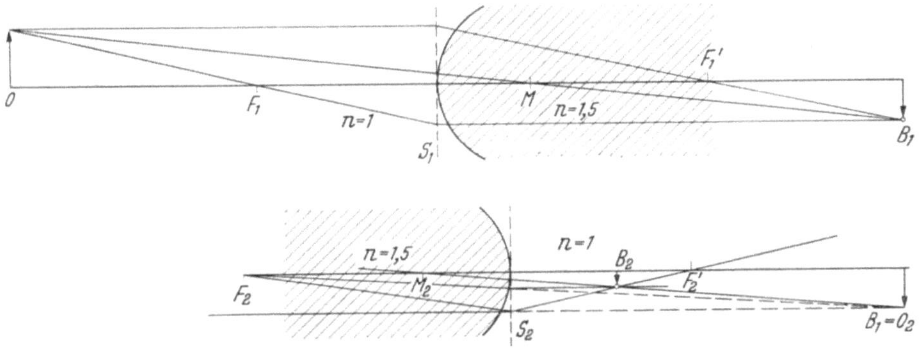

Abb. 67. Optische Abbildung durch eine bikonvexe Sammellinse. Oben: Die Linsenvorderfläche entwirft von dem reellen Objekt O ein reelles Bild B_1. Unten: Bei der Brechung an der Linsenhinterfläche wird das reelle Bild B_1 zum virtuellen Objekt O_2, welches in das reelle Bild B_2 abgebildet wird. Es sind jeweils 3 Strahlen ausgeführt: Der durch den Krümmungsmittelpunkt der Linse ungebrochen hindurchgehende Strahl und die durch die beiden Brennpunkte gehenden Strahlen. Zur geometrischen Bildkonstruktion genügen jedoch zwei Strahlen. Da der Strahlengang im Gaußschen Raum wegen der kleinen Winkel nicht übersichtlich dargestellt werden kann, sind die Höhen stark vergrößert. Zu diesem Zweck wird die Tangentialebene im Scheitelpunkt der nicht überhöhten Linsenfläche S zeichnerisch als brechende Fläche benutzt. Die bessere Übersicht wird also mit einem Verzicht auf geometrische Ähnlichkeit erkauft

Der große Vorteil der Konzeption des Gaußschen Raumes besteht darin, daß sich die Brechung eines axialen oder sehr achsennahen homozentrischen Strahlenbündels kleiner Öffnung beim Durchgang durch beliebig viele zentrierte Kugelflächen — d. h. Kugelflächen, deren Mittelpunkte auf einer gemeinsamen Achse gelegen sind — verfolgen läßt. Dabei wird der Bildpunkt nach der ersten Brechung zum Dingpunkt vor der zweiten Brechung, der Bildpunkt nach der zweiten Brechung zum Dingpunkt vor der dritten Brechung, usw. (Abb. 67).

Da die Optik des Gaußschen Raumes schon länger bekannt war als die Optik der Brechung an beliebigen Systemen, hat man die Gesetze des Gaußschen Raumes gleichsam als Naturgesetze behandelt und alle Abweichungen davon als „Aberrationen" des Lichtes bezeichnet. Das ist eigentlich eine hybride Bezeichnung, denn das Licht bewegt sich nach den Naturgesetzen, während der Gaußsche Raum Menschenwerk ist; reicht der Gaußsche Raum nicht mehr aus, um die Brechung des Lichtes richtig zu beschreiben, so liegt der Fehler nicht in der Brechung des Lichtes, sondern in einer falschen Anwendung, die man von der an sich genialen Konzeption des Gaußschen Raums gemacht hat.

Das Bestreben der technischen Optik ist es nun freilich, solche Systeme zu schaffen, in denen auch außerhalb des Gaußschen Raumes die Gaußschen Abbildungsgesetze wenigstens annähernd gelten. Es ist bekannt, daß hierin besonders seit ERNST ABBE Großartiges geleistet wurde; es bleibt das Verdienst des schwedischen Ophthalmologen ALLVAR GULLSTRAND, erstmalig allein durch exakte Anwendung der Naturgesetze der gradlinigen Ausbreitung des Lichts und des Brechungsgesetzes die allgemeingültigen Gesetze aufgezeigt zu haben, denen ein Strahlenbündel beim Übertritt in ein Medium anderer optischer Dichte ausgesetzt ist, und aus denen dann, wie wir dies wenigstens in ganz groben Umrissen gezeigt haben, die Gesetze des Gaußschen Raumes als Spezialfall sich von selbst ergeben.

Für die Optik des menschlichen Auges liefert der Gaußsche Raum nur sehr grobe Annäherungen, dagegen kann die Brillenoptik zu einem großen Teil mit Hilfe des Gaußschen Raumes erfaßt werden, und wir werden später noch sehen, wie sich dabei die Bedürfnisse der Dioptrik des Auges und die Leistungsmöglichkeiten der Brillenoptik aufeinander abstimmen lassen.

Der Gaußsche Raum liefert aber nicht nur die Näherungsgesetze für ein Strahlenbündel, welches sein Zentrum auf der Achse eines Umdrehungssystems hat; man erinnere sich des Beispiels der Lichtbrechung an einer konzentrischen Kugelfläche, bei dem für alle Objektpunkte, die auf einer zur brechenden konzentrischen Kugelfläche lagen, die Spitze der kaustischen Fläche des gebrochenen Strahlenbündels ebenfalls auf einer konzentrischen Kugelfläche lagen. Im Gaußschen Raum wird nun die Tangentialebene, die im Axialpunkt an solche Kugelflächen gelegt werden kann, gegen die wirklichen Flächen vernachlässigt, und man erhält auf diese Weise auch die Gesetze für die Abbildung einer im Verhältnis zum Krümmungsradius unendlich kleinen Fläche auf eine andere Fläche bzw. für die Abbildung jeder auf der Achse senkrecht gelegenen Fläche des Dingraums in eine hierzu parallele Fläche des Bildraums.

7. Die Berechnung der Vergrößerungskoeffizienten

Die bisher entwickelten quantitativen Beziehungen verfolgen die Brechung eines von einem Dingpunkt ausgehenden homozentrischen Strahlenbündels — ein „Ding", welches abgebildet werden soll, besteht aber aus vielen, sogar unendlich vielen „Dingpunkten". Wir müssen daher weiterhin untersuchen, wie sich die Beziehungen der „Bildpunkte" zu denen der „Dingpunkte" durch die Abbildung ändern. Das wird in den Vergrößerungskoeffizienten ausgedückt: Hierunter versteht man, sofern eine punktuelle Abbildung stattfindet, das Verhältnis des Abstandes zweier Bildpunkte zum Abstand ihrer zugehörigen Dingpunkte.

In der Geographie wird der Vergrößerungskoeffizient auch als Maßstab bezeichnet: Die Bedeutung ist die gleiche. Eine Landkarte ist ein Bild der Erdoberfläche. Bei einem Maßstab 1:1000000 sind zwei Punkte, die auf dem „Bild" der Landkarte 1 cm voneinander entfernt sind, auf dem „Ding", der Erdoberfläche 10 km voneinander entfernt.

a) Vergrößerungskoeffizient der Projektion

Bereits die Beschäftigung mit der Zentralprojektion im 1. Kapitel hat uns Gelegenheit gegeben, einen Vergrößerungskoeffizienten kennenzulernen. Dabei haben wir eine bestimmte Auswahl unter den in Betracht kommenden Strahlen vorgenommen, indem wir jeden Objektpunkt durch einen Strahl mit einem gemeinsamen Projektionszentrum verbunden haben. Auf diese Weise entstand ein neues homozentrisches Strahlenbündel, das Hauptstrahlenbündel. Dabei blieb der Hauptstrahlneigungswinkel für jeden einzelnen Strahl konstant. Diesen Weg können wir nun weiter beschreiten. Dabei haben wir zu untersuchen, wie das Hauptstrahlenbündel bei der Brechung verändert wird. Formal können wir ein solches Hauptstrahlenbündel genauso behandeln wie ein Öffnungsstrahlenbündel (Objektstrahlenbündel). Die Abbildung des Projektionszentrums unterliegt dabei den gleichen Gesetzmäßigkeiten wie die Abbildung irgendeines Objektpunktes.

Wird das Hauptstrahlenbündel so gebrochen, daß sämtliche Strahlen sich nach der Brechung wieder in einem (reellen oder virtuellen) Punkte vereinigen, so ist dieser Punkt das Projektionszentrum für das bildseitige Hauptstrahlenbündel. Wird hingegen das Hauptstrahlenbündel nach der Brechung astigmatisch — also im allgemeinen Falle —, so entstehen (für ein unendlich dünnes Hauptstrahlenbündel) nach der Brechung zwei Projektionszentren für die jeweils in einer Hauptschnittrichtung gelegenen Strahlenbüschel. Haben wir es darüberhinaus mit einem weit geöffneten Hauptstrahlenbündel, also mit großen Hauptstrahlneigungswinkeln, zu tun, so werden sich die bildseitigen Projektionszentren auf zwei kaustische Flächen verteilen. Ein Vergrößerungskoeffizient kann nur gesondert für jede Hauptschnittebene und für Hauptstrahlenbündel, die einen sehr kleinen Winkel miteinander einschließen, näherungsweise berechnet werden.

Im Gegensatz zur „einfachen" Zentralprojektion wird darüberhinaus auch der Hauptstrahlneigungswinkel durch die Brechung geändert werden, ganz analog dem Öffnungswinkel des Öffnungsstrahlenbündels, welcher ja auch im allgemeinen Falle ding- und bildseitig nicht gleich ist.

Beschränkt man sich auf kleine Winkel, bei denen sich das Verhältnis der Bogenlänge zur Sinus- bzw. Tangensfunktion nur wenig von 1 unterscheidet, so sind wiederum erhebliche Vereinfachungen der Berechnungen möglich.

Wir wählen das Projektionszentrum zunächst so, daß es auf die brechende Fläche selbst zu liegen kommt. Dann fällt es nämlich mit seinem Bildpunkt zusammen (wobei allerdings der Bildpunkt virtuell ist, sofern der Dingpunkt reell ist), weil alle Strahlen, die sich auf der einen (Ding-)Seite im Incidenzpunkt treffen, auch auf der anderen (Bild-)Seite von diesem Punkte ausgehen. Es ändern sich dann die Winkel, die die ding- und bildseitigen Hauptstrahlen miteinander einschließen, und dementsprechend muß sich der Vergrößerungskoeffizient gegenüber dem Vergrößerungskoeffizienten bei der „einfachen" Projektion ändern. Indessen ist es grundsätzlich gleichgültig, wo sich das *Öffnungsstrahlenbündel* bzw. -büschel nach der Brechung schneidet. Stets bestimmen wir den Vergrößerungskoeffizienten so, daß wir *Hauptstrahlen* vor und nach der Brechung, d. h. ding- und bildseitig, mit einer Fläche zum Schnitt bringen. Dabei wählt man die Fläche im allgemeinen senkrecht zur Richtung der Hauptstrahlen. Das Abstandsverhältnis der beiden bildseitigen zu den beiden dingseitigen Schnittpunkten der Hauptstrahlen mit den jeweiligen Flächen ist dann der Vergrößerungskoeffizient. Ist die dingseitige Fläche gegen die Richtung der Hauptstrahlen geneigt, so ist der an der senkrechten Fläche bestimmte Vergrößerungskoeffizient mit dem Cosinus des Neigungswinkels zu multiplizieren, ist die Projektionsebene gegen die Richtung der bildseitigen Hauptstrahlen geneigt, so ist der Vergrößerungskoeffizient durch den Cosinus des Neigungswinkels zu dividieren, wie dies ja auch bei der

„einfachen" Projektion der Fall ist. Wird die Projektionsfläche so gewählt, daß in ihr die von den beiden Objektpunkten ausgehenden Öffnungsstrahlenbündel zum Schnitt kommen, sie also die zugehörigen Bildpunkte enthält, so spricht man vom Vergrößerungskoeffizienten der Abbildung, im anderen, allgemeineren Falle hingegen vom Vergrößerungskoeffizienten der Projektion. Die Berechnung ist für beide grundsätzlich gleich, wenn man sich auf den Abstand der Projektionsfläche bezieht.

Wir bezeichnen dann (unter Einführung reduzierter Vergenzwerte) den Abstand des dingseitigen Projektionszentrums von der Objektfläche mit $\dfrac{n}{A_p}$, den Abstand des bildseitigen Projektionszentrums von der Projektionsfläche mit $\dfrac{n'}{B_p}$ (Abb. 68).

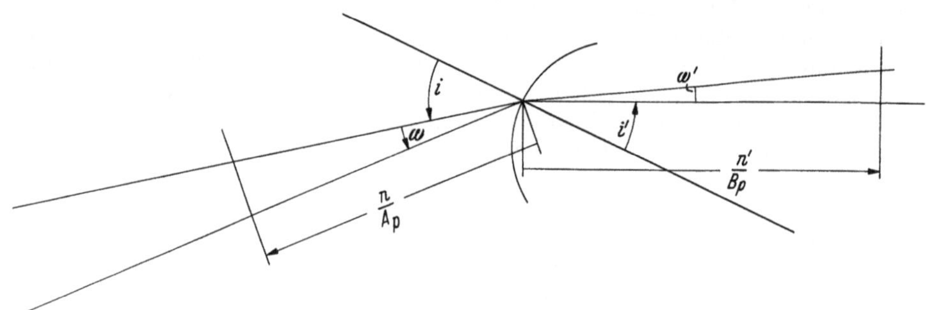

Abb. 68. Zur Ableitung der Vergrößerungskoeffizienten. Das Projektionszentrum liegt auf der brechenden Fläche. Vergleiche auch Abb. 64

Wie bei der Untersuchung des Öffnungsstrahlenbündels bezeichnen wir auch beim Hauptstrahlenbündel die Einfallswinkel der beiden Strahlen mit i und $(i + \omega)$, die entsprechenden Ausfallswinkel mit i' und $(i' + \omega')$, dann ist das Verhältnis $\dfrac{\omega'}{\omega}$ der anguläre Vergrößerungskoeffizient im Projektionszentrum. Seine Berechnung kann mit Hilfe der Formel (4) auf S. 85 erfolgen:

$$n' \cdot \omega' \cdot \cos i' = n \cdot \omega \cdot \cos i \quad \text{oder} \quad \frac{\omega'}{\omega} = \frac{n \cdot \cos i}{n' \cdot \cos i'} .$$

Da wir indessen mit den auf Luft reduzierten Vergenzwerten arbeiten, ist es zweckmäßig, auch die beiden Hauptstrahlneigungswinkel auf Luft zu reduzieren, dann erhalten wir

$$\frac{n' \cdot \omega'}{n \cdot \omega} = \frac{\cos i}{\cos i'} \frac{1}{\varkappa} .$$

als *den auf Luft reduzierten angulären Vergrößerungskoeffizienten*, welcher, wie die Formel zeigt, gleich dem reziproken Wert des linearen Vergrößerungskoeffizienten der Abbildung im Incidenzpunkt ist.

Wie die Zeichnung 68 zeigt, ist der Abstand der beiden Dingpunkte $\omega \cdot \dfrac{n}{A_p}$ und der Abstand der beiden „Projektionspunkte" $\omega' \cdot \dfrac{n'}{B_p}$ und demnach der Vergrößerungskoeffizient der Projektion

$$\left(\omega' \cdot \frac{n'}{B_p}\right) : \left(\omega \cdot \frac{n}{A_p}\right) = \frac{\omega' \cdot n' \cdot A_p}{\omega \cdot n \cdot B_p} \quad \text{oder} \quad \frac{A_p}{\varkappa B_p} = K .$$

Der Vergrößerungskoeffizient der Projektion beim Vorliegen einer Abbildung des Projektionszentrums unterscheidet sich also vom Vergrößerungskoeffizienten bei einer einfachen Projektion nur dadurch, daß er mit dem angulären Vergrößerungskoeffizienten im Projektionszentrum zu multiplizieren ist. Auf die Reduktion auf Luft kann dabei sogar verzichtet werden. Es ist lediglich zu beachten, daß entweder alle Werte (d. h. Vergenzen und Winkel) auf Luft reduziert werden, oder keiner.

b) Vergrößerungskoeffizient der Abbildung

Ein Sonderfall liegt dann vor, wenn die Projektionsfläche zugleich Bildfläche im engeren Sinne ist, wenn sie also im Schnittpunkt des bildseitigen Öffnungsstrahlenbüschels liegt. Dann genügen die reduzierten Abstände der Objekt- und Projektionsfläche vom Incidenzpunkt bzw. von dem objekt- und bildseitigen Projektionszentrum den allgemeinen Abbildungsbedingungen. In diesem Fall kann man leicht erkennen, daß der lineare Vergrößerungskoeffizient der Abbildung $\dfrac{A}{\varkappa B}$ gleich dem reziproken Wert des auf S. 85 definierten reduzierten angulären Vergrößerungskoeffizienten des Öffnungsstrahlenbüschels $\varkappa \dfrac{B}{A}$ ist.

Bei einer Projektion außerhalb der Abbildungsebene ist dagegen die Frage nach einem angulären Vergrößerungskoeffizienten des Öffnungsstrahlenbüschels sinnlos.

Diese grundsätzlich wichtige Beziehung läßt sich auch anders ausdrücken: Das Produkt aus Objektgröße und reduziertem objektseitigen Öffnungswinkel ist gleich dem Produkt aus Bildgröße und reduziertem bildseitigen Öffnungswinkel. Diese Beziehung zwischen linearem und angulärem Vergrößerungskoeffizienten ist insbesondere für alle lichttechnischen Fragen, die im Zusammenhang mit einer Abbildung stehen, von großer Bedeutung. Näheres hierüber S. 114.

Ein weiterer Unterschied zwischen den Vergrößerungskoeffizienten der Abbildung und der Projektion besteht darin, daß nur der Vergrößerungskoeffizient der Abbildung von der Wahl des Projektionszentrums unabhängig ist.

Dagegen bleiben die Beziehungen zwischen angulärem Vergrößerungskoeffizienten im Projektionszentrum und linearem Vergrößerungskoeffizienten der Projektion unabhängig davon, ob es sich um eine Abbildung im engeren Sinne oder im allgemeinen Falle um eine Projektion handelt.

c) Die Abbildung des Projektionszentrums

Wir hatten bisher angenommen, daß das Projektionszentrum auf der brechenden Fläche gelegen sei. Diese Spezialbedingung wurde lediglich zur besseren Übersicht eingeführt. Wir wollen sie daher fallen lassen. Die einzige Forderung für die Projektionszentren besteht darin, daß sie durch das optische System ineinander abgebildet werden, daß also das bildseitige Projektionszentrum das optische Bild des objektseitigen Projektionszentrums ist und umgekehrt. Damit gelten aber für die Abbildung eines Projektionszentrums die gleichen Abbildungsbedingungen wie für jeden anderen abzubildenden Punkt, und wir können sämtliche Beziehungen, die wir zwischen Objekt und Bild gefunden haben, auch auf die Beziehungen zwischen objektseitigem und bildseitigem Projektionszentrum anwenden, wobei in Vervollständigung der Umkehr der ursprüngliche Objektpunkt und Bildpunkt, aber auch jedes andere durch das gleiche System ineinander abgebildete Punktepaar als Projektionszentrum dienen kann.

Nachdem wir zunächst einmal den angulären Vergrößerungskoeffizienten im Projektionszentrum berechnet hatten, wollen wir nun auch den linearen Vergrößerungskoeffiizenten im Projektionszentrum untersuchen.

Er ist also das Verhältnis eines im bildseitigen Projektionszentrum gelegenen Linienelementes zu dem zugehörigen im objektseitigen Projektionszentrum gelegenen. Da der lineare Vergrößerungskoeffizient der Abbildung gleich dem

reziproken Wert des angulären Vergrößerungskoeffizienten des Öffnungsstrahlenbüschels ist, ist auch der lineare Vergrößerungskoeffizient im Projektionszentrum
reziprok dem angulären Vergrößerungskoeffizienten des Hauptstrahlenbüschels.
Hauptstrahlenbündel und Öffnungsstrahlenbündel sind also gegeneinander ver-
tauschbar, wie wir das bereits bei Projektion und Schattenwurf ohne Abbildung
gesehen hatten.

Blende und Pupillen. Beim Schattenwurf haben wir das Projektionszentrum so
gewählt, daß es in der Mitte der Aperturblende lag. Für das Abbildungsproblem
muß dieser Begriff erweitert werden.

Die reale Begrenzung eines Öffnungsstrahlenbündels wird auch weiterhin als
Aperturblende bezeichnet. Liegt sie im objektseitigen Strahlenraum, so wird sie
durch das optische System in den bildseitigen Strahlenraum abgebildet, liegt sie
im bildseitigen Strahlenraum, so wird sie in den objektseitigen Strahlenraum
abgebildet, liegt sie bei einem zusammengesetzten optischen System innerhalb
desselben, so wird sie durch den einen Teil des Systems in den objektseitigen, durch
den anderen in den bildseitigen Strahlenraum abgebildet. Wir bezeichnen in
jedem Falle das im objektseitigen Strahlenraum gelegene Bild der Aperturblende
als Eintrittspupille, das im bildseitigen Strahlenraum gelegene Bild als Austrittspupille. Die Aperturblende kann also mit einer der beiden Pupillen zusammenfallen, braucht es aber nicht. In jedem Fall sind Eintrittspupille und Austrittspupille als Objekt und Bild einander zugeordnet. Im Falle einfacher optischer
Systeme, also auch „unendlich dünner" Linsen können sowohl Eintrittspupille
als auch Austrittspupille mit der Aperturblende, die in diesem Falle meist mit der
Linsenfassung identisch ist, zusammenfallen.

Damit haben wir aber ein leicht zu übersehendes Maß für den linearen Vergrößerungskoeffizienten im Projektionszentrum: Er ist nichts anderes als das
Durchmesserverhältnis von Austrittspupille zur Eintrittspupille. Diese Beziehung
ist bei optischen Systemen im allgemeinen viel leichter zu übersehen als die der
angulären Vergrößerungskoeffizienten. Der (auf Luft reduzierte) anguläre Vergrößerungskoeffizient im Projektionszentrum ist also der reziproke Wert des linearen Vergrößerungskoeffizienten der Pupillen. Mit dem Verhältnis des Objekt- und
Projektions- bzw. Bildabstandes vom Projektionszentrum und dem linearen
Vergrößerungskoeffizienten im Projektionszentrum sind damit sämtliche bei einer
optischen Abbildung auftretenden Vergrößerungen bestimmt: Vergrößerungskoeffizient der Projektion und der Abbildung ist also

$$= \text{reduzierte } \frac{\text{Ding}}{\text{Bild}} \text{ nähe} \cdot \frac{\text{Ein}}{\text{Aus}} \text{ trittspupillendurchmesser.}$$

Die Beziehungen zwischen linearem Vergrößerungskoeffizienten im Projektionszentrum und Hauptstrahlneigungswinkel lassen sich besonders klar durch
Konstruktion der Wellenflächen erläutern:

Die Wellenfläche eines Strahlenbündels treffe unter dem Neigungswinkel w_{ohne}
auf einen Rand der Pupillenfläche EP vom Durchmesser D. (Der Winkel
zwischen Wellenfläche und Pupillenfläche ist gleich dem Hauptstrahlneigungswinkel, wenn der Axialstrahl senkrecht zur Pupillenfläche gewählt wird. An dem
gegenüberliegenden Rand der Pupillenfläche ist die Wellenfläche dann noch um
die Strecke $s = D \cdot w_{ohne}$ entfernt (Abb. 69).

Der bildseitige Neigungswinkel sei w_{mit}. Bis die Wellenfläche den unteren
Rand der Austrittspupille AP vom Durchmesser D' erreicht hat (reelle, umgekehrte
Abbildung der Pupille!) ist sie am oberen Rand bereits um $s' = D' \cdot w_{mit}$ fort-
geschritten. Aus der Gleichheit der optischen Weglängen auf Wellenflächen folgt

aber $s = s'$ und $D \cdot w_{ohne} = D' \cdot w_{mit}$, d. h. das Produkt aus Pupillendurchmesser und Hauptstrahlneigungswinkel ist auf beiden Seiten konstant.

Sie lassen sich auch in einem einfachen Modell veranschaulichen, in dem die Gleichheit des optischen Lichtweges für alle Strahlen, welche Eintritts- und Austrittspupille miteinander verbinden, durch zwei feste Verbindungen zwischen zwei ineinander abgebildeten Pupillenpunktpaaren dargestellt wird (Abb. 71).

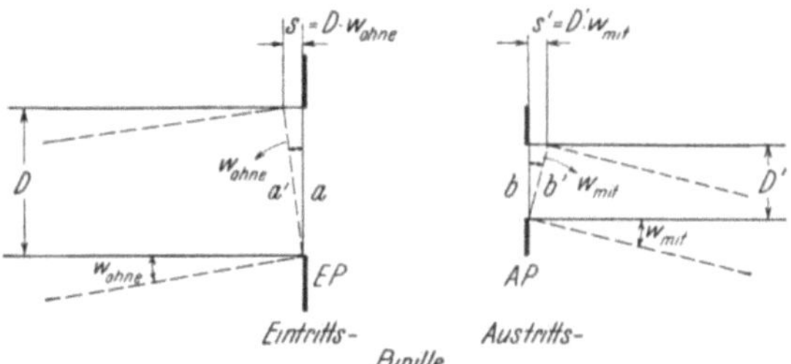

Abb. 69. Die Beziehungen zwischen objekt- und bildseitigem Hauptstrahlneigungswinkel und Ein- und Austrittspupillen nach der Wellentheorie. w_{ohne} objektseitiger, w_{mit} bildseitiger Hauptstrahlneigungswinkel eines peripheren Öffnungsstrahlenbündels. a' und b', die zu dem Strahlenbündel gehörigen Wellenflächen, die die Eintritts- und Austrittspupille gerade am unteren Rande treffen, während sie am oberen Rand den Abstand $s = s'$ von der Pupille haben. a und b Durchmesser der Ein- und Austrittspupille bzw. der dazugehörigen Öffnungsstrahlenbündel. Da auf Grund der Gleichheit der optischen Weglängen $S = S'$ ist, ist auch $D \times w_{ohne} = D' \cdot w_{mit}$, d. h., die Neigungswinkel sind umgekehrt proportional zu den entsprechenden Pupillendurchmessern (nach POHL)

Zusammenfassend können wir sagen:

Im Gegensatz zum Vergrößerungskoeffizienten der Projektion ist der Vergrößerungskoeffizient der Abbildung von der Wahl des Projektionszentrums unabhängig.

Der bei einer Abbildung des Projektionszentrums auftretende Vergrößerungskoeffizient steht in enger Beziehung zum Vergrößerungskoeffizienten bei einfacher Zentralprojektion: Er ist das Produkt des sich aus dem Verhältnis der Projektionsweite zur Dingweite (bzw. Dingnähe zur Projektionsnähe) errechnenden „einfachen" Vergrößerungskoef-

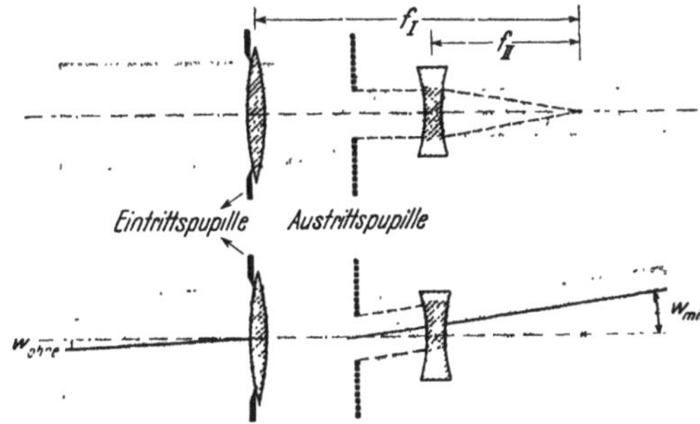

Abb. 70. Wie Abb. 69, jedoch für den Fall eines aufrechten Bildes (galiläisches Fernrohr) (nach POHL)

fizienten und dem angulären Vergrößerungskoeffizienten im Projektionszentrum. Für jedes als Bild- und Dingpunkte zugeordnete Punktpaar ist der lineare Vergrößerungskoeffizient der *Abbildung* gleich dem reziproken Wert des auf Luft

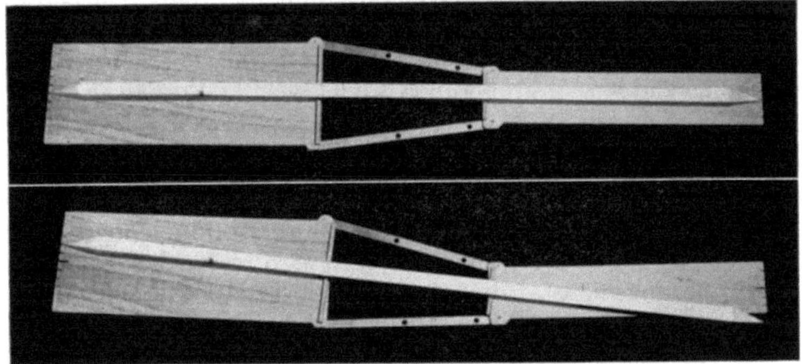

Abb. 71. Modellversuch zu Abb. 70: Eine schmale, durchgehende Holzlatte stellt die Achse eines Fernrohrsystems dar, die breiten Holzbretter ein einfallendes (links) und gebrochenes (rechts) Strahlenbündel, welches axial (oben) oder schief (unten) einfallen kann. Die Konstanz des optischen Lichtwegs von Ein- zu Austrittspupille für alle Strahlen wird durch die beiden seitlichen perforierten Metallschienen verdeutlicht. Eintrittspupille : Austrittspupille = 2:1, angulärer Vergrößerungskoeffizient (bildseitiger zu dingseitigem Hauptstrahlneigungswinkel, unten) 1 : 2

reduzierten angulären Vergrößerungskoeffizienten (welcher nur für die Abbildung, nicht aber für die Projektion existiert). Dies gilt insbesondere auch für die Abbildung des Projektionszentrums.

So läßt sich in einfacher Weise die vergrößernde Wirkung eines sog. afokalen Fernrohrsystems erklären (hierunter werden solche Systeme verstanden, welche die Vergenz eines einfallenden Strahlenbündels nicht ändern, insbesondere also ein Parallelstrahlenbündel nach der Brechung als Parallelstrahlenbündel weiterleiten). Die Vergrößerung eines solchen Fernrohrs beruht letztlich auf einer Winkelvergrößerung des Hauptstrahlenbündels, d. h., der anguläre Vergrößerungskoeffizient des Hauptstrahlenbündels ist gleich der Fernrohrvergrößerung. Dieser anguläre Vergrößerungskoeffizient ist gleich dem Reziprokwert des linearen Vergrößerungskoeffizienten im Projektionszentrum, also dem Verhältnis des Durchmessers der Austrittspupille zu dem der Eintrittspupille.

Die Formel des Vergrößerungskoeffizienten $K = \dfrac{A}{\varkappa B}$ bringt schließlich zum Ausdruck, daß eine Vergrößerung grundsätzlich auf drei Weisen möglich ist:

1. Das Objekt wird näher an das Projektionszentrum herangebracht. Hierzu dienen beim Auge die Lupen, auch die *vergrößernde* Wirkung (nicht das Auflösungsvermögen!) des Mikroskops beruht zum Teil darauf, daß das Objekt sehr nahe an das dingseitige Projektionszentrum, die Objektivblende, herangebracht wird.

2. Man vergrößert die Bildweite: Hierauf beruhen die langbrennweitigen Teleobjektive der Photoapparate und die Projektionsapparate (Epidiaskope).

3. Man vergrößert den Hauptstrahlneigungswinkel. Hiermit ist stets eine entsprechende Verkleinerung der das Projektionszentrum enthaltenden Pupillen verbunden. Dieses Prinzip ist bei Mikroskopen und Fernrohren verwirklicht.

Aufgabe der brechenden Systeme (Linsen und Spiegel) ist es hierbei, 1. eine anguläre Vergrößerung zu ermöglichen und 2. die Projektion in eine Abbildung zu überführen.

Übrigens sind die Abbildungsprinzipien 1. und 3. unter sich insofern ähnlich, als auch bei 1. eine Vergrößerung des Hauptstrahlneigungswinkels zugrunde liegt.

d) Definition der Vergrößerung optischer Instrumente

Bei der Beantwortung dieser Frage ist zu unterscheiden, ob es sich um Instrumente handelt, die der Beobachtung durch das Auge dienen, oder um Instrumente, die einer Abbildung auf einer anderen Fläche dienen. Im letzteren Falle, also bei Photoapparaten, Projektionsapparaten, photographischen Vergrößerungsapparaten (die nach dem gleichen Prinzip gebaut sind wie die Projektionsapparate), ist als Vergrößerung einfach der jeweilige Vergrößerungskoeffizient definiert.

Beim Auge bedeutet „Vergrößerung" soviel wie das Verhältnis

$$\frac{\text{Netzhaut-Bildgröße mit Instrument}}{\text{Netzhaut-Bildgröße beim unbewaffneten Auge}}.$$

Hierbei sind, da die Bildweite konstant bleibt, nur die Änderungen 1. und 3. möglich, also die beiden Vergrößerungen des Hauptstrahlneigungswinkels.

Bei der Beobachtung fern gelegener Objekte wird allein die anguläre Vergrößerung als Vergrößerungsmaßstab definiert, und diese ist, wie auf S. 95 erläutert, gleich der reziproken linearen Vergrößerung im Projektionszentrum.

Das heißt also, die Vergrößerung von Fernrohrsystemen ist gleich dem Durchmesserverhältnis $\dfrac{\text{Eintrittspupille}}{\text{Austrittspupille}}$.

Bei nahe gelegenen Objekten genügt das hingegen nicht. Da zahlreiche Vergrößerungsinstrumente darauf beruhen, daß sie das Objekt in eine solche Nähe bringen, in der sie vom unbewaffneten Auge nicht mehr erkannt werden können, ist es erforderlich, eine bestimmte Entfernung für das unbewaffnete Auge als deutliche Sehweite zu definieren.

Als solche definiert man die Entfernung von 25 cm vor dem Auge. Somit ist als Vergrößerung eines Instrumentes für Nahbeobachtung zu definieren das Verhältnis $\dfrac{\text{Netzhautbildgröße mit Instrument}}{\text{Netzhautbildgröße desselben Objekts in 25 cm Abstand vor dem Auge}}$.

Diese Vergrößerung wird allgemein das Produkt zweier Faktoren sein, von denen jeder eine Proportion ausdrückt:

$$\frac{25 \text{ cm}}{\text{Objektabstand vom objektseitigen PZ des Instrumentes}} \cdot \frac{\text{Eintrittspupille}}{\text{Austrittspupille}}.$$

Bei einer Lupe, die dicht vor das Auge gehalten wird, ist der zweite Faktor nahezu 1, die vergrößernde Wirkung besteht also lediglich in einer Verkürzung des Nahpunktabstandes. Wird die Lupe hingegen in größerer Entfernung vom Auge gehalten, so ist die Eintrittspupille des optischen Systems das vergrößerte, virtuelle Bild der Augenpupille, und der zweite Faktor ist größer als 1.

Insbesondere beim Mikroskop wird der Abstand des Objektes von der Eintrittspupille auf wenige Millimeter, ja oft auch auf Bruchteile eines Millimeters verkürzt. Dadurch wird der Wert $\dfrac{25 \text{ cm}}{\text{Objektabstand von der EP}}$ sehr groß.

In jedem Falle wird das Verhältnis der Netzhautbilder durch Größen ausgedrückt, die die Abbildungsverhältnisse *im Auge* unberücksichtigt lassen.

e) Vergrößerungskoeffizient bei optischer Abbildung der Projektion

Wir haben gezeigt, daß der Vergrößerungskoeffizient der Abbildung lediglich ein Spezialfall des Vergrößerungskoeffizienten der Projektion darstellt. Man wird natürlich im allgemeinen bestrebt sein, auf einer Projektionsfläche eine Abbildung

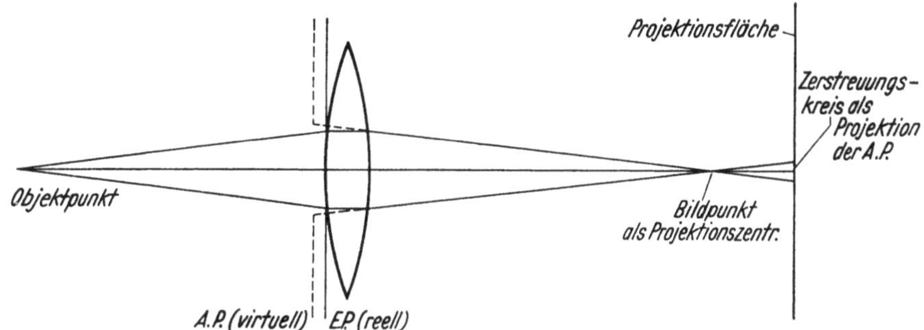

Abb. 72. Wenn die bildauffangende Fläche nicht im optischen Bildpunkt gelegen ist, so entsteht auf ihr ein „Zerstreuungskreis". Dieser ist eine Projektion der Austrittspupille, Projektionszentrum ist der optische Bildpunkt. Bei reeller Blende im Objektraum ist diese die Eintrittspupille, während ihr von der Linse entworfenes Bild die Austrittspupille ist. (Vgl. auch die entoptische Darstellung der Pupille)

im optischen Sinne zu erzeugen, weil nur dann ein scharfes Bild erhalten werden kann. Dies ist indessen nicht immer durchführbar, weil Bildflächen meist keine Ebenen sind, und weil infolge des Astigmatismus eines gebrochenen Strahlenbündels oft eine Bildfläche nicht existiert. Zudem entsteht infolge der Beugung an der Blendenöffnung auch im geometrischen Bildpunkt niemals ein punktförmiges Bild eines Dingpunktes, sondern ein Beugungsscheibchen von endlich großem Durchmesser. So wird in der Praxis in einem kleinen Abstand vor und hinter der eigentlichen Bildfläche die Projektion von einer echten Abbildung nicht zu unterscheiden sein. Aus diesem Grunde ist es aber auch wertvoll, die Gesetze zu kennen, nach denen die Größe eines „Zerstreuungskreises" bestimmt werden kann. Wie wir am Beispiel des Schattenwurfs ausführten, sind solche Zerstreuungskreise nichts anderes als die Projektionen der Aperturblende durch einen Objektpunkt als Projektionszentrum. Dementsprechend können wir auch die Zerstreuungskreise bei einer „unscharfen Abbildung", d. h. einer Projektion außerhalb der eigentlichen Bildfläche, erklären. Sie sind nichts anderes als Projektionen der bildseitigen Blendenöffnung bzw. Pupille, das entsprechende Projektionszentrum ist der eigentliche Bildpunkt. Aus dem Abstand des eigentlichen Bildpunktes als Projektionszentrum von der bildseitigen Pupille einerseits und der Projektionsfläche andererseits und dem Durchmesser der Pupille kann dann der Durchmesser eines Zerstreuungskreises leicht errechnet werden (Abb. 72).

Schließlich bedarf die „Größe einer Projektion" selbst noch einer Definition, die man auf die Vergrößerung beim Schattenwurf zurückführen kann. Unter Größe der Projektion sind hierbei stets die Abstände der Schnittpunkte der Hauptstrahlen mit der Projektionsfläche zu verstehen. Das Schattenbild selbst ist im allgemeinen größer, weil man die Grenze zwischen Hell und Dunkel von den Hauptstrahlschnittpunkten etwas mehr nach der Dunkelseite verschoben empfindet.

Der Grund hierfür ist in der Eigenart des Lichtsinns zu suchen. Mit einiger Vereinfachung läßt sich sagen: Innerhalb der Halbschattenzone findet ein lineares Helligkeitsgefälle von der Hellzone nach der Kernschattenzone zu statt, der Hauptstrahl würde also einen Punkt der Fläche treffen, dessen Beleuchtungsstärke das arithmetische Mittel (d. h. die Hälfte der Summe) zwischen den Beleuchtungsstärken der Hellzone und der Kernschattenzone beträgt. Als mittlere Helligkeit wird aber das geometrische Mittel zwischen beiden Beleuchtungsstärken empfunden, d. h. also die Wurzel aus dem Produkt der beiden Beleuchtungsstärken, weil nach dem Weber-Fechnerschen Gesetz einer linearen Empfindungsänderung eine exponentielle Reizstärkenänderung entspricht, das geometrische Mittel aber stets kleiner ist als das arithmetische.

8. Die Zusammensetzung optischer Systeme und Abbildungen

Mit Hilfe der gleichen Formeln soll nun versucht werden, eine Abbildung eines zusammengesetzten optischen Systems darzustellen, also die Brechung an zwei brechenden Flächen zu verfolgen. Diese Aufgabe wird in der Optik häufiger gestellt werden als die Berechnung der Brechung an einer einzelnen Fläche, denn schon die einfachsten Linsen sind zusammengesetzte optische Systeme, weil sie stets zwei brechende Flächen haben.

Bei der Zusammensetzung zweier Abbildungen verfährt man so, daß man den Strahlenraum nach der ersten Brechung, den ersten Bildraum mit Bildpunkt und Projektionszentrum als Dingraum für die zweite brechende Fläche auffaßt, wobei der Bildpunkt zum Dingpunkt und das bildseitige Projektionszentrum zum dingseitigen Projektionszentrum wird.

Zweckmäßigerweise wählt man den Incidenzpunkt an der ersten brechenden Fläche als Projektionszentrum für den ersten Ding- und Bildraum, womit er zugleich Projektionszentrum für den zweiten Dingraum ist. Das Bild, welches die zweite brechende Fläche von diesem Incidenzpunkt entwirft, läßt sich unter Kenntnis der Brechkraft der zweiten Fläche und ihres Abstandes von der ersten leicht berechnen und ist Projektionszentrum im zweiten Bildraum.

Dann gilt:

$$B_1 = A_2$$

Für die Abbildung durch die 1. Fläche Für die Abbildung durch die 2. Fläche

$$\varkappa_1 K_1 B_1 = A_1 \text{ oder } B_1 = \frac{A_1}{\varkappa_1 K_1} \qquad\qquad \varkappa_2 K_2 B_2 = A_2$$

und für ihre Zusammensetzung

$$\frac{A_1}{\varkappa_1 K_1} = (B_1 = A_2) = \varkappa_2 K_2 B_2$$

$$\frac{A_1}{\varkappa_1} + D_1 = \varkappa_1 B_1 \qquad\qquad \frac{A_2}{\varkappa_2} + D_2 = \varkappa_2 B_2 \text{ oder } \frac{A_2}{\varkappa_2} = \varkappa_2 B_2 - D_2$$

$$\frac{A_1}{\varkappa_1 \varkappa_2} + \frac{D_1}{\varkappa_2} = \frac{\varkappa_1}{\varkappa_2} B_1 = \frac{\varkappa_1}{\varkappa_2} A_2 = \varkappa_1 \varkappa_2 B_2 - \varkappa_1 D_2$$

$$\frac{A_1}{\varkappa_1 \varkappa_2} + \frac{D_1}{\varkappa_2} = \varkappa_1 \varkappa_2 B_2 - \varkappa_1 D_2 \text{ oder } \frac{A_1}{\varkappa_1 \varkappa_2} + \frac{D_1}{\varkappa_2} + \varkappa_1 D_2 = \varkappa_1 \varkappa_2 B_2.$$

In diesen Gleichungen treten also die beiden Produkte $\varkappa_1 \varkappa_2$ und $K_1 K_2$ aus den Vergrößerungskoeffizienten der Einzelabbildungen als Vergrößerungskoeffizienten der gesamten Abbildung auf, was ohne weiteres verständlich ist. Faßt man zudem

$$\frac{D_1}{\varkappa_2} + \varkappa_1 D_2 = \frac{1}{\varkappa_2}(D_1 + \varkappa_1 \varkappa_2 D_2) = \varkappa_1 \left(\frac{D_1}{\varkappa_1 \varkappa_2} + D_2 \right)$$

als Brechkraft des zusammengesetzten Systems auf, so lassen sich in den beiden Formeln die Formeln für die Abbildung und den Vergrößerungskoeffizienten *durch eine brechende Fläche* ohne weiteres wiedererkennen. In dieser Form scheint die Brechkraft abhängig von den beiden Vergrößerungskoeffizienten $\varkappa_1$ und $\varkappa_2$ zu sein, während es wünschenswert ist, möglichst einen hiervon unabhängigen Wert zu erhalten.

Die bekannte Abbildungsgleichung $D_{12} = D_1 + D_2 - \delta D_1 D_2$ für ein aus zwei Systemen zusammengesetztes System, erhält man am einfachsten, indem man ein Strahlenbündel vom ersten bis zum letzten Medium durchgehend verfolgt, die Projektionszentren aber so wählt, daß sie bei beiden Brechungen an zwei Kugelflächen in die entsprechenden Flächenscheitelpunkte fallen.

A_1 sei die reduzierte Dingnähe vor der ersten Brechung, B_1 die entsprechende Bildnähe, A_2 und B_2 die entsprechenden Ding- und Bildnähen von der zweiten brechenden Fläche aus gemessen, wobei der Bildpunkt nach der ersten mit dem Dingpunkt vor der zweiten Brechung identisch ist.

K_1 und K_2 sind dann die entsprechenden Vergrößerungskoeffizienten.

$$A_1 + D_1 = B_1 \qquad K_1 B_1 = A_1 \qquad A_2 + D_2 = B_2 \qquad K_2 B_2 = A_2 \qquad \frac{1}{B_1} - \frac{1}{A_2} = \delta$$

$$K_1 B_1 + D_1 = B_1 \qquad\qquad A_2 + D_2 = \frac{A_2}{K_2}$$

$$K_1 + \frac{D_1}{B_1} = 1 \qquad\qquad 1 + \frac{D_2}{A_2} = \frac{1}{K_2}$$

$$\frac{D_1}{B_1} = 1 - K_1 \qquad\qquad \frac{D_2}{A_2} = \frac{1}{K_2} - 1$$

$$\frac{1}{B_1} = \frac{1}{D_1} - \frac{K_1}{D_1} \qquad\qquad \frac{1}{A_2} = \frac{1}{D_2 K_2} - \frac{1}{D_2}$$

$$\frac{1}{D_1} - \frac{K_1}{D_1} - \frac{1}{D_2 K_2} + \frac{1}{D_2} - \delta = 0$$

$$D_2 - K_1 D_2 - \frac{D_1}{K_2} + D_1 - \delta D_1 D_2 = 0$$

$$D_1 + D_2 - \delta D_1 D_2 = K_1 D_2 + \frac{D_1}{K_2}.$$

Anstelle des Vergrößerungskoeffizienten $\varkappa$ erscheint also hier der Koeffizient K, was aber gleichgültig ist, da die Projektionszentren ja nach den gleichen Gesetzmäßigkeiten abgebildet werden wie die anderen Punkte.

Daß in der gleichen Weise nicht nur die Abbildung durch zwei, sondern durch beliebig viele brechende Systeme berechnet werden kann, versteht sich fast von selbst, denn das Bild der zweiten Abbildung kann als Ding für eine dritte Abbildung wirken, deren Bild wiederum Ding für eine vierte Abbildung sein kann.

Bei einer solchen zusammengesetzten Abbildung würden freilich äußerst komplizierte Verhältnisse entstehen, wenn es nicht gelänge, sie auf eine Form zurückzuführen, die der Abbildung durch zwei brechende Systeme entspricht.

Dies ist nun ohne Kenntnis der einzelnen Systeme möglich, sofern man einen Strahl und zwei auf ihm gelegene Punkte im ersten Medium, ihre Bildpunkte im letzten Medium und einen ihrer Vergrößerungskoeffizienten kennt.

Das Punktepaar, dessen Vergrößerungskoeffizient bekannt ist, faßt man dann als ding- und bildseitiges Projektionszentrum auf und mißt dort die Vergenzen des Ding- und Bildstrahlenbündels. Dann läßt sich, da $\varkappa$, A und B bekannt sind, auch K und D errechnen. Die Kenntnis der Brechkraft des Systems allein nützt indessen wenig, solange nicht bekannt ist, *wo* eigentlich dieses System ist, und wo dieser Wert der Brechkraft gültig ist.

Man bestimmt daher zunächst die Vergenz desjenigen Strahlenbündels im Bildraum, welches im Dingraum die Vergenz 0 hat, also ein Parallelstrahlenbündel ist.

Der Punkt im Bildraum, in dem sich dieses im Dingraum parallele Strahlenbündel trifft, wird der bildseitige oder zweite Brennpunkt genannt. Die Vergenz dieses Brennstrahlenbündels im anfangs gewählten bildseitigen Projektionszentrum beträgt, da $A = 0$ und mithin $D = \varkappa B$ ist, $\dfrac{D}{\varkappa}$; sucht man im Dingraum das Strahlenbündel, welches im Bildraum parallel ist — sein Zentrum ist der erste oder dingseitige Brennpunkt —, so ist für dieses $B = 0$, mithin, da $\dfrac{A}{\varkappa} + D = 0$, seine im dingseitigen Projektionszentrum gemessene Vergenz $A = -\varkappa D$.

Da in allen Gleichungen der Vergrößerungskoeffizient im Projektionszentrum enthalten ist, wählt man im allgemeinen das Projektionszentrum im Ding- und Bildraum so, daß in ihm der Vergrößerungskoeffizient $+1$ besteht. Dieses Punktepaar wird als ding- und bildseitiger Hauptpunkt bezeichnet; in ihnen sind die Vergenzen der Brennstrahlenbündel dingseitig $-D$ und bildseitig $+D$.

Diese Vergenzwerte drücken also die auf Luft reduzierte Nähe des ding- und bildseitigen Brennpunktes am zugehörigen Hauptpunkt aus, und man bezeichnet die Nähe des bildseitigen Brennpunktes am bildseitigen Hauptpunkt $+D$ auch als Brechkraft des zusammengesetzten Systems.

Wählt man die Hauptpunkte des Systems als ding- und bildseitige Projektionszentren, so erhalten die allgemeinen Abbildungsgleichungen $\dfrac{A}{\varkappa} + D = \varkappa B$ und $K = \dfrac{A}{\varkappa B}$ die einfachere Form $A + D = B$ und $K = \dfrac{A}{B}$ oder $KB = A$, weil $\varkappa$, der Vergrößerungskoeffizient im Projektionszentrum $= 1$ ist.

Dann gilt der Satz:

1. Beim Durchgang durch ein optisches System wird die in dessen dingseitigem Hauptpunkt gemessene auf Luft reduzierte Vergenz oder Nähe eines Strahlenbündels um die Brechkraft des optischen Systems vermehrt, wenn die bildseitige Vergenz im bildseitigen Hauptpunkt gemessen wird.

2. Der Vergrößerungskoeffizient ist gleich dem Verhältnis der reduzierten Dingnähe zur reduzierten Bildnähe.

Wenn man also von der notwendigen Reduktion auf Luft absieht, gelten bei der Wahl der Hauptpunkte als Projektionszentren für den Vergrößerungskoeffizienten die gleichen Bedingungen wie bei einer einfachen geometrischen Projektion ohne Abbildung des Projektionszentrums. Aus diesem Grunde bietet die Wahl der Hauptpunkte als Projektionszentrum für die Berechnung optischer Abbildungen gewisse Erleichterungen.

In der ersten der beiden Gleichungen wird man ohne Schwierigkeit auch eine manchem vertraute Form der Abbildungsgleichung $\frac{1}{a} + \frac{1}{b} = \frac{1}{f}$ wiedererkennen; sie unterscheidet sich von der obigen $A + D = B$ dadurch, daß die Vergenzen als reziproke Werte der zugehörigen Längen $\frac{1}{a}$, $\frac{1}{f}$ und $\frac{1}{b}$ dargestellt werden, außerdem die Ding-, Brenn- und Bildweiten dann als positiv gewählt werden, wenn die betreffenden Punkte reell sind, während in der Gullstrandschen Darstellung die Vorzeichenwahl allein durch die als positiv festgesetzte Lichtrichtung bestimmt ist, was bei der Zusammensetzung mehrerer Systeme ohne Zweifel vorteilhaft ist (Abb. 58).

In Fortsetzung der bisherigen Rechnung erhält man die Abstände der Hauptpunkte von den anfangs gewählten Projektionszentren, indem man die Brennweite $\frac{n}{D}$ von dem Abstand des Brennpunkts vom erstgewählten Projektionszentrum $\frac{n \cdot \varkappa}{D}$ subtrahiert: $\frac{n \cdot \varkappa}{D} - \frac{n}{D} = n \cdot \frac{\varkappa - 1}{D}$ bzw. nach Reduktion auf Luft: $\frac{\varkappa - 1}{D}$ für den bildseitigen Hauptpunkt und $-\frac{n}{\varkappa D} - \left(-\frac{n}{D}\right) = \frac{n}{D} - \frac{n}{\varkappa D} = n \cdot \frac{\varkappa - 1}{\varkappa D}$ bzw. $\frac{\varkappa - 1}{\varkappa D}$ nach Reduktion auf Luft für den dingseitigen Hauptpunkt.

Da im Auge das Medium im Bildraum — der Glaskörper — einen anderen Brechungsindex hat als das Medium im Dingraum — Luft —, unterscheiden sich im Auge vordere und hintere Brennweiten nicht nur nach ihrem Vorzeichen. Werden sie dagegen auf Luft reduziert, d. h. wird die hintere Brennweite durch den Brechungsindex des Glaskörpers dividiert, so ist sie dem Betrage nach der vorderen Brennweite und dem reziproken Wert der Brechkraft des Auges gleich.

Es kommt also beim Verständnis der Abbildungsprobleme immer wieder auf die geeignete Wahl des Projektionszentrums an; deshalb wurde diese Darstellung der Hauptpunktberechnung gewählt, die die Eigenschaft als Paar ineinander abgebildeter Projektionszentren mit dem Vergrößerungskoeffizienten + 1 klar erkennen läßt.

Geometrisch leichter zu übersehen ist eine andere Form der Darstellung, die jedoch die grundsätzlichen Zusammenhänge weniger deutlich werden läßt. In ein zunächst unbekanntes brechendes System läßt man von der Bildseite her ein Parallelstrahlenbündel von bekanntem Durchmesser einfallen und bestimmt zu diesem Strahlenbüschel im Bildraum 1. den Brennpunkt und 2. die Stelle, an der das bildseitige Strahlenbündel den gleichen Durchmesser hat wie das dingseitige Parallelstrahlenbündel.

Man weiß zwar zunächst noch nicht, wo im Dingraum das Projektionszentrum ist; da jedoch das Strahlenbündel überall den gleichen Durchmesser hat, hat das bildseitige Strahlenbündel an der so bestimmten Stelle den Vergrößerungskoeffizienten 1 — man hat damit also dingseitigen Brennpunkt und Hauptpunkt. Wiederholt man den gleichen Vorgang, indem man von der Bildseite ein Parallelstrahlenbündel einfallen läßt und die Stelle des gebrochenen Strahlenbündels im

Dingraum aufsucht, die den gleichen Durchmesser hat, so erhält man den dingseitigen Hauptpunkt und natürlich auch den dingseitigen Brennpunkt. Aus den so bestimmten Hauptpunktsbrennweiten läßt sich dann die Brechkraft des Systems berechnen.

Mit diesen vier Punkten — ding- und bildseitiger Haupt- und Brennpunkt — ist jedes optische System so bestimmt, daß sich sämtliche zugehörigen Ding- und Bildpunktepaare und die zugehörigen Vergrößerungskoeffizienten leicht bestimmen lassen; besteht im ersten und letzten Medium der gleiche Brechungsindex, so sind nur drei dieser Punkte variabel, da die Summe aus vorderer und hinterer Hauptpunktbrennweite = 0 ist (sich die beiden Größen nur nach ihrem Vorzeichen, nicht nach ihrem Absolutbetrag unterscheiden).

9. Die Abbildung des Strahlenraumes

Die Wahl der Hauptpunkte als Projektionszentren ist dann sinnvoll, wenn es sich darum handelt, die Lage der durch Abbildung einander konjugierten Punkte zu ermitteln und die Vergrößerungskoeffizienten der Abbildung in einfacher Form zu erhalten.

In der praktischen Optik dagegen spielt der Vergrößerungskoeffizient der Projektion meist eine größere Rolle, weil stets eine gewisse Strecke vor und hinter dem eigentlichen Bildpunkt die Abbildung praktisch nicht von einer punktuellen zu unterscheiden sein wird. Diese Stellen unterscheiden sich also praktisch von den „richtigen" Bildstellen nicht durch die Deutlichkeit, mit der hier ein Punkt abgebildet wird, wohl aber durch den Vergrößerungskoeffizienten.

Bei Linsen, deren Dicke eine gegen ihre Brennweite zu vernachlässigende Größe ist, kann man die Linsenmitte als Hauptpunkt nehmen. Die Linsenfassung begrenzt das Strahlenbündel sowohl im Ding- als auch im Bildraum, der Vergrößerungskoeffizient ist 1. Daher gelten hier die vereinfachten Formeln $A + D = B$ (oder $1/a + 1/b = 1/f$).

Bei anderen optischen Systemen dagegen hat man die Begrenzung der Strahlenbündel mit zu berücksichtigen.

Dabei gilt die Fragestellung nicht nur der Abbildung eines Strahlenbündels, sondern der Abbildung eines Strahlenraumes. Rechnerisch läßt sich das mit einfachen Mitteln nur im Rahmen des Gaußschen Raums durchführen, und wir haben daher die im ersten Kapitel gewonnenen Erkenntnisse über den Strahlenraum auf die Abbildung eines solchen innerhalb des Gaußschen Raums durch ein zusammengesetztes optisches System zu untersuchen.

Hierbei bildet die erste brechende Fläche den Dingraum in einen Bildraum ab, der zugleich Dingraum für die zweite brechende Fläche ist, und durch diese in einen zweiten Dingraum abgebildet wird, der wiederum zugleich Bildraum für die dritte brechende Fläche ist. Jeder dieser Strahlenräume hat einen realen Anteil, dessen Ausdehnung gleich dem Abstand der beiden brechenden Flächen ist, die ihn einschließen, und einen virtuellen Anteil, der sich zu beiden Seiten der brechenden Flächen ins Unendliche fortsetzt. In irgendeinem dieser realen Strahlenräume befindet sich eine reale Aperturblende, die nun ebenfalls in jedem Strahlenraum abgebildet wird. Das Bild der Aperturblende im ersten Dingraum bildet dann die dingseitige Begrenzung des Strahlenraumes und wird *Eintrittspupille* genannt, das Bild der Aperturblende im letzten Bildraum — welches zugleich auch das Bild der Eintrittspupille im Bildraum ist — wird Austrittspupille genannt.

Die Bezeichnung „Pupillen" für Bilder der Aperturblenden ist der Optik des Auges entnommen: Hier bildet das anatomische Loch in der Iris die Aperturblende. Ein außenstehender Beobachter kann diese Aperturblende nicht sehen, sondern nur ihr Bild, welches vom optischen System Hornhaut-Kammerwasser entworfen wird. Dieses Bild, es ist ein virtuelles, vor dem Irisloch gelegenes Bild, ist die Eintrittspupille des Auges und wird schlechthin als Pupille bezeichnet.

Bei der Beurteilung der Wirkung eines zusammengesetzten optischen Systems hat man also vom Strahlenraum auszugehen und die Frage nach der Abbildung der Pupillen gleichberechtigt mit der Frage der Abbildung eines Gegenstandes zu stellen. Erst die sinnvolle Auswahl der Pupillen ermöglicht die Konstruktion leistungsfähiger optischer Instrumente.

Dabei geht bei allen optischen Instrumenten, die der unmittelbaren Beobachtung dienen, das beobachtende Auge mit in ein neues Gesamtsystem ein, welches also aus den beiden Teilsystemen optisches Instrument und Auge besteht. Die Verbindungsglieder dieser beiden Systeme sind gewissermaßen die Austrittspupille des Instrumentes und die Eintrittspupille des Auges, welche zusammenfallen müssen.

Die Bedeutung der Pupillenlage sei an einem einfachen Beispiel erläutert: Ein schwaches Zylinderglas (etwa $+ 0{,}5$ dptr) wird mit ausgestrecktem Arm vor ein Auge gehalten. Man beobachte dadurch einen in großer Entfernung (5 m oder mehr) befindlichen Kreis (Steckdose, Lichtschalter), welcher zur Ellipse verzerrt erscheint. Sodann halte man dicht vor oder hinter dieses Zylinderglas eine kleine Lochblende (stenopäische Lücke) von 2 bis 3 mm Durchmesser: Der Kreis erscheint wieder als Kreis. Nun ziehe man das Zylinderglas weg (am besten Zugrichtung in der Zylinderachse), und man wird überhaupt keine Änderung des Kreises mehr erkennen.

Die Öffnungsstrahlenbündel werden im Bildraum der Zylinderlinse durch die Pupille des beobachtenden Auges begrenzt. Im Dingraum der Zylinderlinse ist dagegen das von der Zylinderlinse entworfene verzerrte Lupenbild der Pupille des Auges Begrenzung des Objektstrahlenbündels. Das Verhältnis des Pupillendurchmessers zum Durchmesser dieses Pupillenbildes ist „Vergrößerungskoeffizient im Projektionszentrum", und zwar ist dieser in der Achsenrichtung $= 1$, senkrecht dazu kleiner als 1 (da das vergrößerte Bild der Pupille Eintrittspupille ist).

Wird dagegen eine enge Kreisblende von etwa 2 bis 3 mm Durchmesser unmittelbar vor das Zylinderglas gehalten, so begrenzt diese die Objektstrahlenbündel praktisch auf der Ding- und Bildseite der Zylinderlinse, während die Pupille des Auges außerhalb des Strahlenraumes liegt und diesen nicht mehr begrenzt. Dann erscheint das Objekt auch nicht mehr verzerrt.

10. Perspektive und Verzeichnung bei optischer Abbildung

a) Perspektive

Die Abbildung des Projektionszentrums gibt die Möglichkeit, die „natürliche" Perspektive aufzuheben oder umzukehren. Unter „natürlicher" Perspektive verstehen wir dabei die Perspektive, wie sie durch einfache Zentralprojektion vermittelt wird und wie sie praktisch auch im menschlichen Auge verwirklicht ist. Auch beim Photoapparat, bei dem Ein- und Austrittspupille innerhalb des abbildenden Systems gelegen sind und nicht weit von der realen Aperturblende entfernt sind, wird eine natürliche Perspektive vermittelt.

Man kann die Aperturblende aber auch so legen, daß sie in den einen Brennpunkt eines Linsensystems (bzw. einer Linse) zu liegen kommt. Dann liegt, falls die Aperturblende auf der Bildseite angenommen wird, das dingseitige Projektionszentrum im Unendlichen, man hat also eine Parallelstrahlenprojektion durchgeführt und damit die bei der „natürlichen" Zentralperspektive auftretende Verkleinerung ferner Gegenstände aufgehoben.

Man bezeichnet diese Art der Projektion als telezentrische Perspektive. Abb. 73 zeigt einen zylindrischen Stab, der in telezentrischer Perspektive photographiert worden ist, außerhalb der Linsenfassung sieht man den gleichen Stab in natürlicher Perspektive.

Man kann aber das Projektionszentrum auch reell durch eine Linse im Endlichen abbilden, etwa derart, daß die Aperturblende Austrittspupille ist und ihr reelles Bild im Objektraum Eintrittspupille. Dann werden Gegenstände, die sich zwischen Eintrittspupille und Linse befinden, in umgekehrter Perspektive

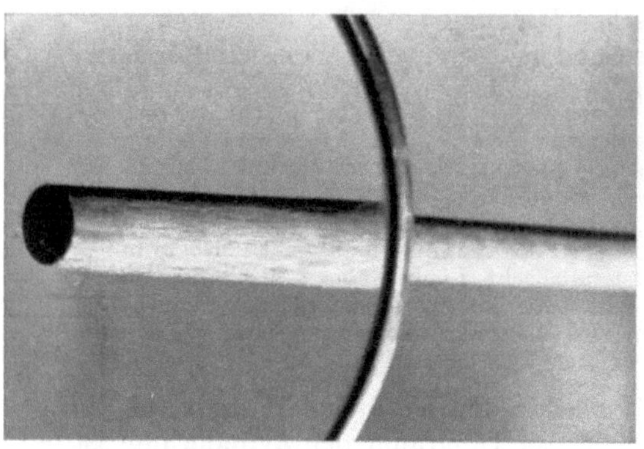

Abb. 73. Telezentrische Perspektive. Eine Sammellinse und ein schräg hinter ihr befindlicher Holzstab werden so photographiert, daß der Brennpunkt der Sammellinse in die Eintrittspupille des photographischen Objektivs zu liegen kommt. Der durch die Linse abgebildete Teil des Holzstabes wird ohne perspektivische Verkürzung abgebildet, der außerhalb der Linse gelegene Teil in natürlicher Perspektive. Derselbe Versuch läßt sich auch dadurch darstellen, daß der Brennpunkt der Sammellinse in die Pupille des beobachtenden Auges abgebildet wird

Abb. 74. Umkehrung der Perspektive: Die Eintrittspupille des Photoapparates wird durch die Linse reell abgebildet. Dieses Bild ist Eintrittspupille des gesamten Strahlengangs, sein Zentrum objektseitiges Projektionszentrum; die im Bild (vom Beschauer aus) ferner gelegenen Partien sind näher an diesem objektseitigen Projektionszentrum und erscheinen daher größer

Bei Abb. 73 wurde eine sphärische plankonvexe Linse, bei Abb. 74 eine asphärische Gullstrandlupe verwendet. Im ersten Fall werden Brennpunkt und ∞ im Minimum der Aberration abgebildet, im zweiten Fall ist der eine der sog. aplanatischen Punkte in der Ep. des Photoapparates gelegen. Deshalb sind beide Bilder ohne Verzeichnung. Beide Versuche lassen sich jederzeit „freihändig" reproduzieren

projiziert, d. h., ferner gelegene Dinge erscheinen, weil sie näher am Projektionszentrum gelegen sind, größer als näher gelegene.

Abb. 74 zeigt einen in solcher umgekehrten Perspektive photographierten Bleistift. Die Verzeichnung ist hierbei durch entsprechende Wahl der abbildenden Linsen minimal gehalten (vgl. S. 111).

b) Verzeichnung

Eine Verzeichnung haben wir bereits auf S. 15 bei der einfachen Zentralprojektion kennengelernt. Sie tritt dann auf, wenn Objekt- oder Projektionsfläche (oder beide) auf den projizierenden Strahlen nicht senkrecht stehen.

Diese Form der Verzeichnung tritt auch dann auf, wenn keine einfache Zentralprojektion vorliegt, sondern das Projektionszentrum selbst optisch abgebildet wird. Sie spielt hierbei jedoch nur eine untergeordnete Rolle und bleibt daher zunächst unberücksichtigt.

Insofern ist auch die perspektivische Verkürzung paralleler Linien, die schräg zur Projektionsrichtung verlaufen, eine Form der Verzeichnung. Eine wichtige Ausnahme, auf die wir auf S. 15 nicht besonders hingewiesen haben, liegt bei einer Zentralprojektion dann vor, wenn Objekt- und Projektionsfläche parallele Ebenen

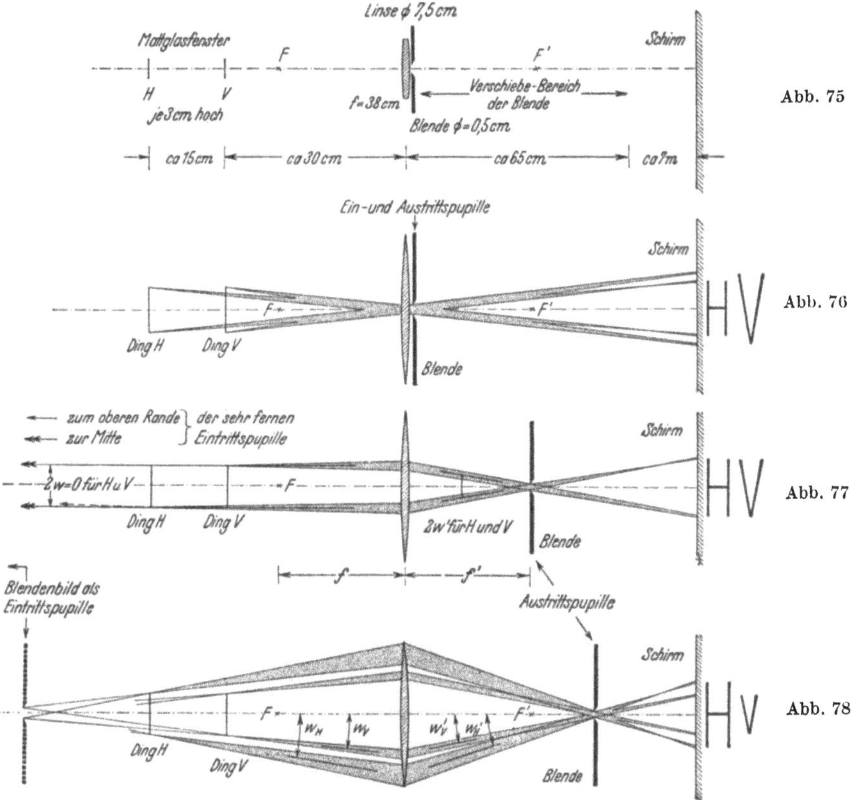

Abb. 75—78. Versuchsanordnung zur Darstellung des Einflusses der Lichtbündelbegrenzung auf die Perspektive
(nach Pohl)

Abb. 75. Versuchsanordnung. Zwei leuchtende Mattglasfenster stehen in verschiedenem Abstand von der Linse.
Das eine Fenster befindet sich in Wirklichkeit etwas vor, das andere etwas hinter der Zeichenebene, das eine trägt
ein H, das andere ein V. Die Linse hat einen großen Durchmesser, doch benutzen wir eine enge Blende und schlanke
Lichtbündel. Infolgedessen erscheinen beide Fenster auf dem Bildschirm rechts nebeneinander gleich scharf. Die
Aufstellung nach Abb. 75 bleibt ungeändert, lediglich die Blende wird längs der Linsenachse verschoben

Abb. 76. Normale Perspektive. Die Blende steht unmittelbar an der Linse. Ein- und Austrittspupille fallen nahezu
mit der Linsenmitte zusammen, welche als Projektionszentrum dient, das ferne H wird auf der Mattscheibe
kleiner abgebildet als das nähere V

Abb. 77. Die Blende wird in den bildseitigen Brennpunkt L' geschoben. Dadurch wird das dingseitige Projektionszentrum (die Mitte der Eintrittspupille) links ins Unendliche verlegt, die beiden Bilder von H und V werden auf
der Mattscheibe gleich groß. Telezentrischer Strahlengang

Abb. 78. Die Blende wird bildseitig über den Brennpunkt L' hinaus verschoben, damit rückt das dingseitige Projektionszentrum (die Mitte der Eintrittspupille) dichter an das Fenster H als an das Fenster V heran. Das H auf
dem Wandschirm wird größer als das V, die Perspektive ist umgekehrt

sind. Dann tritt auf Grund der Gesetze des ersten Strahlensatzes keine Verzeichnung auf, und zwar auch dann nicht, wenn die beiden Flächen gegen die projizierenden Strahlen stark geneigt sind. Da aus naheliegenden Gründen als Bildflächen Ebenen meist bevorzugt werden, ist diese Ausnahme sogar von großer
praktischer Bedeutung.

Wir erfassen also bei den folgenden Überlegungen nicht die ganze Verzeichnung, da wir es nur selten mit konzentrisch zum Projektionszentrum gekrümmten
Objekt- und Bildflächen zu tun haben. Wir wollen uns daher in diesem Zusammen-
hange vorwiegend mit der Form der Verzeichnung befassen, die dadurch entsteht,
daß das Projektionszentrum beim optischen Abbildungsvorgang im allgemeinen
nicht als Punkt, sondern als kaustisches Flächenpaar abgebildet wird. Dabei
kann das reale, im Zentrum der Aperturblende gelegene Projektionszentrum

entweder auf der Objektseite oder auf der Bildseite gelegen sein; im einen Falle ist also das objektseitige, im anderen das bildseitige Strahlenbündel homozentrisch (Abb. 79 u. 80).

Bei dieser Abbildung des Projektionszentrums in ein kaustisches Flächenpaar werden sich die für den Vergrößerungskoeffizienten der Projektion maßgeblichen Größen, nämlich der anguläre Vergrößerungskoeffizient (ausgedrückt durch den reziproken Wert des linearen Vergrößerungskoeffizienten im Projektionszentrum) und der Abstand des Objekt- bzw. Bildpunktes vom Projektionszentrum von Hauptstrahl zu Hauptstrahl ändern; diese Variabilität der Vergrößerungskoeffizienten drückt sich dann in der Verzeichnung aus. Die auf S. 60ff. gezeigten Formen kaustischer Flächen genügen auch für unsere Untersuchungen und können zur besseren Veranschaulichung herbeigezogen werden. Bei objektseitigem punktförmigen Projektionszentrum, also bildseitiger kaustischer Fläche wird der lineare Vergrößerungskoeffizient im Projektionszentrum um so kleiner, der anguläre Vergrößerungskoeffizient also um so größer sein, je näher der betreffende Punkt der kaustischen Fläche an der brechenden Fläche zu liegen kommt. Der Pupillenbegriff wird hier auf der Seite der kaustischen Fläche weniger anschaulich, man kann sich aber jeden Punkt der kaustischen Fläche als im Zentrum einer entsprechenden Pupille gelegen denken, da ja jeder Punkt der kaustischen Fläche ein Bild des Projektionszentrums ist (Abb. 81—83).

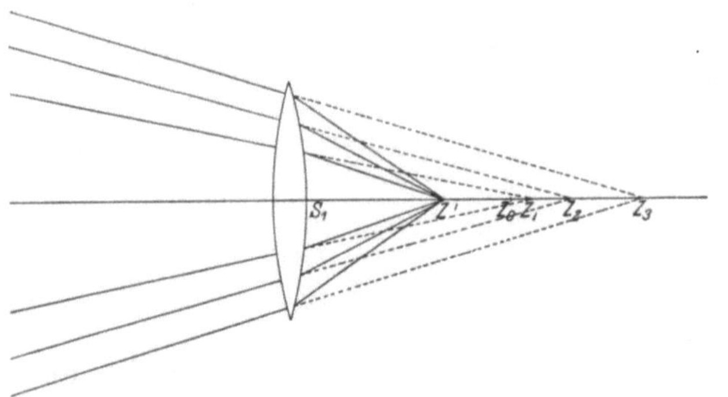

Abb. 79. Ableitung der Verzeichnung durch eine Sammellinse, wenn das Projektionszentrum innerhalb der einfachen Brennweite gelegen ist. Die durch die Linsenperipherie ziehenden Strahlen werden stets stärker abgelenkt als die weiter zentral gelegenen. Das heißt aber, daß die Strahlen die sich nach der Brechung im Zentrum Z vereinigen, vor der Brechung auf einen um so weiter hinter der Linse gelegenen Punkt zielen, je peripherer sie durch die Linse gehen. Das heißt aber weiter, daß bei gleichen bildseitigen Hauptstrahlenneigungswinkeln die objektseitigen Hauptstrahlenneigungswinkel nach der Peripherie zu immer kleiner werden. Bei der Projektionsrichtung von rechts nach links würde daraus also eine kissenförmige Verzeichnung infolge peripherer Schrumpfung des radiären Abbildungsmaßstabes resultieren (vergleiche Abb. 80 links unten). Bei der Projektion von links nach rechts wie sie ja allgemein üblich ist, resultiert hingegen eine kissenförmige Verzeichnung infolge peripherer Dehnung des Abbildungsmaßstabes. (Vergleiche Abb. 80 rechts unten nach v. ROHR und BOEGEHOLD [1])

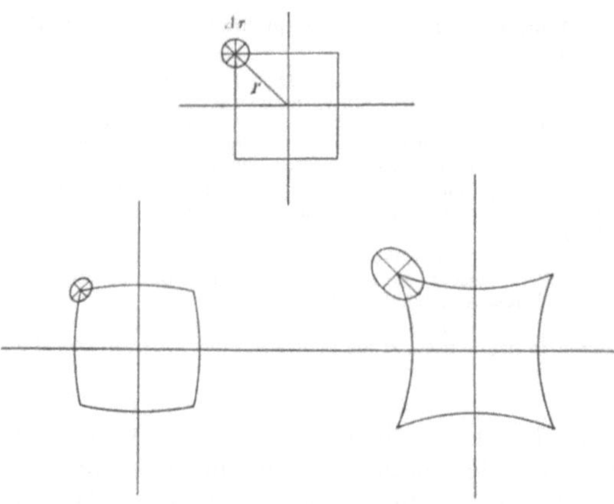

Abb. 80. Elliptische Verzeichnung eines Kreises bei tonnenförmiger und kissenförmiger Verzeichnung
(nach v. ROHR und BOEGEHOLD)

stischen Fläche ein Bild des Projektionszentrums ist (Abb. 81—83).

Streng genommen müssen außerdem die abzubildenden Linienelemente so gewählt werden, daß sie sowohl auf der Objekt- als auch auf der Bildseite auf den abbildenden Strahlen senkrecht stehen, was zumindest für die reale Aperturblende

[1] M. v. ROHR und K. BOEGEHOLD: Das Brillenglas als optisches Instrument. Berlin: Springer 1934.

bei geneigten Strahlen nicht zutrifft. Trotz dieser einschränkenden Bedingungen ist es jedoch auf Grund dieser Überlegungen möglich, die Verzeichnungsformen bei

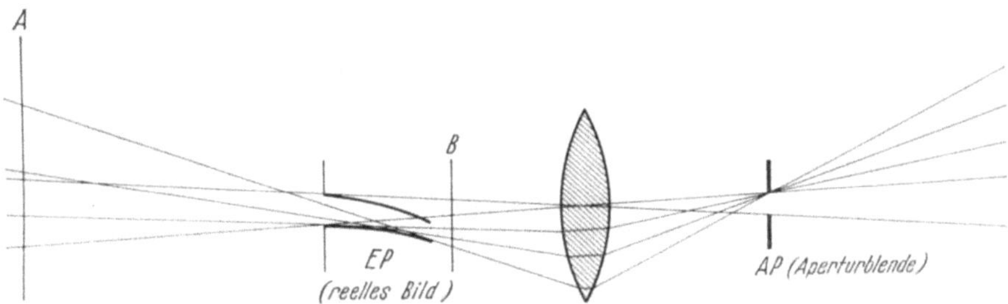

Abb. 81. Verzeichnung bei reeller Abbildung der Aperturblende. Jeder Punkt der rechts gelegenen Aperturblende wird links in ein kaustisches Flächenpaar abgebildet. Es sind jedoch infolge der Darstellung in einer Zeichenebene nur zwei Punkte der Aperturblende und die Schnitte durch die ihnen entsprechenden kaustischen Flächen dargestellt. Man erkennt nun ohne weiteres, daß der Abstand der beiden kaustischen Kurvenpaare, der ja an der jeweiligen Stelle die Eintrittspupille repräsentiert, um so kleiner wird, je näher er an der Linse gelegen ist. Mit anderen Worten, das Verhältnis Eintrittspupille zu Austrittspupille wird vom Zentrum nach der Peripherie hin zunehmend kleiner. Für ein reell abgebildetes Objekt (bei A) resultiert daraus eine tonnenförmige Verzeichnung. Befindet sich dagegen das Objekt zwischen Eintrittspupille und Linse (bei B) so bleiben zwar die Bezeichnungen zwischen Eintrittspupille und Austrittspupille unverändert, dagegen nimmt der Abstand des jeweiligen Objektpunktes von seinem zugehörigen objektseitigen Projektionszentrum, das heißt der Mitte der Eintrittspupille nach der Peripherie zu ab. Es werden also die peripheren, näher am objektseitigen Projektionszentrum gelegenen Teile stärker vergrößert und es resultiert eine kissenförmige Verzeichnung

einfachen sphärischen Gläsern zwanglos zu erklären. Wie die Verzeichnung durch geeignete Zusammensetzung verschiedener Linsen korrigiert werden kann, ist eine Sache der technischen Optik und soll hier nicht weiter erörtert werden. Da grundsätzlich jede Abbildung umkehrbar ist und hierbei, wie bereits auf S. 15 erwähnt, die tonnenförmige Verzeichnung in eine kissenförmige übergeht und umgekehrt, genügt es grundsätzlich, von solchen jeweils zwei ineinander umkehrbaren Möglichkeiten eine zu untersuchen.

Wir wollen uns daher auf die Fälle beschränken, in denen die Aperturblende, also das homozentrische Hauptstrahlenbündel, auf der Bildseite gelegen ist, weil diese mit dem eigenen Auge leicht nachgeprüft werden können. Dann ist die Pupillenmitte Projektionszentrum. Die Verzeichnung

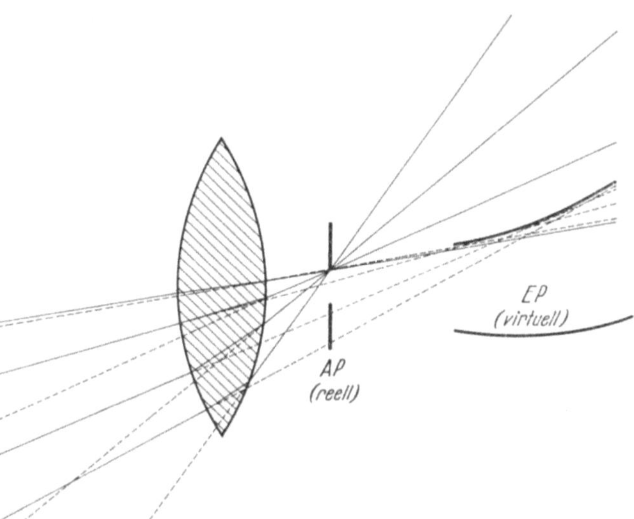

Abb. 82. (Vergleiche auch Abb. 79). Wird eine Sammellinse so vor das Auge gehalten, daß sich die Aperturblende und Austrittspupille, das heißt die Pupille des Auges innerhalb der einfachen Brennweite befindet, so ist die Eintrittspupille das Lupenbild dieser Aperturblende, auch dieses läßt sich analog zur Abb. 81 als kaustisches Flächenpaar darstellen. „Die Eintrittspupille" wird also nach der Peripherie zu immer größer, somit auch das den Abbildungsmaßstab beeinflussende Verhältnis Eintrittspupille zu Austrittspupille, es resultiert also wiederum eine periphere Dehnung oder kissenförmige Verzeichnung

innerhalb des Auges bleibt unberücksichtigt, weil sie ja konstant bleibt. Wir vergleichen also das Bild, welches wir beim Blick durch ein optisches Instrument sehen, mit dem unmittelbar gesehenen Objekt.

Blicken wir durch eine vor das Auge gehaltene sphärische Sammellinse, so erkennen wir leicht, daß es zwei Möglichkeiten der Verzeichnung gibt, je nachdem ob uns diese ein reelles, umgekehrtes oder ein virtuelles, aufrechtes Bild liefert. Im ersten Falle beobachten wir eine tonnenförmige (vgl. auch Abb. 80), im zweiten eine kissenförmige Verzeichnung. Im ersten Falle, also bei der tonnenförmigen Verzeichnung eines reellen Bildes, ist das objektseitige Projektionszentrum ein als kaustisches Flächenpaar geformtes Bild der Pupillenmitte (des beobachteten Auges), die Spitze der kaustischen Fläche zeigt zum Objekt hin. Die „Eintrittspupille" ist also für axiale Strahlen am größten und wird für die Strahlen, die die Peripherie der Linse durchsetzen, immer kleiner; da die Austrittspupille konstant ist, resultiert somit eine kissenförmige Verzeichnung, welche noch dadurch verstärkt wird, daß der Objektabstand vom Projektionszentrum (nämlich den entsprechenden Punkten der kaustischen Fläche) für die axialen Strahlen am kleinsten ist, und nach der Peripherie zu größer wird (Abb. 81, Objekt bei A).

Wird die Sammellinse hingegen als „Lupe" benützt, so resultiert im allgemeinen eine kissenförmige Verzeichnung, die auf zweierlei Weisen zustandekommen kann: Entweder wird die Lupe dicht vor das Auge gehalten, so daß die Pupille in eine virtuelle Kaustik gemäß Abb. 82 abgebildet wird, deren Spitze zwar auch zum Objekt gerichtet ist, aber hinter der Linse liegt, so daß die Schnittpunkte der axialen Strahlen der Linse am nächsten gelegen sind und auf ihnen die „Eintrittspupille", eine Lupenvergrößerung der Pupille des Auges am kleinsten ist. Die Zunahme der Eintrittspupille bei gleichbleibender Austrittspupille nach der Peripherie zu erklärt dann die kissenförmige Verzeichnung. Wird die Lupe hingegen entfernt vom Auge, aber nahe dem zu lesenden Text gehalten, so wird zwar die

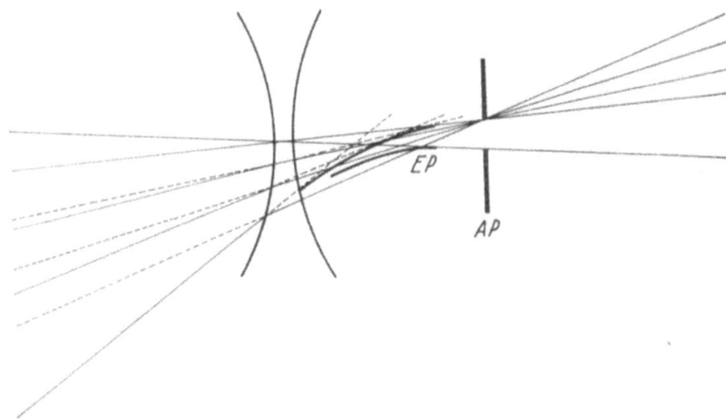

Abb. 83. Verzeichnung bei einer Zerstreuungslinse. Die Eintrittspupille ist für die peripheren Strahlen am kleinsten, daraus resultiert eine tonnenförmige Verzeichnung

Pupille reell abgebildet (allerdings kommt diese Abbildung realiter nicht zustande, weil zwischen Eintrittspupille und Linse das Objekt gelegen ist), aber die Spitze der kaustischen Fläche, die in die gleiche Richtung zeigt wie bei der reellen Objektabbildung, ist nun vom Objekt am weitesten entfernt, so daß hier die peripheren Projektionszentren näher am Objekt gelegen sind und durch diese größere Objektnähe eine kissenförmige Verzeichnung resultiert (Abb. 81, Objekt bei B).

Bei Zerstreuungslinsen wird dagegen das bildseitig gelegene Projektionszentrum stets in ein virtuelles kaustisches Flächenpaar abgebildet, dessen Spitze von der Linsenfläche weg zeigt (Abb. 83). Hier wird also die „Eintrittspupille" nach der Peripherie zu kleiner und es resultiert eine tonnenförmige Verzeichnung des virtuellen Bildes.

Aus diesem Grunde ist die Verzeichnung bei einer gegebenen Linse oder Linsenfolge dann am geringsten, wenn sich das Projektionszentrum in einem der Punkte bzw. Punktepaare befindet, welche im Minimum der Aberration ineinander abgebildet werden. Bei einfachen sphärischen Linsen sind diese Punkte dadurch ausgezeichnet, daß die Strahlen, welche die Punkte beim Abbildungsvorgang miteinander verbinden, auf der Objekt- und Bildseite den gleichen Winkel mit der zugehörigen brechenden Fläche einschließen. Solche Punktepaare gibt es zwei: Einmal die beiden Hauptpunkte, welche durch parallel verschobene Strahlen ineinander abgebildet werden, außerdem ein zweites Punktepaar, von dem aus die Strahlen die Linse wie ein Prisma im Minimum der Ablenkung durchsetzen. Denkt man sich nämlich in den Incidenzpunkten eines solchen gebrochenen Strahls an die beiden brechenden Flächen der Linse eine Tangentialebene gelegt, so bilden diese Ebenen ein Prisma. Bei den Hauptpunkten dagegen bilden die entsprechenden Ebenen eine planparallele Platte. Noch besser, wenn auch nicht vollständig, ist die Verzeichnung bei aplanatischen Linsen beseitigt, welche aber bei einfachen Linsen nur durch asphärische Flächen darzustellen sind. Eine solche aplanatische Linse ist z. B. die Gullstrandsche Ophthalmoskopierlupe (vgl. Abb. 147—149).

Die exakte Forderung für die Beseitigung der Verzeichnung ist die Tangentenbedingung: Das Verhältnis des Tangens des einfallenden zum Tangens des gebrochenen Strahles muß für alle Hauptstrahlen konstant sein.

Bei manchen Linsensystemen ist die Lage der Punktpaare mit kleinster Aberration so, daß nur einer der beiden Punkte ein reeller, sein entsprechender Bildpunkt hingegen ein virtueller Punkt ist. In diesem Falle kann die Aperturblende nur der reelle Punkt, reelles Projektionszentrum also der Mittelpunkt der Aperturblende sein.

Schließlich ist die Abbildung des Projektionszentrums auch noch mit der chromatischen Aberration behaftet, die zu einer chromatischen Aberration der Projektion führt. Diese ist nicht identisch mit der von GULLSTRAND beschriebenen chromatischen Aberration der Vergrößerung, da sich letztere auf die räumlich unterschiedliche Lage der verschiedenen Strahlenschnittpunkte bezieht, während die Projektion stets auf eine Fläche bzw. Ebene bezogen wird. Man kann aber ohne Wiederholung der bei der monochromatischen Aberration entwickelten Gesetzmäßigkeiten die chromatische Aberration der Projektion unter einem gemeinsamen Gesichtspunkt betrachten. Die langwelligen „roten" Strahlen werden schwächer gebrochen als die kurzwelligen — sie werden also in der Peripherie der Linse so abgelenkt wie die letzteren weiter zentral. Es tritt also sowohl zur peripheren Dehnung als auch zur peripheren Schrumpfung eine zusätzliche „Dehnung" und Schrumpfung der kurzwelligen „blauen" Strahlen. Eine weiße Linie, die zu einem Bogen verzeichnet wird, wird also an der Konkavität des Bogens einen blauen, an der Konvexität hingegen einen roten Rand aufweisen.

Am häufigsten wird man die Phänomene der chromatischen Aberration an schwarzweißen Konturen beobachten können. Da der farbige Saum nur dort sichtbar wird, wo er die Weißgrenze nach der schwarzen Seite hin überschreitet, wird eine konvexe Weißfläche von einem roten, eine konkave Weißfläche von einem blauen Saum umgeben sein. Die gleichen Beziehungen gelten auch für Verzeichnung und chromatische Aberration bei Prismen.

11. Telezentrische Perspektive und Newtonsche Abbildungsgleichungen

Der telezentrischen Perspektive kommt in der Optik eine große praktische Bedeutung zu. Sie bietet z. B. die Möglichkeit, Längenmessungen ohne perspektivische Verkürzung durchzuführen. Hiervon macht in der Ophthalmologie das Keratometer nach WESSELY Gebrauch, welches in Abb. 84 schematisch dargestellt wird. Auch zahlreiche andere ophthalmologisch-optische Instrumente wie das Ophthalmometer nach LITTMANN, der Scheitelbrechwertmesser, das Refraktometer sowie die verstellbaren Okulare verwenden das Prinzip des telezentrischen Strahlengangs.

Aus diesem Grunde ist es noch von Interesse, die Abbildungsgesetze auch für den Fall abzuleiten, daß die Vergenzen der Objekt- und Bildstrahlenbündel nicht in einem Punktepaar gemessen werden, welches als Ding- und Bildpunkt einander zugeordnet ist, wie etwa von der Ein- und Austrittspupille eines Systems aus,

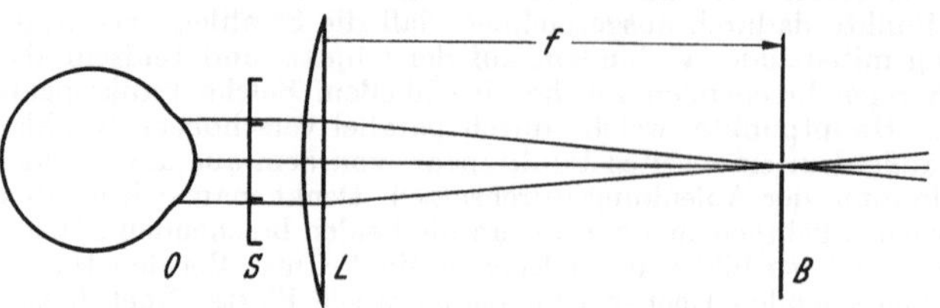

sondern sowohl im Dingraum als auch im Bildraum vom jeweiligen Brennpunkt aus. Man nennt die Gleichungen, welche Objekt- und Bildweite bzw. Vergenzen vom jeweiligen Brennpunkt aus bestimmen, die Newtonschen Abbildungsgleichungen.

Abb. 84. Parallelprojektion zur Abstandsmessung ohne perspektivische Verkürzung im Keratometer nach WESSELY (schematisch). Im bildseitigen Brennpunkt einer Linse befindet sich eine Blende B. Auf der Objektseite nahe dem Linsenscheitel befindet sich eine Meß-Skala in mm-Einteilung. Ein hinter der Meß-Skala liegendes Objekt wird in Parallelprojektion, also in natürlicher Größe auf die Meßskala projiziert und von dem hinter der Blende B liegenden Auge in gleicher Größe gesehen. Der telezentrische Strahlengang ist auch in komplizierter gebauten Meßgeräten verwirklicht, so z. B. im Ophthalmometer nach LITTMANN

Der Einfachheit halber gehen wir hierbei von den Hauptpunktsgleichungen $A + B = D$

aus, obwohl die Gleichungen grundsätzlich von der allgemeineren Form der Abbildungsgleichung abgeleitet werden können.

Bezeichnet man die im dingseitigen Brennpunkt gemessene Vergenz des Objektstrahlenbündels mit L, die im bildseitigen Brennpunkt gemessene Vergenz des Bildstrahlenbündels mit L', so ist (vgl. Abb. 85)

$$- \frac{n}{A} = - \frac{n}{L} + \frac{n}{D} \qquad\qquad \frac{n'}{B} = \frac{n'}{L'} + \frac{n'}{D}$$

$$\frac{1}{L} = \frac{1}{A} + \frac{1}{D} = \frac{D + A}{AD} = \frac{B}{AD} \qquad \frac{1}{L'} = \frac{1}{B} - \frac{1}{D} = \frac{D - B}{BD} = - \frac{A}{BD}$$

$$L = \frac{AD}{B} \qquad\qquad\qquad\qquad L' = - \frac{BD}{A}$$

$$L \cdot L' = - \frac{AD}{B} \cdot \frac{BD}{A} = - D^2.$$

Diese Formel hat nun eine große praktische Bedeutung und muß daher noch näher erläutert werden.

Wenn das Produkt der in den beiden Brennpunkten gemessenen Vergenzen gleich dem Quadrat der Brechkraft und damit für jedes System eine konstante Größe ist, so bedeutet dies weiterhin, daß die Vergenz im einen Brennpunkt dem reziproken Wert der Vergenz im anderen Brennpunkt proportional ist, mit anderen

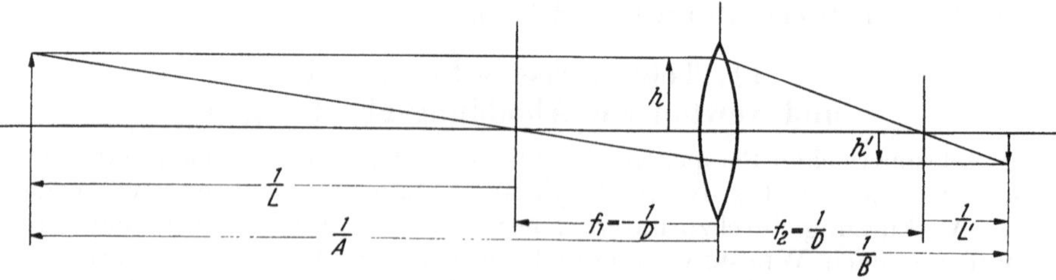

Abb. 85.   Zur Ableitung der Newtonschen Abbildungsgleichungen (vgl. Text). Übersichtlicher ist die geometrische Beziehung unter Benutzung der Ding- und Bildgrößen h und h': Nach dem ersten Strahlensatz verhält sich:

$$\frac{1}{L} : \frac{1}{D} = \frac{h}{h'} \; ; \quad - \frac{1}{D} : \frac{1}{L'} = \frac{h}{h'} \; ; \quad \frac{1}{L} : \frac{1}{D} = - \frac{1}{D} : \frac{1}{L'} \; ; \quad \frac{D}{L} = - \frac{L'}{D} \; ; \quad - \frac{D^2}{L} = L' \, .$$

Worten, die Vergenz des Objektstrahlenbündels im objektseitigen Brennpunkt ist der Bildweite des Bildstrahlenbündels, gemessen im bildseitigen Brennpunkt, proportional, und die im dingseitigen Brennpunkt gemessene Dingweite ist der im bildseitigen Brennpunkt gemessenen Bildstrahlenvergenz proportional. Ändert man also beispielsweise die Vergenz eines Strahlenbündels im bildseitigen Brennpunkt eines Linsensystems, so kann diese Vergenzänderung durch eine Änderung des Dingabstandes vom dingseitigen Brennpunkt ausgeglichen und somit auch gemessen werden. Dann ist die Vergenzänderung der Objektverschiebung proportional. Auf diesem Prinzip beruhen alle Apparate, die eine Vergenzänderung durch eine linear proportionale Abstandsänderung bewirken, also Scheitelbrechwertmesser (S. 215), Refraktometer (S. 248), verstellbare Okulare (S. 116), sowie das Akkommodometer nach BADAL[1] bzw. Handoptometer nach SCHOBER[2] von der Firma Rodenstock.

Bei diesem Abbildungsvorgang bleibt auch der Vergrößerungskoeffizient konstant, da die Abbildung telezentrisch erfolgt, oder, anders ausgedrückt, weil das bildseitige Projektionszentrum und damit das Hauptstrahlenbündel von der Vergenzänderung nicht betroffen wird. Damit bietet der telezentrische Strahlengang die Möglichkeit, eine Vergenzänderung der Öffnungsstrahlenbündel ohne gleichzeitige Änderung der Hauptstrahlenbündel und damit der Vergrößerungskoeffizienten zu erreichen. Am Beispiel des Scheitelbrechwertmessers (S. 215) lassen sich die Verhältnisse am besten übersehen.

Zum Abschluß der „geometrischen Optik" sei noch das Nomogramm von ASKOVITZ[3] erwähnt, welches es ermöglicht, die Beziehungen zwischen (reduzierten) Dingweiten, Bildweiten und Brennweiten sowohl nach den allgemeinen Abbildungsgesetzen als auch nach der Newtonschen Abbildungsgleichung darzustellen (Abb. 86).

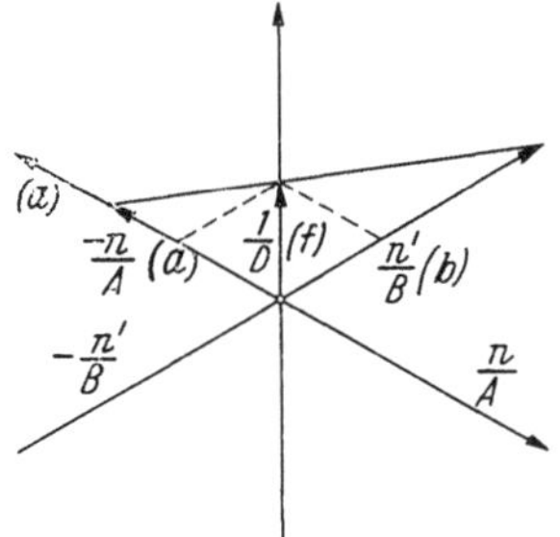

Abb. 86. Nomogramm nach ASKOVITZ. Zur Veranschaulichung der Gullstrandschen Abbildungsgleichung $A + D + B$ bzw. der alten Form der Gleichungen $\left(\frac{1}{A} = \frac{1}{B} = \frac{1}{F}\right)$. Jede gerade Linie, die durch die Geraden des Nomogramms gezogen wird, schneidet die Sechseckdiagonalen so, daß die Abstände der Schnittpunkte der Geraden mit den Nomogrammlinien vom Kreuzungspunkt der Nomogrammlinien den geforderten Abbildungsgleichungen entsprechen. Trägt man die Brennweite des Systems auch auf den beiden Objekt- und Bildweiten darstellenden Geraden ab, so läßt sich auch die Newtonsche Abbildungsgleichung mühelos erkennen. Dreht man die Verbindungslinie der drei Geraden im Uhrzeigersinn, so wird bald die Lage erreicht, die durch Objekt- und Bildpunkt in der doppelten Brennweite gegeben ist. Dreht man die Gerade noch weiterhin im Uhrzeigersinn, so wird die Objektweite immer größer, die Bildweite immer kleiner, bis schließlich die Verbindungsgerade parallel zur „Objektgeraden des Nomogramms" verläuft und die Bildgerade im Brennpunktabstand schneidet. Dreht man die Gerade im umgekehrten Sinne, also gegen den Uhrzeigersinn, so erreicht sie bald die Parallelität zur Bildgeraden, d. h. das Bild liegt im Unendlichen, während das Objekt im objektseitigen Brennpunkt gelegen ist. Bei weiterer Drehung im Gegenuhrzeigersinn wird der Betrag der Objektweite kleiner als die Brennweite, die Verbindungsgerade schneidet die Bildgerade auf der negativen Seite (virtuelles Bild). Verläuft die Verbindungsgerade parallel zur Brennweitengeraden, so sind Objektweite und Bildweite bzw. deren aus Luft reduzierte Vergenzen einander gleich. Das Nomogramm gilt für positive und negative Objekt-, Bild- und Brennweiten

12. Lichttechnische Auswirkungen der Abbildung

Bei der Lichtablenkung durch brechende Systeme wird also im allgemeinen ein von Gesichtsfeldblende und Aperturblende begrenzter Strahlenraum in einen anderen Strahlenraum abgebildet, und wir wollen die im Kap. I, 6 erörterten lichttechnischen Fragen für die Abbildung eines Strahlenraumes in einen anderen erweitern.

---

[1] BADAL: Ann. d'Oculist. **75**, 5 (1876).
[2] SCHOBER: Klin. Mbl. Augenheilk. **132**, 246 (1958).
[3] ASKOVITZ. S. J.: A simple nomogram for problems in optics. Arch. of Ophthalm. **53**, 702 (1955).

Vernachlässigt man die auf dem Lichtweg besonders in den optisch dichteren Medien stattfindende Absorption und die Reflexion an den brechenden Flächen, so bleibt der Lichtstrom in jedem Strahlenraum konstant. Diese Konstanz des Lichtstromes in allen ineinander abgebildeten Strahlenräumen erlaubt es uns aber, auch die übrigen lichttechnischen Größen mit Hilfe der allgemeinen Abbildungsgleichungen zu berechnen. Auf der Seite der Lichtquelle wurde als Lichtstrom definiert:

$$\text{Lichtstrom} = \text{Lichtstärke} \times \text{räumlicher Öffnungswinkel}$$
$$= \text{Leuchtdichte} \times \text{leuchtende Fläche} \times \text{räumlicher Öffnungswinkel},$$

wobei wir die Begrenzung der leuchtenden Fläche als Gesichtsfeld- und die der beleuchteten Fläche als Aperturblende definieren.

Auf Seite der beleuchteten Fläche ist der

$$\text{Lichtstrom} = \text{beleuchtete Fläche} \times \text{Beleuchtungsstärke}$$
$$= \text{Aperturblende} \times \text{deren Beleuchtungsstärke}.$$

Der Faktor „Raumwinkel" steht nur auf der Gleichung der strahlenden Fläche, weil diese ihre Lichtstärke nach allen Richtungen ausstrahlt, zum Lichtstrom aber nur die auf die beleuchtete Fläche, hier Aperturblende, fallende Lichtstärke gehört. Die beleuchtete Fläche empfängt ihr Licht ja nicht von allen Seiten, sondern nur von der Fläche der Lichtquelle.

Betrachten wir zunächst ein System, bei welchem wir, wie etwa bei einer einfachen Linse oder einem Hohlspiegel, die Aperturblende (d. h. die Linsenfassung) als Ein- und Austrittspupille zugleich gelten lassen können, so ergibt sich für den bildseitigen Strahlenraum die gleiche Beziehung:

Der Lichtstrom ist gleich dem Produkt aus Austrittspupille (Aperturblende jetzt als leuchtende Fläche, aber nicht nach allen Richtungen, sondern nur auf die „Bildfläche" hin, weshalb der Faktor Raumwinkel hierbei entfällt) und deren Leuchtdichte (welche mit der Beleuchtungsstärke der Eintrittspupille identisch ist) und wiederum gleich dem Produkt aus Bildfläche (denn es handelt sich ja bei der beleuchteten Fläche nunmehr um ein Bild der Lichtquelle) und Beleuchtungsstärke.

Die bildseitige Beleuchtungsstärke ist also gleich dem Verhältnis Lichtstrom : Bildfläche. Die bei der Abbildung beleuchtete Fläche kann aus den Abbildungsgleichungen leicht berechnet werden. Daraus ergibt sich z. B. für ein „Brennglas", mit welchem die Sonnenstrahlen „eingefangen" werden, die einfache Beziehung, daß die Produkte aus Linsen- bzw. Blendenfläche und deren Beleuchtungsstärke und aus Bildfläche und deren Beleuchtungsstärke einander gleich sind.

Auch dies folgt ja eigentlich zwanglos aus der Definition des Lichtstromes; stellen wir uns den „Strombegriff" in seiner ursprünglichen Bedeutung vor, also als Flüssigkeitsstrom, so erfolgt ja auf dem Wege von der Linse zum Sonnenbildchen eine Einengung wie in einem Trichter oder einer Stromschnelle, wo an der engsten Stelle die größte Strömungsdichte, nämlich Flüssigkeitsmenge in der Zeiteinheit pro Flächeninhalt des Querschnitts, vorliegt.

Definieren wir gemäß S. 24 die (bildseitige) Beleuchtungsstärke als Produkt aus Leuchtdichte (der Austrittspupille) und dem räumlichen Öffnungswinkel, unter welchem diese von einem Bildpunkt aus gesehen wird, so können wir daraus die Leuchtdichte errechnen, mit der die Linse (bzw. die Austrittspupille) auf die Bildfläche strahlt:

$$\text{Bildseitige Beleuchtungsstärke} = \frac{\text{Lichtstrom}}{\text{Bildfläche}}$$
$$= \text{Leuchtdichte} \times \text{räumlicher Öffnungswinkel bzw.}$$
$$\text{Leuchtdichte} = \frac{\text{Lichtstrom}}{\text{Bildfläche} \times \text{räumlicher Öffnungswinkel}} \cdot$$

Da aber das Produkt aus reduziertem angulärem und linearem Vergrößerungskoeffizienten stets gleich 1 ist, so ist auch das Produkt aus Bildfläche und bildseitigem räumlichen Öffnungswinkel gleich dem Produkt aus Objektfläche und objektseitigem räumlichen Öffnungswinkel. Daraus folgt aber, daß eine Linsenöffnung mit der gleichen Leuchtdichte auf den Bildpunkt strahlt, mit der auch die Lichtquelle selbst auf die Linsenöffnung strahlt. Eine übrigens fast triviale Erfahrungstatsache, von der man sich auf einfachste Weise jederzeit selbst überzeugen kann, indem man eine helle Fläche durch irgendeine Linse betrachtet.

Damit ist aber eine weitere Deutungsmöglichkeit der Beleuchtungsstärke gegeben: Sie ist nämlich gleich dem Produkt aus der Leuchtdichte der Lichtquelle und dem reduzierten bildseitigen Öffnungsraumwinkel, und die Vergrößerung der Beleuchtungsstärke durch ein abbildendes System ist gleich dem Verhältnis des reduzierten bildseitigen Öffnungswinkels zum objektseitigen Hauptstrahlneigungswinkel.

Die Sonne wird von einem auf der Erde befindlichen Beobachter unter einem Winkeldurchmesser von etwa 32′ gesehen, der Öffnungswinkel beträgt also 16′. Eine Sammellinse von 4 dptr und 14 cm Durchmesser erscheint von ihrem Brennpunkt unter einem Winkel von 31° 20′, der Öffnungswinkel beträgt 15° 40′ (tg 15° 40′ = 0,28 = $^7/_{25}$). Die Leuchtdichte der Linsenfläche vom Brennpunkt aus gesehen ist gleich der Leuchtdichte der Sonne, der Öffnungswinkel des von der Linse zum Brennpunkt ziehenden Strahlenbündels ist aber 60mal, der entsprechende Raumwinkel 3600mal größer als der Winkel, unter dem die direkt strahlende Sonne scheint. Praktisch ist also die Beleuchtungsstärke im Brennpunkt einer solchen Linse 3600mal größer als die eines von der Sonne direkt getroffenen Flächenelements.

Diese Berechnungen zeigen aber auch ganz klar die Grenzen der Möglichkeiten der Brenngläser und -spiegel: Eine Linse von + 0,25 dptr Brechkraft (4000 mm Brennweite) und einem Durchmesser von 37 mm (18,5 mm Radius) erscheint von ihrem Brennpunkt aus annähernd unter dem gleichen Winkel wie die Sonne von der Erdoberfläche aus: 18,5:4000 = 0,0046 = 16′. Die Beleuchtungsdichte im Brennpunkt einer solchen Linse kann nicht größer sein als die eines Punktes, der direkt von der Sonne beleuchtet wird. Man erkennt leicht, daß in diesem Abbildungsvorgang das Sonnenbild gleichgroß ist wie der Linsendurchmesser.

An Hand dieser Beziehungen erklärt DESCARTES[1] die Wirkung der Brenngläser und -spiegel: „So läßt sich die Hitze, wie diese Gläser erzeugen können, durch das Verhältnis der Größe des Körpers, der die Strahlen vereinigt zur Größe der Fläche, auf der sie vereinigt werden, bestimmen. Und ein Brennspiegel, dessen Durchmesser nicht größer ist als etwa der hundertste Teil der Entfernung zwischen ihm und dem Punkte, an dem er die Sonnenstrahlen sammeln soll — d. h., ein Spiegel, der zu dieser Entfernung in demselben Verhältnis steht wie der Durchmesser der Sonne zu der Entfernung zwischen ihr und uns —, kann nicht bewirken, daß die von ihm gesammelten Strahlen an der Stelle, an der er sie sammelt, heißer sind als die Strahlen, die direkt von der Sonne kommen, und hätte ein Engel ihn poliert. Das gilt entsprechend auch von den Brenngläsern. Hieran erkennen Sie, daß die optisch nur halb Gebildeten sich vielfach Dinge einreden lassen, die unmöglich sind. So sollen z. B. die Spiegel, mit denen ARCHIMEDES die Schiffe von weitem angezündet hatte, besonders groß gewesen sein, wenn es sich hier nicht überhaupt um eine Fabel handelt.“

Bei allen zusammengesetzten optischen Systemen hängt die Leistungsfähigkeit weitgehend von der optimalen Ausnützung des zur Verfügung stehenden Lichtstroms ab.

13. Optische Systeme verschiedener Zusammensetzung

Wir haben auf S. 112 im Keratometer nach WESSELY ein Prinzip gezeigt, mittels einer Linse und einer Blende einen zunächst unerwarteten optischen Effekt erzielen zu können. Grundsätzlich kann man sagen, daß in der richtigen Wahl der Blenden und der Linsen ein wesentliches Grundprinzip optischer Instrumentenkunde besteht. Bleibt man sich stets der Tatsache bewußt, daß in jedem Strahlenraum zwei Blenden bestehen, so ist die Orientierung über die verschiedenen Abbildungsprinzipien verhältnismäßig einfach. Wir besprechen hierbei zunächst diejenigen

---

[1] Zit. nach GERTRUD LEISEGANG: Descartes Dioptrik. Monographien zur Naturphilosophie. Westkulturverlag Meisenheim am Glan 1954.

Anordnungen, die ohne spezielles ophthalmologisches Interesse sind und lassen die Besprechung der eigentlichen ophthalmologisch-optischen Instrumente im Kapitel „Untersuchungsmethoden" folgen.

Dabei sollen hier vorwiegend die Grundprinzipien berücksichtigt werden, nach denen optische Instrumente zusammengesetzt werden können.

a) Lupe

Die Lupe ist ihrem Wesen nach nichts anderes als eine besonders starke Nahbrille, welche jedoch gewöhnlich in etwas größerem Abstand vom Auge gehalten wird (Abb. 87).

b) Objektiv

Ein Objektiv ist ein zusammengesetztes sammelndes System, welches die Aufgabe hat, von einem Objekt ein reelles Bild zu entwerfen. Dieses reelle Bild kann entweder auf einer Bildfläche aufgefangen werden (Photoapparat, Vergrößerungsapparat, Projektionsapparat), oder es kann durch ein Okular, gewöhnlich eine Kombination einer Lupe mit einer Feldlinse (s. unten), mit dem Auge betrachtet werden (Keplersches Fernrohr, Mikroskop).

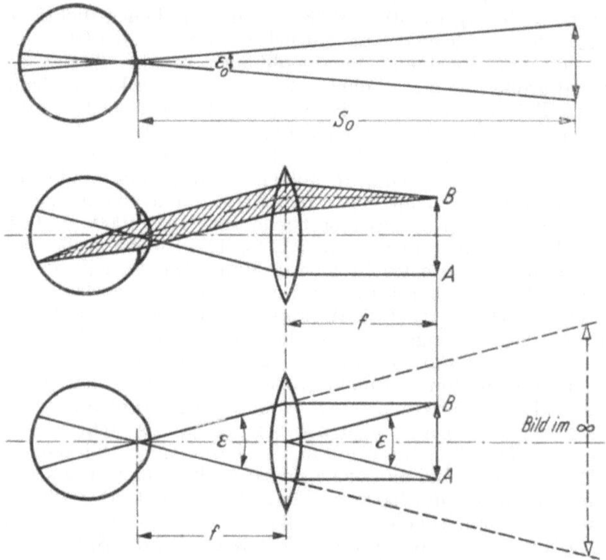

Abb. 87. Strahlengang bei einer Lupe (nach GERTHSEN). Das unter dem Winkel ε_0 gesehene Objekt $A\,B$ kann bis in die einfache Brennweite der Linse herangeholt werden und erscheint daher unter dem Winkel ε

In diesem Sinne ist das brechende System des Auges als Objektiv zu verstehen, welches auf der Netzhaut als Bildfläche ein umgekehrtes reelles Bild entwirft.

c) Feldlinse

Beobachtet man ein von einem Objektiv entworfenes reelles Bild ohne Mattscheibe mit unbewaffnetem Auge, so wirkt die Begrenzung des Objektivs als Gesichtsfeldblende des beobachtbaren Strahlenraums.

Der größte Teil der vom Objektiv gesammelten Strahlenbündel kann nicht in die Pupille des Auges gelangen und wird daher nicht gesehen.

Bringt man hingegen in die unmittelbare Nähe des vom Objektiv entworfenen reellen Bildes eine Sammellinse, welche die Blende des Objektivs in die Pupille des Auges abbildet, so wird das Objektiv nicht mehr unmittelbar, sondern wie durch eine Lupe gesehen, und das Gesichtsfeld wird nunmehr durch die Fassung der Feldlinse oder des Kollektivs begrenzt.

d) Okular

Das vom Objektiv entworfene Bild, welches in der Nähe der Feldlinse gelegen ist, kann vom Auge nur dann gesehen werden, wenn es innerhalb seiner deutlichen Sehweite liegt. Um das Bild und damit auch die Feldlinse näher an das Auge heranbringen zu können, um also das gleiche Gesichtsfeld größer zu sehen, beobachtet man Feldlinse und Bild durch eine vor das Auge gebrachte Lupe. Feldlinse und Lupe bilden zusammen das Okular. Im allgemeinen wird das vom Objektiv entworfene Bild nicht in die Feldlinse des Okulars abgebildet, sondern etwas vor dieselbe (Ramsdensches Okular) oder zwischen Feldlinse und Lupe (Huygenssches Okular). Auf diese Weise besteht die Möglichkeit, in die Bildebene des Objektivs ein Fadenkreuz oder ein Gradnetz zu bringen, welches ermöglicht, ein Fernrohr auf einen Punkt auszurichten und am beobachteten Objekt genaue Messungen durchzuführen (Abb. 88).

Die Lupe des Okulars ist bei festen Okularen gewöhnlich so eingestellt, daß das vom Objektiv entworfene und von der Feldlinse ein wenig veränderte Bild (im Ramsdenschen Okular entwirft die Feldlinse ein virtuelles Bild von einem reellen „Gegenstand", im Huygensschen Okular ein reelles Bild von einem virtuellen Gegenstand) in der vorderen Brennweite der Lupe gelegen ist. Dann tritt das Öffnungsstrahlenbündel parallel aus dem Okular heraus und wird von einem auf die Ferne eingestellten emmetropen Auge deutlich gesehen.

Man kann aber darüberhinaus die Vergenz des Öffnungsstrahlenbündels dadurch ändern, daß man die Lupe gegen die Feldlinse verschiebt: Wird sie auf dieselbe zugeschoben, liegt also das zu beobachtende Bild innerhalb der Brennweite der Lupe, so werden die Öffnungsstrahlenbündel auch nach der Brechung durch die Lupe divergieren, das Bild, welches die Lupe entwirft, wird also vor dem beobachtenden Auge im Endlichen liegen, das Okular bzw. das gesamte Gerät ist für ein kurzsichtiges Auge eingestellt. Wird umgekehrt die Lupe weiter von der Feldlinse entfernt, so werden die Öffnungsstrahlenbündel konvergierend aus der Lupe austreten, das Okular und damit das gesamte System ist für ein hyperopes Auge eingestellt. Auf Grund der Gesetze des telezentrischen Strahlengangs ist dabei die Vergenzänderung im bildseitigen Brennpunkt der Lupe der Verschiebung des objektseitigen Brennpunktes gegen die Objektfläche proportional (wobei unter Objektfläche die Fläche des von der Lupe beobachteten Bildes zu verstehen ist).

Das Prinzip des Huygensschen Okulars ermöglicht es zudem, auf einfache Weise monochromatische und chromatische Abbildungsfehler zu beheben (Abb. 88). Die Strahlen des zwischen Feldlinse und Lupe gelegenen Bildes durchsetzen die Feldlinse in anderer Reihenfolge als die Lupe, d. h. ein Strahl, der die Feldlinse sehr randnahe durchsetzt, trifft die Lupe in einer mehr zentralen Zone und umgekehrt. Dadurch wird die monochromatische Aberration vermindert.

Das kurzwellige Licht wird in der Feldlinse stärker abgelenkt als das langwellige und trifft daher die Lupe in größerer Achsennähe, so daß es hier weniger abgelenkt wird als das langwellige Licht, welches die Lupe weiter peripher durchsetzt.

Ein Okular ist also kein selbständiges optisches Instrument, sondern, wie sein Name ausdrückt, das spezielle Verbindungsstück eines optischen Instrumentes mit dem Auge. Grundsätzlich ist ja jedes optische Instrument, welches der Beobachtung durch das Auge dient, ein optisches System, das eigentlich erst

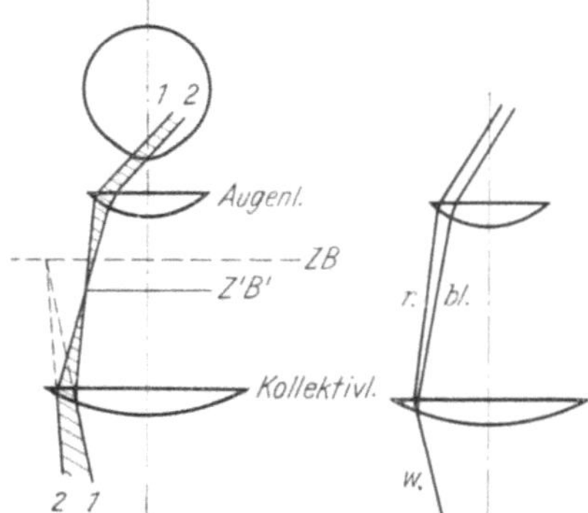

Abb. 88. Das Huygenssche Okular und sein Einfluß auf die sphärische (a) und chromatische (b)-Aberration (nach GERTHSEN). An der Stelle Z' u. B' entsteht ein reelles Zwischenbild, in welches ein Fadenkreuz oder eine Meßskala eingebracht werden kann. Da sich an dieser Stelle die aus der Kollektivlinse kommenden Strahlen kreuzen, heben sich die Aberrationen seitens der Kollektivlinse und der Augenlinse bis zu einem gewissen Grade auf

dann vollständig ist, wenn auch ein beobachtendes Auge hinzukommt. Instrument und Auge zusammen bilden dann ein neues zusammengesetztes optisches System.

Von besonderem Interesse ist in diesem Zusammenhang noch die Austrittspupille des Instrumentes. Sie ist das Bild, welches das Okularsystem von der im Bereich des Objektivs gelegenen Aperturblende entwirft. Dieses Bild ist bei dem Huygensschen Okular gewöhnlich ein reelles, hinter dem Okularsystem (in Richtung des Auges) gelegenes Bild.

Das beobachtende Auge stellt sich nun so ein, daß die Austrittspupille des Instrumentes in die (Eintritts-)Pupille des Auges abgebildet wird. Dadurch wird das verfügbare Gesichtsfeld optimal ausgenützt.

e) Lichttechnische Bedeutung der Austrittspupille

Bei optischen Systemen, welche eine Austrittspupille reell in die Pupille des Auges abbilden, ist diese Austrittspupille oft enger als die Pupille des Auges. Solange die Pupille des Auges eine Begrenzung des Beobachtungsstrahlenraumes ist, wird die Leuchtdichte eines Objektes, d. h. die von ihm bewirkte Beleuchtungsstärke auf der Netzhaut, durch die Abbildung nicht geändert, weil der bildseitige Öffnungswinkel stets das Verhältnis des Pupillendurchmessers zum Abstand der (Austritts-)Pupille des Auges von der Netzhaut ist. Ist dagegen die Austrittspupille des Systems kleiner als die Pupille des Auges, so ist der bildseitige Öffnungswinkel kleiner, es erfolgt also ein Leuchtdichteverlust, welcher proportional dem Quadrat des Verhältnisses der Durchmesser der Austrittspupille des Instrumentes zum Pupillendurchmesser des Auges ist.

Für Mikroskope hat dies die Konsequenz, daß das zu beobachtende Objekt besonders hell beleuchtet werden muß, damit es trotz dem Leuchtdichteverlust, welcher gerade bei starken Vergrößerungen erhebliche Ausmaße annehmen kann, genügend hell erscheint. Daher bedarf bei allen derartigen Systemen der Beleuchtungsstrahlenraum einer besonderen Berücksichtigung.

Anders bei den Fernrohrsystemen, bei denen keine künstliche Beleuchtung des Objektes möglich ist. Bei Fernrohren, die der Beobachtung auf der Erde dienen, muß daher die Austrittspupille des Systems mindestens den Durchmesser der Pupille des Auges haben, wenn kein Leuchtdichteverlust eintreten soll. Da aber das Verhältnis des Durchmessers der Eintrittspupille zur Austrittspupille den Vergrößerungskoeffizienten des bildseitigen zum dingseitigen Hauptstrahlneigungswinkel und damit den linearen Vergrößerungskoeffizienten bestimmt, ist ein solches System auch bezüglich der Vergrößerung um so leistungsfähiger, je größer die Eintrittspupille, also der Durchmesser des Objektivs ist.

Bei astronomischen Fernrohren hingegen wird der Leuchtdichteverlust dazu ausgenützt, Fixsterne bei Tage zu beobachten. Der Leuchtdichteverlust betrifft nämlich in erster Linie die Leuchtdichte des Himmels, welcher bei der Beobachtung durch ein solches System verdunkelt wird. Bei den beobachteten Fixsternen hingegen wird dieser Leuchtdichteverlust durch ihre Vergrößerung mehr als ausgeglichen. Da der anguläre Durchmesser eines Fixsternes weit unterhalb des angulären Auflösungsvermögens des Auges, ja sogar aller bisher verfügbaren optischen Instrumente ist, ist die vergrößerte Abbildung eines solchen Fixsternes gleichbedeutend mit einer Vergrößerung seiner Helligkeit, d. h. der von ihm erzeugten Beleuchtungsstärke. Diese Vergrößerung des Fixsterns ist aber bei den astronomischen Fernrohren durchweg größer als die Verkleinerung der Austrittspupille gegenüber der Pupille des Auges.

Die gesamte „Helligkeitsvergrößerung" eines Fixsterns bei der Abbildung durch ein astronomisches Fernrohr ist gleich dem Verhältnis der Fläche der Eintrittspupille (d. h. der Objektivfläche) zur Pupillenfläche des Auges.

Entoptische Erscheinungen bei Beobachtung mit optischen Instrumenten.
Bei starken Vergrößerungen ist die Austrittspupille des Mikroskops, welche
gewöhnlich außerhalb des Okulars reell abgebildet wird, wesentlich kleiner als die
Pupille des Auges. Größenordnungsmäßig entspricht sie etwa einem mit einer
Nadel in ein Stück Papier gestochenen Loch (vgl. S. 98 u. 222). Das hat zur Folge,
daß innerhalb des Auges gelegene schattengebende Strukturen, insbesondere beginnende
Glaskörpertrübungen, beim Mikroskopieren mit starken Vergrößerungen
besonders leicht entoptisch sichtbar werden und damit störend in Erscheinung
treten.

f) Galiläisches Fernrohr

Das Prinzip des Galiläischen Fernrohrs macht man sich am besten gleich im
Zusammenhang mit dem beobachtenden Auge klar. Es besteht aus einer zerstreuenden
„Okular"linse, welche gleichsam die Aufgabe hat, das beobachtende
Auge künstlich stark hyperop zu machen (in ähnlicher Weise, wie die Lupe
eines Okulars das Auge künstlich myop macht). Dieses hyperope System Auge
+ Okular wird durch eine Sammellinse in größerer Entfernung vor dem Auge
korrigiert (Objektiv). Die vergrößernde Wirkung eines sammelnden Brillenglases
ist bekanntlich um so stärker, je weiter es vom Auge entfernt ist. Die Eintrittspupille des Gesamtsystems ist das vom Fernrohr im umgekehrten Strahlengang
entworfene Bild der Pupille des Auges, daher tritt bei einem solchen Fernrohr
keine Leuchtdichteminderung auf (vgl. Abb. 70).

Das Fernrohr selbst hat keine reelle Austrittspupille: Das verkleinerte virtuelle
Bild, welches die zerstreuende Okularlinse von der das Objektiv begrenzenden
Aperturblende und Eintrittspupille entwirft, ist die Austrittspupille des Fernrohrs.
Da die Objektivfassung bei einem Galiläischen Fernrohr durch das Okular nicht
vergrößert wird und die Austrittspupille in größerer Entfernung vor dem Auge
gelegen ist, stellt diese Austrittspupille des Fernrohrs zugleich die Gesichtsfeldgrenze dar. Ein Galiläisches Fernrohr hat also ein verhältnismäßig kleines Gesichtsfeld. Ein weiterer Nachteil dieses Fernrohrtyps ist die Tatsache, daß keine reelle
Objektabbildung entsteht: Hierdurch ist es nicht möglich, ein Fadenkreuz oder
ein Meßsystem an den Ort des reellen Bildes zu bringen.

Diesen Nachteilen, zu denen noch die verhältnismäßig geringen Vergrößerungs-
möglichkeiten kommen, stehen aber einige nicht unbeträchtliche Vorteile gegenüber: Da das Fernrohr ein aufrechtes Bild erzeugt, ist ein Umkehrsystem nicht
notwendig. Man kommt insgesamt mit verhältnismäßig wenig Linsen aus, so daß
seine Herstellung sehr viel billiger ist als die eines Keplerschen Fernrohrs, außerdem bedingt die geringe Zahl an brechenden Flächen entsprechend geringe Licht-
verluste, durch den Abbildungsvorgang selbst tritt ohnehin kein Helligkeits-
verlust ein.

g) Kondensoren

Die bisher geschilderten optischen Instrumente dienten dazu, selbstleuchtenden
Objekten, worunter auch solche Objekte zu verstehen sind, welche mit Licht ohne
besondere Vorkehrungen optischer Art beleuchtet werden, reell oder virtuell
abzubilden.

Bei einer großen Zahl ophthalmologisch-optischer Untersuchungsgeräte hingegen ist die Beleuchtung ebenso wie beim Mikroskop und Projektionsapparat
Sache eines eigenen, meist mit dem Beobachtungssystem in zweckmäßiger Weise
kombinierten Systems, des Beleuchtungssystems. Im allgemeinen haben wir bei
einer derartigen „optischen Beleuchtung" zwei Strahlenräume zu unterscheiden:
Einen „Beleuchtungsstrahlenraum", welcher sich von der Lichtquelle über eine

Beleuchtungsoptik bis zum beleuchteten Objekt erstreckt, und einen Beobachtungsstrahlenraum, welcher vom beleuchteten Objekt über Objektiv, Okular zur Pupille und Netzhaut des beobachtenden Auges reicht. Bei Projektionsapparaten kann man nur im übertragenen Sinne vom Beobachtungsstrahlenraum sprechen: Er reicht hier einerseits vom beleuchteten Objekt über das Objektiv zur Projektionswand, auf der das beleuchtete Objekt abgebildet wird, andererseits von dort über die Pupille zur Netzhaut des beobachtenden Auges.

Linsen innerhalb eines Beleuchtungsstrahlenraums werden gewöhnlich als Kondensoren bezeichnet, weil sie den divergierenden, also sich verdünnenden

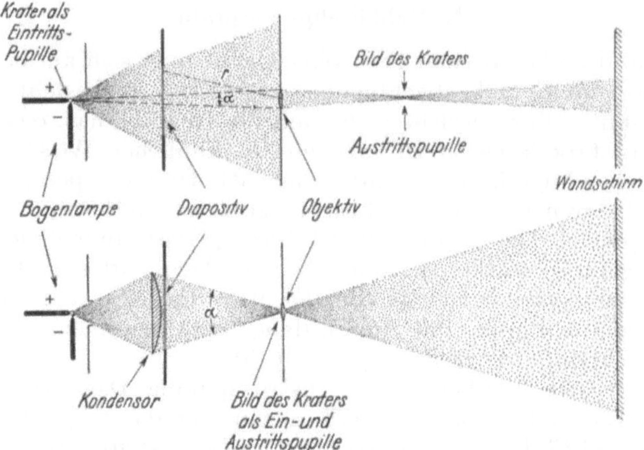

Abb. 89. Falsch und richtig zusammengesetzte Projektionseinrichtungen. Oben: Die Objektivfassung bestimmt als Gesichtsfeldblende den Gesichtswinkel α, d. h. den größten noch nutzbaren Winkel zwischen zwei dingseitigen Hauptstrahlen. Der Scheitel dieses Winkels liegt im Zentrum der Eintrittspupille. Unten: richtig zusammengesetzter Projektionsapparat. Der Kondensor entwirft ein Bild des Kraters ins Objektiv. Der Rahmen des Diapositivs ist Gesichtsfeldblende (nach POHL)

Lichtstrom verdichten. Das Prinzip läßt sich am einfachsten am üblichen Projektionsapparat erläutern (Abb. 89). Ein Diapositiv soll durch ein Objektiv auf einer Wand abgebildet werden (man spricht hierbei gewöhnlich von Projektion, obwohl im allgemeinen eine Abbildung verlangt wird). Zu diesem Zweck wird es von hinten erleuchtet. Der Beleuchtungsstrahlenraum wird zunächst von der Lichtquelle als Aperturblende und dem Rahmen des Diapositivs als Gesichtsfeldblende begrenzt. Der vom Objektiv zur Projektionswand reichende Strahlenraum wird von dem Rand des Diapositivs als Gesichtsfeldblende und der Objektivfassung als Aperturblende begrenzt. Abb. 89a läßt erkennen, daß diese beiden Strahlenräume nicht zusammenfallen; nur ein sehr kleiner Teil des von der Lichtquelle ausgesandten Lichtstroms wird durch das Objektiv erfaßt und bildet einen besonderen Strahlenraum, der von Lichtquelle und Objektivöffnung begrenzt wird. Nur der Teil des Diapositivs, der innerhalb dieses von Lichtquelle und Objektivöffnung begrenzten Strahlenraumes gelegen ist, wird voll ausgeleuchtet. Die übrigen Teile des Diapositivs werden zwar auch von hinten beleuchtet, die Strahlen ändern ihre Richtung aber beim Durchtritt durch das Diapositiv nicht nennenswert und gelangen daher nicht in das Objektiv.

Bringt man hingegen unmittelbar vor oder hinter das Diapositiv einen Kondensor — das ist eine Linse, deren Öffnung so groß ist, daß sie das ganze Diapositiv bedeckt, und welche die Aufgabe hat, die Lichtquelle in das Objektiv abzubilden — so stimmen Beleuchtungsstrahlenraum und Abbildungsstrahlenraum praktisch überein, die Lichtquellenenergie wird maximal ausgenützt und das Objekt bzw.

Diapositiv wird gleichmäßig erleuchtet auf der Wand abgebildet. Man sieht leicht, daß ein Kondensor innerhalb eines Beleuchtungsstrahlenraums eine ähnliche Funktion auszuüben hat wie eine Feldlinse bzw. ein Kollektiv innerhalb eines Beobachtungsstrahlenraumes: Sie vergrößert gewissermaßen das voll ausgeleuchtete Gesichtsfeld. In ähnlicher Weise wirken auch die Kondensoren der Mikroskope (Abb. 89 b).

Zusammenfassend kann man sagen, daß die Wirkung der Linsen davon abhängt, in welchen Beziehungen sie zu den beiden Blenden eines Strahlenraums stehen. Versteht man dieses und ferner die Tatsache, daß jede Linse grundsätzlich den ganzen Strahlenraum, d. h. Aperturblende und Gesichtsfeldblende abbildet, so bereitet das Verständnis optischer Geräte nicht mehr viel Schwierigkeiten.

Allerdings soll sich dieses Verständnis nicht auf die Prinzipien der Korrektur der Abbildungsfehler erstrecken. Dies ist Sache der technischen Optik und würde hier zu weit führen.

14. Interferenz und Abbildung

a) Interferenz durch Bündelbegrenzung
(Beugung durch Blenden)

Bei der Anwendung des Brechungsgesetzes auf die Prinzipien der Abbildung haben wir es vorgezogen, die Berechnungen auf der Hypothese der „Strahlen" aufzubauen, weil dies gewisse praktische Vorteile aufweist. Grundsätzlich kann man nicht nur das Brechungsgesetz selbst, sondern auch die allgemeinen Abbildungsgesetze auf der Grundlage der Wellentheorie abhandeln.

Wir hatten in diesem Zusammenhang bereits darauf hingewiesen, daß die Punkte der kaustischen Flächen sowohl Schnittpunkte der „unendlich naheliegenden Strahlen" als auch „Krümmungsmittelpunkte der Wellenflächen" darstellen; „Krümmungsmittelpunkte der gebrochenen Wellenflächen" bedeutet aber weiterhin, daß es sich um Punkte handelt, an denen die sich schneidenden Strahlen keine Phasendifferenz haben, anders ausgedrückt, es handelt sich bei den Punkten der kaustischen Flächen um Interferenzmaxima 0. Ordnung.

Auf der Konvexität der kaustischen Flächen schneiden sich nun ebenfalls Strahlen, aber solche Strahlen, die an den entsprechenden Wellenflächen weiter auseinander liegen als die Strahlen, welche sich auf den kaustischen Flächen schneiden. Diese weiter auseinanderliegenden Strahlen haben an ihren Schnittpunkten gewisse Phasendifferenzen, so daß der Konvexseite einer kaustischen Fläche eine Fläche anliegt, welche ein Minimum I. Ordnung der Interferenz darstellt, so wie dies für Modellwellen etwa in Abb. 52 gezeigt wird. Freilich werden diese Minima I. oder gar höherer Ordnung bei kaustischen Flächen nur unter besonderen Untersuchungsbedingungen nachweisbar sein, da sie wegen der sehr kleinen Wellenlängen des sichtbaren Lichtes im allgemeinen den kaustischen Flächen so dicht anliegen, daß sie bei den allgemein gebräuchlichen Lichtquellen nicht nachgewiesen werden können.

Sie werden indessen dort nachgewiesen werden können, wo es sich um extrem kleine Lichtquellen von großer Leuchtdichte handelt. Solche extrem kleinen Lichtquellen stellen für uns die Fixsterne dar. Auch die nächsten und größten Fixsterne sind so klein, daß unsere stärksten optischen Instrumente nicht in der Lage sind, sie so abzubilden, wie wir dies von einem irdischen Objekt gewohnt sind, d. h. so, daß die Form ihrer Oberfläche in irgendeiner Weise erkennbar wäre. Somit stellt ein Fixstern für uns tatsächlich den Idealfall einer „punktförmigen" Lichtquelle im „Unendlichen" dar.

Abb. 90 zeigt verschiedene Schnitte durch einen gebrochenen Wellenzug, welcher seinen dingseitigen Ausgang von einem Fixstern nimmt, in dem man ohne Schwierigkeiten analoge Querschnitte zu dem in Abb. 52 gezeigten Modellwellenzug erkennen kann. Insbesondere zeigt Abb. 91 einen Querschnitt durch den Wellenzug an der Stelle, welche dem „Brennpunkt" der geometrischen Optik entspricht. An Stelle des „Bildpunktes" der geometrischen Optik entsteht also ein Interferenzmaximum 0. Ordnung, welches von Minimis und Maximis höherer Ordnung konzentrisch umgeben ist.

Der „Bildpunkt" ist somit physikalisch-optisch gesehen eine Interferenzfigur der Blendenöffnung.

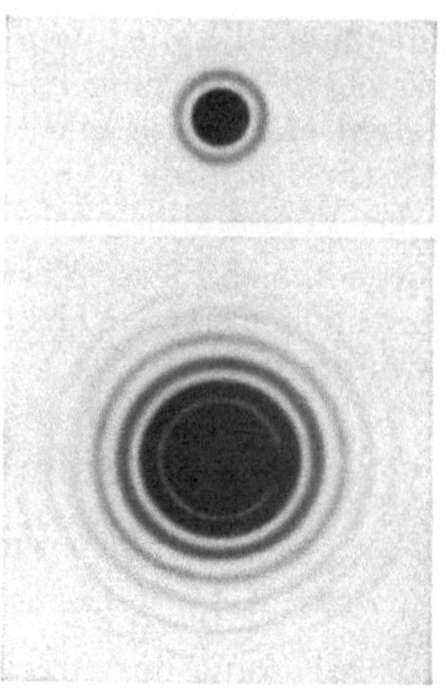

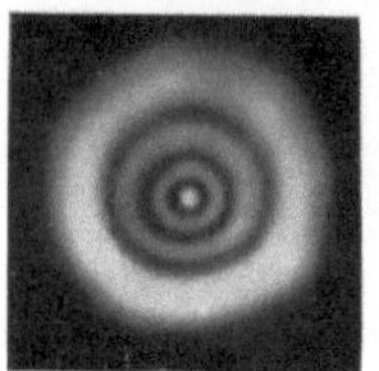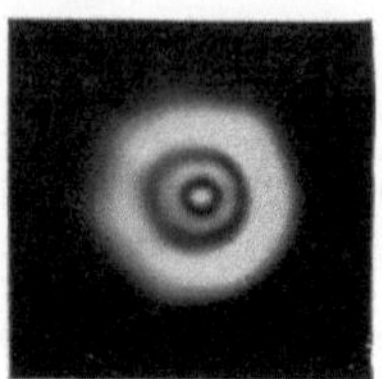

Abb. 90. Zwei außerhalb des Brennpunktes gelegene Interferenzfiguren eines durch eine Sammellinse abgebildeten Lichtpunktes aus unendlicher Ferne. Sie sind als Querschnitte zur Abb. 52 zu verstehen (nach Pohl)

Abb. 91. Interferenzringe eines unendlich fernen Objektpunktes (photographisches Negativ). Unten längere Belichtungsdauer, dadurch werden auch noch Maxima und Minima höherer Ordnung zur Darstellung gebracht (nach Pohl)

Bei dieser Sachlage ist es von entscheidender Bedeutung für die Beurteilung der Leistungsfähigkeit eines optischen Systems, zu wissen, welchen Winkelabstand zwei Fixsterne voneinander einnehmen müssen, damit die von ihnen entworfenen Beugungsscheibchen noch getrennt werden können. Im allgemeinen nimmt man an, daß dies der Fall ist, wenn das Minimum I. Ordnung des einen Sterns durch die Mitte des Maximum 0. Ordnung des anderen Sternes geht (Abb. 92). Man nennt diesen Winkelabstand das anguläre Auflösungsvermögen eines Instrumentes. Es ist also praktisch identisch mit dem Winkel, unter dem die Mitte des Maximum 0. Ordnung und das Minimum I. Ordnung von der Blendenmitte aus gesehen werden.

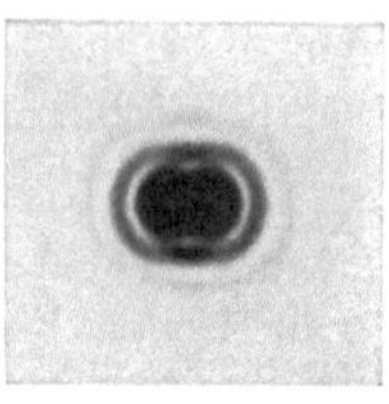

Abb. 92. Interferenzfigur zweier ferner Lichtpunkte (z. B. zweier Sterne), die gerade an der Grenze des Auflösungsvermögens liegen. Es entstehen zwei Interferenzfiguren, die gerade eben noch zu unterscheiden sind, nicht hingegen zwei deutlich trennbare Bildpunkte (photographisches Negativ) (nach Pohl)

Man wählt also wieder die Blendenmitte als Projektionszentrum. Bestimmt man nun den Winkel, unter dem das Minimum I. Ordnung vom Maximum 0. Ordnung abweicht, so hängt dieser Winkel allein von den beiden Größen Wellenlänge und Blendendurchmesser ab, und zwar ist

$$\sin \alpha \approx \frac{\lambda}{B}.$$

Für das anguläre Auflösungsvermögen spielen demnach Einzelheiten der Art der Zusammensetzung des optischen Systems keine Rolle: Entscheidend ist nur das Verhältnis der Wellenlänge zur Blendenöffnung. Auch durch eine Okularvergrößerung wird das Auflösungsvermögen nicht verändert: Im Bildraum ist zwar der Hauptstrahlneigungswinkel vergrößert, aber umgekehrt proportional zu dieser

Vergrößerung wird die Eintrittspupille in der Austrittspupille abgebildet. Auch wenn der Bildraum sich in einem optisch dichteren Medium befindet (wie etwa im menschlichen Auge), ändert sich nichts an den grundlegenden Beziehungen: Die Wellenlänge ist zwar im optisch dichteren Medium umgekehrt proportional zum Brechungsindex kürzer, aber im gleichen Verhältnis werden auch Hauptstrahlneigungs- und Öffnungswinkel im optisch dichteren Medium verkleinert. Beide. d. h. Wellenlängen und Öffnungswinkel werden, um vergleichbare Werte zu erhalten, vom optisch dichteren Medium aus auf Luft reduziert, indem man sie mit dem Brechungsindex multipliziert (vgl. S. 81).

Im Zusammenhang mit der Lichttechnik und der Interferenz bekommt die optische Abbildung überhaupt erst ihren praktischen Sinn: Formal könnte man von einer geometrischen Zentralprojektion grundsätzlich das gleiche erwarten wie von einer optischen Abbildung, ja noch mehr, innerhalb der Zentralprojektion haben wir keine Abbildungsfehler zu erwarten. Die praktische Durchführbarkeit einer Zentralprojektion etwa im Sinne einer Lochkameraabbildung ist aber begrenzt: Hat man eine große Öffnung als Aperturblende, so werden zwei einfallende Parallelstrahlenbündel, welche miteinander einen kleinen Winkel einschließen, erst weit hinter der Öffnung wieder getrennt werden. Das abbildende Loch müßte also um so kleiner gemacht werden, je größer das verlangte Auflösungsvermögen sein soll. Das steht aber den durch die Interferenz bedingten Forderungen gerade entgegen: Durch die Interferenz wird ein Parallelstrahlenbündel zu einem divergierenden Strahlenbündel, und diese Divergenz ist um so größer, je kleiner die abbildende Blende ist. Man müßte also die Projektionsfläche sehr weit von der Aperturblende entfernen: Dann wird aber der Öffnungswinkel, unter dem die Aperturblende von der Projektionsfläche aus gesehen wird, sehr klein und somit die Projektion sehr lichtschwach. Aus diesem Dilemma vermag uns allein die optische Abbildung zu befreien: Durch sie kommen wir zu großen bildseitigen Öffnungswinkeln, somit stark beleuchteten Bildern, zu großen Blendendurchmessern, somit großem angulärem Auflösungsvermögen und schließlich zu erträglichen Gesamtabmessungen der optischen Systeme.

Das Verständnis der Beugungserscheinungen an einer Blendenöffnung bei gleichzeitig bestehender Abbildung gewinnt man am besten auf folgende Weise: Man untersucht zunächst einmal, wie ein Parallelstrahlenbündel ohne Abbildung beim Durchgang durch eine Blende verändert wird (Abb. 93). Das Interferenzminimum I. Ordnung, welches nach dem Blendendurchgang die praktische Bündelbegrenzung bedeutet, stellt in der Ebene eine Hyperbel, bei einer kreisrunden Blende dementsprechend ein Rotationshyperboloid dar. Da wir aber die Projektion ohnehin erst in einer großen (streng genommen, wegen

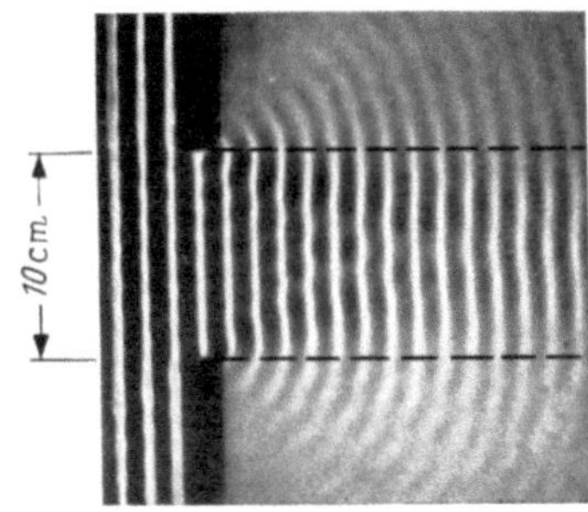

Abb. 93. Beugung paralleler Wasserwellen an einer Öffnung, die wesentlich größer ist als die Wellenlänge (vgl. auch Abb. 23) (nach POHL)

des endlich großen Blendendurchmessers erst in unendlich großer) Entfernung von der Blendenöffnung durchführen können, genügt es, an Stelle dieses Rotationshyperboloides den Kegelmantel zu betrachten, welcher durch Rotation der entsprechenden Hyperbelasymptote entsteht, und der seine Spitze in der Blendenmitte hat. Der von diesem Mantel eingeschlossene Kegel stellt das Hauptstrahlenbündel nach der Beugung an der Blende dar. Das Öffnungsstrahlenbündel ist das (objektseitige) Parallelstrahlenbündel. Bringt man nun in die Blendenöffnung ein einfaches oder ein zusammengesetztes optisches System, dessen Dicke vernachlässigt werden kann, so wird durch dieses System wohl der Öffnungswinkel geändert, nicht aber der Hauptstrahlneigungswinkel (sofern man beim einfachen System die notwendige Reduktion auf Luft durchführt), weil ja das Projektionszentrum nur in sich selbst abgebildet wird. Somit kann der „Schaden", welcher einmal durch die Beugung bewirkt worden ist, durch keine Art der Abbildung wieder gut gemacht werden. Wohl kann durch ein weiteres optisches System auch die Vergenz des (gebeugten) Hauptstrahlenbündels geändert werden, aber das wird im Zweifelsfalle nur zu einer Abbildung der beugenden Öffnung führen, nicht aber zu einer Verbesserung der Objektabbildung.

b) Interferenz an beugenden Strukturen

In grundsätzlich gleicher Weise kann man auch die Interferenz behandeln, die durch andere beugende Strukturen bewirkt wird: Die jeweiligen Maxima und Minima der Interferenz werden wie Hauptstrahlen behandelt, deren Projektionszentrum in die Mitte der beugenden Struktur verlegt wird. Bei Vorliegen einer optischen Abbildung wird dann die beugende Struktur in jedem Strahlenraum abgebildet, ihr Mittelpunkt ist das Projektionszentrum im jeweiligen Strahlenraum.

Da sich auch im menschlichen Auge verschiedene beugende Strukturen befinden, welche ohne große Schwierigkeiten entoptisch sichtbar gemacht werden können, ist hiermit ein Weg gegeben, solche Interferenzerscheinungen quantitativ auszuwerten.

Ehe wir jedoch auf diese Interferenzerscheinungen innerhalb des menschlichen Auges näher eingehen, scheint es erforderlich, die physikalischen Grundlagen derartiger Interferenzerscheinungen zu erläutern. Es handelt sich dabei vorwiegend um dreierlei Formen der Interferenz:

1. Die bereits erwähnte Interferenz an einer Blendenöffnung, am Auge also die Interferenz an der Pupille. Sie hat insofern eine große praktische Bedeutung, als sie die Grenze des angulären Auflösungsvermögens des Auges bestimmt. Dieses ist zwar schon durch ein anderes Moment gegeben: Durch das „Netzhautraster", d. h. durch die Dichte, mit der die lichtempfindlichen Sinneszellen auf der Netzhaut verteilt sind. Denn um zwei Objektpunkte getrennt wahrnehmen zu können, ist es erforderlich, daß die ihnen zugeordneten Bildpunkte nicht viel näher auf der Netzhaut beieinander liegen, als dem Durchmesser von zwei Sinneszellen entspricht. Dies führt dazu, daß der kleinste, für das unbewaffnete Auge auflösbare Winkel in der Größenordnung einer halben Winkelminute liegt.

Bestimmen wir aber das anguläre Auflösungsvermögen des Auges aus dem Verhältnis derjenigen Wellenlänge des sichtbaren Lichtes, welche die größte (subjektive) Helligkeit besitzt — es handelt sich dabei um die als gelbgrün empfundene Wellenlänge von 560 mμ — zum mittleren Durchmesser der Pupille, etwa 4 mm, so kommt man zumindest in der Größenordnung auf das gleiche Auflösungsvermögen des Auges. Das heißt aber, daß Physiologie und Physik zur gleichen Leistungsgrenze des Auges führen, daß also die physiologische Leistungsmöglichkeit des Auges soweit reicht, wie dies auf Grund der physikalischen Gegebenheiten überhaupt möglich ist. Aus diesem Grunde sind wir auch nicht in der Lage, die Interferenz am Pupillenrande entoptisch wahrzunehmen. Es kommt hinzu, daß die in der subjektiven Stigmatoskopie nachgewiesenen Aberrationsfiguren der Linse so ausgeprägt sind, daß sie die Beugungserscheinungen nicht erkennen lassen. Daher ist auch der in der physikalischen Optik gültige Satz, daß ein Bildpunkt die Beugungsfigur der Blendenöffnung ist, auf das Auge nicht anwendbar, weil hier ein Bildpunkt als optimaler Schnittpunkt durch die kaustischen Flächen vorwiegend aus der Brechung zu erklären ist.

c) Interferenzgitter

Zur Erklärung der „Beugungsgitter" gehen wir von der auf S. 39 ff. erwähnten Interferenz zweier phasengleich, d. h. kohärent schwingender Wellenzüge aus.

Prinzipiell kann man solche Wellenzüge außer der auf S. 44 gezeigten Weise dadurch herstellen, daß man zwei kleine dicht benachbarte Löcher in eine undurchsichtige Folie — schwarzes Papier oder Blech — bohrt (es genügen zwei Nadelstiche im Abstand von 1 mm oder weniger). Nach dem Fresnelschen Prinzip wirken diese beiden Löcher, wenn sie von einer Lichtquelle beleuchtet werden, wie zwei phasengleich schwingende Wellenzentren. An Stelle eines Schattens dieser Löcher würde man also an einer gegenüberliegenden Wand die entsprechenden Interferenzphänomene

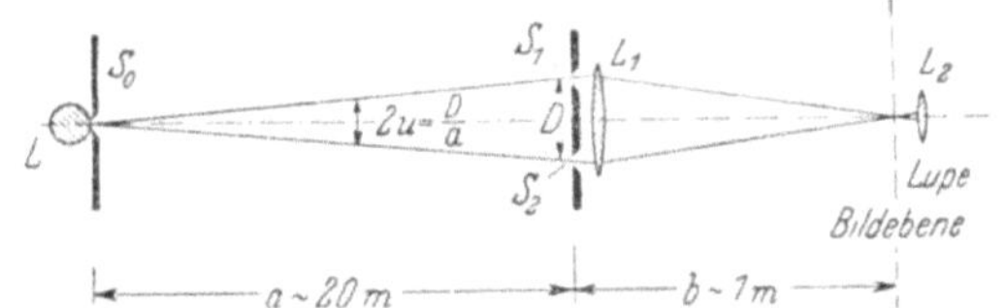

Abb. 94. Youngs Anordnung zum Nachweis der Interferenz: Die von der Lichtquelle L austretenden Strahlen werden hinter dem Gitter S_1 S_2 durch eine Linse L_1 gesammelt und vor der Linse L_2 abgebildet. Man kann die Interferenzfiguren dort auf einer Mattscheibe abbilden oder durch eine zweite Linse L_2 beobachten (nach Pohl)

beobachten können. Indessen sind die Phänomene in dieser Form gewöhnlich zu lichtschwach. Um eine größere Lichtausbeute zu erhalten und die Interferenzphänomene sichtbar zu machen, gibt es zwei Möglichkeiten, die miteinander kombiniert werden können:

1. An Stelle zweier Löcher, welche zwei Kugelwellensysteme mit benachbarten Zentren liefern, verwendet man zwei schmale parallele Spalten, die zwei Zylinderwellensysteme mit ebenfalls parallelen Achsen liefern.

2. Man bildet die Lichtquelle (nicht die Spalte) durch eine in der Nähe der Spalte befindliche Sammellinse auf einem gegenüberliegenden Schirm ab (Abb. 94). Bei Verwendung monochromatischen Lichtes erhält man dann als „Bild" der Lichtquelle eine Interferenzfigur nach Art der Abb. 95, verwendet man hingegen Weißlicht, so erhält man ein einfaches „Interferenzspektrum", weil die Maxima und Minima für die verschiedenen Wellenlängen nicht in gleicher Richtung liegen; so besitzt das Maximum 0. Ordnung zu beiden Seiten einen rötlichen Saum, weil für das kurzwellige blau-violette Licht in dieser Richtung bereits das Minimum I. Ordnung beginnt. Das Maximum I. Ordnung beginnt innen mit einem bläulichen Saum und läuft nach außen in einen rötlichen Saum aus. Bei den Interferenzen höherer Ordnung kommt es indessen schon zu weitgehenden Überlagerungen zwischen lang- und kurzwelligen Maxima und Minima verschiedener Ordnungen, so daß eine „Ordnung" in den Interferenzspektren nur schwer zu erkennen ist.

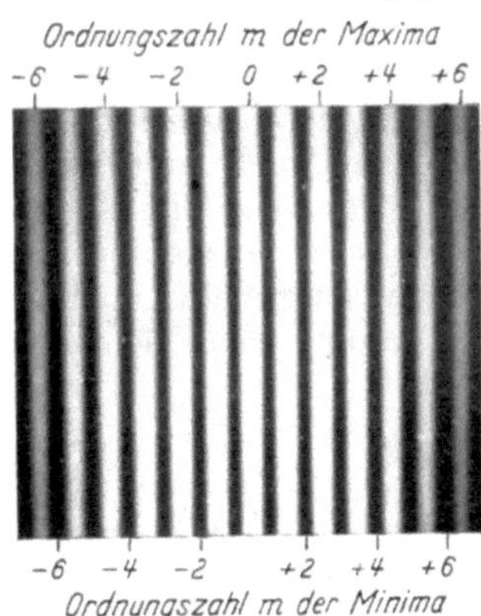

Abb. 95. Interferenzfiguren, mit der in Abb. 94 skizzierten Versuchsanordnung dargestellt (nach Pohl)

Führt man den Modellversuch nach Abb. 94 fort, indem man drei, vier oder mehr Wellenzentren in gleichem Abstand benutzt, so erhält man die in Abb. 96 dargestellten Interferenzfiguren. Bei Erhöhung der Anzahl der Zentren findet man zweierlei:

1. Mit wachsender Anzahl N der Wellenzentren bleiben die schon bei zwei Zentren vorhandenen Maxima erhalten, doch wird jedes einzelne auf einen engeren Winkelbereich zusammengedrängt.

2. Zwischen je zwei benachbarten Maximis erscheinen $(N - 2)$ Nebenmaxima, die als Interferenzen der nicht unmittelbar benachbarten Wellenzentren aufzufassen sind, also eins bei drei Zentren, zwei bei vier Zentren usw. Abb. 97 gibt eine schematische Übersicht über 6 phasengleich schwingende Wellenzentren mit Interferenzmaxima bis zur 3. Ordnung (nach RÜCHARDT).

Derartige Anordnungen von N äquidistanten Wellenzentren auf einer geraden Linie nennt man ein lineares Punktgitter. Im Falle zahlreicher Gitterpunkte werden die Nebenmaxima immer schwächer, so daß praktisch nur die Hauptmaxima ins Gewicht fallen. Für sie gilt die gleiche Formel wie für die Richtung der Maxima bei zwei Zentren, wobei der Abstand je zwei benachbarter Zentren als Gitterkonstante bezeichnet wird.

Auch diese Erkenntnisse lassen sich ohne weiteres auf die Optik übertragen; zwecks besserer Lichtausbeute verwendet man an Stelle einer Reihe äquidistanter Löcher eine Reihe äquidistanter paralleler Spaltöffnungen. Eine solche Anordnung wird als Strichgitter bezeichnet (Abb. 98). Auch hier bringt man in die Nähe eines solchen Gitters eine Sammellinse, welche die Lichtquelle auf einer Schirmfläche abbildet.

Auf die große physikalische Bedeutung derartiger Beugungsgitter soll hier nicht eingegangen werden. Es sei erwähnt, daß es mit solchen Beugungsgittern möglich ist, die Wellenlängen des Lichtes mit großer

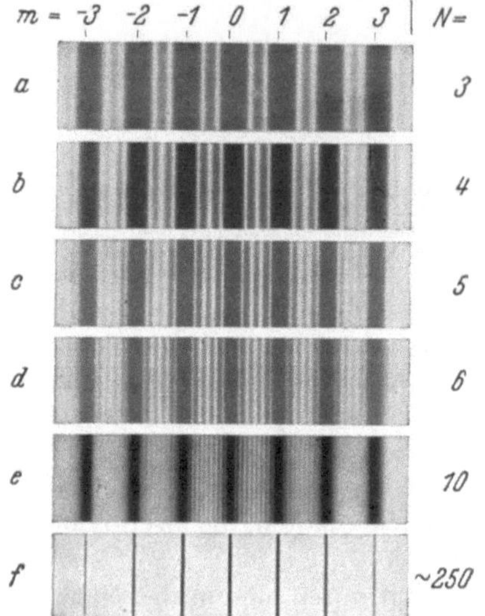

Abb. 96. Interferenzfigur von Beugungsgittern (nach POHL) (Negativ) N = Anzahl der Gitteröffnungen m — Ordnungszahl

Genauigkeit zu messen, und zwar hängt die Meßgenauigkeit, d. h. das Verhältnis der zu messenden Wellenlänge zu ihrer Differenz von einer anderen Wellenlänge, von der sie noch gerade eben getrennt werden kann, von der Anzahl der Gitteröffnungen und der Ordnungszahl des Maximums ab. Sie ist das Produkt aus diesen beiden Größen.

Strichgitter werden heute mit bis zu 100 000 Öffnungen hergestellt, man erhält also für das Maximum 2. Ordnung eine Genauigkeit von 200 000:1, in der

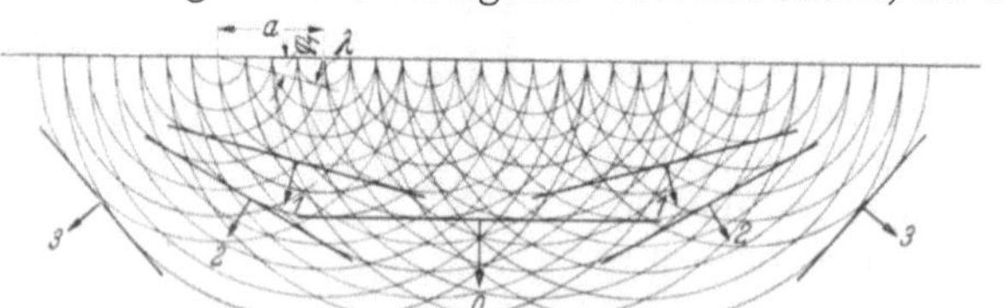

Abb. 97 (nach RÜCHARDT)

Abb. 98. Interferenzgitter in 20-facher Vergrößerung (nach POHL) zur Herstellung von Interferenzfiguren nach Art der Abb. 97

10. Ordnung eine Genauigkeit von 1 000 000:1; würde man die Genauigkeit, mit der man Lichtwellenlängen zu messen vermag, auf geläufigere Längenmessungen übertragen, so bedeutet dies, daß man eine Strecke von 1000 km auf den Millimeter genau ausmessen kann.

Es sei weiterhin erwähnt, daß es umgekehrt auch möglich ist, mit Hilfe bekannter Wellenlängen die Gitterkonstanten unbekannter Gitterstrukturen zu ermitteln. Auf diese Weise ist es mit Hilfe der Röntgenstrahlen gelungen, wichtige Erkenntnisse über den Aufbau der Kristalle zu erhalten.

In gleicher Weise lassen sich nun auch Interferenzerscheinungen, welche ihre Ursache in Gitterstrukturen innerhalb des Auges haben, sichtbar machen. Wiederum ist es erforderlich, eine helle Lichtquelle mit Hilfe eines in der Nähe der Gitterstruktur gelegenen sammelnden Systems auf eine Schirmfläche abzubilden. Dies geschieht beim Auge dadurch, daß man in eine helle Lichtquelle hineinsieht. Dann werden die Interferenzfiguren des Auges hell und deutlich auf der Netzhaut abgebildet, man hat somit die beugenden Strukturen entoptisch sichtbar gemacht.

d) Entoptische Interferenzerscheinungen

Man blicke mit unbewaffnetem Auge (bzw. bei Vorliegen einer Ametropie mit Brillenkorrektur) in eine Lichtquelle hoher Leuchtdichte in dunkler Umgebung. Am besten stellt man eine derartige Lichtquelle dar, indem man die 2 mm $\times$ 2 mm große Glühwendel einer Niedervoltlampe (etwa 6 Volt, 5 Ampere, 30 Watt), durch ein Kondensorsystem in eine Blende abbildet, welche so groß ist, daß das Bild der Lichtquelle gerade ihre Öffnung ausfüllt; dann wird das Streulicht, welches durch die Glaswandung der Glühbirne entsteht, durch die Blende zurückgehalten, und man erhält eine sekundäre Lichtquelle von nahezu gleicher Leuchtdichte wie die primäre Lichtquelle, aber darüberhinaus völlig von Streulicht befreit. Blickt man in eine solche Lichtquelle, so kann man verschiedenes beobachten:

1. Die Lichtquelle ist von einem hellen Hof umgeben. Obwohl also ein ungewöhnlich starkes Helligkeitsgefälle gegen die Umgebung der Lichtquelle vorliegt, wird diese Umgebung nicht als Schwarz gesehen. Dieser weißgraue Hof läuft in einen rötlichen verwaschenen Rand aus.

2. Auf diesem grauen Hof als Untergrund erkennt man von der Lichtquelle nach allen Seiten radiär ausgehende feinste Strahlen, in der Form am ehesten mit Asbestnadeln zu vergleichen. In jeder dieser unzähligen Nadeln lassen sich in spektraler Anordnung, teilweise periodisch, alle Farben erkennen. Die Beobachtung der einzelnen Nadeln ist schwierig, da die ganze Erscheinung sehr unruhig ist und besonders bei Lidbewegungen wogende und flimmernde Bewegungen ausführt, wobei sich die Farben auf den Kristallnadeln hin und her zu bewegen scheinen. Bei stärkerem Tränenfluß, ferner bei teilweisem Zukneifen der Lider kann die Erscheinung ihre Form erheblich ändern, die Strahlen werden gröber und lassen keine so deutliche Farbstrukturierung erkennen (Abb. 99).

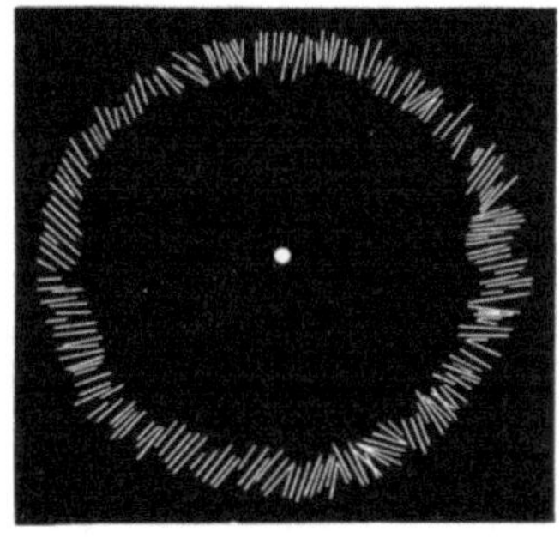

Abb. 99. Interferenzfigur der Linse (entoptische Beobachtung). Im Zentrum die sehr helle Lichtquelle, in einem Kreis von etwa 6° Radius feine asbestnadelartige Kranzfigur

3. Bei weiter Pupille (etwa ab 6 mm) beobachtet man einen großen Ring von etwa 7° Radius, welcher ebenfalls aus hellen, gegen die Richtung des Radius verschieden stark geneigten und deutlich in Spektralfarben (blau zum Zentrum, rot nach der Peripherie zeigend) glänzenden kristallnadelartigen Gebilden zu bestehen scheint — diese Strukturen sind jedoch im Gegensatz zu den unter 2. geschilderten stabil und zeigen jenes unruhige Flimmern nicht.

Während bei enger Pupille die unter 2. geschilderten Phänomene am lebhaftesten sind und der äußere Ring kaum zu sehen ist, tritt der äußere Ring bei weiter Pupille mit großer Deutlichkeit hervor.

Bei teilweisem Verdecken der Pupille verschwindet ein Teil der Strahlen, bzw. es werden Kreisbogenstücke aus dem Ring verdunkelt. Dabei werden meist die einander gegenüberliegenden Kreisbogenstücke in gleicher Weise verdunkelt. In Abb. 100 ist angedeutet, welche Ringteile bei segmentförmigem Verdecken der Pupille aus verschiedenen Richtungen verschwinden. Man sieht, daß es weder die Ringteile, welche dem Rand der vorgeschobenen Blende parallel, noch die hierzu senkrechten sind, sondern Ringteile, die im allgemeinen einen verschieden schiefen Winkel mit der Kante der vorgeschobenen Blende einschließen. Darüberhinaus kann man bemerken, daß bei parallelem Verschieben der Blende über den Pupillenrand die Verdunkelung der Ringteile bogenförmig in einer Richtung fortschreitet.

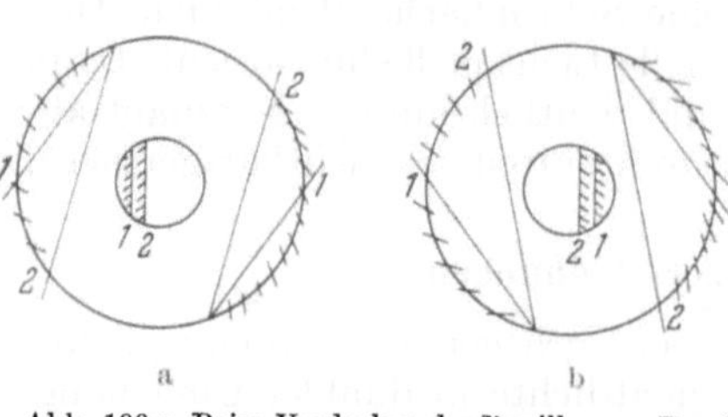

Abb. 100 a. Beim Verdecken der Pupille vom Rand her verschwindet die Interferenzfigur in dem schraffierten Gebiet. 1 und 2 Reihenfolge der Pupillenabdeckung (kleiner Kreis) und der damit verbundenen Auslöschung der Interferenzfigur
Abb. 100 b. Dasselbe beim Verdecken der Pupille von rechts

Diese Beobachtungen lassen nur eine Deutung zu: Es handelt sich um Beugungsgitter, dessen Gitterlinien einen vielfältigen Verlauf nehmen, der mit den radiären und tangentialen Richtungen nicht übereinstimmt. Eine derartige Gitterstruktur liegt aber praktisch nur in der Linse vor, und so können wir mit ziemlicher Sicherheit sagen, daß es sich bei den beschriebenen Ringen um Interferenzfiguren der eigenen Linse handelt, welche entoptisch sichtbar gemacht werden, ähnlich wie Kristallstrukturen durch Röntgenstrahlen sichtbar gemacht werden können.

Bei den unter 2. beschriebenen Erscheinungen handelt es sich dagegen um Beugungsphänomene, die in irgendeiner Form von der Tränenflüssigkeit, zum großen Teil wahrscheinlich von ihren zelligen Elementen bzw. den Zwischenräumen zwischen denselben ausgehen. Damit ist die große Empfindlichkeit dieser Erscheinungen auf Lidbewegungen erklärt, denn hierdurch kann der Tränenfilm ja beträchtliche Formveränderungen erfahren.

Zellige Elemente gleicher Größe hingegen bedingen andere Interferenzfiguren, die man am besten beobachten kann, wenn man einen Blutausstrich dicht vor das Auge hält und durch ihn hindurch eine helle kleinflächige Lichtquelle betrachtet. Man beobachtet dann, von der Lichtquelle ausgehend, die gleichen in Spektralfarben glänzenden kristallnadelähnlichen Formen wie oben beschrieben, darüberhinaus aber einen großen, unscharf begrenzten Ring, der in fließend ineinander übergehenden Spektralfarben angeordnet ist, wobei ebenfalls innen der blauviolette und außen der rote Saum ist.

Hierbei handelt es sich um Interferenzmaxima 1. Ordnung eines einzelnen Erythrocyten, welche nach ihren Wellenlängen kreisförmig angeordnet sind. Freilich ist eine solche Interferenzfigur eines einzigen Erythrocyten viel zu lichtschwach, als daß sie mit einfachen Mitteln nachgewiesen werden könnte. Soweit die Erythrocyten gleichen Durchmesser haben, liefert aber jeder einzelne Erythrocyt genau die gleiche Interferenzfigur in der gleichen Richtung, und durch das sammelnde System (das Auge) werden die einander parallelen Maxima der verschiedenen Erythrocyten gesammelt abgebildet.

IV. Der anatomische Aufbau des Auges und seine optische Blende

1. Der anatomische Bau

Den Aufbau des Auges macht man sich am besten an Hand eines Meridionalschnittes klar (Abb. 101). (Man vergleicht also das Auge mit der Erdkugel; in diesem Bilde wird die *Rotations*achse der Erdkugel mit der Symmetrieachse des *annähernd* rotationssymmetrisch aufgebauten Auges verglichen. Die Punkte, an denen diese Achse die Oberfläche schneidet, bezeichnet man als Pole, die Großkreise, die die Pole verbinden, als Meridiane, dementsprechend einen Schnitt, der die Symmetrieachse des Auges enthält, als Meridionalschnitt. Die größte auf der

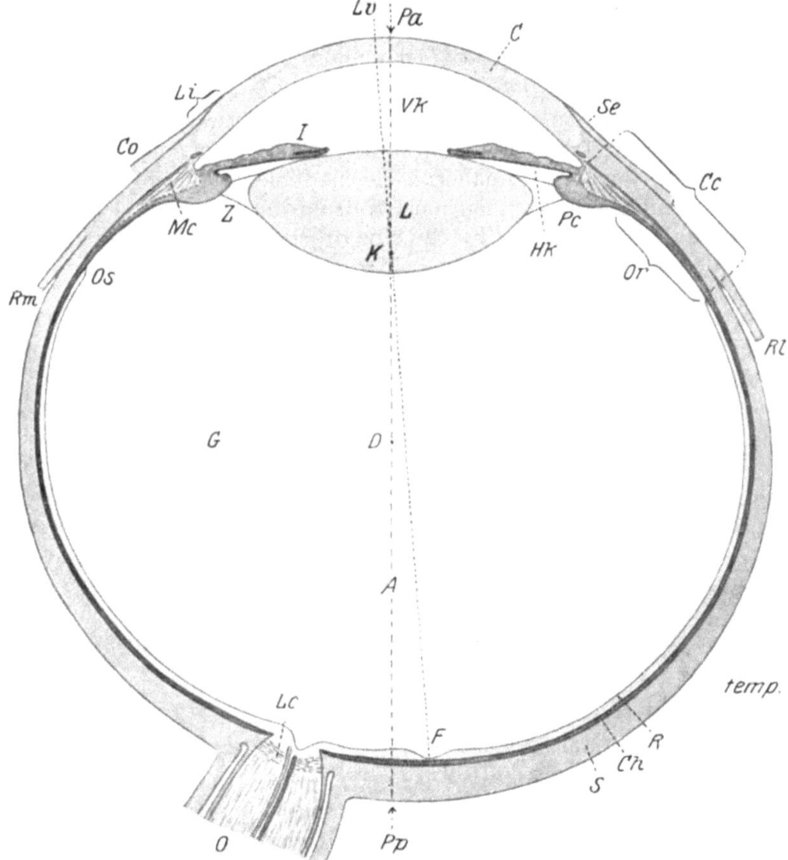

Abb. 101. Horizontalschnitt durch den Augapfel eines normalsichtigen Erwachsenen, schematisiert (nach SALZMANN) 4:1. *A* Axis oculi geometrica, *C* Cornea, *Cc* Corpus ciliare, *Ch* Choriodea, *Co* Conjunctiva bulbi, *D* Drehpunkt, *F* Fovea centralis, *G* Glaskörper, *Hk* hintere Augenkammer, *I* Iris, *K* Knotenpunkt, *L* Linse, *Lc* Lamina cribrosa, *Li* Limbus, *Lv* Linea visus, *Mc* M. ciliaris, *O* Nervus opticus, *Or* Orbiculus ciliaris, *Os* Ora serrata, *Pa* Polus anterior, *Pc* Processus ciliaris, *Pp* Polus posterior, *R* Retina, *Rl* Sehne des M. rectus oc. lateralis, *Rm* Sehne des M. rectus oc. medialis, *S* Sclera, *Se* Sulcus sclerae externus, *Vk* vordere Augenkammer, *Z* Zonula

so postulierten Achse senkrecht stehende Ebene wird als Äquatorialebene bezeichnet. Die gleichen Bezeichnungen werden sinngemäß auf die Linse des Auges angewandt, die ja trotz ihrer erheblichen Abweichung von der Kugelform ebenfalls ein annähernd rotationssymmetrischer Körper ist. Da indessen die Rotationssymmetrie des Auges nicht sehr genau ist, lassen sich „vorderer" und „hinterer" Pol ebenfalls nicht exakt definieren; man beschränkt sich daher im allgemeinen auf die topographischen Hinweise der Gegend des vorderen oder hinteren Pols.

Wählen wir unter den unendlich vielen Meridionalschnitten den aus, der zugleich durch den Nervus opticus geht, so haben wir eine brauchbare Übersicht (Abb. 101).

a) Die Hornhaut (Lederhaut)

Das Auge besteht äußerlich aus einer bis zu 1,2 mm dicken derben Bindegewebsschicht, der Tunica fibrosa, deren vorderes Segment, die Cornea, durchsichtig ist, während der Hauptteil, die Sclera, dicht opak ist und das eintretende Licht diffus zerstreut. Die Grenze zwischen Cornea und Sclera wird als Limbus bezeichnet. Beide sind von einer durchsichtigen Epithelschicht umgeben, die Hornhaut vom Hornhautepithel, die Sclera bis hinter den Äquator von der Bindehaut. Wir sehen also, wie eine histologisch fast einheitliche Schicht optisch entgegengesetzte Aufgaben zu erfüllen hat.

Die Hornhautvorderfläche ist quantitativ die wichtigste Grenzfläche des optischen Systems Auge. An keiner anderen Stelle erfährt das in das Auge eintretende Strahlenbündel eine auch nur annähernd gleiche Ablenkung, obgleich die Krümmungen der Linsenfläche in der gleichen Größenordnung liegen. Der Grund hierfür liegt darin, daß nur an dieser Fläche eine Brechung aus Luft stattfindet, also die Differenz der Brechungsindices zu beiden Seiten der Fläche am größten ist. Die Linse hingegen ist vorne und hinten vom Kammerwasser und Glaskörper umgeben, Medien, deren Brechungsindex sich von dem der Linse viel weniger unterscheiden als der der Luft von dem der Cornea. Hieraus und wegen der einfachen Zugänglichkeit für Messungen ist es wohl zu erklären, daß die Messung der Hornhautkrümmung vielfach die einzige objektive Messung ist, die am Auge vorgenommen wird, und daß z. B. der an der Hornhaut gemessene Astigmatismus der subjektiven Refraktionsbestimmung zugrunde gelegt wird.

Indessen ist die Hornhaut optisch vorwiegend als „Grenzfläche" zwischen Luft und Kammerwasser von Bedeutung, während ihre Rolle als brechendes System im Rahmen der gesamten Lichtbrechung nahezu bedeutungslos ist. Da die Krümmung ihrer Hinterfläche sich nur wenig von der ihrer Vorderfläche unterscheidet, kann man die an beiden Flächen stattfindende Lichtbrechung getrost zugunsten einer Brechung von Luft zum Kammerwasser vernachlässigen.

b) Die Uvea

Die nächste Schicht, die Uvea, hat optisch vor allem die Aufgabe, die von außen auf das Auge treffende und von der Sclera nach allen Richtungen zerstreute Strahlung weitgehend zu absorbieren, damit durch das Irisloch, die Aperturblende des Auges, die für eine optische Abbildung erforderliche Auswahl der Strahlen erfolgen kann. Topographisch besteht die Uvea aus drei Teilen: 1. der Iris, einem zirkulär an der Corneoscleralgrenze aufgespannten Segel, welches der Linse von vorn lose aufliegt und mit dieser die hintere Grenze der Vorderkammer bildet. Wie bereits erwähnt, stellt sie die eigentliche Aperturblende des Auges dar. Das vom Hornhaut-Kammerwassersystem entworfene aufrechte, virtuelle, leicht vergrößerte und nach vorn verschobene optische Bild des Irisloches wird als Pupille bezeichnet, es ist die Eintrittspupille des Auges. In die Iris sind glatte Muskelfasern eingelagert, und zwar der vom Parasympathicus innervierte Sphincter pupillae und der vom Sympathicus innervierte Dilatator pupillae. Hierdurch ergibt sich auch die Möglichkeit einer pharmakologischen Beeinflussung der Pupillenweite.

Der zweite Teil der Uvea, der Ciliarkörper, schließt sich der Iris an der Corneoscleralgrenze nach hinten an. Er enthält den für die Akkommodation wichtigen Ciliarmuskel, dessen Fasern sich auf Parasympathicusreizung (nervöser oder pharmakologischer Art) verkürzen, wodurch die Linse eine Krümmungszunahme und damit Vermehrung ihrer Brechkraft erfährt, während sie sich auf Sympathicusreizung strecken, wodurch der entgegengesetzte Effekt erreicht wird[1]. Da somit Iris und Ciliarmuskel den gleichen pharmakologischen Reizen gehorchen, stößt ihre getrennte und voneinander unabhängige Beeinflussung auf Schwierigkeiten. Die meisten Pharmaka wirken jedoch stärker und länger dauernd auf die Irismuskulatur, so daß z. B. die Pupillenerweiterung auf leichte Parasympathikolytika ausgiebiger ist und länger dauert als die Ciliarmuskelstreckung.

Der hintere Teil des Ciliarkörpers geht fließend in die Chorioidea oder Aderhaut über, die ebenso wie der Ciliarkörper der Sclera dicht anliegt.

Der Uvea schließt sich als innerste Schicht die Retina, die Netzhaut an. Deren äußerste Schicht, das Pigmentepithelblatt, ist besonders fest mit der Uvea verwachsen und verstärkt deren lichtabsorbierende Funktion. In rudimentärer Form setzt sich das Pigmentblatt der Retina bis auf die Irishinterfläche fort. Der funktionell wichtigste Teil, die Pars optica retinae, endet jedoch vor dem Äquator in der Ora serrata. Der vor der Ora serrata gelegene Teil wird als Pars caeca bezeichnet.

Entwicklungsgeschichtlich ist das Auge als vorgestülpter Hirnteil aufzufassen; dabei entspricht die Corneosclera der Dura mater, die Uvea der Arachnoidea und die Retina der Hirnsubstanz selbst.

c) Die Linse

Hinter der Iris liegt, eingespannt mit dem Aufhängeapparat der Zonula Zinnii in den ringförmigen Muskelwulst des Ciliarmuskels, die Linse, optisch wohl das eigenartigste Gebilde des ganzen Auges.

Entwicklung. Sie ist ein epitheliales Gebilde, entstanden aus der Abschnürung einer Ektodermeinstülpung in die fetale Augenbecherspalte.

Während aber die allgemeine Wachstumsrichtung epithelialer Gebilde zentrifugal ist, indem die sich im Keimzentrum bildenden Epithelzellen mit zunehmendem Alter nach außen wandern und dort nach allmählicher Verhornung schließlich abgestoßen werden, wächst die Linse in umgekehrter Richtung: Die jüngsten Epithelien finden sich stets an ihrer Oberfläche; sie drängen die alternden Zellen immer mehr nach der Mitte zusammen; die hierbei zwangläufig erfolgende Volumenzunahme wird durch Wasserentzug in den innersten Schichten ausgeglichen, d. h., die ältesten Kernschichten schrumpfen im Laufe der Entwicklung immer mehr

Abb. 102. Faserverlauf in der Linse (nach Vogt[2])

zusammen. Auf diese Weise erhält die Linse einen zwiebelschalenartigen Aufbau. Die Linsenfasern, langgestreckte Epithelzellen, ziehen vom einen Pol über den Äquator zum anderen, jedoch nicht in meridionalem Verlauf, sondern S-förmig geschwungen, an den Polen Wirbel bildend (Abb. 102).

---

[1] MEESMANN, A.: Experimentelle Untersuchungen über die antagonistische Innervation der Ciliarmuskulatur. v. Graefes Arch. **152**, 335 (1952).

[2] VOGT, A.: Lehrbuch und Atlas der Spaltlampenmikroskopie des lebenden Auges. Bd. 2. Berlin: Springer 1931.

Auf diese Weise ist eine Verschiebung der Linsenfasern gegeneinander bei Formveränderungen der Linse möglich[1].

Solche Formenveränderungen entstehen aus dem Wettstreit zweier einander entgegengerichteter Kräfte:

Die Elastizität der Linsenkapsel zielt darauf hin, der Linse die geringste Oberfläche zu verleihen, also Kugelgestalt; dem entgegengerichtet ist der Zug der am Äquator ansetzenden Zonulafasern, die die Linse zu einem angenäherten Rotationsellipsoid verformen. Die Wasserverarmung und der damit verbundene Elastizitätsverlust im Laufe des Alterns bringen es mit sich, daß die Abplattung der Linse fortschreitet, während ihre Fähigkeit, sich der Kugelgestalt zu nähern, immer mehr abnimmt. So finden wir die angenäherte Kugelform nicht nur beim Embryo und Neugeborenen, sondern auch unter pathologischen Bedingungen, wenn durch eine mangelhafte Entwicklung der Zonulafasern der zentrifugale Zug zu schwach wird oder ausbleibt; so besteht z. B. beim Marfanschen Syndrom neben der Arachnodaktylie eine kongenitale Linsenektopie mit Sphärophakie (Kugellinse).

Die Akkommodation. Die größte Bedeutung des Antagonismus zwischen Zonulazug und Linsenkapselelastizität liegt jedoch darin, daß die Linse hierdurch zu einem optischen System variabler Brechkraft wird. Durch Kontraktion des gitterförmig aufgebauten ringförmigen Ciliarmuskels wird die Zonulaspannung vermindert, die Elastizität der Linse überwiegt, die Linsenkrümmung an den Polen wird verstärkt. Dieser hier bewußt vereinfacht dargestellte Vorgang wird Akkommodation genannt.

Durch den Akkommodationsvorgang ist also das Auge in der Lage, sich optisch auf verschiedene Entfernungen einzustellen. Diese Einstellung erfolgt nicht wie beim Photoapparat durch Vergrößerung des Abstandes zwischen optischem System und bildauffangender Fläche, sondern durch Vermehrung der Brechkraft.

Diese Fähigkeit ist vor allem eine Eigenschaft des jugendlichen Organismus. Die zunehmende Wasserverarmung des alternden Menschen bringt es mit sich, daß die Linse zunehmend starr wird und ihre Fähigkeit der Krümmungsänderung immer mehr verliert. Die fehlende Akkommodationsfähigkeit muß dann durch ein Nahbrillenglas ersetzt werden.

Die Fasern des Ciliarmuskels werden von den im Ganglion ciliare umgeschalteten parasympathischen Fasern des III. Hirnnerven innerviert; diese Innervation bedingt eine Kontraktion der Ciliarmuskelfasern (und zwar sämtlicher Anteile), damit eine Krümmungszunahme der Linse, hierdurch eine Brechkraftvermehrung des Auges und damit optische Einstellung des Einzelauges auf die Nähe.

Entsprechend seiner parasympathischen Innervation kann der Ciliarmuskel (wie auch die Pupille) durch Parasympathicus-reizende Pharmaka, wie Pilokarpin, Eserin, Mintacol und Diisopropylfluorophosphat (DFP) zur Kontraktion gebracht werden. Dadurch wird also das Auge ohne Vorhandensein einer entsprechenden Innervation optisch auf die Nähe eingestellt. Außerdem kann der Muskel durch Parasympathicus-lähmende Stoffe (Atropin, Scopolamin, Homatropin) zur Lähmung gebracht werden; das Auge wird dann optisch auf seinen Fernpunkt eingestellt und die Akkommodation hierdurch ausgeschaltet.

---

[1] Wegen der sehr starken Capillaradhäsionskräfte, die bei einer solchen Verschiebung überwunden werden, wird dieser Mechanismus neuerdings angezweifelt. Auf Grund experimenteller Untersuchungen vermuten KLEIFELD u. Mitarb., daß Linsenfasern eine eigene Contractilität in Analogie zu Muskelfasern besitzen, und daß die Formänderung der Linse bei der Akkommodation nicht nur durch eine von außen angreifende Elastizitätsverschiebung bedingt ist, sondern durch einen aktiven Formveränderungsmechanismus. — KLEIFELD u. Mitarb.: Gibt es einen Tätigkeitsstoffwechsel der Linse? v. Graefes Arch. **156**, 467 (1955).

Die gleichen Muskelfasern werden darüber hinaus auch vom Sympathicus
innerviert. Auch die sympathische Innervation entspricht ihrem anatomischen
Verlauf der sympathischen Innervation der Pupille. Die sympathische Innervation
bewirkt eine Streckung der Muskelfasern des Ciliarmuskels und bildet somit einen
Antagonismus zur parasympathischen Innervation. Daher können Sympathicus-
reizmittel, insbesondere Cocain, die Wirkung von Parasympathicolyticis noch verstärken.

Bei diesem Antagonismus zwischen sympathischer und parasympathischer
Innervation des Ciliarmuskels kommt der parasympathischen bei weitem die
größere Bedeutung zu, so daß die Existenz einer sympathischen Innervation des
Ciliarmuskels überhaupt lange umstritten war. Man glaubte früher, daß bei
Fehlen jeglicher Innervation der Ciliarmuskel maximal gestreckt, das Auge optisch
also auf seinen Fernpunkt eingestellt sei. Wir wissen heute, daß für diese maximale Fernpunkteinstellung die sympathische Innervation erforderlich ist, daß
aber der „Ruhepunkt" der Akkommodationseinstellung, also der Punkt, auf den
das Auge bei Fehlen akkommodationswirksamer Reize eingestellt ist, nur wenig,
d. h. beim jugendlichen Auge bis zu 1,5 dptr, beim erwachsenen Auge aber weniger
als 1 dptr, unter der Fernpunktseinstellung, d. h. nach der myopen Seite zu verschoben, liegt. Es ist zwar schwierig, am Auge sympathische und parasympathische
Innervation gleichzeitig auszuschalten, um diese Behauptung zu prüfen. Wohl
aber ist es möglich, die adäquaten Reize für den Akkommodationsreflex weitgehend auszuschalten. Diese adäquaten Reize werden vornehmlich durch die
monochromatischen und chromatischen Zerstreuungsfiguren gebildet, welche bei
nicht optimaler optischer Einstellung auf der Netzhaut gebildet werden, und die
myope Einstellung von hyperoper Einstellung deutlich unterscheiden (vgl. Kap.III,
4). Allerdings können wir diese Figuren nur bei punktförmigen Objekten bewußt
wahrnehmen; bei gewöhnlichen Umweltobjekten nehmen wir bewußt lediglich
eine Unschärfe bei falscher optischer Einstellung wahr. Aber die verschiedenen
Zerstreuungsfiguren sind trotzdem vorhanden und bewirken die Regulation des
Akkommodationsmechanismus. Sie sind jedoch nicht in ausreichendem Maße vorhanden, wenn die Beleuchtung stärker herabgesetzt ist. Daher versagt die Regulation des Akkommodationsmechanismus bei herabgesetzter Beleuchtung, und
zwar sowohl die eigentliche Nahakkommodation als auch die Fernakkommodation.
Unter diesen Bedingungen stellt sich das Auge optisch auf die Ruhelage ein.

Die Kenntnis dieser Zusammenhänge ist aus zweierlei Gründen wichtig:

Einmal macht sich die beginnende Alterssichtigkeit zuerst bei herabgesetzter
Beleuchtung bemerkbar, so daß die Verordnung der Nahbrille außer der Arbeitsentfernung die Beleuchtungsbedingungen mit zu berücksichtigen hat, sofern noch
eine eigene Akkommodation vorhanden ist, zum anderen ist die Fernpunkts-
korrektur bei herabgesetzter Beleuchtung nicht die optimale Korrektur für die
Ferne, sondern für einen Beobachtungsabstand von etwa 1 m, weil auch die
„Fernakkommodation" ausfällt. Man nennt diesen Zustand *Nachtmyopie*. So
muß vor allem bei Brillenverordnungen für Autofahrer, die viel nachts fahren
müssen, darauf geachtet werden, daß eine Hyperopie nicht maximal auskorrigiert
und eine Myopie reichlich korrigiert wird.

Die innere Linsenstruktur. Wir deuteten oben bereits an, daß das Wachstum
der Linse die ältesten Linsenteile unter Wasserentzug im Kerngebiet zusammen-
drängt. Es besteht also in der Linse ein Wasserkonzentrationsgefälle von der
Peripherie zum Zentrum hin, oder, was gleichbedeutend ist, ein Konzentrations-
gefälle an Trockensubstanz vom Kern zur Peripherie hin. Diesem Konzentrations-
gefälle entspricht eine Abnahme der optischen Dichte vom Kern zur Peripherie,
d. h. also der Kern besitzt den höchsten Brechungsindex, die Peripherie den

niedrigsten. In der jugendlichen Linse ist dieses Gefälle weitgehend kontinuierlich, mit zunehmendem Alter werden die Schichten mit verschiedenen Brechungsindices durch die Diskontinuitätszonen schärfer gegeneinander abgesetzt.

Wenn auf einer *Fläche*, etwa der Erdoberfläche, quantitativ faßbare Eigenschaften, etwa die Temperatur zu einem bestimmten Zeitpunkt oder die Durchschnittstemperatur für einen bestimmten Zeitraum in kontinuierlich sich ändernder Größe auftreten, so läßt sich ein System von Linien konstruieren, die sich nirgends schneiden; jede Linie verbindet dann Orte, an denen die gleiche Temperatur herrscht; man nennt solche Linien Isothermen. Linien, die in ähnlicher Weise Orte mit gleichem Barometerstand verbinden, nennt man Isobaren. In entsprechender Weise lassen sich in *räumlichen* Gebilden, in denen ähnliche Quantitätsgefälle bestehen, *Flächen* konstruieren, auf denen die jeweilige Eigenschaft eine konstante Größe hat. In der Linse mit ihrem teils kontinuierlichen, teils diskontinuierlichen Gefälle der optischen Dichte müssen also Flächen bestehen, auf denen die optische Dichte jeweils gleich ist. Man bezeichnet diese Flächen als *Isoindicialflächen*. Ihr Verlauf muß für den Strahlengang innerhalb der Linse von entscheidender Bedeutung sein.

1. Die kontinuierliche Änderung des Brechungsindex innerhalb der Linse bringt es mit sich, daß die Strahlen innerhalb der Linse nicht gebrochen, sondern *gebogen* werden. Eine solche Strahlenbiegung kann man sich modellmäßig durch Überschichten zweier Flüssigkeiten mit unterschiedlichem Brechungsindex darstellen: Durch Diffusion an der Grenzschicht entsteht allmählich ein kontinuierliches Brechungsindexgefälle, die Isoindicialflächen stellen zum Flüssigkeitsspiegel parallele Ebenen dar (Abb. 56). GULLSTRAND hat nachgewiesen, daß für solche gebogenen Strahlen die für gebrochene Strahlen gefundenen Gesetzmäßigkeiten voll anwendbar sind.

2. Wie nicht anders zu erwarten, ist die Krümmung der Isoindicialflächen im Kerngebiet am stärksten und nimmt nach der Oberfläche zu ab. Dadurch wird die Brechkraft der Linse insgesamt erhöht: Sie ist stärker als die Brechkraft einer Linse gleicher Form, die insgesamt aus einem homogenen Medium von der höchsten in der Linse vorkommenden optischen Dichte bestehen würde. So betrachtet, setzt sich also die Linse aus einer zentralen Bikonvexlinse und zahlreichen bzw. unendlich vielen um diese gelagerten konvex-konkaven Linsen, also zerstreuenden Menisken zusammen. Bei alternden Linsen ist dieser Aufbau im optischen Schnitt der Spaltlampe ohne weiteres zu erkennen.

3. Die Isoindicialflächen sind keine rotationssymmetrischen Flächen, also keine Umdrehungsflächen. Wirkung und Gegenwirkung der verschiedenen Zugkräfte und elastischen Kräfte verleihen ihnen eine Form, von der man sich am ehesten am Beispiel eines aufgespannten Regenschirms eine Vorstellung machen kann. Die Erforschung der Isoindicialflächen ist im einzelnen sehr schwierig; man kann lediglich aus der Form des durch die Linse gebrochenen Strahlenbündels gewisse Rückschlüsse auf ihren Verlauf schließen; diese Strahlenbündel weichen selbst dann erheblich von rotationssymmetrischen Gebilden ab, wenn ihr Zentrum auf der Linsenachse liegt (vgl. Abb. 53).

4. Nicht nur die Linsenkapsel, sondern auch die Isoindicialflächen ändern ihre Krümmung beim Akkommodationsvorgang; dadurch wird die Brechkraftzunahme der akkommodierenden Linse stärker, als es nach der Krümmungszunahme ihrer Kapsel zu erwarten wäre: Man nennt diesen Vorgang nach GULLSTRAND intrakapsulären Akkommodationsmechanismus.

Bei der Akkommodation bleibt der hintere Linsenpol annähernd an seiner Stelle und ändert auch seinen Krümmungsradius nur wenig. Die hauptsächlichen akkommodativen Veränderungen der Linse, d. h. sowohl ihre Dickenzunahme als auch ihre Krümmungszunahmen, spielen sich also in ihren vorderen Abschnitten ab.

d) Der Glaskörper

Der den Raum zwischen Linse und Netzhaut ausfüllende Glaskörper besitzt den gleichen Brechungsindex wie das vor der Linse gelegene Kammerwasser. Im Gegensatz zu den meisten optischen Geräten kehrt also beim Auge das gebrochene Strahlenbündel nicht mehr in das optische Medium Luft zurück. Daher ist das Produkt aus Brechkraft und Länge des auf ∞ eingestellten Auges nicht 1, sondern gleich dem Brechungsindex des Kammerwassers und Glaskörpers.

e) Die Netzhaut

Durch den lichtempfindlichen Teil der Netzhaut wird die Gesichtsfeldgrenze des Auges bestimmt. Dieser ist jedoch nicht mit der anatomischen Pars optica retinae identisch, sondern etwas kleiner als diese, besonders auf der temporalen Seite. Außerdem ist die dunkeladaptierte Retina im Zentrum weniger empfindlich als in der Peripherie. Daher besteht im Dämmerungssehen eine zusätzliches Zentralskotom.

Damit ist auch der Strahlenraum des Auges eindeutig bestimmt: Er entsteht, wie wir das bereits allgemein für einen Strahlenraum definiert haben, durch Verbindung sämtlicher Punkte des lichtempfindlichen Teils der Netzhaut mit sämtlichen Punkten der Irisöffnung; zu seiner Begrenzung genügen die Verbindungen sämtlicher Randpunkte.

Indessen ist dieser Strahlenraum nicht so scharf gegen seine Umgebung abgegrenzt, wie wir das sonst in der Optik kennen: Das Auflösungsvermögen des Auges wird ja außer durch seine optischen Gegebenheiten auch durch die Struktur der Netzhaut bestimmt. Wie bekannt, ist die Netzhaut beim Tagessehen in der Fovea centralis am empfindlichsten; ihre Empfindlichkeit fällt nach der Peripherie zu rasch ab. Der „Strahlenraum", der ja die Gesamtheit der *wirksamen* Strahlen darstellt, ist also gleichsam nicht scharf gegen seine Umgebung abgegrenzt.

Eine solche unscharfe Begrenzung des Strahlenraumes findet aber nicht nur durch die Gesichtsfeldblende statt, sondern auch durch die Aperturblende. Dies mag noch mehr überraschen, denn wir sind ja gewohnt, die Pupille als scharf begrenzte Blende zu sehen. Die Strahlen, die die Pupille an ihrem Rande durchsetzen, sind jedoch physiologisch weniger wirksam als die Strahlen, die die Pupille in ihrem Zentrum passieren (Stiles-Crawford-Phänomen). Es ist so, als ob in der Pupille eine Blende wäre, deren zentraler Teil von einem konzentrisch sich allmählich verdunkelnden Grauglas umgeben wäre.

2. Das Auge als optisches System

Die schematischen Augen GULLSTRANDs. Der anatomische Aufbau des Auges ist entscheidend für seine Eigenschaften als optisches System. Sind die einzelnen Teile des lichtbrechenden Apparates hinsichtlich Brechungsindex und Krümmungsradius der brechenden Flächen sowie die Abstände derselben bekannt, so kann das Gesamtsystem mit erheblichen Vereinfachungen berechnet werden. Ein solches zusammengesetztes System hat GULLSTRAND aus Mittelwerten zahlreicher, zum großen Teil recht komplizierter Messungen an mehreren Augen berechnet. Man bezeichnet ein derartiges System, dessen Einzelbestandteile möglichst weitgehend in ihren optischen Eigenschaften mit denen des Auges übereinstimmt, als schematisches Auge.

Ein zusammengesetztes optisches System ist durch die Lage seiner beiden Hauptpunkte und seiner beiden Brennpunkte hinreichend charakterisiert. An Stelle der Hauptpunkte genügen auch die ding- und bildseitigen Begrenzungen der Öffnungsstrahlenbündel — die Eintrittspupille und die Austrittspupille —, wenn der Vergrößerungskoeffizient bekannt ist, mit dem die beiden Pupillen ineinander abgebildet werden. Wie sich im Laufe der weiteren Untersuchungen zeigen wird, hat diese Darstellungsweise gegenüber der Konstruktion mit Hauptpunkten gewisse Vorteile. In den schematischen Augen sind indessen die Hauptpunkte angegeben. Doch lassen sich auch Eintritts- und Austrittspupille leicht berechnen, wenn man die reale Aperturblende in die Ebene der vorderen Linsenfläche, welche mit der Irisblende gleichgesetzt werden kann, legt.

Für das Auge als optisches System ist außer seiner Brechkraft die Lage der Netzhaut zum bildseitigen Brennpunkt von entscheidender Bedeutung. Man bezeichnet diese Beziehung allgemein als Refraktion des Auges. Unter Beschränkung auf sphärische zentrierte Begrenzungsflächen unterscheidet man hierbei drei Refraktionsarten:

1. Der *Brennpunkt* des brechenden Systems fällt *auf die Netzhaut*: Dieser Refraktionszustand wird als Normalsichtigkeit oder *Emmetropie* bezeichnet.

2. Der *Brennpunkt* des brechenden Systems liegt *hinter der Netzhaut*: Dann können auf der Netzhaut nur Strahlen vereinigt werden, die bereits konvergent auf die Netzhaut fallen, die also schon vorher durch ein optisches System (etwa ein Brillenglas) gegangen sein müssen: Ein solches *Auge* wird übersichtig oder *hyperop* bezeichnet.

3. Der *Brennpunkt* des brechenden Systems liegt *vor der Netzhaut*: dann werden auf der Netzhaut Strahlen vereinigt, welche von einem vor dem Auge gelegenen Punkte herkommen: Ein solches *Auge* wird kurzsichtig oder *myop* bezeichnet.

GULLSTRAND hat zwei solche schematische Augen berechnet.

a) Das „exakte schematische Auge" GULLSTRANDs

Die axiale Refraktion dieses Auges ist eine Hyperopie von 1 dptr; auf seiner Netzhaut vereinigen sich also Strahlenbündel, welche mit einer Konvergenz von 1 dptr auf das Auge treffen, d. h. also Strahlenbündel, die vor der Brechung im Auge auf einen 1 m hinter dem Auge gelegenen Punkt hinzielen. Praktisch ist ein solches Auge normalsichtig, weil wegen des komplizierten Aufbaus des im Auge gebrochenen Strahlenbündels bei einem solchen Auge der für die Abbildung optimale Schnitt durch die kaustischen Flächen des gebrochenen Strahlenbündels dann auf die Netzhaut fällt, wenn das einfallende Strahlenbündel parallel ist. Die axiale Refraktion stimmt also mit der die gesamte Pupillenöffnung berücksichtigenden Refraktion nicht überein.

Das vereinfachte schematische Auge ist hingegen axial emmetrop (Abb. 103 u. 104).

Beide schematische Augen, sowohl das exakte als auch das vereinfachte, sind Abstraktionen, die zur Grundlage von Berechnungen am normalen Auge dienen. Es handelt sich im wesentlichen um optische Systeme, die in sich ohne Widerspruch sind, jedoch im einzelnen mit einem wirklich vorhandenen Auge nur entfernte Ähnlichkeit haben. Insbesondere darf man sich nicht durch die große Genauigkeit, mit denen einzelne Größen angegeben werden, täuschen lassen: Wenn Brennweiten auf 1/1000 mm genau angegeben werden, mitunter sogar auf 1/10000 mm (Hauptpunkte des Hornhautsystems) — so hat diese Genauigkeit eben nur etwas mit diesem in sich widerspruchfreien, abstrakten optischen System zu tun, nicht aber mit einer Genauigkeit, die einem lebenden Organ angemessen ist.

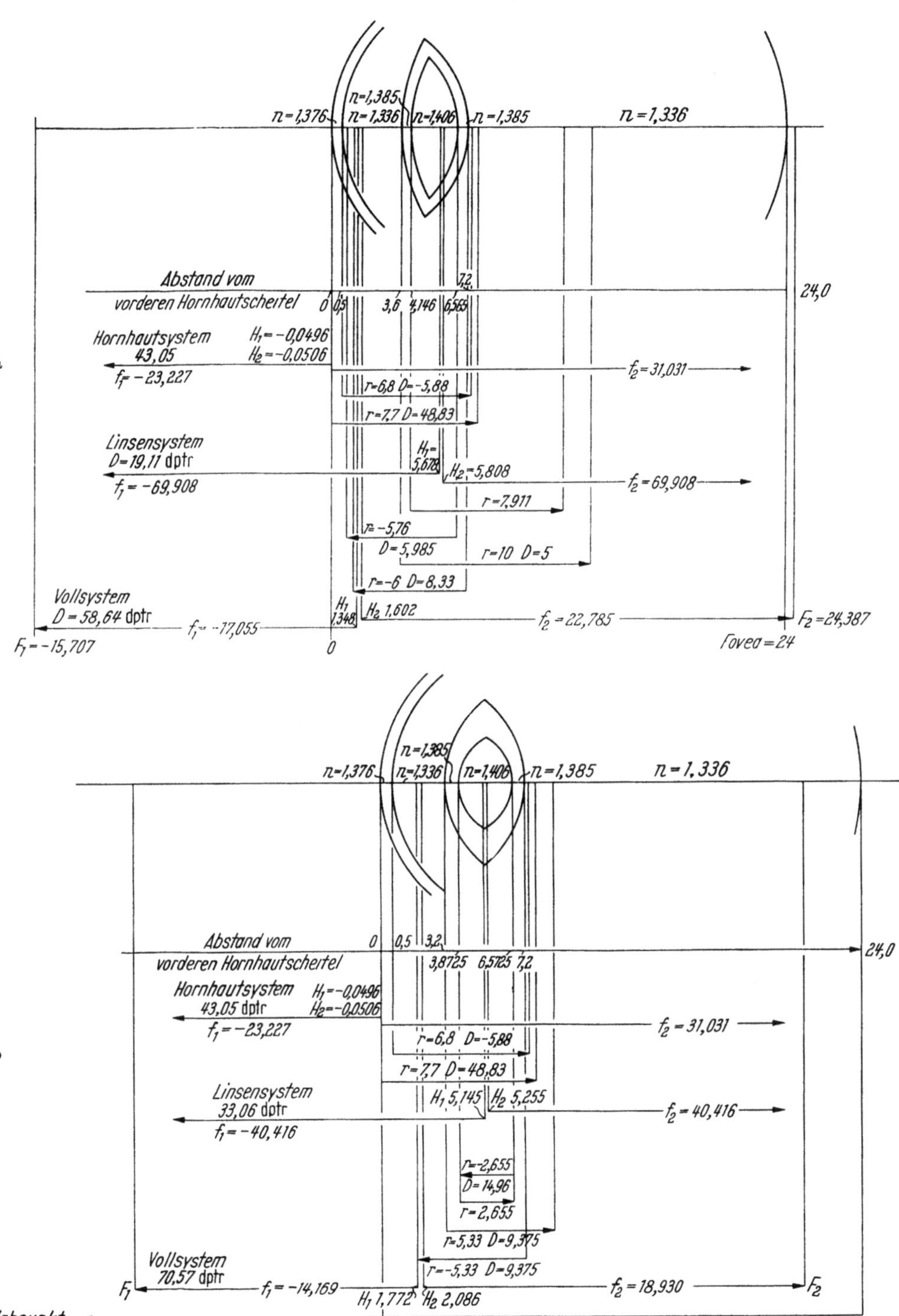

Abb. 103 a u. b. Gullstrands exaktes schematisches Auge. a) in Akkommodationsruhe, b) bei maximaler Akkommodation. Die Daten der Einzelsysteme und des Gesamtsystems sind aus den Zeichnungen und ihren Beschriftungen zu entnehmen

Außerdem ist „eine Kette nie stärker als ihr schwächstes Glied", eine Berechnung mit Fehlern ist entsprechend nie genauer, als das Glied mit der geringsten Genauigkeit. Werden also Teile dieses optischen Systems auf 1/10000 mm, andere nur auf 1/10 mm genau angegeben, so ist die Genauigkeit des Gesamtsystems höchstens mit 1/10 mm zu berechnen, wenigstens soweit es sich um Additionen handelt. Bei Multiplikationen und Divisionen gilt der analoge Grundsatz. Ist eine Größe mit einer Genauigkeit von 1/1000 (d. h. 0,1%), eine andere einer solchen von 1/10 (also 10%) meßbar, so ist ihr Produkt mit einer Fehlermöglichkeit von 10% behaftet. Wir haben daher die schematischen Augen in einer schematischen Zeichnung zusammengestellt, weil eine Zeichnung die Zusammenhänge wesentlich klarer macht als eine Aufzählung von Zahlen. Außerdem läßt eine Zeichnung eher eine Vorstellung von den Genauigkeitsmöglichkeiten gewinnen. Die schematischen Augen sind sowohl für die optische Einstellung des Auges auf unendliche Ferne als auch auf maximale Nähe (Nahpunkt 102 mm vor dem Auge) berechnet.

Für das exakte schematische Auge hat Gullstrand den Begriff der „äquivalenten Kernlinse" geschaffen. Diese optische Konzeption hat nichts mit dem im Lichte der Spaltlampe nachweisbaren Linsenkern zu tun, wenigstens nicht unmittelbar: Bis zu einem gewissen Grade schließen sich beide sogar gegenseitig aus. Wie bereits auf S. 73 erwähnt, ist die Linse, zumindesten die des jugendlichen Organismus, ein Medium mit einem kontinuierlich veränderlichen Brechungsindex. Da ein solches System nur durch Integralbildung berechnet werden kann, hat Gullstrand für sein schematisches Auge eine schematische Linse mit folgenden Eigenschaften konstruiert:

1. Die äußere Form der Linse des schematischen Auges entspricht der äußeren Form der Linse, wie sie als Durchschnittswert von einigen sehr komplizierten Messungen ermittelt worden ist.

2. Der Brechungsindex der äußeren Schichten dieser schematischen Linse entspricht dem Brechungsindex der äußeren Schichten der menschlichen Linse.

3. Der Brechungsindex der „äquivalenten Kernlinse" entspricht dem Brechungsindex, wie er an den innersten Schichten der menschlichen Linse gemessen worden ist.

Daß dabei die Bestimmung der Brechungsindices besonders problematisch ist, möge hier nur nebenbei vermerkt sein. Sie können nicht am lebenden Auge gemessen werden, sondern nur an Organstücken ex situ, und welchen Veränderungen der Brechungsindex hierbei unterliegt, läßt sich ebenfalls nur schätzen.

4. Die Begrenzungsflächen der „äquivalenten Kernlinse" sind so berechnet, daß die Brechkraft der Linse des schematischen Auges ungefähr der Linse des menschlichen Auges entspricht, wobei freilich auch die Brechkraft der Linse in situ nur in grober Näherung geschätzt werden kann. Diese äquivalente Kernlinse ist sowohl für das auf die Ferne als auch das auf die Nähe eingestellte Auge berechnet.

Die Akkommodation im exakten schematischen Auge berücksichtigt sowohl die äußere als auch die „innere" Verformung der Linse: Der vordere Linsenpol wird um 0,4 mm nach vorne geschoben, die Vorderkammer wird also bei der Akkommodation flacher, die Krümmung der vorderen Linsenfläche nimmt erheblich zu, während die hintere Linsenfläche bei der Akkommodation ihren Ort nicht, ihre Krümmung nur geringfügig ändert. Am stärksten ändert sich die Krümmung der „äquivalenten Kernlinse", wodurch die Brechkraftzunahme der Linse insgesamt größer wird, als dies bei der äußeren Verformung möglich wäre.

b) Das vereinfachte schematische Auge Gullstrands

Im „vereinfachten schematischen Auge" hat Gullstrand dann noch weitergehende Vereinfachungen vorgenommen (Abb. 104):

1. Die Hornhaut wird durch eine „äquivalente Hornhautfläche" ersetzt, welche nichts anderes ist als eine gedachte Grenzfläche zwischen Luft und Kammerwasser. Der Krümmungsradius dieser „äquivalenten Hornhautfläche" ist so berechnet, daß der Übergang von Luft zu Kammerwasser zur gleichen Brechkraft führt wie beim exakten schematischen Auge der Übergang von Luft über die Hornhaut zum Kammerwasser. Daher beträgt der Krümmungsradius der Hornhautvorderfläche des exakten schematischen Auges 7,7, der der äquivalenten Hornhautfläche

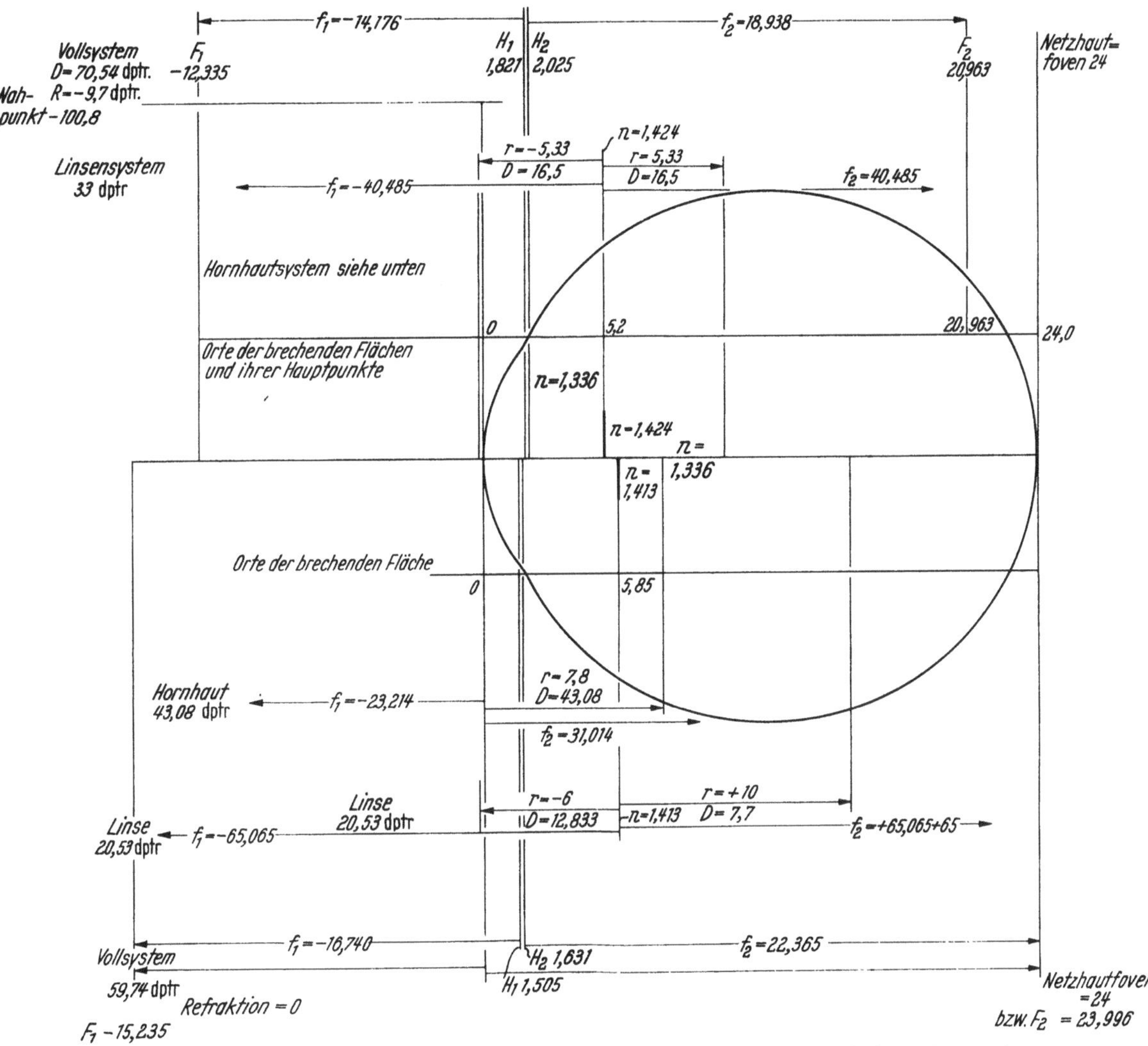

Abb. 104. Gullstrands vereinfachtes schematisches Auge. Oben in maximaler Akkommodation und unten in Akkommodationsruhe. Die Linse wird hierbei als unendlich dünne Linse angenommen. Sie ist bei der Akkommodation nach vorne verschoben. Die Hornhaut ist durch eine brechende Fläche von Luft gegen Kammerwasser ersetzt. Einzelheiten sind der Zeichnung zu entnehmen

des vereinfachten Auges 7,8 mm. Hierdurch wird gewissermaßen die stärkere Krümmung der Hornhautrückfläche des exakten schematischen Auges, welche der Hornhaut insgesamt die Gestalt eines zerstreuenden Meniscus verleiht, wieder aufgehoben.

2. Die Linse wird als „unendlich dünne Linse" im Sinne der Gaußschen Optik am Orte des „optischen Linsenzentrums" eingesetzt. Die Flächenkrümmungen dieser unendlich dünnen Linse sind in Übereinstimmung mit den äußeren Grenzen der Linse des exakten Auges gewählt, der Brechungsindex, welcher bei der Akkommodation verschiedene Werte annimmt, ist so gewählt, daß die Brechkraft der Linse unter Berücksichtigung des Linsenortes zu einem emmetropen Auge führt.

Von den zahlreichen weiteren Versuchen, die Brechungsverhältnisse am Auge auf eine gemeinsame Formel zu bringen, sei schließlich noch eine Modifikation des exakten schematischen Gullstrandschen Auges von LITTMANN erwähnt:

LITTMANN benötigte ein solches Schema für die Umrechnung der Krümmungsradien der Hornhautfläche in Hornhautbrechkraft, welche beim Ophthalmometer automatisch, ohne Wissen der Untersucher, vorgenommen wird. Er ging dabei von folgender Überlegung aus:

Wäre die Hornhaut lediglich eine unendliche dünne Grenzfläche, welche die Luft gegen das Kammerwasser abgrenzt, so würde es für die Berechnung ihrer Brechkraft (d. h. der Brechkraft des Hornhaut-Kammerwasser-Systems) genügen, ihren Krümmungsradius mit dem Brechungsindex des Kammerwassers zu verbinden, um aus diesen beiden Größen die Brechkraft zu berechnen. Da jedoch die Hornhautrückfläche stärker gekrümmt ist als die Vorderfläche, ist dieses Verfahren nicht statthaft. Daher berechnet LITTMANN aus der *Brechkraft des Hornhaut-Kammerwasser-Systems und der Krümmung der Hornhautvorderfläche einen fiktiven Brechungsindex von 1,332*, den er dann auch zur Berechnung von Brechkräften bei anderen Krümmungen der Hornhautvorderfläche zugrunde legt.

3. Messen und Schätzen optischer Größen am Auge

Die schematischen Augen stellen also aus gemessenen, geschätzten und berechneten Größen zusammengesetzte Systeme dar. Exakt können indessen von den optischen Größen des Auges nur zwei gemessen werden:

1. Die Krümmung der Hornhautvorderfläche. Bereits die Berechnung der Hornhautbrechkraft, wie sie in den Ophthalmometern durch Messung der Hornhautkrümmung automatisch durchgeführt wird, ist keine Messung im eigentlichen Sinne mehr, sondern eine Berechnung aus einer gemessenen Größe (eben der Krümmung der Hornhautvorderfläche) und einigen anderen, im schematischen Auge festgelegten Größen (Brechungsindex der Hornhaut und des Kammerwassers, Hornhautdicke, Krümmung der Hornhautrückfläche).

Da bei den schematischen Augen Hornhautkrümmung und Hornhautbrechkraft konstante Werte annehmen, können die Beziehungen, die zwischen beiden bestehen, nicht ohne weiteres auf andere Augen übertragen werden. Wenn dies trotzdem geschieht und man versucht, auch für andere Hornhautkrümmungen Hornhautbrechkraftwerte zu bestimmen, so ist diese Festsetzung stets eine willkürliche Übereinkunft, welche auf verschiedene Weise getroffen werden kann.

Bei der Besprechung der Ophthalmometer werden wir Gelegenheit haben, auf solche Berechnungsmöglichkeiten näher einzugehen. Grundsätzlich hat man sich jedoch darüber klar zu sein, daß nur die Krümmung der Hornhautvorderfläche, nicht hingegen die Hornhautbrechkraft eine meßbare Größe ist.

2. Die Refraktion. Man mag dagegen einwenden, daß die Genauigkeit, mit der die Refraktion gemessen werden kann, nicht sehr groß ist. Wir werden aber im kommenden Kapitel sehen, daß die Refraktion mit der ihr angemessenen Genauigkeit bestimmt werden kann, sofern man sich nämlich über die Grenzen der statthaften Genauigkeitsforderung klar wird.

Für die meisten Fragen der ophthalmologischen Optik genügt die Refraktionsmessung. Die so sehr beliebte Messung der Hornhautkrümmungen ist streng genommen nur für die Anpassung von Haftschalen indiziert. Man wird jedoch in manchen Fällen aus Gründen der Bequemlichkeit auch die Krümmungen der Hornhautvorderfläche messen, besonders dann, wenn die objektive Refraktionsmessung auf Schwierigkeiten stößt.

Außer diesen beiden optisch bedeutungsvollen Größen können als weitere Größen exakt gemessen werden:

1. Die scheinbare Hornhautdicke.
2. Die scheinbare Tiefe der vorderen Kammer.
3. Die scheinbare Dicke der Linse.

Diese scheinbaren Größen leiten sich aus den virtuellen Bildern der entsprechenden Objekte her, welche alleine unserer Beobachtung und Messung zugänglich sind.

Die entsprechenden realen Werte können jedoch nur mit Hilfe der allgemeinen Abbildungsgleichungen aus den meßbaren, scheinbaren Werten errechnet werden. In diesen allgemeinen Abbildungsgleichungen ist indessen der Brechungsindex enthalten, und dieser ist im Einzelfalle nicht meßbar, sondern muß aus den Werten des schematischen Gullstrandschen Auges entnommen werden.

Wenn wir also aus den meßbaren Größen reale Werte abzuleiten versuchen, so müssen wir uns darüber im klaren sein, daß diese realen Werte aus gemessenen und axiomatisch durch kaum reproduzierbare Versuche festgelegten Größen zusammengesetzt sind.

Wir besprechen zunächst die subjektive Messung der Refraktion und beschreiben die übrigen Meßmethoden im Zusammenhang mit ähnlichen qualitativen Untersuchungsmethoden.

V. Brillenoptik

1. Die sphärische Refraktion des Auges

Die Gullstrandschen Abbildungsformeln (S. 82 ff.) gelten innerhalb des Gaußschen Raumes und darüber hinaus für solche Strahlenbündel, bei denen eine Hauptkrümmungsebene der Wellenfläche mit der Einfallsebene übereinstimmt. Die Untersuchung der Konstitution des im eigenen Auge gebrochenen Strahlenbündels mit Hilfe der subjektiven Stigmatoskopie hat gezeigt, daß beide Voraussetzungen für die Lichtbrechung im menschlichen Auge nicht zutreffen. Wollen wir trotzdem nach Möglichkeiten suchen, die Dioptrik des menschlichen Auges quantitativ zu behandeln — und das ist für alle Fragen der Dioptrik des Auges, insbesondere aber für die gesamte Brillenlehre unerläßlich —, so müssen wir gewisse Vereinbarungen über die Bezeichnung zu wählender Größen und zudem gewisse Vereinfachungen vornehmen.

Bei der subjektiven Stigmatoskopie haben wir nicht etwa den Strahlenraum des Auges untersucht, sondern nur ein Strahlenbündel, welches im Auge gebrochen wird, und zwar ein solches, dessen Richtung nach der Brechung auf die Macula lutea, die Stelle des schärfsten Sehens gerichtet war. Ein nach der Peripherie des Augenhintergrundes ziehendes Strahlenbündel hätten wir gar nicht mit dieser Genauigkeit untersuchen können. Dabei haben wir die Vergenz des einfallenden Strahlenbündels systematisch geändert und die Schnitte des gebrochenen Strahlenbündels mit der Netzhaut beobachtet. Wir wollen nun annehmen, es gebe unter diesen Schnitten des gebrochenen Strahlenbündels einen, der für die Abbildung auf der Netzhaut besonders günstige Bedingungen schafft — wie es bei dem an einer Kugelfläche gebrochenen Strahlenbündel etwa der Schnitt durch die Spitze der kaustischen Fläche war. Die Möglichkeiten, einen solchen Schnitt zu

finden, sind nicht auf die subjektive Stigmatoskopie beschränkt, sie ist schließlich
das Ziel jeder subjektiven Refraktionsbestimmung überhaupt. Dann nennen wir
*die Vergenz des einfallenden Strahlenbündels, welches diesen für die Abbildung
optimalen Schnitt auf der Netzhaut erzeugt, die Refraktion des Auges.* Die Refraktion ist also sowohl bei der subjektiven Stigmatoskopie als auch bei der klinischen
Untersuchung eine Grundgröße.

Geht man unter Anwendung der Abbildungsgleichungen systematisch-optisch
vor, so wird die Refraktion als Vergenz des einfallenden Strahlenbündels $A = B - D$
dargestellt, wobei $B = n'/b$ der auf Luft reduzierte reziproke Wert der Bulbuslänge bzw. des Abstandes der Fovea vom hinteren Hauptpunkt ist und D
die Brechkraft des Auges, unter der weiteren Voraussetzung, daß A im vorderen
Hauptpunkt des Auges gemessen wird. Die Refraktion erscheint also bei dieser
Art des Vorgehens als Differenz zweier Größen, die wir beide nicht kennen und im
allgemeinen klinisch nicht messen können. Wenn es trotzdem für diese Größen
Werte gibt, welche im „schematischen Auge GULLSTRANDs" niedergelegt sind,
so handelt es sich dabei um Mittelwerte auf Grund von im einzelnen höchst pro-
blematischen und mit starken Fehlermöglichkeiten behafteten Messungen. Diese
Werte sind trotzdem für manche Fragestellungen theoretischer und praktischer Art
nützlich, weswegen wir später noch manchmal darauf zurückkommen werden.

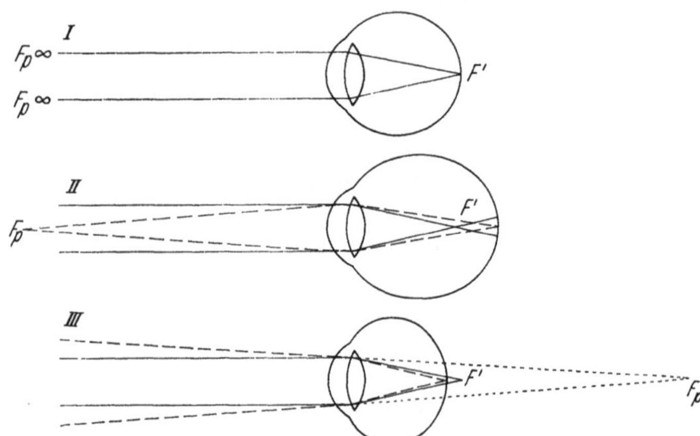

Abb. 105. Refraktion, Fernpunkt und bildseitiger Brennpunkt. Ausgezogene Linien: Parallelstrahlenbündel;
durchbrochene Linien: Strahlenbündel, die auf der Netzhaut vereinigt werden. Erläuterung: *I* Emmetropes Auge,
Fernpunkt im Unendlichen, Brennpunkt auf der Netzhaut. *II* Myopes Auge: Fernpunkt reell im Endlichen vor
dem Auge, Brennpunkt vor der Netzhaut. *III* Hyperopes Auge, Brennpunkt hinter der Netzhaut (nach TREN-
DELENBURG)

Der unmittelbaren Messung am lebenden Auge dagegen ist einzig und allein die
Refraktion zugänglich, und sie ist zugleich die Größe, die unser Interesse am
stärksten beansprucht.

Nun besitzt das Auge zumindest in der Jugend die Fähigkeit, durch Krümmungsänderung der Linse die Brechkraft D und damit seine Refraktion $B - D$ zu ändern;
wir müssen uns daher noch auf eine bestimmte Refraktion einigen. Wir wählen
dazu die Refraktion, bei der D, die Brechkraft des Auges, am kleinsten ist, die
Differenz $B - D = A$ also am größten. Man nennt sie *Fernpunktrefraktion*, weil
das Auge dann auf die größtmögliche Ferne eingestellt ist.

Verzichten wir zunächst darauf, ein in das Auge eintretendes Strahlenbündel
vorher astigmatisch zu machen, nehmen wir also an, es gebe einen Schnitt durch
das im Auge gebrochene Strahlenbündel, der für die Abbildung optimale Be-

dingungen schafft, so bestehen drei Möglichkeiten für die Vergenz des ungebrochenen Strahlenbündels oder die Refraktion (Abb. 105):

1. Dieser optimale Schnitt des gebrochenen Strahlenbündels fällt dann auf die Netzhaut, wenn das *einfallende Strahlenbündel* ein *Parallel*strahlenbündel ist, also die Vergenz 0 hat. Ein solches Auge wird *emmetrop* genannt, seine Refraktion ist = 0.

2. Der optimale Schnitt fällt dann auf die Netzhaut, wenn das *einfallende Strahlenbündel divergent* ist, seine Vergenz negativ ist, wenn sein Zentrum als reeller Punkt vor dem Auge gelegen ist. Ein solches Auge wird kurzsichtig oder *myop* genannt, seine Refraktion ist kleiner als 0, also negativ.

3. Der optimale Schnitt fällt dann auf die Netzhaut, wenn das *einfallende Strahlenbündel konvergent* ist, seine Vergenz positiv ist, sein Zentrum als virtueller Dingpunkt hinter dem Auge gelegen ist. Ein solches Auge wird als übersichtig oder *hyper(metr)op* bezeichnet, seine Refraktion ist positiv.

Man sieht leicht, daß diese Definitionen mit denen auf S. 153 gleichwertig sind.

Das Zentrum dieser jeweiligen einfallenden Strahlenbündel ist damit der Punkt, der auf der Fovea „abgebildet" wird. Da die Abbildung stets umkehrbar ist (S. 85), können wir ihn auch einfacher als Bildpunkt der Fovea bezeichnen.

Die einander zugehörigen Begriffe der „Refraktionen" und das „Bild der Fovea", im folgenden auch oft als Fovea-Bildpunkt bzw. als Netzhautbildfläche bezeichnet, erlauben es uns, die meisten ophthalmoskopisch-optischen Fragen außerhalb des Auges selbst zu untersuchen. Das hat folgenden Grund: Es ist uns nicht möglich, die Netzhaut des anderen Menschen unmittelbar zu sehen. Wir sehen stets nur ein von den brechenden Medien des betreffenden Auges entworfenes reelles oder virtuelles Bild. Meist müssen wir dieses Bild durch eine zusätzliche optische Einrichtung auch noch in eine für die Beobachtung geeignete Entfernung bringen, aber das ist in diesem Zusammenhang nicht wichtig. Grundsätzlich ist jedoch zu betonen, daß wir wohl dieses optische Bild der Netzhaut exakt zu lokalisieren vermögen, nicht hingegen die Netzhaut selbst, zumindest nicht mit optischen Methoden. Indem wir uns also auf diese Netzhautbildfläche beziehen, schaffen wir uns die Möglichkeit, stets mit meßbaren und beobachtbaren Größen zu operieren.

Streng genommen ist diese Netzhautbildfläche freilich keine Fläche; da die optimale Strahlenvereinigung stets eine gewisse Tiefenausdehnung besitzt, besitzt auch die Netzhautbildfläche eine entsprechende räumliche Ausdehnung, die stets um so größer ist, je mehr diese Netzhautbildfläche ins Unendliche rückt.

Wir kommen hierdurch zu einer Betrachtungsweise, die von der Optik des Gaußschen Raums im üblichen Sinne etwas abweicht: In der Optik des Gaußschen Raums wird das optische Bild durch den reellen oder virtuellen Schnittpunkt gebrochener Strahlen definiert. Dabei ist es gleichgültig, ob sich an diesem Ort des Schnittpunktes eine bildauffangende Fläche, etwa in Form einer Mattscheibe oder einer photographischen Platte, befindet oder nicht. Für das Auge ist diese Betrachtungsweise nicht immer zweckmäßig. Ausgangspunkt für unsere Sinneswahrnehmung ist in jedem Fall die Lichtverteilung auf der Netzhaut. Ob dieser Lichtverteilung eine optische Abbildung durch eine Strahlenvereinigung im Sinne der Gaußschen Optik zugrunde liegt oder nur eine Projektion im engeren Sinn, ist dabei zunächst einmal von sekundärem Interesse. Eine Abbildung findet statt, wenn sich der abzubildende Gegenstand eben in jener oben definierten Netzhautbildfläche befindet, während eine „Projektion", d. h. im landläufigen Sprachgebrauch eine unscharfe Abbildung dann stattfindet, wenn das betreffende Objekt außerhalb der Netzhautbildfläche gelegen ist. Es genügt dann, die Projektion jenes Gegenstands in der Netzhautbildfläche zu untersuchen, wobei die Eintrittspupille des Auges Projektionszentrum ist.

Der Fovea-Bildpunkt heißt Fernpunkt, wenn die Refraktion die größtmögliche und die Brechkraft der Linse die kleinstmögliche ist.

Je nach der zugrunde liegenden Fernpunktrefraktion kann sich die Akkommodation auf die „Nahrefraktion" verschieden auswirken (Abb. 106).

1. Ein emmetropes Auge wird grundsätzlich myop.

2. Ein myopes Auge wird noch mehr myop. Aus der reziproken Beziehung von Ferne und Nähe läßt sich indessen errechnen, daß diese Verstärkung der Myopie im allgemeinen kein großer Gewinn ist.

3. Ein hypermetropes Auge kann durch die Akkommodation weniger hyperop, emmetrop und schließlich myop werden. Für die Erzielung einer Myopie ist dann der größte Akkommodationsaufwand erforderlich.

Diese Überlegungen zeigen, daß nur das emmetrope Auge aus seiner Akkommodation den größtmöglichen Nutzen ziehen kann. Ein myopes Auge ist nicht in

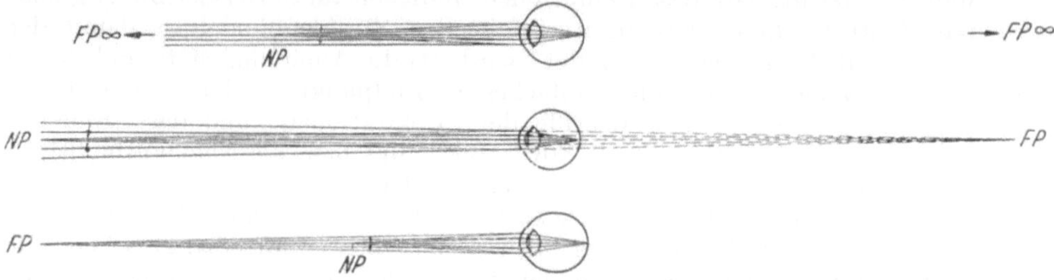

Abb. 106. Die unterschiedliche Wirkung von 10 dptr Akkommodation. a) bei emmetropem Auge: Einstellung auf 10 cm vor dem Auge. b) bei einer Hyperopie von 5 dptr: Einstellung auf 20 cm vor dem Auge (5 dptr werden zur Einstellung auf die Ferne benötigt, 5 dptr bleiben für die Nähe). c) bei 5 dptr Myopie: Erreichte „Nähe" = 15 dptr entsprechend $6^2/_3$ cm

der Lage, den vorliegenden Brechungsfehler durch die Akkommodation auszugleichen, sondern kann nur noch seine Myopie verstärken. Dabei bedeutet eine Akkommodation von etwa 2 dptr bei einem Auge mit einer Myopie von 4 dptr lediglich eine Verschiebung des Netzhautbildpunktes von $^1/_4$ auf $^1/_6$ m, also von 25 auf 16,7 cm, während für ein emmetropes Auge die gleiche Akkommodation eine Einstellungsänderung von einem unendlich fernen auf einen $^1/_2$ m vor dem Auge gelegenen Punkt bedeutet. Demgegenüber besitzt das hyperope Auge einen mehr oder weniger großen Akkommodationsbereich, der funktionell ganz wertlos ist, nämlich den Bereich zwischen der Fernpunktsrefraktion und der durch Akkommodation erreichbaren Emmetropie. Im Gegensatz zum myopen Auge besitzt das hyperope Auge ja keinen reellen Fernpunkt, ein „natürliches" Strahlenbündel, d. h. ein solches, das noch keine Veränderung durch ein brechendes System erfahren hat, kann also durch das nicht akkommodierende hyperope Auge nicht optimal auf der Netzhaut vereinigt werden.

2. Das sphärische Brillenglas

Zu den optischen Instrumenten, die mit dem Auge ein neues zusammengesetztes optisches System bilden, gehören die Brillengläser. Wir hatten uns ihrer bereits bei der subjektiven Stigmatoskopie bedient und zu Beginn dieses Kapitels gezeigt, daß sie allgemein dazu benutzt werden, die Refraktion des Auges zu finden, ja, daß man diese Refraktion geradezu durch die Stärke des vorgesetzten und für die Abbildung optimalen Brillenglases definieren kann. Wir haben diese Brillengläser aus einem Probierbrillenkasten, in dem sie nach ihrer Brechkraft geordnet sind. Über das Wesen dieser Brechkraft hatten wir zunächst noch nicht viel gesprochen.

a) Der Strahlenraum des Brillenglases bei ruhendem Auge

Zunächst soll jedoch der Strahlenraum abgegrenzt werden, innerhalb dessen die Stärkebezeichnung der Brillengläser gilt. Dies ist in jedem Falle der Gaußsche Raum. Die Gültigkeit der Gläserstärken außerhalb des Gaußschen Raumes ist dagegen an besondere Bedingungen geknüpft, die wir bei der Brillenkorrektur des blickenden Auges näher erwähnen werden.

Beim ruhenden Auge sind die Bedingungen des Gaußschen Raumes für das *Brillenglas* jedenfalls erfüllt, wenn das Glas zum Auge zentriert ist. Denn die Aperturblende des in das Auge eintretenden Strahlenbündels ist die Pupille, deren

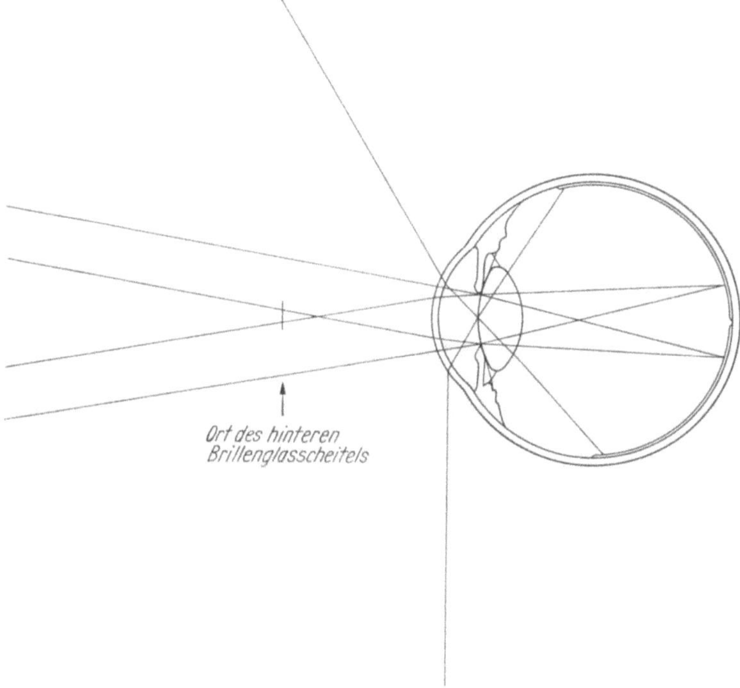

Abb. 107. Der Strahlenraum des ruhenden Auges (Gesichtsfeld). Nur der zentrale (durch je 2 zusammengehörige Strahlen ausgeführte) Teil wird durch die Brillenglaskorrektur nennenswert beeinflußt. In der Peripherie ist die Sehschärfe so gering, daß die Brillenglaskorrektur dort praktisch bedeutungslos ist. (Daher nur jeweils 1 Hauptstrahl ausgeführt.) An der Grenze des Brillenglases findet lediglich ein Gesichtsfeldsprung statt, da ein Brillenglas auf das Gesichtsfeld eine umgekehrte Wirkung ausübt wie auf die Bildgröße. Die Grenzen zwischen optisch korrigierbarem und nicht beeinflußbarem Gesichtsfeldteil sind jedoch nicht scharf; Je stärker das korrigierende Glas ist, desto mehr werden auch die peripheren Gesichtsfeldteile von der besseren Strahlenvereinigung beeinflußt. Bei Untersuchung des zentralen Gesichtsfeldes ist stets die volle Brillenkorrektur auf die Untersuchungsnähe (am Perimeter nach FÖRSTER und am Kugelperimeter nach GOLDMANN also +3,0 dptr zur Fernkorrektur) vorzusetzen, und zwar auch dann, wenn der Untersuchte noch über ausreichendes Akkommodationsvermögen verfügt. Im Gegensatz zur Sehschärfenprüfung wird nämlich bei der Gesichtsfeldprüfung die Akkommodation nicht immer beansprucht, weil die Fixationsmarke auch ohne diese erkannt und die Aufmerksamkeit der Peripherie zugewandt wird

Durchmesser 5 mm, deren Radius somit 2,5 mm ohne Erweiterung selten übersteigt. Ein Strahlenbündel, welches an der Pupille eine Vergenz von $\pm$ 20 dptr hat, dessen Zentrum also 50 mm vor oder hinter der Pupille gelegen ist, hat einen Öffnungswinkel, dessen Tangens 2,5/50 oder 0,05 beträgt, d. h. der Öffnungswinkel beträgt knapp 3°, der Unterschied zwischen Sinus und Tangens eines solchen Winkels beträgt knapp 2°/$_{00}$ ihres Wertes. Bei den meisten Brillengläsern liegt dieser Wert noch wesentlich niedriger, weil eine Refraktion von $\pm$ 20 dptr schon recht selten ist.

Auch der Hauptstrahlneigungswinkel liegt in der gleichen Größenordnung, da das Brillenglas nicht dazu dient, im Bereich des ganzen Gesichtsfeldes die Strahlenbündel in die optimale Form zu bringen, sondern nur innerhalb des Bereichs, in dem auch auf der Netzhaut die Voraussetzungen für eine optimale Verwertung des angebotenen Bildes erfüllt ist, also in dem Netzhautbereich maximaler Sehschärfe, welches nur wenige Grade beträgt: 5° peripher vom Fixierpunkt beträgt die Sehschärfe bereits nur noch ein Drittel der normalen, nach der weiteren Peripherie sinkt die Sehschärfe rasch noch weiter ab. *Der Strahlenraum, der uns für die Brillenkorrektur interessiert, ist also nicht der Strahlenraum des Auges, sondern ist durch eine wesentlich kleinere Gesichtsfeldblende begrenzt.* Der größte Teil des Gesichtsfeldes bleibt bei der Brillenbestimmung unberücksichtigt. Die endgültige Brille wird hingegen unter Berücksichtigung des Blickfeldes gefertigt (vgl. S. 203).

b) Die Zentrierung des Brillenglases

Um den Bedingungen des Gaußschen Raumes zu genügen, muß das Brillenglas zentriert sein, d. h. das fragliche Strahlenbündel muß auch wirklich im Bereich des Gaußschen Raumes des Brillenglases sein, es muß den Axialstrahl des Brillenglases als Axialstrahl enthalten. Ohne uns zunächst um das Problem der Zentrierung *des Auges* zu kümmern, wählen wir als Axialstrahl des Auges den durch die Pupillenmitte zur Netzhautmitte bzw. dingseitig zum Fixierpunkt ziehenden Strahl.

Die Achse des Brillenglases ist leicht zu finden: Sie ist diejenige Gerade, die auf beiden Flächen des Brillenglases senkrecht steht. Da jede brechende Fläche zugleich eine spiegelnde Fläche ist, ist das Flächenlot auf eine solche Fläche ein solcher Strahl, der bei der Spiegelung in sich selbst zurückgeworfen wird. Halten wir eine kleine Lichtquelle dicht neben oder unter die eigene Pupille, noch besser, legen wir sie durch Abbildung in die eigene Pupille (Augenspiegel, Skiaskop) und leuchten damit auf ein Brillenglas, so sehen wir im allgemeinen zwei Spiegelbildchen, eines, welches von der Vorder- und eines, welches von der Hinterfläche des Glases erzeugt wird. Drehen wir das Glas so, daß die beiden Spiegelbildchen zusammenfallen, so befinden wir uns mit unserer Pupille und der Lichtquelle in der optischen Achse des Glases. Lassen wir nun das zu prüfende Auge in das Licht blicken und bringen die beiden zur Deckung gebrachten Spiegelbildchen noch mit der Pupillenmitte des untersuchten Auges zur Deckung, so ist das Brillenglas zentriert. Je stärker die Brechkraft des Brillenglases ist, desto mehr ist auf seine Zentrierung zu achten. Bei 5 dptr können hier schon beträchtliche Fehler entstehen.

c) Die Stärkebezeichnung der Brillengläser

Sowohl in dem Probierbrillenkasten als auch in einem Sortiment zur Brillenanfertigung für den Optiker sind Brillengläser mit ihrem hinteren Scheitelbrechwert bezeichnet und nach ihm geordnet. Das ist die Nähe des bildseitigen Brennpunktes am hinteren Scheitelpunkt. Dieser hintere Scheitelpunkt wird nur in Ausnahmefällen mit dem bildseitigen Hauptpunkt zusammenfallen. Daher ist dieser hintere Scheitelbrechwert im allgemeinen nicht mit der Brechkraft schlechthin, als welche gewöhnlich der Hauptpunktbrechwert definiert wird, identisch.

Die Notwendigkeit der speziellen Definition des hinteren Scheitelbrechwertes ergibt sich zunächst aus der einfachen Tatsache, daß jedes Brillenglas grundsätzlich ein aus zwei brechenden Flächen zusammengesetztes optisches Instrument ist, und daß der hintere Scheitelpunkt des Brillenglases der geeignetste Bezugspunkt für die Beziehung zwischen Brillenglas und Auge darstellt. Die Hauptpunkte sind demgegenüber nicht ohne weiteres topographisch zu erfassen (Abb. 108).

Da die Refraktionsbestimmung gewöhnlich durch Abbildung eines weit entfernten Gegenstandes im Auge vorgenommen wird, ist der Scheitelbrechwert des Brillenglases, welches einen solchen Gegenstand optimal im Auge abbildet, zugleich die Refraktion des Auges, gemessen am Orte des hinteren Brillenglasscheitels.

Diesem Vorteil bei der Fernkorrektur steht aber ein Nachteil bei der Nahkorrektur gegenüber: Man kann nicht die einfachen Formeln $A + D = B$ verwenden, welche sich ja nur auf die in den Hauptpunkten gemessenen Vergenzen beziehen, sondern muß die Gullstrandschen Abbildungsformeln in der Form $\dfrac{A}{\varkappa} + D = \varkappa B$ verwenden, wobei dann gleich als nächste Frage auftaucht, wie groß hierin besonders $\varkappa$ und D sind.

Setzen wir $A = 0$, untersuchen also ein Parallelstrahlenbündel, welches auf das Brillenglas auftrifft, so erhalten wir $D = \varkappa B$ oder $\dfrac{D}{\varkappa} = B$, wobei also B, wenn es im hinteren Scheitelpunkt gemessen wird, die Refraktion des Auges und den hinteren Scheitelbrechwert des Brillenglases angibt und D den zunächst unbekannten Hauptpunktebrechwert, der durch Multiplikation des hinteren Scheitelbrechwertes mit dem Vergrößerungskoeffizienten im Projektionszentrum $\varkappa$ gefunden werden kann.

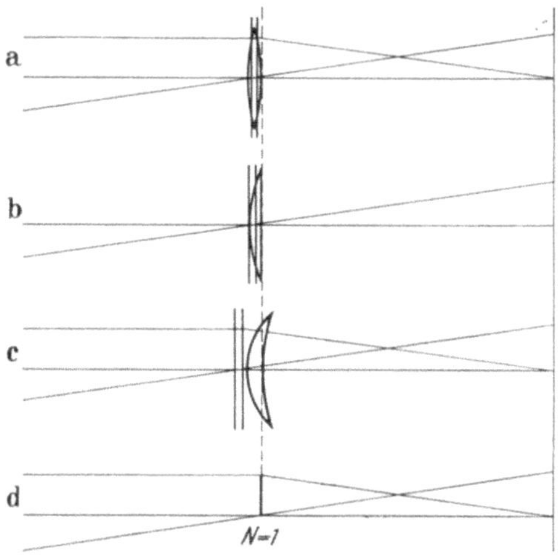

Um $\varkappa$ zu finden, betrachten wir den hinteren Scheitelpunkt von vorne, d. h. vom Dingraum des Brillenglases aus, mit anderen Worten, wir machen von der Möglichkeit Gebrauch, den Strahlengang umzukehren (Abb. 109). Der hintere Scheitelpunkt wird dabei durch eine Fläche positiver Brechkraft — die Brillenvorderfläche —, also nach dem Prinzip der Lupenvergrößerung betrachtet, und wir haben nur noch zu fragen, wo sein Bild liegt, und wie stark die Vergrößerung ist. Die Brechung der hinteren Fläche bleibt nämlich unberücksichtigt, weil der Punkt ja dort auf der brechenden Fläche liegt, mithin mit seinem Bildpunkt zusammenfällt. Da schräge Einfallswinkel nicht berücksichtigt werden, ist der Vergrößerungskoeffizient für diese Abbildung = 1.

Bezeichnen wir die Brechkraft der vorderen (sammelnden) Glasfläche mit D_1 und die auf Luft reduzierte Glasdicke mit δ (die reale Glasdicke sei $d = n \cdot \delta$), dann ist die „Dingweite" $-d$ bzw. auf Luft reduziert $-\delta$, und die im vorderen Brillenglasscheitel gemessene reduzierte Vergenz des Dingstrahlenbündels $-\dfrac{1}{\delta}$; die Brechkraft der vorderen Brillenfläche ist D_1, mithin die Vergenz des Bildstrahlen-

Abb. 108. Verschiedene Brechkräfte (Kehrwert der Hauptpunktbrennweite) bei gleichem hinterem Scheitelbrennwert. Die Tangentialebene im hinteren Scheitelpunkt ist durch eine durchbrochene Linie markiert, die Brennpunkte sind ebenfalls durch eine gemeinsame Linie verbunden. a) Bei einem Bikonvexglas. Beide Hauptpunkte liegen zwischen vorderem und hinterem Scheitelpunkt. b) Bei einem Plankonvexglas, Planfläche hinten. Vorderer Hauptpunkt mit vorderem Scheitelpunkt identisch, hinterer Hauptpunkt zwischen vorderem und hinterem Scheitelpunkt. c) Durchgebogenes Brillenglas. Beide Hauptpunkte liegen vor dem vorderen Scheitelpunkt. d) Unendlich dünnes Glas. Beide Hauptpunkte und beide Scheitelpunkte fallen zusammen. Man erkennt leicht, daß die hintere Hauptpunktbrennweite bei d) am kürzesten ist und daß sie in der Reihenfolge a) → b) → c) zunimmt. Proportional zur Hauptpunktbrennweite wächst auch die „Eigenvergrößerung" des Brillenglases, also die Größe, mit dem ein unendlich ferner Gegenstand in der Brennpunktebene abgebildet wird, oder die linke Vergrößerung, die ein vom hinteren Scheitelpunkt ausgehender bildseitiger Strahl gegenüber seinem ihm zugehörigen objektseitigen Strahl als Hauptstrahlneigungswinkel einnimmt.

bündels $-\dfrac{1}{\delta} + D_1$ und der Vergrößerungskoeffizient

$$- \frac{1}{\delta} : \left(- \frac{1}{\delta} + D_1\right) = - \frac{1}{\delta} : - \left(\frac{1 - \delta D_1}{\delta}\right) = \frac{1}{1 - \delta D_1} \approx 1 + \delta D_1 \text{ [1]}$$

Dieser Vergrößerungskoeffizient, der also angibt, wie ein im hinteren Scheitelpunkt befindliches Linienelement durch die Fläche des vorderen Brillenglases vergrößert wird, wird auch als *Eigenvergrößerung des Brillenglases mit N* bezeichnet (WEISS), denn nach den Ausführungen auf S. 94 gibt er zugleich die anguläre

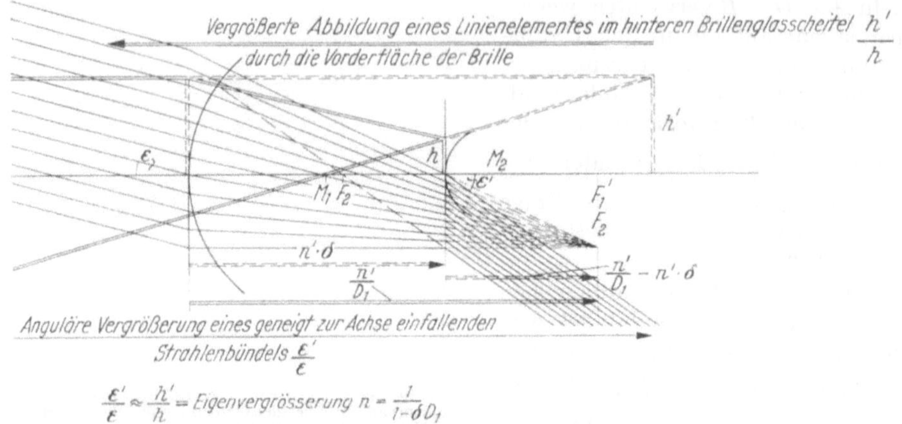

Abb. 109. Zur Ableitung der Eigenvergrößerung eines Brillenglases. Ein Linienelement des hinteren Brillenglasscheitels erfährt durch die bei durchgebogenen Brillengläsern stets konvexe Vorderfläche eine Vergrößerung. Diese Vergrößerung ist proportional zur angulären Vergrößerung, die ein einfallendes Strahlenbündel, dessen Zentrum am hinteren Scheitelpunkt liegt, beim Durchgang durch das Brillenglas erfährt. Diese Vergrößerung ist somit unabhängig von der Krümmung der hinteren Brillenglasfläche. Es handelt sich hierbei um das gleiche Prinzip wie im Galiläischen Fernrohr, nur in kleineren Größenordnungen

Vergrößerung für ein Strahlenbündel an, dessen bildseitiges Zentrum im hinteren Linsenscheitel gelegen ist.

Wenn wir jedoch diesen Wert der Eigenvergrößerung des Brillenglases in die Gullstrandschen Abbildungsformeln einsetzen, haben wir uns zu vergegenwärtigen, daß wir, um die Eigenvergrößerung aufzufinden, eine Umkehr des Strahlenganges vornehmen mußten. Der „lineare Vergrößerungskoeffizient im Projektionszentrum" ist also der reziproke Wert der „Eigenvergrößerung", $\varkappa = \dfrac{1}{N}$.

Es wäre nun noch zu klären, wo in diesem Strahlengang das dingseitige Projektionszentrum ist: Da im allgemeinen $\dfrac{1}{\delta}$ sehr viel größer als D_1 ist, wird der Ort dieses dingseitigen Projektionszentrums vom bildseitigen, also vom hinteren Brillenglasscheitel nicht sehr verschieden sein, und man kann daher sowohl Ding- als auch Bildweiten im hinteren Brillenglasscheitel messen, wobei die „Bildweite" gleich dem reziproken Wert der Refraktion des Auges sein muß.

Man erkennt leicht, daß diese Eigenvergrößerung 1 wird, wenn δ oder $D_1 = 0$ wird, d. h. also 1. für unendlich dünne Gläser und 2. für Gläser, die dingseitig von einer ebenen Fläche begrenzt sind. In beiden Fällen ist ja eine Vergrößerung eines im hinteren Brillenscheitel gelegenen Linienelements nicht zu erwarten. Er wird darüber hinaus um so weniger von 1 abweichen, je dünner das Glas in der Mitte und je schwächer die Brechkraft der Linsenvorderfläche ist. Sie wird also im allgemeinen bei durchgebogenen Brillengläsern mit großem Scheibendurchmesser

---

[1] Vgl. Fußnote S. 160.

am größten sein, weil dort die Vorderfläche D_1 stark gekrümmt und, soweit es sich um Sammelgläser handelt, die Mittendicke groß ist (Abb. 110). Bei zerstreuenden Gläsern ist ja die Mittendicke vom Glasdurchmesser relativ unabhängig, weil diese Gläser am Rande am dicksten sind.

Je nach den Genauigkeitsanforderungen, die an eine Brillenberechnung geknüpft werden und je nach der Größe der Eigenvergrößerung wird man also bei Brillenberechnungen, insbesondere bei Nahbrillen, zu klären haben, ob es genügt, das Brillenglas als unendlich dünn anzusehen, d. h. die Eigenvergrößerung mit 1 anzunehmen — das ist gleichbedeutend mit der Lage des bildseitigen

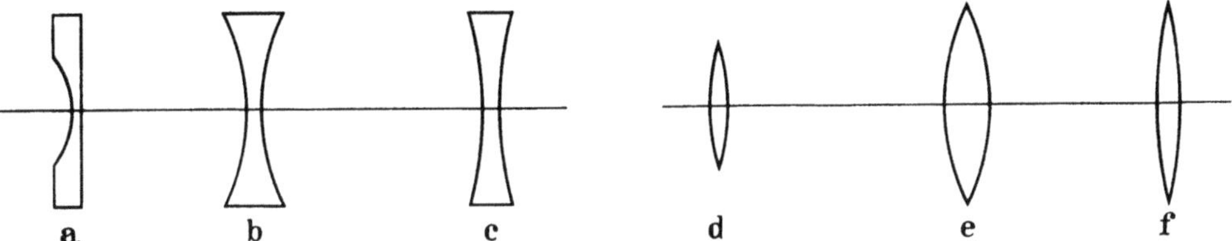

Abb. 110. Bei Sammelgläsern ist die Mittendicke abhängig von Scheibengröße und Brechkraft. *e* und *f* Gläser gleicher Scheibengröße: *e* doppelte Brechkraft, daher größere Mittendicke. *d* und *e* Gläser gleicher Brechkraft, *d* kleinere Scheibengröße und kleinere Mittendicke. *d* und *f* Gläser gleicher Mittendicke, *d* kleinere Scheibengröße wegen größerer Brechkraft. Bei Zerstreuungsgläsern ist die Mittendicke von der Brechkraft unabhängig, lediglich die Randdicke nimmt mit zunehmender Brechkraft zu. Bei starken Brechkräften wird der Rand oft plan geschliffen (*a*: Lentikularglas), und ist somit optisch unwirksam

Hauptpunktes im hinteren Brillenglasscheitel —, oder ob es erforderlich ist, die Brille als tatsächlich aus zwei brechenden Flächen zusammengesetztes System aufzufassen und die Eigenvergrößerung mit zu berücksichtigen.

Leider ist es nun so, daß im allgemeinen bei den Probierbrillengläsern die Eigenvergrößerung von 1 nur sehr wenig abweicht, weil diese als plan-sphärische oder bi-sphärische Linsen nur verhältnismäßig schwach gekrümmte Vorderflächen haben, außerdem haben diese Gläser im allgemeinen eine geringe Mittendicke, insbesondere die heute vielfach üblichen Breitrandgläser mit einem optisch wirksamen Durchmesser von nur 2 cm.

Hingegen haben die durchgebogenen Brillengläser, wie sie in der fertigen Brille Verwendung finden, eine stärkere Eigenvergrößerung, und wir werden sehen, daß deshalb der Scheitelbrechwert des Nahbrillenglases, der mit dem Probierbrillenglas bestimmt wird, nicht ohne weiteres auf das endgültige Brillenglas übertragen werden kann. Bei den durchgebogenen Brillengläsern ist stets die Vorderfläche konvex, also sammelnd und die Rückfläche konkav, also zerstreuend. Die Eigenvergrößerung ist demnach immer größer als 1, da δD_1 stets größer als 0 und kleiner als 1 ist. Man kann ein solches durchgebogenes Brillenglas als zusammengesetztes optisches System auch mit einem holländischen oder galiläischen Fernrohr vergleichen: Dessen vergrößernde Wirkung beruht ja ebenfalls auf der Kombination eines sammelnden und eines zerstreuenden Systems, mit dem Unterschied freilich, daß diese beiden Systeme für sich schon zusammengesetzte Systeme sind und wesentlich weiter auseinander liegen, als die beiden Flächen eines Brillenglases (Abb. 109). Grundsätzlich gehorcht aber die Vergrößerung eines Fernglases den gleichen Gesetzmäßigkeiten wie beim Brillenglas.

Beispiel: Ein Bikonvexglas von 20,0 dptr und einem Scheibendurchmesser von 37 mm hat eine Mittendicke von etwa 7,5 bis 8 mm — auf Luft reduziert etwa 5 mm oder 0.005 m. Wir wollen die Brechkraft der Vorderfläche näherungsweise mit 10 dptr ansetzen, obgleich sie in Wirklichkeit höher liegen muß, da nach S. 101 $D_{12} = D_1 + D_2 - \delta D_1 D_2$, die Brechkraft eines solchen Glases also nur 10 dptr + 10 dptr — (0,005 m . — 10 dptr · — 10 dptr) = 19,5 dptr beträgt. Dann beträgt die Eigenvergrößerung N eines solchen Glases

$$\frac{1}{1 - 0{,}005\ \mathrm{m} \cdot 10\ \mathrm{dptr}} = 1{,}05,$$ und zwar gleichgültig, in welcher Richtung das Glas verwendet wird. Ein Plankonvexglas von 20,0 dptr in Breitrandfassung hat eine Mittendicke von rund 3 mm, auf Luft reduziert 2 mm bzw. 0,002 m, die Brechkraft der Vorderfläche beträgt etwa 20,0 dptr, folglich die Eigenvergrößerung $\dfrac{1}{1 - 0{,}002\ \mathrm{m} \cdot 20\ \mathrm{dptr}} = \dfrac{1}{1 - 0{,}04}$ oder 1,04. In der umgekehrten Richtung dagegen beträgt die Eigenvergrößerung genau 1, da dann die Planfläche mit der Brechkraft 0 Vorderfläche ist.

Nur in diesem Falle, d. h., wenn die Planfläche vorne ist, ist der hintere Scheitelbrechwert der „Brechkraft" des Brillenglases gleich.

Die grundsätzliche Bedeutung des Begriffes der Eigenvergrößerung liegt darin, daß damit für das Brillenglas als optischem Instrument eine Größe gefunden ist, welche dem Verhältnis $\dfrac{\mathrm{Ein}}{\mathrm{Aus}}$trittspupille bei Fernrohren und sonstigen optischen Geräten entspricht. Wir hatten bereits auf S. 96 gezeigt, daß dieses Verhältnis zwischen Ein- und Austrittspupille neben den Entfernungsbeziehungen allein maßgeblich für die Bildung von Vergrößerungskoeffizienten ist. Da das Brillenglas selbst keine Aperturblende im üblichen Sinne hat, wenigstens nicht, sofern es seiner Bestimmung gemäß vor dem Auge getragen wird — in diesem Falle hat die Begrenzung des Brillenglases die Funktion einer Gesichtsfeldblende, während die Aperturblende für den Strahlengang des aus Auge und Brillenglas kombinierten Systems das Irisloch ist —, so wird durch die Definition der Eigenvergrößerung der methodische Anschluß an solche optische Instrumente gewährleistet, bei denen Ein- und Austrittspupille klar definierbare Größen darstellen. Allerdings darf diese Eigenvergrößerung, die — wie der Name sagt — eine Eigenschaft des Brillenglases selbst ist, nicht mit der Vergrößerung verwechselt werden, welche ein Brillenglas für die Abbildung im Auge bewirkt: Hierfür ist neben der Eigenvergrößerung auch die Brechkraft und der Ort des Brillenglases von maßgeblicher Bedeutung, denn hierbei ist ja die Pupille des Auges Projektionszentrum.

Eine andere Erklärung des Begriffes der „Eigenvergrößerung" erhält man daher auch auf folgendem Wege: Für einen „unendlich fernen" Gegenstand läßt sich ein Vergrößerungskoeffizient nicht ohne weiteres durch das Verhältnis Bildweite:Dingweite definieren. Die „Größe" eines unendlich fernen Dinges ist uns ja allein durch den Hauptstrahlneigungswinkel gegeben. Ist dieser konstant, so hängt die Größe des Bildes allein von der (Hauptpunkts-)Brennweite ab und ist dieser proportional.

Das durchgebogene Brillenglas hat aber eine größere Hauptpunktsbrennweite als ein „unendlich dünnes" Glas von gleichem hinteren Scheitelbrechwert. Dann ist die Eigenvergrößerung eines Brillenglases gleich dem Verhältnis der Hauptpunktsbrennweite dieses Brillenglases zur Hauptpunktsbrennweite eines unendlich dünnen Brillenglases gleichen Scheitelbrechwertes oder dem Verhältnis der Hauptpunktsbrennweite zur hinteren Scheitelpunktsbrennweite ein und desselben Glases.

Durch Messung im Scheitelbrechwertmesser kann man sich leicht davon überzeugen, daß bei Gläsern, deren Vorder- und Hinterfläche ungleich gekrümmt sind, vorderer und hinterer Scheitelbrechwert verschieden sind. Bei einem Plankonvexglas von 20 dptr ist dieser Unterschied deutlich meßbar.

3. Die subjektive Bestimmung nicht astigmatischer Refraktionszustände

a) Die Sehschärfe

Die Definition der Refraktion des Auges als Vergenz des ungebrochenen Strahlenbündels, welches nach der Brechung im Auge auf der Netzhautfovea den für die Abbildung günstigsten Schnitt erzeugt, weist auf die Methode hin, mit der wir die Refraktion zu untersuchen haben: Wir haben eben den für die Abbildung günstigsten Schnitt aufzusuchen. Dies geschieht mit Hilfe der Sehschärfenprüfung. Die Sehschärfe ist eine empirische Größe, deren Einheit, nämlich die Sehschärfe 1, durch Prüfzeichen festgesetzt wird, die aus einer bestimmten Entfernung erkannt werden sollen. Solche Prüfzeichen sind auf Sehprobentafeln vereinigt und am Rande durch die Entfernung gekennzeichnet, in der die Sehschärfe 1 notwendig ist, um sie zu erkennen, die „Sollentfernung".

Solche Sehproben werden gewöhnlich aus einer festen Entfernung beobachtet, meist 5 oder 6 m. Dann ist das Verhältnis dieser Entfernung, der „Istentfernung" zur Sollentfernung, die Sehschärfe, also Sehschärfe $= \dfrac{\text{Istentfernung}}{\text{Sollentfernung}}$. Wird diese Sehschärfe ohne Vorsetzen eines Glases gewonnen, so heißt sie die natürliche Sehschärfe oder Visus naturalis.

Beispiel: Aus einer Entfernung von 5 m werden die Zeichen erkannt, die normalerweise aus 20 m Entfernung erkannt werden. Dann ist die Sehschärfe $^5/_{20}$ oder 0,25. Meist läßt man aber den Bruch stehen, um damit anzudeuten, aus welcher Entfernung die Prüfung erfolgte. Würden wir also zur Refraktionsbestimmung die Sehprobentafel dem Auge annähern, bis auch kleinere Zeichen deutlich gesehen werden, so entstünden damit rechnerisch recht unübersichtliche Verhältnisse, weil für jede Entfernung die Sehschärfe durch ein anderes Prüfzeichen charakterisiert wird.

Ausgangspunkt für die Definition der Sehschärfe war ursprünglich das Minimum separabile, der kleinste Abstand zweier Punkte, die noch getrennt gesehen werden. Da dieser Abstand von der Beobachtungsentfernung abhängt, ist das minimum separabile eine Winkelgröße, das Verhältnis des Linearabstandes zweier noch getrennt gesehener Punkte zur Beobachtungsentfernung (vorausgesetzt, daß die Verbindung der beiden Punkte zur Beobachtungsrichtung senkrecht steht). Dieses Minimum separabile beträgt beim gesunden menschlichen Auge etwas weniger als 1′ (Winkelminute). Es ist bedingt durch das Raster der Sinneszellen auf der Netzhaut: Werden zwei Punkte auf einer solchen Sinneszelle der Netzhaut abgebildet, so rufen sie den Eindruck nur eines Reizes hervor. Eine andere Leistungsgrenze für das minimum separabile ist dem Auge durch die Pupillenweite gesetzt, weil das Verhältnis Wellenlänge zu Blendenöffnung grundsätzlich bei jedem optischen Instrument das Auflösungsvermögen bestimmt. Dieses Verhältnis führt, wie bereits im 2. Kapitel gezeigt, zu den gleichen Leistungsgrenzen wie das Netzhautraster.

Die Sehprobenzeichen wurden ursprünglich so angelegt, daß die Größe irgendwelcher Teile, etwa der Dicke der Buchstabenstriche oder bestimmte Lücken dem Minimum separabile angeglichen waren. Es hat sich jedoch gezeigt, daß damit die Gründe für die Erkennbarkeit eines Prüfzeichens keineswegs erschöpft sind. In einer umfassenden Arbeit haben Löhlein[1] und Gebb alle damals verfügbaren Sehprobenzeichen einer Untersuchung auf ihre Lesbarkeit unterzogen und sind dabei zu dem Ergebnis gekommen, daß eine Anzahl von Prüfzeichen, die von einer Person gleich gut erkannt werden, von anderen unterschiedlich gut erkannt werden können. Es spielen dabei noch manche andere Momente eine Rolle, insbesondere auch der Umstand, wie bekannt die Sehzeichen sind, die Fähigkeit, unvollständige optische Eindrücke im Wahrnehmungsakt zu ergänzen, die Einfachheit der Form eines Zeichens und vieles andere mehr. Daher haben wir gesagt, die Sehschärfe ist eine durch Übereinkunft festgesetzte Größe. Für wissenschaftliche Arbeiten hat man außer der Sehschärfe stets mit anzugeben, mit welchen Prüfzeichen die Sehschärfe bestimmt wurde.

---

[1] Gebb, H., u. W. Löhlein: Zur Frage der Sehschärfebestimmung. Arch. Augenheilk. **65**, 69 und 189 (1910).

Ist die Sehschärfe geringer als 1, so können hierfür drei Gründe vorliegen:

1. Der Schnitt des Strahlenbündels mit der Netzhaut ist nicht der für die Abbildung optimale.

2. Es gibt keinen Schnitt, der auf der Netzhaut günstigere Abbildungsbedingungen schafft, weil die Verhältnisse an den brechenden Medien des Auges dies nicht zulassen.

3. Das Strahlenbündel wird zwar im Auge richtig auf der Netzhaut vereinigt, aber das Auge ist nicht in der Lage, dieses Bild richtig zu verwerten, weil eine Erkrankung der Netzhaut bzw. der Sehbahnen oder -zentren vorliegt.

Nur für den ersten Fall haben wir durch Änderung der Vergenz des einfallenden Strahlenbündels eine Besserung der Sehschärfe zu erwarten. Liegt dieser erste Fall vor, d. h. ist die herabgesetzte Sehschärfe allein durch die Refraktion des Auges bedingt, so wird sie um so geringer sein, je mehr die Refraktion des Auges von 0, also vom Zustand der Emmetropie abweicht.

b) Die Prüfung der statischen Refraktion

Diesem Umstande müssen wir gerecht werden, wenn wir nun versuchen, durch Vorsetzen von Brillengläsern eine bessere Sehschärfe zu erzielen. Es hat also gar keinen Sinn, bei einer Sehschärfe von $^5/_{50}$ Gläser in der Größenordnung von 1 dptr oder weniger vorzusetzen, weil dadurch eine solche Sehschärfe kaum beeinflußt wird.

Man fängt hierbei vielmehr am besten mit $+ 5,0$ und $- 5,0$ dptr an und prüft, ob durch eines der beiden Gläser eine Besserung erzielt wird.

Als Faustregel mag gelten: Man beginnt bei der subjektiven Refraktionsprüfung mit den beiden Gläsern (+ und −), deren Dioptrienzahl einem Zehntel der auf 5 m „Istentfernung" bestimmten Sollentfernung entspricht, also bei Visus naturalis von $^5/_{35}$ mit $\pm 3,5$ dptr, bei $^5/_{50}$ mit $\pm 5,0$ dptr.

Wird die Sehschärfe durch keines der beiden Gläser verbessert oder verschlechtert, so ist schon mit großer Wahrscheinlichkeit anzunehmen, daß durch sphärische Gläser eine Besserung überhaupt nicht zu erzielen ist, daß also entweder Fall 2 oder 3 in der Aufstellung über herabgesetzte Sehschärfe vorliegt, oder daß der optimale Bündelquerschnitt auf der Netzhaut nur mit Hilfe eines astigmatischen Brillenglases hergestellt werden kann. Hierüber werden wir später an geeigneter Stelle mehr berichten (S. 189).

Verursacht eines der beiden Gläser eine Verschlechterung, etwa $- 5,0$ bei $^5/_{50}$, das andere aber keine Verbesserung, so hat man in der anderen Richtung weiterzusuchen, aber nicht so weit zu gehen, wie mit dem erstgewählten Glas, also etwa $+ 3,5$ vorzusetzen. Wird damit ebenfalls keine Besserung erzielt, so ist ebenfalls durch Gläser keine nennenswerte Verbesserung zu erwarten. Wird dagegen ein Glas deutlich als besser empfunden bzw. mit diesem Glas auch eine bessere Sehschärfe erreicht, so hat man in der Umgebung dieses Glases weiterzusuchen, d. h. je nach dem Grad der inzwischen schon erreichten Sehschärfe das Glas um einen entsprechenden Betrag zu verstärken und abzuschwächen; wenn also, um bei dem Beispiel zu bleiben, die mit $+ 5,0$ erreichte Sehschärfe $^5/_{15}$ beträgt, so prüft man anschließend etwa mit $+ 3,5$ und $+ 6,5$ und untersucht, mit welchem der beiden Gläser eine weitere Besserung erzielt wird. Auf diese Weise nähert man sich immer mehr dem Brillenglas, welches die optimale Sehschärfe bewirkt. Die Stärke dieses Brillenglases ist dann die gesuchte Refraktion, denn dieses Brillenglas verleiht dem aus dem Unendlichen kommenden Strahlenbündel (die Vergenz von 0,2 dptr durch den 5 m-Abstand der Prüftafel wird also im allgemeinen vernachlässigt) die Vergenz, die der Refraktion des Auges gleicht, d. h.

die die hierfür geforderten Bedingungen hinsichtlich der Abbildung auf der Netzhaut erfüllt. Will man den Abstand der Prüfzeichen nicht vernachlässigen, so hat man von dem gefundenen optimalen Glas noch 0,2 dptr abzuziehen — dabei ist zu beachten, daß negative Refraktionen durch ein solches Abziehen in ihrem absoluten Betrage größer werden, positive dagegen kleiner (— 5,0 dptr — 0,2 dptr = — 5,2 dptr; + 5,0 dptr — 0,2 dptr = + 4,8 dptr). Gibt es mehrere Gläser verschiedener Brechkraft, mit denen die gleiche optimale Sehschärfe erreicht wird, so ist die algebraisch größte Brechkraft die *Fernpunktrefraktion* und der bildseitige Brennpunkt dieses Glases der Fernpunkt des Auges. Die größte Brechkraft ist bei +-Gläsern das Glas mit dem numerisch größten Dioptrienwert, bei --Gläsern das Glas mit dem kleinsten Dioptrienwert.

Man kann daher die Refraktion des Auges auch als die Brechkraft des Brillenglases definieren, welches einen in unendlicher Ferne befindlichen Gegenstand so abbildet, daß er vom Auge unter optimalen Bedingungen für das Sehen auf der Netzhaut abgebildet wird. Das ist gleichbedeutend mit dem Brillenglas, welches ein Parallelstrahlenbündel so bricht, daß es von der Netzhaut des Auges unter optimalen Bedingungen für die Abbildung geschnitten wird (Abb. 54 und 128).

Die Aufgabe eines Brillenglases ist es demnach, ein in das Auge eintretendes Strahlenbündel so zu verformen, daß seine Vergenz gleich der Refraktion des Auges ist. Unter Benutzung des Begriffes des Foveabildpunktes läßt sich die Aufgabe der Brille auch so definieren: *Die Brille hat die Aufgabe, einen Dingpunkt in den Foveabildpunkt abzubilden oder ein flächenhaft ausgedehntes Ding in die Netzhautbildfläche.* Dieser Satz erlaubt es uns, bei den meisten brillenoptischen Fragen die Brechungsvorgänge im Auge unberücksichtigt zu lassen und den Strahlengang nur bis zu jener „Netzhautbildfläche" bzw. dem „Foveabildpunkt" zu verfolgen.

Im Fernbrillenglas muß also der bildseitige Brennpunkt des Brillenglases mit dem Fernpunkt des Auges übereinstimmen. Beim myopen Auge ist der (vor dem Brillenglas gelegene) bildseitige Brennpunkt des Glases virtuell, der Fernpunkt des Auges reell, beim hyperopen Auge ist der (hinter dem Glas) gelegene Brennpunkt des Brillenglases reell, der Fernpunkt des Auges hingegen virtuell (Abb. 112 u. 113).

Wenn wir allerdings die Akkommodationsfähigkeit des Auges mitberücksichtigen, müssen wir auch die Brechungsvorgänge im Auge selbst berücksichtigen.

Das Aufsuchen des stärksten Glases, welches die optimale Sehschärfe vermittelt, ist auch dann erforderlich, wenn bereits die natürliche Sehschärfe 1,0 oder mehr beträgt. Dann ist eine Besserung der Sehschärfe durch Gläser im allgemeinen nicht zu erwarten, man kann also auf die Prüfung mit --Gläsern verzichten. Dagegen hat man zu prüfen, wie stark das stärkste +-Glas ist, mit dem die natürliche Sehschärfe gerade noch behalten wird. Man sagt dann, dieses Glas „wird angenommen", seine Stärke bestimmt dann die Fernpunktrefraktion.

c) Die Prüfung der dynamischen Refraktion

Die Anpassungsfähigkeit der jugendlichen Linse bringt es mit sich, daß es nicht nur eine Refraktion, sondern ein Refraktionsbereich ist, innerhalb dessen eine optimale Abbildung auf der Netzhaut erzeugt werden kann. Die eine Grenze dieses Refraktionsbereiches ist die Fernpunktrefraktion, die andere die Nahpunktrefraktion.

Im allgemeinen ist jedoch das klinische Interesse für diesen „natürlichen Nahpunkt" nicht besonders groß. Man prüft vielmehr gewöhnlich den Nahpunkt „cum correctione". Man geht also von der Fernpunktsrefraktion aus und prüft, wie weit beim Belassen dieser Korrektur eine Sehprobe angenähert werden kann, ohne ihre Deutlichkeit zu verlieren. Der Vorteil dieses Verfahrens liegt darin, daß man im reziproken Wert der Nahpunktentfernung vom Auge bzw. der „Nahpunktnähe" gleich die Akkommodationsbreite des Auges in Dioptrien erhält, wenigstens in einer für die meisten klinischen Fragestellungen brauchbaren Näherung. Tatsächlich bewirkt ein Brillenglas, daß der Erfolg der Akkommodation anders ist als beim gleichen Auge ohne Brillenglas, wie im 4. Kapitel näher ausgeführt werden soll.

Nahpunkt des korrigierten Auges und Akkommodationsbreite sind in hohem Maße vom Lebensalter abhängig, sie vermindern sich von 12 dptr (und 8 cm Nahpunkt) beim 10jährigen bis zum praktisch völligen Verlust der Akkommodationsfähigkeit beim 60jährigen. Die umfassendste Statistik hierüber stammt von DUANE (Abb. 111).

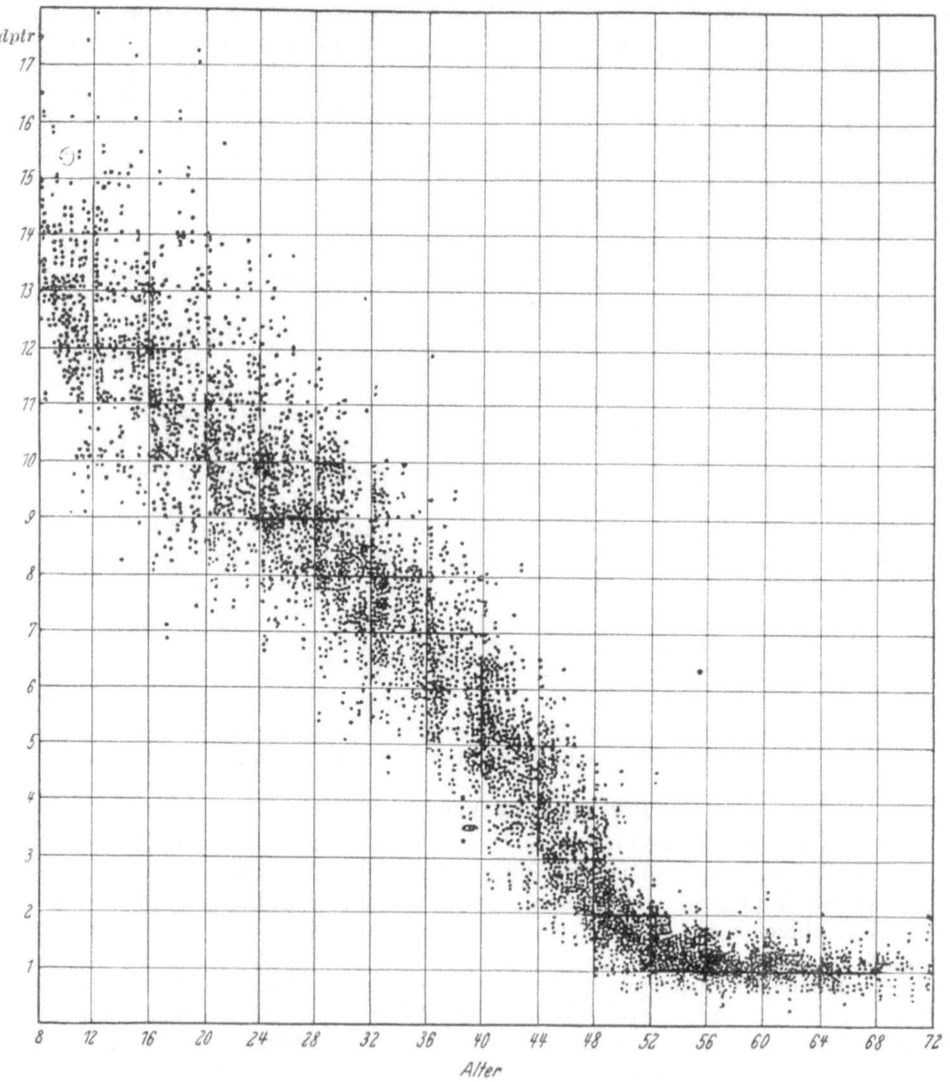

Abb. 111. Akkommodationsbreite und Lebensalter (nach DUANE)

Die Untersuchung des korrigierten Nahpunktes und damit der Akkommodationsbreite erfolgt mit Lesetafeln, die, den Sehprobentafeln für die Ferne analog, für verschiedene Leseentfernungen die Sehschärfe 1,0 vermitteln. Wie bei den Sehprobentafeln für die Ferne ist diese „deutliche Sehweite" (DS) am Rande der jeweiligen Proben vermerkt, und zwar ebenfalls in *m*. So steht auf den bekannten Nieden-Tafeln neben der Sehprobe Nr. 1 „DS 0,4", was so viel bedeutet wie: Auf eine Entfernung von 40 cm Leseabstand entspricht dieser Druck einer Sehschärfe von 1,0. Mehr noch als die Sehschärfe für die Ferne ist die Sehschärfe für die Nähe, weil sie meist nicht mit Einzelbuchstaben, sondern mit zusammenhängenden, wenn manchmal auch recht sinnlos klingenden Texten geprüft wird, nicht allein vom Minimum separabile, sondern zahlreichen anderen physiologischen, psychologischen und gnostischen Faktoren abhängig. Eine solche Nahsehprobe wird nun so nahe an das Auge herangeführt, bis eine Verschlechterung der Sehschärfe eintritt. Der Punkt, an dem noch die optimale, auch für die Ferne bestimmte Sehschärfe erreicht wird, ist dann der „Nahpunkt mit Korrektur", der Kehrwert seines Abstandes vom Auge bestimmt die Akkommodationsbreite.

Bei höheren Plusgläsern kann allerdings die Akkommodationsbreite nicht direkt aus dem Nahpunktabstand mit Korrektur erschlossen werden, hier ist vielmehr noch eine Korrektion anzubringen, auf die wir näher eingehen werden, wenn die Brechung im Auge selbst besprochen wird.

Dieses Verfahren zeigt jedoch, daß ihm nicht dieselbe Genauigkeit zukommt wie der Fernpunktbestimmung, wo wir ja gerade das Heranführen der Sehprüfzeichen an das Auge wegen der damit verbundenen Winkelgrößenänderungen verworfen haben. Vor allem bei Augen mit großer Akkommodationsbreite, also bei jungen Personen, ist der Nahpunkt meist so nah, daß auch die kleinsten Prüfzeichen nicht mehr die optimale Sehschärfe erfordern, weil diese gewöhnlich nur bis zu einer deutlichen Sehweite von 0,3 m hergestellt werden, der Nahpunkt aber noch wesentlich näher liegen kann (bis 10 cm und weniger).

Aus diesem Grunde ist die klinische Nahpunktuntersuchung gegenüber der Fernpunktuntersuchung unbefriedigend, zumal es auch noch bei zunehmender Verengerung der Pupille, wie sie mit der Naheinstellung des Auges verknüpft ist, zu einer Vergrößerung der Tiefenschärfe kommt. Ihre praktische Bedeutung für die Nahbrillenbestimmung wird dagegen durch diese Überlegungen nicht berührt.

Die besonderen optischen Probleme, die mit dem Nahbrillenglas verbunden sind, werden im folgenden Kapitel besonders berücksichtigt.

Hier sollen zunächst einige grundsätzliche Regeln für die Verordnung von Nahbrillengläsern gegeben werden:

Ob eine Nahbrille benötigt wird und in welcher Stärke, hängt ab 1. von der Akkommodationsbreite bzw. der Lage des Nahpunktes und 2. von dem Arbeits- oder Leseabstand, in dem eine deutliche Sehweite erforderlich ist. Im allgemeinen, d. h. für die üblichen Lesebrillen, wird die gewünschte Entfernung rund 25—30 cm betragen, für manche manuellen Tätigkeiten hingegen wird ein größerer Abstand erwünscht sein. Man versuche daher stets bei der Verordnung einer Nahbrille, sich über die Anforderungen des Patienten zu informieren. Ein Musiker, der sein Notenblatt $^1/_2$—1 m vor den Augen hat, wird mit einer auf 30 cm korrigierenden Lesebrille nicht viel anfangen können, und für viele handwerkliche Berufe gilt das gleiche. Die verbreiteten Tabellen über Lebensalter und Nahzusatz verleiten mitunter zu einer allzu schematischen Nahbrillenverordnung, vor der nicht genug gewarnt werden kann.

Man verordnet aber eine Nahbrille nicht erst dann, wenn der Nahpunkt über die gewünschte deutliche Sehweite hinausgerückt ist, weil eine dauernde maximale Akkommodationsanspannung rasch zu Beschwerden und Ermüdung führt. Als allgemeine Regel gilt, daß der Patient so eingestellt werden soll, daß er *nicht mehr als zwei Drittel seiner Akkommodation für längere Zeit beanspruchen* soll. Wer also längere Zeit in 33 cm Leseabstand lesen muß, der sollte noch mindestens über 4,5 dptr Akkommodationsbreite verfügen, wenn auf eine Nahbrille verzichtet wird. Für die Akkommodation auf 33 cm benötigt er dann 3 dptr, das sind zwei Drittel seiner gesamten Akkommodationsbreite. Liegt hingegen sein Nahpunkt bei 33 cm, verfügt er also selbst nur noch über 3 dptr Akkommodationsbreite, so soll er hiervon nur 2 dptr benützen, er benötigt also eine Nahbrille von 1 dptr.

Im allgemeinen sind jedoch die Genauigkeitsforderungen an eine Nahbrille nicht so groß wie die an eine Fernbrille, weil geringe Fehler durch Abstandsänderungen ohne weiteres ausgeglichen werden können. Das gilt freilich nicht für binokulare Nahbrillen, die zumindest so beschaffen sein müssen, daß beide Augen auf die gleiche Entfernung korrigiert sind.

d) Weitere Methoden der subjektiven Refraktionsbestimmung

Die Kombination der Refraktionsprüfung mit der Sehschärfeprüfung ist nicht unbedingt erforderlich. Sie kann insbesondere bei herabgesetzter Sehschärfe zu falschen Ergebnissen führen. Besonders unvorteilhaft ist dies bei der Nahpunktprüfung und Prüfung der Akkommodationsbreite, weil es nicht ganz einfach ist, genau anzugeben, wann eine dem Auge genäherte Schriftprobe undeutlich wird. Die Gefahr, undeutlich und unleserlich miteinander zu verwechseln, ist besonders groß, denn die dem Auge genäherte Schriftprobe erscheint unter stetig wechselndem Sehwinkel und drückt in jeder Entfernung eine andere Sehschärfe aus.

Dies kann freilich durch eine sinnreiche telezentrische Zwischenabbildung der Sehprobe, wie sie im Optometer von BADAL (Akkommodometer nach SCHOBER) verwirklicht ist, vermieden werden (Näheres hierüber S. 113), doch ist es bei der Nahpunktbestimmung vorteilhaft, die tatsächliche Annäherung und damit verbundene Sehwinkelvergrößerung als Akkommodationsreiz auszunützen.

Eine andere Möglichkeit, eine Nahpunktsbestimmung durchzuführen, besteht darin, auf eine gleichzeitige Sehschärfeprüfung zu verzichten. Dies ist mit den sog. Zweifarbentests möglich, welche die chromatische Aberration des Auges für eine Refraktionsbestimmung ausnützen. Der Brechkraftunterschied und damit auch der Refraktionsunterschied des Auges für rotes und grünes Licht beträgt rund 1 dptr, und zwar ist das Auge für rotes Licht, welches von den brechenden Medien schwächer abgelenkt wird, mehr hyperop oder weniger myop als für grünes Licht, welches stärker gebrochen wird. Ein grünes Prüfzeichen wird daher bei Heranführen an den Nahpunkt auch dann noch deutlich gesehen werden können, wenn das rote Prüfzeichen bereits undeutlich erscheint. Dieser simultane Vergleich läßt aber eine beginnende Unschärfe sehr viel sicherer feststellen als der sukzessive Vergleich bei der Annäherung der Sehprobe. Umgekehrt wird bei der Fernpunktprüfung durch Vorsetzen stärker sammelnder Gläser ein rotes Prüfzeichen noch deutlich erscheinen, wenn ein grünes bereits undeutlich erscheint.

e) Die Abhängigkeit der Fernpunktsrefraktion vom Meßort

Gleichgültig, wie wir die Refraktion des Auges definieren, ob als reziproken Wert des Abstands des Fovea-Bildpunktes, als Brechkraft des Fernbrillenglases oder einfach als Vergenz des einfallenden Strahlenbündels, welches die Netzhaut optimal schneidet, d. h. den für die Abbildung optimalen Schnitt auf der Netzhaut formt, in jedem Falle haben wir bisher nicht geklärt, von wo aus der Abstand des Fovea-Bildpunktes zu messen ist, wo das korrigierende Brillenglas sitzt und wo die Vergenz des einfallenden Strahlenbündels gemessen wird.

Man sieht aus der Abb. 112 ohne Schwierigkeit, daß beim hyperopen Auge die Vergenz des für die Abbildung optimalen, einfallenden Strahlenbündels um so größer ist, je näher am Auge sie gemessen wird, weil der Abstand des Krümmungsmittelpunktes dieses Strahlenbündels — es ist wieder der Fovea-Bildpunkt — um so kleiner wird, je näher der Meßpunkt auf das Auge zu verschoben wird. Die Refraktion des Hyperopen nimmt also mit Annäherung an das Auge zu, *das Fernbrillenglas des Hyperopen muß verstärkt werden, wenn es näher an das Auge herangebracht wird,* wird es dagegen vom Auge entfernt, wirkt es wie ein Nahbrillenglas.

Deshalb schieben hochgradig Hyperope — insbesondere Aphake (Näheres über die Aphakie S. 160) — ihre Fernbrille nach vorne, wenn sie schnell in die Nähe sehen wollen, ohne dabei ihre Brille wechseln zu müssen. Sie imitieren damit den Mechanismus eines Photoapparates, dessen Naheinstellung ja ebenfalls in einer Verschiebung seiner Optik nach vorne, vom Film weg, besteht.

In der Abbildungsformel ausgedrückt: D bleibt konstant, B wird kleiner, $-A$, die Dingnähe also größer bzw. von 0 verschieden ($D = B - A$).

Beim myopen Auge wird die Vergenz des optimalen Strahlenbündels und damit die Refraktion um so kleiner, je näher sie am Auge gemessen wird, weil der Abstand des Fovea-Bildpunktes vom Meßpunkt zunimmt. *Das Fernbrillenglas des Myopen muß also abgeschwächt werden, wenn es näher an das Auge herangebracht wird* (Abb. 113).

Berücksichtigt man jedoch die Vorzeichen, d. h. den negativen Abstand des Netzhautbildpunktes vom Meßpunkt sowie die negative Vergenz des einfallenden Strahlenbündels, so läßt sich für hyperope und myope Augen gemeinsam feststellen: Der Refraktionswert des Auges ist um so größer, je näher am Auge er gemessen wird. Dabei bedeutet „größerer Refraktionswert" stärkere Hyperopie und schwächere Myopie.

Geht man systematisch-optisch vor und betrachtet die Refraktion als abgeleitete Größe, so ist der dingseitige Hauptpunkt des Auges der geeignete Bezugspunkt. Da aber dieser Hauptpunkt zu den Punkten gehört, die wir im Einzelfall nicht kennen und klinisch nicht bestimmen können, sind wir in der Wahl dieses Meß- oder Bezugspunktes frei und können uns nach den praktischen Bedürfnissen richten.

Hierbei werden drei Punkte unser Interesse in besonderem Maße beanspruchen.

1. Der vordere Hornhautscheitelpunkt als Incidenzpunkt des einfallenden Strahlenbündels und anatomisch am besten fixierbarer Punkt.

2. Der Punkt, in dem das einfallende Strahlenbündel das Brillenglas durchsetzt. Im Englischen wird er als spectacle point bezeichnet; da es in Deutschland üblich ist, bei der Brillenanpassung den hinteren Scheitel des Brillenglases 12 mm vor den Hornhautscheitel zu setzen, ist dieser Punkt zur Refraktionsmessung bevorzugt geeignet, und man kann die in ihm gemessene Refraktion im Gegensatz zu der im vorderen Hornhautscheitel gemessenen Hornhautrefraktion als Brillenglasrefraktion bezeichnen. Man muß sich nur stets darüber im klaren sein, daß die Refraktion eine andere wird, wenn der Punkt, in dem sie gemessen wird, ein anderer wird.

3. Die Pupillenmitte; in diesem Punkte kann die Refraktion zwar nicht unmittelbar gemessen, aber leicht errechnet werden: Ihr scheinbarer Abstand von der Hornhautvorderfläche beträgt etwa 3 mm, vom hinteren Brillenscheitelpunkt also etwa 15 mm. Unter Pupille ist hierbei die „Eintrittspupille" des Auges zu verstehen, also das von dem brechenden System Hornhaut + Kammerwasser entworfene aufrechte virtuelle Bild der Irisblende, welches auch im allgemeinen Sprachgebrauch als Pupille bezeichnet wird. Diese Eintrittspupille des Auges, also dingseitige Bündelbegrenzung bei der Abbildung *durch das Auge,* ist für die Abbildung durch das Brillenglas bildseitige Bündelbegrenzung, also Austrittspupille.

Die Bedeutung der Pupillenmitte liegt darin, daß sie auch in den Fällen Projektionszentrum ist, in denen keine scharfe Abbildung zustande kommt, für die vergrößernde Wirkung eines Brillenglases also der geeignete Bezugspunkt ist.

Hingegen besitzt die Hauptpunktsrefraktion des Auges keine große praktische Bedeutung, und man kommt bei den meisten Fragestellungen ohne sie aus.

Zu einer exakten Refraktionsbestimmung gehört also auch die Messung des Abstandes des vorderen Hornhautscheitel vom hinteren Brillenglasscheitel, kurz Hornhaut-Scheitelabstand genannt. Zweckmäßigerweise nimmt man jede Brillenbestimmung von Anfang an in dem üblichen Hornhautscheitelabstand von 12 mm vor. Man kann dann auf Umrechnungen verzichten, versäume aber nicht, im Brillenrezept den Hornhautscheitelabstand (d) einzutragen.

Leider ist die praktische Durchführung der Messung bei den üblichen Probierbrillengestellen nicht ganz einfach.

An dem in Deutschland weit verbreiteten Oculus-Universal-Meßbrillen-Gestell findet sich zu diesem Zweck am Rande eine kleine, auf einem Gewinde laufende Schraube, die so eingestellt wird, daß sie bei seitlichem Peilen den Hornhautscheitel zu berühren scheint. Man kann dann den Hornhautscheitelabstand wenigstens annähernd richtig ablesen, wenn man das sphärische Probierbrillenglas (sofern es sich um ein plankonvexes Breitrandglas handelt) hinter den Rahmen des Brillengestells steckt, und zwar in die vordere der beiden, also die dem Rahmen zugewandte Rille. Benutzt man hingegen den vor dem Rahmen gelegenen, mit Haltefedern versehenen Teil des Brillengestells, so beträgt der Hornhautscheitelabstand etwa 7 mm mehr, als auf der Skala abgelesen wird.

Bei anderen Probierbrillengestellen mißt man den Abstand am genauesten mit dem Keratometer nach Wessely, indessen erreicht man durch Anlegen eines Lineals mit Millimetereinteilung auch noch hinreichend genaue Werte.

Schwieriger ist die Messung bei zerstreuenden Gläsern: Hier ist ja der hintere Brillenglasscheitel von der Seite im allgemeinen nicht zu sehen, da er von den vorspringenden Randteilen verdeckt wird. Dies fällt besonders bei den stärkeren Gläsern ins Gewicht, also gerade bei den Gläsern, bei denen der Hornhautscheitelabstand von Bedeutung ist. Man kann also so vorgehen, daß man erst mit einem sog. Tiefentaster den Abstand des hinteren Glasscheitels vom Rand der Fassung mißt und dann den Abstand dieses Randes vom Hornhautscheitel. Für die Kontrollmessung des Hornhautscheitelabstandes beim fertigen Brillenglas ist dieses Verfahren sogar unentbehrlich.

Man kann sich aber bei der Prüfung mit plankonkaven Probiergläsern auch dadurch behelfen, daß man die Gläser mit der Planseite zum Hornhautscheitel einsetzt (also so, daß die Stärkebezeichnung vom Untersucher aus nicht gelesen werden kann und die Konkavfläche nach vorne zeigt).

Dieses Verfahren entspricht zwar nicht den üblichen „Vorschriften", kann jedoch für plankonkave Breitrandgläser (wie sie z. B. im „Oculus"-Probierbrillenkasten vorliegen) ohne weiteres empfohlen werden, da infolge der minimalen Mittendicke auch bei den stärksten Zerstreuungsgläsern die Eigenvergrößerung von 1 kaum zu unterscheiden ist. Wenigstens konnte ich bei Messung im Scheitelbrechwertmesser bei plankonkaven Probierbrillengläsern keinen Unterschied zwischen vorderem und hinterem Scheitelbrechwert feststellen, während bei einem plankonvexen Glas von 20,0 dptr hinterem Scheitelbrechwert der vordere Scheitelbrechwert fast 1 dptr weniger beträgt.

Man mißt den hinteren Scheitelbrechwert im Scheitelbrechwertmesser, indem man den hinteren Brillenglasscheitel auf den Beleuchtungstubus, also nach unten legt, den vorderen Scheitelbrechwert, indem man das Brillenglas umgekehrt auflegt. Bei Plankonvexgläsern erhält man bei diesem Meßverfahren außerdem als Verhältnis von hinterem zu vorderem Scheitelbrechwert die sonst nur schwer zu bestimmende Eigenvergrößerung. Leider gilt dieses Verfahren nicht für durchgebogene, d. h. konkav-konvexe Brillengläser.

Bei plankonkaven Probierbrillengläsern ist die Eigenvergrößerung nicht meßbar von 1 verschieden, sie ist darüber hinaus sogar genau 1, wenn die Konkavfläche des Brillenglases zum Hornhautscheitel zeigt, das Probierbrillenglas also „vorschriftsmäßig" eingesetzt ist.

Ist man aus irgendwelchen Gründen gezwungen, die Refraktionsbestimmung in einem anderen Hornhautscheitelabstand als 12 mm vorzunehmen, genügt es grundsätzlich, den gemessenen Hornhautscheitelabstand im Brillenrezept anzugeben. Die Umrechnung ist dann Sache des Optikers. Will man jedoch die Umrechnung selbst vornehmen, so kann man sich verschiedener Verfahren bedienen.

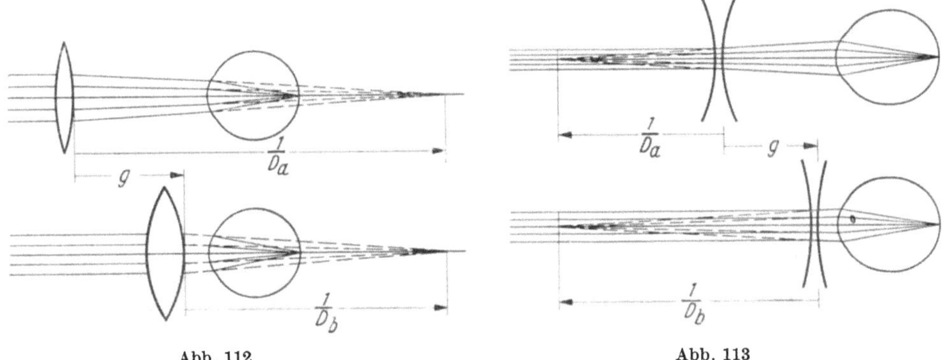

Abb. 112   Abb. 113

Abb. 112. Der bildseitige Brennpunkt eines Brillenglases bei Fernkorrektur muß mit dem Fernpunkt des Auges übereinstimmen. Die Brechkraft des Brillenglases wird als Refraktion des Auges bezeichnet. Die Brechkraft des erforderlichen Brillenglases und damit die Refraktion ist abhängig vom Abstand des Brillenglases vom Auge. Sie nimmt bei Verschiebung von Sammelgläsern auf das Auge hin zu, bei Verschiebung von Zerstreuungsgläsern hingegen ab, weil das Zerstreuungsglas hierbei von seinem Brennpunkt entfernt wird. (Algebraisch, d. h. unter Berücksichtigung des Vorzeichens, liegt jedoch ebenfalls eine Zunahme vor)

Abb. 113. Verschiebung eines zerstreuenden Brillenglases. Der reelle Fernpunkt des Auges wird mit dem virtuellen bildseitigen Brennpunkt des Brillenglases zur Deckung gebracht. Die (negative) Brennweite des Brillenglases muß bei Verschiebung auf das Auge hin größer, die (ebenfalls negative) Brechkraft also kleiner werden

1. Man benutzt die sog. Umrechnungstabellen, wie sie in den meisten Lehrbüchern der Brillenoptik zu finden sind. Die betreffenden Kurvenscharen sind nichts anderes als Teile der in Abb. 60 dargestellten Vergenz-Längen-Hyperbel in anderem Maßstab.

2. Da jedoch auch diese Tabellen nicht ohne eigene Gedankenarbeit benützt werden können, halte ich es für zweckmäßiger, die Umrechnung direkt vorzunehmen. Das rechnerisch sicherste Verfahren ist dabei, den Kehrwert des Scheitelbrechwertes in Millimeter zu berechnen, die erforderliche Verschiebung abzuziehen oder zuzuzählen und aus der neuen Länge wieder den entsprechenden dptr-Wert zu berechnen.

Beispiel: Ein Starglas von $+ 13{,}0$ dptr befinde sich im Probierbrillenglas in 6 mm Hornhautscheitelabstand. Dann beträgt der Abstand des bildseitigen Brennpunktes (und damit des Fernpunktes des Auges) $1000:13 = 77$ mm vom Brillenglasscheitel. Das Brillenglas gehört aber in 12 mm Hornhautscheitelabstand, d. h. sein hinterer Glasscheitel muß 6 mm weiter, also 83 mm, vom Fernpunkt des Auges entfernt sein. Der erforderliche hintere Scheitelbrechwert beträgt also $1000:83$ mm $= 12{,}0$ dptr.

Bei dieser Berechnung behält man am besten die Übersicht, da es unmittelbar anschaulich ist, daß das sammelnde Brillenglas vom Fernpunkt des Auges entfernt wird, wenn sein Hornhautscheitelabstand vergrößert wird, das zerstreuende Brillenglas bei gleicher Verschiebung hingegen auf den Fernpunkt hin bewegt wird.

2. Ein weiteres Verfahren ist zwar rechnerisch einfacher durchzuführen, doch liegt ihm eine Näherungsrechnung zugrunde, so daß es nicht so exakt ist.

Es sei R_1 der hintere Scheitelbrechwert des benutzten, R_2 der des gesuchten Glases und g die erforderliche Verschiebung. Dann ist:

$$\frac{1}{R_2} = \frac{1}{R_1} \pm g = \frac{1 \pm g R_1}{R_1}$$

und

$$R_2 = \frac{R_1}{1 \pm g R_1} \approx R_1 (1 \pm g R_1) = R_1 \pm g (R_1)^2 \text{ [1]}.$$

Die erforderliche Änderung beträgt also

$$R_1 - R_2 \approx \pm g R_1^2 .$$

Auf das oben erwähnte Beispiel angewandt:

$$R_1 = 13 \text{ dptr}, \quad g = 6 \text{ mm}, \quad R_1 - R_2 \approx \frac{13^2 \cdot 6}{1000} = \frac{1014}{1000} \approx 1 \text{ dptr} .$$

Die gleiche Berechnung ergibt für *ein Glas von* $+ 10,0$ dptr, *welches um* 10 mm *verschoben* wird, die erforderliche *Änderung von*

$$R_1 - R_2 \approx \frac{10 \text{ dptr} \cdot 10 \text{ dptr} \cdot 10 \text{ mm}}{1000} = 1 \, dptr ,$$

was als Standardwert leicht zu merken ist. Von diesem Wert ausgehend, hat man sich dann nur noch zu merken, daß die *Wirkung der Verschiebung proportional zu ihrer Länge und zum Quadrat der Stärke des Brillenglases* ist. Das Vorzeichen der erforderlichen Änderungen ist in der Rechnung zwar ebenfalls enthalten, doch ist es stets einfacher, hierbei die auf Abb. 112 und 113 erläuterten Grundregeln zu beachten, die wegen ihrer Anschaulichkeit leicht zu merken sind.

Diese Beziehungen gelten grundsätzlich in gleicher Weise auch für Haftschalen; man hat hier also nur die Verschiebung vom üblichen Brillenpunkt bis zum Hornhautscheitel, also meist 12 mm, einzusetzen und erhält dann die erforderliche Stärke der Haftschale.

Intraoculare Korrekturen. Für Korrektionsmittel innerhalb des Auges (natürliche Augenlinse, Vorderkammerlinse, Hinterkammerlinse) können sie hingegen nicht übertragen werden, da es sich bei diesen nicht mehr um die Brechung eines Parallelstrahlenbündels handelt.

Jedoch ist es möglich, zunächst für aphake Augen durch einen kleinen Zusatzfaktor die Gültigkeit der Verschieberechnung auch auf Korrektionsmittel innerhalb des Auges zu erweitern. Man gewinnt dann eine Übersicht über die Brechkräfte, mit denen Fehlsichtigkeiten durch Brillen oder innerhalb des Auges gelegene Sehhilfen ausgeglichen werden müssen.

Wir gehen hierbei von der Hornhautscheitelrefraktion aus, die sich ohne weiteres aus der Brillenglaskorrektur im bekannten Hornhautabstand errechnen läßt. Wir nennen diese Korrektur die Hornhautscheitelrefraktion und bezeichnen sie mit R_C (Cornea). Die Brechkraft des Hornhautsystems des Auges betrage D_C, dann beträgt die Brechkraft des im Hornhautscheitelpunkt korrigierten aphaken Auges $D_c + R_c$. Sie ist zugleich der auf Luft reduzierte reziproke

---

[1] Das Zeichen $\approx$ bedeutet hierbei „ist näherungsweise".

Der Näherungswert $\dfrac{1}{1 - g R_1} \approx R_1 (1 + g R_1)$ beruht auf folgender Berechnung:

Im Bruch $\dfrac{1}{1 - \beta}$ sei β gegenüber 1 sehr klein. Man erweitert den Bruch mit $1 + \beta$;

$\dfrac{1}{1 - \beta} = \dfrac{1 + \beta}{(1 + \beta)(1 - \beta)} = \dfrac{1 + \beta}{1 - \beta^2}$ und kann dann $(1 - \beta^2)$ gegen 1 vernachlässigen,

erhält also $\dfrac{1 + \beta}{1 - \beta^2} \approx 1 + \beta$.

Das Produkt aus Brechkraft und Abstandsänderung in Meter ist meist so klein, daß sein Quadrat vernachlässigt werden kann, z. B. ist für

$$g = 10 \text{ mm}, \quad A = 20 \text{ dptr} \quad g A = \frac{200}{1000} = 0,2 \quad \text{und } (g A)^2 = 0,04, \text{ also } 4^0/_0 .$$

Wert der hinteren Brennweite und damit der Achsenlänge b (da das Auge ja hierdurch korrigiert sein soll).

Also $D_e + R_e = \dfrac{n}{b}$ und $b = \dfrac{n}{D_e + R_e}$ (Abb. 114a).

Die Korrektur soll nun statt im Hornhautscheitelpunkt in einem Punkte im Augeninnern durchgeführt werden, der vom Hornhautscheitelpunkt den realen Abstand e habe, also an einem Punkt, der von der Netzhaut den Abstand $b - e$ hat.

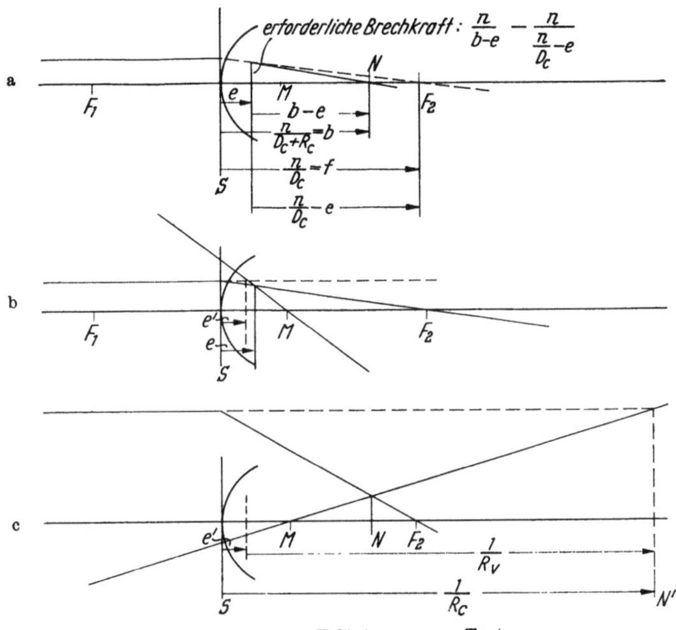

Abb. 114a—c. Erläuterung zum Text

Das Strahlenbündel, welches auf der Netzhaut vereinigt wird, hat an dieser Stelle die auf Luft reduzierte Vergenz $\dfrac{n}{b-e}$, während ein von außen parallel einfallendes Strahlenbündel an der gleichen Stelle die reduzierte Vergenz $\dfrac{n}{\frac{n}{D_e}-e} = \dfrac{n}{\frac{n-eD_c}{D_c}} = \dfrac{n \cdot D_c}{n-eD_c}$ hat.

Das gesuchte Korrektionsmittel muß also diese beiden Vergenzen ausgleichen, d. h. es ist gleich der Differenz der beiden Vergenzen, also $\dfrac{n}{b-e} - \dfrac{n \cdot D_c}{n-eD_c}$; wir wollen diese Größe als D_x bezeichnen.

Betrachtet man das Auge nun von außen, so kann man den Ort, an dem das Korrektionsmittel sich befinden soll, nicht unmittelbar sehen, sondern lediglich sein virtuelles Bild, welches vom Hornhautsystem entworfen wird.

Dieses habe vom Hornhautscheitel den scheinbaren Abstand e'. Dieser Punkt ist also „virtuelles Objekt", welches durch das Hornhautsystem in den entsprechenden reellen Punkt abgebildet wird (Abb. 114b): $\dfrac{1}{e'} + D_c = \dfrac{n}{e}$. Geht man den umgekehrten Weg, läßt also den reellen Punkt in den scheinbaren abbilden, so lautet die Beziehung:

$$-\frac{n}{e} + D_c = -\frac{1}{e'} .$$

Daraus folgt ferner $\dfrac{1 + e'D_c}{e'} = \dfrac{n}{e}$, also $e = \dfrac{n \cdot e'}{1 + e'D_c}$ und, da $\dfrac{1}{e'} = \dfrac{n}{e} - D_c$,

$\dfrac{1}{e'} = \dfrac{n-eD_c}{e}$ und $n - eD_c = \dfrac{e}{e'}$.

Wir berechnen nun zunächst die scheinbare Refraktion am scheinbaren Ort des Korrektionsmittels (Abb. 114c), setzen also einfach die Verschiebung des Korrektionsmittels in gewohnter Weise hinter den Hornhautscheitel fort, als ob dort keine Brechung stattfinden würde, und nennen diese scheinbare Refraktion R_v. (Sie ist also der Reziprokwert des Abstandes des scheinbaren Korrektionsortes vom Netzhautbildpunkt oder Fernpunkt.) Also:

$$\frac{1}{R_v} = \frac{1}{R_c} - e' = \frac{1 - e' R_e}{R_e}, \quad \frac{1}{R_e} = \frac{1}{R_v} + e' = \frac{1 + e' R_v}{R_v}.$$

Nun ersetzen wir die reellen Werte der Korrektionsbrechkraft am realen Ort durchgängig durch scheinbare Werte bzw. durch die Brechkraft des Hornhautsystems:

In $\dfrac{n}{b - e} - \dfrac{n \cdot D_c}{n - e \cdot D_c}$ ist nämlich $\dfrac{b}{n} = \dfrac{1}{D_c + R_c}, \quad \dfrac{e}{n} = \dfrac{e'}{1 + e' \cdot D_c}$,

also $\dfrac{b - e}{n} = \dfrac{1}{D_c + R_c} - \dfrac{e'}{1 + e' \cdot D_c} = \dfrac{(1 + e' D_c) - e'(D_c + R_c)}{(D_c + R_c)(1 + e' D_c)}$

$$= \frac{1 + e' D_c - e' D_c - e' R_c}{(D_c + R_c)(1 + e' D_c)} \quad \text{und somit} \quad \frac{n}{b - e} = \frac{(D_c + R_c)(1 + e' D_c)}{1 - e' R_c}$$

ferner: $n - e D_c = \dfrac{e}{e'}, \quad$ wobei $\quad e = \dfrac{n \cdot e'}{1 + e' D_c} \quad$ also

$$n - e D_c = \frac{n \cdot e'}{e'(1 + e' D_c)} = \frac{n}{1 + e' D_c}$$

$$\frac{n \cdot D_c}{n - e D_c} = \frac{n \cdot D_c (1 + e' D_c)}{n} = D_c \cdot (1 + e' D_c)$$

also ist

$$\frac{n}{b - e} - \frac{n D_c}{n - e D_c} = \frac{(D_c + R_c)(1 + e' D_c)}{1 - e' R_c} - D_c \cdot (1 + e' D_c)$$

$$= \frac{(D_c + R_c)(1 + e' D_c) - D_c(1 - e' R_c)(1 + e' D_c)}{1 - e' R_c} =$$

$$= \frac{(1 + e' D_c)[D_c + R_c - D_c(1 - e' R_c)]}{1 - e' R_c}$$

$$= \frac{(1 + e' D_c)(D_c + R_c - D_c + e' D_c R_c)}{1 - e' R_c} = \frac{(1 + e' D_c) R_c (1 + e' D_c)}{1 - e' R_c}$$

$$= \left(\text{da } \frac{1}{R_v} = \frac{1 - e' R_c}{R_c}\right) = R_v \cdot (1 + e' D_c)^2 = R_v \cdot \left(\frac{n e'}{e}\right)^2$$

Mit anderen Worten: *Die Stärke des Korrektionsmittels ist gleich dem Produkt aus der scheinbaren Refraktion am scheinbaren Ort des Korrektionsmittels und dem Quadrat des um 1 vermehrten Produktes aus Hornhautbrechkraft und scheinbarem Abstand des Korrektionsmittels.*

Der Vorteil dieser Definition gegenüber den üblicherweise in den Lehrbüchern der Brillenoptik abgeleiteten Formeln ergibt sich daraus, daß wir es durchweg mit am Auge klinisch meßbaren Größen zu tun haben und nicht mit für ein Normalauge tabellarisch festgelegten Größen. Die einzige implizite enthaltene „Normgröße" ist der Brechungsindex des Hornhautsystems, denn er wird nicht gemessen und ist dennoch in der Brechkraft der Hornhaut mit enthalten. Als Grundlage dient dabei am zweckmäßigsten die Littmannsche Modifikation des exakten schematischen Auges nach GULLSTRAND, in dem die Brechung an der Hornhautrückfläche durch einen formalen Brechungsindex des Hornhaut-Kammerwassersystems berücksichtigt wird.

Die gleiche Formel erlaubt es auch, zu berechnen, wie stark die Brechkraft der Linse sein muß, wenn man die Brechkraft des aphaken Auges kennt, und darüber hinaus die Brechkraftzunahme, die die Linse erfahren muß, wenn sie bei der Akkommodation durch ihre Krümmungszunahme dem Auge eine andere Refraktion erteilen soll. Man hat dann nur die

beiden scheinbaren Refraktionen am Linsenort zu bilden und ihre Differenz mit $(1 + e'Dc)^2$
$\approx 1 + 2e'Dc$ zu multiplizieren[1]. Man erkennt dann ohne weiteres, daß ein Auge eine um so
größere Akkommodationsleistung für den gleichen Akkommodationserfolg aufzubringen hat,
je mehr hyperop es ist, je größer seine Hornhautbrechkraft ist und je tiefer die Linse liegt.
Der Umweg über das aphake Auge ist hierbei allerdings unvermeidlich, so daß diese Rechnung
nur orientierenden Wert besitzt. Im konkreten Fall müßte also die Brechkraft der akkommo-
dationslosen Linse aus den Werten des schematischen Auges entnommen werden.

f) Die vergrößernde Wirkung des Brillenglases

Die Verschiebung eines Brillenglases vom Auge weg oder auf das Auge zu
verändert nicht nur die für die Korrektur erforderliche Brillenstärke, sie bewirkt
darüber hinaus auch eine Änderung in den Größenverhältnissen einer Abbildung.

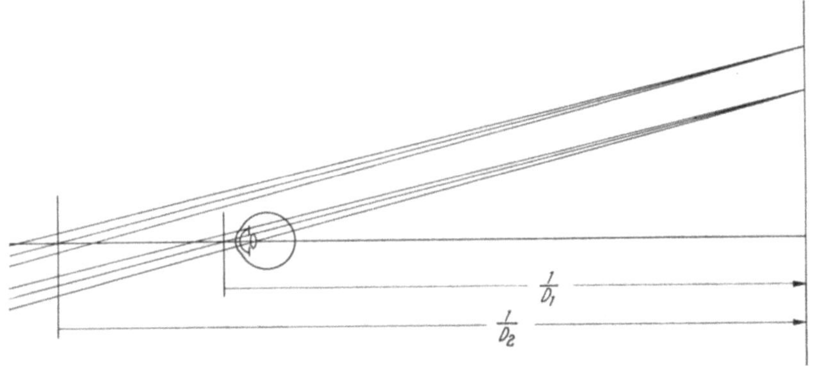

Abb. 115. Beim richtig korrigierenden Fernbrillenglase in verschiedenen Abständen vom Auge ist die Größe der
Netzhautbildes eines unendlich fernen Gegenstandes proportional zur Brennweite (also umgekehrt proportional zus
Brechkraft) des Brillenglases. Da die Abbildung zwischen „Netzhautbildfläche" N' und Netzhaut konstant bleibt,
ist sie hier nicht aufgeführt

Bei der Frage nach einer Vergrößerung muß stets zuerst eine Vergleichsgröße
festgelegt werden. Im Falle der Verschiebung eines Brillenglases interessiert uns
lediglich das *Verhältnis* der Bildgrößen, die in den verschiedenen Brillenglas-
abständen bewirkt werden. Am einfachsten zu übersehen sind die Verhältnisse,
wenn in beiden zu vergleichenden Stellungen die richtige Brillenkorrektur vorliegt und wenn sich der Vergleich auf in unendlicher Ferne befindliche Dinge
bezieht. Wir verfolgen den Abbildungsvorgang wiederum nur bis zur Netzhautbildfläche (vgl. S. 143), die dann ja im bildseitigen Brennpunkt des Brillenglases
liegen muß. Bei unendlich fernen Gegenständen ist die Bildgröße stets proportional der Brennweite der abbildenden Systeme, folglich verhalten sich die Bildgrößen umgekehrt proportional zu den Brechkräften der korrigierenden Brillen
(Abb. 115).

Mit der bereits erwähnten Einschränkung auf die Abbildung unendlich ferner
Gegenstände gilt dies sowohl für sammelnde als auch zerstreuende Brillengläser;
dabei hat man sich wieder zu vergegenwärtigen, daß bei Vergrößerung des Hornhautscheitelabstandes das zerstreuende Brillenglas stärker werden muß, das von
ihm erzeugte Bild also kleiner wird, während für das sammelnde Brillenglas das
umgekehrte gilt.

Diese Beziehungen lassen sich sogar nicht nur auf Haftschalen, sondern auch
auf Korrektionsmittel, die innerhalb des Auges liegen, ausdehnen (wieder unter
der Voraussetzung, daß mit diesen die *richtige* Korrektur erzielt wird).

---

[1] Das quadratische Glied $(e'Dc)^2$ bei $(1 + e'Dc)^2 = 1 + 2e'Dc + (e'Dc)^2$ kann vernachlässigt werden.

Man verfährt dabei formal so, als ob das Brillenglas bis zu dem *scheinbaren* Ort des Korrektionsmittels, also an den Ort verschoben wird, an dem das betreffende Korrektionsmittel durch das Hornhaut-Kammerwasser-System des Auges abgebildet und vom außenstehenden Beobachter gesehen wird: Berechnet man nach den gleichen Gesetzen die *scheinbare* Refraktion an diesem Punkte, so gelten die gleichen Beziehungen zwischen Brennweite und Bildgröße wie für Korrektionsmittel außerhalb des Auges.

Führt man diese formale Verschiebung bis zur scheinbaren Linsenmitte durch, so erhält man für ein hyperopes Auge das Bildgrößenverhältnis bei Brillenkorrektur und akkommodativem Ausgleich der Hyperopie.

Eine Umrechnung, wie sie für die erforderlichen Brechkräfte auf S. 162 entwickelt wurde, ist hierbei nicht erforderlich. Man kann aber mit diesem Verfahren nur die Bilder bei verschiedenen Korrektionsmitteln in verschiedenen Abständen ein und desselben Auges vergleichen, nicht hingegen das Verhältnis der Bildgröße des unkorrigierten zu der des korrigierten Auges. Da beim unkorrigierten Auge überhaupt keine Abbildung im engeren Sinne stattfindet, hat man hier den Vergrößerungskoeffizienten der Projektion zu bilden. Im unkorrigierten fehlsichtigen Auge findet dann (formal) eine Lochkameraprojektion durch die Eintrittspupille in die Netzhautbildfläche statt. Die Brille hat dann die Aufgabe, aus dieser Projektion eine Abbildung im Sinne der Optik zu machen. Das Zentrum dieser Projektion ist die Mitte der (Eintritts-)Pupille des Auges.

Würde das korrigierende Brillenglas in die Pupille gesetzt werden können und diese ausfüllen, so träte in den Größenverhältnissen durch den Übergang von geometrischer Projektion zur Abbildung im optischen Sinne keine Änderung ein (Abb. 116). Da dies aber nicht möglich ist, die korrigierende Linse vielmehr außerhalb, nämlich vor dieser Blende, sitzt, ändern sich die Größenverhältnisse durch

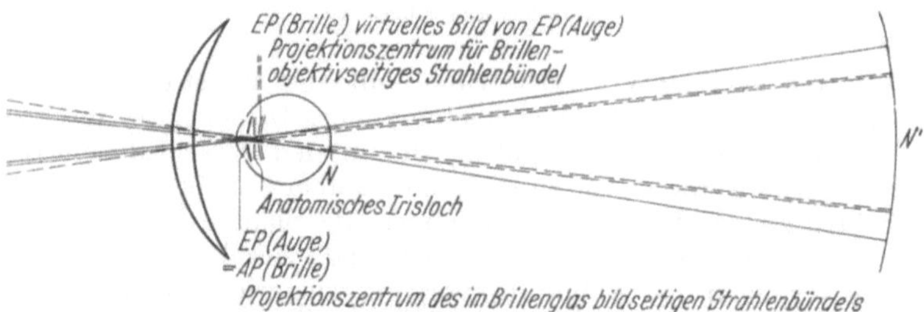

Abb. 116: Durch ein vor der Pupille getragenes Sammelglas entsteht ein scharfes Netzhautbild, welches größer ist, als die Projektion auf der Netzhaut des unkorrigierten Auges (Linienbezeichnung wie bei Abb. 119 u. 120)

eine derartige Abbildung. Da die Abbildung der Netzhautbildfläche in die Netzhaut konstant ist und durch das Brillenglas nicht verändert wird, hat man durch Untersuchung der Projektions- bzw. Abbildungsverhältnisse der Objektfläche in die Netzhautbildfläche ohne und mit Korrektur zugleich die Veränderungen des Netzhautbildes ohne und mit Brillenkorrektur erfaßt.

Wie bei der Berechnung der „Eigenvergrößerung" des Brillenglases hat man zunächst den „Vergrößerungskoeffizienten im Projektionszentrum" zu bilden, wobei man wiederum zunächst den Strahlengang umkehrt, da die Pupille des Auges bildseitiges Projektionszentrum und ihr von dem Brillenglas entworfenes Bild im Dingraum des Brillenglases dingseitiges Projektionszentrum ist. Lautete bei der Bestimmung der Eigenvergrößerung die Frage, wie ein im hinteren Scheitelpunkt des Brillenglases befindliches Linienelement durch die Vorderfläche des Brillenglases abgebildet und vergrößert wird, so lautet hier die entsprechende

Frage, mit welcher Vergrößerung der Pupillendurchmesser durch das Brillenglas abgebildet wird (Abb. 117). Bezeichnen wir den Abstand der Pupille vom hinteren Brillenglasscheitel mit e (er ist die Summe des Hornhautscheitelabstands und des *scheinbaren* Pupillenabstandes von der Hornhautvorderfläche) und berücksichtigen zunächst nur unendlich dünne Brillengläser, setzen also die Eigenvergrößerung mit 1 fest, dann ist

$$A = - \frac{1}{e} \text{ und } B = A + D = - \frac{1}{e} + D = - \frac{1 - eD}{e} \text{ , und}$$

$$\frac{A}{B} = \frac{- \dfrac{1}{e}}{- \dfrac{1 - eD}{e}} = \frac{1}{1 - eD} \approx 1 + eD^1.$$

Dieser Quotient, der als Verhältnis der Eintrittspupille zur Austrittspupille zugleich die vergrößernde Wirkung des Brillenglases für das Auge angibt, ist also stets größer als 1, wenn D positiv, und zwar um so größer, je größer die Brechkraft D und der Abstand e des Brillenglases von der Pupille ist; zwar wird die erforderliche Brechkraft D des korrigierenden Brillenglases konstanter Refraktionsanomalie mit zunehmender Entfernung des korrigierenden Glases vom Auge geringer, jedoch in viel kleinerem Verhältnis, so daß das korrigierende Sammelglas im Auge ein um so größeres Bild erzeugt, je weiter es von der Pupille entfernt wird.

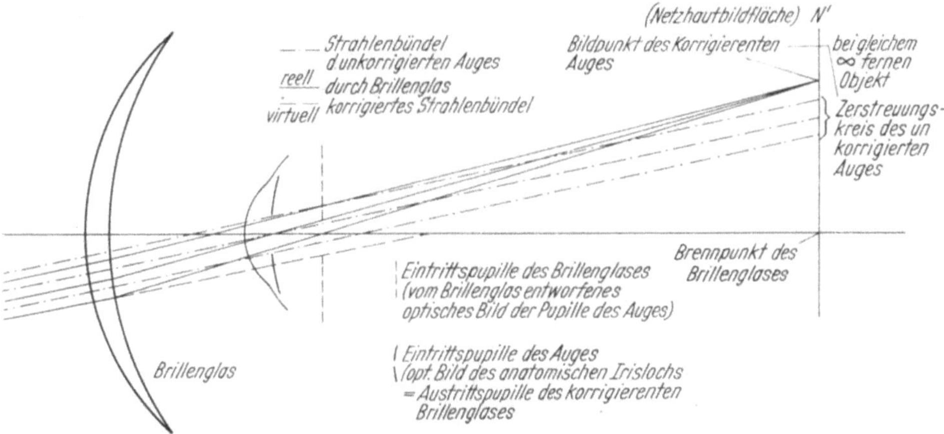

Abb. 117. Ein sammelndes Brillenglas bewirkt eine Vergrößerung der Eintrittspupille (= vom Brillenglas entworfenes Lupenbild der Eintrittspupille des Auges, welche zur Austrittspupille des Brillenglases wird. Dadurch wird eine Vergrößerung der Netzhautprojektion gegenüber dem brillenlosen Zustand bewirkt. Der Strahlengang der Abbildung der Pupillen ist der besseren Übersicht halber weggelassen, ebenso die Abbildung zwischen Netzhautbildfläche und Netzhaut)

Ist dagegen D negativ, d. h. kleiner als 0, so ist der Quotient kleiner als 1, und zwar um so kleiner, je größer der Abstand e und je größer der *Absolutbetrag* der Brechkraft D ist (unter Absolutbetrag wird eine Zahl ohne ihr Vorzeichen verstanden).

Ein zerstreuendes Brillenglas erzeugt also ein um so größeres Bild, je näher es an das Auge gebracht wird.

Hat man hingegen ein durchgebogenes Brillenglas mit einer von 1 verschiedenen Eigenvergrößerung, so kann man die hierdurch bedingte *Pupillenvergrößerung* mit Hilfe der allgemeinen Abbildungs- und Vergrößerungsgleichungen berechnen.

---

[1] Vgl. Fußnote S. 160.

Als dingseitiges Projektionszentrum für diese wird der hintere Brillenglasscheitel gewählt. Das von der Brillenvorderfläche entworfene Bild dieses hinteren Brillenscheitels ist dann das bildseitige Projektionszentrum. Der Vergrößerungskoeffizient im Projektionszentrum $\varkappa$ ist die Eigenvergrößerung N des Brillenglases[1], das Produkt $\varkappa D = N D = S$ sein hinterer Scheitelbrechwert. Der Abstand der Pupille vom hinteren Brillenscheitel e nimmt die Rolle der Objektweite, sein reziproker Wert die Objektnähe ein.

Dann können wir in der Abbildungsgleichung $A + \varkappa D = \varkappa^2 B$, A durch $-\dfrac{1}{e}$, $\varkappa D$ durch S und $\varkappa$ durch N ersetzen und erhalten $-\dfrac{1}{e} + S = N^2 B = -\dfrac{1 - e S}{e}$ oder $N B = -\dfrac{1 - e S}{e N}$.

Setzen wir die so gewonnenen Werte in die Gleichung des allgemeinen Vergrößerungskoeffizienten $K = \dfrac{A}{\varkappa B} = \dfrac{A}{N B}$ ein, so erhalten wir $K = \dfrac{-\dfrac{1}{e}}{-\dfrac{1 - e S}{e N}}$

$= \dfrac{N}{1 - e S} \approx N\,(1 + e S)$ als das Verhältnis $\dfrac{\text{Eintrittspupille}}{\text{Austrittspupille}}$ [2], welches nach S. 96 als Grundlage für alle bei einer Abbildung auftretenden Vergrößerungskoeffizienten gelten kann.

Dabei hat man sich zu vergegenwärtigen, daß man den Strahlengang jeweils nur bis zur „Netzhautbildfläche" zu verfolgen hat, also die letzte Abbildung, die Abbildung der Netzhautbildfläche in die Netzhaut, unberücksichtigt lassen kann. Somit wird also die „Pupille" des Auges, welche für das Auge selbst Eintrittspupille ist, in unseren Untersuchungen Austrittspupille, und wir haben uns also lediglich zu fragen, wie stark diese Pupille durch das optische Hilfsmittel vergrößert wird. Auf diese Weise lassen sich alle Vergrößerungsprobleme leicht übersehen. Man erkennt, daß eine Vorderkammerlinse, welche der Pupille stets am nächsten gelegen ist, an der Bildgröße gegenüber dem unkorrigierten Auge am wenigsten ändert, daß eine Haftschale wegen ihrer großen Nähe an der Pupille ebenfalls keine starke Vergrößerung bewirkt[3], zumal bei den heute üblichen Hornhaut-Haftschalen infolge der sehr kleinen Mittendicke trotz großer Vorderflächenkrümmung die Eigenvergrößerung wesentlich geringer ist als bei entsprechenden Brillengläsern, daß schließlich die vergrößernde Wirkung eines Sammel-

---

[1] Da die Abbildung der Pupille hier im umgekehrten Strahlengang berechnet wird, ist der „Vergrößerungskoeffizient im Projektionszentrum" hier *gleich* der Eigenvergrößerung des Brillenglases (im Gegensatz zu S. 148, wo der Vergrößerungskoeffizient in Projektionszentrum für die Abbildung in die Netzhautbildfläche berechnet würde).

[2] Ein- und Austrittspupille sind hier für die Abbildung in die Netzhautbildfläche definiert, für die Berechnungsgrundlagen im umgekehrten Strahlengang ist diese Eintrittspupille „Bild", die Austrittspupille hingegen Objekt.

[3] Die heutigen Cornealhaftschalen haben eine Mittendicke von etwa 0,2 bis 0,3 mm (einschließlich der sehr dünnen „Tränenflüssigkeitslinse"). Bei Krümmungsradien zwischen 6,0 und 10,0 mm und einem Brechungsindex des Plastikmaterials von rund 1,5 beträgt dann die Brechkraft der Haftschalenvorderfläche zwischen 50 und 83 dptr. (Bei gleichem Krümmungsradius hat die Haftschalenvorderfläche wegen des größeren Brechungsindex eine stärkere Brechkraft als die Hornhautvorderfläche. Dies wird aber durch die entsprechend größere negative Brechkraft der Haftschalenrückfläche ausgeglichen.)

Die auf Luft reduzierte Mittendicke beträgt dann $\dfrac{0,2}{n}$ bis $\dfrac{0,3}{n}$, also 0,133 bis 0,2, die Eigenvergrößerung somit zwischen $1 + \dfrac{0,133 \cdot 50}{1000}$ und $1 + \dfrac{0,2 \cdot 83}{1000}$, d. h. zwischen 1,0067 und 1,0167; im Durchschnitt wird man also für Cornealschalen eine Eigenvergrößerung von etwa 1,01 annehmen können (oder 1% Größenunterschied).

glases und die verkleinernde Wirkung eines Zerstreuungsglases um so stärker in Erscheinung tritt, je stärker die Brechkraft dieses Glases ist und je weiter dasselbe vom Auge entfernt getragen wird.

Man hat sich weiter zu vergegenwärtigen, daß das Vergleichsobjekt nicht immer ein „Bild" im Sinne der geometrischen Optik ist, sondern mitunter eine Projektion: Wenn die Größe des Netzhautbildes bei einem unkorrigierten und einem korrigierten Brechungsfehler miteinander verglichen werden, so kann es sich meist nur bei einem von beiden, im allgemeinen beim korrigierten, um eine optische Abbildung handeln. Der Vergleich der verschiedenen Korrekturformen untereinander hingegen ist ein Vergleich verschiedener Bilder im Sinne der geometrischen Optik, sofern wir den Abbildungsbegriff im Auge mit der auf S. 153 definierten Einschränkung, und damit wirklich exakt, d. h. ohne unzulässige Genauigkeitsforderung, fassen.

Sofern es sich um ein noch akkommodationsfähiges Auge handelt, kann darüber hinaus noch ein Vergleich des Netzhautbildes des Auges, welches seine Fehlsichtigkeit durch eigene Akkommodation ausgleicht, mit dem Netzhautbild des korrigierten nicht akkommodierenden Auges berechnet werden. Nach GRAFF[1] ist hierbei allerdings die sog. Hauptpunktsverschiebung bei der Akkommodation zu berücksichtigen — das bedeutet nach unserer Darstellungsweise, daß das Verhältnis Eintrittspupille (beim Auge die Pupille schlechthin) zur Austrittspupille sich beim Akkommodationsvorgang ändert. Nach NOTEBOOM[2] ist indessen diese Hauptpunktsverschiebung so gering, daß sie nicht berücksichtigt werden muß.

Exakt berechenbar ist vor allem grundsätzlich *nur der Vergleich der Netzhautbildgröße ein und desselben Auges unter verschiedenen Korrektionsbedingungen, nicht hingegen ein Vergleich der Netzhautbildgrößen verschiedener Augen.* Ein solcher ist nur durchführbar unter Zuhilfenahme der Größen des schematischen Auges, also von Größen, die im Einzelfalle nicht exakt nachgeprüft werden können, sondern axiomatisch im schematischen Auge generell festgelegt sind. Wenn man für einige Fragestellungen aus theoretischen Gründen solche Vergleiche trotzdem durchführen will, so muß man sich immerhin über die Fragwürdigkeit derartiger Berechnungen Rechenschaft ablegen.

g) Einfache Beurteilung von Brillengläsern

Diese, ungeachtet des Vorliegens einer echten Abbildung oder einer Projektion grundsätzlich bestehende vergrößernde Wirkung eines Sammelglases und verkleinernde Wirkung eines zerstreuenden Glases ermöglicht es nun auf einfache Weise, ein zunächst unbekanntes Glas darauf zu prüfen, ob es sammelnd oder zerstreuend ist. Zu diesem Zweck hält man das fragliche Glas so vor das Auge, daß ein dadurch gesehener Hintergrund aufrecht gesehen wird (wird er umgekehrt gesehen, ist die Frage ohnehin schon geklärt: Dann kann es sich ja nur um ein sammelndes Glas handeln). Wird nun das Glas hin und her geschoben, so wird sich der hierdurch gesehene Hintergrund in entgegengesetzter Richtung verschieben, wenn das Glas vergrößernd wirkt, aber in gleicher, wenn es verkleinernd wirkt, also bei Sammelgläsern stets in entgegengesetzter Richtung, bei Zerstreuungsgläsern stets in gleicher Richtung (Abb. 118). Diese Verschiebung hat dieselbe Ursache wie bei der parallaktischen Verschiebung des Projektionszentrums die entgegengesetzte Verschiebung eines dem Projektionszentrum nahe gelegenen,

---

[1] GRAFF, TH.: Grundlagen der Akkommodationsmessung. Pflügers Arch. **255**, 302 (1952).— Zur Theorie der Nahbrille. Optik **9**, 126 (1952).

[2] NOTEBOOM, E.: Zweck und Nutzen der Hauptebenen. Mschr. Feinmech. Opt. **75**, 246 (1958).

Abb. 118. Bildverschiebung durch Verschiebung von sphärischen Gläsern. Beim Sammelglas (*a*) Verschiebung des „Bildes" entgegen der Verschiebung des Glases, beim Zerstreuungsglas (*b*) gleichsinnige Verschiebung

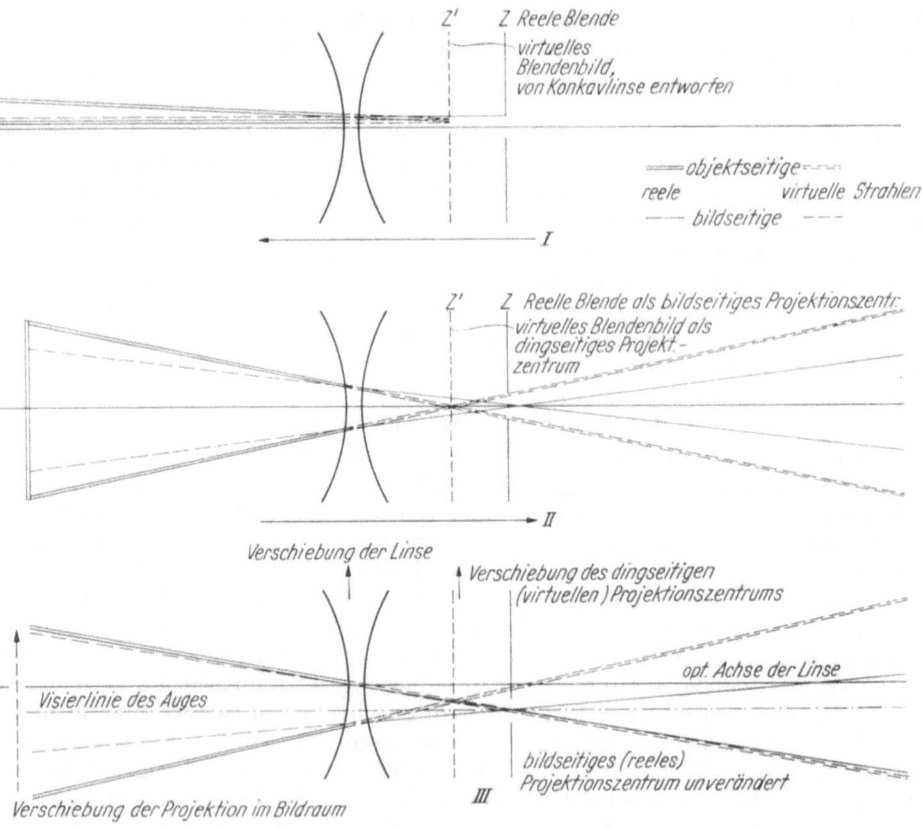

Abb. 119

Abb. 119 u. 120. Parallaktische Verschiebung bei Verschiebung von Linsen: Bei Zerstreuungslinsen (Abb. 119) wird das (verkleinerte) Projektionszentrum im gleichen Sinne verschoben wie die Linse, daher auch die von der Linse vermittelte Projektion. Bei sammelnden Gläsern (Abb. 120) wird das virtuell vergrößerte Projektionszentrum im entgegengesetzten Sinne verschoben, dementsprechend auch die von der Linse vermittelte Projektion

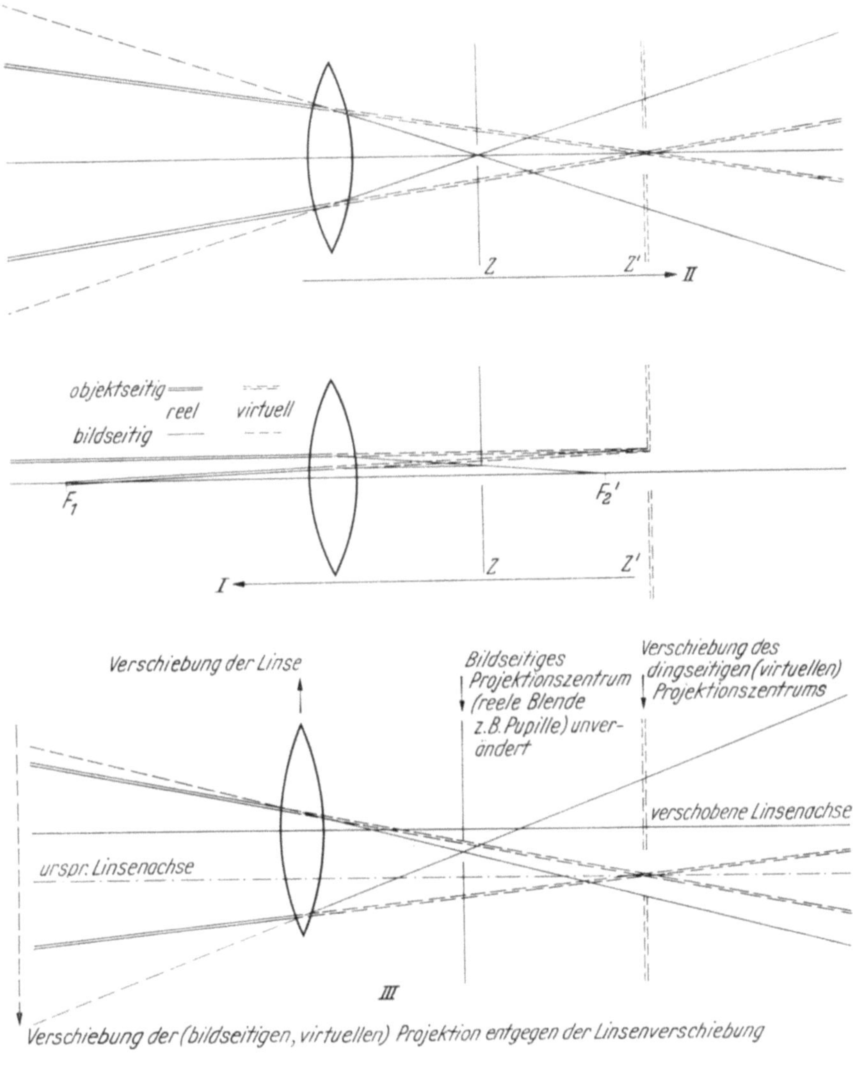

Abb. 120

also vergrößerten Gegenstandes und umgekehrt die gleichsinnige Verschiebung eines fernen Gegenstandes (Abb. 119—120).

4. Das Nahbrillenglas ohne Berücksichtigung der Akkommodation

Brillengläser haben aber nicht nur die Aufgabe, die Refraktion des Auges auszugleichen — dies ist lediglich Aufgabe des Fernbrillenglases.

Darüber hinaus hat ein Brillenglas als Nahbrillenglas die Aufgabe, bei solchen Augen, die ihre Refraktion zum Sehen in die Nähe nicht mehr ausreichend oder gar nicht mehr verändern können, einen in der Nähe — Arbeits- oder Leseentfernung — befindlichen Gegenstand in den Netzhautbildpunkt abzubilden. A, die Dingnähe, erhält hierbei einen von 0 verschiedenen Wert.

a) Der Ort des Brillenglases als Bezugspunkt für die Beobachtungsnähe

Vernachlässigt man zunächst die Linsendicke und setzt die Eigenvergrößerung $N = 1$, dann errechnet sich die Brechkraft D des Nahbrillenglases aus der Formel $A + D = B$ bzw. $D = A$, wobei B die Refraktion des Auges, gemessen am Ort des Brillenglases und A die ebenfalls vom Glas aus gemessene Dingnähe ist. Sie ist, da es sich stets um reelle Dinge handelt, negativ und gleich dem reziproken Wert des in m gemessenen Arbeits- oder Leseabstandes (Abb. 60). Bei schwächeren Gläsern spielen die 12 mm Brillenglasabstand vom Hornhautscheitel keine große Rolle, so daß man die Dingweite auch vom Hornhautscheitel aus messen kann, *korrekt ist aber nur ihre Messung vom Brillenglas aus.* Andernfalls sind komplizierte Umrechnungen erforderlich.

Wird der Abstand des Fernbrillenglases vom Auge eines Hyperopen vergrößert, so wird die Wirkung dieses Glases für die Ferne zu stark, das Glas wirkt als Nahbrillenglas.

b) Die Verschiebung des Nahbrillenglases

Wir wollen nun untersuchen, wie die erforderliche Stärke des *Nahbrillenglases* geändert werden muß, wenn dieses seinen Ort verändert, wobei angenommen werden soll, daß der Lese- oder Arbeitsabstand *vom Auge* aus unverändert bleibe.

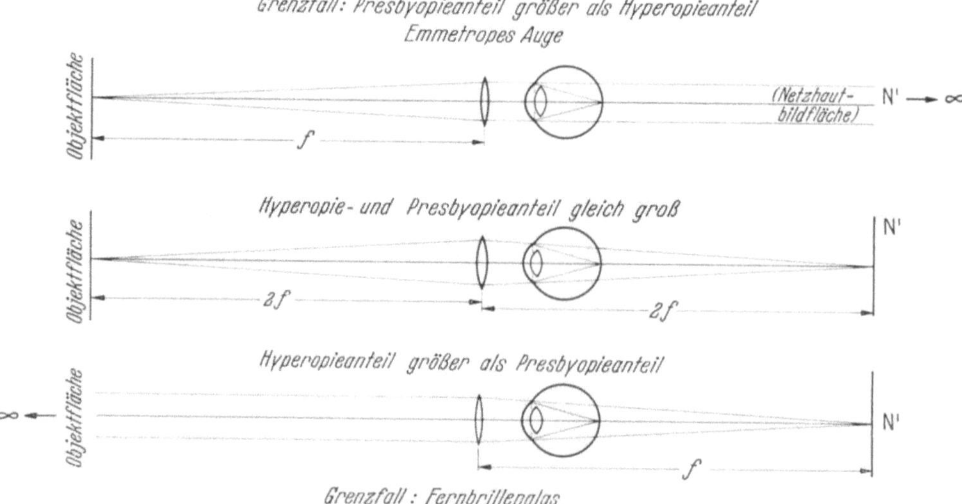

Abb. 121. Die Verschiebung eines Sammelglases bei Hyperopie und Presbyopie: oben bei reiner Presbyopie nimmt die Wirkung des Sammelglases zu, wenn es in Richtung auf das Auge verschoben wird; es muß dann abgeschwächt werden. Das Gleiche trifft für das Altersglas eines Hyperopen zu, wenn der Presbyopieanteil größer ist als der Hyperopieanteil. Mitte: Sind Hyperopie- und Presbyopieanteil gleich groß, so liegen Objekt und „Netzhaut-bildfläche" jeweils in der doppelten Brennweite des Glases. Eine Verschiebung bleibt innerhalb mäßiger Grenzen ohne Einfluß auf die Stärke des Brillenglases. Unten: Das Fernbrillenglas eines Hyperopen wird zu schwach, wenn es auf das Auge hin verschoben wird. Das Gleiche gilt für Altersgläser Hyperoper, sofern der Hyperopieanteil größer ist als der Presbyopieanteil

Die Aufgabe lautet also, zwei gegebene Punkte von festem Abstand — Dingpunkt und Netzhautbildpunkt — durch eine veränderliche Linse ineinander abzubilden (Abb. 121).

Am einfachsten zu übersehen ist die Aufgabe beim Nahbrillenglas des Emmetropen: Dort ist die Bildweite unendlich, die Bildnähe (= Refraktion) also 0. Wird das Brillenglas vom Auge weggeschoben, so vergrößert sich die Dingnähe (wenn das negative Vorzeichen unberücksichtigt bleibt), weil Brillenglas und

Dingpunkt näher aneinanderrücken, das Brillenglas muß also verstärkt werden. Auf die Abbildungsformel gebracht, ist $A + D = 0$, also $D = - A$, bei der Verschiebung wird $- A$ größer, also muß auch D größer werden, d. h. das Nahbrillenglas des Emmetropen wird zu schwach und muß verstärkt werden, wenn es vom Auge weggeschoben wird.

Das Nahbrillenglas des Emmetropen stellt gewissermaßen den spiegelbildlichen Fall zum Fernbrillenglas des Hyperopen (Abb. 112) dar: Im einen Fall ist die Bildnähe (die Fernpunktsrefraktion), im anderen Falle die Dingnähe gleich 0. Daher ist auch die Verschiebung solcher Brillengläser von entgegengesetzter Wirkung: Das Fernbrillenglas wird zu stark, das Nahbrillenglas zu schwach, wenn man es vom Auge wegschiebt, und umgekehrt.

Diese beiden geschilderten Fälle sind indessen nur Grenzfälle: Häufig hat man Brillengläser, welche eine Brechunganomalie für die Nähe korrigieren. In einem solchen Falle gibt es für hyperope Augen, wie LINDNER gezeigt hat, drei Möglichkeiten:

1. Der Nahzusatz ist größer als die Refraktion des Auges, im Brillenglas ist der „Presbyopieanteil größer als der Hyperopieanteil". In diesem Falle wirkt die Verschiebung grundsätzlich in gleicher Weise wie die Verschiebung eines reinen Nahbrillenglases eines Emmetropen, nur eben weniger ausgeprägt. Das Glas wird zu schwach, wenn man es vom Auge wegschiebt, zu stark, wenn man es dem Auge nähert.

2. Der Nahzusatz ist kleiner als die Refraktion des Auges, der Presbyopieanteil des Brillenglases ist kleiner als der Hyperopieanteil; in diesem Falle wirkt die Verschiebung des Brillenglases wie bei einem reinen Fernbrillenglas eines Hyperopen, nur eben auch entsprechend schwächer.

3. Schließlich können Hyperopie- und Presbyopieanteil gleich groß sein. In diesem Falle befinden sich Objekt (Einstellfläche) und Bild (Netzhautbildfläche) in gleicher Entfernung vom Brillenglas, nämlich in seiner doppelten Brennweite, und dies ist zugleich überhaupt die kürzest mögliche Entfernung zwischen einem Objekt und seinem reellen Bild. In einem solchen Falle ändert sich die erforderliche Stärke nur wenig, wenn das Brillenglas verschoben wird.

Wesentlich spürbarer als die erforderliche Brechkraft bzw. die Bildschärfe kann sich indessen bei einer derartigen Verschiebung eines solchen Brillenglases der Vergrößerungskoeffizient A/B ändern: Er wird stets um so größer, je weiter das Glas vom Auge weggeschoben wird, je größer also die negative Dingnähe A und je kleiner die Bildnähe B wird. (Das negative Vorzeichen des Vergrößerungskoeffizienten spielt keine nennenswerte Rolle, es bringt zum Ausdruck, daß bei der Abbildung ein umgekehrtes Bild entsteht, während die Abbildung Foveabildpunkt —Fovea aufrecht und virtuell ist.)

Beispiel: Hyperopie von 2,0 dptr, Nahzusatz 3,0 dptr, Glasverschiebung 5 cm vom Auge weg; dadurch Änderung der Bildweite von $+ 50$ auf $+ 55$ cm, der Dingweite von $- 33,33$ auf $- 28,33$ cm, der Bildnähe von $+ 2,0$ auf $+ 1,82$ dptr, der Dingnähe von $- 3,0$ auf $- 3,53$ dptr und der erforderlichen Brechkraft auf 5,35 dptr. Das Glas ist also um 0,35 dptr zu schwach. Durch eine entsprechende Objektverschiebung, nämlich auf 3,18 dptr Dingnähe bzw. 31,4 cm Dingweite ist das Glas in seiner Stärke wieder richtig. Der Vergrößerungskoeffizient ändert sich dadurch von $^3/_2 = 1,5$ auf $3,18 : 1,82 = 1,75$, d. h. um das 1,16fache.

Noch eindrucksvoller ist diese vergrößernde Wirkung, wenn Hyperopie- und Presbyopieanteil gleich groß oder gar der Hyperopieanteil größer als der Presbyopieanteil ist.

Ein Hyperoper von 3 dptr habe ein Nahbrillenglas von insgesamt 6 dptr, sei also auf einem Punkt $33^1/_3$ cm vor dem Brillenglas eingestellt. (Netzhautbildpunkt $33^1/_3$ cm hinter dem Brillenglas.) Das Glas werde um $3^1/_3$ cm nach vorne, d. h. vom Auge weg, verschoben. Dann ist die „Dingweite" 30 cm, die „Dingnähe" $3^1/_3$ dptr, die „Bildweite" $36^2/_3$ cm, die „Bildnähe" — das ist die Refraktion an der neuen Stelle des Glases — $^{28}/_{11}$ dptr (2,727), das erforderliche Glas also $3,333 + 2,727 = 6,06$ dptr, d. h. praktisch unverändert. Der Vergrößerungskoeffizient für die Brillenglasabbildung dagegen wächst von 1,0 auf $^{36}/_{30} = 1,2$ — bei eben lesbarem

Druck kann eine solche Vergrößerung um das 1,2fache schon eine bedeutende Erleichterung bringen.

Ein Hyperoper wird also unter Umständen auch dann einen Vorteil von einer Verschiebung seines (Fern-)Brillenglases haben, wenn das Glas durch diese Verschiebung in seiner Wirkung nicht stärker wird (Abb. 112).

Für Myope spielen Nahgläser eine geringere Rolle, weil ein großer Teil von ihnen von der Möglichkeit, ohne Brille in der Nähe deutlich zu sehen, Gebrauch macht. Es sind indessen bei Myopen zwei Arten von Nahkorrektur zu unterscheiden:

1. Die Nahkorrektur solcher Myoper, deren Myopie zu gering ist, um in der üblichen Leseentfernung von 25 bis 33,3 cm Entfernung deutlich zu sehen, also Myopien von -1 bis -2 dptr. Sie benötigen zur Nahkorrektur ein schwaches Sammelglas, dessen Verschiebung sich ähnlich auswirkt wie beim Nahglas eines Emmetropen, d. h. welches beim Verschieben vom Auge weg zu schwach wird. Für den Vergrößerungskoeffizienten erwächst aus dieser Verschiebung kein nennenswerter Vorteil.

2. Die Nahkorrektur hochgradig Myoper, deren Netzhautbildpunkt zu nahe ist, um eine angenehme Arbeitsentfernung in der deutlichen Sehweite zu haben. Solche Myope werden auch in die Nähe durch ein Zerstreuungsglas auskorrigiert, welches im Grunde ein „Fernglas", nur eben nicht für unendliche Ferne, ist, sich aber hinsichtlich Verschiebung genauso verhält, wie ein Fernbrillenglas eines Myopen, d. h. also zu schwach wird.

Als Übergang zwischen diesen beiden Formen ist schließlich die Entbehrlichkeit einer Nahkorrektur zu erwähnen, weil der „Fernpunkt" des Auges der gewünschten Naheinstellung entspricht.

c) Der Scheitelbrechwert des Nahbrillenglases

Nur bei Gläsern, die im Verhältnis zu ihrer Brennweite sehr dünn sind, kann der Unterschied zwischen Scheitelbrechwert und Hauptpunktsbrechwert vernachlässigt und die „Eigenvergrößerung" = 1 gesetzt werden. Das bedeutet, daß nur bei solchen Gläsern die vereinfachten Abbildungsformeln $A + D = B$ angewendet werden können, wenn man vom Fernbrillenglas auf das Nahbrillenglas übergeht, wobei man sich aber zu vergegenwärtigen hat, daß die Nähe nicht, wie üblich, vom Auge, sondern vom Brillenglas aus gemessen werden muß.

Für die übrigen Gläser hat man mit der allgemeinen Abbildungsformel

$$\frac{A}{\varkappa} + D = \varkappa B \quad \text{bzw.} \quad \frac{A}{\varkappa^2} + \frac{D}{\varkappa} = B$$

zu arbeiten, wobei $\varkappa = \frac{1}{N}$ der reziproke Wert der Eigenvergrößerung des Brillenglases ist. Bezeichnen wir ferner die (Fernpunkts-)Refraktion des Auges statt mit B mit R, den Scheitelbrechwert des Fernbrillenglases mit S_f und den Scheitelbrechwert des Nahbrillenglases mit S_n, und behalten für den Hauptpunktsbrechwert die Bezeichnung D bei, so ist für das Fernbrillenglas $A = 0$, also $S_f = N \cdot D_f = R$ (was auch aus der Definition der Refraktion folgt) und für das Nahbrillenglas

$$A N^2 + S_n = R$$

oder

$$S_n = R + (- A N^2) .$$

Statt $D = R + (- A)$ für das unendlich dünne Nahbrillenglas, d. h. also, bei positiven Refraktionen ist das an Stelle eines (unendlich dünnen) Probierbrillenglases mit einer von 1 kaum verschiedenen Eigenvergrößerung genommene durchgebogene Nahbrillenglas gleichen Scheitelbrechwertes, aber anderer Eigenvergrößerung zu schwach.

Berücksichtigt man die Eigenvergrößerung, so liefert das richtige Nahbrillenglas ebenso wie das Fernbrillenglas ein um den Faktor N größeres Bild eines in gleicher Entfernung befindlichen Gegenstandes wie das unendlich dünne Nahbrillenglas, denn die Formel für den Vergrößerungskoeffizienten $K = \dfrac{A}{\varkappa B}$ geht über in $K = \dfrac{N \cdot A}{R}$, wobei A und R konstant bleiben und N beim unendlich dünnen Glas $= 1$, beim durchgebogenen aber größer ist. Der Begriff „Eigenvergrößerung" erhält also auch für das Nahbrillenglas die gleiche Bedeutung wie für das Fernbrillenglas.

d) Das Brillenglas des akkommodierenden Auges

Wir hatten gesehen: Das Brillenglas vermittelt eine optische Abbildung eines in der Ferne oder in endlicher Nähe befindlichen Objektes in die Netzhautbildfläche. Diese Betrachtungsweise hat den großen Vorteil, daß sie die Lichtbrechung im Auge selbst unberücksichtigt lassen kann. Ferner hatten wir gezeigt, daß die sammelnde Linse, welche zwei Punkte reell ineinander abbildet, dann am schwächsten ist, wenn sie in der Mitte zwischen den beiden ineinander abzubildenden Punkten liegt.

Wenn wir bei einer quantitativen Betrachtung der Akkommodationsleistung auch grundsätzlich nicht mehr auf die Lichtbrechung im Auge selbst verzichten können, so wollen wir doch versuchen, die bisher gewonnenen Erkenntnisse auch für das akkommodierende Auge zu erweitern.

Wir können die Akkommodation auf zwei verschiedene Weisen deuten:

1. als Refraktionsänderung. Da das Auge bei der Akkommodation myop wird, tritt die Akkommodation hierbei als negative Größe in Erscheinung.

Man stellt dann den *Erfolg* der Akkommodation in den Mittelpunkt der Betrachtung. Das hat den Vorteil, daß man nur mit meßbaren Größen zu arbeiten hat. Es hat aber dafür den Nachteil, daß die Akkommodation dann nach unserer Definition der Refraktion keine unveränderliche Größe, sondern vom Orte der Messung abhängig ist.

2. als Zunahme der Brechkraft des Auges. Hier wird die Akkommodation also als positive Größe definiert.

Man stellt dann die Akkommodations*leistung* in den Mittelpunkt der Betrachtung. Diese ist zwar nicht mehr vom Orte der Messung abhängig, dafür sehen wir uns vor die Notwendigkeit gesetzt, mit Größen zu operieren, die im Einzelfall nicht mehr exakt meßbar sind. Wir wollen versuchen, aus diesem Dilemma einen Kompromiß zu finden. Zu diesem Zweck beziehen wir etwaige Refraktionsmessungen auf den Ort der (Eintritts-)Pupille des Auges.

Da es nun wenig Sinn hat, das ungebrochene Strahlenbündel noch über sein Projektionszentrum hinaus zu verfolgen, kann man sagen, daß die Refraktion an diesem Orte zugleich die größtmögliche ist. Das bildseitige Strahlenbündel, welches sich auf der Netzhaut vereinigt (die Vereinigung auf der Netzhaut ist im Begriff der Refraktion eingeschlossen), wird durch die Austrittspupille des Auges begrenzt, das ist das Bild, welches die Linse des Auges vom Irisloch entwirft. Diese Austrittspupille, welche zugleich das Bild der Eintrittspupille ist, liegt fast am gleichen Ort wie die Eintrittspupille und ist etwas kleiner als diese.

Die Refraktion des Auges in der Eintrittspupille, seine Brechkraft und die Vergenz des Strahlenbündels an der Austrittspupille, d. h. also zugleich (da dieses Bündel nicht weiter gebrochen wird), die auf Luft reduzierte Nähe der Netzhaut an der Austrittspupille, sind nun durch die allgemeine Abbildungsgleichung

$$\frac{A}{\varkappa} + D = \varkappa B$$

miteinander verknüpft, wobei A die Refraktion, d. h. die Vergenz des einfallenden Strahlenbündels am Orte der Eintrittspupille, D die Brechkraft und B die Vergenz des gebrochenen Strahlenbündels an der Austrittspupille darstellen. $\varkappa$ ist das Durchmesserverhältnis der Austrittspupille zur Eintrittspupille und ist etwas kleiner als 1, da das Hornhaut-Kammerwasser-System das Irisloch etwas mehr vergrößert als das Linsensystem.

Unter der Annahme, daß sich Ort und Größe der Austrittspupille beim Akkommodationsvorgang nicht nennenswert ändern[1], in unserer Gleichung $\varkappa$ und B also konstant bleiben, wären Refraktionsänderung und Brechkraftänderung durch die Differenz der beiden Gleichungen

$$A_{AK} + \varkappa D_{AK} = \varkappa^2 B$$
$$A_0 \;\;+ \varkappa D_0 \;\;= \varkappa^2 B$$
$$\overline{A_{AK} - A_0 \;\;+ \varkappa (D_{AK} - D_0) = 0}$$

bestimmt, wobei die Refraktionsänderung einen negativen Wert annimmt, denn das Auge wird beim Akkommodationsvorgang myop. (A_{AK} und D_{AK} = Refraktion und Brechkraft des akkommodierenden Auges, A_0 und D_0 = Fernpunktsrefraktion und Brechkraft.)

Da der Wert von $\varkappa$ beim brillenlosen Auge etwas kleiner als 1 ist, ist somit die Akkommodationsleistung *etwas* größer als der Akkommodationserfolg.

Das ändert sich grundlegend, sobald das akkommodierende Auge eine Brille trägt. Wendet man obige Gleichungen auf das brillentragende Auge an, so hat man sich zu vergegenwärtigen, daß A nicht die Refraktion des „natürlichen Auges" ist, sondern die des aus Brille und Auge zusammengesetzten Systems, gemessen an seiner Eintrittspupille, d. h. dem von der Brille entworfenen Pupillenbild. Handelt es sich um eine sammelnde Brille, so wird durch diese die Eintrittspupille stärker vergrößert, $\varkappa$ wird also dementsprechend kleiner als 1 sein, und es wird somit eine größere Akkommodationsleistung für den gleichen Akkommodationserfolg verlangt. Bei stärkeren Minusgläsern hingegen (etwa jenseits von 3 dptr) wird $\varkappa$ sogar größere Werte als 1 annehmen, dann ist die verlangte Akkommodationsleistung kleiner als der äußere Akkommodationserfolg.

Die obigen Darlegungen eignen sich vielleicht nicht zu quantitativen Berechnungen, zumindest sind quantitative Berechnungen auf dieser Grundlage noch nicht versucht worden, sie erlauben es aber, mit Hilfe des Koeffizienten $\varkappa$ auch einen Überblick über das Verhältnis Akkommodationsleistung : Akkommodationserfolg beim brillenlosen und brillentragenden Auge zu gewinnen.

Darüber hinaus lassen die Formeln erkennen, daß ein Auge, welches eine Fernrohrbrille trägt, für welches $\varkappa$ also noch größere Werte annimmt, für den gleichen äußeren Akkommodationserfolg noch größere Akkommodationsleistungen aufzubringen hat, daß ferner ein sammelndes Glas eine um so stärkere zusätzliche Akkommodationsleistung erfordert, je weiter entfernt vom Auge es getragen wird, vorausgesetzt, daß der Objektpunkt, auf den das Auge durch dieses Sammelglas eingestellt wird, unverändert bleibt.

Die Abhängigkeit des erforderlichen Akkommodationsaufwandes von der Vergrößerung, wie wir das für Brillengläser und Fernrohrsysteme gezeigt haben, läßt

---

[1] Hierbei ist natürlich nicht die Pupillenverengerung beim Akkommodationsvorgang zu verstehen, sondern lediglich eine Änderung des Vergrößerungskoeffizienten Eintrittspupille zu Austrittspupille, die durch die Pupillenweite nicht beeinflußt wird.

sich mit einer analogen Erscheinung aus dem Bereiche des binocularen Sehens vergleichen: Man kann bekanntlich das Tiefensehen dadurch vergrößern, daß man etwa durch ein Spiegelsystem die binoculare Parallaxe vergrößert. Das ist zum Beispiel bei den sog. Scherenfernrohren der Fall. Eine solche Vergrößerung der „Meßbasis", d. h. also der Abstand der beiden Projektionszentren bedingt nun eine proportionale Vergrößerung der Parallaxenwinkel, unter denen Objekte erscheinen, die nicht im unendlichen gelegen sind. Dementsprechend muß bei der Beobachtung durch ein solches Instrument von seiten des Beobachters eine größere Konvergenzleistung aufgebracht werden als bei freiäugiger Beobachtung. Nun entspricht aber die Parallaxenvergrößerung — Abstand der Fernrohrobjektive zum Augenabstand — der Eigenvergrößerung oder Fernrohrvergrößerung, welche durch das Verhältnis Eintrittspupille zu Austrittspupille ausgedrückt wird (vgl. S. 96). Der erhöhte Akkommodationsaufwand ist zweifellos ein Nachteil bei vergrößernden Systemen; er drückt aber eigentlich aus, daß die optische Vergrößerung sich nicht nur auf die Seiten sondern auch auf die Tiefendimensionen bezieht. Bei Beobachtung durch ein fixiertes Vergrößerungssystem wird ja auch beim Blickwechsel von einem Punkt auf den anderen eine größere seitliche Blickbeobachtung erforderlich, als wenn die entsprechenden Punkte mit freiem Auge nacheinander beobachtet werden.

Als weitere Frage im Zusammenhang mit der Akkommodation bleibt schließlich zu klären, wie sich etwaige Bildgrößen durch die Akkommodation ändern.

Hierbei ist grundsätzlich zu sagen, daß die Netzhaut-Bildgrößenbeziehungen zwischen nicht akkommodierendem und akkommodierendem Auge nur auf der Grundlage der Projektion erörtert werden können, da ja durch die Akkommodation die Bildfläche selbst geändert wird.

Noch einfacher ist es, man beschränkt sich auf die Berechnung bzw. Abschätzung des angulären Vergrößerungskoeffizienten im Projektionszentrum und macht sich auf diese Weise von der Fragestellung Projektion oder Abbildung frei. Die Änderung, die der lineare und anguläre Vergrößerungskoeffizient in Ein- und Austrittspupille bei der Akkommodation erfahren, ist so gering, daß man die Vergrößerungsänderung des Netzhautbildes durch die Akkommodation für die meisten Fragestellungen vernachlässigen kann. Anders, wenn die Leistung der Akkommodation durch ein Brillenglas ersetzt oder ergänzt wird: Diesen Fall haben wir bereits auf S. 172 eingehend erörtert.

Schließlich kann noch die Frage der absoluten Netzhautbildgröße von Interesse sein. Hierüber kann man im allgemeinen nur vermutungsweise Aussagen machen, weil wir ja gewöhnlich nicht wissen, ob ein Brechungsfehler durch ein Abweichen der Brechkraft oder der Länge oder durch beides von den Normalmaßen des Auges bedingt ist. Es leuchtet indessen ohne weiteres ein, daß ein Netzhautbild um so größer ist, je länger das Auge ist und umgekehrt. Diese Vergrößerung des Netzhautbildes beim Kurzsichtigen wird indessen durch die Brille teilweise wieder ausgeglichen. Es ist viel Mühe darauf verwendet worden, die Netzhautbilder verschiedener Augen „exakt" zu vergleichen. Eine solche Genauigkeit kann indessen nur vorgetäuscht werden, da zu viele Unbekannte in der Rechnung bleiben.

e) Mehrstärkengläser

Das jugendliche Auge ist bei richtiger Fernkorrektur in der Lage, sich „augenblicklich" auf jede gewünschte Entfernung optisch einzustellen. Die Einschränkung der Akkommodationsfähigkeit mit dem Herausrücken des Nahpunktes ist daher für den Menschen der zweiten Hälfte des fünften Dezenniums ein untrügliches und oft geradezu als peinlich empfundenes Zeichen des Alterns.

Vielleicht schwingt auch in der Hartnäckigkeit, mit der man kleinen Kindern den üblichen Leseabstand von 25 bis 30 cm beizubringen sucht, etwas Neid über den Verlust der Fähigkeit, tatsächlich „mit der Nase auf dem Buch" noch deutlich sehen zu können, mit.

Wir sind zwar in der Lage, den alternden Menschen, dem eine eigene Akkommodationsmöglichkeit nicht mehr in ausreichendem Maße zur Verfügung steht, mit Hilfe von Brillengläsern auf jede gewünschte Entfernung auszukorrigieren, aber eben mit einem Brillenglas nur für eine bestimmte Entfernung bzw. einen bestimmten Entfernungsbereich.

Da nun für viele Menschen das dauernde Wechseln der Brille bei Änderung der Beobachtungsentfernung eine kaum zumutbare Belastung darstellt, hat man Brillengläser konstruiert, die für zwei oder mehr Entfernungen zugleich das Auge auskorrigieren. Das Prinzip dieser Zwei- oder Mehrstärkengläser beruht darauf, daß das Blickfeld unterteilt wird, so daß ein Teil — meist der größte — des Blickfeldes für den Blick in die Ferne zur Verfügung steht, ein meist kleinerer Teil für den Blick in die Nähe. Im allgemeinen liegt der Nahteil in der unteren Hälfte des Blickfeldes. In jedem Falle wird aber die Möglichkeit, augenblicklich verschiedene Beobachtungsentfernungen zu wechseln, mit dem Verlust der Integrität des Blickfeldes erkauft; es kommt an den Grenzen der beiden Blickfelder zu Bildsprüngen, die möglichst klein zu halten die vornehmlichste Aufgabe der technischen Herstellung solcher Zweistärkengläser bedeutete. Darüber hinaus ist es kaum möglich, Nah- und Fernteil gleichzeitig punktuell abbildend zu gestalten. Von den technischen Schwierigkeiten kann man sich oft schon dadurch überzeugen, daß man versucht, den Nahteil einer Bifokalbrille im Scheitelbrechwertmesser auszumessen. Die Testfigur erscheint dabei oft unter solchen Aberrationserscheinungen, daß man kaum mehr weiß, was man auszumessen hat. Es soll hier nicht auf die verschiedenen Formen der Bifokalgläser eingegangen werden; ihre verschiedenen Vor- und Nachteile sind ausführlich bei HENKER und PISTOR beschrieben.

Es soll nur einiges Grundlegende über die Verordnung und Überprüfung solcher Zwei- und Mehrstärkengläser gesagt werden:

Für zahlreiche Berufe sind sie ein unentbehrliches Hilfsmittel; es handelt sich hierbei ganz allgemein um solche Berufe, deren Tätigkeit einen häufigen Wechsel zwischen Fern- und Nahblick mit sich bringt. Solchen Menschen sind Bifokalbrillen zu verordnen, und zwar nach Möglichkeit schon bei der ersten Lesebrille, weil bei geringeren Unterschieden zwischen Fern- und Nahteil die verschiedenen Fehler weniger störend ins Gewicht fallen und der Träger Gelegenheit hat, sich rechtzeitig an das Tragen einer Bifokalbrille zu gewöhnen. Daneben gibt es aber viele Berufe, bei denen eine lang dauernde Naharbeit von ebenfalls lang anhaltendem Blick in die Ferne gefolgt ist. Man muß sich in solchen Fällen sehr überlegen, ob dem Betreffenden mit zwei Brillen für verschiedene Entfernungen nicht mehr gedient ist als mit einer Bifokalbrille. Gerade bei längerem Lesen bietet das volle Blickfeld einer Nahbrille manche Vorteile gegenüber dem relativ kleinen Nahteil einer Bifokalbrille.

Ein häufiger *Fehler bei der Anpassung von Bifokalbrillen* besteht darin, daß der *Nahteil zu tief* sitzt — die obere Grenze liegt oft unter dem Hornhautrand des geradeaus blickenden Auges und sollte nur wenig unter der Pupillenmitte liegen. Die Benützung des Nahteils ist in solchen Fällen nur mit einer extremen Blickwendung nach unten möglich, wodurch an sich schon auf die Dauer eine muskuläre Ermüdung bedingt wird. Darüberhinaus wird die Abbildung bei derartig schrägen Strahlendurchgängen erheblich verschlechtert, womit ein weiterer Ermüdungsfaktor hinzukommt.

Grundsätzlich muß bei der Form des Bifokalglases auch die berufliche Tätigkeit berücksichtigt werden: Ein Automechaniker, der gewohnt bzw. gezwungen ist, bei vielen seiner Naharbeiten extrem nach oben zu blicken (so z. B. wenn er unter dem Wagen steht), wird mit einem Nahteil, der sich in der unteren Hälfte seines Blickfeldes findet, nur wenig anzufangen wissen. Man setzt ihm also den Nahteil am besten in die obere Hälfte des Blickfeldes.

Operativ tätige Ärzte benötigen oft ein möglichst ausgedehntes Blickfeld für die Nähe und können sich mit einem kleinen Fernteil begnügen. Hier sind also Bifokalbrillen zweckmäßig, bei denen nur ein kleiner Fernteil aus dem den größten Teil des Blickfeldes umfassenden Nahteil herausgeschliffen ist. Der kleine Fernteil liegt zweckmäßigerweise im oberen Drittel des Blickfeldes.

Das große Angebot an Zweistärkengläser ermöglicht es leicht, für jeden Zweck die geeignete Form herauszufinden. Dies ist zwar nicht unbedingt Aufgabe des Augenarztes, aber er kann zumindest seinen Patienten auf diese Möglichkeiten hinweisen.

Bei fortgeschrittenen Presbyopien — also solchen mit einem Nahzusatz von 2 bis 3 dptr — macht sich oft das Fehlen eines mittleren Schärfebereichs um 1 m herum störend bemerkbar. Um auch für diesen Bereich eine brauchbare Sehschärfe zu erzielen, hat man Dreistärkengläser konstruiert, welche in Amerika schon länger im Gebrauch sind, sich bei uns aber erst langsam durchzusetzen beginnen. Im allgemeinen nimmt der Teil für die mittlere Entfernung den kleinsten Teil des Blickfeldes ein. Die Technik der Fertigung derartiger Dreistärkengläser bringt es mit sich, daß die Stärke des Mittelteils nicht frei gewählt werden kann, sondern stets das arithmetische Mittel der Brechkräfte des Fernteils und des Nahteils erhält.

In Amerika werden bereits Vierstärkengläser entwickelt. Weitere Planungen befassen sich mit den sog. Panfokalgläsern, das sind Gläser, welche einen kontinuierlichen Übergang der Brechkräfte ineinander ermöglichen sollen. Wieweit die unvermeidlichen Abbildungsfehler bei solchen Gläsern auf erträgliche Grenzen herabgedrückt werden können, wird die Zukunft zeigen.

5. Astigmatische Brillengläser

Wir haben bisher den Astigmatismus als eine allgemeine Eigenschaft gebrochener, ursprünglich homozentrischer Strahlenbündel kennengelernt und haben ferner gesehen, daß es in optischen Systemen auch nach der Brechung ausgewählte Strahlen(-bündel) geben kann, bei denen der Astigmatismus aufgehoben ist.

a) Die Erzeugung astigmatischer Strahlenbündel mit zwei Symmetrieebenen durch zylindrische Gläser

Wir haben uns nun noch mit einer bestimmten Form des Astigmatismus näher zu befassen, weil er für den Augenarzt von besonderem Interesse ist. Dieses Interesse rührt nicht etwa daher, daß das im Auge gebrochene Strahlenbündel einen Astigmatismus dieser Art hat, denn die subjektive Stigmatoskopie hat uns gezeigt, daß der Aufbau des im Auge gebrochenen Strahlenbündels wesentlich komplizierter ist, sondern daß es praktisch die einzige Form des Astigmatismus ist, die durch Brillengläser *systematisch* erzeugt und damit auch beseitigt werden kann. Bei der Brechung an Kugelflächen fanden wir, daß senkrecht auffallende Strahlen(-bündel) auch nach der Brechung von Astigmatismus frei waren, während schief auffallende Strahlenbündel wegen der unterschiedlichen Brechkraft einer Kugelfläche in der meridionalen und tangentialen Ebene eines Strahlenbündels astigmatisch werden; und zwar kann ein solches astigmatisches Strahlenbündel eine oder keine Symmetrieebene besitzen, wie wir bereits auf S. 55 ff. gezeigt haben.

Die uns im folgenden interessierenden astigmatischen Strahlenbündel zeichnen sich gegenüber jenen dadurch aus, daß sie zwei Symmetrieebenen besitzen. Sie entstehen auch bei senkrechtem Einfall des ungebrochenen Strahlenbündels

auf die brechende Fläche, sofern die brechende Fläche selbst am Incidenzpunkt
von einer Kugelfläche abweicht; wir haben bereits am Beispiel der Wellenflächen
eines gebrochenen Strahlenbündels gezeigt, wie eine solche von der Kugelform
abweichende Fläche beschaffen ist und können diese Erkenntnisse ohne weiteres
auch auf die Formenmöglichkeiten einer brechenden Fläche anwenden. Von den
unendlich vielen Kurven, die durch jeden Punkt einer solchen Fläche gelegt werden können, interessieren uns auch hier wieder lediglich die beiden Hauptnormal-
schnitte, d. h. die Normalschnitte mit der größten und kleinsten Krümmung, die
aus der brechenden Fläche herausgeschnitten werden, wenn eine Ebene um das
Flächenlot rotiert wird.

Die einzige Fläche, bei der *in jedem Punkt* die beiden Hauptkrümmungsradien
und damit auch die beiden Hauptkrümmungen gleich und unter sich verschieden
sind, ist der Kreiszylindermantel. Auf ihm ist nämlich der eine Hauptkrümmungsradius gleich dem Krümmungsradius des Grundkreises, während der andere
Hauptkrümmungsradius unendlich groß, d. h. die andere Hauptkrümmung
$= 0$ ist.

Ein homozentrisches Strahlenbündel, welches senkrecht auf einer Zylinder-
mantelfläche auftrifft und dort gebrochen wird, wird so abgelenkt, daß sich die
Vergenzen der Strahlenbüschel, welche in der Ebene der Zylinderachse oder einer
zu dieser parallelen Ebene verlaufen, nicht anders ändern als bei der Brechung an
einer Ebene, während die Strahlenbüschel, welche in einer zur Zylinderachse
senkrechten Ebene verlaufen, ihre Vergenz nach den Grundsätzen des allgemeinen
Abbildungsgesetzes ändern, wenn man nämlich als zugehörigen Hauptkrümmungsradius den Radius des Zylindergrundkreises einsetzt.

Die erste kaustische Fläche läuft hierbei nicht in eine Spitze, sondern in eine
mit der Zylinderachse in einer Ebene liegende Schneide aus, die, sofern es sich vor
der Brechung nicht um ein Parallelstrahlenbündel, sondern um ein divergentes
Strahlenbündel mit großem Öffnungswinkel gehandelt hat, leicht gebogen mit
der Konkavität zur brechenden Fläche verläuft. Beschränkt man sich dagegen
auf kleine Öffnungswinkel und senkrechte Incidenz (also das, was bei sphärischen
Flächen dem Gaußschen Raum entspricht), so ist diese „Schneide" der Zylinderachse parallel. Man bezeichnet sie auch als Bildlinie bei zylindrischen Gläsern,
sofern es sich um die „Abbildung" eines im Endlichen gelegenen Dingpunktes
handelt, und im besonderen Fall als „Brennlinie", wenn das zugehörige Objekt
im Unendlichen liegt.

Die zweite kaustische Fläche ist stets virtuell und bildet ebenfalls eine Bildlinie, die man sehen kann, wenn man eine punktförmige Lichtquelle durch eine
Zylinderfläche betrachtet: Sie liegt hinter der Zylinderfläche und verläuft senkrecht zur Richtung der Zylinderachse (kreuzt diese aber nicht, sondern geht windschief dazu). Sie geht dabei durch den Punkt, der auch der Bildpunkt wäre, wenn
die gleiche Lichtquelle statt durch eine Zylinderfläche durch eine Ebene abgebildet
würde. Bei einem im Unendlichen gelegenen Objekt wird sie zur Brennlinie und
liegt ebenfalls im Unendlichen.

*Zusammenfassend kann gesagt werden: Die eigentliche Brennlinie einer Zylin-
derfläche verläuft parallel zur Achse des Zylinders.*

*Die Brechkraft der Zylinderfläche, die diese Brennlinie erzeugt, ist in einer senk-
recht zur Zylinderachse befindlichen Ebene wirksam. Sie errechnet sich aus dem
Zylinderradius nach den allgemeinen Abbildungsgleichungen.*

*Die Brechkraft einer Zylinderfläche in einer Ebene, die die Achse enthält oder
ihr parallel ist, errechnet sich ebenfalls aus den allgemeinen Abbildungsgleichungen
und ist 0.*

Die „Brennlinie", die durch die Abbildung in dieser Richtung erzeugt wird, verläuft senkrecht zur Zylinderachse und ist im allgemeinen virtuell. Beide Brennlinien stehen also senkrecht zu den ihnen zugehörigen wirksamen Richtungen der brechenden Fläche.

Man unterscheidet also *wirksame Richtung* und *Achsenrichtung* eines Zylinders. Die Achsenrichtung wird durch die Richtung der ihr zugehörigen Brennlinie dargestellt (Abb. 45, 125—127).

Da wir uns ohnehin schon auf „senkrecht auffallende Strahlenbündel" beschränkt haben, wollen wir nun von der Betrachtung der Brechung an einer Zylinderfläche übergehen auf „Zylindergläser", wie sie in Brillenkästen üblich sind. Ein solches Zylinderglas besitzt als zweite brechende Fläche eine Ebene. Das Glas ist nach seiner Stärke in Dioptrien bezeichnet, außerdem ist durch Striche an der Fassung oder am Rande des Glases die *Richtung* der Zylinderachse gekennzeichnet (die Zylinderachse selbst liegt ja außerhalb des Glases). Auch bei einem Zylinderglas bezeichnen wir den in der Mitte der Blende bzw. Glasfassung senkrecht auftreffenden Strahl als optische Achse, obwohl es sich hierbei nicht um ein rotationssymmetrisches System handelt. Wir haben also beim Zylinderglas zu unterscheiden zwischen optischer Achse und Zylinderachse, die aufeinander senkrecht stehen. Ein solches Zylinderglas erzeugt von einer „punktförmigen" Lichtquelle bei senkrechter Einfallsrichtung eine der Zylinderachse parallele Bildlinie, die das Stück der „Schneide" einer kaustischen Fläche darstellt.

Liegt das Objekt im Unendlichen, so wird die Bildlinie zur Brennlinie. Die zweite Bildlinie ist virtuell und läuft in der wirksamen Richtung durch den Objektpunkt.

Indessen werden derartige von einer Zylinderfläche begrenzte Gläser fast nur in Probierbrillenkästen gebraucht. Sie stellen, da die Brechkraft in ihrem einen Hauptschnitt = 0 ist, einen Spezialfall astigmatischer Gläser überhaupt dar. Im allgemeinen hat man es mit astigmatischen Gläsern oder Gläserkombinationen zu tun. Solche Gläser sind im Gegensatz zu den sphärischen Gläsern auf einer Seite nicht von einer Kugelfläche begrenzt, sondern im allgemeinen von einer sog. torischen Fläche.

Eine solche torische Fläche entsteht auf folgende Weise:

Hat man eine Schablone von der Form eines Kreises und läßt diese um eine Achse rotieren, die zugleich Kreisdurchmesser ist, also in der Ebene des Kreises liegt und durch seinen Mittelpunkt geht, so beschreibt diese Schablone eine Kugelfläche. Auf diese Weise läßt sich z. B. auf einer Töpferscheibe eine Kugelfläche formen.

Hat man eine Schablone ebenfalls von der Form eines Kreises und läßt sie um eine Achse rotieren, die ebenfalls in der *Ebene* dieses Kreises liegt, aber *nicht* durch seinen Mittelpunkt geht, so erhält man eine *torische Fläche* (Abb. 122). Man unterscheidet tonnenförmige und wurstförmige torische Flächen.

Liegt die *Rotationsachse zwischen Kreismittelpunkt und rotierendem Kreisbogen*, so spricht man von *tonnenförmiger torischer Fläche*. Liegt umgekehrt der *Kreismittelpunkt zwischen Rotationsachse und rotierendem Kreisbogen*, so spricht man von *wulst- oder wurstförmiger torischer Fläche* (Abb. 123 u. 124).

Die Unterscheidung derartiger Flächen hat aber mehr technische Bedeutung für ihre Herstellung. Auf einer solchen torischen Fläche interessieren uns zunächst die auf der Äquatorlinie liegenden Punkte: Der Mittelpunkt der „Kreisschablone" beschreibt bei der Rotation einen Kreis. die Ebene dieses Kreises steht auf der Rotationsachse senkrecht und schneidet aus der torischen Fläche die Äquatorlinie aus. Die beiden Hauptschnittebenen eines in der Äquatorlinie gelegenen Punktes sind 1. die Äquatorialebene und 2. die Ebene der rotierenden Schablone: die Hauptkrümmungsradien sind in der Äquatorialebene der Äquatorradius

(d. h. Abstand der Rotationsachse vom Äquator) und in der „Schablonenebene‘‘ der Radius des rotierenden Kreisbogens. Jeder der Äquatorpunkte ist als Scheitelpunkt für die optische Achse geeignet, wenn eine solche torische Fläche dazu verwendet wird, einem Glas eine „astigmatisch brechende‘‘ Oberfläche zu verleihen,

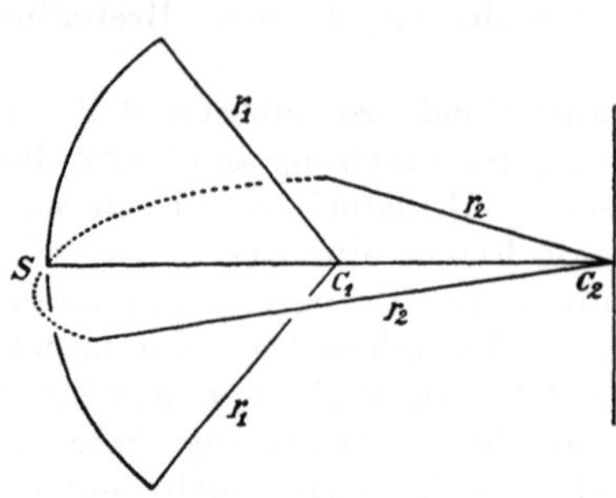

Abb. 122. Zur Entstehung torischer Flächen. Eine Kreisbogenschablone vom Radius r_1 rotiert mit einem Umdrehungsradius r_2 um die senkrechte Achse bei C_2 (nach v. ROHR und BOEGEHOLD)

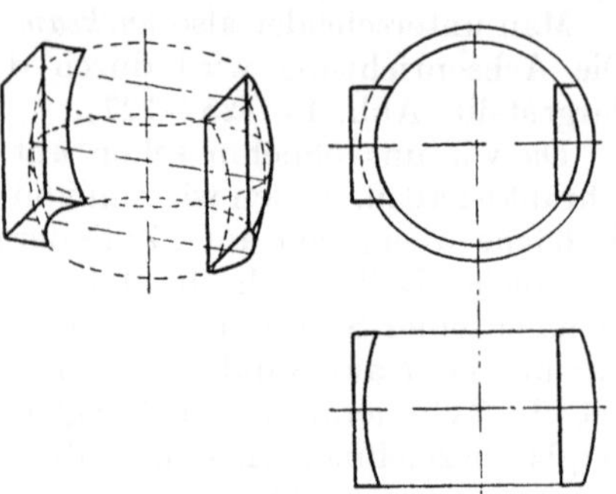

Abb. 123. Schleifmodus tonnenförmig-torischer Flächen (Radius der „Schablone‘‘ größer als der Rotationsradius) (nach v. ROHR und BOEGEHOLD)

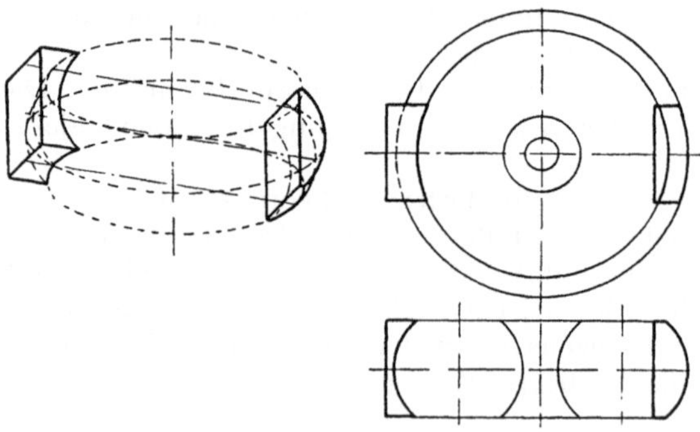

Abb. 124. Schleifmodus wulstförmiger, torischer Flächen (Radien entsprechend Abb. 122 (nach v. ROHR und BOEGEHOLD)[1]

wobei unter „astigmatisch brechend‘‘ verstanden wird, daß ein senkrecht auffallendes, ursprünglich homozentrisches oder paralleles Strahlenbündel nach der Brechung astigmatisch wird. Die Brechkraft einer solchen torischen Fläche wird durch die Brechkräfte in den beiden Hauptschnittebenen bezeichnet, welche sich aus den betreffenden Hauptkrümmungsradien nach den bekannten Formeln errechnen lassen. Zur Charakterisierung einer solchen Fläche ist also außer der Angabe der Brechkräfte in den beiden Hauptschnittrichtungen auch eine Angabe über die Lage der beiden Hauptschnittrichtungen notwendig.

Eine Linse hat stets zwei brechende Flächen. Beim durchgebogenen Brillenglas wird die zweite brechende Fläche im allgemeinen sphärisch geschliffen, d. h. die astigmatische Wirkung wird auf eine brechende Fläche beschränkt. Die Brechkraft eines solchen Glases errechnet sich dann für jede einzelne Hauptschnittebene, welche durch die torische Fläche bestimmt wird, und man hat sich bei solcher Berechnung wie bei den sphärischen Gläsern zu fragen, ob die Mittendicke vernachlässigt werden kann oder nicht.

Wie sphärische Gläser kann man solche astigmatischen Gläser nach Hauptpunktsbrechwert oder nach hinterem Scheitelbrechwert ordnen. In letzterem Fall wird nicht nur die Brechkraft, sondern auch die Eigenvergrößerung eines astigmatischen Brillenglases in beiden Hauptschnitten verschieden, sofern die vordere Glasfläche die torische ist — im allgemeinen wird allerdings die hintere, also konkave Fläche torisch und die vordere, konvexe, sphärisch geschliffen.

---

[1] ROHR, M. v., und H. BOEGEHOLD: Das Brillenglas als optisches Instrument. Berlin: Springer 1934.

Man bezeichnet indessen die Stärke eines solchen Glases nicht nach den einzelnen Hauptschnittbrechkräften, sondern stellt es so dar, als ob seine Wirkung aus einem sphärischen und einem zylindrischen Glas bzw. aus einer sphärischen und einer zylindrischen Fläche zusammengesetzt sei: Ein Glas, welches in senkrechter Richtung + 5,0 und in waagerechter Richtung + 7,0 dptr bricht, wird also bezeichnet mit + 5,0 dptr sphärisch kombiniert + 2,0 dptr zylindrisch Achse 90° oder mit + 7,0 dptr sphärisch kombiniert − 2,0 dptr zylindrisch Achse 0°.

Zylinderachse und wirksame Richtung stehen ja senkrecht aufeinander. Beide Schreibweisen sind vollkommen gleichberechtigt. Im allgemeinen wird die erste bevorzugt, weil man gerne nach Möglichkeit für „sphärischen Anteil" und „zylindrischen Anteil" gleiche Vorzeichen wählt; dies ist indessen nicht immer möglich und in keinem Falle nötig.

Will man sich über irgendeine Frage der Wirkung astigmatischer Gläserkombinationen Klarheit verschaffen, so sei dringend empfohlen, von dieser Schreibweise mit sphärischem und zylindrischem Anteil abzugehen und einfach mit beiden Hauptschnittsbrechkräften getrennt zu rechnen. Insbesondere alle Fragen der Verschiebungswirkung von Brillengläsern, der Berechnung von Vergrößerungskoeffizienten und der Lage der Brennlinien lassen sich praktisch nur durch getrennte Berechnung in den einzelnen Hauptschnitten beantworten. Sie lassen sich dann mit den gleichen Mitteln lösen, die wir bei sphärischen Gläsern erörtert haben.

Die Tatsache, daß man jeden Astigmatismus grundsätzlich in zweierlei Formen schreiben kann, wirft die Frage auf, welche Bedeutung bei einem Astigmatismus überhaupt das Vorzeichen besitzt. Als Astigmatismus ist ja die Differenz zwischen den Brechkräften in beiden Hauptschnittebenen definiert — welche von welcher Brechkraft dabei zu subtrahieren ist. ist aber nicht gesagt. So hat das Vorzeichen des Astigmatismus nur einen Sinn im Zusammenhang mit einer Aussage über die Achsenlage, im übrigen ist ein Astigmatismus nur durch seinen absoluten Wert charakterisiert.

Da wir gezeigt haben, daß für die Schreibweise in sphäro-zylindrischen Kombinationen grundsätzlich in jedem Falle zwei gleichberechtigte Möglichkeiten bestehen, wollen wir dies jetzt auch für die „einfachen" Zylindergläser nachholen. Die vollständige Schreibweise für ein zylindrisches Glas von 2,5 dptr Brechkraft und horizontaler Achsenlage (also wirksamer Richtung in der Vertikalen) wäre dann entweder 0 dptr sphärisch kombiniert mit + 2,5 dptr zylindrisch Achse 0° oder + 2,5 dptr sphärisch kombiniert mit − 2,5 dptr zylindrisch Achse 90°.

Dies sind die korrekten Schreibweisen für „einfache" Zylindergläser, welche klar erkennen lassen, daß ein grundsätzlicher Unterschied zwischen „einfachen Zylindergläsern" und „sphärozylindrischen Kombinationen" nicht besteht.

Übrigens werden bei durchgebogenen Brillengläsern die „einfachen Zylindergläser" in dieser Form hergestellt, indem eine torische und eine sphärische Fläche so kombiniert werden, daß die Brechkraft in einem Hauptschnitt 0 wird.

Wenn wir auch grundsätzlich für jedes astigmatische Glas zwei völlig gleichberechtigte Schreibweisen besitzen. so können wir doch eine Vereinbarung über die beiden Hauptschnitte treffen, die sich in das Ordnungsgefüge sphärischer Gläser einpaßt:

Wir können in jedem astigmatischen Glas einen stärker sammelnden (= schwächer zerstreuenden) und einen schwächer sammelnden (= stärker zerstreuenden) Hauptschnitt voneinander unterscheiden. Diese Unterscheidung ist deshalb so wichtig, weil sie es erlaubt, die Hauptschnittrichtungen astigmatischer Gläser unabhängig davon zu vergleichen, ob es sich mehr um sammelnde, um zerstreuende oder gemischte astigmatische Gläser handelt.

Dies sei am Beispiel der einfachen Zylindergläser erläutert: Bei einem sammelnden Zylinderglas (Konvexzylinder) ist die Brechkraft in der Zylinderachse 0, in der hierauf senkrechten Hauptschnittrichtung größer als 0, der auf der Zylinderachse senkrecht stehende ist also der stärker sammelnde Hauptschnitt. Anders beim zerstreuenden Zylinderglas (Konkavzylinder); auch hier ist die Brechkraft im Hauptschnitt der Zylinderachse = 0, in dem hierauf senkrechten Hauptschnitt aber kleiner als 0, hier ist also die Zylinderachse der stärker sammelnde Hauptschnitt.

Diese Ordnung ist für alle Fragen der Kombination mehrerer astigmatischer Gläser und insbesondere für die hierbei stattfindende Bildverzerrung von großer Wichtigkeit.

b) Die Kombination astigmatischer Gläser

Die Brechkräfte sphärischer Gläser, deren Abstände und Dicken vernachlässigt werden können, d. h. im Verhältnis zu den Brennweiten sehr kurz sind, lassen sich in einfacher Weise addieren. Das ist der ursprüngliche Sinn der Dioptrienrechnung.

In gleicher Weise lassen sich auch mehrere astigmatische Gläser oder astigmatische und sphärische Gläser miteinander vereinigen, wobei als Kombination in der Regel eine astigmatische, in besonders gelagerten Fällen sogar eine sphärische Brechkraft entsteht, niemals jedoch, und das sei hier ausdrücklich nochmals betont, ein *Astigmatismus mit Hauptschnitten, die nicht aufeinander senkrecht stehen.* So etwas *gibt es nicht* und steht im Widerspruch zu allen mathematischen Grundsätzen. Lediglich auf Grund der Unvollkommenheiten unserer Meßmethoden kann so etwas bei der Ophthalmometrie gelegentlich vorgetäuscht werden.

Am einfachsten liegen die Dinge, wenn die Hauptschnitte in den verschiedenen Gläsern in gleicher und zueinander senkrechter Richtung liegen. Man hat dann die beiden Hauptschnitte eines Glases als voneinander unabhängige Größen zu betrachten und lediglich die Brechkräfte der in *einer* Richtung verlaufenden Hauptschnitte aller Einzelgläser zu addieren, die Summe ergibt die Brechkraft der Kombination im Hauptschnitt gleicher Richtung. Die gleiche Rechnung wird für die hierauf senkrechten Hauptschnitte der einzelnen Gläser durchgeführt. Bei der Kombination mit einem sphärischen Glase ist zu berücksichtigen, daß in einem solchen Glas nicht eigentlich von Hauptschnitten gesprochen werden kann, da bei ihm die Brechkraft in allen Richtungen gleich ist. Man hat somit zu jeder Hauptschnittsbrechkraft des astigmatischen Glases die Brechkraft des sphärischen Glases hinzuzuzählen.

Dieses Verfahren gilt in gleicher Weise auch für die zylindrischen Gläser, bei denen die Brechkraft im einen Hauptschnitt (der Achse) stets 0 ist. Addiert man also mehrere zylindrische Gläser gleicher Achsenlage, so ist die Kombination einem zylindrischen Glase gleich, weil sich die Hauptschnittbrechkräfte der Achsen wieder zu 0 addieren. Addiert man aber zwei Zylindergläser gleicher Stärke mit zueinander senkrechten Achsen, so ist diese Kombination von einem sphärischen Glase mit der gleichen Brechkraft (d. h. eines Zylinderglases) nicht zu unterscheiden. Man kann dies sowohl im Scheitelbrechwertmesser als auch mit den üblichen Verschiebeproben kontrollieren.

Die Tatsache, daß man zwei zylindrische Gläser gleicher Stärke zu einer gleichgroßen sphärischen Brechkraft vereinigen kann, lenkt unsere Aufmerksamkeit noch auf eine weitere Eigenschaft solcher Gläser: Ein zylindrisches Glas ist gleichwertig einem sphärischen Glas *halber Brechkraft.* Man bezeichnet diese Brechkraft auch als das *sphärische Äquivalent* des Zylinderglases.

Dieser Begriff kann auch auf astigmatische Gläser im allgemeinen ausgedehnt werden: Das *sphärische Äquivalent eines astigmatischen Glases ist dann gleich dem arithmetischen Mittel oder der halben Summe der Brechkräfte in den beiden Hauptschnitten.* Eine einfache Rechnung zeigt uns, daß für die Addition zylindrischer Gläser mit gleichgerichteten Hauptschnitten das sphärische Äquivalent der Gesamtbrechkraft gleich der Summe der sphärischen Äquivalente der einzelnen Gläser ist. Die Gültigkeit dieses Satzes ist aber nicht auf die Kombination astigmatischer Gläser mit gleichgerichteten Hauptschnittrichtungen beschränkt: Er gilt grundsätzlich auch für Kombinationen astigmatischer Gläser unter jedem beliebigen Hauptschnittwinkel.

Die Kenntnis des sphärischen Äquivalentes erlaubt es uns, die Ordnung astigmatischer Brechkräfte noch nach einem anderen Gesichtspunkte vorzunehmen: Wir haben schon gesehen, daß eine astigmatische Brechkraft durch zwei unabhängige Größen definiert ist. Bisher haben wir die beiden Hauptschnittbrechkräfte als diese unabhängigen Größen bestimmt. Wir können aber auch als eine unabhängige Größe das sphärische Äquivalent wählen, dann ist der Astigmatismus die andere unabhängige Größe. Diese Ordnung hat den großen Vorteil, daß damit alle astigmatischen Gläser mit gleichem Astigmatismus übersichtlich zusammengefaßt sind, was bei der Ordnung nach den beiden Hauptschnittbrechkräften nicht möglich ist. So erkennt man z. B., daß sich ein zylindrisches Glas von + 2,0 dptr und ein solches von − 2,0 dptr nur durch ihr sphärisches Äquivalent unterscheiden, welches im einen Falle + 1,0, im anderen Falle − 1,0 ist, der Astigmatismus hingegen beträgt für beide Gläser 2 dptr (ein Vorzeichen für den Astigmatismus ist entbehrlich, man hat lediglich die Richtung des stärker oder schwächer brechenden Hauptschnittes zu berücksichtigen).

Unter Berücksichtigung der beiden unabhängigen Größen sphärisches Äquivalent und Astigmatismus kann man die Regeln für die Kombination astigmatischer Brechkräfte dahingehend erweitern, daß man sagt: *1. das sphärische Äquivalent der Kombination ist gleich der Summe der sphärischen Äquivalente der einzelnen Komponenten, 2. stehen die Richtungen der stärker sammelnden Hauptschnitte aufeinander senkrecht, so ist der Astigmatismus der Kombination gleich der Differenz der Astigmatismen der einzelnen Komponenten, stehen die stärker sammelnden Hauptschnitte der einzelnen Brechkräfte in gleicher Richtung, so ist der Astigmatismus gleich der Summe der einzelnen Astigmatismen.*

Von hier aus ist es nur noch ein kleiner Schritt zum Verständnis der Kombination astigmatischer Gläser unter beliebigem Winkel: Das sphärische Äquivalent der Kombination ist als Summe der sphärischen Äquivalente der einzelnen Komponenten bereits definiert. Der stärker sammelnde Hauptschnitt der Kombination liegt im spitzen Winkel zwischen den stärker sammelnden Hauptschnitten der Komponenten (man kann die Berechnung also nur für die Kombination zweier Brechkräfte ausführen und eine etwaige dritte dann erst wieder mit der errechneten Summe kombinieren), und zwar als Winkelhalbierende, wenn der Astigmatismus der beiden Komponenten gleich groß ist, sonst näher am Hauptschnitt des stärkeren Astigmatismus. Es leuchtet ferner ohne weiteres ein, daß der Astigmatismus der Kombination um so größer ist, je spitzer der Winkel ist, den die beiden stärker sammelnden Hauptschnitte miteinander einschließen, und um so kleiner, je mehr sich dieser Winkel einem rechten nähert. Man kann auch diese Regel sehr schön im Scheitelbrechwertmesser oder mit den Verschiebeproben nachprüfen.

Man kann solche Kombinationen auch trigonometrisch berechnen oder geometrisch darstellen; im letzteren Falle hat man den Winkel, den die beiden stärker sammelnden Hauptschnitte einschließen, zu verdoppeln, auf den Schenkeln dieses neuen Winkels die Stärke der

Astigmatismen als Strecken abzutragen und über diesen Strecken ein Parallelogramm der Kräfte zu konstruieren. Die Länge der Diagonale dieses Kräfteparallelogramms entspricht dann der Stärke des Astigmatismus der Kombination. Wollen wir die Richtung des stärker sammelnden Hauptschnittes der Kombination erhalten, so müssen wir den Winkel zwischen der Diagonale und dem Schenkel, der bei der Verdoppelung seinen Platz behalten hat, wieder halbieren. (Die Verdoppelung und nachmalige Halbierung läßt sich in folgender Weise einfach erklären: Beim Parallelogramm der Kräfte führt eine Drehung um 360° in die Ausgangsstellung zurück, eine Drehung um 180° dagegen in die entgegengesetzte Richtung; ein astigmatisches Glas hingegen wird durch eine Drehung um 180° in die Ausgangsstellung zurückgeführt und bereits durch eine Drehung um 90° in die entgegengesetzte Richtung, weil dann nämlich der schwächer sammelnde an die Stelle des stärker sammelnden Hauptschnittes tritt.)

Indessen genügt es für die meisten Fragestellungen, die qualitativen Beziehungen für schiefwinklige Zylinderkreuzungen zu kennen.

Das sphärische Äquivalent eines astigmatischen Glases hat aber auch eine anschauliche geometrisch-optische Bedeutung. Bei einem astigmatischen Glase, welches in beiden Hauptschnittrichtungen sammelnd ist, kann man die beiden Bild- bzw. Brennlinien mit Hilfe einer punktförmigen Lichtquelle sichtbar machen. Die Lage dieser beiden Bildlinien (bei Parallelstrahlenbündel Brennlinien) ist durch die Hauptschnittbrechkräfte und die allgemeinen Abbildungsgesetze bestimmt. Man bezeichnet nun den *Abschnitt des Strahlenbündels*, welcher *zwischen den beiden Brennlinien* gelegen ist, als das *Sturmsche Konoid*. Das Sturmsche Konoid charakterisiert aber nur die Form eines Strahlenbündels von kleinem Öffnungswinkel, welches an einer astigmatisch brechenden Fläche bei senkrechtem und axialem Einfall erzeugt wird, nicht hingegen die Form eines im Auge gebrochenen Strahlenbündels.

Bewegt man eine Mattscheibe oder Papierfläche innerhalb des Sturmschen Konoides, so erweitert sich der Strahlenbündelquerschnitt von der Brennlinie zunächst zu einer Ellipse, deren große Achse in der Brennlinie liegt, bei weiterer Verschiebung wird der Unterschied zwischen den beiden Hauptachsendurchmessern immer kleiner, bis schließlich der Querschnitt des Strahlenbündels kreisrund wird: Man bezeichnet diesen Kreis auch als den *Kreis kleinster Verwirrungen*. Seine Lage *entspricht* genau *der Brechkraft des sphärischen Äquivalentes*. Bei weiterer Verschiebung erhält man wieder eine Ellipse, doch liegt deren größere Achse in der Richtung, in der vorher die kleinere gelegen hat. Der Unterschied zwischen den beiden Achsen wird immer größer, die Ellipse also immer länglicher, bis schließlich in der zweiten Brennlinie die Ellipse zu einem Strich entartet.

c) Die gekreuzten Zylinder JACKSONS und die Stokessche Linse mit konstanter Achse

Da dem sphärischen Äquivalent bei der Kombination astigmatischer Gläser eine große grundsätzliche Bedeutung zukommt, ist es für viele Aufgaben der Refraktionsbestimmung zweckmäßig, solche astigmatischen Gläser zur Verfügung zu haben, deren sphärisches Äquivalent = 0 ist. Man bezeichnet sie als *gekreuzte Zylinder*. Sie entstehen dadurch, daß zwei Zylindergläser von entgegengesetztem Vorzeichen, aber gleichem Absolutbetrag der Brechkraft mit senkrechten Achsen gekreuzt werden bzw. daß ein Glas zu beiden Seiten mit brechenden Flächen dieser Eigenschaft begrenzt wird.

Den Verwendungszweck dieser gekreuzten Zylinder, oft einfach als „Kreuzzylinder" bezeichnet, wollen wir bei der subjektiven Refraktionsbestimmung astigmatischer Refraktionszustände eingehend besprechen. Hier sollen zunächst die Eigenschaften derartiger Gläser und die Art ihrer Fertigung kurz besprochen werden. Sie kommen gewöhnlich in den Stärken $\pm 0,125$, $\pm 0,25$, $\pm 0,5$ und $\pm 1,0$ dptr in den Handel. Die Stärkebezeichnung $\pm 0,25$ dptr bedeutet also, daß eine Zylinderfläche von $+ 0,25$ dptr mit einer Zylinderfläche von $- 0,25$ dptr mit senkrechter Achsenlage kombiniert ist. Der Astigmatismus eines solchen Glases, der Unterschied zwischen den Brechkräften in beiden Hauptschnitten, beträgt daher 0,5 dptr, also stets das Doppelte des Wertes, mit dem die Gläser bezeichnet sind.

Schreibt man einen solchen Kreuzzylinder in der Formel einer sphäro-zylindrischen Kombination, wie dies ja allgemein bei astigmatischen Gläsern üblich ist, so lauten die beiden möglichen Schreibweisen z. B.: + 0,25 dptr sphärisch kombiniert − 0,5 dptr zylindrisch Achse 0° oder − 0,25 dptr sphärisch kombiniert + 0,5 dptr zylindrisch Achse 90° Tabo. Auch bei dieser Schreibweise erkennt man, daß das sphärische Äquivalent, die Summe aus sphärischem Anteil und der Hälfte des Astigmatismus, gleich 0 ist.

Die Hauptschnitt- und Achsenrichtungen sind bei solchen Kreuzzylindern meist durch verschiedenfarbige Punkte, mitunter auch durch die Zeichen + und − gekennzeichnet, wobei leider entweder die Achsen oder die wirksamen Richtungen mit den Vorzeichen gekennzeichnet und auch die Farben nicht einheitlich sind.

Daher ist es unerläßlich, jeden neu in Gebrauch genommenen Kreuzzylinder vorher auf seine Achsen- und Hauptschnittlage mit Hilfe der parallaktischen Verschiebung zu prüfen. Im Winkel von 45° zu den beiden Hauptschnittrichtungen ist an diesen Kreuzzylindern meist ein etwa 10 cm langer Stiel von halbrundem Querschnitt angebracht, der eine rasche Drehung dieses Glases um diesen Stiel als Achse und damit eine rasche Vertauschung der beiden Hauptschnitte ermöglicht (Abb. 127a).

Bringt man zwei Zylindergläser von entgegengesetztem Vorzeichen und gleichem Absolutbetrag unter einem anderen Winkel der Achse zusammen, so ist das sphärische Äquivalent der Kombination in jedem Falle = 0, die Kombination hat also in jedem Falle die Eigenschaften eines Kreuzzylinders, sofern nicht die beiden Zylinderachsen parallel sind — dann ist die Kombination praktisch ein Planglas. Die Stärke dieses resultierenden Kreuzzylinders — d. h. die Stärke des Astigmatismus der Kombination der beiden Zylindergläser — hängt bei konstanter Stärke derselben einzig und allein von dem Winkel ab, unter dem die Achsen bzw. die wirksamen Richtungen der beiden Zylindergläser — des sammelnden und des zerstreuenden — gekreuzt werden. Sie ist am höchsten, wenn die beiden Achsen senkrecht zueinander stehen, d. h. also die stärker sammelnden Hauptschnitte in gleicher Richtung verlaufen, und am kleinsten — nämlich 0 —, wenn die Achsen parallel, die stärker sammelnden Hauptschnitte also senkrecht zueinander stehen. In allen übrigen Achsenstellungen werden sämtliche dazwischenliegenden Kreuzzylinderstärken kontinuierlich durchlaufen.

Der englische Physiker STOKES war der erste, der zwei Zylindergläser entgegengesetzten Vorzeichens und gleicher Stärke (im Absolutbetrag) zum Zwecke einer kontinuierlichen Astigmatismusvariation kombinierte. Er fertigte zu einem in der Fassung festen Zylinderglas ein zweites, welches gegen dieses erste drehbar war. Dieses Glas, als Stokessche Linse bezeichnet, hatte aber den Nachteil, daß sich bei einer Drehung des beweglichen Glases nicht nur die Stärke des Astigmatismus, sondern auch die Richtung der Hauptschnittlage kontinuierlich änderte.

Diesen Nachteil konnte SNELLEN beseitigen, indem er beide Zylindergläser in der Fassung mittels eines Schnurlaufs in entgegengesetzter Richtung drehen ließ. Dadurch blieb die Achsenlage der Kombination stets konstant. Eine solche „Stokessche Linse mit konstanter Achse" ist als „Astikorrekt" im Handel und besteht aus einem Zylinder von + 2,0 und einem solchen von − 2,0 dptr, die durch ein Getriebe gegeneinander gedreht werden. Aus didaktischen Gründen empfiehlt es sich, zwei Zylindergläser von + 2,0 und − 2,0 dptr freihändig unter verschiedenen Winkeln zu kreuzen und im Scheitelbrechwertmesser mit verschiedenen Einstellungen des Astikorrekts zu vergleichen.

d) Die Beurteilung astigmatischer Gläser und die Vergrößerung bei astigmatischen Korrekturen

Bei den sphärischen Gläsern wurde gezeigt, wie die vergrößernde bzw. verkleinernde Wirkung eines vor das Auge gehaltenen Glases dazu benutzt werden kann, festzustellen, ob ein Glas sammelnd oder zerstreuend ist. Dies gilt in gleicher Weise auch für astigmatische Gläser. Sämtliche Beziehungen für Eigenvergrößerung, Änderung der Refraktion und der vergrößernden Wirkung des Glases in Abhängigkeit vom Abstand des Auges gelten im gleichen Sinne auch für astigmatische Gläser, wenn man die entsprechenden Berechnungen in beiden Hauptschnitten getrennt vornimmt.

Gerade bei astigmatischen Gläsern ist die Kenntnis des Vergrößerungskoeffizienten der Projektion besonders wichtig, denn eine *Abbildung* in eine Ebene findet ja nur statt, wenn der Astigmatismus aufgehoben ist. Dieser Vergrößerungskoeffizient wird nun im allgemeinen in beiden Hauptschnitten verschieden sein, die Verschiedenheit wird um so größer sein, je stärker der Astigmatismus ist und je weiter das astigmatische Glas vom Projektionszentrum, der Pupille, entfernt gehalten wird.

Die Verschiedenheit der Vergrößerungskoeffizienten bewirkt nun eine Verzerrung des Bildes, der Projektion, und zwar erscheint ein Kreis als Ellipse, ein Quadrat als Rechteck, Rhombus oder Parallelogramm (je nachdem, ob die Hauptschnittrichtungen parallel zu den Seiten, zu den Diagonalen oder in beliebigem Winkel zu beiden liegen), wovon man sich leicht überzeugen kann, wenn man ein zylindrisches Glas in größerer Entfernung vor ein Auge hält (Abb. 125). (Vgl. auch Versuch S. 105 zum Nachweis der Bedeutung des Projektionszentrums.)

Bei einem Zylinderglas läßt sich nun leicht feststellen, daß keine Scheinverschiebungen der hinter dem Glas gelegenen Gegenstände zu bemerken sind, wenn man das Glas in Richtung seiner Achse verschiebt, daß dort also der Vergrößerungskoeffizient gleich 1 ist, verschiebt man dagegen das Zylinderglas in seiner wirksamen Richtung, so erfolgt dort die gleiche Scheinverschiebung des Hintergrundes wie bei einem sphärischen Glas gleicher Dioptrienzahl (Abb. 118 u. 125).

Somit ermöglicht die Scheinverschiebung eine Beurteilung des Vorzeichens der Brechkraft in den beiden Hauptschnitten genau so wie bei sphärischen Gläsern. Darüber hinaus ermöglicht diese Scheinverschiebung aber auch die Feststellung der Hauptschnittrichtungen selbst.

Betrachtet man nämlich durch ein astigmatisches Glas ein rechtwinkliges Liniensystem — etwa ein Fensterkreuz —, so wird dieses dann und nur dann die gleichen Richtungen haben wie das direkt gesehene, also auch rechtwinklig erscheinen, wenn die Hauptschnittrichtungen des astigmatischen Glases mit den Richtungen des Liniensystems übereinstimmen (Abb. 125). Wird dagegen so ein Glas wie ein Rad, d. h. um die *optische* Achse (nicht Zylinderachse!!) gedreht, so scheinen die rechtwinkligen Linien eine Scherenbewegung zu machen, an der nun nicht nur die Linien beteiligt sind, die auch bei der Verschiebung eine Scheinbewegung erleiden, sondern auch die hierzu senkrechten (Abb. 126). Diese Scherenbewegung richtet sich nicht danach, ob der Vergrößerungskoeffizient größer oder kleiner als 1 ist, sondern nur danach, in welcher Richtung er größer und in welcher er kleiner ist. Für die Winkelverzeichnung bleibt es nämlich völlig gleichgültig, ob in einer Richtung eine Vergrößerung oder in der hierzu senkrechten Richtung eine Verkleinerung stattfindet, es erleiden also bei dieser Drehbewegung die Linien, die stärker vergrößert bzw. weniger verkleinert werden, eine gleichsinnige Drehung (weil sie nämlich senkrecht zur Richtung der stärkeren Vergrößerung stehen) und die hierzu senkrechten Linien eine gegensinnige Drehung. Auf diese Weise läßt sich bei einem astigmatischen Glas auch unabhängig davon, ob es sammelnd oder zerstreuend ist, die Richtung der Hauptschnitte allgemein und die des stärker und schwächer sammelnden Hauptschnittes im besonderen ermitteln (Abb. 126).

So kann man z. B. bei einem Brillenglas in Fassung feststellen, ob es einen Astigmatismus nach der Regel oder gegen die Regel korrigiert: Im ersteren Falle werden die vertikalen Linien gegensinnig, die horizontalen gleichsinnig gedreht,

Abb. 125. Bildverschiebung durch Verschiebung zylindrischer Gläser. a) Zerstreuungsglas (vertikale Achse). Gleichsinnige Verschiebung der hierauf senkrechten Linie. b) Sammelglas (horizontale Achse). Gegensinnige Verschiebung achsenparalleler Linien, keine Verschiebung der hierauf senkrechten Linien. In a) und b) keine Bildverschiebung bei Glasverschiebung in Richtung der Achse

Abb. 126. Rotation zylindrischer Gläser zur Auffindung der Hauptschnittlage: Linien, die nicht in der Hauptschnittrichtung verlaufen, werden auf den stärker sammelnden Hauptschnitt, d. h. die Achse des Minuszylinders (a) und die wirksame Richtung des Pluszylinders (b) hingedreht

Abb. 127. Verschiebung (a) und Drehung (b) eines gekreuzten Zylinders: a) + Achse horizontal, — Achse vertikal. Gegensinnige Verschiebung der zur + Achse, gleichsinnige Verschiebung der zur — Achse parallelen Linien. b) — Achse (stärker sammelnder Hauptschnitt) von links oben nach rechts unten, + Achse (schwächer sammelnder Hauptschnitt) von rechts oben nach links unten. Wie bei Abb. 126 Scherenbewegung auf den stärker sammelnden Hauptschnitt zu

im zweiten umgekehrt. Außerdem läßt sich aus der Stärke der Verdrehung die Stärke des Astigmatismus abschätzen.

Diese qualitative Beurteilung astigmatischer Gläser durch Verschiebung und Drehung ermöglicht es insbesondere, die Wirkung der Kombination zweier Zylindergläser in anschaulicher Weise praktisch zu prüfen. Man prüfe daher die Ausführungen über die verschiedenen Möglichkeiten der Kreuzung zylindrischer Gläser stets durch Drehung und Verschiebung dieser Kombinationen nach (Abb 127).

e) Die Vergrößerungskoeffizienten bei astigmatischen Gläsern

Diese errechnen sich grundsätzlich in gleicher Weise wie bei sphärischen Gläsern; ihre Bedeutung ist indessen von diesen etwas verschieden. Versuchen wir, durch ein einfaches Zylinderglas zwei Punkte abzubilden, so bestehen dafür grundsätzlich zwei verschiedene Möglichkeiten:

1. Die beiden Punkte liegen in einer Linie, die der Zylinderachse parallel ist. Dann werden beide Punkte reell in *eine* Bildlinie abgebildet — darüber hinaus werden aber alle Punkte, die noch auf der gleichen Linie dingseitig liegen, ebenfalls in die gleiche Bildlinie abgebildet. Es besteht also eigentlich eine Abbildung Linie in Linie. Betrachtet man dagegen das virtuelle, auf der Dingseite hinter der Linse gelegene „Bild", welches in einer Brennlinie senkrecht zur Zylinderachse besteht, so werden die beiden Punkte als zwei parallele Linien virtuell abgebildet.

2. Die beiden Punkte liegen in einer zur Zylinderachse senkrechten Linie. Dann werden die beiden Punkte reell in zwei parallele Linien abgebildet. Das virtuelle, zur Zylinderachse senkrechte Bild dagegen besteht in *einer* Linie, die ein Bild der *Verbindungslinie* der beiden Punkte ist.

Bei einer solchen *kollinearen* Abbildung bezeichnet man als Vergrößerungskoeffizienten das Abstandsverhältnis zweier Bildlinien zu den entsprechenden Objektlinien. Die Vergrößerungskoeffizienten sind somit ebenfalls auf die beiden Hauptschnitte beschränkt und werden in diesen nach den allgemeinen Abbildungsgleichungen berechnet. Auf diese Weise erscheinen die Dinge bei Abbildung durch astigmatische Gläser verzerrt, wovon man sich durch einen Blick durch ein astigmatisches Glas leicht überzeugen kann.

Wird ein von einem astigmatischen System entworfenes Bild eines Gegenstandes auf einer Fläche aufgefangen, so kann jeweils nur in einer Hauptschnittrichtung eine deutliche Abbildung erzeugt werden, während die „Abbildung" in der anderen Hauptschnittrichtung auf der Grundlage bzw. mit der Genauigkeit der Lochkameraabbildung erfolgt. Man hat dort also den Vergrößerungskoeffizienten der Projektion einzusetzen (S. 93 u. 99), der in gleicher Weise berechnet wird wie der Vergrößerungskoeffizient der Abbildung.

Will man sich insbesondere ein Urteil darüber verschaffen, welche „Verziehungen" durch ungleiche Vergrößerung in beiden Hauptschnitten ein astigmatisches Brillenglas bei einem Auge bewirkt, welches damit korrigiert wird, so hat man von der Aperturblende des zusammengesetzten Systems bzw. ihrem Bild, der (Eintritts-)Pupille des Auges auszugehen.

Die Einzelheiten der Lichtbrechung im Auge selbst bleiben nach wie vor unberücksichtigt, es interessieren also wie bisher lediglich die Refraktion des Auges in beiden Hauptschnitten und die Vergrößerungskoeffizienten *in beiden Hauptschnitten*, mit denen die Pupille durch das Brillenglas vergrößert wird. Das Verhältnis dieser beiden Vergrößerungskoeffizienten gibt dann die Verzerrung an, die durch eine astigmatische Korrektur entsteht. Diese Verzerrung wird um so größer sein, je weiter das korrigierende Glas von der Pupille entfernt ist.

Diese Verzerrung bezieht sich wiederum nicht auf das Netzhautbild selbst, sondern auf das gesehene Bild. Das Netzhautbild kann schon ohne Brillenkorrektur ein wenig verzerrt sein, ohne daß diese Verzerrung wahrgenommen wird. *Als Verzerrung wahrgenommen* wird lediglich das Verhältnis zwischen Verzerrung mit und ohne Brillenglas.

6. Astigmatische Refraktionsanomalien

Als Refraktion hatten wir die Stärke desjenigen Brillenglases definiert, welches den für die Abbildung optimalen Schnitt auf der Netzhaut, insbesondere in der Macula lutea, erzeugt. Diese Definition gilt sinngemäß auch für astigmatische Brillengläser. Wir können daher sagen: *Eine astigmatische Refraktionsanomalie* (meist einfach als „astigmatisches Auge" bezeichnet) *liegt vor, wenn durch ein astigmatisches Glas ein für die Abbildung besserer Schnitt erzeugt werden kann als durch das beste sphärische Glas.*

Wie bei den nicht-astigmatischen Refraktionsanomalien wollen wir zunächst die Formen der Querschnitte der gebrochenen Strahlenbündel mit Hilfe der subjektiven Stigmatoskopie untersuchen. Bei der Beschränkung auf sphärische Gläser war eine solche Änderung der Strahlenbündelquerschnitte nur in einer Richtung möglich — von starken Zerstreuungsgläsern über schwache Zerstreuungsgläser — Planglas — schwache Sammelgläser zu starken Sammelgläsern oder umgekehrt.

Bei astigmatischen Gläsern ist eine Änderung in zwei unabhängigen Richtungen möglich, sofern wir uns auf bestimmte Hauptschnitts- und Achsenrichtungen, etwa horizontale und vertikale, beschränken. Variieren wir außerdem noch die Hauptschnittrichtungen, so bestehen sogar drei unabhängige Veränderliche. Es ist daher verständlich, daß die subjektive Refraktionsbestimmung unter Einbeziehung astigmatischer Refraktionsanomalien mehr Sorgfalt und Erfahrung erfordert als die der nichtastigmatischen bzw. als die Beschränkung auf die Korrektion mit sphärischen Gläsern und daß man nur dann zum Ziele kommen kann, wenn man sich von Anfang an einen bestimmten Plan des Vorgehens macht.

a) Die subjektive Stigmatoskopie unter Einbeziehung astigmatischer Korrekturen

Zur Verwirklichung eines solchen Planes wollen wir zunächst einmal die subjektive Stigmatoskopie in modifizierter Form wiederholen: Sofern das zu untersuchende (eigene) Auge eine bevorzugte Hauptschnittslage erkennen läßt — was freilich im allgemeinen erst im Laufe der Untersuchungen zu ermitteln sein wird —, wählen wir diese aus, um in diesen beiden Richtungen die vorgegebene Gläserkorrektur zu verändern. Das Ergebnis dieser subjektiven Stigmatoskopie mit zwei unabhängigen Veränderlichen zeichnen wir dann in ein rechtwinkliges Koordinatensystem ein, so daß die Korrektionsänderungen im horizontalen Hauptschnitt in den horizontalen Zeilen, die Korrektionsänderungen im vertikalen Hauptschnitt in den vertikalen Spalten aufgeführt sind.

Wie bei der subjektiven Stigmatoskopie mit sphärischen Gläsern ist die Verwendung einer punktförmigen monochromatischen oder „bichromatischen" Lichtquelle, etwa der Kobaltlampe, erforderlich. Im Weißlicht sind die Überlagerungen mit der chromatischen Aberration so vielfältig, daß die Struktur der Strahlenbündel darin nicht zum Ausdruck kommt.

In Abb. 128 ist das Ergebnis dieser Form der subjektiven Stigmatoskopie des rechten Auges des Verfassers dargestellt. Die vorgesetzte Korrektur in den jeweiligen Hauptschnitten ist am Rande aufgezeichnet. Man kann vermuten, daß bei einer Korrektur des horizontalen Hauptschnittes mit 1,0 dptr und des vertikalen Hauptschnittes mit 0,5 dptr der für die Abbildung optimale Schnitt erzeugt wird:

Dieser Schnitt entspricht tatsächlich der optimalen Fernkorrektur, welche in der üblichen Darstellungsweise astigmatischer Gläser lautet:

+ 0,5 dptr sphärisch kombiniert mit + 0,5 dptr Zylinder Achse 90° oder + 1,0 dptr sphärisch kombiniert − 0,5 dptr Zylinder Achse 0° Tabo.

Man sieht aus dieser Darstellung ferner, daß bei Änderungen im horizontalen Hauptschnitt die Struktur der Zerstreuungsfiguren in der Vertikalen, insbesondere ihrer Ausdehnung, unverändert bleibt, während bei Veränderungen im vertikalen

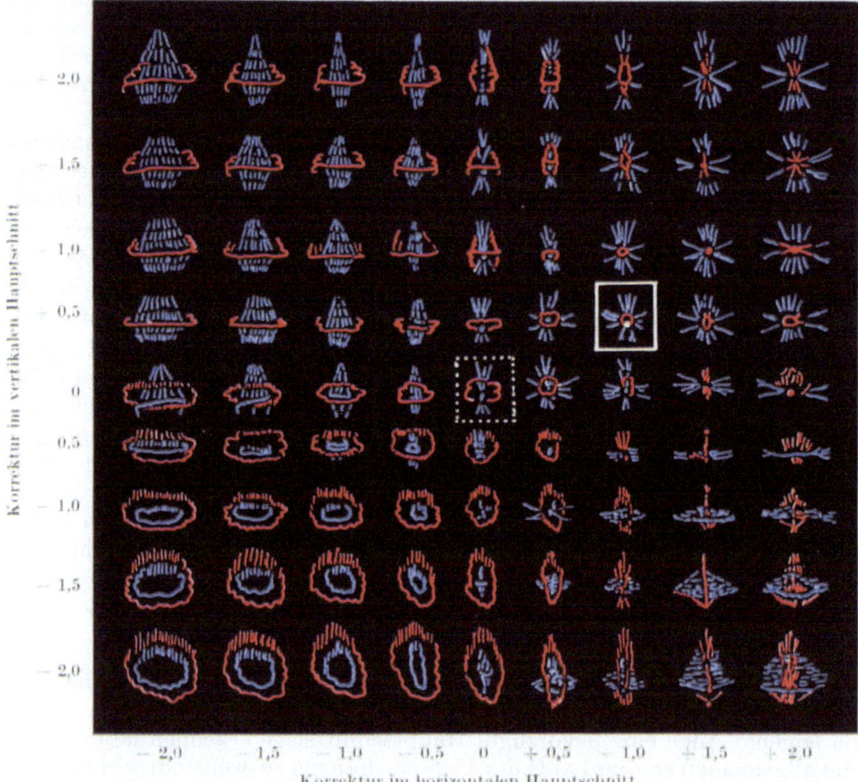

Abb. 128. Subjektive Stigmatoskopie unter Einbeziehung zylindrischer Gläser (orthogonale Hauptschnittlagen) Die Zahlen an den Rändern geben die Glasstärken an, mit denen die Zerstreuungsfiguren *erzeugt* worden sind. Lichtquelle: Niedervoltlampe mit 2 mm mal 2 mm Leuchtfläche, Kobaltfilter. Die mit + − Gläsern gewonnenen. Figuren entsprechen also einer Myopie usw. Die punktiert umrandete Figur ist die des unkorrigierten rechten Auges des Verf., die durchzogen umrandete Figur ist die günstigste Strahlenvereinigung (Visus 6/4). Die „Strahlen" der myopen Zerstreuungsfiguren sind in Wirklichkeit zarter, doch konnte dies aus Reproduktionsgründen nicht naturgetreu wiedergegeben werden

Hauptschnitt Struktur und Ausdehnung in der Horizontalen unverändert bleiben, was sich in ähnlicher Weise auch beim Experiment mit den zylindrischen Gläsern und dem Sturmschen Conoid zeigen läßt: Ändert man bei zwei senkrecht gekreuzten Zylindergläsern den horizontalen Hauptschnitt, so bleibt an einer bestimmten Stelle des gebrochenen Strahlenbündels der vertikale Ellipsendurchmesser konstant, ändert man nur den vertikalen Hauptschnitt, so bleibt der horizontale Ellipsendurchmesser konstant (wobei man stets daran zu denken hat, daß der in der Achse liegende Hauptschnitt unverändert bleibt!).

Der große Unterschied im Auge besteht indessen darin, daß es sich nicht um „Zerstreuungsellipsen und -kreise", sondern um Zerstreuungsfiguren handelt, die mit mathematischen Formeln kaum, in der Anschauung dafür um so besser erfaßt werden können.

Durch das Vorsetzen eines Glases vor ein Auge wird ein neues optisches System geschaffen, welches seinerseits auch eine Refraktion besitzt: *Ein Auge, dessen Refraktionsanomalie optimal auskorrigiert ist, wird damit unter Einbeziehung des korrigierenden Glases emmetrop gemacht.*

Umgekehrt kann man daher durch das Vorsetzen von Gläsern auch Refraktionsanomalien darstellen, nur hat man sich dabei zu vergegenwärtigen, daß durch das Vorsetzen sammelnder Gläser eine Myopie und durch das Vorsetzen zerstreuender Gläser eine Hyperopie erzeugt oder imitiert wird, daß also das Erzeugen einer Refraktionsanomalie ein Glas mit umgekehrtem Vorzeichen verlangt als die Korrektur einer Refraktionsanomalie. Daher läßt unsere Koordinatendarstellung auch etwa erkennen, wie die Zerstreuungsfiguren bei unkorrigierten Refraktionsanomalien beschaffen sind — wobei diese Zerstreuungsfiguren natürlich nur Typen repräsentieren und jedes Auge seine eigenen Zerstreuungsfiguren bildet.

Dann entspricht die optimale Zerstreuungsfigur bei + 1,0 im horizontalen und + 0,5 im vertikalen Hauptschnitt der „emmetropen" Zerstreuungsfigur, alle rechts und oberhalb davon befindlichen entsprechen myopen Zerstreuungsfiguren (weil mit stärker sammelnden Gläsern erzeugt) und alle links und unterhalb davon befindlichen entsprechen hyperopen Zerstreuungsfiguren.

b) Die Einteilung astigmatischer Refraktionszustände

Bei dieser Darstellung des Ergebnisses der subjektiven Stigmatoskopie wird zugleich noch ein anderes Ordnungsprinzip der astigmatischen Refraktionsanomalien sichtbar (Abb. 129). Auf der Diagonale von links unten nach rechts oben und den ihr parallelen Richtungen ändert sich nur das sphärische Äquivalent, während der Astigmatismus konstant bleibt; auf den hierzu senkrechten Richtungen, der Diagonalen von links oben nach rechts unten, ändert sich nur der Astigmatismus, während das sphärische Äquivalent konstant bleibt.

Die Diagonale von links unten nach rechts oben, auf der die nichtastigmatischen Refraktionsanomalien Hyperopie, Emmetropie und Myopie liegen, also diejenigen Refraktionen, die im vertikalen und horizontalen Hauptschnitt gleich sind, trennt nun zwei Gebiete astigmatischer Refraktionsanomalien voneinander; links und oberhalb dieser Diagonale liegen alle Refraktionsanomalien, bei denen die Refraktion im vertikalen Hauptschnitt stärker myop ist als im horizontalen oder in denen die Brechkraft des Auges im vertikalen Hauptschnitt stärker (sammelnd) ist als im horizontalen (da ja die Achsenlänge in beiden Hauptschnitten gleich ist). Man bezeichnet diese Refraktionszustände allgemein als Astigmatismus nach der Regel. Umgekehrt bezeichnet man alle rechts und unterhalb der Diagonale gelegenen Refraktionen, bei denen also die Myopie bzw. die Brechkraft des Auges im horizontalen Hauptschnitt stärker ist als im vertikalen, als Astigmatismus gegen die Regel. Diese Bezeichnungen rühren daher, daß die überwiegende Mehrzahl der Augen im vertikalen Hauptschnitt etwas stärker bricht als im horizontalen — möglicherweise durch einen in vertikaler Richtung wirkenden Druck der Lider —, so daß man im klinischen Gebrauch nicht von Astigmatismus spricht, wenn der vertikale Hauptschnitt etwa 0,5 dptr stärker sammelnd oder stärker myop ist als der horizontale. Ein weiterer Grund für diese Bezeichnung liegt in der klinischen Erfahrung, daß ein geringer Astigmatismus nach der Regel besser ohne Korrektion auskommen kann als ein gleichstarker Astigmatismus gegen die Regel.

Folgt man der klinischen Gepflogenheit, von Astigmatismus nach der Regel erst dann zu sprechen, wenn der vertikale Hauptschnitt um mehr als 0,5 dptr stärker myop ist als der horizontale, so verschiebt sich die Grenze zwischen Astigmatismus nach der und gegen die Regel etwas nach links oben, so daß dann streng genommen die Refraktionszustände, bei denen vertikaler und horizontaler Hauptschnitt gleich stark brechen, bereits in das Gebiet des Astigmatismus gegen die Regel gehören.

Allerdings beziehen diese Definitionsweisen sich in erster Linie auf die Ophthalmometermessungen.

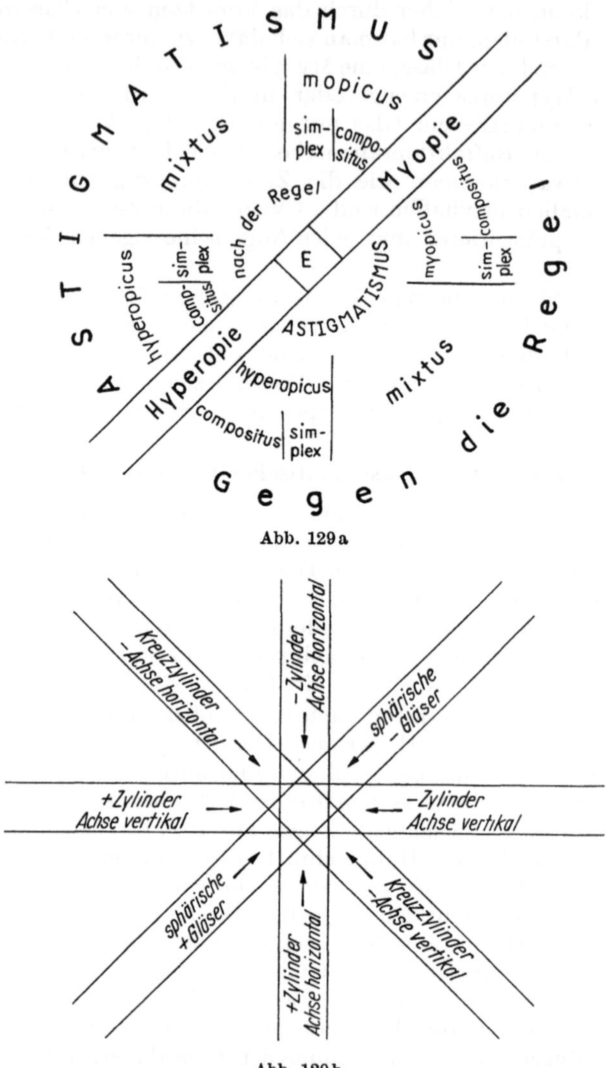

Abb. 129a

Abb. 129b

Abb. 129a. Astigmatismusschema, zugleich Erklärung zu Abb. 128: Denkt man sich das Feld mit „E" (= Emmetropie) auf das durchzogen umrandete Feld der Abb. 128 gelegt, so erkennt man, welchen Refraktionsanomalien die übrigen Zerstreuungsfiguren entsprechen; (z. B. die punktiert umrandete einem Astigmatismus hyperopicus compositus nach der Regel, entsprechend der optimalen Korrektur von +1,0 comb. cyl. —0,5 Achse horizontal) Abb. 129b. Die Gläsertypen, mit denen eine Korrektur der Zerstreuungsfiguren in Abb. 128 bzw. der Refraktionsanomalien in Abb. 129a erfolgen kann. So werden die rechts unten gelegenen, hyperopen Zerstreuungsfiguren mit sphärischen + — Gläsern korrigiert, können aber grundsätzlich auch mit 2 zylindrischen + — Gläsern mit horizontaler und vertikaler Achsenlage korrigiert werden. Die den nicht beschrifteten Flächen entsprechenden Refraktionsanomalien (nach Abb. 129a) bzw. Zerstreuungsfiguren (nach Abb. 128) können bei Probiergläsern *nur* mit Kombinationen korrigiert werden. In Abb. 128—129b bleiben unverändert: horizontal der vertikale Hauptschnitt, vertikal der horizontale Hauptschnitt, in der Diagonale links oben nach rechts unten der Astigmatismus, in der Diagonale rechts oben nach links unten das sphärische Äquivalent

Weitere Bezeichnungen des Astigmatismus finden wir aber auch, wenn wir den durch die horizontalen und vertikalen Koordinaten gegebenen Einteilungsprinzipien folgen: Auf den Koordinatenachsen, also vom Nullpunkt der Emmetropie vertikal und horizontal aus, liegen die als Astigmatismus simplex bezeichneten Refraktionen, und zwar nach links der Astigmatismus hyperopicus simplex gegen die Regel, nach oben der Astigmatismus myopicus simplex nach der Regel und nach rechts der Astigmatismus myopicus simplex gegen die Regel. Die in dem Quadranten zwischen beiden Astigmatismus-hyperopicus-simplex-Linien liegenden Refraktionszustände, also im linken unteren Quadranten verzeichneten Refraktionszustände, werden als Astigmatismus hyperopicus compositus bezeichnet. Sie sind ihrerseits durch die Diagonale in „nach der" und „gegen die Regel" unterteilt, während im rechten oberen Quadranten, umrahmt von den Astigmatismus-myopicus-simplex-Linien, die Refraktionen des Astigmatismus myopicus compositus verteilt sind, ebenfalls durch die Diagonale in „nach der Regel" und „gegen die Regel" aufgeteilt.

Schließlich werden die Refraktionen, bei denen ein Hauptschnitt myop und einer hyperop ist, als Astigmatismus mixtus bezeichnet, und zwar die im linken oberen Quadranten liegenden, in denen der vertikale Hauptschnitt myop und der horizontale Hauptschnitt hyperop ist, als Astigmatismus mixtus nach der Regel, während die im unteren rechten Quadranten liegenden Refraktionen als Astigmatismus mixtus gegen die Regel bezeichnet werden.

Bei dieser Ordnung der astigmatischen Refraktionsanomalien haben wir nur zwei Veränderliche berücksichtigt, während die dritte, von den beiden anderen unabhängige Veränderliche, die Hauptschnittrichtung, nicht mit berücksichtigt wurde. Wir haben vielmehr vorausgesetzt, daß die richtigen Hauptschnittrichtungen bereits gegeben waren. Wie man sie tatsächlich findet, wird sich bei der Schilderung der Untersuchungsmethodik zwangsläufig ergeben. Im allgemeinen spricht man von Astigmatismus nach der Regel und gegen die Regel dann, wenn die Hauptschnittrichtungen bis zu 30° von der Horizontalen und Vertikalen abweichen, während man in den restlichen Fällen von Astigmatismus obliquus spricht. Die Wichtigkeit der Achsenlage ist besonders daran ersichtlich, daß sich bei einer Änderung der astigmatischen Korrektur in falscher Hauptschnittlage die Hauptschnittlage der daraus resultierenden Refraktionsanomalie dauernd ändert.

7. Die subjektive Refraktionsbestimmung unter Berücksichtigung astigmatischer Korrekturen

Wenn man auf einer Fläche einen Punkt aufsuchen muß, kann man so vorgehen, daß man eine Gerade so lange parallel zu sich verschiebt, bis diese Gerade den Punkt trifft, und dann auf der Geraden selbst den Punkt aufsucht. Allgemeiner ausgedrückt: Man ändert zunächst so lange die eine Veränderliche, bis sie etwa den gesuchten Wert hat, und anschließend die andere. Die richtige Korrektur astigmatischer Refraktionsanomalien kann in der gleichen Weise vorgenommen werden.

Als unabhängige Veränderliche bieten sich hierfür entweder:
1. die zwei Hauptschnittsrefraktionen oder
2. sphärisches Äquivalent der Refraktion und Astigmatismus.

Auf unserer Koordinatenfläche der Refraktionen würden wir also entweder erst die eine Koordinatenrichtung parallel verschieben und dann auf dieser Richtung weitersuchen oder erst die eine Diagonale parallel verschieben und dann auf dieser Diagonale weitersuchen.

Da wir indessen gleichzeitig noch die dritte Veränderliche, die Achsenlage, aufzusuchen haben, liegen die Dinge insofern anders, als bei beiden Methoden mit einer Veränderung von sphärischen Gläsern begonnen wird.

Wir beginnen mit der zweiten Möglichkeit, weil sie sich dem bisher besprochenen leichter und harmonischer anfügen läßt.

Es handelt sich hierbei um

a) Die Kreuzzylindermethode

Sie wurde nach dem Vorbild JACKSONs von LINDNER im deutschen Sprachraum zunächst zur „Feinkorrektur" einer mit gröberem Verfahren annähernd ermittelten astigmatischen Korrektur eingeführt und soll hier in einer Variation geschildert werden, die sich im Laufe der Zeit als sinnvoll erwiesen hat und eine vollständige Refraktionsbestimmung ermöglicht (Abb. 130).

Benötigt werden hierzu außer einer Sehprobentafel und einem vollständigen Satz sphärischer Gläser.

1. ein Satz stabiler Kreuzzylinder JACKSONs, in den Stärken 0,12, 0,25 und 0,5 dptr

2. ein labiler Kreuzzylinder (Astikorrekt)

3. eine sphärische Ausgleichsleiste. Das ist eine kleine Leiste, auf der die Glasstärken $+ 0,5$ dptr, $+ 0,25$ dptr, $- 0,25$ dptr und $- 0,5$ dptr übereinander angeordnet sind.

4. ein Universal-Meßbrillengestell.

Wie bei der subjektiven Refraktionsbestimmung (S. 152) nichtastigmatischer Refraktionsanomalien wird zunächst das stärkste Sammelglas (d. h. das stärkste Plus-Glas oder schwächste Minus-Glas) gesucht, welches den optimalen Visus vermittelt. — Man verschiebt auf der Refraktionsfläche also die von links oben nach rechts unten ziehende Diagonale parallel zu sich in Richtung der anderen Diagonale.

Man nimmt zunächst einmal an, daß man damit das richtige sphärische Äquivalent der Korrektur gefunden, also mit dem sphärischen Glas einen Astigmatismus mixtus erzeugt hat, und hat nunmehr allein den Astigmatismus zu ändern, das sphärische Äquivalent aber konstant zu lassen.

Sodann wird zunächst mit einem der „stabilen" Kreuzzylinder gearbeitet. Wie bei der sphärischen Korrektur richtet man sich nach dem Ausgangsvisus, d. h. diesmal nach dem Visus, der mit der optimalen sphärischen Korrektur erreicht wurde. Ist dieser besser als $^5/_{10}$, so nimmt man den Kreuzzylinder $\pm 0,125$ dptr, ist er schlechter als $^5/_{20}$, den Kreuzzylinder $\pm 0,5$ dptr, dazwischen den Kreuzzylinder $\pm 0,25$ dptr. Diese Zahlen bilden indessen lediglich *Anhaltspunkte*, die dem Geübten durch die persönliche Erfahrung rasch entbehrlich werden.

Der Kreuzzylinder der entsprechenden Stärke wird zunächst mit horizontalen und vertikalen Hauptschnittrichtungen, d. h. mit Handgriff im Winkel von 45° zwischen Horizontale und Vertikale, vor das Brillenglas gehalten und anschließend um den Handgriff als Achse herumgedreht, so daß die Rückseite nach vorn kommt; bei dieser Drehung werden die beiden Hauptschnittrichtungen vertauscht; man fragt den Untersuchten in beiden Stellungen des Kreuzzylinders: „So besser oder so besser?" (Abb. 130I). Man hat dann bei der einen Stellung des Kreuzzylinders einen Astigmatismus nach der Regel vergrößert bzw. einen Astigmatismus gegen die Regel vermindert — d. h. teilweise korrigiert —, wenn nämlich die Plus-Achse horizontal steht, und bei der anderen Stellung, wenn die Plus-Achse vertikal (und die Minus-Achse horizontal) steht, einen Astigmatismus gegen die Regel vergrößert bzw. einen solchen nach der Regel vermindert, also teilweise korrigiert. Auf der Refraktionsebene ist man ein Stück nach links oben und nach rechts unten gegangen.

Ist eine der beiden Kreuzzylinderstellungen „besser" als die andere — es ist dabei nicht erforderlich, daß ein besserer Visus erreicht wird, es genügt die Angabe des Untersuchten „besser" —, so wird der labile Kreuzzylinder (Astikorrekt) auf die Stärke des benutzten Kreuzzylinders eingestellt und in gleicher Hauptschnittlage wie dieser vor das sphärische Glas gesetzt; d. h. bei einem Kreuzzylinder $\pm$ 0,25 dptr wird der Astikorrekt auf $+$ 0,25 sphärisch und $-$ 0,5 zylindrisch eingestellt, die durch Kerben am Rande bezeichnete Minus-Achse des Astikorrekt wird in die Richtung gelegt, in der die Minus-Achse des Kreuzzylinders bei der als besser erkannten Stellung gestanden hat. Wichtig ist dabei, daß die Achsenlage des stabilen Kreuzzylinders richtig erkannt wird. Wie dies geschieht, ist auf S. 186 geschildert.

Wird dagegen keine der beiden Stellungen des stabilen Kreuzzylinders als „besser" empfunden, so kann das Verfahren zunächst mit einem stärkeren oder schwächeren Kreuzzylinder nochmals wiederholt werden. Ändert sich auch hierbei nichts, so wird der Kreuzzylinder mit horizontalem Handgriff vor das Brillenglas gesetzt, d. h. eine astigmatische Korrektur mit schiefer Achsenlage durchgeführt; wiederum werden durch Drehen um den Stiel die beiden Hauptschnitte rasch gegeneinander vertauscht und der Untersuchte gefragt, welche Stellung besser sei. In dieser Stellung (und Stärke) wird der labile Kreuzzylinder eingesetzt.

Ist in keiner der auf diese Weise untersuchten vier Hauptschnittlagen eine merkbare Besserung oder Verschlechterung eingetreten, so kann angenommen werden, daß eine astigmatische Refraktionsanomalie nicht vorliegt. Man wird jedoch zweckmäßigerweise noch eine der später zu schildernden objektiven Refraktionsbestimmungen vornehmen, sofern der übrige objektive Befund einen herabgesetzten Visus mit Korrektion nicht rechtfertigt.

Im anderen Fall hat man einen *ersten Anhaltspunkt* für die Richtung eines etwa vorhandenen Astigmatismus gefunden. Die weitere Untersuchung mit dem Kreuzzylinder hat zum Ziel, sich zunehmend der richtigen Stärke und der richtigen Achse zu nähern. Die Stärke wird geändert, indem vor das Brillengestell mit sphärischer Korrektur und Astikorrekt der stabile Kreuzzylinder so vorgesetzt wird, daß seine Hauptschnittrichtungen mit denen des Astikorrekts übereinstimmen (Abb. 130 II). Wiederum werden die beiden Hauptschnittrichtungen des Kreuzzylinders durch Drehung um den Stiel gegeneinander vertauscht. Ist die Stellung besser, in der die Minus-Achsen des Kreuzzylinders und des Astikorrekt übereinstimmen, muß die Einstellung der Astigmatismusstärke im Astikorrekt vergrößert, im umgekehrten Falle, wenn beide senkrecht aufeinander stehen, vermindert werden. Dies wird so lange wiederholt, bis kein Unterschied zwischen beiden Stellungen des Kreuzzylinders mehr wahrgenommen wird.

In ähnlicher Weise wird die Korrektur der Achse vorgenommen (Abb. 130 III): Hierbei wird jedoch der Stiel des stabilen Kreuzzylinders in eine der Hauptschnittrichtungen des Astikorrekts — am einfachsten in die Richtung der markierten Minus-Achse — gebracht und wiederum die Hauptschnittrichtungen durch Drehen um den Stiel gegeneinander vertauscht. Wird eine der beiden Stellungen des stabilen Kreuzzylinders als „besser" angesehen, so liegt die Minus-Achse des gesuchten Zylinderglases zwischen den Minus-Achsen des im Brillengestell befindlichen Astikorrekt und des vor das Brillengestell gehaltenen stabilen Kreuzzylinders: Also muß die Minus-Achse des Astikorrekt ein wenig in die Richtung der Minus-Achse des stabilen Kreuzzylinders gedreht werden. Auch dieses Verfahren wird mit dem Stiel des stabilen Kreuzzylinders in der Richtung der neuen Minus-Achse des Astikorrekts so lange wiederholt, bis

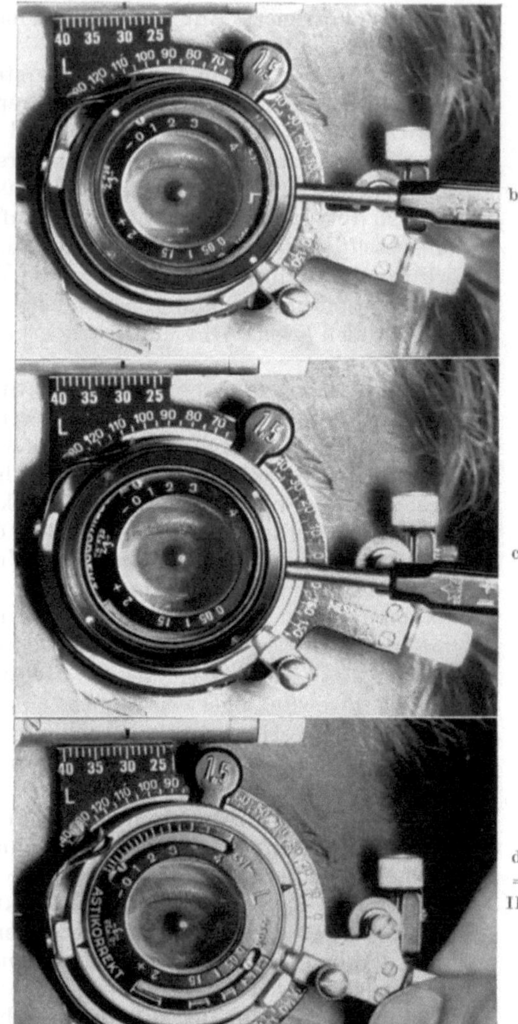

Abb. 130 I—IV. Subjektive Refraktionsbestimmungen mit Astikorrekt, Kreuzzylinder und sphärischer Abgleichleiste. I. Astigmatismusbestimmung bei vorhandener sphärischer Korrektur. a) Sphärische Ausgangskorrektur. b) Kreuzzylinder mit vertikaler Minusachse wird als „schlechter" empfunden. c) Kreuzzylinder mit horizontaler —Achse wird als „besser" empfunden. Falls die Stellungen b) und c) keine merkbare Änderung gegenüber der Ausgangslage bewirken, sind noch die beiden Stellungen mit horizontalem *Stiel* des Kreuzzylinders, also Achsenlage bei 45 und 135° auszuprobieren. d) Die „bessere" Kreuzzylinderstellung wird durch einen auf gleiche Stärke eingestellten labilen Kreuzzylinder (Astikorrekt) ersetzt. II. Korrektur der Achsenlage. a) Ausgangslage siehe I c. b) Der Stiel des Kreuzzylinders, der mit beiden Hauptschnittrichtungen den Winkel von 45° einschließt, wird in eine der Hauptschnittrichtungen des Asti-

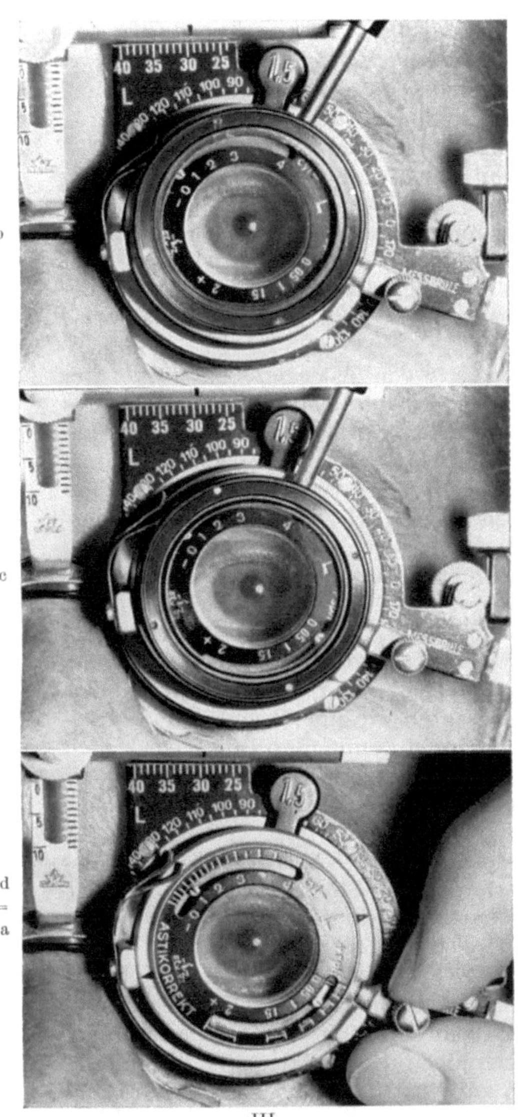

III

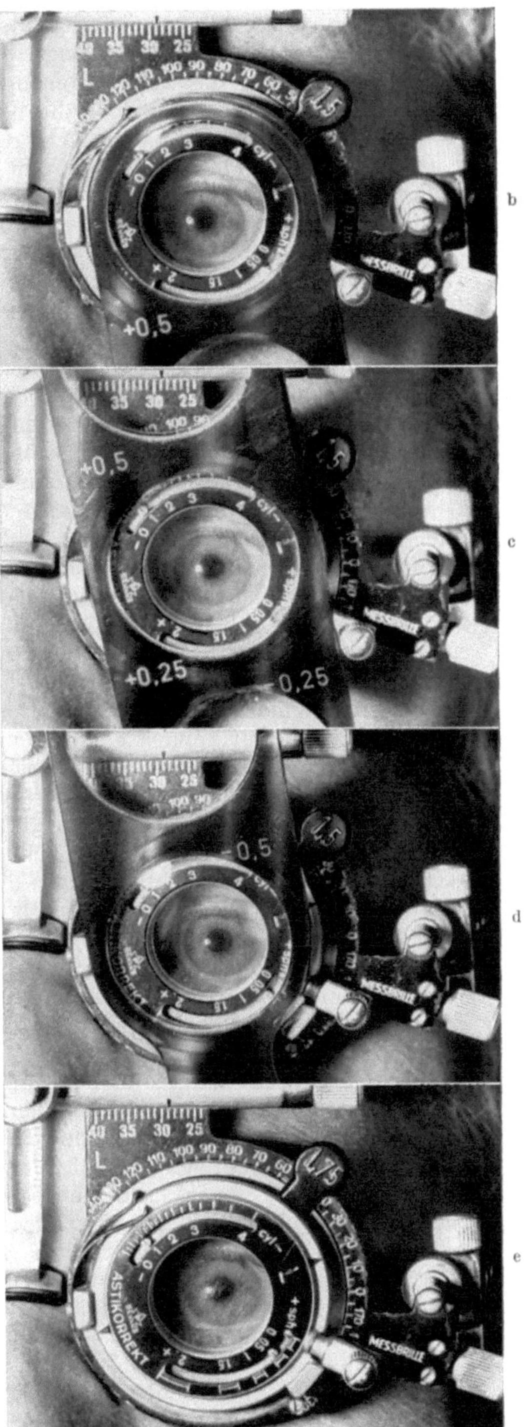

IV

korrekts gebracht. Bei Minusachse auf 130° „schlechter“.
c) Bei Minusachse auf 40° „besser“. d) Die Minusachse des
Astikorrekt wird in die Richtung gedreht, in der die als
„besser“ empfundene Minusachse des Kreuzzylinders gelegen
hat. III. Korrektur der Zylinderstärke. a) Ausgangslage wie
II d). b) Minusachse des Kreuzzylinders in Richtung der Minusachse des Astikorrekt „besser“. c) Minusachse des Kreuzzylinders senkrecht zur Minusachse des Astikorrekt: „schlechter“. d) Entsprechend der Summierung nach 3 b) wird der
Astikorrekt auf eine höhere Astigmatismusstärke eingestellt. IV. Sphärische Nachkorrektur mit Abgleichleiste.
a) Ausgangslage wie III d). b) Mit sphärisch + 0,5
„schlechter“. c) Mit sphärisch + 0,25 „genauso gut“ oder
(bei Presbyopen) „besser“. d) —0,5 oder —0,25 „nicht
besser“ („genauso gut“ genügt nicht). e) Entsprechend
4 c) wird das sphärische Glas auf + 1,75 dptr verstärkt

beide Stellungen des Kreuzzylinders als gleich gut bzw. gleich schlecht angegeben werden. Wenn nämlich im Brillengestell die richtige Korrektur enthalten ist, so muß jede Stellung des vorgehaltenen Kreuzzylinders eine Verschlechterung ergeben. Daher werden stets nur die beiden Stellungen des Kreuzzylinders miteinander verglichen, nicht aber die Korrektur ohne und die mit Kreuzzylinder.

Die Kreuzzylindermethode besteht somit darin, daß man sich dem richtigen Wert stets von zwei Seiten immer mehr nähert. Dabei ist es nun nicht zweckmäßig, erst die Zylinderstärke so lange zu korrigieren, bis vollkommene Gleichheit für beide Kreuzzylinderstellungen besteht, sondern wechselweise Zylinderhöhe und Zylinderachse in der geschilderten Weise zu korrigieren bzw. einzuengen, da die Korrektur der Zylinderstärke um so genauer möglich ist, je genauer die Achse vorher eingestellt ist *und umgekehrt*.

Außerdem ist während dieses Feinabgleichs von Astigmatismusstärke und Achsenrichtung gelegentlich auch noch die Stärke des sphärischen Äquivalentes durch Vorhalten der eingangs beschriebenen Leiste mit den vier sphärischen Gläsern zu überprüfen, wobei wechselnd $+ 0,5$ und $- 0,5$ oder $+ 0,25$ und $- 0,25$ vorgehalten werden (Abb. 130 IV). Zumindest ist diese Überprüfung des sphärischen Äquivalents nach Abschluß des astigmatischen Feinabgleichs unbedingt erforderlich, denn es ist keineswegs gesagt, daß bei der geringen Genauigkeit, mit der die Prüfung des sphärischen Äquivalents vor jeglichem Astigmatismusausgleich vorgenommen worden ist, dieses bereits im Anfangsstadium der Untersuchung gefunden werden konnte. Außerdem ist nicht unbedingt gesagt, daß überhaupt der für eine Abbildung optimale Schnitt ohne astigmatische Korrektur stets mit dem sphärischen Glas erreicht wird, dessen Stärke gleich dem sphärischen Äquivalent des richtigen astigmatischen Glases ist. Deshalb sagten wir zum Beginn der Schilderung: „Man nimmt zunächst einmal an, daß man damit (d. h. mit dem besten und stärksten sphärischen Glas) das richtige sphärische Äquivalent der Korrektur gefunden hat." Die sphärische Überprüfung zum Schluß der Untersuchung hat die Aufgabe, diese Frage zu entscheiden.

Am Schluß der Untersuchung befinden sich also im Brillengestell ein sphärisches Glas (mitunter auch zwei, falls die erforderliche Stärke wegen mangelnder Unterteilung der Gläser des Probierbrillenkastens nicht mit einem sphärischen Glas zu erreichen war) und davor der labile Kreuzzylinder (Astikorrekt). Da die bei Brillenverordnungen übliche Schreibweise astigmatischer Korrekturen in der Kombination eines sphärischen Glases mit einem zylindrischen Glas besteht, muß diese im Probierbrillenglas befindliche Korrektur daraufhin umgerechnet werden. Dies ist insofern sehr einfach, als die Markierungen des Astikorrekts ebenfalls in dieser Schreibweise aufgeführt sind, indem auf einer Skala der sphärische Anteil (nicht das sphärische Äquivalent, denn dieses ist ja stets 0), und zwar in Plus-Gläsern, und auf einer zweiten Skala der (stets doppelt so hohe) zylindrische Anteil in Minus-Gläsern bezeichnet sind. Man hat also zu dem sphärischen Glas (oder den sphärischen Gläsern) im Brillengestell noch den auf der Skala des Astikorrekts eingestellten sphärischen Anteil zu addieren und die Summe als sphärischen Anteil aufzuschreiben und als zylindrischen Anteil den auf der Zylinderskala des Astikorrekts abgelesenen Minus-Zylinder zu notieren. Die Achsenmarkierung des Astikorrekts zeigt ebenfalls die Minus-Achse an, sie ist am Brillengestell abzulesen.

Die Kreuzzylindermethode läuft also darauf hinaus, daß die drei Veränderlichen einer astigmatischen Korrektur immer mehr auf den richtigen Wert hin eingeengt werden. Sowohl Zylinderstärke als auch die Hauptschnittrichtung schwanken während der Untersuchung wie eine Waage, die sich auf den richtigen Wert einspielt. Dabei kann es nun insbesondere bei der Prüfung der Achsenlage geschehen, daß von einer bestimmten Achsenlage aus bald die eine und ein andermal die andere Stellung des Kreuzzylinders als besser angesehen wird. Man befindet sich dann innerhalb der Fehlerbreite der Meßmethode und hat dann nur noch zu prüfen, ob man sich hinsichtlich der beiden anderen Veränderlichen ebenfalls schon dort befindet. Dabei ist für das sphärische Äquivalent stets das beste *und* stärkste sammelnde Glas das richtige.

Hat man auf andere Weise schon einen Näherungswert für die Refraktion des Auges gewonnen, etwa durch eine der objektiven Untersuchungsmethoden, so wird die Kreuzzylindermethode in gleicher Weise angewandt, wobei man jedoch zu Beginn diesen Näherungswert der Refraktion in das Brillengestell setzt.

b) Die Zylindernebelmethode

Grundsätzlich anders als die Kreuzzylindermethode ist die Zylindernebelmethode, die ebenfalls der subjektiven Refraktionsbestimmung astigmatischer Refraktionsanomalien dient.

Im Gegensatz zur Kreuzzylindermethode werden hierbei erst die Refraktion *und* Achsenlage des einen Hauptschnittes aufgesucht und dann, indem dieser Hauptschnitt unverändert bleibt, die des anderen. Benötigt werden:

Ein vollständiger Satz sphärischer Gläser.

Ein Universal-Meßbrillengestell.

Ein vollständiger Satz Minus-Zylindergläser.

Eine Astigmatismus-Testfigur, entweder in Form der Snellenschen Sternfigur oder einer ähnlichen Strahlenfigur oder ein drehbarer Raubitschek-Schatten-Pfeil.

(Evtl. ist zur Nachkorrektur ein schwacher stabiler Kreuzzylinder zu verwenden.)

Die eigentliche Untersuchung erfolgt ohne Sehprobentafel zur Visusbestimmung, doch ist zur Vollständigkeit die Registrierung des Visus ohne und mit Korrektur immer zweckmäßig.

Ging die Kreuzzylindermethode davon aus, zunächst einen Astigmatismus mixtus zu erzeugen und diesen mit Kreuzzylinder auszukorrigieren, so geht die *Zylindernebelmethode* davon aus, zunächst einen *Astigmatismus myopicus simplex* zu *erzeugen und diesen* anschließend *mit Minus-Zylindern auszukorrigieren*.

Der Untersuchte blickt aus der üblichen Sehprobenentfernung, etwa 5 oder 6 m, auf eine Astigmatismus-Testfigur von der Form eines Raubitschek-Pfeils oder einer Sternfigur. Zunächst werden in das Brillengestell so lange sphärische Plus-Gläser zunehmender Stärke vorgesetzt, bis die ganze Figur unscharf und grau erscheint. Wird die Figur bereits ohne Gläser undeutlich gesehen und wird durch Vorsetzen von Sammelgläsern vor das Auge nicht deutlicher, so ist das Auge ohnehin schon „genebelt", und die „Nebelung" durch Plus-Gläser zunehmender Stärke kann unterbleiben. Man hat dann einen Astigmatismus myopicus compositus, im ersten Falle durch Gläser erzeugt, im zweiten Falle bereits gegeben.

In Stufen von 0,25, höchstens 0,5 dptr, werden nun die Stärken des vorgesetzten Plus-Glases vermindert, oder es werden, falls schon ohne Gläser Nebelung besteht, sphärische Minus-Gläser zunehmender Stärke in den gleichen Stufen vorgesetzt, bis in der Sternfigur eine Strahlrichtung deutlicher erscheint als die übrigen oder, bei Verwendung des Raubitschek-Pfeils, bis ein Stück dieses Pfeils schwärzer erscheint als der übrige Pfeil („Schatten").

Damit hat man einen Astigmatismus myopicus simplex erzeugt, man hat also einen Hauptschnitt mit Korrektur emmetrop gemacht. Es ist der schwächer brechende oder weniger myope Hauptschnitt. In diesem Hauptschnitt ist die wirkliche Refraktion nunmehr bekannt: Sie ist gleich der Stärke des vorgesetzten Glases. Die Richtung dieses Hauptschnittes steht auf der Richtung der stärksten

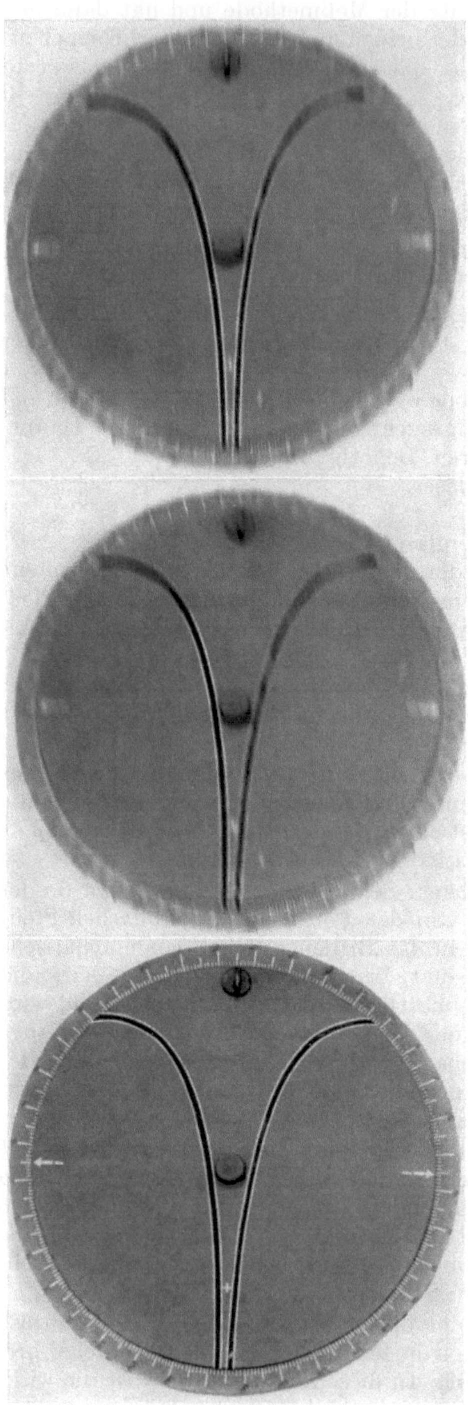

Schwärzung in der Testfigur senkrecht. (Wirksame Richtung steht senkrecht zur Brennlinie.)

Bei der Sternfigur ist diese Richtung der stärksten Schwärzung unmittelbar abzulesen, da diese Figuren mit Gradangaben versehen sind.

Am deutlichsten läßt sie sich mit Hilfe des Raubitschek-Pfeils einstellen. Dieser Pfeil muß drehbar angebracht werden und wird dann vom Untersucher nach den Angaben des Untersuchten so lange „vom Schatten weg" gedreht, bis sich der Schatten symmetrisch auf der Spitze verteilt. Dann zeigt die Pfeilspitze genau in die gesuchte Richtung, welche auf der Hauptschnittrichtung senkrecht steht. Sie kann am Rande des Pfeils auf einer Skala, auf welcher der Pfeil drehbar angebracht ist, abgelesen werden (Abb. 131). Von den drei Unbekannten zu Beginn der Untersuchung sind somit zwei gefunden, die Refraktion des einen Hauptschnitts und seine Richtung.

Handelt es sich bei dem zu korrigierenden Auge um einen Astigmatismus nach der Regel, dann ist somit der horizontale Hauptschnitt (als schwächer brechender) auskorrigiert, die Richtung der Schwärzung oder die Richtung des auf symmetrische Schwärzung eingestellten Raubitschek-Pfeils steht also senkrecht. Handelt es sich dagegen um einen Astigmatismus gegen die Regel, so ist nunmehr der vertikale (als schwächer brechen-

Abb. 131 a—c. Pfeilschattentest nach RAUBIT-SCHEK. a) Die Scheibe mit dem Pfeil ist auf einer festen Gradskala drehbar befestigt. Die beiden kleinen weißen Pfeile zeigen, wo die erforderliche Achse des Zylinderglases abgelesen werden muß. b) Aussehen des Pfeilbildes bei Astigmatismus myopicus simplex gegen die Regel; die obere Hälfte des Pfeils ist deutlich geschwärzt, die Richtung des Pfeils entspricht also nicht den Hauptschnittrichtungen des Astigmatismus. Die Pfeilscheibe muß „vom Schatten weg", also entgegen dem Uhrzeigersinn, gedreht werden. c) Die Pfeilspitze ist symmetrisch geschwärzt, der kleine weiße Pfeil zeigt die Tabo-Richtung der Achse an, in die der Zylinder bzw. der Astikorrekt in das Probierbrillengestell eingesetzt werden muß

der) Hauptschnitt auskorrigiert, und die stärkste Schwärzung an der Testfigur erscheint in der Horizontalen. Meist sind die Testfiguren mit einer Gradeinteilung markiert, die gegen das Tabo-Schema um 90° verdreht ist, so daß an der Richtung der stärksten Schwärzung die Richtung des im bisherigen Arbeitsgang richtig auskorrigierten Hauptschnitts abgelesen werden kann.

Die Richtung dieses Hauptschnitts wird nämlich für den zweiten Teil des Untersuchungsgangs von entscheidender Bedeutung: Der nunmehr bestehende Astigmatismus myopicus simplex wird mit Minus-Zylindergläsern so lange korrigiert, bis ein Unterschied in der Schwärzung der Teile des Pfeils oder der verschiedenen Strahlen nicht mehr festzustellen ist. Dabei hat man zu berücksichtigen, daß in dem Hauptschnitt, der im ersten Untersuchungsgang richtig korrigiert worden ist, die Korrektur nun nicht mehr geändert werden darf: Man hat also die Achse der vorzusetzenden Minus-Zylinder genau in die Richtung des nunmehr korrigierten Hauptschnitts bzw. senkrecht in die Richtung der stärksten Schwärzung auf der Testkarte zu legen.

Ist die richtige Korrektur gefunden, sind im allgemeinen alle Richtungen gleich schwarz. Meistens muß man dann von der sphärischen Korrektur noch 0,25 bis 0,5 dptr nachlassen, d. h. in negativer Richtung gehen, weil das durch Nebelung ermittelte Glas ein wenig überkorrigiert ist. Es kann indessen auch vorkommen, daß bei Anwendung dieses Untersuchungsganges am Ende nicht alle Richtungen gleich schwarz sind. Daher sollen verschiedene *Fehlermöglichkeiten und ihre Beseitigung* besprochen werden:

1. Am Schluß der Untersuchung mit zylindrischen Gläsern ist die stärkste Schwärzung senkrecht zur Richtung, in der nach Schluß des ersten Teils die stärkste Schwärzung war. Dann ist der Minus-Zylinder bereits zu stark, in der zweiten Hauptschnittrichtung ist ein leichter Astigmatismus hyperopicus entstanden, der durch Akkommodation korrigiert wird, wodurch aber die Einstellung im ersten Hauptschnitt verschlechtert wird.

2. Am Schluß der Untersuchung liegt die stärkste Schwärzung in einer Richtung im Winkel von etwa 45° bzw. 135° zur ursprünglich stärksten Schwärzung: Dann stimmt die Achsenlage des vorgesetzten Zylinderglases nicht ganz. Sie muß also ein wenig korrigiert werden.

3. Am Schluß der Untersuchung sind zwei aufeinander senkrecht stehende Richtungen deutlich schwärzer als alle übrigen. Hierbei kann es sich um eine Verwechslung mit der ersten Fehlermöglichkeit handeln, indem durch ein zu starkes Zylinderglas ein leichter Astigmatismus hyperopicus simplex entstanden ist und nun durch Akkommodation nacheinander die beiden aufeinander senkrechten Hauptschnittsrichtungen schwärzer gesehen werden als die übrigen. Durch die Eigentümlichkeit des Akkommodationsreflexes erscheint immer gerade der Hauptschnitt am deutlichsten, auf den sich die Aufmerksamkeit besonders richtet, so daß es wenig geübten Beobachtern leicht scheint, als ob beide Hauptschnitte gleich schwarz seien. Es kann sich aber auch darum handeln, daß infolge des komplizierten Aufbaus des im Auge gebrochenen Strahlenbündels dort tatsächlich bei optimaler Korrektur zwei Richtungen entstehen, in denen Linienelemente am deutlichsten abgebildet werden, also bei den Testfiguren die stärkste Schwärzung erreicht wird. Hier handelt es sich also um ein Phänomen, welches mit dem Astigmatismus innerhalb des Gaußschen Raumes und dem Sturmschen Conoid nicht mehr erklärt und damit auch durch Brillenkorrektur nicht mehr weiter beseitigt werden kann. In diesem Falle ist also der Astigmatismus optimal korrigiert, und es muß lediglich versucht werden, ob durch Reduzierung der sphärischen Korrektur noch eine Besserung zu erzielen ist. Man wird übrigens sehen, daß die Sehschärfe in solchen Fällen durchaus zufriedenstellend sein kann.

c) Die Pfeilschattenprobe nach Raubitschek in ihrer letzten Form

Eine Art Kombination der Kreuzzylindermethode mit der Zylindernebel-methode hat Raubitschek kürzlich unter Verwendung seines Pfeils und des Astikorrekt entwickelt:

Die Richtung des stärker brechenden Hauptschnittes wird mit Hilfe des dreh-baren Pfeils wie bei der Nebelmethode bestimmt. Sodann wird der Astikorrekt in richtiger Achsenlage eingesetzt und auf eine geschätzte Stärke eingestellt. Sollte dabei die Vernebelung zu stark werden, so muß mit dem sphärischen Glase etwas zurückgegangen werden. Anschließend wird die Pfeilfigur aus der richtigen Achsenlage um etwa 30° herausgedreht. War die Stärke des Zylinders im Asti-korrekt nicht richtig eingestellt, besteht also noch ein Astigmatismus, so zeichnet sich eine Stelle des Pfeils durch besondere Schwärzung aus. Diese Stelle ist jedoch von der Stärke des noch verbliebenen Astigmatismus abhängig. Man variiert nun durch Drehen der Stärkenschraube des Astikorrekts die Zylinderstärke, wobei die Stelle der stärksten Schwärzung am Pfeil hin und her wandert. Man läßt dabei den Schatten vom einen Ast des Pfeils auf den anderen überspringen und variiert so lange, bis beide Äste gleich schwarz erscheinen. Da der Pfeil sich in falscher Achsenlage befindet und der Astikorrekt in der richtigen, eine Veränderung der Hauptschnittlage also nicht mehr eintreten kann, tritt eine symmetrische Schat-tenstellung nur dann auf, wenn der Astigmatismus vollständig korrigiert ist.

8. Der Strahlenraum des ruhenden und des bewegten Auges

Der Strahlenraum des Auges ist durch Pupille und Gesichtsfeldgrenze be-stimmt. Für die optische Abbildung ist der größte Teil dieses Strahlenraumes unwesentlich, weil die Sehschärfe in der Peripherie der Netzhaut so gering ist, daß hier die undeutliche Abbildung, die durch die Lochkamerawirkung der Pupille im Zusammenspiel mit der sammelnden Wirkung des brechenden Systems zu-stande kommt, für die Verwertung durch das geringe Auflösungsvermögen in der Netzhautperipherie ausreicht.

Der Strahlenraum des Auges bestimmt natürlich auch die Begrenzung des Strahlenraums des aus Auge und Brillenglas bestehenden optischen Systems. Aus diesem Grunde konnte die Brillenoptik unter Berücksichtigung des Probier-brillenglases sowie die Umrechnungen von Probierbrillenglas auf das eigentliche Brillenglas als Teil der Optik des Gaußschen Raumes angewendet werden: Die Einführung der Netzhautbildfläche gestattet es außerdem, die Abbildung im Auge selbst, welche sich nicht den Gaußschen Abbildungsgesetzen fügt, unberück-sichtigt zu lassen und als gegebene Größe hinzunehmen (Abb. 115). Alle Berech-nungen hatten also zur Voraussetzung, daß das Auge mit dem Brillenglas ein neues optisches System bildet, in dem längs der Achse konstante Abbildungsbedin-gungen gelten. Voraussetzung für die Gültigkeit der Abbildungsbedingungen war lediglich die Zentrierung des Auges zum Brillenglas.

Nun besteht die Eigentümlichkeit des Sehvorganges (etwa im Gegensatz zum Abbildungsvorgang durch einen Photoapparat) gerade darin, daß das Auge ein optisches System ist, welches sich dauernd in Bewegung befindet. Ein Gegenstand in der Peripherie des Gesichtsfeldes, der unsere Aufmerksamkeit erregt, dort aber zu undeutlich abgebildet wird, wird „angesehen". Das heißt durch eine Blickbewe-gung des Auges wird „in einem Augenblick" dieser interessierende Gegenstand auf der Stelle des schärfsten Sehens der Netzhaut abgebildet. Der Mechanismus dieser Blickbewegungen ist von ungewöhnlicher Präzision; es überschreitet jedoch

Rahmen und Zielsetzung dieses Buches, näher darauf einzugehen. Der Sehvorgang
ist jedenfalls nur vom bewegten Auge aus zu verstehen, und diesem bewegten
Auge hat sich auch die Brillenoptik anzupassen. Anders bei den Haftgläsern:
Diese sitzen dem Auge mehr oder weniger fest auf und beteiligen sich dadurch
an jeder Augenbewegung. Indessen stehen diesem Vorteil doch immer noch so
viele Nachteile gegenüber, daß die Brille nach wie vor unter den Korrektionsmitteln der Fehlsichtigkeit den ersten Rang beansprucht.

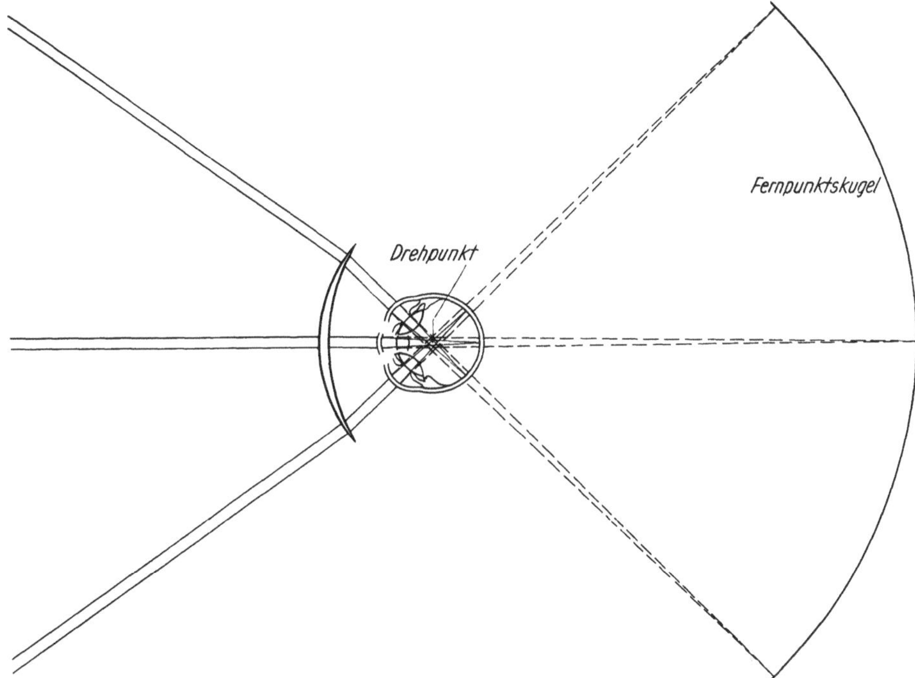

Abb. 132. Die Durchbiegung eines Brillenglases ist so berechnet, daß beim blickenden Auge für jedes durch den
Drehpunkt gehende Strahlenbündel der Astigmatismus schiefer Bündel nach der Brechung beseitigt ist (punktuell
abbildendes Glas)

Nun sitzt aber die Brille, durch ein Gestell auf Nasenrücken und beiden Ohren
befestigt, unbeweglich, und hinter der Brille bewegt sich das Auge um einen Drehpunkt, der etwa 13 mm hinter dem vorderen Hornhautscheitel gelegen ist. Bei
der Bewegung des Auges um seinen Drehpunkt beschreibt der Fovea-Bildpunkt
eine Kugelfläche, deren Mittelpunkt im Drehpunkt gelegen ist; sie wird allgemein
als „Fernpunktkugel" bezeichnet, in Fortführung unserer bisherigen Terminologie
können wir sie auch als Fovea-Bildpunkt-Kugel bezeichnen. Das Brillenglas für
das bewegte Auge hat somit die Aufgabe, einen fernen oder auch nahe gelegenen
Gegenstand in die Fernpunktskugelfläche anastigmatisch abzubilden; die Aperturblende des Strahlenraumes des Auges, die Pupille, wird hierbei selbst bewegt,
so daß sie keine klare Bündelbegrenzung bildet (Abb. 132).
    Eine reelle Bündelbegrenzung liegt für das Brillenglas eigentlich überhaupt
nicht vor. Das Zentrum einer solchen Bündelbegrenzung muß jedenfalls im Drehpunkt des Auges gelegen sein, welcher für das bewegte Auge die Rolle eines Projektionszentrums übernimmt. Da wir die Eigenschaften des Astigmatismus bzw.
des Freibleibens von Astigmatismus („Anastigmatismus") indessen ohne weiteres
formal auch für Strahlen (nicht Strahlenbündel) definieren können — es handelt

sich einfach um die Frage, ob ein Strahl an einer oder an zwei verschiedenen Stellen von seinen nächstliegenden Strahlen geschnitten wird —, können wir die Forderung an ein Brillenglas für das blickende Auge dahingehend definieren, daß *alle Strahlen, welche durch das Brillenglas gebrochen werden und auf der Bildseite des Brillenglases durch den Drehpunkt des Auges gehen, vom Astigmatismus schiefer Bündel befreit sein müssen.* Man nennt solche Brillengläser seit GULLSTRAND *punktuell* abbildend.

Eine derartige Forderung läßt sich nun praktisch immer nur näherungsweise verwirklichen, zumal als weitere Einschränkung hinzukommt, daß der Hornhautscheitelabstand stets 12 mm betragen soll, der Drehpunkt also 25 mm hinter dem hinteren Brillenglasscheitel liegen muß.

9. Prismatische Gläser und ihre Einteilung

Gläser, die durch zwei Ebenen begrenzt werden, welche einen spitzen Winkel miteinander einschließen, heißen prismatische Gläser. Solche Gläser haben die Eigenschaft, Parallelstrahlenbündel so zu brechen, daß sie das Glas wieder als Parallelstrahlenbündel verlassen, wenn auch in anderer Richtung.

Homozentrische Strahlenbündel dagegen unterliegen grundsätzlich den gleichen Änderungen, denen sie bereits bei der Brechung an einer Ebene unterliegen, d. h. sie werden nach der Brechung astigmatisch; liegen sie in der Ebene, welche auf der brechenden Kante, das ist die Schnittkante der beiden brechenden Ebenen, senkrecht steht, also einer Ebene, die bei beiden Brechungen Einfallsebene ist, so sind die gebrochenen Strahlenbündel astigmatisch mit einer Symmetrieebene, liegen sie in einer anderen Ebene, so hat der Astigmatismus keine Symmetrieebene.

Strahlen, die ein Prisma symmetrisch durchsetzen, d. h. so, daß der Einfallswinkel an der ersten und der Ausfallswinkel an der letzten Fläche bis auf die Vorzeichen gleich sind, durchsetzen das Prisma im *Minimum der Ablenkung* (Abb. 133).

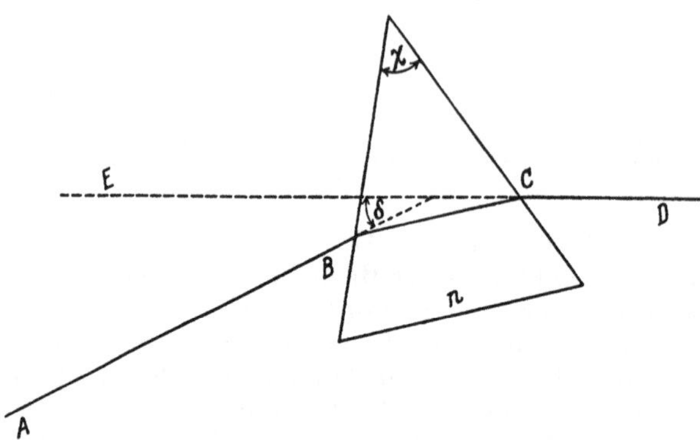

Abb. 133. Der Strahl $ABCD$ durchsetzt das Prisma im Minimum der Ablenkung. CE rückwärtige Verlängerung des gebrochenen Strahls. Ein in Richtung A gelegener Gegenstand erscheint also beim Blick durch das Prisma in Richtung E verschoben. Beim Brechungsindex $n = 1{,}5$ beträgt der Winkel der Ablenkung δ die Hälfte des Winkels der brechenden Kante χ (nach v. ROHR und BOEGEHOLD)

Für solche Strahlen ist der Vergrößerungskoeffizient im Projektionszentrum, welches beliebig, am einfachsten aber im Incidenzpunkt einer brechenden Fläche gewählt werden kann, $= 1$, da $\cos i = \cos - i$, sofern es sich um die Abbildung von Linienelementen handelt, welche innerhalb der gemeinsamen Einfallsebene (beispielsweise der Zeichenebene) gelegen sind bzw. um Abstände von Linien, die zu dieser Ebene senkrecht stehen. Für Linienelemente, welche parallel zur brechenden Kante verlaufen, ist der Vergrößerungskoeffizient ohnehin 1.

Dies ist freilich immer nur für einen ganz kleinen Teil der Strahlen möglich, welche ein Prisma durchsetzen. Ein weit geöffnetes homozentrisches Strahlenbündel kann von einem Prisma nicht überall im Minimum der Ablenkung gebrochen werden, ja nur ein kleiner Teil der Strahlen wird überhaupt innerhalb der gemeinsamen Einfallsebene verlaufen. Da somit das Zentrum eines homozentrischen Strahlenbündels durch ein Prisma mit erheblichen Fehlern abgebildet wird, läßt eine Projektion, welche durch ein derart abgebildetes Projektionszentrum vermittelt wird, eine erhebliche Verzerrung erkennen.

Aber so, wie die übrige geometrische Optik mit Hilfe von Näherungen durchgeführt wird, kann auch die Optik prismatischer Gläser durchgeführt werden, wenn man sich auf Strahlen beschränkt, die nur wenig gegen die gemeinsame Einfallsebene geneigt sind und das Glas praktisch im Minimum der Ablenkung durchsetzen. Es handelt sich also um ein Analogon zur Gaußschen Optik, welches natürlich nur für kleine Kantenwinkel mit einiger Genauigkeit durchgeführt werden kann.

Die Bezeichnungsweise für prismatische Gläser ist recht vielfältig, und es empfiehlt sich, sich wenigstens grundsätzlich mit den wichtigsten Bezeichnungen vertraut zu machen.

Prismen werden eingeteilt nach dem

a) Winkel der brechenden Kante

Diese Bezeichnung ist freilich optisch am wenigsten zufriedenstellend, da die Ablenkung erst aus brechender Kante *und* Brechungsindex errechnet werden kann. Indessen besitzen die meisten für Brillenzwecke verwendeten optischen Gläser einen Brechungsindex von 1,53 oder abgerundet 1,5, so daß der Ablenkungswinkel gleich der Hälfte des Winkels der brechenden Kante ist, sofern man sich auf solche Winkel beschränkt, bei denen eine Vernachlässigung des Sinus gegen die Bogenlänge statthaft ist (Abb. 133).

b) Minimum der Ablenkung

Dieses beträgt, wie oben erwähnt, etwa die Hälfte des Winkels der brechenden Kante, wenn es im Gradmaß gemessen wird. Ein anderes Maßsystem für prismatische Ablenkungen ist *die Prismendioptrie* (prdptr).

Diese Bezeichnungsweise läßt eine gewisse Beziehung zu Gläsern mit gekrümmten Oberflächen, also sphärischen und astigmatischen Gläsern, erkennen. In einem sphärischen Glas werden ja die Lichtstrahlen ebenfalls aus ihrer Richtung abgelenkt. Schleift man daher ein sphärisches Glas so, daß seine optische Achse nicht durch die Mitte seiner Begrenzung geht, das Glas also *dezentriert* ist, so wird es in seiner Wirkung gleichbedeutend mit einer Kombination aus einem zentrierten sphärischen Glas und einem Prisma. Man bezeichnet daher die Ablenkung eines Lichtstrahls, welcher ein Glas von 1 dptr 1 cm von der optischen Achse entfernt durchsetzt, als 1 Prismendioptrie; ein Strahl, welcher ein Glas von n dptr d cm von der Achse entfernt durchsetzt, wird um $n \cdot d$ prdptr abgelenkt (Abb. 134).

Entsprechend gilt: *Die Dezentrierung eines Glases von n dptr um d cm ist gleichbedeutend mit einer zusätzlichen prismatischen Wirkung von $n \cdot d$ prdptr.*

c) Prismendioptrie und Zentradian

Es fehlt nun noch die Verbindung zwischen Prismendioptrie und der Ablenkung in unserem Gradsystem.

In der analytischen Geometrie werden Winkel nicht in Graden, sondern als Quotient der Bogenlänge zum Radius, also in dimensionslosen Zahlen, ausgedrückt.

Ein Winkel von 180° hat die Bogenlänge π, ein Winkel von 90° die Bogenlänge $\pi/2$. Von besonderem Interesse ist natürlich der Winkel, dessen Bogenlänge gleich dem Radius ist, der somit die Größe 1 hat und die Einheit dieses Maßsystems ist: Im

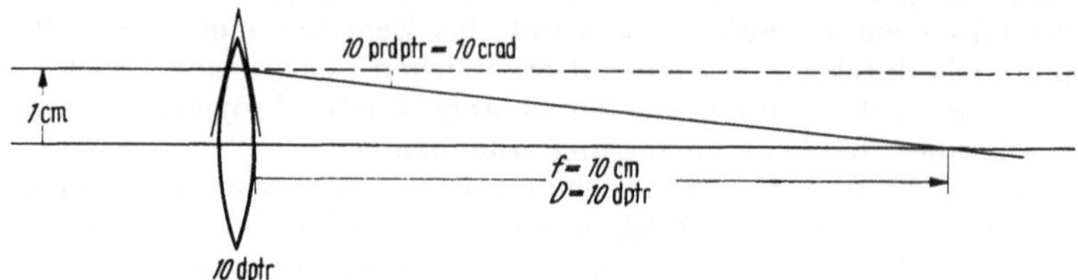

Abb. 134. Die Ablenkung eines Strahles in der Peripherie eines sphärischen Glases kann mit der Ablenkung durch ein prismatisches Glas verglichen werden und umgekehrt. Wird die Ablenkung des Strahls in prdptr ausgedrückt, so ist sie gleich dem Produkt der in cm gemessenen Exzentrizität und der in dptr gemessenen Brechkraft des Glases. Dementsprechend gilt für die Ablenkung eines Prismas der Satz: Ein Strahl wird um eine prdptr abgelenkt, wenn er 1 m hinter seiner Knickstelle um 1 cm seitlich verschoben wird. Die Abbildung läßt erkennen, daß beide Definitionen gleichbedeutend sind

Gradsystem hat er die Größe 180°: $\pi = 57{,}3°$. Dieser Winkel wird auch als Radian bezeichnet. Der hundertste Teil dieses Winkels, also 0,57° oder 34,4′, wird als Zentradian bezeichnet.

Ein Lichtstrahl, welcher eine Linse von 1 dptr 1 cm entfernt von der Achse achsenparallel durchsetzt, wird aber gerade um 1 Zentradian, nämlich den Winkel 1/100, abgelenkt, denn der gebrochene Strahl muß die Achse im Brennpunkt des Glases schneiden, und dieser ist 1 m vom Glas entfernt.

Da die Ablenkung im Längenmaß auf einer zur Richtung des nicht abgelenkten Strahles senkrecht stehenden Tafel gemessen wird, ist die Prismendioptrie „streng" genommen eine Tangens-Funktion, also derjenige Winkel, dessen Tangens 1/100 ist. Wie wir jedoch auf S. 22 gezeigt haben, ist das Verhältnis zwischen Tangens und Bogenlänge bei kleinen Winkeln nahezu 1. Wir haben deshalb „streng" in Anführungszeichen gesetzt, weil sich die Optik prismatischer Gläser und prismatischer Wirkungen grundsätzlich in den gleichen Fehlergrenzen bewegt wie die Optik des Gaußschen Raumes; die Berechnung der Prismendioptrie verliert in den Größenordnungen ihren Sinn, in denen das Verhältnis Tangens: Bogenlänge stärker von 1 abweicht, weil dann auch für die sphärischen Gläser die Gesetze des Gaußschen Raumes nicht mehr gelten.

Schließlich sei noch eine weitere Einteilung prismatischer Gläser bzw. Ablenkungen erwähnt:

d) Der Meterwinkel

Diese Bezeichnung verdankt ihre Entstehung dem Bedürfnis, der physiologischen Koppelung zwischen Akkommodation und Konvergenz auch durch ein Maßsystem Ausdruck zu geben. Das Maßsystem der Akkommodation ist die Dioptrie, die Akkommodation auf 1 m, welche besagt, daß das Auge seine Refraktion um 1 dptr ändern muß.

Beim binocularen Fixieren eines 1 m vor den Augen in der Mediansagittalen gelegenen Punktes muß jedes Auge eine kleine Drehung nach nasal vornehmen: Der Winkel, um den das Auge sich dabei nach innen drehen muß, ist der Meterwinkel.

Blickt ein emmetropes Augenpaar mit normalem Muskelgleichgewicht beider Augen (Orthophorie) und insbesondere normaler Koppelung von Akkommodation und Konvergenz durch eine Linse, deren Durchmesser also größer als der Pupillenabstand sein muß, so sieht es durch die Linse virtuell abgebildete Gegenstände in normalen Beziehungen zwischen Akkommodation und Konvergenz — es sieht eben einfach das virtuelle Bild binocular. Dabei bleibt freilich die Aberration der durch die Linsenperipherie abgelenkten Strahlenbündel unberücksichtigt. In einem solchen Fall ist die prismatische Ablenkung eines Hauptstrahles für jedes Auge, gemessen in Meterwinkeln, gleich der Brechkraft der Linse, gemessen in Dioptrien (Abb. 135).

Der Meterwinkel ist also eine vom Pupillarabstand abhängige Größe. Seine Beziehungen zur Prismendioptrie sind leicht aufzufinden: Multipliziert man die

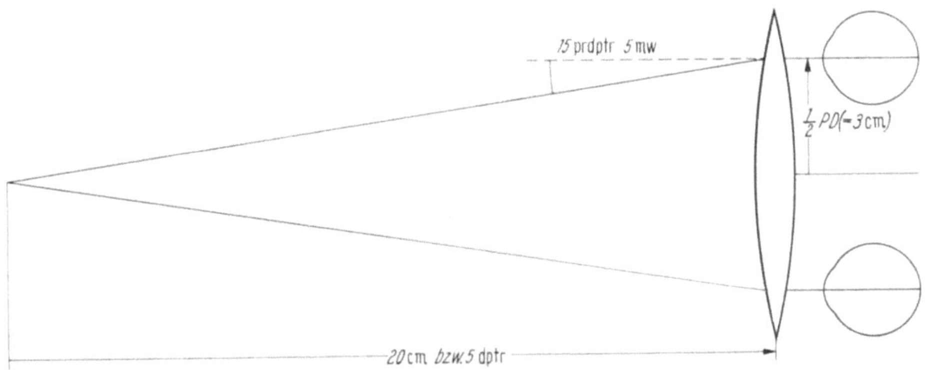

Abb. 135. *Die Beziehungen zwischen dptr, prdptr und Meterwinkel.* Der Meterwinkel ist in der Konvergenz des Doppelauges ein Analogon zur Akkommodation des Einzelauges. Wenn ein Augenpaar auf 1 m Entfernung konvergiert, so macht jedes Auge eine Einwärtsbewegung um einen Meterwinkel. Die Beziehungen zwischen Meterwinkel und prdptr werden durch eine große Linse veranschaulicht, welche symmetrisch vor beide Augen gesetzt wird. Dann ist die Ablenkung der beiden zu den Pupillen ziehenden Hauptstrahlen in Meterwinkeln gleich der Brechkraft der Linse in dptr. Die Ablenkung in Prismendioptrien (prdptr) ist gleich dem Produkt aus der Zahl der Meterwinkel (mw) und der halben in cm gemessenen Pupillendistanz

halbe in Zentimetern gemessene Pupillendistanz mit dem Meterwinkel (bzw. in unserem Beispiel mit der in Dioptrien gemessenen Linsenbrechkraft), so erhält man definitionsgemäß die prismatische Ablenkung in Prismendioptrien.

10. Der Einfluß der Brillenkorrektur auf das Doppelauge

Die Emmetropie stellt den „idealen" Refraktionszustand des Einzelauges dar. Ein solches Auge ist bei maximaler Akkommodationsentspannung, besser noch bei maximaler Fernakkommodation, so eingestellt, daß parallele Öffnungsstrahlenbündel auf der Netzhaut optimal vereinigt werden. Es besitzt im jugendlichen Alter zudem die Fähigkeit, durch Änderung seiner Linsenbrechkraft seine Refraktion in Richtung auf die Myopie zu verändern, d. h. Strahlenbündel mit negativer Vergenz auf seiner Netzhaut optimal zu vereinigen.

Sind bei einem emmetropen Augenpaar Akkommodation und Konvergenz so gekoppelt, daß die „Foveabildpunkte" beider Augen in allen Entfernungen zusammenfallen, so besteht der gleiche Idealzustand auch für das Doppelauge. Dieser Zustand wird als Orthophorie bezeichnet. Blickt ein solches Augenpaar in die Ferne, so stehen seine Sehachsen, d. h. die von den beiden Foveae ausgehenden Hauptstrahlen, parallel. Sie stehen auch dann parallel, wenn ein Auge abgedeckt wird, wenn also sensorische Reize zur Aufrechterhaltung der motorischen binokularen Koordination fehlen. Im allgemeinen ist die Akkommodation beider Augen streng gekoppelt: Auch ein abgedecktes Auge, welches keine akkommodativen Reize empfängt, erfährt die gleiche Refraktionsänderung durch Akkommodation wie das „führende" Partnerauge. Außerdem führt normalerweise das Augenpaar auch eine Konvergenzbewegung aus, wenn nur ein Auge zu einer akkommodativen

Einstellungsänderung gezwungen wird und das andere Auge abgedeckt ist: akkommodative Konvergenz.

a) Heterophorie

Weichen die Sehachsen der Augen bei Fehlen koordinierter binokularer Reize, also etwa bei Abdecken eines Auges, nach außen ab, so bezeichnet man diese Störung der *Ruhelage* als Exophorie (Abb. 136). Bei einem solchen Augenpaar

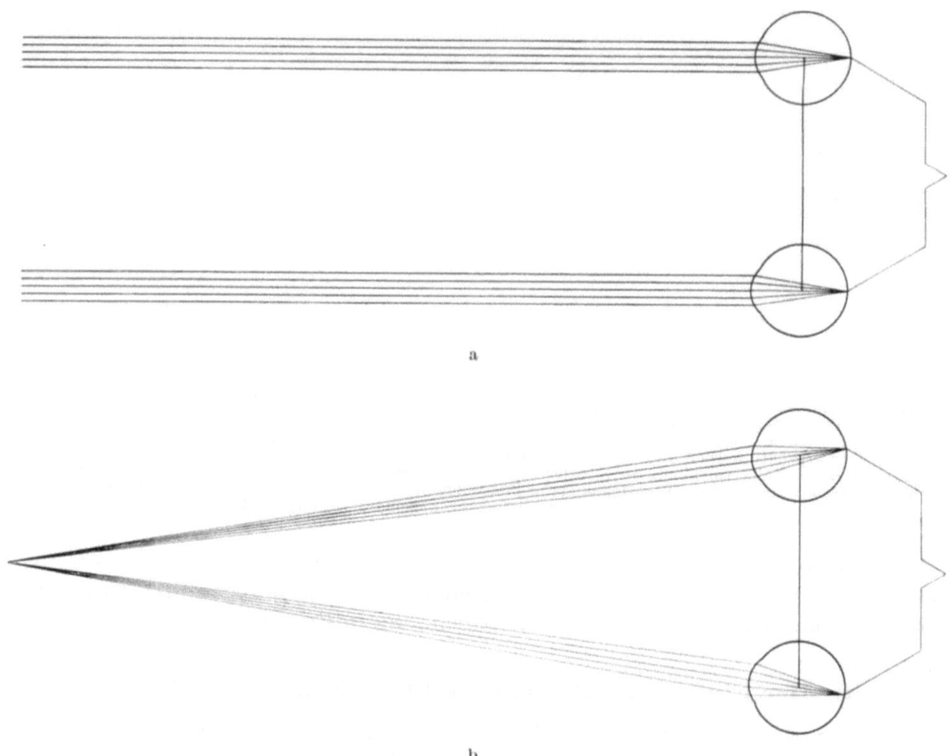

Abb. 136. Akkommodation und Konvergenz sind auf den gleichen Punkt eingestellt: Orthophorie
a beim Blick in die Ferne   b beim Blick in die Nähe

schneiden sich also die Sehachsen im Virtuellen hinter dem Auge. Die Exophorie des Doppelauges entspricht also in gewissem Sinne der Hyperopie des Einzelauges. Weicht hingegen ein Auge beim Fehlen binokularer Reize nach innen ab, ist das Doppelauge somit auf einen vor den Augen liegenden Punkt eingestellt, so wird diese Störung der Ruhelage als Esophorie bezeichnet. Die Esophorie entspricht also der Myopie des Einzelauges.

Wären Refraktionsanomalien mit den ihnen entsprechenden Störungen der Ruhelage gekoppelt, so müßte eigentlich jedes Augenpaar mit einem Gläserpaar korrigiert werden, welches als Ausschnitt aus einem großen, vor beiden Augen getragenen Glas aufgefaßt werden könnte. Dies ist jedoch fast nie der Fall.

Viel häufiger ist hingegen folgende Situation: Ein hyperopes Auge muß akkommodieren, um in die Ferne deutlich zu sehen. Es besteht aber keine der Hyperopie analoge Exophorie, sondern bei maximaler Fernakkommodation annähernd eine Orthophorie. Refraktion und Ruhelage entsprechen also einander nicht. Mit der

Akkommodationsinnervation ist aber eine Konvergenzinnervation gekoppelt, die jedoch bei Vorhandensein binokularer Reize nicht zur Auswirkung kommen muß. Bei Kindern, bei denen das binokulare Sehen noch unvollkommen entwickelt oder aus ungeklärten Gründen gestört ist, kann diese mit der Akkommodation gekoppelte Konvergenzinnervation zur Esotropie, zum Einwärtsschielen führen.

Die Korrektur der Hyperopie durch ein Brillenglas wird hingegen eine etwa vorhandene Esophorie vermindern, weil der Zwang, die Akkommodation und damit die Konvergenz zu innervieren, wegfällt. Aus diesem Grunde spielt die Brillenverordnung nicht nur in der Behandlung der Heterophorien, sondern auch in der Therapie des Schielens eine große Rolle.

Während das hyperope Auge schon akkommodieren muß, um in der Ferne scharf zu sehen, kann das myope Auge auch bei maximaler Akkommodationsentspannung nur bis zu einer endlichen Entfernung vor dem Auge deutlich sehen. In dem akkommodativen Fernpunkt ist die akkommodative Konvergenz meist schon 0, es kommt lediglich unter dem Zwang des binokularen Sehens eine Konvergenz der Sehachsen zustande, die freilich in vielen Fällen durchaus genügt, um eine Orthophorie aufrechtzuhalten. Bei anderen hingegen reicht die Konvergenzinnervation nicht mehr aus, und beim Versuch, den akkommodativen Fernpunkt zu überschreiten, tritt eine zusätzliche Konvergenzentspannung auf. Daher neigen myope Augen öfters zur Exophorie und zum Strabismus divergens.

Untersuchung des binokularen Gleichgewichts: Diese Untersuchungsmethoden stellen insofern Modifikationen des sog. Abdecktests dar, als sie darauf abzielen, die binokulare sensorische Bildverschmelzung (sensorische Fusion) als Regelung der motorischen binokularen Einstellung vorübergehend auszuschalten und die Motorik dadurch „sich selbst" zu überlassen. Gleichzeitig verwenden sie jedoch die normale Netzhautkorrespondenz dazu, auf Grund der gewonnenen Sinneseindrücke ein Urteil über die Stellung der Augen zu erhalten. Eine normale Netzhautkorrespondenz ist also für die nun zu besprechenden Untersuchungsmethoden Voraussetzung, andernfalls dürfen sie nur in besonderen Modifikationen angewandt werden, die den Rahmen dieses Buches überschreiten.

Die bekannteste Methode ist der „*Maddox*-Stab", etwa sechs zylindrische Stäbchen von rund 2 mm Durchmesser, die mit parallelen Achsen in einem Brillenglasrahmen zusammengefaßt sind. Jedes dieser Stäbchen stellt optisch eine Zylinderlinse von einigen 100 dptr Brechkraft dar. Hält man diesen Stab dicht vor ein Auge und betrachtet damit eine punktförmige Lichtquelle, so erscheint diese zu einem senkrecht zu den Zylinderachsen verlaufenden Strich verzerrt. Man blickt nun mit dem einen Auge durch diesen Maddoxstab auf eine Lichtquelle, welche mit dem andern Auge direkt gesehen wird. Bei Orthophorie geht der Strich durch die Lichtquelle, bei Heterophorien seitlich daran vorbei, und zwar nach dem Grundsatz: „Gekreuzte Doppelbilder — ungekreuzte Sehachsen; ungekreuzte Doppelbilder — gekreuzte Sehachsen.

Die quantitative Untersuchung erfolgt am Tangentenschirm nach Maddox, einem Koordinatenkreuz. in dessen Mitte sich eine helle Lichtquelle befindet und an dem von der Mitte aus die Tangensfunktionen der Winkel $1-10°$, berechnet auf 5 m Abstand, sowie $1-40°$, berechnet auf 1 m Abstand, abgetragen sind. Sofern die erforderlichen Abstände bei der Untersuchung eingehalten werden, läßt sich also aus der Lage des Striches auf der (mit dem anderen Auge gesehenen) Tangentenskala die Größe der Heterophorie direkt ablesen.

Für die Prismenbrillenbestimmung ist jedoch ein anderes Verfahren zweckmäßiger und einfacher. Mit der sphärischen und zylindrischen Korrektur im Brillengestell betrachtet der zu Untersuchende im Dunkelzimmer eine Figur, die aus einem grünen Kreuz inmitten eines roten Kreises (oder umgekehrt) auf dunklem Grund besteht. Andere Dinge dürfen in dem Raum nicht erkennbar sein, um nicht die Fusion anzuregen. Vor dem einen Auge trägt der Prüfling ein rotes, vor dem anderen Auge ein grünes Filter, so daß jedes Auge nur eine der beiden Farben und damit eine der beiden Figuren erkennen kann. Bei Orthophorie liegt das grüne Kreuz trotzdem in der Mitte des roten Kreises. Ist dies nicht der Fall, so werden so lange Prismen vor ein oder beide Augen gegeben oder die vorhandenen Gläser so lange dezentriert, bis das Kreuz in der Mitte des Kreises erscheint. Die so gewonnene Brillenkorrektur kann dann unmittelbar verordnet werden.

Besonders bei älteren Personen treten solche Heterophorien nicht selten auf, und gerade bei ihnen kann deren Korrektur eine große Erleichterung bedeuten.

Schwieriger zu behandeln sind die Heterophorien, die nur in bestimmten Entfernungen auftreten, insbesondere die Insuffizienz der Konvergenz. Sie gehören jedoch schon in das eigentliche Gebiet der Bewegungsstörungen und sollen hier nicht weiter berücksichtigt werden.

b) Anisometropie und Aniseikonie

Besondere Probleme der binokularen Korrektur liegen bei höherer Anisometropie und bei Astigmatismus mit nicht übereinstimmender Hauptschnittlage vor. Eine alte Regel besagt, daß der Unterschied zwischen den Brillengläsern beider Augen nicht mehr als 3 dptr betragen soll. Hierüber lassen sich jedoch keine festen Regeln angeben, man muß vielmehr in jedem Fall eine Toleranzprobe vornehmen, die darin besteht, daß man die für zweckmäßig gehaltene Korrektur längere Zeit tragen läßt und sich danach richtet, ob irgendwelche Störungen in

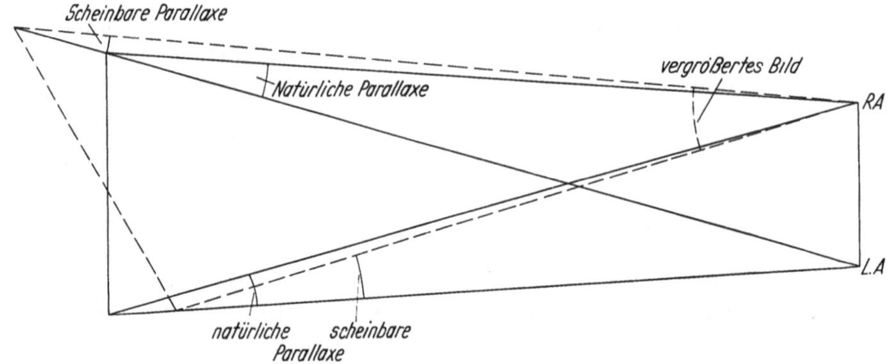

Abb. 137. Die Aniseikonie (optische oder sensorische Bildgrößenverschiedenheit zwischen rechtem und linkem Auge) führt zu Raumsinntäuschungen. Die Parallaxe seitlich gelegener Punkte wird auf der Seite des Auges mit dem vergrößerten Bild verkleinert, auf der Seite mit dem verkleinerten Bild vergrößert. Auf diese Weise scheint eine frontoparallele Ebene um eine Vertikalachse derartig verdreht, daß sie sich auf der Seite des größeren Bildes vom Auge zu entfernen, auf der Seite des kleineren Bildes dem Auge zu nähern scheint. Die Aniseikonie kann sich nur in der Richtung der Verbindungslinien der beiden Projektionszentren (Pupillen) auswirken, im allgemeinen also in horizontaler Richtung. Vertikale Linien erfahren durch die Aniseikonie keine Änderung ihrer Richtung. Die Wirkung der Aniseikonie auf schräge Linien kann man sich dadurch erklären, daß man sich die Linien nach dem Parallelogramm der Kräfte in vertikale und horizontale Komponenten zerlegt denkt, der räumliche Effekt tritt nur in bezug auf die horizontale Komponente auf

Form von Schmerzen oder Ermüdungsgefühlen auftreten. Als Ursachen für die Unverträglichkeit höherer Anisometropie-Korrekturen werden zwei Gründe aufgeführt:

1. Die unterschiedliche Netzhautbildgröße, auch Aniseikonie genannt. Der Begriff „Netzhautbildgröße" vermittelt hier allerdings nur eine unvollkommene

Näherungsvorstellung: Strenggenommen handelt es sich bei der Aniseikonie um eine ungleiche Sehgröße, die auch andere Ursachen als die ungleicher Netzhautbildgrößen haben kann. Der Zustand der „Iseikonie" hängt nämlich außer von der Netzhautbildgröße auch noch von der Verteilung der „Lokalzeichen" auf der Netzhaut, d. h. der „sehrichtungsgleichen" Sinneszellen ab. Liegen diese auf einem Auge dichter als auf dem anderen, so vermitteln sie auf dem einen Auge ein größeres „Sehbild". Trotzdem tritt das Aniseikonieproblem vorwiegend bei ungleicher Brillenkorrektur beider Augen in Erscheinung.

2. Während die Aniseikonie vorwiegend ein Problem des ruhenden Augenpaares ist, wird die andere Ursache für die Unverträglichkeit anisometroper Korrekturen in dem unterschiedlichen Bewegungsausmaß, welches das Augenpaar bei Blickbewegungen in die Peripherie auszuführen hat, gesehen. Hier wird also die unterschiedliche prismatische Wirkung, die Brillengläser unterschiedlicher Stärke bei gleichem linearem Abstand der Stelle des Strahlendurchgangs vom optischen Zentrum aufweisen, als Grund angeführt.

Jedoch besteht zwischen diesen beiden Ursachen kein prinzipieller Unterschied. Für die Sehrichtungen und damit auch für die Sehgrößen sind „Netzhautort" und „Stellungsfaktor" in gleicher Weise verantwortlich, der Unterschied besteht lediglich darin, daß im ersten Falle das Projektionszentrum des ruhenden Auges, im anderen Falle das Projektionszentrum des bewegten Auges, also der Augendrehpunkt, maßgeblich ist. Die bei Aniseikonie beschriebenen Raumverzerrungen sind nicht an das ruhende Auge gebunden, obwohl sie meist für dieses nachgewiesen sind.

Zumindest bei einseitigen Myopien kommt noch ein dritter Grund hinzu: Auch wenn beide Augen die gleiche Akkommodationsbreite haben, also der Nahpunkt beider korrigierter Augen die gleiche Entfernung hat, so ist damit noch nicht gesagt, daß auch in den mittleren Akkommodationsbereichen beide Augen stets gleichmäßig akkommodieren. Findet in diesen Bereichen, wie ich dies zeigen konnte, eine ungleiche Akkommodation statt, welche eine Verminderung der Anisometropie zur Folge hat, so bewirkt eine Vollkorrektur, daß nur in Fern- und Nahpunkt beide Augen gleichmäßig auskorrigiert werden, während in den Akkommodationsbereichen, in denen vor der Korrektur ein beschränkter akkommodativer Ausgleich stattgefunden hat, nun eine neue Anisometropie mit umgekehrten Vorzeichen stattfindet. Diese neue Anisometropie ist aber für den Patienten völlig ungewohnt. Daher ist es vorteilhaft, in solchen Fällen eine Vollkorrektur der Anisometropie erst allmählich anzustreben.

Einseitig hyperope Augen verfallen dagegen häufiger einer Amblyopie, weil hier für beide Augen ungleiche Wettstreitbedingungen herrschen: Da das hyperope Auge schon für die Ferne akkommodieren und für die Nähe seine Akkommodation noch zusätzlich beanspruchen muß, ist es stets bequemer, das emmetrope oder weniger hyperope Auge zu benutzen. Dann entsteht aber auf der Netzhaut des hyperopen Auges kein scharfes Bild, so daß sich dort leicht eine Amblyopie entwickelt.

Anders bei der einseitigen Myopie: Auch hier entsteht ohne Korrektur nicht auf beiden Augen zugleich ein scharfes Bild. Aber das myope Auge hat den Vorteil, in der Nähe ohne Akkommodation scharf zu sehen, so daß das Bild des emmetropen Auges unterdrückt wird, während beim Blick in die Ferne das Bild des myopen Auges unterdrückt wird.

Wenn bei einseitiger Hyperopie eine Amblyopie vorliegt, so bestehen keine Bedenken gegen eine Vollkorrektur. Das binokulare Sehen muß sich ja in solchen Fällen erst entwickeln, die Lokalzeichen sind weniger differenziert, so daß im allgemeinen keine Störung zu bemerken ist. Andererseits kann sich ein normales

Binokularsehen nur dann entwickeln, wenn beiden Netzhäuten gleichzeitig optisch vollwertige Bilder angeboten werden, d. h. also bei Vollkorrektur beider Augen. Ich habe einseitige Hyperopien bis zu 8 dptr voll auskorrigiert, ohne daß irgendwelche Störungen bemerkt worden wären.

Dies gilt jedoch nicht für einseitige Aphakien. Bei diesen liegt ja gewöhnlich ein voll entwickeltes Binokularsehen vor, so daß hier die Größenverschiedenheit der Netzhautbilder sehr stört.

Binokulare Brillenkontrolle. Nicht alle Anisometropien werden bei der gewöhnlichen Refraktionsbestimmung, welche eine monokulare Untersuchung jedes einzelnen Auges ist, aufgedeckt. Andererseits können unkorrigierte Anisometropien, auch geringen Ausmaßes, zu erheblichen Beschwerden Anlaß geben. Daher ist den monokularen Refraktionsbestimmungen eine binokulare Refraktionsbestimmung anzuschließen, wobei man zu untersuchen hat, ob mit der monokular ermittelten Korrektur auch mit beiden Augen zugleich deutlich gesehen werden kann. Ähnlich wie die Heterophorieprüfungen zielen auch diese Untersuchungen darauf ab, das beidäugige Sehen zumindest teilweise auszuschalten mit dem Ziel, die Bilddeutlichkeit auf beiden Augen unmittelbar miteinander zu vergleichen. Während also bei den Heterophorieprüfungen die Konvergenz mit der Akkommodation eines Auges verglichen wurde, werden bei diesen Untersuchungen Refraktion und Akkommodation des einen Auges mit denen des anderen verglichen.

Das einfachste Verfahren ist der *Turville-Trenner*. In etwa halbem Abstand zwischen Sehprobentafel und Auge — bei Beobachtung der Sehprobentafel über einen Spiegel auf demselben — wird ein senkrechter Streifen von der Breite des halben Pupillenabstandes, also 3 cm, angebracht. Dieser Streifen verdeckt für jedes Auge einen anderen Teil der Prüfzeichen, trotzdem sieht ein orthophores Augenpaar alle Prüfzeichen gleichzeitig. Bereits eine Anisometropie von 0,25 dptr wird daher bei diesem Verfahren dadurch deutlich, daß die beiden von je einem Auge gesehenen Teile nicht gleich deutlich gesehen werden — man hat dann so lange ungleiche Gläserkorrekturen vor beide Augen zusätzlich zu geben, bis die beiden Teile wieder gleich deutlich erscheinen.

Ein Nachteil dieses Verfahrens besteht darin, daß der Trenner selbst einen Konvergenzreiz abgibt, so daß die Einstellung auf die Sehprobentafel Schwierigkeiten bereiten kann.

Die Verwendung polarisierten Lichtes. Hierzu sind Sehproben erforderlich, die von hinten beleuchtet werden, oder solche, die durch einen Projektionsapparat auf einen Aluminiumschirm projiziert werden.

Diese Sehproben werden mit Polarisationsfolien bedeckt, deren Polarisationsebenen senkrecht zueinander stehen. Auf diese Weise ist das Feld der Sehproben unterteilt, die Unterteilung ist jedoch mit bloßem Auge nicht sichtbar. Als „Analysator" wird eine Polarisationsbrille benötigt, welche für jedes Auge eine Hälfte der Sehprobe auslöscht. Wieder werden die Sehproben bei Orthophorie in der gleichen Anordnung gesehen wie ohne Polarisationsbrille. Die Verwendung polarisierten Lichtes zur Prüfung des binokularen Gleichgewichtes erfolgt auch in solchen Sehprüfgeräten, in denen rote und grüne, von hinten beleuchtete Prüfzeichen dazu benützt werden, mit Hilfe der chromatischen Aberration eine Refraktionsprüfung ohne gleichzeitige Sehschärfeprüfung vorzunehmen.

Farbige Differenzierung. Schließlich können die Eindrücke beider Augen dadurch getrennt werden, daß komplementärfarbige (z. B. rote und grüne) Prüfzeichen mit entsprechenden Brillengläsern betrachtet werden. Auch dann wird jeweils ein Teil der Prüfzeichen für ein Auge ausgelöscht.

Auch hier sieht ein Augenpaar mit Orthophorie die Prüfzeichen mit und ohne Rot-Grün-Brille in gleicher Anordnung; liegt keine Orthophorie vor, so wird durch

Vorsetzen von Prismen oder Dezentrieren der Gläser versucht, Orthophorie herzustellen.

c) Astigmatismus und binokulare Korrektur

Bei binokularer Korrektur eines höheren Astigmatismus, bei dem die Hauptschnittlagen beider Augen nicht übereinstimmen, treten noch besondere Probleme auf. Hier kommt es bereits auf dem Einzelauge zu einer ungleichen Netzhautbildgröße in den verschiedenen Hauptschnittrichtungen, wie dies auf S. 188 geschildert wurde. Es ist leicht einzusehen, daß es stets die Richtung des stärker sammelnden Hauptschnittes eines Zylinderglases ist, deren Linienelemente auf der Netzhaut größer abgebildet werden.

Für die Bildgröße des unkorrigierten astigmatischen Auges ist analog zur Definition bei nichtastigmatischen Refraktionsanomalien der Abstand der Zentren bzw. der Leuchtdichtemaxima der jeweiligen Zerstreuungsfiguren maßgeblich. Wiederum interessiert uns nicht die Netzhautbildgröße an sich, sondern nur das Ausmaß ihrer Änderung durch die Brillenkorrektur.

Handelt es sich um die binokulare Korrektur eines Astigmatismus, bei dem die Hauptschnittlagen auf beiden Augen nicht übereinstimmen, so bewirken die monokular nur wenig störenden Bildverzerrungen bei der binokularen Fusion oft erhebliche Störungen derart, daß frontoparallele Flächen auf den Beobachter zu oder von ihm weg gekippt erscheinen.

Zu vermeiden sind derartige Störungen leider nur durch unvollständige Korrektur des Astigmatismus, evtl. auch durch geringe Änderungen der optisch optimalen Achsenlagen, so daß die endgültige Brillenverordnung in solchen Fällen meist einen Kompromiß zwischen der optimalen optischen monokularen Korrektur und dem binokular am besten vertragenen Gläserpaar darstellt.

Für den binokularen Feinabgleich erweist sich die Kreuzzylindermethode in Verbindung mit dem Astikorrekt der Zylindernebelmethode überlegen.

11. Optische Hilfen für Schwachsichtige

Bei den optischen Hilfen für Schwachsichtige können wir die Fernrohrbrillen von den Leselupen unterscheiden. Die praktischen Anwendungsmöglichkeiten der Fernrohrbrillen sind begrenzt, da eine stark herabgesetzte Sehschärfe oft mit einer Einschränkung des Gesichtsfeldes verbunden ist und jede anguläre Vergrößerung grundsätzlich eine ihr proportionale Gesichtsfeldverkleinerung bedingt. Daher kommen optische Sehhilfen für Schwachsichtige grundsätzlich nur dann in Frage, wenn die zentrale Sehschärfe zwar herabgesetzt, das periphere Gesichtsfeld aber nicht nennenswert eingeschränkt ist. Von sehr viel größerer praktischer Bedeutung als die Fernrohrbrillen sind die Lesehilfen für Schwachsichtige. Auch sie beruhen auf den unter V/4 beschriebenen Grundlagen und können also in zweierlei Weise wirken:

1. durch eine stärkere Annäherung des Beobachtungsobjektes an das Auge und
2. durch eine entsprechende Fernrohrvergrößerung oder Eigenvergrößerung der Sehhilfe.

Strenggenommen ist bei beiden Formen noch die durch den Hornhautscheitelabstand bedingte Vergrößerung mit zu berücksichtigen, die aus Gründen der Einfachheit vernachlässigt wird.

Die Möglichkeit, durch verstärkte Nahbrillengläser noch ein brauchbares Lesevermögen zu erzielen, ist nicht so bekannt, wie es die Einfachheit dieser Methode verdient. Für die Berechnung eines solchen Glases benötigt man außer der Refraktion des Auges seine Sehschärfe und die Sehzeichengröße, welche der Patient erkennen muß, ausgedrückt in „deutlicher Sehweite". Als Anhaltspunkt mag dienen, daß die übliche Typengröße der Schreibmaschinen etwa einer deutlichen Sehweite von 1 m (Nieden VII) entspricht. Wer noch über $^1/_{10}$ Sehschärfe verfügt, muß also eine derartige Schriftprobe auf 10 cm an sein Auge heranführen, um sie erkennen zu können. Hierzu benötigt er, falls keine eigene Akkommodation vorhanden ist, eine Nahkorrektur von etwa + 10 dptr. Als Grundregel für die erforderliche Nahkorrektur kann also folgende Formel gelten:

Der gesuchte Abstand ist das Produkt aus Sehschärfe und „deutlicher Sehweite" der erstrebten Schriftprobe. Die erforderliche Nahkorrektur (in dptr) ist dann der Reziprokwert des gesuchten Abstandes (in m).

Es ist vielfach üblich, einfache Lupen wie andere Sehhilfen für die Nähe nicht nach Dioptrien, sondern nach „Vergrößerung" zu bezeichnen. Eine derartige „Vergrößerung" bezieht sich stets auf die Bildgröße in der deutlichen Sehweite von 25 cm. Ein eigenes Akkommodationsvermögen wird dabei nicht berücksichtigt, so daß ein Glas von 4 dptr einer einfachen Vergrößerung entspricht, ein Glas von 10 dptr einer 2,5fachen Vergrößerung. Mit anderen Worten: *Die Lupenvergrößerung ist ein Viertel der Dioptrienzahl.* Bei derartigen Sehhilfen für Schwachsichtige ist eine Refraktionsbestimmung nur bei hochgradigen Refraktionsanomalien — und auch dann nur in Annäherung — erforderlich. Je stärker das vorgesetzte Glas in seiner Brechkraft ist, desto leichter lassen sich auch größere Fehlsichtigkeiten durch geringfügiges Hin- und Herschieben des Objektes ausgleichen. Astigmatische Refraktionsanomalien sind hier natürlich ausgenommen und müssen zusätzlich berücksichtigt werden, sofern ihre Korrektur eine Besserung der Sehschärfe erreicht.

Es möge bei dieser Gelegenheit gleich darauf hingewiesen werden, daß die Verordnung derartiger Sehhilfen für hochgradig Myope im allgemeinen sinnlos ist. Die Entfernung seines stark zerstreuenden Brillenglases bedeutet für den Myopen das gleiche wie für den Emmetropen das Vorsetzen eines Sammelglases entsprechender Stärke.

Leseabstände von weniger als 4 cm sind allerdings schon wegen der hierbei auftretenden Beleuchtungsschwierigkeiten kaum realisierbar. Eine 6fache Vergrößerung ist somit das äußerste, was mit einer einfachen Lupenbrille erreicht werden kann. Für stärkere Vergrößerungen sind optische Systeme mit stärkerer Eigenvergrößerung, also Fernrohrsysteme, welche optisch auf die Nähe eingestellt sind, erforderlich. Bei ihnen ist die erzielte Vergrößerung das Produkt der Eigen- oder Fernrohrvergrößerung mit der aus der Objektannäherung erfolgenden Vergrößerung.

Dem Vorteil der Möglichkeit eines größeren Arbeitsabstandes steht bei solchen Fernrohrsystemen der Nachteil einer Einschränkung des Gesichtsfeldes gegenüber.

Ein umfangreiches System solcher Sehhilfen für Schwachsichtige, welches Lupensysteme bis zur 8fachen Vergrößerung (also 3 cm Beobachtungsabstand) und Fernrohrsysteme mit bis 2,8facher Eigenvergrößerung enthält, hat neuerdings die englische Firma Keeler herausgebracht. Durch Systeme mit eingebauter Beleuchtung und fixierbarem Beobachtungsabstand werden auch noch größere Annäherungen ermöglicht.

Bis zu 5facher Vergrößerung (2,8fache Eigenvergrößerung bei 14 cm Beobachtungsabstand) werden sogar binokulare Sehhilfen ermöglicht, darüber hinaus ist wegen der großen binokularen Parallaxe nur eine monokulare Korrektur möglich. Bei den mittleren Vergrößerungen besteht ein großer Spielraum zwischen den Möglichkeiten größerer Annäherung oder größerer Eigenvergrößerung. Die Auswahl der geeigneten Sehhilfe hat hierbei neben der erforderlichen Vergrößerungswirkung vor allem die individuelle Arbeitsweise und die Ansprüche des Patienten zu berücksichtigen, so daß hier keine allgemein verbindlichen Richtlinien gegeben werden können.

Der Wert derartiger Sehhilfen ist vor allem für Patienten mit großem Zentralskotom, z. B. bei senilem Macularleiden, beachtlich, weil es nicht selten gelingt, solchen Patienten wieder die Möglichkeit zum Lesen, unter Umständen auch zum Schreiben, wiederzugeben.

12. Der Scheitelbrechwertmesser

Der Scheitelbrechwertmesser dient dazu, den hinteren (bei Bedarf auch den vorderen) Scheitelbrechwert eines Brillenglases rasch und exakt zu messen.

(Über die Bedeutung des hinteren Scheitelbrechwertes s. S. 146.)

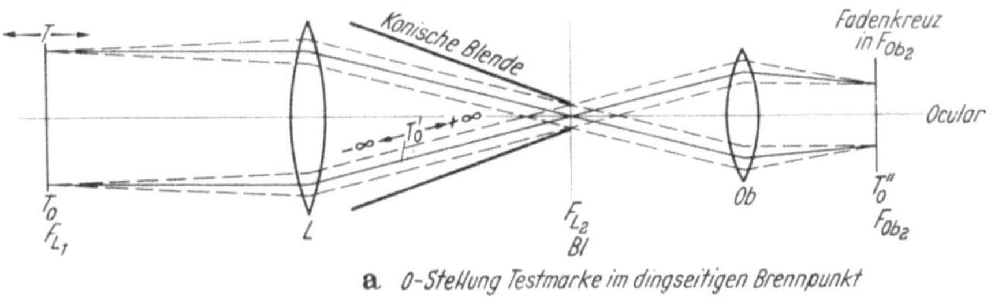

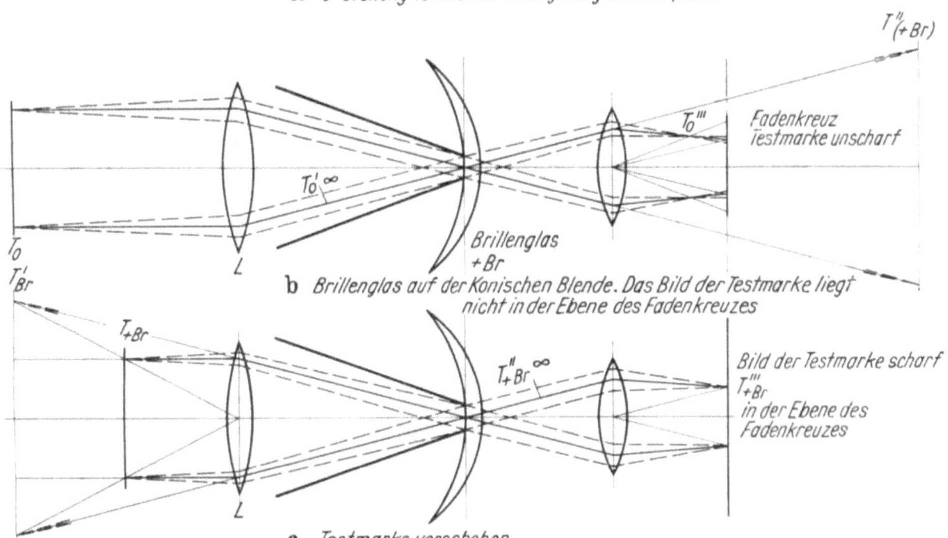

Abb. 138. Scheitelbrechwertmesser schematisch. (Das Okular ist der Übersicht halber nicht eingezeichnet.) a) 0-Stellung. Die Testfigur T liegt im dingseitigen Brennpunkt P_{L_1} der Linse L. Sie bildet die Testfigur im Unendlichen ab. Im bildseitigen Brennpunkt P_{L_2} der Linse L befindet sich eine konische Blende. Durch ein Objektiv Ob wird das im Unendlichen liegende Bild T_0' in der Brennpunktsfläche dieses Objektivs abgebildet. In dieser Brennpunktsfläche F_{Ob_2} befindet sich ein Fadenkreuz, welches der Untersucher scharf sehen muß, wenn er das Instrument auf das eigene Auge einstellt. Fadenkreuz und Bild der Testfigur liegen in einer Ebene und erscheinen somit gleichzeitig scharf. b) Auf die konische Blende Bl ist ein sammelndes Brillenglas +Br aufgelegt. Dadurch wird das im Unendlichen liegende Bild der Testfigur im bildseitigen Brennpunkt des Brillenglases abgebildet. (Bildseitig bezieht sich auf die Meßanordnung, nicht auf das Brillenglas im Gebrauch.) Dieser virtuelle Gegenstand T_{Br}'' wird durch das Objekt Ob vor seinem Brennpunkt abgebildet. Es wird daher nicht mehr mit dem Fadenkreuz zusammen scharf gesehen. c) Die Testfigur wird solange verschoben, bis ihr drittes Bild wieder in der Ebene des Fadenkreuzes liegt. Dann erzeugt das Brillenglas ein im Unendlichen gelegenes Bild, mithin liegt das von der Linse L entworfene Bild der Testfigur im dingseitigen (wiederum auf die vorliegende Maßanordnung, nicht auf das im Gebrauch befindliche Brillenglas bezogen) Brennpunkt des Brillenglases. Auf Grund der Newtonschen Abbildungsgleichungen ist die Verschiebung der Testfigur direkt proportional zum hinteren Scheitelbrechwert des Brillenglases

Eine leuchtende Testfigur befindet sich im objektseitigen Brennpunkt einer Linse L (Null-Stellung). Ihr im Unendlichen liegendes Bild wird durch ein schwach vergrößerndes Fernrohrsystem aufgefangen: Das Objektiv dieses Fernrohrsystems erzeugt in seinem Brennpunkt ein reelles, umgekehrtes Bild der Testmarke. Außerdem befindet sich im Brennpunkt des Objektivs eine Art Fadenkreuz, welches also in die gleichen Ebene wie das Bild der Testmarke zu liegen kommt. Fadenkreuz und Bild der Testmarke werden durch ein verstellbares Okular (vgl. S. 117) betrachtet. Der Beobachter muß vor Gebrauch das Okular auf seine eigene Refraktion einstellen, d. h. so, daß er das Fadenkreuz und die in der Null-Stellung befindliche Testmarke scharf sieht. Sind bei Null-Stellung der Testmarke Fadenkreuz und Testmarke nicht gleichzeitig scharf zu sehen, so ist das Gerät dejustiert und muß zur Reparatur eingeschickt werden (Abb. 140).

Im bildseitigen Brennpunkt der Linse L, also zwischen derselben und dem Fernrohrsystem, befindet sich eine konische Blende, in deren Mitte der hintere Scheitelpunkt des zu untersuchenden Brillenglases zu liegen kommt. Sofern es sich nicht um ein brechkraftloses Brillenglas („Planglas") handelt, liegt nun das Bild der Testmarke nach Brechung des Brillenglases nicht mehr im Unendlichen, erscheint also auch nicht mehr in der Ebene des Fadenkreuzes des Fernrohrs. Es liegt vielmehr im objektseitigen Brennpunkt des Brillenglases (wobei „objektseitig" sich auf den gewöhnlichen Gebrauch des Brillenglases bezieht), bei Sammelgläsern also als reelles Bild in der Richtung zum Beobachter, bei Zerstreuungsgläsern als virtuelles Bild in Richtung zur Testfigur. Durch eine Verschiebung der Testfigur selbst aus ihrer oben beschriebenen Null-Stellung kann jedoch ihr durch Linse L und Brillenglas entworfenes Bild wieder ins Unendliche und damit in die Fadenkreuzebene des Fernrohrsystems gebracht werden. Da sich der hintere Scheitelpunkt des Brillenglases im Brennpunkt der Linse L befindet, ist diese notwendige Verschiebung der Testmarke nach den Newtonschen Abbildungsgleichungen dem hinteren Scheitelbrechwert des Brillenglases proportional (Proportionalitätsfaktor ist das Quadrat der Brennweite der Linse L). Die Verschiebung der Testfigur kann an einer Skala abgelesen werden, welche in Dioptrien geeicht ist.

Bei astigmatischen Brillengläsern (vgl. S. 177) ist eine scharfe Abbildung der Testfigur nicht mehr möglich. Um auch ihre Messung zu ermöglichen, besitzt die Testfigur eine Form, die die Hauptschnittrichtungen des Astigmatismus leicht erkennen läßt, etwa die des Raubitschek-Pfeiles.

Sie ist außerdem um die optische Achse des Gerätes drehbar, so daß sie den Hauptschnittrichtungen des astigmatischen Glases angepaßt werden kann. Auf diese Weise werden die Brechkräfte eines astigmatischen Glases in beiden Hauptschnitten nacheinander abgelesen. Die Richtung der Striche, als welche die Punkte der Testfigur abgebildet werden, lassen die Richtung der zugehörigen Achsenlage des astigmatischen Glases erkennen.

Wird ein prismatisches Glas auf die Meßblende gebracht oder ist ein sphärisches bzw. astigmatisches Glas dezentriert, so erscheint das Bild der Testfigur nicht mehr zentral, sondern nach der Seite der Prismenbasis verschoben. Dies ist, abgesehen von meßbarer Eigenvergrößerung des Brillenglases, der einzige Fall, in dem auch eine Ablenkung der Hauptstrahlen durch das Brillenglas stattfindet.

VI. Die qualitativen optischen Untersuchungen des Auges

Diese sollen hier nur insoweit berücksichtigt werden, als sie mit optischen Mitteln erfolgen und geeignet sind, das Verständnis optischer Zusammenhänge zu erleichtern.

1. Die Inspektion mit freiem Auge bei diffusem Tageslicht

Sie ist die einfachste Untersuchungsmethode optischer Art. Inspektion der Lider und Bindehäute sind in diesem Zusammenhang ohne Interesse.

Die Inspektion der Hornhaut. Die gesunde Hornhaut hat eine spiegelglatte Oberfläche, die bei Betrachtung mit unbewaffnetem Auge annähernd als Kugelfläche imponiert. Das klare Parenchym läßt bei klarer Vorderkammer die dahinterliegende Iris ohne weiteres erkennen. Unser stereoskopisches Sehen erlaubt die Tiefe der Vorderkammer einigermaßen abzuschätzen, und eine Graufärbung im sonst schwarzen Pupillarbereich erlaubt Rückschlüsse auf eine Linsentrübung. Der hohe Entwicklungsstand der optischen Untersuchungsgeräte hat dazu geführt, daß diese einfachsten Methoden vielfach vernachlässigt werden. Ihre Beherrschung erleichtert aber dem Augenarzt die Arbeit, wenn er einmal solche Geräte nicht zur Hand hat.

Das Hornhautspiegelbild. Die Beurteilung der Hornhautoberfläche wird wesentlich erleichtert, wenn man ihre spiegelnde Eigenschaft mit einer kleinen Lichtquelle näher untersucht. Das Hornhautspiegelbild kann in zweierlei Weise verändert sein: Es kann durch eine unregelmäßige Krümmung verzerrt sein, ohne dabei seinen Glanz zu verlieren. Solche Veränderungen lassen auf eine intakte Epitheldecke schließen und machen einen akuten Krankheitsprozeß unwahrscheinlich. Die spiegelnde Fläche kann umgekehrt an umschriebenen Stellen oder insgesamt matt sein, ähnlich einem angehauchten Spiegel: Wir sprechen von hauchiger Epitheltrübung, wenn sie die ganze Hornhaut betrifft, von Infiltrat, wenn es sich um umschriebene Trübungen handelt. Dabei kann die Hornhautfläche ihre regelmäßige Krümmung behalten oder auch verlieren, ähnlich einem Spiegel, der sowohl bei glatter als auch gekrümmter Oberfläche hauchig oder spiegelglatt sein kann. Eine solche hauchige Hornhauttrübung läßt schon oft wichtige Rückschlüsse auf einen akuten Krankheitsprozeß zu.

Tiefere Hornhauttrübungen sind nur daran kenntlich, daß sie Iris und Pupille weniger deutlich erkennen lassen; eine Abgrenzung gegen Linsentrübungen wird daher im allgemeinen keine Schwierigkeiten bereiten, da letztere die Erkennbarkeit der Iriszeichnung nicht beeinträchtigt. Sollten Zweifel gegenüber einer zentral gelegenen Hornhauttrübung bestehen, so wird eine Seitwärtsbewegung des Untersuchers oder eine Blickbewegung des untersuchten Auges diese sofort beheben: Die Hornhauttrübung wird sich parallaktisch gegen die Pupille verschieben.

Die Inspektion des Auges läßt sich durch optische Hilfsmittel in zweierlei Weise erweitern:

1. Durch geeignete Beleuchtungsvorrichtungen,
2. durch vergrößernde Beobachtungssysteme.

Sämtliche qualitativen optischen Untersuchungsgeräte beruhen auf einer Kombination dieser beiden Mittel.

2. Die Beleuchtungsmethoden

a) Die Purkinje-Sansonschen Spiegelbildchen

Es wurde bereits darauf hingewiesen, daß die Beurteilung der Hornhautvorderfläche sehr erleichtert wird, wenn man ihre Eigenschaft als Spiegel zu Hilfe nimmt.

Als Lichtquelle genügt dabei eine kleine Taschenlampe oder ein von einer gewöhnlichen Glühbirne beleuchteter Augenspiegel. Bei dieser Untersuchungsanordnung kann man die Lichtquelle als Gesichtsfeldblende, die Pupille des Untersuchers als Eintrittspupille auffassen: Der größte Teil des zu untersuchenden

Objektes liegt außerhalb dieses „Strahlenraumes"; daher muß die Hornhaut mit der Lichtquelle gleichsam „abgetastet" werden, d. h. man führt die Lichtquelle vor dem Auge des Untersuchten so hin und her, daß ihr Spiegelbild dabei das gesamte Gebiet der Hornhaut durchwandert. Sowohl Mattigkeiten als auch Unregelmäßigkeiten der Oberfläche treten dann deutlich zutage.

Außer dem Hornhautspiegelbildchen erkennt man meist noch zwei weitere: das vordere und das hintere Linsenspiegelbildchen. Das erste ist aufrecht, sehr lichtschwach und etwas größer als das Hornhautspiegelbildchen, das letzte kleiner, umgekehrt und lichtstärker. Da Größe und Richtung der Bilder sich bei kleinen Lichtquellen nur schwer beurteilen lassen, führt man auch diese Untersuchungen zweckmäßig mit bewegter Lichtquelle durch: Man wird dann das hintere Linsenspiegelbildchen an seiner gegenläufigen Bewegung erkennen.

Vorderes und hinteres Linsenspiegelbildchen sind die einfachsten Hilfsmittel, um sich vom Vorhandensein oder Fehlen der Linse zu überzeugen. Denn sowohl bei Linsenlosigkeit (Aphakie) als auch bei Vorliegen einer sog. Cataracta nigra kann das Pupillargebiet schwarz sein und dem Untersucher auf den ersten Blick normale Linsenverhältnisse vortäuschen: bei Linsentrübungen fehlt das hintere Spiegelbild, bei Linsenlosigkeit fehlen beide. Das hintere Linsenspiegelbild der Linse beweist also stets das Vorhandensein einer klaren Linse.

Da ferner die Vergrößerung bzw. Verkleinerung durch ein optisches System Aussagen über dessen Größen erlaubt, lassen sich durch geeignete Meßverfahren aus der Verkleinerung der Spiegelbilder die Krümmungen der betreffenden Flächen errechnen. Hierauf beruhen alle sog. Ophthalmometer, bei denen außer dem Beleuchtungs- und Beobachtungssystem noch ein Meßsystem vorliegt und auf deren Aufbau wir weiter unten zu sprechen kommen werden.

b) Die fokale Beleuchtung

Eine weitere Möglichkeit, ausgewählte Teile der Hornhaut durch besonders intensive Beleuchtung auszusondern und damit besser zu beobachten, besteht in der fokalen Beleuchtung.

Eine seitlich des zu untersuchenden Auges stehende kleinflächige Lichtquelle wird mit Hilfe einer Sammellinse, am besten einer 13 dptr Spiegellupe, im Bereich der brechenden Medien abgebildet. Die Untersuchung wird zweckmäßigerweise im dunklen Raum vorgenommen. Trübungen in den brechenden Medien heben sich dann deutlich von der dunklen Umgebung als helle Stellen ab, ähnlich der Dunkelfeldbeleuchtung im Mikroskop. Wichtig ist bei dieser Art der Beleuchtung, daß man sich des Abbildungsvorgangs durch die Sammellinse bewußt bleibt: Die Lupe darf dem untersuchten Auge höchstens so weit genähert werden, daß ihr Brennpunkt auf die zu untersuchende Stelle fällt, also im Höchstfalle auf 7 cm. Da jedoch die abzubildende Lichtquelle gewöhnlich in endlicher Nähe liegt, wird man den Abstand der Lupe vom Auge noch größer wählen müssen: Läßt sich aus Raummangel die Lichtquelle nicht beliebig weit vom Auge entfernt aufstellen, so muß darauf geachtet werden, daß die kürzestmögliche Entfernung der Lichtquelle vom Auge gleich der 4fachen Linsenbrennweite ist. Hält man dann die Linse in die Mitte zwischen Lichtquelle und Auge, so liegen die Lichtquelle und ihr Bild jeweils im Abstand der doppelten Brennweite von der abbildenden Linse. Bei der 13 dptr-Linse wären dies also 30 cm.

Die fokale Beleuchtung wird heute nur noch gelegentlich dem Studenten gelehrt. Dem Augenarzt ist durch die Konstruktion der Gullstrandschen Spaltlampe ein Gerät in die Hand gegeben, in dem die fokale Beleuchtung durch Verfeinerung der Optik so vollendet wurde, daß sich mit ihm die brechenden Medien wie in einem histologischen Schnitt beobachten lassen; man spricht daher auch vom „optischen Schnitt" der Spaltlampe; in Verbindung mit einer entsprechenden Beobachtungsoptik ist diese Form der Biomikroskopie zu einem unentbehrlichen Bestandteil augenärztlicher Untersuchungstechnik geworden.

c) Die Spaltlampenbeleuchtung

Ihre höchste Vervollkommnung erreicht die fokale Beleuchtung in der Gullstrandschen Spaltlampe. In ihrer ursprünglichen Form wird eine Lichtquelle von großer und gleichmäßiger Leuchtdichte (Nernststäbchen) in einen regulierbaren Spalt abgebildet, um dort Streulicht zu eliminieren. Dieser als sekundäre Lichtquelle dienende Spalt wird durch eine aplanatische Ophthalmoskopierlupe in die

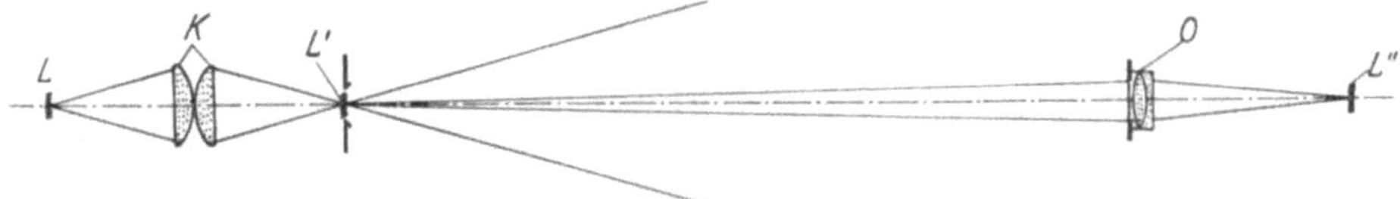

Abb. 139. Strahlengang in der Spaltlampe nach GULLSTRAND: Die Lichtquelle L wird durch den Kondensor K in L abgebildet und dort durch eine Blende vom Streulicht befreit. Durch ein zweites Linsensystem 0 wird das Lichtquellenbild L' zu dem sekundären Bild L'' abgebildet. L'' kommt bei der Untersuchung unmittelbar in das untersuchte Gewebe zu liegen, stellt also einen Querschnitt des „Spaltes" dar. Bei einer homogen leuchtenden Lichtquelle ist diese optische Anordnung durchaus befriedigend, nicht hingegen bei Glühlampen mit einer Wendel

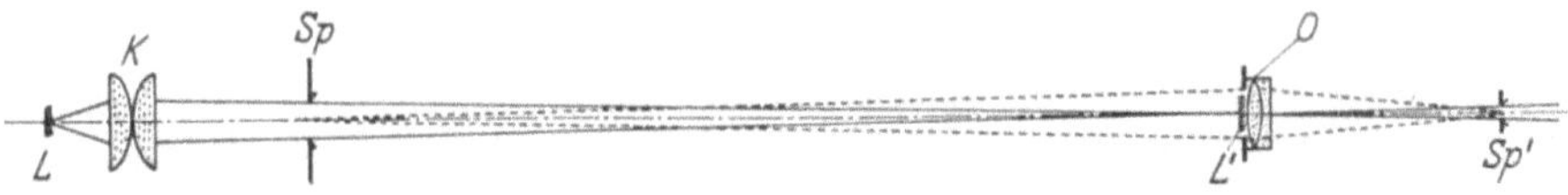

Abb. 140. Modifikation der Spaltlampe nach VOGT: Der Kondensor K erzeugt von der Lichtquelle L ein reelles Bild L' in unmittelbarer Nähe des Linsensystems 0. In unmittelbarer Nähe des Kondensors K befindet sich die spaltförmige Blende Sp. Durch das Linsensystem 0 wird diese Spaltblende Sp, welche homogen ausgeleuchtet ist, in Sp' abgebildet. Sp' wird jeweils in das zu untersuchende Gewebe geleitet

brechenden Medien des Auges abgebildet und erzeugt dort den bekannten „optischen Schnitt". Die Verwendung eines spiraligen Glühfadens machte später eine andere Anordnung erforderlich, da eine Abbildung desselben in die brechenden Medien des Auges einen Verzicht auf die gleichmäßige Ausleuchtung des Spaltes bedeutete. Daher änderte VOGT den Strahlengang dahingehend ab, daß er den eigentlichen regulierbaren Spalt in die Nähe der (ersten) Kondensorlinse brachte und durch eben diese Kondensorlinse die Lichtquelle in eine zweite, ebenfalls rechteckig abgeblendete Linse abbildete. Diese zweite Linse, welche der Ophthalmoskopierlupe nachgebaut war, bildet den gleichmäßig ausgeleuchteten primären Spalt nach außen ab, so daß dieses Bild in die brechenden Medien des Auges gerichtet werden kann (Abb. 139 und 140).

Diese Beleuchtungsanordnung wird heutzutage in allen handelsüblichen Spaltlampen angebracht.

3. Die Beobachtung mit optischen Hilfsmitteln

Die Beobachtung des Auges mit optischen Hilfsmitteln verfolgt zwei verschiedene Ziele:

Bei den vorderen, auch der unmittelbaren Untersuchung zugänglichen Bulbusabschnitten dient sie lediglich dazu, eine stärkere Vergrößerung des Beobachtungsobjektes zu ermöglichen und so Einzelheiten sichtbar zu machen, die dem unbewaffneten Auge wegen ihrer geringen Größe sonst verborgen bleiben. Darüber hinaus dient sie in Verbindung mit den entsprechenden Beleuchtungseinrichtungen dazu, auch solche Teile des Auges sichtbar zu machen, welche der unmittelbaren Beobachtung überhaupt nicht zugänglich sind, nämlich den Kammerwinkel und den Augenhintergrund. Im folgenden soll zunächst lediglich von den vergrößernden Hilfsmitteln die Rede sein, während die Untersuchung des Kammerwinkels und des Augenhintergrundes eigenen Kapiteln vorbehalten ist.

a) Die Lupe

Das optische Prinzip der Lupe, die nichts weiter als ein besonders starkes Leseglas ist, wurde bereits auf S. 116 geschildert. Die Vergrößerung einer Lupe errechnet sich lediglich aus der Annäherung, die sie gegenüber der „deutlichen Sehweite" von 25 cm ermöglicht, sie beträgt daher auch ein Viertel ihres Dioptrienwertes (vgl. S. 98). Für die Untersuchung des Auges eignen sich besonders die sog. Einschlaglupen bis zu 10 facher Vergrößerung, die oft aus 2—3 Einzellupen bestehen, so daß zugleich auch geringere Vergrößerungen mit dem gleichen Instrument möglich sind. Diese Lupen können bequem in der Tasche getragen werden. Wegen des bei zunehmender Stärke abnehmenden Glasdurchmessers, innerhalb dessen eine einigermaßen unverzerrte Abbildung möglich ist, hat eine Lupe stets nur begrenzte Leistungsmöglichkeiten. Bereits eine 10 fache Vergrößerung ist mit sehr beschränktem Gesichtsfeld und erheblichen Randfehlern behaftet, so daß es damit nicht mehr möglich ist, das ganze Auge zu übersehen.

b) Hornhautmikroskop

Zur Beobachtung des von der Spaltlampe beleuchteten Auges dient ein nach dem Prinzip des Keplerschen Fernrohres gebautes binokulares Prismenmikroskop. — Der Unterschied zwischen Fernrohr und Mikroskop besteht vorwiegend im unterschiedlichen Abstand des Objekts vom Objektiv, wobei das Spaltlampenmikroskop eine Zwischenstellung zwischen Mikroskop und Fernrohr einnimmt. Das allen dreien gemeinsame Prinzip besteht darin, daß ein von einem Objektiv entworfenes reelles umgekehrtes Bild nach erneuter Umkehr (d. h. somit Aufrichtung) durch ein Prismensystem durch ein Okular vergrößert betrachtet wird.

Besitzt dieses Mikroskop eine 16 fache Vergrößerung wie etwa bei der Spaltlampe von CARL ZEISS, Oberkochen, so bedeutet dies nach der Definition auf S. 98, daß ein Auge, welches durch dieses Mikroskop beobachtet wird, unter einem Winkel gesehen wird, der 16 mal so groß ist wie der Winkel, unter dem das gleiche Auge aus einer Entfernung von 25 cm ohne optische Hilfsmittel gesehen wird. Um darüber hinaus noch einige andere, stärkere und schwächere Vergrößerungen verfügbar zu haben, ist in den Strahlengang zwischen Objektiv und Okular ein sog. Optovar eingebaut.

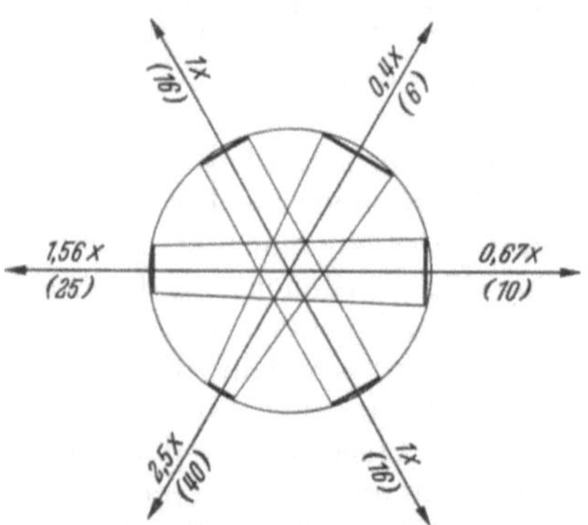

Abb. 141. Optisches Prinzip des „Optovar": In den Strahlengang eines Mikroskopsystems mit 16 facher Vergrößerung ist eine sechseckige Trommel eingeschaltet, welche in einer Richtung den Strahlengang ungehindert durchläßt (1). In den beiden anderen Richtungen befindet sich je ein galiläisches Fernrohrsystem mit 1,56 bzw 2,5 facher Vergrößerung, welche im umgekehrten Strahlengang dann eine 0,67 bzw. 0,4 fache Vergrößerung haben. Zusammen mit der 16 fachen Mikroskopvergrößerung resultiert daraus eine 25- und 40 fache, und in den zugehörigen umgekehrten Strahlengängen eine 6- und 10 fache Vergrößerung

Das ist ein im Querschnitt sechseckiges, um seine Mitte drehbares Gerüst, in welches zwei afokale Vergrößerungssysteme vom Typ eines Galiläischen Fernrohres eingebaut sind. Je zwei gegenüberliegende Sechseckseiten enthalten Konvex- und Konkavlinse eines solchen Systems, im dritten Paar der gegenüberliegenden Seiten ist nur je eine Blende eingelassen; wenn dieses Blendenpaar in den Fernrohrstrahlengang gebracht wird, kommt die 16fache Originalvergrößerung des Instrumentes zum Ausdruck (Abb. 143). In das zweite Seitenpaar ist ein 1,6fach, in das dritte Seitenpaar ein 2,5fach vergrößerndes System eingebaut, welche je nach Bedarf in den Strahlengang eingeschaltet werden können, wobei jedes System zudem in beiden Richtungen, d. h. vergrößernd oder verkleinernd, wirken kann. Wird also die 16fache Vergrößerung noch zusätzlich um das 1,6fache vergrößert, so ist die Gesamtvergrößerung etwa 25fach. Wird hingegen das gleiche System umgekehrt, also 1,6fach verkleinernd, eingeschaltet, so ist die Gesamtvergrößerung des Gerätes 10fach. Entsprechend bewirkt das 2,5fach vergrößernde System eine 40fache (16 × 2,5) bzw. eine 6fache (16:2,5) Vergrößerung des Gesamtsystems.

Man kann übrigens an diesem Gerät besonders schön die Bedeutung der Pupillen erkennen: Die Eintrittspupille ist das Bild der unmittelbar hinter dem Objektiv gelegene Optovarblende bzw. das von dem gemeinsamen Objektiv entworfene Lupenbild dieser Blende. Dabei hat das Objektiv eine so große Öffnung, daß es die Strahlen zunächst für beide Beobachtungsstrahlenräume gemeinsam bricht. Erst durch die beiden Optovarblenden findet dann eine Art geometrischer Bündelteilung statt. Die Austrittspupille ist wenige Millimeter hinter dem Okular reell darstellbar; man beleuchtet zu diesem Zweck das Mikroskop von der Objektivseite mit einer großflächigen Lampe, welche dicht an das Objektiv herangebracht wird. Nur die zum „Strahlenraum" des Instrumentes gehörigen Strahlen werden durchgelassen und treten auf der Okularseite aus. Man erkennt leicht die Austrittspupille als stärkste Einschnürung (und auch als optisches Bild der Eintrittspupille) des Strahlenbündels hinter dem Okular. Schaltet man nun nacheinander die verschiedenen Optovarstellungen ein, so erkennt man leicht bei der stärksten Vergrößerung die größte Eintritts- und kleinste Austrittspupille, während es bei der schwächsten Vergrößerung umgekehrt ist.

Die Darstellung solcher Strahlenräume mit Zigarettenrauch oder einem bewegten Papier erleichtert das Verständnis der optischen Geräte (Abb. 144).

Hornhautmikroskope werden heute fast ausschließlich in Verbindung mit der Spaltlampenbeleuchtung benutzt. Meist sind an derartigen Spaltlampengeräten zusätzliche Beleuchtungseinrichtungen angebracht, die außerdem noch eine diffuse Beleuchtung ermöglichen.

Diese Kombination, von der im folgenden Kapitel ausführlicher zu sprechen sein wird, darf jedoch nicht darüber hinwegtäuschen, daß in der üblichen „Spaltlampe" zwei voneinander unabhängige und getrennt benutzbare Instrumente vereinigt sind: eine Spaltlampe im engeren Sinne und ein Hornhautmikroskop.

c) Die Kombination von Beleuchtung und Beobachtung in den Spaltlampengeräten[1]

Außer der vorzugsweise angewandten Methode des optischen Schnittes erlaubt die Spaltlampe auch noch einige andere, weniger bekannte Untersuchungsarten, die die Untersuchung im optischen Schnitt in wertvoller Weise ergänzen können.

An erster Stelle seien hier die Spiegelbezirke genannt:

Wir hatten bereits auf S. 25 gezeigt, daß bei allen Flächen, welche eine Zwischenstellung zwischen einer diffusen Reflexion und einer idealen Spiegelung einnehmen (und das tun fast alle Flächen in unterschiedlichem Maße), Einzelheiten ihrer Oberflächenstruktur dann am besten sichtbar werden, wenn die betreffenden

---

[1] S. a. A. Vogt. Lehrbuch und Atlas der Spaltlampenmikroskopie des lebenden Auges, 1. Teil. Berlin Springer 1930

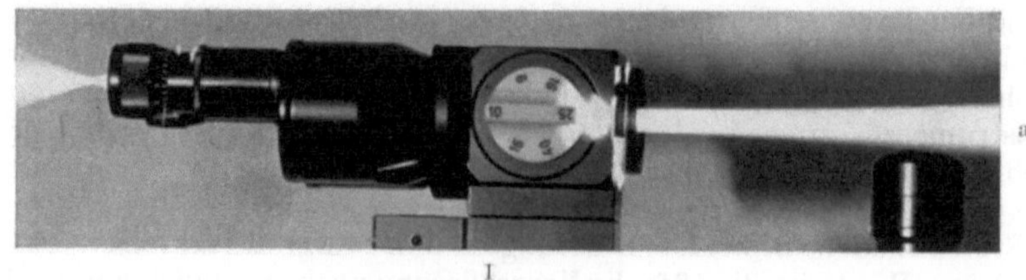

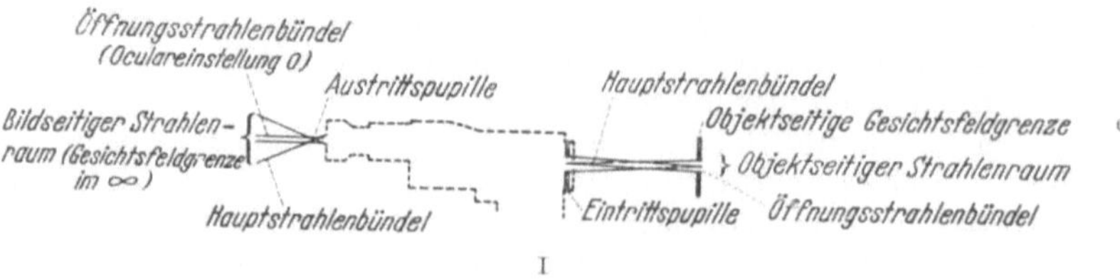

Abb. 142 a—c. Erläuterungen auf Seite 224

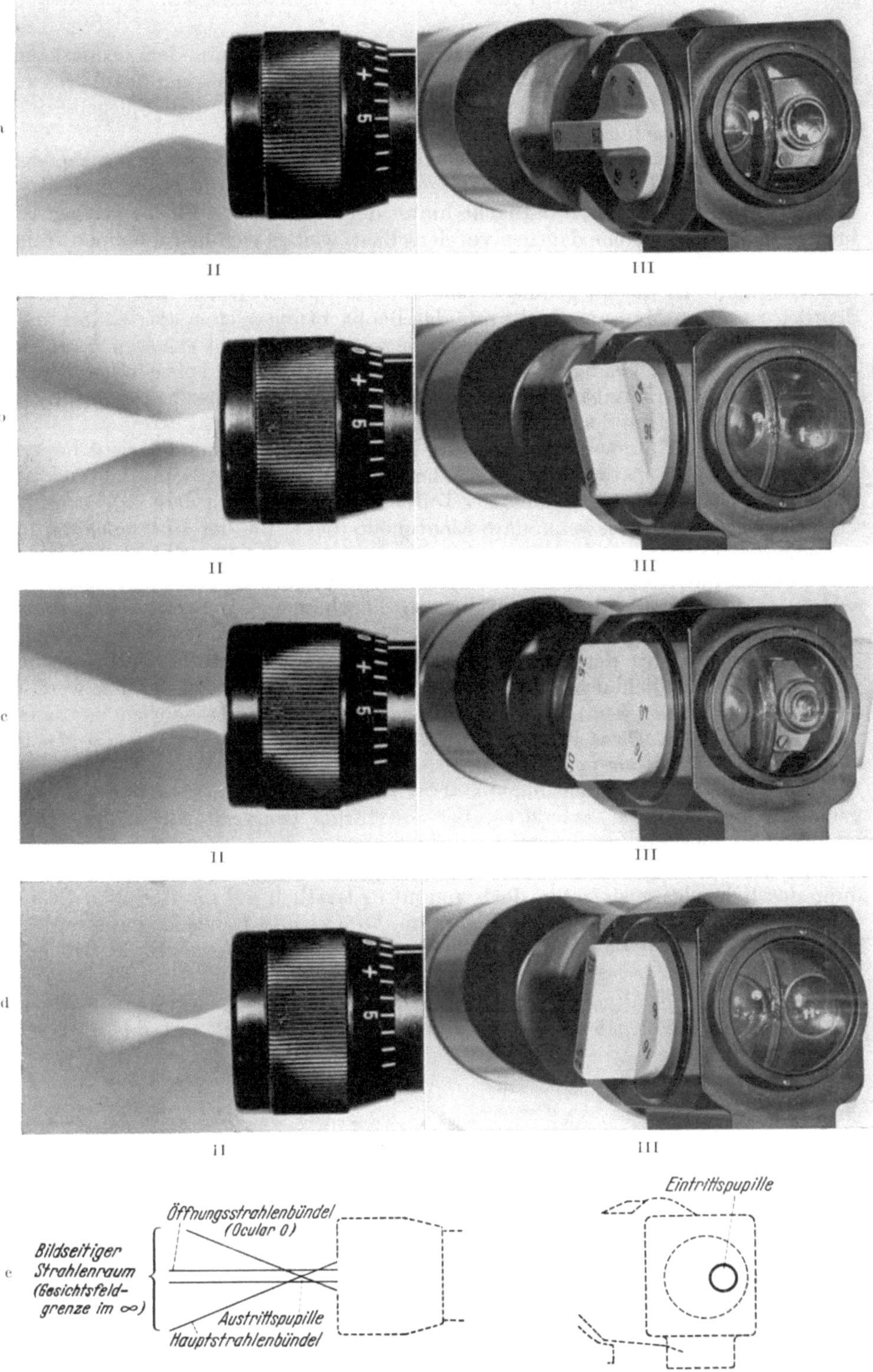
a
b
c
d
e
II
III
II
III
II
III
II
III
II
III
Bildseitiger
Strahlenraum
(Gesichtsfeld-
grenze im ∞)
Öffnungsstrahlenbündel
(Ocular 0)
Austrittspupille
Hauptstrahlenbündel
Eintrittspupille

Strukturteile sich in der Richtung zwischen dem Spiegelbild und dem beobachtenden Auge befinden. Das trifft auch für die optischen Grenzflächen des Auges zu. Die auf diese Weise dargestellten Teile der Grenzflächen werden Spiegelbezirke genannt und in folgender Weise dargestellt:

Man sucht zunächst das entsprechende Spiegelbild der zu untersuchenden Trennfläche auf, welches bei Konvexspiegeln, d. h. bei Hornhautvorder- und -rückfläche und bei der Linsenvorderfläche hinter der betreffenden Fläche gelegen ist, bei der Linsenhinterfläche dagegen vor derselben, weil es sich hier um einen Hohlspiegel mit reeller Abbildung handelt. Solange man also das Spiegelbild selbst beobachten kann, ist die spiegelnde Fläche in einer anderen Ebene und daher nicht deutlich zu sehen. Man verschiebt nun das Beobachtungssystem so, daß das helle Spiegelbild der Lichtquelle zwar undeutlicher wird, aber nicht aus dem Strahlenraum verschwindet. Gelingt es auf diese Weise, sich bis zur spiegelnden Fläche vorzuarbeiten, so erkennt man in ihr plötzlich strukturelle Einzelheiten, insbesondere die Begrenzungen der einzelnen Epithelzellen.

Eine weitere Untersuchungsmethode ist die Untersuchung im regredienten Licht, die mit der später zu erwähnenden Durchleuchtung gleichbedeutend ist, nur mit dem Unterschied, daß bei der Durchleuchtung die mit dem Augenspiegel beleuchtete Netzhaut als sekundäre Lichtquelle dient. Bei der Untersuchung im regredienten Licht wird eine hinter dem Beobachtungsobjekt gelegene Iris- oder Linsenpartie mit dem Spalt von der Seite her angeleuchtet und dient damit als sekundäre Lichtquelle, die vor ihr liegende Trübungen als Schatten erkennen läßt.

Als letzte Variante der Beleuchtungstechnik sei schließlich die Untersuchung im seitlichen Streulicht erwähnt. Bestimmte Trübungen in den Medien werden am besten sichtbar, wenn das Lichtbüschel der Spaltlampe seitlich an ihnen vorbeigeführt wird. Dies ist so zu erklären: Überall, wo das Strahlenbündel in seinem Verlauf sichtbar gemacht wird, findet eine geringe Beugung und damit Zerstreuung nach allen Richtungen statt. Dieses sekundäre Streulicht ist im allgemeinen nicht sichtbar, sobald es aber auf stärker beugende Strukturen trifft, können diese hiervon ausreichend beleuchtet werden.

Alle diese Methoden beruhen zwar vorwiegend auf einer besonderen Anwendung der Beleuchtungstechnik, doch kommt es letztlich auf die richtigen Beziehungen zwischen Beleuchtungsstrahlenraum, Objekt und Beobachtungsstrahlenraum an, weshalb wir sie erst im Anschluß an die Beobachtungsoptik besprochen haben.

Gegenüber ihren älteren Vorbildern sind die heutigen Spaltlampen meist so angeordnet, daß Beleuchtungsoptik und Beobachtungsoptik auf den gleichen

- - - - - - - - -

Erläuterungen zur Abb. 142a—e. *Objekt- und bildseitiger Strahlenraum am Hornhautmikroskop der Zeiss-Spaltlampe*, bei verschiedenen Optovarvergrößerungen. Im Teilbild III ist jeweils die Eintrittspupille zu sehen, sie ist das Lupenbild der jeweiligen Optovarblende, entworfen durch die große, die Eintrittspupillen beider Strahlenräume des binocularen Mikroskops umfassenden vordersten Sammellinse des Systems. Teilbild II zeigt den bildseitigen Strahlenraum, die stärkste Einengung dieses Strahlenraums ist die Austrittspupille, welche reell vor dem Okular gelegen ist und bei Benutzung des Mikroskops in die Pupille des Untersucherauges fällt. Der Gesichtsfeldwinkel (= Neigungswinkel der äußersten Hauptstrahlen) ist bei allen Vergrößerungen annähernd gleich. Die bildseitige Gesichtsfeldgrenze liegt im Unendlichen und ist daher nicht mit abgebildet. Der objektseitige Strahlenraum ist auf Teilbild I zu erkennen: die Stelle der Gesichtsfeldgrenze, also die Stelle an der sich das Objekt befindet, ist durch die Spaltöffnung der Spaltlampe gekennzeichnet. Beachte: 1. Je stärker die Vergrößerung, desto kleiner die objektseitige Gesichtsfeldbegrenzung; 2. je stärker die Vergrößerung, desto größer ist das Durchmesserverhältnis Eintrittspupille/Austrittspupille. Insbesondere ist bei den stärkeren Vergrößerungen die Austrittspupille wesentlich kleiner als die Pupille des Auges, wodurch eine stärkere Beleuchtung erforderlich wird. (Darstellung der Strahlenräume: 1. Bildseitiger Strahlenraum: eine mattierte Glühbirne im Blendgehäuse, z. B. Augenspiegellampe, wird dicht vor die Objektivöffnung des Gerätes gebracht. Mit einem weißen Karton erzeugt man zunächst einen Schnitt durch den bildseitigen Strahlenraum, durch Bewegen dieses Papiers erhält man eine räumliche Darstellung des Strahlenraums. 2. Dingseitiger Strahlenraum: Glühbirne im Gehäuse wird dicht vor ein Okular gebracht und der objektseitige Strahlenraum durch Bewegen eines Kartons dargestellt). a) 10fache, b) 16fache, c) 6fache, d) 40fache Vergrößerung, e) Schema für Erläuterungen

Punkt optisch eingestellt und zentriert sind. Dies ist bei den in Deutschland am meisten gebrauchten Spaltlampenmodellen von CARL ZEISS (Oberkochen) und HAAG-STREIT (Bern) als auch bei einfacheren Modellen, wie der Spaltlampe von KRAHN (Hamburg) der Fall.

Es bedeutet sicher eine große Vereinfachung der Spaltlampenuntersuchungstechnik, wenn mit einem Handgriff die brechenden Medien in ihrer verschiedenen Tiefe abgesucht werden können. Für die Untersuchung im optischen Schnitt ist diese Anordnung zweifellos eine große Erleichterung. Auch die Untersuchung der Spiegelbezirke nach VOGT läßt sich mit dieser Beleuchtungsordnung durchführen. Erschwert ist dagegen besonders bei der Spaltlampe von ZEISS die Untersuchung im regredienten Licht, weil eine Focussierung auf eine hinter dem Beobachtungsobjekt gelegene Stelle nicht einfach ist, während die Spaltlampe von HAAG-STREIT sich von ihren klassischen Vorbildern weniger entfernt und durch Verschiebung der vorderen Sammellinse am Spaltarm eine Abbildung des Spaltes in verschiedene Ebenen gestattet, wobei die Ebene, auf die das Beobachtungssystem eingestellt ist, durch ein leichtes Einrasten der Linsenführung kenntlich ist.

Die Justierung der Lampe erfolgt bei der Haag-Streit-Spaltlampe in gleicher Weise wie bei den älteren Modellen, während CARL ZEISS eine mit einem festen Zentriersockel versehene Glühlampe zu seinem Spaltlampengerät liefert, welche bei richtiger Handhabung automatisch justiert ist.

Diese Entwicklung von einem schwer zu bedienenden Instrument mit vielseitigem Verwendungszweck zu einem einfach zu bedienen Gerät mit einseitiger Verwendungsmöglichkeit wird besonders sinnfällig in der Entwicklung der Ophthalmometrie zu zeigen sein.

Zwei Gegenden des Auges können mit der Spaltlampe nur mit Hilfe besonderer Zusatzvorrichtungen erreicht werden: der Augenhintergrund und der Kammerwinkel.

Die Spaltlampenmikroskopie des Augenhintergrundes. Da der Hintergrund des Auges nicht unmittelbar gesehen werden kann, sondern nur auf dem Wege über die optische Abbildung durch die brechenden Medien des Auges, ist er im allgemeinen der Beobachtung durch die Spaltlampe nicht zugänglich. Denn die Spaltlampenbeleuchtung und -beobachtung ist nur auf verhältnismäßig kleine Entfernungen möglich. Als weiterer Hinderungsgrund kommt bei den alten Spaltlampenmodellen hinzu, daß der Winkel zwischen Beobachtungs- und Beleuchtungssystem größer ist als der anguläre Pupillendurchmesser, von der Eintrittspupille des Beobachtungssystems aus gesehen. Im Augenhintergrund liegen bei diesen Modellen Beobachtungs- und Beleuchtungsstrahlenraum völlig getrennt nebeneinander. Bei den neuen Spaltlampen mit durchschwenkbarem Beleuchtungsarm ist dieses Hindernis allerdings aufgehoben, bei den älteren Modellen und bei der alten Spaltlampe von HAAG-STREIT wird der Winkel zwischen Beobachtungs- und Beleuchtungsstrahlenraum durch ein Doppelspiegelsystem reduziert.

Aber damit bleibt die Netzhautbildfläche für die Beobachtung und die scharfe Spaltbeleuchtung zunächst weiter unerreichbar. Um sie in eine optisch günstige Entfernung zu bringen, ist eine weitere Abbildung erforderlich, welche die Abbildung durch das optische System des Auges wieder aufhebt. Dies geschieht mit einer starken Konkavlinse. Sie kann nach Art einer Haftschale der Hornhaut direkt aufliegen, ein Verfahren, welches auf KOEPPE zurückgeht und seither manche Variationen erfahren hat. Die vordere Grenzfläche dieser Konkavlinse war bei KOEPPE schwach konvex, heute ist sie allgemein plan. Insbesondere die Spiegelgonioskope erlauben gewöhnlich durch ihren unverspiegelten Teil eine gute Spaltlampenbeobachtung des Augenhintergrundes.

HRUBY verzichtet dagegen auf einen unmittelbaren Kontakt zwischen Hornhaut und vorgehaltener Konkavlinse, sondern beobachtet durch eine dicht vor das Auge gehaltene Plankonkavlinse von etwa − 50 dptr. Der Vorteil dieser Methode besteht darin, daß die Hornhaut nicht berührt, also auch nicht betäubt zu

werden braucht, der Nachteil, daß an den beiden Grenzflächen gegen Luft (Hornhautvorderfläche und Linsenrückfläche) starke Spiegelungen auftreten, die die
Beobachtung erheblich stören können. Optisch ist jedenfalls die Koeppesche
Methode und ihre Varianten der Hruby-Linse überlegen. Hinzu kommt, daß bei
der Hruby-Linse wegen des größeren Abstandes eine stärkere Pupillenverkleine-
rung stattfindet und somit der Ausschnitt des zu beobachtenden Augenhintergrundes kleiner wird. Die Spaltlampenmikroskopie des Augenhintergrundes
erlaubt eine gute Beobachtung von Niveaudifferenzen im Bereich der Netzhaut,
sowie von entzündlichen Exsudaten; außerdem ist es mit ihr möglich, einen optischen Schnitt des Auges von der Hornhaut bis zur Netzhaut zu erhalten, was insbesondere für die Beurteilung des Glaskörpers von großem Nutzen sein kann.

4. Die Gonioskopie

Der Kammerwinkel ist aus einem anderen Grunde der Beobachtung nicht unmittelbar zugänglich: Die aus dem Kammerwinkel kommenden Strahlen treffen nämlich so schräg auf die Hornhautvorderfläche, daß sie dort der Totalrefle-
xion unterliegen, also nur in das Augeninnere abgelenkt werden. Diese Total-
reflexion kann nur durch ein der Hornhaut unmittelbar aufliegendes brechendes
System von mindestens annähernd dem gleichen Brechungsindex aufgehoben
werden. Auch dieses Verfahren geht auf KOEPPE zurück. Natürlich müssen die
Strahlen, die aus der Hornhaut in das brechende System des Gonioskops geleitet
werden, dieses unter möglichst senkrechter Incidenz wieder verlassen. Dies geschieht entweder durch stark seitliche Beobachtung, wie es in der ursprünglichen
Anordnung von KOEPPE verwirklicht wurde und neuerdings in vereinfachter Form
in einem von Verf. konstruierten Modell geschieht, oder seit GOLDMANN durch
einen innerhalb des Gerätes eingebauten Spiegel, der die Strahlen in eine sagittale
Richtung umleitet.

5. Das Pupillenleuchten und seine praktischen Anwendungen

a) Durchleuchtung

Die Durchleuchtung gehört zu den Methoden, die durch geeignete Beleuchtung
eine Beobachtung mit unbewaffnetem Auge ermöglichen. Sie wird hier abgehan-
delt, weil ihr Verständnis für weitere Untersuchungsmethoden des Auges unentbehrlich ist. Zu ihrem Verständnis wollen wir uns zunächst überlegen, warum die
Pupille schwarz, der Augenhintergrund dagegen hell ist.

Wir finden die Antwort leicht, wenn wir uns die Konstruktion des „Strahlenraums" vergegenwärtigen. Eine Lichtquelle endlicher Größe werde auf der Netzhaut abgebildet: Der Strahlenraum ist durch die „Gesichtsfeldblende", die Grenze
der Lichtquelle, und die Irisöffnung bestimmt. Auf der Netzhaut wird eine kleine
Fläche erleuchtet, das Bild der Lichtquelle. Für den „Beobachtungsstrahlenraum"
haben wir dieses Bild als Lichtquelle aufzufassen, der Strahlenraum wird durch
das Netzhautbild und die Irisblende bestimmt. Ein außerhalb des Strahlenraumes
stehender Beobachter wird das Netzhautbild der Lichtquelle nicht sehen können,
da die beiden Strahlenräume praktisch zusammenfallen. Nur wenn es gelingt, die
Beobachterpupille in diesen Strahlenraum einzuschalten, kann ein beleuchteter
Teil des Augenhintergrundes sichtbar gemacht werden. Dieses Problem hat
HELMHOLTZ grundsätzlich dadurch gelöst, daß er an Stelle einer Lichtquelle
deren von einem halbdurchlässigen Spiegel entworfenes Bild benutzte.

Da das abbildende System des Auges mit erheblicher Aberration behaftet ist,
wird der Strahlenraum des Netzhautbildes den der Lichtquelle stets überragen;

daher genügt es zu einem Aufleuchten des Augenhintergrundes schon, wenn Lichtquelle und Beobachterpupille in annähernd der gleichen Richtung liegen: Pupillenleuchten. Aus diesem Grunde hat sich für die Beleuchtung des Augenhintergrundes der durchbohrte Spiegel durchgesetzt. Die Beobachterpupille befindet sich dann hinter dem Spiegelloch. Wäre allein die geometrische Bildbegrenzung maßgebend, so würde auf diese Weise kein Licht in das Beobachterauge fallen können, denn dann würde ja das (dunkle) Bild des Spiegelloches auf der Netzhaut des untersuchten Auges wiederum in das Spiegelloch abgebildet, während das Bild des Spiegels selbst, also die beleuchteten Netzhautteile, nur auf den Spiegel abgebildet würden.

Ohne jegliche Instrumente kann man bisweilen das Rot des Augenhintergrundes in der Pupille aufleuchten sehen, wenn man die auf- oder untergehende, also knapp über dem Horizont befindliche Sonne im Rücken hat und dabei auf einen gegenüberstehenden Menschen blickt, dessen Auge gerade in der Halbschattenzone des eigenen (also des Beobachters) Schatten steht. Dann überschneiden sich die (teilweise unscharfen) Abbildungen der Sonne und der Beobachterpupille auf der Netzhaut des untersuchten Auges, und der Beobachter sieht die Pupille rot aufleuchten.

Bei der Durchleuchtung wirft der Untersucher mit einem in der Mitte durchbohrten Spiegel das Licht einer Lichtquelle in die Pupille des Untersuchten. Er sieht dann die Pupille rot aufleuchten, wenn er durch das Spiegelloch blickt. Ein elektrischer Augenspiegel kann ebenfalls zur Durchleuchtung verwendet werden. Auf der Netzhaut des untersuchten Auges entsteht ein leuchtender Fleck, der seinerseits als sekundäre Lichtquelle dient, vor der sich Trübungen in den brechenden Medien als schwarze Schatten auf rotem Grunde abheben, gleichgültig, welche Farbe diese Trübungen bei fokaler Beleuchtung haben. Es liegen ähnliche Verhältnisse vor wie in der Hellfeldbeleuchtung beim Mikroskopieren, bei der z. B. weißer Kreidestaub als schwarze Körner auf weißem Grund erscheint.

Durch Bewegungen des untersuchten Auges lassen sich diese Trübungen auch lokalisieren: Bewegen sie sich in gleichem Sinne wie der Pupillenrand, aber schneller, so liegen sie vor der Pupille, behalten sie ihre Lagebeziehungen zur Pupille, so liegen sie in der Pupillarebene, bewegen sie sich schließlich langsamer als die Pupille, also scheinbar in entgegengesetzter Richtung, so liegen sie hinter der Pupillarebene, also meist in den tieferen Linsenschichten. Trübungen des Glaskörpers sind daran erkenntlich, daß sie sich auch dann noch träge weiterbewegen, wenn die Bewegung des Auges selbst zum Stillstand gekommen ist.

Die optimalen Bedingungen der Durchleuchtung werden bei der Skiaskopie im sog. neutralen Punkt erzielt (vgl. dieses Kapitel).

Wir sehen bei der Durchleuchtung eine rote Pupille, können aber im allgemeinen keine Einzelheiten des Augenhintergrundes erkennen, obwohl das „Pupillenleuchten" die Grundlage für die Untersuchungsmethoden des Augenhintergrundes im umgekehrten und aufrechten Bild und für die Skiaskopie bildet.

Das ist leicht zu verstehen: Der Augenhintergrund des Untersuchten wird ja nicht nur durch die Pupille begrenzt, er wird darüberhinaus noch durch die brechenden Medien des Auges abgebildet. Nur bei extrem hohen Refraktionsanomalien wird das Bild des Augenhintergrundes in der Nähe der Pupille liegen, und zwar bei extrem hohen Myopien nahe davor, als reelles, umgekehrtes Bild, und bei extrem hohen Hyperopien nicht weit hinter der Pupille, und zwar als virtuelles aufrechtes Lupenbild. Man kann daher an der parallaktischen Verschiebung eines solchen bei der Durchleuchtung gesehenen Ausschnittes des Augenhintergrundes erkennen, ob eine Myopie oder Hyperopie vorliegt: Bewegt der Beobachter sein eigenes Auge hin und her, so bewegt sich das hinter der Patientenpupille gelegene

Fundusbild des hyperopen Auges in gleicher Richtung wie der Beobachter, das vor der Pupille gelegene Bild des myopen Auges hingegen in entgegengesetzter Richtung. Bei Emmetropien indessen liegt dieses Bild des Augenhintergrundes im Unendlichen, bei schwachen Myopien in größerer Entfernung vor dem Auge — unter Umständen gerade auf der Pupille des Untersuchers und bei schwacher Hyperopie als virtuelles Lupenbild in größerer Entfernung hinter dem Auge —, während der Untersucher zwangsläufig auf das Auge des Untersuchten akkommodieren wird.

Der wesentliche Schritt vom Pupillenleuchten zum Augenspiegeln besteht also darin, das Bild des Augenhintergrundes in eine Entfernung zu bringen, auf welche sich der Untersucher optisch einstellen kann, mit anderen Worten, durch weitere Abbildung dieses Bild auf der Netzhaut des Untersuchers scharf abzubilden.

Ein weiterer Schritt besteht aber darin, ein größeres Feld des Augenhintergrundes sichtbar zu machen, als es normalerweise durch die Pupille des untersuchten Auges begrenzt wird.

Auf die praktische Durchführung dieser beiden Schritte werden wir weiter unten zu sprechen kommen.

b) Allgemeines über das Augenspiegeln

Der erste Augenspiegel wurde 1850 von HERMANN VON HELMHOLTZ erfunden, eine Erfindung, die in der Folgezeit die gesamte Augenheilkunde revolutionieren sollte, führte sie doch dazu, daß alle Erkrankungen im Bereich des Sehnerven und der Netzhaut, welche bis dahin allenfalls aus Präparaten enucleierter Augen zu erkennen waren, nunmehr schon am lebenden Auge unterschieden werden konnten.

Die Theorie des Augenleuchtens und der Augenspiegel selbst sind von HELMHOLTZ in seinem Handbuch der Physiologischen Optik in so einmalig klassischer Weise beschrieben worden, daß wir diese Darstellung wenigstens in ihren Hauptsätzen wörtlich wiedergeben wollen.

Das Augenleuchten und der Augenspiegel. Von dem Licht, welches auf die Netzhaut gefallen ist, wird ein Teil absorbiert, namentlich durch das schwarze Pigment der Aderhaut, ein anderer Teil wird diffus reflektiert und kehrt durch die Pupille nach außen zurück.

Unter gewöhnlichen Verhältnissen nehmen wir nichts von dem Licht wahr, welches aus der Pupille eines anderen Auges zurückkehrt, diese erscheint uns vielmehr ganz dunkelschwarz. Der Grund hiervon ist hauptsächlich in den eigentümlichen Brechungsverhältnissen des Auges zu suchen, zum Teil auch darin, daß von den meisten Stellen des Augenhintergrundes wegen des schwarzen Pigmentes verhältnismäßig wenig Licht zurückgeworfen wird.

Satz I. Wenn zwei Lichtstrahlen in entgegengesetzter Richtung durch beliebig viele einfach brechende Mittel gehen und in einem dieser Medien in eine gerade Linie zusammenfallen, so fallen sie in allen zusammen.

Satz II. Wenn die Pupille des beobachteten Auges leuchtend erscheinen soll, so muß sich auf seiner Netzhaut das Bild der Lichtquelle ganz oder teilweise mit dem Bilde der Pupille des Beobachters decken.

Allgemeines Gesetz der Beleuchtung:

Wenn sich in einem durchsichtigen Medium zwei verschwindend kleine Flächenelemente von der Größe a und b in der gegenseitigen Entfernung r befinden, ihre Normalen mit der sie verbindenden geraden Linie beziehlich die Winkel α und β bilden und a mit der Helligkeit H Licht aussendet, so ist die Lichtmenge L, welche von a auf b fällt

$$L = \frac{H\,ab\,\cos\alpha\,\cos\beta}{r^2}.$$

Ebenso groß ist auch die Lichtmenge, welche von b auf a fallen würde, wenn b mit der Helligkeit H Licht aussendete.

Satz III. In einem zentrierten System von brechenden Kugelflächen sei n_1 das Brechungsverhältnis (= Brechungsindex) des ersten, n_2 das des letzten brechenden Mittels. In dem ersten befinde sich senkrecht gegen die Achse gerichtet und der Achse nahe ein Flächenelement α, in dem letzten ein ebensolches β. Wenn α die Helligkeit $n_1^2 H$ hat und β die Helligkeit $n_2^2 H$, so fällt eben soviel Licht von α auf β wie von β auf α.

Satz III a. Die Menge Licht, welche von einem Flächenelement der Netzhaut des beobachteten Auges in das Auge des Beobachters fällt, ist gleich der Helligkeit, mit der das Netzhautelement von der Lichtquelle erleuchtet wird, multipliziert mit der Menge Licht, welche von der Pupille des Beobachters, wenn sie die Helligkeit 1 hätte, auf das Netzhautelement fallen würde.

Satz IV. Wenn ein Beobachter durch ein zentriertes System brechender und spiegelnder Kugelflächen ein scharfes Bild eines leuchtenden Gegenstandes erblickt und wir den Verlust von Licht an den brechenden und spiegelnden Flächen vernachlässigen können, so erscheint jede Stelle des Bildes dem Beobachter ebenso hell, wie ihm die entsprechende Stelle des Gegenstandes ohne optische Instrumente gesehen erscheinen würde, so oft die ganze Pupille des Beobachters von den Strahlen getroffen wird, die von einem einzelnen Punkte jener Stelle ausgehen. Ist diese letztere Bedingung nicht erfüllt, so verhält sich die Helligkeit des optischen Bildes zur Helligkeit des frei gesehenen Gegenstandes wie der von Strahlen eines leuchtenden Punktes getroffene Flächenraum der Pupille des Beobachters zur ganzen Pupille.

Wir haben die Helmholtzsche Theorie des Augenleuchtens und der Augenspiegel auszugsweise im Wortlaut wiedergegeben, weil in dieser Darstellung die wichtigsten Gesichtspunkte in geradezu klassischer Form so dargestellt sind, daß sie auch heute ohne weiteres verständlich sind.

Einen Gesichtspunkt hat HELMHOLTZ in seiner Darstellung nur andeuten können, weil die hierfür notwendigen Begriffe erst von GULLSTRAND geschaffen wurden. Betrachtet man nämlich die Theorie des Augenspiegelns, indem man den Strahlenraum in den Mittelpunkt der Betrachtung stellt, so eröffnet sich zudem das von GULLSTRAND behandelte Gebiet der reflexlosen Ophthalmoskopie.

Die Ophthalmoskopie wird bekanntlich praktisch dadurch erschwert, daß die brechenden Medien des Auges zugleich spiegelnde Flächen sind und außerdem nicht „optisch leer", d. h. völlig durchsichtig sind. Hierauf beruht ja das Prinzip der Spaltlampenuntersuchung, mit deren Hilfe es möglich wird, die brechenden Medien des Auges sichtbar zu machen.

Wie bei allen optischen Methoden, die bei künstlicher Beleuchtung durchgeführt werden, haben wir bei der Ophthalmoskopie einen Beobachtungsstrahlenraum und einen Beleuchtungsstrahlenraum zu unterscheiden. Der Beleuchtungsstrahlenraum erstreckt sich beim Augenspiegeln von der Lichtquelle über verschiedene Abbildungssysteme einschließlich der Optik des zu untersuchenden Auges bis zur Netzhaut des untersuchten Auges und endet dort. Zugleich beginnt dort der Beobachtungsstrahlenraum, welcher sich ebenfalls über die brechenden Medien des untersuchten Auges, die zwischengeschalteten optischen Systeme, die brechenden Medien des Beobachterauges bis zur Netzhaut des Beobachterauges erstreckt.

Die idealen Beleuchtungsbedingungen sind dann erreicht, wenn sich Beobachtungs- und Beleuchtungsstrahlenraum auf dem untersuchten Objekt, der Netzhaut des untersuchten Auges, vollständig überschneiden, dagegen in allen dazwischenliegenden Medien vollständig getrennt voneinander verlaufen. Dies ist freilich stets nur näherungsweise möglich, und wir wollen im folgenden die Bedingungen untersuchen, unter denen eine optimale Näherung an dieses Ideal erreicht wird.

„Es muß ein Teil des Augenhintergrundes, es darf aber kein Teil der Hornhaut oder der Linse des untersuchten Auges auf einmal im Strahlenraum des Beleuchtungssystems und in demjenigen des Beobachtungssystems gelegen sein, während gleichzeitig in den drei katadioptrischen Systemen die Lichtquelle, wenn ein Strahlenraum vorhanden ist, außerhalb desselben gelegen sein muß" (GULLSTRAND)[1].

c) Augenspiegeln im umgekehrten Bild (Indirekte Ophthalmoskopie)

Dabei ist die eine Bedingung, die möglichst vollständige Überschneidung von Beobachtungs- und Beleuchtungsstrahlenraum auf der Netzhaut des untersuchten Auges, von HELMHOLTZ eingehend beschrieben, wenn auch dieser Umstand in seiner Darstellung nicht ganz deutlich zum Ausdruck kommt.

Die andere Bedingung, die die Grundlage für die reflexlose Beobachtung darstellt, soll zunächst am Beispiel des Augenspiegelns im umgekehrten Bild erläutert werden:

Die Spiegellupe bildet nicht nur das von den brechenden Medien des untersuchten Auges gebildete Netzhautbild reell ab, (bei hohen Myopien, deren Fernpunkt noch vor der Lupe gelegen ist, kann es sich mitunter um eine virtuelle Abbildung handeln, in bestimmten Fällen ist die Abbildung der Netzhaut durch die Lupe sogar ganz belanglos, wenn nämlich der Fernpunkt des untersuchten Auges gerade in die Lupe selbst zu liegen kommt), sie bildet außerdem die Pupille des untersuchten und des untersuchenden Auges ab.

Für die Ophthalmoskopie liegen die Bedingungen besonders günstig, wenn die Pupille des untersuchenden Auges durch die Spiegellupe in die Hornhaut oder die Pupille des untersuchten Auges oder dazwischen abgebildet wird. Dann ist die Fassung der Spiegellupe die Gesichtsfeldgrenze des Beobachtungsstrahlenraums. Außerdem erhält dann der Beobachtungsstrahlenraum in den brechenden Medien des untersuchten Auges seine stärkste Einengung: Hält der Beobachter die Spiegellupe $^2/_3$ m (66,7 cm) vor sein eigenes Auge bzw. seine Pupille, so wird diese durch eine Lupe von 13,0 dptr nach den Abbildungsgesetzen etwa 8,7 cm vor der Lupe abgebildet, und zwar im Verhältnis 8,7:66,7 = 1:7,7, also erheblich verkleinert, so daß der Durchmesser ihres Bildes wesentlich kleiner als 1 mm wird. Freilich ist damit nur die engste Einschnürung des Beobachtungsstrahlenraumes gegeben; da sich der Kegel des Beobachtungsstrahlenraumes vor und hinter diesem Bild der Beobachterpupille verbreitert, wird infolge der räumlichen Tiefenausdehnung der brechenden Medien des untersuchten Auges ein etwas größeres Areal innerhalb derselben vom Beobachtungsstrahlengang getroffen werden.

Die gleiche Spiegellupe bildet nun auch die Lichtquelle in die Pupille bzw. die brechenden Medien des untersuchten Auges ab. Wird dabei in Befolgung der von GULLSTRAND geschilderten Bedingungen die Lichtquelle etwa 3 cm neben das Auge des Beobachters gehalten, so liegt ihr Bild knapp 4 mm neben dem Bild der Beobachterpupille, im Bereich zwischen Hornhautvorderfläche und Linsenrückfläche des untersuchten Auges wird es also kaum zu einer Überschneidung der beiden Strahlenräume kommen. Werden aber Beobachtungsstrahlenraum und Beleuchtungsstrahlenraum auf diese Weise im Bereich der brechenden Medien des untersuchten Auges so weitgehend getrennt, so können die Reflexe an den Grenzflächen, besonders an der Hornhautvorderfläche und die durch die fokale Beleuchtung durch die Spiegellupe aufgehellten brechenden Medien des untersuchten Auges die Beobachtung nicht stören, weil nämlich all diese Reflexe und

---

[1] Arch. Augenheilk. **68**, 101 (1911).

Aufhellungen im Beobachtungsstrahlengang neben die Pupille des Untersuchers in die Gegend der Lichtquelle abgebildet werden und somit nicht in das Auge des Untersuchers eintreten können.

Der geübte Ophthalmologe wird freilich auch ohne Kenntnis dieser Gesetze beim Spiegeln im umgekehrten Bild Lichtquelle und Lupe so halten, daß die genannten Bedingungen erfüllt sind.

Der Beleuchtungsstrahlenraum muß außerdem so beschaffen sein, daß die gesamte Öffnung der Spiegellupe in seinem Strahlenkegel gelegen ist weil sonst das auf der Netzhaut des untersuchten Auges erleuchtete Gebiet kleiner ist als der Beobachtungsstrahlenraum, und dieser somit nicht voll ausgenützt werden kann.

Die Spiegellupe beim Augenspiegeln im umgekehrten Bild hat also im Beleuchtungsstrahlenraum die Funktion eines Kondensors oder Kollimators, welcher die Lichtquelle in die Pupille des untersuchten Auges abzubilden hat. Im Beobachtungsstrahlenraum hingegen hat die gleiche Lupe die Funktion einer Feldlinse (s. S. 116), welche die ursprüngliche Gesichtsfeldblende, die Pupille des untersuchten Auges, vergrößert und dadurch unter günstigen Bedingungen die eigene Lupenbegrenzung zur Gesichtsfeldblende werden läßt. Schließlich erzeugt die gleiche Lupe von dem Bild des untersuchten Augenhintergrundes, welches je nach Refraktionszustand in allen Entfernungen zwischen positivem und negativem Unendlichen liegen kann, ein weiteres Bild, welches in einem verhältnismäßig engen Gebiet vor oder hinter der Lupe (letzteres nur bei Myopien, deren Fernpunktweite kürzer als die Brennweite der Lupe ist) zu liegen kommt.

Verschiedene Formen der Lichtquellen beim Spiegeln im umgekehrten Bild. Die meist gebräuchliche Form des Spiegelns im umgekehrten Bild geschieht mittels eines in der Mitte durchbohrten Hohlspiegels, dessen Spiegelloch der Untersucher vor seine eigene Pupille hält. Dieser Spiegel wird im allgemeinen von einer mattierten großflächigen Lichtquelle erleuchtet und kann insgesamt als leuchtende Fläche angesehen werden. Der Beobachtungsstrahlengang wird hierbei dann nicht durch die Pupille des Untersuchers, sondern durch das engere Spiegelloch begrenzt. Sehr oft treten am Rande des Spiegelloches dann Beugungserscheinungen auf, die die Beobachtung erheblich stören können, weil auf diese Weise Licht aus der primären Lichtquelle, der mattierten Glühbirne, in den Beobachtungsstrahlenraum kommen kann. Außerdem liegt bei dieser Art des Spiegelns das Bild der sekundären Lichtquelle, des Hohlspiegels, in unmittelbarer Nachbarschaft um das Bild der Beobachterpupille, so daß eine weitgehende Unterscheidung der beiden Strahlenräume unvermeidlich ist, wenn auch diese Art der Beleuchtung zweifellos vorteilhafter ist als die Beleuchtung mit einem halbversilberten Spiegel oder einer unbelegten Glasplatte, bei der sich das Bild der Lichtquelle und der Beobachterpupille vollständig überdecken können.

Günstigere Bedingungen werden geschaffen, wenn die Oberfläche der Lichtquelle in der Größenordnung der Pupille des Untersuchers liegt. Dabei ist freilich eine Lichtquelle von großer Leuchtdichte erforderlich, damit trotzdem die erforderliche Lichtmenge in das untersuchte Auge gelangen kann. Diese Lösung ist lichttechnisch ökonomischer, weil es leichter vermieden wird, daß die Iris des Patienten in den Beleuchtungsstrahlenraum zu liegen kommt.

GULLSTRAND hat eine solche Beleuchtung in seinem kleinen und großen Ophthalmoskop verwirklicht: Der sehr helle Glühfaden der Nernst-Lampe wird dabei durch eine Zwischenabbildung zur Abblendung des Streulichtes neben die Pupille des Untersuchers abgebildet und erscheint daher als sehr kleines Bild in den brechenden Medien des untersuchten Auges neben dem Bild der Beobachterpupille.

Die große technische Vollkommenheit der beiden Gullstrandschen Ophthal-
moskope vermochte indessen nicht, die praktische Handlichkeit einer frei gehaltenen Spiegellupe und Lichtquelle zu verdrängen, weil sich alle unvermeidlichen
Bewegungen des untersuchten Auges bei freier Führung der Spiegellupe in der
Hand viel leichter korrigieren lassen und auch das Absuchen der Peripherie des

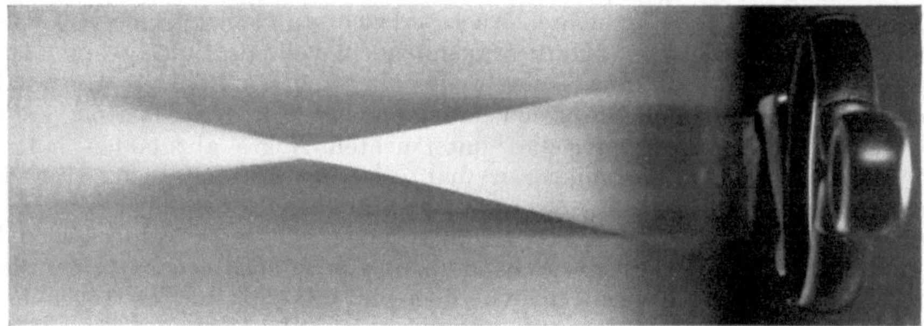

Abb. 143

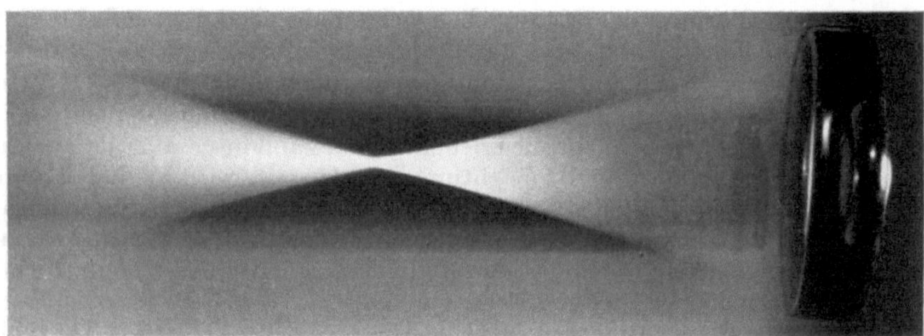

Abb. 145

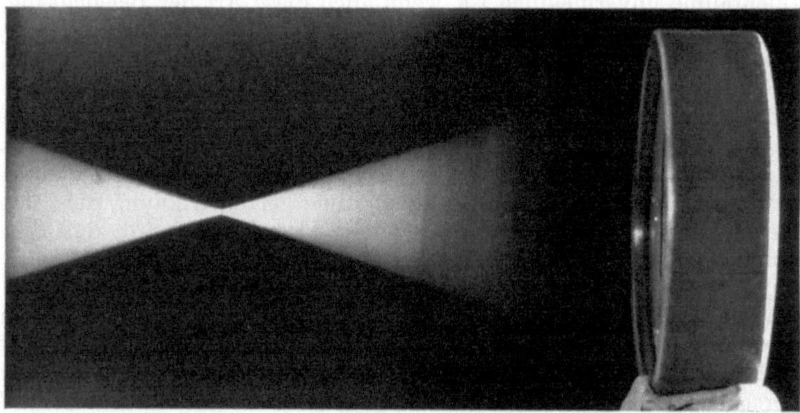

Abb. 147

Augenhintergrundes wesentlich leichter ist als mit einer durch Stellschrauben korrigierbaren ortsfesten Optik.

Eine wegen ihrer leichten Handhabung sehr günstige Beleuchtungseinrichtung stellt die Großsche Hammerlampe dar, welche etwa in der von GULLSTRAND angegebenen Weise neben das Auge des Untersuchers gehalten wird. Sie besitzt eine kleine leuchtende Fläche, allerdings keine große Leuchtdichte, so daß die Beurteilung des Augenhintergrundes besonders bei getrübten Medien große Übung verlangt.

Günstig sind die eigentlich zum Spiegeln im aufrechten Bild konstruierten elektrischen Augenspiegel, weil sie eine durch Zwischenabbildung von Streulicht befreite Lichtquelle kleiner Fläche mit großer Leuchtdichte haben. Dabei ist es vorteilhaft, zwecks einer größeren Trennung von Beleuchtungs- und Beobachtungsstrahlenraum zumindest bei erweiterter Patientenpupille nicht durch die eigentliche für das Spiegeln im aufrechten Bild bestimmte Durchblicköffnung der Rekoss-Scheibe zu blicken, sondern den Spiegel neben das eigene

Abb. 144

Abb. 146

Abb. 148

Abb. 143—148. Formen gebrochener Strahlenbündel und Verzeichnung bei verschiedenen Ophthalmoskopierlupen. Bei den Bildern der Strahlenbündel entspricht der Ort der Lichtquelle, bei den „Verzeichnungsbildern" der Ort der Eintrittspupille des Fotoobjektives dem Ort der Eintrittspupille des Beobachterauges

Abb. 143 u. 144. Bei einer bikonvexen Linse, die auf beiden Seiten gleich stark gekrümmt ist, ist die Abweichung der kaustischen Flächen von einer homozentrischen Strahlenvereinigung am stärksten, dementsprechend ist eine deutliche tonnenförmige Verzeichnung zu beobachten

Abb. 145 u. 146. Bei einer bisphärischen Linse mit unterschiedlichen Krümmungsradien auf beiden Seiten. Die gezeigte kaustische Fläche entspricht dem „Minimum der Aberration" und weicht weniger von einer homozentrischen Strahlenvereinigung ab als bei Abb. 143. Dementsprechend ist auch die tonnenförmige Verzeichnung weniger ausgeprägt als bei Abb.144

Abb. 147 u. 148. Bei einer asphärischen Ophthalmoskopierlupe nach GULLSTRAND entsteht in den aplanatischen Punkten eine nahezu homozentrische Strahlenvereinigung. Dementsprechend ist die Verzeichnung minimal — sie ist durch den auf der Objektseite wesentlich größeren Gesichtsfeldwinkel bedingt

Auge zu halten, worauf MEYER-SCHWICKERATH hinweist. Allerdings benützen Presbyope die Rekoss-Scheibe dieses Augenspiegels gerne zur Korrektur ihrer Presbyopie, weil sie auf das vor der Spiegellupe gelegene Bild des Augenhintergrundes nicht mehr akkommodieren können.

Da die Helligkeit der elektrischen Augenspiegel für Untersuchungen der Peripherie, insbesondere bei Netzhautablösungen, nicht immer ausreicht, hat MEYER-SCHWICKERATH neuerdings die Beleuchtungseinrichtung der Spaltlampe von CARL ZEISS (Oberkochen) zum Spiegeln im umgekehrten Bild herstellen lassen.

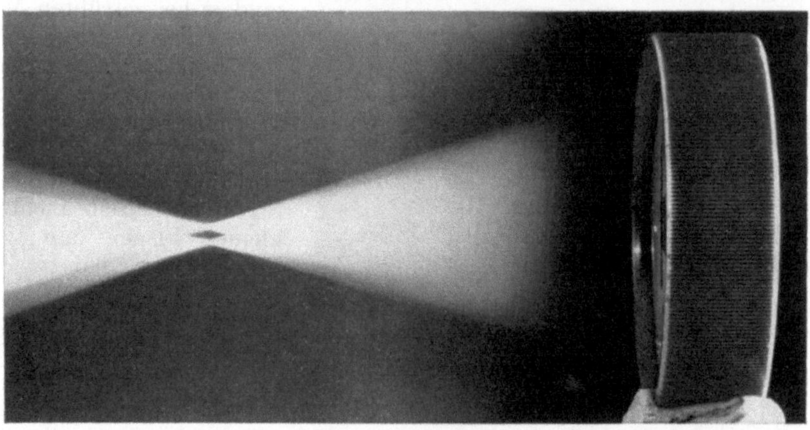

Abb. 149. Abbildung zweier kleinflächiger, benachbarter Lichtquellen durch die sphärische Ophthalmoskopierlupe nach GULLSTRAND (Technik s. S. 54). Natürliche Größe. Man denke sich den oberen Strahlendoppelkegel als „Beleuchtungsstrahlenraum", den unteren als „Beobachtungsstrahlenraum". In einem kleinen rhombischen Bezirk sind die beiden Strahlenräume vollkommen getrennt. Durch Vergrößerung des Abstandes der Austrittspupille der Ophthalmoskopierlampe von der Pupille des Auges kann dieser Rhombus vergrößert werden. Fällt dieser Rhombus in geeigneter Form in die brechenden Medien des untersuchten Auges, so kann kein Licht aus dem Beleuchtungsstrahlengang in den Beobachtungsstrahlengang gelangen, die reflexlose Ophthalmoskopie ist gewährleistet

Diese Einrichtung ist zwar infolge ihres großen Gewichtes weniger handlich als die üblichen elektrischen Augenspiegel oder gar die Hammerlampe, indessen wird mit dieser Einrichtung eine reflexfreie Beleuchtung von einer Intensität erzielt, wie sie sonst nur bei den ortsfesten Ophthalmoskopen erreicht wird.

Historisch ist diese Entwicklung insofern interessant, als bei GULLSTRAND die Entwicklung der Spaltlampe von der fokalen Beleuchtungseinrichtung des Spiegelns im umgekehrten Bild ihren Ausgang nahm und nun die Beleuchtungseinrichtung der Spaltlampe wiederum zum Spiegeln im umgekehrten Bild verwendet wird. Man hat hierbei die beiden Vorteile einer Lichtquelle kleiner Fläche und großer Leuchtdichte mit den Vorteilen einer frei beweglichen Beleuchtungs- und Beobachtungsoptik vereinigt. Inzwischen sind zahlreiche Modifikationen dieses Verfahrens in Gebrauch, die das gleiche Prinzip mit geringeren Kosten und leichterer Handhabung des Gerätes verbinden.

Ophthalmoskopierlupen. Die optimalen Bedingungen zur reflexlosen Ophthalmoskopie werden indessen nur dann erfüllt, wenn auch die Spiegellupe den Anforderungen entsprechend konstruiert ist.

Die übliche bisphärische Spiegellupe von 13 dptr mit gleich starker Krümmung beider Seiten erfüllt diese Bedingungen nur sehr unvollkommen, weil sie die Beobachterpupille nicht aberrationsfrei in die brechenden Medien des Patientenauges abbildet und somit Überschneidungen zwischen Beobachtungs- und Beleuchtungsstrahlenraum unvermeidlich sind (Abb. 143 und 144).

Wesentlich günstiger sind schon solche Lupen, die zwar ebenfalls bisphärisch sind, deren beide brechende Flächen jedoch verschieden stark gekrümmt sind, so daß die Abbildung der Beobachterpupille etwa im Minimum der Aberration erfolgt. Das wird dadurch erreicht, daß sich die Krümmungen der beiden brechenden Flächen etwa verhalten wie deren Abstände von der Beobachterpupille und ihrem Bild, wobei die stärker gekrümmte Fläche zum Untersucher gewendet sein muß. Bei einem Linsendurchmesser von 3 cm werden durch die unterschiedliche Krümmung der beiden sphärischen Begrenzungsflächen schon sehr gute Abbildungsverhältnisse erzielt. Man hat nur darauf zu achten, daß die Lupe richtig gehalten wird, weil sonst die Abbildung schlechter ist als bei einer bisphärischen Lupe mit gleich stark gekrümmten Flächen. Gewöhnlich hat man die Lupe so zu halten, daß der auf der Fassung aufgeprägte Firmenname dem Untersucher sichtbar ist (Abb. 145 und 146).

Am günstigsten für das Augenspiegeln im umgekehrten Bild ist die aplanatische asphärische Lupe, die GULLSTRAND ursprünglich für sein großes und kleines Ophthalmoskop konstruiert hat. Sie besitzt einen Durchmesser von 5 cm und eine Brechkraft von etwa 16 dptr, bildet also die Beobachterpupille noch kleiner ab als die übliche Spiegellupe von 13 dptr. Sie ist so berechnet, daß für die üblichen Entfernungen beim Spiegeln im umgekehrten Bild die Pupille des Beobachters aplanatisch[1], d. h. aberrationsfrei in die brechenden Medien des untersuchten Auges abgebildet wird, so daß eine Überschneidung von Beobachtungs- und Beleuchtungsstrahlenraum ohne Schwierigkeiten vermieden werden kann (Abb. 149).

Eine solche Lupe (in geringerer Näherung auch eine Lupe mit ungleich gekrümmten sphärischen Flächen) besitzt aber noch einen weiteren Vorteil: Da die Beobachterpupille gleichzeitig Projektionszentrum des Beobachtungsstrahlenganges im Bildraum der Spiegellupe ist, das (aberrationsfreie) Bild dieser Pupille somit Projektionszentrum im Dingraum ist und dort durch die brechenden Medien des Patientenauges ohne wesentliche Veränderungen abgebildet wird, so wird die Verzeichnung des Augenhintergrundes des untersuchten Auges auf ein Minimum beschränkt, während etwa bei der gleich stark gekrümmten bisphärischen die Peripherie des untersuchten Augenhintergrundes durch die Peripherie der Linse stark verzeichnet gesehen wird (Abb. 147 und 148).

Tatsächlich erhält man mit Hilfe der asphärischen Spiegellupe GULLSTRANDs ein praktisch verzeichnungs- und astigmatismusfreies Bild des untersuchten Augenhintergrundes, welches die gesamte Öffnung dieser Lupe von etwa 5 cm Durchmesser vollständig ausfüllt und einem Gesichtsfeldwinkel von etwa 30° entspricht.

Die Vorzüge des Spiegelns im umgekehrten Bild bestehen in dem großen, auf einen Blick zu übersehenden Feld, im leichten Erreichen völliger Reflexfreiheit und besonders darin, daß auch bei engen Pupillen oder stark getrübten Medien sehr oft noch eine Stelle zu finden ist, durch die eine gute Beobachtung möglich ist. Da die engste Einschnürung des Beobachtungsstrahlenraums im untersuchten Auge einen Durchmesser von knapp 0,5 mm besitzt, besteht die Kunst gegebenenfalls darin, diese Stelle des Beobachtungsstrahlenraums in eine etwa verfügbare freie Lücke innerhalb der brechenden Medien des Patientenauges zu legen (Abb. 149).

Ein weiterer Vorteil besteht darin, daß das Bild des Augenhintergrundes stets in der Nähe der Spiegellupe, im allgemeinen (bei emmetropen Augen) in ihrer vorderen Brennweite, bei hyperopen Augen noch etwas weiter davor, bei myopen Augen weiter dahinter, nur bei hohen Myopien (über 10 dptr) in bzw. hinter der

---

[1] Ein optisches System wird als aplanatisch bezeichnet, wenn für ein paar ineinander abbildbarer Punkte die Sinusbedingung erfüllt ist; näheres s. POHL S. 42

Spiegellupe gelegen ist. Man hat also im allgemeinen wenig Mühe, sich auf die richtige Entfernung des Bildes einzustellen. Lediglich dem Anfänger bereitet das Aufsuchen des vor der Lupe frei im Raum schwebenden reellen Bildes einige Schwierigkeiten, weil es unserer gewöhnlichen Erfahrung widerspricht, auf ein vor einer begrenzenden Öffnung befindliches Bild zu akkommodieren. Man kann daher dem Anfänger das Auffinden dieses Bildes erleichtern, indem man etwa einen Bleistift in die vordere Brennweite der Spiegellupe hält und ihn auf diesen Bleistift akkommodieren läßt.

All diesen Vorteilen des umgekehrten Bildes steht der vielfach freilich entscheidende Nachteil der geringeren Vergrößerung des untersuchten Fundus gegenüber. Man wird daher im allgemeinen, nachdem man sich im umgekehrten Bild einen Überblick über den Augenhintergrund verschafft hat, auf die Untersuchung im aufrechten Bild nicht verzichten können, besonders wenn es sich darum handelt, Einzelheiten der Gefäßzeichnung zu erfassen.

d) Spiegeln im aufrechten Bild (direkte Ophthalmoskopie)

Beim Spiegeln im aufrechten Bild wird der Beobachtungsstrahlenraum von der Pupille des Arztes als Aperturblende und der Patientenpupille als Gesichtsfeldblende begrenzt, sofern die dazwischenliegende Rekoss-Scheibe des Ophthalmoskops nicht noch eine engere Begrenzung des Beobachtungsstrahlenraums bedingt. Während beim Spiegeln im umgekehrten Bild durch Abbildung der Patientenpupille in die Arztpupille eine Gesichtsfeldvergrößerung bis zur Begrenzung der Linsenfassung möglich ist, kann beim Spiegeln im aufrechten Bild das Gesichtsfeld ausschließlich durch Annäherung der beiden Pupillen vergrößert werden. Wegen des der Beleuchtung und der Befestigungen der korrigierenden Linsen dienenden Ophthalmoskops, welches im allgemeinen die Wimpern des Untersuchten nicht berühren darf, weil sonst störende Lidbewegungen entstehen, sind indessen dieser Annäherung gewisse Grenzen gesetzt; deswegen kann man beim Spiegeln im aufrechten Bild stets nur ein kleineres Gesichtsfeld übersehen als beim Spiegeln im umgekehrten Bild. Da außerdem der Strahlenraum die gesamte Patientenpupille ausfüllt, wirkt sich jede Trübung der brechenden Medien sehr störend aus, während beim Spiegeln im umgekehrten Bild ja nur ein ganz kleiner Querschnitt der Patientenpupille für den Beobachtungsstrahlenraum erforderlich ist.

Der Beleuchtungsstrahlenraum. Bei HELMHOLTZ' erstem Augenspiegel wurden Beobachtungs- und Beleuchtungsstrahlenraum durch energetische Bündelteilung ineinandergebracht, indem die primäre Lichtquelle durch einen unbelegten Spiegel virtuell in die Arztpupille abgebildet wird. Dieses Prinzip ist heute allgemein verlassen; die elektrischen Augenspiegel trennen den Beleuchtungsstrahlenraum vom Beobachtungsstrahlenraum ausschließlich auf der Grundlage der geometrischen Bündelteilung. Dabei wird im allgemeinen die primäre Lichtquelle, eine kleinflächige elektrische Glühlampe, durch ein optisches System reell abgebildet, entweder in die Öffnung des Instruments oder, wie beim Augenspiegel von CARL ZEISS (Oberkochen), etwas vor die Öffnung des Instrumentes, so daß das Bild beim Spiegeln dann auf die Hornhaut des Patienten fällt. Man kann auf diese Weise zwar nicht das Streulicht aus dem Beobachtungsstrahlengang beseitigen, wohl aber das Licht des Hornhautspiegelbildchens, welches ja bei weitem die größte Störung verursacht.

Der Beobachtungsstrahlenraum ist denkbar einfach zu verstehen: Angenommen, beide Augen seien emmetrop; dann liegt das Bild der Netzhaut des untersuchten Auges im Unendlichen und wird somit seinerseits scharf auf der Netzhaut des Untersuchers abgebildet. Sofern eines der beiden Augen nicht emmetrop ist, muß es durch entsprechende Glaskorrektur emmetrop gemacht werden, ist keines der Augen emmetrop, so müssen eben beide emmetrop gemacht werden.

Die Korrektionslinse (Rekoss-Scheibe). HELMHOLTZ erwähnt in seiner Beschreibung des Spiegelns im aufrechten Bild, daß eine Zerstreuungslinse zwischen das Auge des Beobachters und des Untersuchten einzuschieben sei, und gibt auch eine Berechnung für die Stärke dieser Linse wieder.

Unter Einführung der Begriffe der Refraktion und Brechkraft sagt man besser: *Die Brechkraft des zwischengeschalteten Glases muß der Summe der Refraktionen des Beobachterauges und des beobachteten Auges gleich sein.*

Man kann sich nämlich die korrigierende Linse in zwei Teile zerlegt denken, von denen der eine das beobachtete Auge, der andere das Beobachterauge emmetrop macht, dann können beide Netzhäute ineinander abgebildet werden.

Freilich ist hierbei unter Refraktion die aktuelle Refraktion zu verstehen, die der Untersucher (und der Untersuchte) während des Untersuchungsvorganges hat. Dem wenig Geübten fällt es nämlich im allgemeinen schwer, seine Akkommodation zu entspannen, weil das Bewußtsein eines so nahe gelegenen Beobachtungsobjektes und das damit verbundene Gefühl, in die Nähe sehen zu müssen, einen unmittelbaren Akkommodationsreiz für den Untersucher bildet. Beim Untersuchten ist dies weniger wichtig, weil dieser meist mit erweiterten Pupillen untersucht wird und daher in seiner Akkommodationsfähigkeit beeinträchtigt ist und außerdem nicht das Gefühl hat, irgendwo genau hinsehen zu müssen. Es genügt eben im allgemeinen zur Akkommodationsentspannung nicht, daß ein Bild optisch in unendlicher Ferne gelegen ist. Insbesondere dem Anfänger bereitet die Entspannung der Akkommodation beim Spiegeln im aufrechten Bild etwa die gleichen Schwierigkeiten wie die Akkommodation auf das frei im Raum schwebende reelle Bild beim Spiegeln im umgekehrten Bild.

Man bezeichnet dieses Akkommodationsbedürfnis beim Blick durch optische Geräte auch als Apparatemyopie. Sie ist wohl auch die Ursache dafür, daß HELMHOLTZ zur Korrektur ein Zerstreuungsglas für erforderlich hält. Es empfiehlt sich dringend, sich beim Spiegeln im aufrechten Bild daran zu gewöhnen, die eigene Akkommodation zu entspannen. Man kann dies dadurch üben, daß man versucht, mittels der Rekoss-Scheibe immer stärkere Sammelgläser vorzuschalten. Das Augenspiegeln bei entspannter Akkommodation ist sehr viel weniger ermüdend als bei angespannter Akkommodation.

Die bisher geschilderten Untersuchungsmethoden waren qualitativer Art; sie erweiterten die Beobachtungsmöglichkeiten mit unbewaffnetem Auge durch bessere Beleuchtung und stärkere Vergrößerung und erschließen darüber hinaus Teile des Auges einer Beobachtung, die mit unbewaffnetem Auge nicht gesehen werden können. Darüber hinaus kennen wir am Auge eine Reihe quantitativer Meßmethoden, welche mit den qualitativen meist in irgendeinem Zusammenhang stehen.

VII. Die quantitativen optischen Untersuchungsmethoden

1. Die Beseitigung der perspektivischen Verkürzung im telezentrischen Strahlengang

Das Keratometer nach WESSELY

Wenn wir den Hornhautdurchmesser mit einem Lineal messen wollen, so zeigt uns eine einfache Überlegung, daß unser Meßergebnis zu klein ausfallen wird, da der Maßstab näher am Projektionszentrum, der Pupille des untersuchenden Auges, liegt als die zu messende Hornhaut.

Werden dagegen Maßstab und untersuchtes Auge mit gleichem Projektionszentrum abgebildet, so ist eine unmittelbare Messung möglich. Die optische Lösung des Problems ist von verblüffender Einfachheit: Maßstab und zu messendes Auge werden durch eine Blende beobachtet, die in der bildseitigen Brennweite einer Sammellinse liegt. Die Eintrittspupille liegt dann im dingseitig Unendlichen, der dingseitige Strahlenraum ist nahezu zylindrisch begrenzt, und das Bild des Maßstabes und des gemessenen Objektes sind gleich groß (Abb. 84).

Die Messung mit telezentrischem Strahlengang ist ein lehrreiches Beispiel dafür, daß Blenden im Abbildungsvorgang wichtiger sein können als Linsen. Hier dient die Linse lediglich dazu, die Blende, also das Abbildungszentrum, ins Unendliche zu verlegen. Strenggenommen könnten natürlich Maßstab und Auge nicht gleichzeitig scharf abgebildet werden; dies ist aber gar nicht entscheidend. Die praktische Schärfentiefe reicht aus, beide zugleich scharf zu sehen, obwohl das Beobachterauge nur auf eine eingestellt sein kann, und außerdem ist eine Messung selbst dann möglich, wenn das zu messende Objekt unscharf in Zerstreuungskreisen erscheint.

Schon die praktische Ausführung dieses einfachen Messungsvorganges zeigt indessen noch eine andere grundsätzliche Schwierigkeit: Das beobachtende Auge ist nicht in der Lage, beide Enden des Maßstabes gleichzeitig deutlich zu sehen, weil ein Maßstabende stets exzentrisch gesehen wird. In der Zeit, in der das Beobachterauge aber vom einen zum anderen Ende des Maßstabs blickt, kann das untersuchte Auge ebenfalls eine kleine Bewegung machen, oder das Meßinstrument kann gegen das Auge verschoben werden.

Messungen mit höheren Präzisionsforderungen müssen von solchen Bewegungen des Meßinstrumentes gegen das Meßobjekt unabhängig sein. Wie dies optisch ermöglicht wird, soll in folgendem Kapitel geschildert werden.

2. Längenmessung an bewegten Objekten

a) Die Vorbilder der Astronomie

Die Lösung dieses Problems, die Beobachtung bei kleinen Bewegungen, ist von den Astronomen übernommen. Ihnen wurde schon frühzeitig die Aufgabe gestellt, den Winkelabstand zweier Himmelskörper von einem bewegten Beobachtungsort, z. B. einem fahrenden Schiff, aus zu messen.

Spiegelsextant. Bei einem Planspiegel ist der Einfallswinkel gleich dem Ausfallswinkel. Jede Bewegung eines Planspiegels bewirkt eine Bewegung des Spiegelbildes im doppelten Ausmaß. Anders jedoch bei Doppelspiegelung durch zwei gekoppelte Spiegel: Hier schließen der einfallende und der doppelt reflektierte Strahl, *sofern sie in einer Ebene liegen*, einen Winkel ein, der doppelt so groß ist wie der Winkel, den die beiden Planspiegel einschließen. Unter dem Winkel, den zwei Ebenen einschließen, wird dabei der Winkel verstanden, den zwei in diesen Ebenen liegende und auf der Schnittkante der Ebenen senkrecht stehende Geraden miteinander einschließen. Auf diesem Prinzip beruht der *Spiegelsextant*, der in früheren Zeiten Astronomen und Seefahrern dazu diente, den Winkelabstand von zwei Sternen oder die Höhe eines Sternes über dem Horizont zu messen.

Heliometer nach BESSEL. Während der Spiegelsextant der Messung großer Sehwinkel dient, ist für die Messung kleiner Winkelabstände (maximal 2°) das Heliometer von BESSEL entwickelt worden. Eine Verschiebung des Meßinstrumentes gegen den gemessenen Gegenstand liegt bei astronomischen Messungen ja auch dann vor, wenn das Meßinstrument, das astronomische Fernrohr, stabil aufgestellt ist, weil in jeder (Zeit-)Sekunde die Erde sich gegenüber dem Fixsternhimmel um 15 (Winkel-)Sekunden dreht.

Das Objektiv eines astronomischen Fernrohrs wird in axialer Richtung zersägt, die beiden Hälften werden entlang der Schnittfläche gegeneinander verschoben. Das parallel einfallende Strahlenbündel wird so durch die Brechung in zwei Strahlenbündel von der Form eines axial halbierten Kegels geteilt. In prinzipiell gleicher Weise wie beim Spiegelsextanten lassen sich so durch Verschiebung der beiden Objektivhälften durch Bildverdoppelung zwei getrennte Sterne

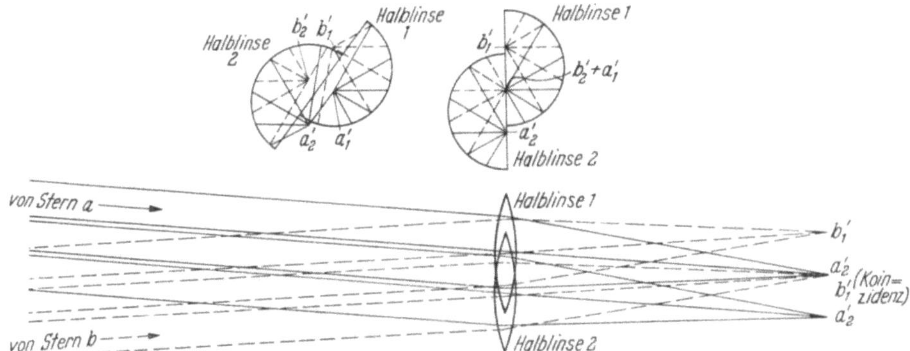

Abb. 150. Das Koinzidenzprinzip am Beispiel des Heliometers nach BESSEL. Die Sterne a und b werden durch die beiden gegeneinander verschieblichen Halblinsen *1* und *2* in die Bilder a'_1, a'_2, b'_1 und b'_2 abgebildet.
Oben: Projektion des Strahlengangs in axialer Richtung; links: stehen die Halbierungslinie der Linse und die beiden Sterne nicht in einer gemeinsamen Ebene, so ist eine Koinzidenz nicht möglich; rechts: stehen die beiden Sterne bzw. deren Bilder in der gleichen Ebene wie die Halbierungslinie der Linse, so kann das Sternbild b'_2 mit dem Sternbild a'_1 zur Deckung gebracht werden. Unten: Dasselbe in seitlicher Projektion. Aus der Verschiebung der Linsen kann der Winkelabstand der Sterne berechnet werden: Er ist gleich dem Verhältnis der Verschiebung zur Brennweite. (Da es sich um kleine Winkel handelt, kann die Tangensfunktion vernachlässigt werden)

zur Deckung bringen. Man bezeichnet dieses Prinzip, welches in beiden Meßinstrumenten verwirklicht ist, als Kollimation oder Koinzidenz (Abb. 150).

Voraussetzung für die Kollimation ist in allen Fällen, daß das Meßinstrument nach der die beiden Meßobjekte und den Standort des Beschauers enthaltenden gemeinsamen Ebene ausgerichtet wird: Beim Spiegelsextanten ist es die Ebene, welche die Einfallslote beider Spiegel enthält (die also auf beiden Spiegeln senkrecht steht), beim Heliometer muß die Ebene, in der das Objekt halbiert ist, auch die beiden Objekte enthalten, die zur Deckung gebracht werden sollen.

Die Kollimation eignet sich wegen ihr Unempfindlichkeit gegen seitliche Verschiebungen von Instrument oder Meßobjekt auch vorzüglich zu Präzisionsmessungen am Auge, insbesondere zur Messung der auf S. 217 erwähnten Spiegelbildchen.

b) Das Ophthalmometer nach Helmholtz

Die Ausmessung der Spiegelbildchen an gekrümmten Flächen ist nämlich die sicherste Möglichkeit, Größen zu berechnen, die einer direkten Messung nicht zugänglich sind: Die Krümmung der spiegelnden (und brechenden) Flächen.

Instrumente, die auf dem Kollimationsprinzip die Messung kleiner Entfernungen am Auge, insbesondere die Ausmessung von Spiegelbildchen gestatten, werden Ophthalmometer genannt.

Gemeinsames Grundprinzip aller Ophthalmometer: Der Beleuchtungsstrahlenraum hat die Aufgabe, am Auge Spiegelbildchen zu erzeugen, deren Größe im Beobachtungsstrahlenraum gemessen wird. Als „Objekt" für die Spiegelbildchen dienen zwei helle Marken, deren Abstand voneinander als die Objektgröße gilt. Sie erzeugen an jeder spiegelnden (d. h. brechenden) Fläche zwei Spiegelbildchen, deren Abstand voneinander die Bildgröße ist. Die Größe dieses Spiegelbildes, also der Abstand der beiden gespiegelten Marken, wird im Beobachtungsstrahlengang durch Bündelteilung und Kollimation gemessen.

Das älteste Instrument dieser Art ist das Ophthalmometer von HELMHOLTZ. Als Objekt für die Erzeugung der Spiegelbildchen dient eine 1 m lange Holzlatte, an deren einem Ende eine, am anderen Ende zwei Kerzen oder Glühlampen angebracht sind. Diese Latte wird 5 m vor dem zu untersuchenden Auge so aufgestellt, daß die optische Achse des Auges mit dem Mittellot der Latte zusammenfällt.

Sein Beobachtungsstrahlengang unterscheidet sich vom Heliometer dadurch, daß die Verdoppelung des Strahlengangs nicht durch Halbierung des Objektives selbst vorgenommen wird, sondern durch eine vor das Objektiv eingesetzte planparallele Glasplatte, die in einer ebenfalls durch die optische Achse gehende Ebene halbiert ist. Die beiden Hälften lassen sich um eine gemeinsame, auf der Halbierungsebene senkrecht stehende Achse im entgegengesetzten Sinne drehen.

Solange das Plattenpaar senkrecht auf der optischen Achse steht, fällt auch das einfallende Strahlenbündel nahezu senkrecht auf die Platte und erleidet keine Ablenkung. Sobald jedoch die Plattenhälften aus dieser Stellung herausgebracht werden, erfährt das einfallende Strahlenbündel eine Parallelversetzung, und zwar in den beiden gegenläufig gedrehten Plattenhälften nach entgegengesetzter Richtung. Dadurch lassen sich zwei durch das Fernrohr gesehene Gegenstände zur Kollimation bringen. Aus dem Winkel, um den die Plattenhälften gegeneinander verdreht worden sind, läßt sich der Abstand der zur Kollimation gebrachten Objektpunkte errechnen.

Entwirft man nun mittels zweier Lichtquellen, die untereinander und vom untersuchten Auge einen bestimmten Abstand haben, zwei Hornhautspiegelbild-

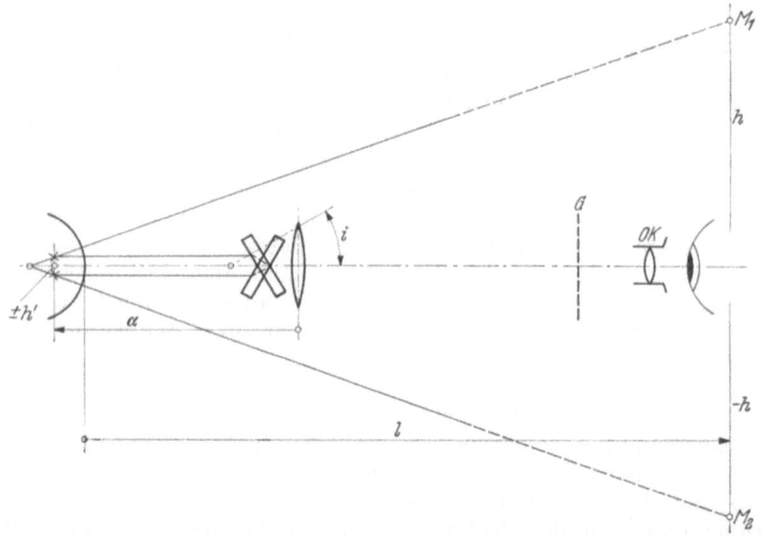

Abb. 151. Ophthalmometer nach HELMHOLTZ. Die beiden Marken M_1 und M_2 sind raumfest und in großer Entfernung (aus Übersichtsgründen viel zu klein gezeichnet) vom Ophthalmometer und Patienten, sie sind also nicht mit dem Ophthalmometer verbunden. Gemessen wird der lineare Abstand $2\,h'$ der beiden Spiegelbilder in der Hornhaut. Veränderungen des Geräteabstandes a vom Auge ändern das Meßergebnis nicht

chen, so läßt sich aus dem mit dem Ophthalmometer gemessenen Abstand der Spiegelbildchen die Krümmung der Hornhaut berechnen (Abb. 151).

Dasselbe gilt sinngemäß für die vorderen und hinteren Linsenspiegelbildchen, jedoch nur mit dem einen Unterschied, daß diese nur durch die Hornhaut hindurch gesehen werden können und eine Berechnung der Linsenkrümmung aus der Größe der Spiegelbildchen nur unter Berücksichtigung der zweimaligen Brechung an der Hornhaut möglich ist.

Durch das Ophthalmometer von HELMHOLTZ und einige andere Ophthalmometerkonstruktionen war es also möglich, die Krümmungen der verschiedenen brechenden Medien und ihre Abstände voneinander zu messen. Freilich sind derartige Messungen mit um so größeren Fehlermöglichkeiten behaftet, je tiefer in das Innere des Auges sie vordringen. Denn die Messungen werden ja nicht an den betreffenden Schichten selbst vorgenommen, sondern an den virtuellen Bildern, welche von den vor ihnen liegenden brechenden Schichten entworfen werden. Das fängt strenggenommen schon bei der Messung der Hornhautdicke an und wird bei der Tiefe der Vorderkammer bereits problematisch. Zudem ist die Messung der Brechungsindices, die ja zur Berechnung der Brechkräfte unumgänglich notwendig ist, am lebenden Auge nicht möglich. Messungen an Organteilchen eines toten Auges sind aber ebenfalls mit einem Unsicherheitsfaktor behaftet.

Die durch Messung am Ophthalmometer gewonnenen Größen des Auges dienen zur Grundlage der „schematischen Augen", welche möglichst weitgehend mit den Mittelwerten der Ophthalmometermessungen übereinstimmen.

Am gebräuchlichsten sind das „exakte schematische Auge" und das „vereinfachte schematische Auge" GULLSTRANDs (vgl. S. 136).

Insbesondere ist es mit dem Ophthalmometer möglich, den Krümmungsradius der Hornhautoberfläche auf etwa $^1/_{50}$ mm genau zu messen. Diese Messung hat von allen möglichen Ophthalmometermessungen in der Klinik stets das größte Interesse beansprucht, wahrscheinlich aus zweierlei Gründen: Einmal ist sie von allen möglichen Messungen an den brechenden Medien des Auges diejenige, welche ohne besondere Berechnungen über die Brechung an den übrigen Schichten des Auges durchgeführt werden kann, zum anderen beträgt die Brechkraft der Hornhautvorderfläche etwa $^3/_4$ bis $^4/_5$ der Brechkraft des gesamten Auges.

Aus diesem Grunde kommt auch der Beurteilung der Brechkraft der Hornhautvorderfläche für die Beurteilung der Brechkraft des Gesamtsystems eine gewisse Bedeutung zu.

Das Interesse der Klinik hat sich nun eigentlich nie darauf gerichtet, die Brechkraft der Hornhaut bzw. der Hornhautvorderfläche zu messen, sondern lediglich den *Unterschied* zwischen ihren beiden Hauptbrechkräften, den Astigmatismus.

Dabei ist schon der Schluß von der Krümmung auf die Brechkraft der Hornhautvorderfläche nur teilweise das Ergebnis eines Meßvorgangs, denn er beruht auf der Voraussetzung, daß der Brechungsindex der Hornhaut 1,376 beträgt. Noch schwieriger ist der Schluß von der Brechkraft der Hornhautvorderfläche auf die Brechkraft der Hornhaut insgesamt. Denn die Hornhautrückfläche ist stärker gekrümmt als die Hornhautvorderfläche und grenzt an das Kammerwasser, dessen Brechungsindex um 0,040 geringer ist als der der Hornhaut. Die (auf Luft reduzierte) Brechkraft der Hornhautrückfläche beträgt demnach — 5,88 dptr, so daß die Brechkraft der Gesamthornhaut geringer ist als die der Hornhautvorderfläche. Diesem Umstand wird im „vereinfachten schematischen Auge" GULLSTRANDs insofern recht getan, als hier die Hornhaut lediglich als unendlich dünne Begrenzung des Kammerwassers zugrunde gelegt wird und die „Hornhautbrechkraft" durch den Übergang des Lichtes von Luft in Kammerwasser durch eine Begrenzungsfläche mit dem Krümmungsradius 7,8 mm definiert wird. Im „exakten schematischen Auge" hingegen wird die Brechung an beiden Flächen der Hornhaut berücksichtigt und führt, wie die vergleichenden Abbildungen zeigen, zum gleichen Wert, wobei lediglich der Krümmungsradius der Hornhautvorderfläche um 0,1 mm differiert. Eine Änderung des Krümmungsradius wird natürlich eine Änderung der Hornhautbrechkraft mit sich bringen, aber diese wird verschieden sein, je nachdem, ob man den Berechnungen das exakte oder das vereinfachte schematische Auge zugrunde legt. Im vereinfachten wird die Hornhaut als *eine* Fläche behandelt, wodurch in der Berechnung Fehler entstehen können, beim exakten schematischen Auge wird zwar die Hornhautrückfläche mit berücksichtigt, sie kann aber selbst nicht ohne weiteres mit den üblichen klinischen ophthalmometrischen Methoden gemessen werden.

LITTMANN schließlich hat aus den Maßen der Gesamtbrechkraft des Hornhautsystems und dem Krümmungsradius der Hornhautvorderfläche, gemäß dem exakten schematischen Auge GULLSTRANDs, einen formalen Brechungsindex berechnet, welcher unter der Annahme *einer* brechenden Fläche zu den genannten optischen Daten führen würde. Dieser formale Brechungsindex ist schwächer als der Brechungsindex des Kammerwassers (1,332 statt 1,336).

Auf diese Weise liefert das Ophthalmometer nach LITTMANN bei gleichem Krümmungsradius etwas andere Dioptrienwerte als das Ophthalmometer nach JAVAL.

Diese Überlegungen mögen zeigen, daß es problematisch ist, aus Ophthalmometermessungen auf den Astigmatismus des ganzen Auges schließen zu wollen. Ausgedehnte Untersuchungen über die Beziehungen zwischen Hornhautastigmatismus und Gesamtastigmatismus hat HRUBY vorgenommen.

Gemessen wird mit einem Ophthalmometer lediglich die Krümmung bzw. die beiden Hauptkrümmungen der Hornhautvorderfläche, die übrigen Schlüsse, die aus dieser Messung gezogen werden, sind letztlich Schätzungen.

Trotzdem wird der Ophthalmometrie der Hornhautvorderfläche als Grundlage objektiver Astigmatismusmessung allgemein große Bedeutung beigemessen. Wenn ENGELKING schreibt, „das Ophthalmometer ist neben der Spaltlampe und dem Augenspiegel das wichtigste Hilfsmittel des Augenarztes", so unterstreicht er damit die wegen der Einfachheit ihrer Durchführung große Bedeutung der Ophthalmometermessung für die augenärztliche Praxis.

Wenn die Ophthalmometrie die Aufgabe hat, den Unterschied zwischen den beiden Hauptschnittbrechkräften der Hornhaut zu messen, so hat sie zunächst diese Hauptschnitte überhaupt aufzufinden. Auch dies geschieht mit Hilfe der Kollimation.

Wir müssen hierzu nochmals auf die allgemeinen Eigenschaften einer gekrümmten Fläche zurückgreifen:

In jedem Punkt einer solchen Fläche läßt sich ein Flächenlot, das Lot auf der Tangentialebene, errichten. Von den unendlich vielen Ebenen, die durch dieses Flächenlot gelegt werden können, enthalten nur zwei aufeinander senkrecht stehende Ebenen auch die Flächenlote nächstliegender Punkte. Dies bedeutet aber weiterhin, daß nur innerhalb dieser beiden Ebenen Objektpunkte und Bildpunkte (in diesem Falle die Spiegelbilder) in einer Ebene bleiben. Damit läßt sich aber mittels des Koinzidenzverfahrens auch die Lage dieser Hauptschnitte bestimmen. Legt man nämlich die beiden Lichtquellen, die der Erzeugung der Hornhautspiegelbildchen dienen, in die Ebene, in deren Richtung die Bildverdoppelung stattfindet, also in die Halbierungsebene der planparallelen Glasplatte, so kann eine Koinzidenz nur stattfinden, wenn diese Ebene mit einer der beiden Hauptschnittebenen übereinstimmt.

Daher sind bei den späteren Ophthalmometerkonstruktionen, die ausschließlich der Messung des Hornhautastigmatismus dienten, die zu spiegelnden Bilder stets fest mit dem Gerät verbunden, so daß sie sich bei allen Drehungen um die optische Achse mitdrehen.

c) Das Ophthalmometer nach JAVAL und andere Ophthalmometertypen

Für die Anforderungen, die die Klinik an die Ophthalmometrie stellt, nämlich Messung der beiden Hauptkrümmungen der Hornhautvorderfläche, ist nun das Ophthalmometer von HELMHOLTZ denkbar wenig geeignet. Die Erfassung der beiden Hauptschnittebenen ist überhaupt nur dann möglich, wenn auch die beiden das Objekt bildenden Marken zusammen mit der Koinzidenzebene in die Hauptschnittebenen der Hornhaut gebracht werden können, denn nur innerhalb dieser Hauptschnittebenen fällt die Richtung des Objektes mit der des Spiegelbildes zusammen, und nur dann, wenn die Koinzidenzebene in der gleichen Ebene liegt, ist eine Koinzidenz der Spiegelbildchen überhaupt möglich. Somit ist es für das Auffinden der Krümmungshauptschnitte der Hornhaut erforderlich, die Objektmarken mit der Koinzidenzrichtung in eine Ebene zu bringen. Das ist beim Ophthalmometer nach HELMHOLTZ nur unter großen Schwierigkeiten möglich, weil dort die Lichter an einer weit außerhalb des Instruments befindlichen Latte befestigt sind und Bewegungen des Instrumentes um seine Achse nicht mitmachen.

Für diese klinischen Aufgaben der Ophthalmometrie konstruierten Javal und Schiøtz ein neues Ophthalmometer, welches in verschiedenen Variationen über

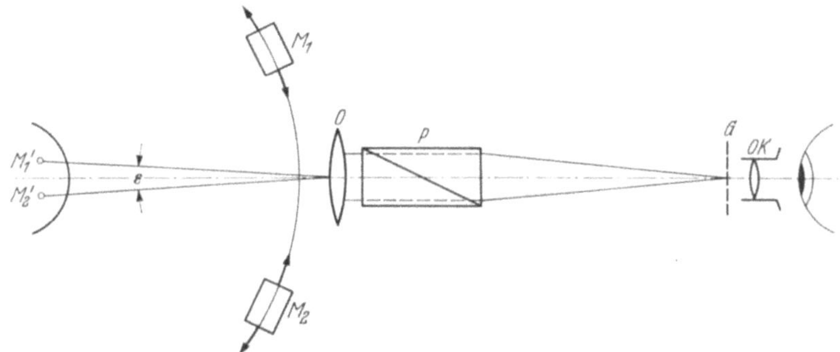

Abb. 152. Ophthalmometer nach Javal und Schiøtz. Die beweglichen Marken M_1 und M_2 sind mit dem Gerät verbunden. Dadurch wird der Abstand der Spiegelbilder M'_1 und M'_2 um so größer, je näher das Gerät an der untersuchten Hornhaut ist. Da aber nicht der lineare, sondern der anguläre Abstand der Marken gemessen wird, der bei Annäherung des Gerätes ebenfalls vergrößert wird, verdoppelt sich der Fehler. P ein doppelbrechendes Wollastonprisma, welches das ankommende Strahlenbündel in konstantem Winkelabstand teilt. Koinzidenz tritt ein, wenn der Winkel ε diesem Winkel gleich ist. Bei G befindet sich ein schräg zu der Kollimationsebene verlaufender Strich als Maske. Der Geräteabstand ist dann richtig eingestellt, wenn die Spiegelbilder M'_1 und M'_2 in die gleiche Ebene abgebildet werden. Daher muß jeder Untersucher das Ocular OK vorher so einstellen, daß er die Marke bei G deutlich sieht

lange Zeit hinweg auf dem europäischen Kontinent eine führende Stellung innehatte. Im Interesse einer einfachen Handhabung weist dieses Instrument gegenüber dem Helmholtzschen Ophthalmometer einige grundlegende Änderungen auf (Abb. 152):

1. Die zu spiegelnden Marken sind um die Ophthalmometerachse in der Koinzidenzebene drehbar angebracht. Dadurch müssen die Marken aber gleichzeitig erheblich näher an die Hornhaut herangebracht werden; beim ursprünglichen Gerät von Javal betrug diese Entfernung noch etwa 30 cm, bei späteren Konstruktionen war sie noch kleiner. Mit einer solchen Verkleinerung des Abstandes ist zugleich eine Vergrößerung der systematischen Fehler bedingt. Eine Verschiebung von 1 cm bewirkt bei einem Markenabstand von 5 m eine relative Änderung von 0,2%, bei einem Markenabstand von 40 cm hingegen eine solche von 2,5%. Mit einer solchen Veränderung des Abstandes ist aber gleichzeitig eine umgekehrt proportionale Änderung der Größe des Spiegelbildchens gekoppelt.

Die Bündelteilung im Beobachtungsstrahlengang erfolgt beim Ophthalmometer nach Javal-Schiøtz ebenfalls anders als beim Ophthalmometer nach Helmholtz.

Während die Bündelaufteilung beim Helmholtz-Ophthalmometer durch Parallelversetzung mit Hilfe planparalleler Platten erfolgt, geschieht dies beim Javal-Ophthalmometer durch einen doppelt brechenden Kristall, der das ankommende Strahlenbündel so aufteilt, daß es in zwei verschiedenen Richtungen symmetrisch weiterläuft. Die beiden geteilten Bündel schließen einen konstanten, von den brechenden Eigenschaften des doppelbrechenden Prismas abhängigen Winkel ein. Die Variation zur Einstellung der Koinzidenz erfolgt auf der Objektseite, d. h., es wird die Größe des zu spiegelnden Bildes bzw. der Abstand der beiden Marken variiert.

Damit ist das Gerät in doppelter Weise „abstandsempfindlich", d. h., die mit ihm gewonnenen Meßergebnisse hängen — anders als beim Ophthalmometer nach

16*

HELMHOLTZ — von dem Abstand ab, den das Gerät von der untersuchten Hornhaut einnimmt.

Je näher das Gerät an die zu untersuchende Hornhaut herangebracht wird, desto kleiner muß das Hornhautspiegelbildchen sein, um im Beobachtungsstrahlengang zur Koinzidenz gebracht zu werden. Darüber hinaus müssen aber die beiden als Objekt zur Erzeugung des Hornhautspiegelbildchens dienenden Marken proportional zum Hornhautabstand genähert werden, um unter sonst gleichen

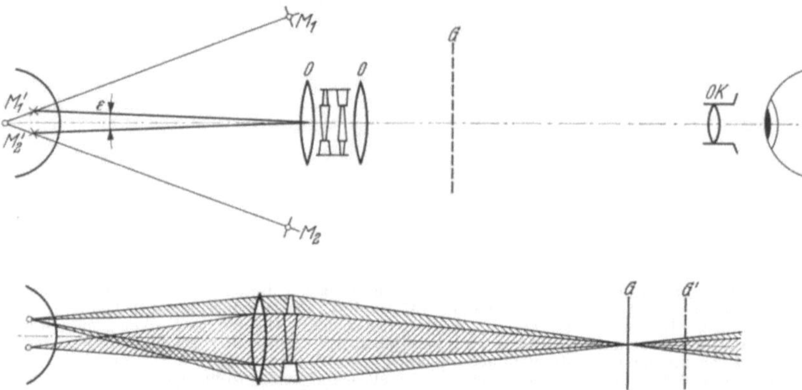

Abb. 153. Ophthalmometer nach HARTINGER. Oben: schematischer Aufbau. Unten: geometrische, konzentrische Bündelteilung im Beobachtungsstrahlengang. Die Marken M_1 und M_2 sind unbeweglich. Durch gegensinnige Drehung der beiden Prismen zwischen O O kann der Winkel ε gemessen werden

Bedingungen ein Hornhautspiegelbildchen *gleicher* Größe zu erzeugen. Um hingegen ein Hornhautspiegelbildchen zu erzeugen, welches bei gleicher Hornhautkrümmung zur Koinzidenz führt, muß der Abstand der beiden Marken dem Quadrat des Abstandes des Apparates von der Hornhaut proportional sein

Ein wenig bekanntes Hilfsmittel im Okular. Um nun dem Untersucher eine Konstanz des Untersuchungsabstandes zu ermöglichen, ist im Okular des Instrumentes ein gegen die Koinzidenzebene leicht geneigter Strich angebracht, welcher sich an der Stelle befindet, an der auch das *Bild* des Hornhautspiegelbildchens bei *richtiger* Entfernungseinstellung des Instrumentes sein soll. Jeder Untersucher, der ein Ophthalmometer nach JAVAL benutzt, muß also vorher sich entweder davon überzeugen, daß er mit Hilfe seiner Akkommodation diesen Strich deutlich sehen kann, oder er muß das Okular seiner eigenen Refraktion entsprechend einstellen, um auf diese Weise den Strich deutlich zu sehen. Nur wenn er diesen schrägen Strich *und* das verdoppelte Hornhautspiegelbildchen gleichzeitig scharf sieht, steht das Gerät im richtigen Meßabstand.

Ich habe noch kein Gerät dieses Typs gesehen, in dem diese Justierhilfe gefehlt hätte, ich habe aber nur wenige Untersucher gesehen, die von der Existenz dieses Striches gewußt hätten, auch bei und trotz regelmäßiger Benutzung dieses Ophthalmometers. Er ist allerdings nur dann zu sehen, wenn das Ophthalmometer auf eine helle Fläche gerichtet ist, etwa auf die Spiegelbildchen der zu messenden Hornhaut.

Übrigens sind, wie LITTMANN nachweist, trotz dieser Okulareinstellungshilfe noch Fehlermöglichkeiten in der Entfernungseinstellung möglich, welche zu falschen Meßergebnissen führen können. Die Entfernungseinstellung durch scharfe Abbildung hat eben stets einen gewissen Tiefenfehler, wie ja jedem aus der Photographie bekannt ist. Aber zweifellos wird der Meßfehler bei der Ophthalmometrie mit dem Javalschen Gerät wesentlich geringer, wenn man auf die Scharfeinstellung des schrägen Striches achtet.

Der Meßvorgang erfolgt so, daß zunächst mit einer am Gerät befindlichen Visiereinrichtung die zu untersuchende Hornhaut anvisiert wird. Dann werden im Beobachtungsfernrohr die verdoppelten Hornhautspiegelbildchen aufgesucht und scharf eingestellt. Durch Drehung um die optische Achse wird die eine Hauptschnittebene der Hornhaut aufgesucht. Sodann werden die Hornhautspiegelbildchen zur Kollimation gebracht. Achsenstellung und Krümmungsradius der Hornhaut werden an den entsprechenden Skalen abgelesen, letzterer ist gewöhnlich auch in dioptrische Hornhautbrechkraft umgerechnet.

Anschließend wird das Ophthalmometer zur Einstellung des zweiten Hauptschnittes 90° um die optische Achse gedreht. Man überzeuge sich anfangs davon, daß nur in diesen beiden Lagen eine Koinzidenz der Bildchen überhaupt möglich ist, während in den übrigen Lagen die Bildchen schräg aufeinandertreffen. Man erkennt die Koinzidenz daran, daß der dunkle Halbierungsstrich durch beide Marken eine geschlossene Linie bildet. Auch im zweiten Hauptschnitt werden die Marken zur Koinzidenz gebracht und an der Skala der entsprechende Wert abgelesen. Es muß streng darauf geachtet werden, daß zwischen den Ablesungen in den beiden Hauptschnitten der Abstand des Gerätes vom untersuchten Auge nicht geändert wird, weil sonst falsche Astigmatismuswerte gefunden werden.

Die eine Spiegelmarke des Javal-Ophthalmometers ist in Treppenform ausgeführt. Im mittleren Meßbereich des Ophthalmometers haben diese Treppen folgende Bedeutung: Behält man, wie dies meist geübt wird, die Einstellung des ersten Hauptschnittes bei, wenn man in den zweiten Hauptschnitt umschwenkt, so werden, falls ein Astigmatismus nach der Regel vorliegt, die beiden zur Koinzidenz gebrachten Spiegelbildchen ein wenig übereinandergeschoben werden, und zwar um eine Stufe, wenn der Hornhautastigmatismus 1 dptr beträgt. Auf diese Weise ist es entbehrlich, den Krümmungsradius bzw. die Brechkraft im zweiten Hauptschnitt auch noch abzulesen, man begnügt sich vielfach damit, festzustellen, wie weit die Spiegelbildchen übereinander gerückt sind. Dieses Verfahren ist aber nur im mittleren Meßbereich des Ophthalmometers statthaft, weil im Ophthalmometer eigentlich Längen und nicht ihre Reziprokwerte, die Krümmungen, gemessen werden.

Im angelsächsischen Sprachgebiet ist ein Ophthalmometer im Gebrauch, welches die Messung beider Hauptschnitte gleichzeitig gestattet. Auch dieses Instrument ist grundsätzlich „abstandsempfindlich", doch ist der Einstellfehler geringer als beim Javal-Ophthalmometer, zudem besitzt eine Simultan-Messung stets geringere Fehlermöglichkeiten als eine Sukzessiv-Messung.

d) Das Ophthalmometer nach LITTMANN

Eine Konstruktion, welche die Genauigkeit und Abstandsunempfindlichkeit des Ophthalmometers nach HELMHOLTZ mit der klinisch praktischen Handhabung des Ophthalmometers nach JAVAL vereint, ist das Ophthalmometer nach LITTMANN[1].

Auch bei diesem Ophthalmometer sind die als Objekt dienenden Marken fest mit dem Beobachtungsgerät und mit diesem schwenkbar verbunden, aber die zu spiegelnden Marken sind trotzdem nicht wie bei den übrigen Ophthalmometern in der Nähe der zu messenden Hornhaut, sondern im Unendlichen, wohin sie durch je ein Linsensystem, in dessen Brennpunkt sie sich befinden, abgebildet werden

---

[1] LITTMANN, H.: Grundsätze zur Ophthalmometrie. Ber. 56. Zusammenk. Dtsch. Ophthalm. Ges. 1950, 33 München 1951.

(Abb. 154). Außerdem sind diese Marken in einem konstanten Winkel zur optischen Achse des Gerätes und auch untereinander verbunden. Sie spiegeln sich also auf der Hornhaut des Auges wie zwei weit auseinanderliegende Sterne. Die Größe des Hornhautspiegelbildchens bzw. des Abstandes der Teilbildchen hängt nicht mehr vom Abstand der zu spiegelnden Marken von der Hornhaut, sondern allein vom Krümmungsradius der Hornhaut ab.

Aber auch der „Beobachtungsstrahlengang" des Ophthalmometers ist entfernungsunabhängig. Dies erfolgt in analoger Weise wie beim Keratometer nach

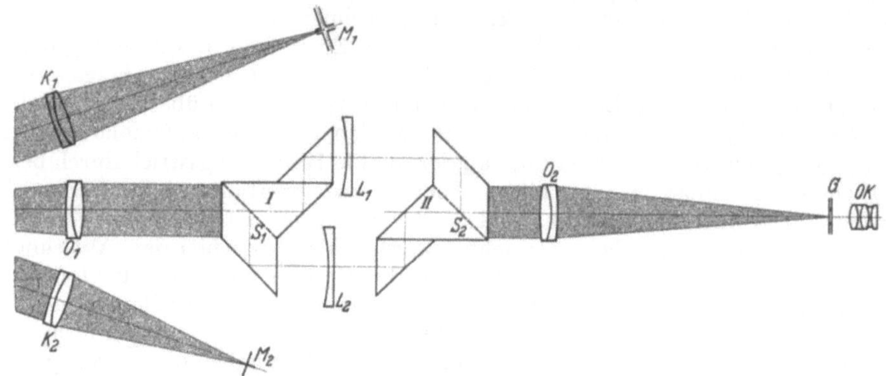

Abb. 154. Ophthalmometer nach LITTMANN. Die Marken M_1 und M_2 werden durch die Kollimatoren K_1 und K_2 im Unendlichen abgebildet. Die Hornhautspiegelbildchen liegen im Brennpunkt des Ophthalmometerobjektivs O_1. Der hinter dem Objektiv parallel verlaufende Strahlengang wird in der Prismenkombination I an der halbdurchlässigen Spiegelfläche S_1 in zwei Teile aufgespalten, welche die Linsen L_1 und L_2 durchsetzen. Die beiden Linsen liegen genau im Brennpunkt des Objektivs O_2. Sie sind mit Hilfe der Meßvorrichtung gegenläufig in der Brennebene, also senkrecht zur optischen Achse verschiebbar und führen dadurch die Koinzidenz der Spiegelbilder herbei. Beide Strahlengänge werden an der halbdurchlässigen Spiegelfläche S_2 in der Prismenkombination II wieder vereinigt und durchsetzen gemeinsam das Objektiv O_2, in dessen Bildebene G die Markenbilder liegen. Sie werden mit dem Okular Ok betrachtet

WESSELY, unter Benützung des telezentrischen Strahlengangs. Der Unterschied der Aufgaben zwischen beiden Instrumenten besteht lediglich darin, daß das eine den Durchmesser, das andere den Abstand zweier Spiegelbildchen der Hornhaut zu messen hat. Im bildseitigen Linsenbrennpunkt befindet sich indessen nicht, wie beim Keratometer, eine Blende, sondern je eine Linse (da das Bündel vor Erreichung des bildseitigen Brennpunktes geteilt wird, existieren gleichsam zwei bildseitige Brennpunkte). In diesen beiden Brennpunkten erfolgt nun die zur Herstellung der Kollimation erforderliche variable Strahlenablenkung, und zwar durch ein Paar Zerstreuungslinsen, welche senkrecht zu ihrer optischen Achse gegeneinander verschiebbar sind und so als variable Prismen wirken.

e) Messung der Hornhautdicke (nach v. BAHR) und der Vorderkammertiefe (nach JAEGER)

Mit ähnlichen Methoden wie die Krümmung der Hornhautvorderfläche können die scheinbare Dicke der Hornhaut und die scheinbare Tiefe der Vorderkammer gemessen werden. Die einschränkende Bezeichnung „scheinbar" für diese Größen erfolgt deshalb, weil wir die Hornhautrückfläche und die Linsenvorderfläche nicht „direkt" sehen, sondern lediglich ihre von den vor ihnen liegenden brechenden Schichten entworfenen optischen Bilder.

Die scheinbare Hornhautdicke wird nach v. BAHR[1] so gemessen, daß durch ein Paar planparalleler Platten, welche die Pupille teilen, die Hornhaut in einer

---

[1] v. BAHR, G.: Measurements of the thickness of the cornea. Acta Ophthalmologica **26**, 247 (1948).

anderen Tiefe, und zwar näher am Auge, gesehen wird als in dem Teil der Strahlenbündel, welcher nicht durch die Platten abgelenkt wird. Durch Drehen der Platten läßt sich der Tiefenabstand der Bilder verschieben und so die Hornhautrückfläche des über die Platten gesehenen Bildes mit der direkt gesehenen Hornhautvorderfläche zur Kollimation bringen.

Die Messung der scheinbaren Vorderkammertiefe nach JAEGER[1] erfolgt ebenfalls nach dem Kollimationsprinzip mittels einer den Strahlengang teilenden planparallelen Platte. Anhand einer Tabelle kann die reale Vorderkammertiefe daraus auf 0,1 mm genau berechnet werden.

Das Strahlenbündel der Spaltlampe wird senkrecht auf den vorderen Hornhautpol gerichtet. Das Beobachtungsmikroskop ist unter einem Winkel von 45° auf die Hornhaut gerichtet, so daß ein optischer Mediansagittalschnitt durch das Auge schräg von vorn beobachtet wird. Mittels der planparallelen Platte wird nun dieser optische Schnitt parallel zu sich selbst verschoben und das durch die Platte abgelenkte Bild der Linse mit dem direkten Bild der Hornhaut zur Deckung gebracht. Aus der für diese Kollimation erforderlichen Drehung der planparallelen Platte kann dann die scheinbare Tiefe der Vorderkammer berechnet werden.

VIII. Die Methoden der objektiven Refraktionsbestimmung
1. Refraktionsbestimmung unter Beobachtung der Netzhaut

Beim Spiegeln im aufrechten Bild muß zwischen das untersuchte und das untersuchende Auge eine Linse geschaltet werden, welche beide Netzhautbildflächen der beiden Augen ineinander abbildet. Die Stärke dieser Linse ist gleich der Summe der Refraktionen beider Augen am Ort der Linse. Kennt daher der Untersucher seine eigene Refraktion, so kann er aus dieser und der vorgeschalteten Linse leicht die Refraktion des untersuchten Auges berechnen.

Jüngeren Untersuchern bereitet diese Methode Schwierigkeiten, wenn sie ihr Akkommodationsspiel nicht beherrschen können. Aus den gleichen Gründen wie bei der subjektiven Refraktionsbestimmung hat man das stärkste sammelnde Glas der Rekoss-Scheibe, mit dem der Augenhintergrund noch deutlich gesehen wird, den Berechnungen zugrunde zu legen.

Ein elektrischer Augenspiegel, welcher die Störung durch die Akkommodationsdynamik des Untersuchers vermeidet, ist das von der Firma OCULUS (Dutenhofen) hergestellte *Visuskop*. In diesem Gerät wird nicht nur der Beobachtungsstrahlengang, sondern auch der Beleuchtungsstrahlengang über die Rekoss-Scheibe geleitet, so daß der Beleuchtungsstrahlengang dazu verwendet wird, nach Art einer diaskopischen Projektion verschiedene Muster im Augenhintergrund des untersuchten Auges abzubilden.

Diese Muster werden zunächst im Unendlichen abgebildet, ehe sie über die Rekoss-Scheibe des Ophthalmoskopes und die brechenden Medien des untersuchten Auges auf dessen Netzhaut abgebildet werden. Sie sind daher auf der Netzhaut des untersuchten Auges dann scharf abgebildet, wenn die Rekoss-Scheibe dieses Auge auf unendliche Ferne korrigiert, d. h., wenn die Rekoss-Scheibe auf die Fernpunktrefraktion des *untersuchten* Auges eingestellt ist.

Das beobachtende Auge muß dann emmetrop sein, um dieses auf der Netzhaut des untersuchten Auges abgebildete Muster deutlich sehen zu können. Besteht auf seiten des beobachtenden Auges eine Refraktionsanomalie, so kann diese durch eine nur in den Beobachtungsstrahlengang einzubringende Linse ausgeglichen werden, womit indessen das Gerät auf diesen einen Untersucher eingestellt ist; das ist

---

[1] JAEGER, W.: Einfaches Zusatzgerät für die Spaltlampe zur Messung der Vorderkammertiefe. Ber. 57. Vers. Dtsch. Ophthal. Ges. 1951 S. 324. (München, J. F. Bergmann 1952).

allerdings bei den meisten optischen Geräten, sofern sie ein Okular haben, ebenfalls notwendig.

Mit diesem Gerät lassen sich nun in den zu untersuchenden Augenhintergrund projizieren: ein quadratisches Netz, ähnlich einer Zählkammer, mit dem sich Flächen (etwa von Blutungen) ausmessen und registrieren lassen, kleine Quadrate verschiedener Größe, mit denen Längenmessungen — etwa Gefäßkaliber — vorgenommen werden können. Ein kleiner viereckiger Stern, welcher dazu dient, die Fixation des Patienten kontrolliert zu prüfen: Er wird hierzu aufgefordert, den kleinen Stern anzusehen. Wird dieser auf der Fovea abgebildet, so fixiert der Untersuchte foveal, andernfalls exzentrisch.

Schließlich läßt sich auch noch eine Testfigur zur Astigmatismusbestimmung, wie sie in der Zylindernebelmethode Verwendung findet, in entsprechend kleinen Ausmaßen ebenfalls in das untersuchte Auge projizieren. Mit ihrer Hilfe lassen sich sogar astigmatische Refraktionsanomalien objektiv messen, indem bei solchen nur jeweils eine Richtung der Strahlenfigur scharf abgebildet wird. Die beiden Richtungen, welche überhaupt scharf eingestellt werden können, bestimmen die Hauptschnittrichtungen des Astigmatismus. Die Gläser der Rekoss-Scheibe, mit der diese Strahlen scharf abgebildet werden, bestimmen die Refraktion in den beiden Hauptschnittrichtungen, wobei man sich jedoch zu vergegenwärtigen hat, daß die Richtung der deutlich abgebildeten Marken *senkrecht zur* Richtung der diese Abbildung vermittelnden *astigmatischen Brechkraft* steht, also mit der entsprechenden *Achsenlage übereinstimmt.*

Die Refraktometer. Auf dem Prinzip des Augenspiegelns im umgekehrten Bild beruhen die sog. Refraktometer (nicht zu verwechseln mit den in der Physik gebräuchlichen Refraktometern, welche der Messung des Brechungsindex dienen!). Das in Deutschland gebräuchlichste dürfte das Rodenstock-Refraktometer sein. Die Refraktion des Untersuchers wird durch eine Okulareinstellung ausgeglichen, welche also jeder Untersucher vor Benutzung des Gerätes vornehmen muß. Sie entspricht somit der individuellen Vorsatzlinse für den nicht emmetropen Untersucher im Visuskop.

Die optische Einstellung der Testmarke in die verschiedenen Netzhautbildflächen, den verschiedenen Refraktionen entsprechend, wird nicht mit einer Rekoss-Scheibe vorgenommen, sondern nach dem gleichen Prinzip, welches auch im Scheitelbrechwertmesser verwirklicht wird, mit einer Verschiebung der Testmarke vor und hinter den Brennpunkt einer Linse, in deren anderem Brennpunkt sich die Hornhaut des untersuchten Auges befindet. Dieser Brennpunkt ist durch die Austrittspupille des Beleuchtungsstrahlenganges kenntlich, welche als scharf begrenzter Ring abgebildet wird, dessen Mitte Raum für den Beobachtungsstrahlengang freiläßt. Es findet also eine telezentrische Abbildung statt, so daß eine lineare Verschiebung der Testmarke eine proportionale Änderung der dioptrischen Einstellung ihres Bildes ergibt.

Als Testfigur dient ein in zahlreiche kleine Kreise aufgelöster Pfeil nach Art des Raubitschek-Pfeils, welcher bei astigmatischer Refraktion die Hauptschnittlage mit großer Deutlichkeit erkennen läßt. Er kann durch Drehen in die richtige Hauptschnittlage gebracht werden.

Die Messung erfolgt in Analogie zur Zylindernebelmethode: Die Testfigur wird zunächst einer starken Pluskorrektur entsprechend eingestellt und dann langsam auf das Minus-Gebiet zu verschoben, bis sie auf dem Augenhintergrund deutlich erscheint. Besteht ein Astigmatismus, so erscheinen die Punkte zu Strichen ausgezogen, und man hat zudem die Hauptschnittlage einzustellen. Sodann wird nach Ablesen der ersten Hauptschnittlage weitergedreht, bis die hierzu senkrechte Punktreihe scharf erscheint.

Es kommt indessen nicht selten vor, daß der Untersuchte zwischen den beiden Hauptschnitteinstellungen seine Refraktion durch stärkere Akkommodation ändert, wodurch dann ein stärkerer Astigmatismus vorgetäuscht wird, wie überhaupt das Gerät auf die Akkommodation des Untersuchten einen starken Anreiz im Sinne der Apparatemyopie ausübt.

Ein weiterer Nachteil des Gerätes, wie auch der Refraktionsbestimmung beim Spiegeln im aufrechten Bild liegt darin, daß die Pupille des Patienten während des Meßvorganges vom Untersucher nicht gesehen wird; da nun während einer Untersuchung kleine Kopfbewegungen des Untersuchten nicht ganz zu vermeiden sind, kann es so leicht vorkommen, daß nicht die Refraktion in der Pupillenmitte, sondern eines peripheren Pupillenteils gemessen wird, wodurch erhebliche Meßfehler entstehen können.

2. Die Skiaskopie sphärischer Refraktionsanomalien

Die genaueste Methode der objektiven Refraktionsbestimmung stelllt die Skiaskopie dar. Sie wurde erstmals 1873 von dem französischen Militärarzt CUIGNET beschrieben. WOLFF hat als erster ihre Theorie erschöpfend, wenn auch kaum verständlich, behandelt. Eine einfach verständliche Theorie hat LANDOLT gegeben. MARQUEZ hat diese Theorie in wichtigen Punkten ergänzt. LITTMANN hat nachgewiesen, daß die Skiaskopie mit der Foucaultschen Schneidemethode wesensverwandt ist, einer der leistungsfähigsten Methoden zur Untersuchung von Objektiven. Dementsprechend läßt sich die Leistungsgrenze der Skiaskopie bis zu den durch die Wellennatur des Lichtes gesetzten Grenzen vortreiben, was allerdings im klinischen Gebrauch nicht erforderlich ist. Die von LITTMANN nachgewiesene Genauigkeit von $\pm$ 0,05 dptr wird man im klinischen Bereich selten erreichen, aber auch nicht benötigen.

In der großen Genauigkeit liegt wohl auch die hauptsächliche technische Schwierigkeit der Skiaskopie begründet: Sie zeigt bei geeigneter technischer Durchführung nicht nur die Refraktion des Auges, sondern zugleich seine sog. optischen Fehler, und die Kunst besteht vorwiegend darin, aus der Vielfalt der Lichtphänomene, welche man beim Skiaskopieren beobachten kann, die richtigen herauszufinden und auszuwerten.

Optisches Prinzip: *Im Beobachtungsstrahlenraum bringt der Untersucher seine Pupille in den Foveabildpunkt des untersuchten Auges.* Dies ist an dem Lichtspiel in der untersuchten Pupille erkenntlich.

Hieraus folgt: *Grundsätzlich kann der Umschlagspunkt der Skiaskopie nur bei einem myopen Auge gefunden werden; ein Auge, welches nicht myop ist, muß durch Gläserkorrektur myop gemacht werden.*

Während bei der Refraktionsbestimmung, durch Augenspiegeln im aufrechten Bild die Refraktion des Beobachterauges stets mit berücksichtigt werden muß (sei es in der Berechnung, sei es in einer vorher vorzunehmenden Korrektur), spielt die Refraktion des Beobachterauges bei der Skiaskopie keine Rolle. Das Beobachterauge kann also auf der Grundlage der Projektion bzw. Lochkamera dargestellt werden.

Für den Beleuchtungsstrahlenraum spielt auch die Refraktion des untersuchten Auges keine Rolle. Der Beleuchtungsstrahlengang im untersuchten Auge läßt sich also ebenfalls auf der Grundlage der geometrischen Projektion bzw. Lochkamera darstellen.

a) Der Beleuchtungsstrahlengang

Unabhängig von der Refraktion eines Auges ist das Projektionsbild, welches auf seiner Netzhaut entsteht, stets umgekehrt, weil das Projektionszentrum, die Pupille, stets zwischen Ding und Bildfläche gelegen ist. Von der Refraktion hängt nur die Deutlichkeit dieser Abbildung ab. Bewegt man vor einem Auge eine Lichtquelle, so wird sich der Lichtfleck, den diese Lichtquelle auf der Netzhaut bildet, stets in entgegengesetzter Richtung bewegen.

Beim Skiaskopieren wird im allgemeinen eine sekundäre Lichtquelle, das von einem Planspiegel erzeugte Bild einer Lichtquelle bewegt, indem der Spiegel selbst bewegt wird. Das Spiegelbild bewegt sich stets in der entgegengesetzten Richtung, in der der Spiegel gedreht wird.

Aus dieser doppelten Bildumkehr folgt:

Der Lichtfleck auf der Netzhaut des skiaskopierten Auges bewegt sich stets in gleicher Richtung wie das Skiaskop (Abb. 155).

b) Der Beobachtungsstrahlengang

Der auf der Retina des untersuchten Auges wandernde Lichtfleck wird durch die brechenden Medien des Auges abgebildet.

Das Bild dieses Lichtflecks kann nun liegen:

1. Zwischen der Pupille des Patienten und der Pupille des Untersuchers,

2. in der Pupille des Untersuchers,

3. hinter der Pupille des Untersuchers, im Unendlichen oder (als virtuelles Bild) hinter der Netzhaut des Untersuchten. Diese Fälle sind für die Skiaskopie gleichbedeutend, denn sie sagen in jedem Falle aus, daß das von einem Punkte der Patientennetzhaut herkommende Strahlenbündel sich bis zum Erreichen der Untersucherpupille noch nicht geschnitten hat.

Betrachten wir zunächst Fall 1:

Das zwischen Arztpupille und Patientenpupille liegende Bild des Lichtfleckes auf der Netzhaut ist ein umgekehrtes

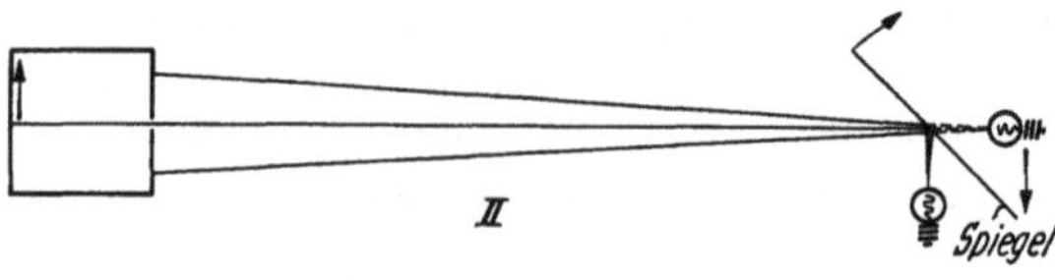

Abb. 155. Skiaskopie Beleuchtungsstrahlgang (Modell): Die Lichtquelle wird auf die Netzhaut des untersuchten Auges umgekehrt projiziert. Ihre Bewegung wird in eine gegenläufige Bewegung projiziert. II. Das Spiegelbild der Lichtquelle bewegt sich der Spiegelbewegung entgegengesetzt, gleichgültig, ob die primäre Lichtquelle mit dem Spiegel fest verbunden ist oder als Ophthalmoskopierlampe ortsfest ist. Daher bewegt sich die Netzhautprojektion des Spiegelbildes im gleichen Sinne wie der Spiegel. NB! Im Beleuchtungsstrahlengang tritt die Refraktion des untersuchten Auges nicht mit in Erscheinung

reelles Bild. Man könnte es also auch auf einer Mattscheibe auffangen, wenn dies nicht den Beleuchtungsstrahlengang stören würde. Der Arzt sieht dieses Bild ebenfalls, aber nur den Teil, der innerhalb des von Patientenpupille und Arztpupille begrenzten Strahlenraumes liegt, weil die übrigen Strahlen, die dieses Bild formieren, nicht zur Arztpupille ziehen. Durch die Bewegung erkennen wir, daß das Bild umgekehrt ist, denn es bewegt sich dem Lichtfleck auf der Netzhaut (der sich gleichsinnig mit dem Skiaskopierspiegel bewegt) entgegensetzt. Man nennt diese Bewegung eine myopische Lichtbewegung.

2. Das reelle Bild des Lichtflecks liegt in der Pupille des Untersuchers oder, was gleichbedeutend ist, die Arztpupille wird auf der Netzhaut des Patienten scharf abgebildet. In diesem Falle kann der Arzt in der Pupille des Patienten nur ein gleichmäßiges Heller- und Dunklerwerden der Pupille beobachten, je nachdem, ob das Bild des Lichtflecks ganz in die Arztpupille, teilweise in dieselbe oder ganz daneben auf die Iris fällt. Diese Stellung ist der sog. neutrale Punkt, die Arztpupille liegt jetzt im Netzhautbildpunkt des Patienten und erlaubt auf diese Weise, die Refraktion des Patientenauges zu bestimmen.

3. Der Lichtfleck wird bis zur Arztpupille nicht reell abgebildet, sein Bild ist entweder virtuell und aufrecht und liegt im Endlichen hinter der Netzhaut des untersuchten Auges — gleichsam als ob die Netzhaut dieses Auges durch eine Lupe betrachtet würde — oder im Unendlichen, wobei es als aufrechtes virtuelles Bild hinter dem untersuchten Auge und hinter dem untersuchenden Auge als umgekehrtes reelles Bild gelegen ist; beide Auffassungen sind gleich richtig. Als

reelles Bild kommt es indessen nicht zustande, weil die Strahlen vorher durch das Arztauge gesammelt werden — der Lichtfleck ist für dieses Auge ein virtueller Gegenstand. Schließlich kann das gleiche auch noch der Fall sein, wenn das Bild des Lichtfleckes im Endlichen hinter dem untersuchenden Auge liegt, so daß es für das Beobachterauge ebenfalls ein virtuelles Objekt darstellt. Alle drei Fälle sind prinzipiell nicht voneinander verschieden, weil der wesentliche gemeinsame Punkt darin besteht, daß sich die von der Netzhaut des Patientenauges kommenden und in seinem brechenden System gesammelten Strahlen bis zum Erreichen der Beobachterpupille noch nicht geschnitten haben. In diesem Falle verschiebt sich das virtuelle Bild gleichsinnig mit dem Lichtfleck, es wird also in der Pupille eine gleichsinnige Lichtbewegung beobachtet.

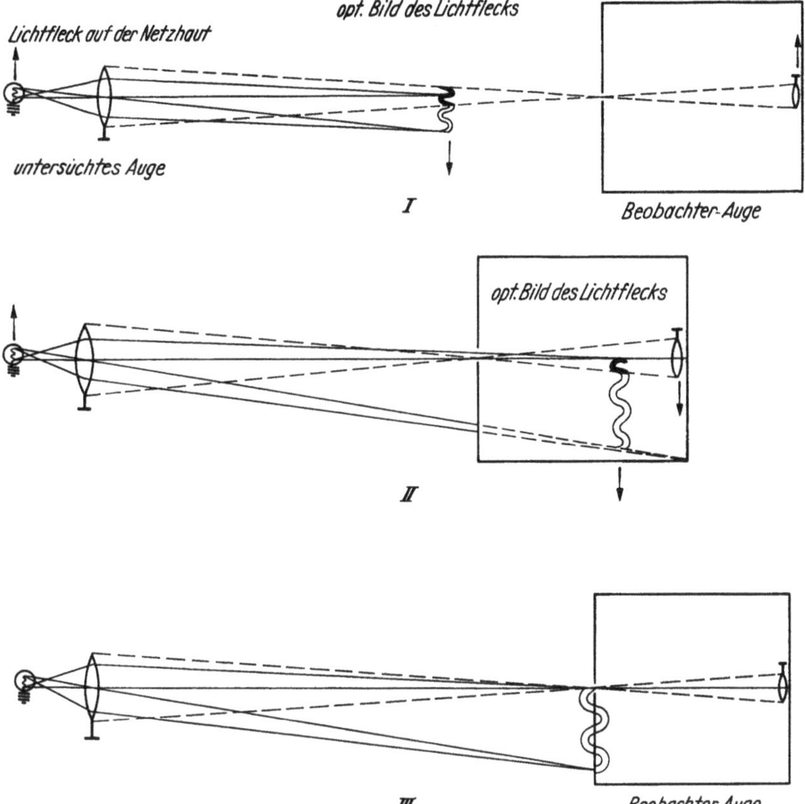

Abb. 156. Skiaskopie Beobachtungsstrahlengang. Modell. Der sich auf der Netzhaut des untersuchten Auges bewegende Lichtfleck ist als Glühlampe dargestellt, da er die Rolle der Lichtquelle übernimmt. Im Beobachterauge (als Lochkamera dargestellt) entsteht eine umgekehrte Projektion der Pupille des untersuchten Auges (als Linsenfassung dargestellt). Diese wird als aufrecht gesehen. I. Bei relativer Myopie entsteht ein reelles Bild der Lichtquelle zwischen untersuchtem und beobachtendem Auge. Nur der stark ausgezogene Teil dieses Bildes wird in das beobachtende Auge projiziert. Diese Projektion bewegt sich auf der Netzhaut des Beobachterauges in gleicher Richtung wie der Lichtfleck auf dem untersuchten Auge, (und damit wie der Spiegel), wird also als entgegengesetzte Bewegung gesehen. II. Bei relativer Hyperopie liegt das Bild des Lichtflecks außerhalb des Raumes zwischen untersuchtem und beobachtendem Auge. (In der Zeichnung hinter der Pupille des Beobachterauges; die gleichen Verhältnisse liegen aber auch vor, wenn das Bild hinter der Netzhaut des Beobachterauges, im Unendlichen und — im Falle der echten Hyperopie als virtuelles Bild hinter der Netzhaut des untersuchten Auges liegt). Da keine Zwischenabbildung vorliegt, bewegt sich die Projektion des Lichtflecks im beobachtenden Auge in entgegengesetzter Richtung wie im untersuchten Auge, wird also als gleichgerichtete Bewegung gesehen. III. Relative Emmetropie (Myopie, bei der der Fernpunkt in der Pupille des Beobachterauges liegt): Das Bild des Lichtflecks liegt in der Pupille des untersuchenden Auges. Daher wird überhaupt keine Bewegung mehr wahrgenommen, das Bild der Pupille des untersuchten Auges auf der Netzhaut des Beobachterauges wird gleichmäßig beleuchtet und verdunkelt. Wird mit einem durchbohrten Planspiegel skiaskopiert, dessen Spiegelloch enger das die Pupille des beobachtenden Auges ist, so ist das Spiegelloch die Eintrittspupille, auf die sich die jeweiligen Abstände beziehen

Besser als alle schematischen Zeichnungen vermag ein einfaches Modell den skiakopischen Strahlengang zu erklären (Abb. 155):

Hinter dem Brennpunkt einer Linse, von möglichst großer Öffnung — am besten eignen sich Kondensorlinsen alter Projektionsapparate, Lupen von großem Durchmesser, auch eine mit Wasser gefüllte Glaskugel genügt und ist wegen der starken Aberration sogar besonders geeignet —, wird eine kleine Glühlampe hin und her bewegt. Sie stellt den auf der Netzhaut sich bewegenden Lichtfleck des Skiaskops dar und wird durch die Linse reell abgebildet. Nun bringt man eine kleine Blende vor die Linse etwa in die Gegend, in der die Lichtquelle abgebildet wird: Sie entwirft nach dem Lochkameraprinzip ein umgekehrtes Bild der von hinten erleuchteten Linse auf eine gegenüberliegende Wand. Blende und gegenüberliegende Wand stellen das Beobachterauge dar. Befindet sich nun die Blende („Beobachterauge") zwischen dem Bild der Lichtquelle („Foveabildpunkt"), welches die Linse entwirft, und der gegenüberliegenden Wand, so bewegt sich der Lichtfleck auf dieser Wand in gleicher Richtung wie die Lichtquelle hinter der Linse, nämlich dem reellen *Bild* dieser Lichtquelle entgegengesetzt, wird also, da es sich ja um eine Darstellung des Netzhautbildes auf dem Untersucherauge handelt, in entgegengesetzter Richtung gesehen („myope Lichtbewegung") (Abb. 156 I).

Befindet sich die Blende zwischen Linse und Bild der Lichtquelle, so wird der Fleck auf der gegenüberliegenden Wand in entgegengesetzter Richtung wie die Lichtquelle wandern, also in gleicher Richtung bewegt gesehen (Abb. 156 II).

Befindet sich die Blende im Bildpunkt der Lichtquelle (Foveabildpunkt, neutraler Punkt der Skiaskopie), so wird der Lichtfleck auf der Wand gar keine Bewegungsrichtung erkennen lassen, sondern gleichmäßig hell und dunkel werden, sobald das Bild der Lichtquelle in die Blende fällt bzw. aus ihr herausgeführt wird (Abb. 156 III).

Anstatt das Beobachterauge durch eine Lochkamera darzustellen, kann man auch sein eigenes Auge an den verschiedenen Stellen hinter, in und vor dem Bild der Lichtquelle hin und her bewegen. Dann sieht man in der Linsenfassung eine der Bewegung des eigenen Auges entgegengerichtete, eine an- und abschwellende und eine gleichgerichtete Lichtbewegung. Bei diesem Versuch, in dem die Bewegung des Lichtflecks durch eine Bewegung des Beobachterauges ersetzt wird, handelt es sich praktisch um eine parallaktische Verschiebung:

Der zwischen untersuchter Pupille und Beobachterpupille (Projektionszentrum) abgebildete Lichtfleck verschiebt sich, weil näher am Projektionszentrum gelegen, in entgegengesetzter Richtung. Der hinter der untersuchten Pupille gelegene virtuell abgebildete Lichtfleck verschiebt sich aus analogen Gründen in gleicher Richtung. Dabei ist es gleichgültig für die parallaktische Verschiebung, ob dieser Lichtfleck als virtuelles Bild hinter der Pupille des untersuchten Auges, im Unendlichen, wo positive und negative Richtung gleichbedeutend sind, oder schließlich als virtueller Gegenstand hinter der Pupille des Beobachterauges gelegen ist.

Daß die Verschiebung des Lichtfleckes nur insoweit gesehen wird, als sie innerhalb der Pupille des untersuchten Auges erfolgt, versteht sich aus der Begrenzung des Beobachtungsstrahlenraumes durch die Pupille des untersuchten Auges.

In einfacher Weise erklärt LANDOLT die Skiaskopie, indem er den gesamten Vorgang nur im Bildraum des untersuchten Auges betrachtet:

In diesem Auge wird auch die Pupille des Beobachters abgebildet und wirkt dort als Projektionszentrum. Bei myoper Einstellung liegt das Bild der Beobachterpupille zwischen Netzhaut und Pupille des Patienten, die Lichtbewegung auf der Netzhaut wird also auf die Öffnung der Patientenpupille in entgegengesetzter

Richtung projiziert. Bei hyperoper Einstellung wird die Beobachterpupille hinter die Netzhaut des untersuchten Auges abgebildet, die Lichtbewegung auf der Netzhaut wird also auf die Öffnung der Patientenpupille aufrecht projiziert. Im „neutralen Punkt" schließlich wird die Beobachterpupille auf der Netzhaut des Patienten abgebildet, die Öffnung der Patientenpupille wird je nach der Lage des Lichtflecks verschieden hell, aber stets gleichmäßig beleuchtet. Grundsätzlich gelten die so beschriebenen Lichtbewegungen nur innerhalb der Teile der Blendenöffnung, innerhalb derer die entsprechende Refraktionseinstellung vorliegt.

In all den geschilderten Modellen kann man sich sehr schön davon überzeugen, daß sich die verschiedenen Zonen der Linse hinsichtlich der Lichtbewegung verschieden verhalten. Meist wird man bei sphärischen Linsen in der Peripherie mehr entgegengerichtete Lichtwanderung wahrnehmen als im Zentrum, weil wegen der monochromatischen Aberration die Strahlen in der Peripherie früher zum Schnitt kommen als im Zentrum. Man kann also auf diese Weise die optischen Fehler eines Systems sehr anschaulich darstellen. Auch die chromatische Aberration wird man mit diesen Methoden beobachten können, indem in der Nähe des neutralen Punktes eine blaue, gegensinnige und eine rote gleichsinnige Lichtbewegung gleichzeitig zu beobachten sind.

Hat man sich mit diesen einfachsten Modellen vertraut gemacht, welche nur den Beobachtungsstrahlengang der Skiaskopie imitieren, so kann man nun ebenfalls modellmäßig den gesamten Skiaskopievorgang darstellen.

Hierzu ist nun keineswegs ein dem menschlichen Auge nachgebildetes Modellauge erforderlich, es genügt eine Linse und eine dahinter befindliche Wand, welche so weit von der Linse entfernt ist, daß sie durch diese reell abgebildet wird. Auch dieses Modell besitzt eine Refraktion: Die Differenz aus dem reziproken Wert des Abstandes der Wand von der Linse und der Brechkraft der Linse.

Skiaskopiert man ein solches Modell mittels eines Planspiegels oder eines elektrischen Skiaskops, so lassen sich die bereits erwähnten skiaskopischen Phänomene gut veranschaulichen. Eine solche Anordnung eignet sich auch vorzüglich zur Darstellung astigmatischer Refraktionsanomalien. Zu diesem Zweck kombiniert man eine sphärische Linse mit einer Zylinderlinse.

Skiaskopie mit Hohlspiegel. Die Verwendung eines Planspiegels zur Skiaskopie ist keine petitio principii; grundsätzlich läßt sich die Skiaskopie auch mit einem Hohlspiegel durchführen (MARQUEZ), doch sind die Verhältnisse dann komplizierter. Es gibt dann nämlich für die sekundäre Lichtquelle drei Möglichkeiten: 1. Sie wird zwischen Spiegel und Pupille des untersuchten Auges reell abgebildet und bewegt sich somit stets in *gleicher* Richtung wie der Spiegel. Dadurch verlaufen die skiaskopischen Phänomene umgekehrt wie beim Planspiegel, d. h., man beobachtet gegensinnige Lichtbewegung bei hyperopen Augen und umgekehrt. 2. Die sekundäre Lichtquelle liegt in der Pupille des zu untersuchenden Auges. Dann herrscht bei *allen* Refraktionszuständen das gleiche An- und Abschwellen des Lichtes wie im neutralen Punkt, eine Skiaskopie ist also nicht möglich. 3. Die sekundäre Lichtquelle ist das virtuelle, hinter dem Spiegel gelegene Bild oder aber dieses Bild ist zwar reell, liegt aber hinter der Pupille des untersuchten Auges bzw. im Unendlichen: Dann sind die skiaskopischen Phänomene die gleichen wie beim Planspiegel. Da diese Vielfalt der Phänomene nur bei guter Beherrschung der optischen Grundsätze leicht zu verstehen ist, empfiehlt es sich, auf die Verwendung des Hohlspiegels zur Skiaskopie ganz zu verzichten.

c) Praktische Durchführung der Skiaskopie

Besteht das Prinzip der Skiaskopie darin, Arztpupille und Fovea des Patientenauges ineinander abzubilden, so wird eine solche Abbildung im allgemeinen ohne optische Hilfsmittel nicht durchführbar sein. Wie schon eingangs erwähnt, muß das untersuchte Auge myop gemacht werden, um skiaskopiert werden zu können, wobei der Fernpunkt in einer für die Skiaskopie günstigen Entfernung zu liegen hat. Dabei kann die Entfernung, aus der skiaskopiert wird, konstant gehalten werden; für die Abbildung der Patientenfovea in die Beobachterpupille benutzt man die Linsen einer Skiaskopierleiste, welche vor dem Auge des Patienten auf- und abgeschoben werden kann.

Skiaskopiert man aus konstanter Entfernung („stabile Skiaskopie"), verschiebt also mit der Skiaskopieleiste allein den Foveabildpunkt, so hat man darauf zu achten, daß die gewählte Entfernung auch wirklich eingehalten werden kann: Es ist praktisch unmöglich, mit einer Leiste aus 1 m Entfernung zu skiaskopieren, weil dazu die Länge der Arme nicht ausreicht. Eine größere Entfernung als $66^2/_3$ cm wird man kaum einhalten können, mancher wird sich mit 50 cm begnügen müssen. Hat man aus einer solchen Entfernung, also etwa $66^2/_3$ cm, dasjenige Glas in der Leiste gefunden, mit dessen Hilfe der „Umschlag" oder „neutrale Punkt" der Lichtbewegung bewirkt wird, so hat man sich zu vergegenwärtigen, daß das zusammengesetzte System Auge + Linse nunmehr − 1,5 dptr myop ist. Man hat also von dem gefundenen Glas 1,5 dptr abzuziehen (bzw. − 1,5 dptr zu addieren), um die Refraktion des untersuchten Auges zu erhalten. Bei Skiaskopie aus 50 cm Entfernung erhöht sich dieser Wert auf 2,0 dptr.

An Stelle der Skiaskopierleiste, welche sich in erster Linie zur groben Orientierung eignet, fügt man die Gläserkorrektur zweckmäßigerweise in ein Probierbrillengestell, welches man dem Patienten aufsetzt. Man kann dann auch aus größeren Entfernungen skiaskopieren, muß sich jedoch stets über diese Entfernung Klarheit verschaffen. Bei Benutzen eines Brillengestells kann man sich auch mit einer näherungsweisen Gläserkorrektur begnügen und das eigene Auge so lange hin und her verschieben, bis der neutrale Punkt gefunden, die eigene Pupille also im „Foveabildpunkt" des Patientenauges ist. Man bezeichnet diese Form der Skiaskopie als *labile Skiaskopie*.

Grundsätzlich soll man die Entfernung, aus der skiaskopiert wird, nicht zu klein wählen, weil sonst das Bild der Beobachterpupille auf der Patientennetzhaut zu groß wird und damit die Fehlergrenzen wachsen. Manche Amerikaner skiaskopieren deshalb grundsätzlich aus einer Entfernung von 2 m (persönliche Mitteilung LINDNERs).

Der Abstand des korrigierenden Brillenglases ist grundsätzlich gleich zu wählen wie bei den subjektiven Untersuchungsmethoden. Die Abhängigkeit der Refraktion vom Ort, an dem sie gemessen wird, gilt hier selbstverständlich in gleicher Weise. Daher ist der Skiaskopierabstand vom Brillenglas aus zu messen, weil ja das Brillenglas die Abbildung des Netzhautbildpunktes des untersuchten Auges in die Pupille des Untersuchers vermittelt. Jedoch sind für die Messung des Skiaskopierabstandes wesentlich größere Fehler zulässig als für den Abstand des Brillenglases vom untersuchten Auge.

Die Wahl des Gerätes. Es kann nicht die Aufgabe dieser Abhandlung sein, alle im Handel befindlichen Skiaskopie-Modelle aufzuzählen, ebensowenig wie es möglich ist, die Literatur über die Skiaskopie hier auch nur auszugsweise wiederzugeben. Die gebräuchlichste Anordnung ist die Skiaskopie mit durchbohrtem Planspiegel und mattierter Glühbirne, „Augenspiegellampe". Diese Anordnung wird meist in Verbindung mit einer Skiaskopierleiste benutzt.

Wegen der mangelhaften Ausnützung der zur Verfügung stehenden Lichtmenge kann diese Anordnung nur im Dunkelzimmer, meist auch nur bei erweiterter Patientenpupille, durchgeführt werden. Das Bild der primären (Glühbirne) bzw.

sekundären (Spiegelfläche) Lichtquelle auf der Patientennetzhaut ist nämlich sehr viel größer als das dort gleichfalls befindliche Bild der Beobachterpupille, welches den Beobachtungsstrahlenraum begrenzt. Daher wird nur ein sehr kleiner Teil der gesamten Lichtmenge nutzbar gemacht.

Durchbohrter oder halbbelegter Spiegel? Diese Frage, die bei der Ophthalmoskopie von geringem Interesse ist, ist bei der Skiaskopie von grundsätzlicher Bedeutung, da beide Anordnungen grundverschiedene Bedingungen schaffen. Bei Verwendung eines durchbohrten Spiegels, wo also der Strahlenraum vor der Beobachterpupille geometrisch geteilt wird, werden zwar bei hyperoper und myoper Einstellung grundsätzlich die gleichen Lichtbewegungen zu beobachten sein wie bei anderen Anordnungen.

Dagegen wird bei Erreichen des neutralen Punktes kein Licht auf die Fovea des Patienten fallen, weil ja dann die Arztpupille bzw. das an ihre Stelle tretende Spiegelloch, also eine Stelle, in der der Beleuchtungsstrahlenraum eine Lücke hat, auf der Patientennetzhaut abgebildet wird. Diese Lücke wird immer auf die gleiche Stelle fallen, auf der sich auch die Beobachterpupille abbildet, nur auf Grund der Aberration im untersuchten Auge wird etwas Licht auch auf diese Stelle fallen. Der neutrale Punkt wird also beim Skiaskopieren mit durchbohrtem Spiegel auch daran erkenntlich sein, daß die Pupille des Patienten dunkler erscheint als sonst. WOLFF sieht darin gerade das Charakteristikum des neutralen Punktes und propagiert daher das Skiaskopieren mit durchbohrtem Spiegel.

Anders dagegen beim halbversilberten Spiegel: Dort kann die Lichtquelle virtuell direkt in die Beobachterpupille abgebildet werden.

Wird bei der Skiaskopie mit halbversilbertem Spiegel die Lichtquelle virtuell in die Beobachterpupille abgebildet, so ist der neutrale Punkt durch ein Maximum an Helligkeit in der untersuchten Pupille gekennzeichnet: Dann werden nämlich sowohl Lichtquelle als auch Beobachterpupille gleichzeitig scharf auf die Netzhaut des untersuchten Auges abgebildet, welche somit als Sekundärstrahler mit größter Leuchtdichte leuchtet.

Man kann sich davon leicht überzeugen, wenn man als Untersuchter die Skiaskopie mit beobachtet: Sieht der Untersucher den Umschlag, so sieht der Untersuchte die Wendel der Lichtquelle deutlich.

Bei guten elektrischen Skiaskopen ist die Ausnützung der Lichtenergie so, daß man ohne Schwierigkeiten damit *im vollen Tageslicht bei nicht erweiterter Pupille die Macula des Patienten skiaskopieren kann.*

Wo soll der Patient bei der Skiaskopie hinsehen? Sofern nicht gerade wissenschaftliche Forschung mit dem Ziel, die Refraktion der Netzhautperipherie zu erfahren, getrieben wird, interessiert den Arzt immer die Refraktion der Fovea, weil die objektive Refraktionsbestimmung durch die Skiaskopie ja den Ausgangswert für die anschließend durchzuführende subjektive Refraktionsbestimmung bilden soll und sich die Brillenkorrektur stets auf die Fovea als Stelle des schärfsten Sehens zu beziehen hat.

Der Patient hat also beim Skiaskopieren *ins Licht* zu sehen.

Wegen der stärkeren Pigmentierung der Macula ist allerdings die foveale Skiaskopie nur mit einem lichttechnisch gut durchkonstruierten Skiaskop möglich.

Soll die Pupille beim Skiaskopieren erweitert werden? Grundsätzlich: nein. Denn die Skiaskopie bei erweiterter Pupille ist sehr viel schwieriger, weil in der Peripherie starke Aberrationsphänomene auftreten, und zwar ist gewöhnlich die mittlere Peripherie stärker myop als das Zentrum, während die äußerste Peripherie (nur bei maximal weiter Pupille) häufig wieder stärker hyperop ist, entsprechend dem Längsschnitt durch die kaustischen Flächen des Auges nach GULLSTRAND.

Daher erfordert die Skiaskopie bei erweiterter Pupille besondere Übung, weil man sich auf das Lichtspiel in der Pupillenmitte zu konzentrieren hat, welches von andersartigen Lichtbewegungen umgeben ist. Da jedoch Jugendliche ihre Refraktion durch Akkommodation stark ändern können, ist es sehr oft erforderlich, die Akkommodation medikamentös auszuschalten, um einen festen Fernpunktsrefraktionswert zu erhalten.

Bei der Skiaskopie rechtfertigt *einzig und allein die Notwendigkeit einer Akkommodationslähmung die zwangsläufig damit verbundene Pupillenerweiterung.*

Eine Möglichkeit, ohne Medikamente wie Atropin oder Scopolamin die Akkommodation weitgehend zu entspannen, besteht in einer sinnvollen Durchführung der labilen Skiaskopie.

Man setzt zu diesem Zwecke, wie schon beschrieben, ein Probierbrillengestell auf und deckt das nicht skiaskopierte Auge ab. Durch orientierende Versuche setzt man eine annähernd brauchbare Gläserkorrektur in das Brillenglas und skiaskopiert zunächst aus einer Entfernung, in der gleichsinnige Lichtbewegung in der Pupille beobachtet wird. Unter dauerndem Bewegen des Skiaskops entfernt man sich nun vom untersuchten Auge bis zum neutralen Punkt und dann noch solange weiter, bis eindeutige Gegenbewegung beobachtet wird. Es kann dabei geschehen, daß das „Stehen" des Lichtes über eine längere Strecke hin gesehen wird, solange nämlich der Patient auf das Skiaskop akkommodieren kann; er wird daher mit seiner Akkommodationsentspannung dem sich entfernenden Skiaskop solange folgen, als dies möglich ist. Dann erst wird der Umschlag in die entgegengesetzte Lichtbewegung eintreten. Auf diese Weise lassen sich latente Hyperopien von mehreren Dioptrien aufdecken, welche bei der subjektiven Refraktionsbestimmung unerkannt bleiben. Die Gewohnheit, beim Bedürfnis nach deutlichem Sehen stets die Akkommodation anzuspannen, kann dann nicht gleich aufgegeben werden, wenn zum deutlichen Sehen Sammelgläser vorgesetzt werden; dagegen wird bei der Skiaskopie nicht mit der Anstrengung gesehen wie bei dem Lesen einer Sehprobentafel und die Akkommodation somit leichter entspannt.

Hat man mit der labilen Skiaskopie den neutralen Punkt gefunden, so ist zum Schluß der Abstand des Untersuchers vom Brillengestell des Untersuchten zu messen, damit die Stärke der Myopie des korrigierten Systems bestimmt werden kann.

Die Kombination der objektiven Refraktionsbestimmung mit der subjektiven in einer zeitsparenden Form wird im Anschluß an die objektive Refraktionsbestimmung astigmatischer Refraktionsanomalien, die Zylinderskiaskopie, beschrieben.

3. Die Skiaskopie astigmatischer Refraktionsanomalien

Skiaskopiert man astigmatische Augen, so werden die zu beobachtenden skiaskopischen Phänomene noch komplizierter. Sie sind indessen verhältnismäßig leicht zu übersehen, solange man sich an die Hauptschnittrichtungen des Astigmatismus hält und das Skiaskop nur in diesen Richtungen bewegt. Man erkennt diese Richtungen beim Skiaskopieren daran, daß nur in ihnen das Licht in der Pupille sich in der gleichen oder entgegengesetzten Richtung bewegt wie das Skiaskop, während in den übrigen Richtungen die Lichtbewegung in der Pupille schräg zu der des Skiaspkos erfolgt.

Man spricht dabei auch von Lichtbändern, welche in der Pupille des Untersuchten zu sehen sind und welche senkrecht zur zugehörigen Hauptschnittrichtung verlaufen und sich bei Bewegung des Skiaskops in der zugehörigen Hauptschnittrichtung bewegen. Man hüte sich indessen, zu erwarten, daß die Lichtbänder so schön darzustellen sind, wie dies in den Publikationen mitunter geschieht. Die Wirklichkeit sieht oft wesentlich nüchterner aus.

Auch diese Lichtbänder können sich in entgegengesetzter oder gleicher Richtung wie das Skiaskop bewegen und deuten dementsprechend einen (relativ) myopen oder hyperopen Hauptschnitt an.

a) Die Skiaskopie der Hauptschnitte

Man kann nun einfach nacheinander die Refraktion in beiden Hauptschnitten skiaskopisch messen, indem man etwa sphärische Gläser verschiedener Korrektur nacheinander vorschaltet. Dieses Verfahren hat den gleichen Nachteil wie die sukzessive Refraktionsbestimmung in beiden Hauptschnitten bei den Refraktometern, daß hierbei nämlich zwischendurch die Refraktionseinstellung geändert werden kann und dadurch ein meist höherer Astigmatismus vorgetäuscht wird.

Wesentlich genauer, sowohl was die Stärke des Astigmatismus als auch die Hauptschnittlage betrifft, ist die *Zylinderskiaskopie.*

Die Zylinderskiaskopie wurde 1921 von LINDNER[1] als stabile Skiaskopie entwickelt. 1954 wurde von SIEBECK[2] eine Methode der labilen Zylinderskiaskopie angegeben. Stabile und labile Zylinderskiaskopie finden ihr Analogon in der subjektiven Refraktionsbestimmung: Die stabile Zylinderskiaskopie ist der Zylindernebelmethode wesensverwandt, während die labile Zylinderskiaskopie der Kreuzzylindermethode verwandt ist. Beide Methoden lassen sich nicht mit einer Skiaskopierleiste durchführen; es ist vielmehr unumgänglich, die erforderlichen Korrektionsgläser in ein Probierbrillengestell einzusetzen.

b) Die stabile Zylinderskiaskopie

Prinzip. *Ein Hauptschnitt wird durch sphärische Gläser bis zum „Stehen" des Lichtes in der Pupille auskorrigiert, sodann wird der zweite Hauptschnitt durch Zylindergläser auskorrigiert, bis das Licht in allen Richtungen „steht", eine Hauptschnittrichtung also skiaskopisch nicht mehr nachgewiesen werden kann.*

Während die Wahl der sphärischen Gläser an die bestehende Refraktionsanomalie gebunden ist, können die Zylindergläser grundsätzlich als Plus-Zylinder oder als Minus-Zylinder gewählt werden. Es empfiehlt sich indessen, sich grundsätzlich auf eine Sorte von Zylindergläsern zu beschränken, wobei aus verschiedenen Gründen, nicht nur aus Analogie zur Zylindernebelmethode, zerstreuende Zylinder den Vorzug vor sammelnden verdienen.

Wählt man diesen Weg des Vorgehens, so setzt man dem untersuchten Auge so lange Plus-Gläser in steigender Stärke vor, bis in allen Richtungen, insbesondere beiden Hauptschnittrichtungen, gegensinnige Lichtbewegung in der Pupille zu erkennen ist. Man hat dann skiaskopisch einen Astigmatismus myopicus compositus.

Dann geht man mit den Plus-Gläsern so lange zurück, bis in einem Hauptschnitt das Licht steht, der Umschlagspunkt erreicht ist. Man hat also skiaskopisch einen Astigmatismus myopicus simplex erzeugt. Handelt es sich dabei um einen Astigmatismus nach der Regel, so wird der schwächer myope, horizontale Hauptschnitt zuerst ausgeglichen sein, es wird also bei horizontaler Skiaskopbewegung das vertikale Lichtband verschwinden, während bei vertikaler Skiaskopbewegung das horizontale Lichtband noch gegenläufig wandern wird. Der horizontale Hauptschnitt ist somit korrigiert, und man hat jetzt allein den noch myopen vertikalen

---

[1] LINDNER, K.: Die genaue Bestimmung des Astigmatismus durch die Schattenprobe. Z. Augenhk. 45, 357 (1921).
[2] SIEBECK, R.: Die labile Zylinderskiaskopie. Klin. Mbl. Augenhk. 125, 201 (1954).

Hauptschnitt weiter zu korrigieren. Dies geschieht mit zerstreuenden Zylindergläsern, welche in der Vertikalen wirksam sind, also mit horizontaler Achsenstellung.

Ist der Minus-Zylinder zu schwach, so wird im vertikalen Hauptschnitt noch eine gegenläufige Lichtbewegung übrig bleiben, ist er zu stark, so wird die Lichtbewegung im vertikalen Hauptschnitt gleichläufig werden; skiaskopisch besteht dann ein Astigmatismus hyperopicus simplex gegen die Regel. Doch kann bei nicht gelähmter Akkommodation der Untersuchte nunmehr auf den vertikalen Hauptschnitt akkommodieren und somit den horizontalen myop machen: Es entsteht dann skiaskopisch ein Astigmatismus myopicus simplex gegen die Regel. Die Eigenschaften ,,nach der Regel" und ,,gegen die Regel" bleiben also bei der Akkommodation unverändert, während die Eigenschaften ,,myop" und ,,hyperop" veränderlich sind.

Bei Astigmatismus gegen die Regel wird der schwächer myope vertikale Hauptschnitt zuerst auskorrigiert sein, der Minus-Zylinder also mit vertikaler Achse vorgesetzt werden. Im übrigen bestehen keine grundsätzlichen Unterschiede.

Die skiaskopischen Phänomene bei falscher Achsenlage und ihre Korrektion werden im Anschluß an die labile Zylinderskiaskopie besprochen werden.

c) Die labile Zylinderskiaskopie

Prinzip. *Der Untersucher erzeugt skiaskopisch zunächst einen Astigmatismus mixtus, geht also mit seiner Pupille in den Bereich des Sturmschen Conoids, in welches die Fovea des untersuchten Auges abgebildet wird, und korrigiert diesen Astigmatismus mixtus durch einen labilen Kreuzzylinder aus.*

Ein Astigmatismus mixtus ist skiaskopisch daran erkenntlich, daß in Richtung des einen Hauptschnitts gegensinnige und in Richtung des anderen Hauptschnitts gleichsinnige Lichtbewegung in der Pupille stattfindet. Das sphärische Glas, mit welchem man sich einen Astigmatismus mixtus erzeugt, braucht dabei nicht sehr genau gewählt zu werden, weil ja nach dem Prinzip der labilen Skiaskopie auch der Ort des Beobachterauges geändert werden kann.

Handelt es sich dabei um einen Astigmatismus nach der Regel, so bewegt sich das horizontale Lichtband im vertikalen Hauptschnitt gegensinnig und das vertikale Lichtband im horizontalen Hauptschnitt gleichsinnig.

Man hat dann den Astikorrekt, auf eine schätzungsweise ermittelte Stärke eingestellt, mit horizontaler Minus-Achse (markierte Achse) in das Brillengestell vor das sphärische Glas einzusetzen und nun durch Bewegungen in der Untersuchungsrichtung erneut einen Astigmatismus mixtus aufzusuchen.

Grundsätzlich bestehen hierbei nun vier Möglichkeiten:

1. Es besteht noch ein Astigmatismus mixtus nach der Regel: Dann ist die Einstellung des Astigmatismus im Astikorrekt zu schwach und muß verstärkt werden.

2. Es besteht ein Astigmatismus mixtus gegen die Regel: Dann ist die Einstellung des Astigmatismus im Astikorrekt zu stark und muß verringert werden.

3. Es besteht kein Astigmatismus mehr, in einer bestimmten Entfernung ,,steht" das Licht in allen Richtungen, bei Vergrößerung der Entfernung tritt in allen Richtungen gegensinnige Lichtbewegung auf: Dann ist der Astigmatismus aufgehoben. Man kann nun evtl. noch das sphärische Glas im Brillengestell nach der negativen Richtung hin verändern, um das skiaskopische Ergebnis aus größerer Entfernung und damit verbunden mit größerer Genauigkeit kontrollieren zu können. Mitunter erweist sich dann noch eine kleine Nachkorrektur des Astigmatismus als zweckmäßig.

4. Es besteht noch ein Astigmatismus, aber die Richtungen der Lichtbänder stimmen nicht mit der Richtung der Achsen- und Hauptschnittrichtung des Zylinderglases im Brillengestell überein. Dieser Fall kann grundsätzlich auch bei der stabilen Skiaskopie vorkommen und zeigt, daß die Achse des Zylinderglases im Brillengestell nicht richtig liegt.

d) Die Korrektur der Achsenlage

Prinzip. *Man drehe die Achse des Minus-Zylinders auf das gegensinnige Lichtband zu und skiaskopiere von neuem.*

Wie wir schon bei der Schilderung der schiefwinkligen Zylinderkreuzungen gezeigt haben, verlieren die Bezeichnungen myoper und hyperoper Hauptschnitt dort ihre praktische Bedeutung; man hat vielmehr danach zu fragen: welches ist der stärker und welches ist der schwächer sammelnde Hauptschnitt?

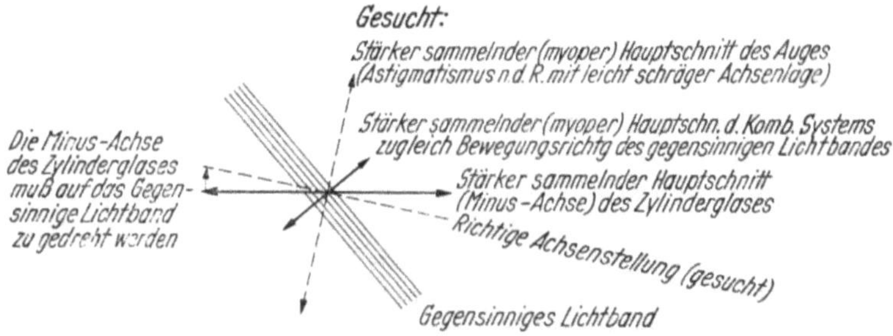

Abb. 157. Zur Korrektur der Achsenlage bei der Zylinderskiaskopie

Beim Astigmatismus nach der Regel ist der vertikale Hauptschnitt, beim Kreuzzylinder die Minus-Achse der stärker sammelnde Hauptschnitt. Stehen beide aufeinander senkrecht, also die Minus-Zylinderachse horizontal, so ist bei richtiger Höhe der astigmatischen Korrektur der Astigmatismus aufgehoben. Dabei ist es gleichgültig, ob es sich um die Minus-Achse eines einfachen Minus-Zylinders oder eines Kreuzzylinders handelt (die wirksame Richtung eines Plus-Zylinders ist dem ebenfalls gleichwertig).

Stehen die beiden stärker sammelnden Hauptschnitte dagegen nicht aufeinander senkrecht, so resultiert ein neues astigmatisches System, dessen stärker sammelnder Hauptschnitt im spitzen Winkel zwischen den stärker sammelnden Hauptschnitten der Einzelsysteme liegt. Das gegensinnige Lichtband, welches sich in dieser Richtung bewegt, liegt somit in der hierzu senkrechten Richtung, also im stumpfen Winkel zwischen den beiden stärker sammelnden Hauptschnitten. Daher muß die Achse des Minus-Zylinders auf dieses Lichtband zugedreht werden (Abb. 157).

Es ist schwierig, aus dem Winkel zwischen Lichtband und Zylinderachse etwas über die Richtung des gesuchten Hauptschnittes aussagen zu wollen, weil dieser Winkel ja außerdem noch von der Stärke der beiden Astigmatismen abhängt. Man kontrolliert also die Stärke der Drehung jeweils durch neues Skiaskopieren.

4. Objektive und subjektive Refraktionsbestimmung

Es ist zweckmäßig, von Anfang an eine objektive und eine subjektive Methode der Refraktionsbestimmung miteinander zu kombinieren. Hierzu eignet sich die Zylinderskiaskopie besonders gut, weil sie mit einem lichtstarken Skiaskop ohne weiteres im Hellen auf dem gleichen Platz vorgenommen werden kann, von dem aus die subjektive Refraktionsprüfung erfolgt. Außerdem hat man dort gleichzeitig einen Probierbrillenkasten zur Hand.

Als Untersuchungsgang kann hierbei etwa folgende Reihenfolge empfohlen werden:

1. Prüfung des Visus naturalis auf jedem Auge einzeln.
2. (Insbesondere bei stärker herabgesetztem Visus.) Zylinderskiaskopie jedes Auges, wobei das nicht skiaskopierte Auge abgedeckt wird.

Am Schluß der Zylinderskiaskopie wird das sphärische Glas im Brillengestell um den reziproken Wert des Skiaskopierabstandes vermindert — beim Zeiss-Skiaskop ist dieser Abstand unmittelbar auf einem Meßband abzulesen — und diese Korrektur mit der zylindrischen im Brillengestell belassen.

Während das zweite Auge skiaskopiert wird, kann sich das erste von der hierdurch verursachten Blendung erholen; nach Beendigung der Skiaskopie des zweiten Auges wird mit der im Brillenglas verbliebenen Korrektur die subjektive Refraktionsprüfung fortgesetzt, wobei mit Hilfe des Kreuzzylinders und einer sphärischen Abgleichsleiste die Feinkorrektur durchgeführt wird, wie dies auf S. 194 beschrieben ist. Das zweite Auge erholt sich während der subjektiven Prüfung des ersten Auges von der skiaskopischen Blendung und wird anschließend subjektiv nachkontrolliert.

Die regelmäßige subjektive Kontrolle der objektiven Untersuchungsergebnisse verschafft erst die notwendige Sicherheit in der Beurteilung der skiaskopischen Lichterscheinungen, welche gerade in der Nähe des Umschlagpunktes oft schwer zu beurteilen sind. Denn irgendwelche Lichtbewegungen in der Pupille sind fast immer zu beobachten, im neutralen Punkt sind sie indessen am regellosesten.

Grundsätzlich prüfe man das Ergebnis der Skiaskopie auch dann nach, wenn man bei gelähmter Akkommodation, also erweiterter Pupille, skiaskopiert hat. Aber man versuche nicht, die erweiterte Pupille durch eine stenopäische Lücke wieder zu verengen. Diese bietet zu viele unkontrollierbare Möglichkeiten: Durch eine kleine Kopfdrehung kann sie vor die Peripherie der weiten Pupille gebracht werden, wobei dann die Refraktion an dieser Stelle geprüft wird.

Außerdem ist die subjektive Refraktionsbestimmung bei weiter Pupille und gelähmter Akkommodation ein vorzügliches Schulungsmittel zur exakten Refraktionsbestimmung. Es gelingt meistens, mit Hilfe der richtigen Korrektur die gleiche Sehschärfe zu erreichen wie bei nicht erweiterter Pupille, nur ist der Spielraum für das, was vom Untersuchten als richtige Korrektur empfunden wird und den optimalen Visus vermittelt, wesentlich kleiner als bei nicht erweiterter Pupille. Daher erfordert es wesentlich mehr Geduld, bei erweiterter Pupille zu refraktionieren als bei nicht erweiterter. Man kennt das ja aus der Photographie: Je enger die Blende, desto größer die Schärfentiefe, desto weniger genau darf die Einstellung sein.

Gerade weil die Skiaskopie bei erweiterter Pupille so viel schwerer durchzuführen ist als bei enger Pupille, ist die regelmäßige Kontrolle des Untersuchungsergebnisses durch die subjektive Prüfung unentbehrlich. Unter dieser Voraussetzung läßt sich auch bei erweiterter Pupille eine große Sicherheit in der Skiaskopie erlernen.

Ein Lehrbuch kann nur das theoretische Verständnis und eine praktische Handhabung der Skiaskopie vermitteln. Zum Erlernen der Skiaskopie ist indessen eine große praktische Erfahrung erforderlich, die man sich nur durch regelmäßige subjektive Nachkontrolle des erhobenen Befundes erwerben kann. Die aufgewandte Mühe des Erlernens macht sich aber in jedem Falle bezahlt, weil auf die Dauer gesehen eine präzise objektive Refraktionsbestimmung die augenärztliche Arbeit erheblich erleichtert.

Der Stiles-Crawford-Effekt. Daß die subjektive Refraktionsuntersuchung bei weiter Pupille so überraschend gute Sehschärfenergebnisse liefern kann, hat wahrscheinlich zwei Gründe: Zunächst ist es ja die optimale Lichtvereinigung in den kaustischen Flächen, die die Grundlage einer anastigmatischen Abbildung bildet, und diese ist nicht wesentlich von der Pupillenweite abhängig. Lediglich das „Streulicht", welches sich als zarter Nebelschleier über das deutliche Bild lagert, wird etwas vermehrt.

Außerdem aber besteht auch bei erweiterter Pupille eine Art Bildpupille, welche zwar nicht scharf begrenzt ist, aber im Durchmesser nicht wesentlich größer ist als die Pupille bei natürlicher Größe.

Daß das Gesichtsfeld des Auges nicht scharf begrenzt ist, sondern von höchster Empfindlichkeit bis zur Blindheit kontinuierlich übergeht, ist bekannt. Von dieser Seite her ist also der Strahlenraum des Auges nicht scharf begrenzt.

Aber auch die Aperturblende hat bei erweiterter Pupille keine scharfe Begrenzung.

STILES und CRAWFORD haben nämlich gezeigt, daß Licht, welches die äußerste Peripherie der Pupille durchsetzt, nur etwa $^1/_{10}$ so hell gesehen wird wie Licht, welches die Mitte der Pupille durchsetzt. Die Ursache dieses eigentümlichen Effektes, welcher also praktisch auf eine funktionelle, in der Ebene der wirklichen Pupille abgebildete Pupille hinausläuft, ist noch nicht ganz geklärt.

Möglicherweise formen die Sinneszellen der Netzhaut, insbesondere die dem Tagessehen dienenden Zapfen — für das dunkeladaptierte Auge ist der Stiles-Crawford-Effekt nicht nachgewiesen — ähnliche Gebilde wie die Elemente des Insektenauges, welche dadurch wirken, daß sie jeweils nur aus einer bestimmten Richtung Licht bis zur lichtempfindlichen Schicht durchlassen, während seitlich eintreffendes Licht sehr rasch durch innere Reflexion anders geleitet wird und nicht auf die lichtempfindlichen Schichten kommt. Dadurch erhält das Insektenauge ja die Möglichkeit, die Richtungen, aus denen Lichtreize kommen, zu unterscheiden. Besäßen die menschlichen Sinneszellen der Netzhaut eine ähnliche Struktur, so wäre damit erklärt, warum Licht, welches senkrecht auf die Netzhaut trifft, zu stärkerer Erregung führt als Licht, welches unter schrägem Winkel auftrifft, wie das Licht aus der Peripherie der Pupille[1].

IX. Pathologische Physiologie und Klinik der Refraktionsanomalien[2]

In dem Kapitel über die Anatomie und den optischen Aufbau des Auges haben wir kurz das Gullstrandsche schematische Auge erwähnt und zeichnerisch dargestellt. Seine optischen Daten sind Mittelwerte aus verschiedenen Beobachtungen, die zu einem in sich widerspruchslosen optischen System zusammengesetzt sind. Ob es jemals ein Auge mit den Eigenschaften des exakten oder vereinfachten schematischen Auges gegeben hat, soll hier nicht untersucht werden. Jedenfalls muß man sich darüber im klaren sein, daß diese schematischen Augen nichts anderes als Arbeitshypothesen sind, über deren Brauchbarkeit man sich bei ihrer Anwendung Rechenschaft geben muß.

In den Kapiteln über die subjektive Refraktionsbestimmung und über die objektiven Untersuchungsmethoden haben wir einige Meßverfahren kennen-

---

[1] Während der Drucklegung erschien die Arbeit von JAY M. ENOCH: „Receptor amblyopia", Amer. J. Ophthalm. 48, 262 (1959) in der diese Hypothese histologisch und experimentell bestätigt wird.

[2] Ausführliche Darstellung bei R. SACHSENWEGER, „Pathologie und Klinik der Refraktionsanomalien" in „Der Augenarzt", Bd. II, S. 216—420, Thieme Leipzig 1959.

gelernt, mit denen es möglich ist, optische Größen des Auges zu messen. Diese Größen sind:

Fernpunktsrefraktion in zwei Hauptschnitten,

Nahpunktsrefraktion,

Hauptkrümmungsradien der Hornhaut,

scheinbare Hornhautdicke,

scheinbare Vorderkammertiefe.

Für wissenschaftliche Fragen können auch noch andere Größen des Auges gemessen werden, doch sind die betreffenden Methoden so umständlich, daß sie nicht als klinische Untersuchungsmethoden gelten können.

Zwischen den Größen des schematischen Auges und den im Einzelfall gemessenen Größen eines untersuchten Auges bestehen zunächst keine Beziehungen. Man kann zwar durch Einsetzen der gemessenen Größen in die entsprechenden Werte der schematischen Augen gewissermaßen ein neues Auge mit den gemessenen Eigenschaften berechnen, aber ob dieses berechnete Auge mit dem tatsächlich vorhandenen übereinstimmt, bleibt dann immer noch offen.

In der Brillenoptik ist es vielfach üblich, die gemessene Refraktion eines Auges mit den übrigen optischen Konstanten des schematischen Auges zu kombinieren und daraus die Achsenlänge zu berechnen. Insbesondere wird dieses Verfahren zur Berechnung der Netzhautbilder bei ametropen Augen verwandt. Die Genauigkeit, die bei derartigen Rechnungen gewöhnlich herauskommt, steht in keinem Verhältnis zu der Genauigkeit, die man praktisch mit diesem Verfahren erzielen kann. Zudem ist die Frage nach der Größe der Netzhautbilder oft nur eine akademische Frage: Für die Größe des gesehenen Bildes sind noch andere Faktoren maßgeblich; nicht einmal im Vergleich der Bilder des rechten und linken Auges ein und derselben Person gibt das Verfahren mehr als eine grobe Übersicht, denn eine größere Achsenlänge bei Myopie kann sehr wohl auch durch ein gröberes Netzhautraster bis zu einem gewissen Grade ausgeglichen werden.

Alle Untersuchungen über die Wirkung verschiedener Sehhilfen auf die Netzhautbildgröße können exakt nur so durchgeführt werden, daß die Netzhautbildgrößen ein und desselben Auges mit und ohne Sehhilfe berechnet werden. Dieses Verhältnis kann im allgemeinen nur für den Vergrößerungskoeffizienten der Projektion bestimmt werden. Für solche Berechnungen genügt die Kenntnis der Pupillenlage und der Refraktion, mit anderen Worten, es genügt in jedem Falle die Projektion in den Außenraum.

Indessen erlaubt die klinische Erfahrung mitunter auch ohne exakte Meßverfahren, klinische Größen zu schätzen. Insbesondere ist es häufig möglich, zu schätzen, in welcher Richtung eine Größe gegen die Norm verändert ist, d. h., ob die Kammer flacher oder tiefer als normal, die Linsenvorderfläche stärker oder schwächer gekrümmt ist.

Auf Grund solcher geschätzten Größen läßt sich im Zusammenhang mit den meßbaren Größen eine Klinik der Refraktionsanomalien aufbauen, über die im folgenden berichtet werden soll.

1. Pathologie der Hornhautkrümmungen

Die am einfachsten und sichersten durchführbare Messung ist die Bestimmung der Krümmung der Hornhautoberfläche. Aber bereits die Berechnung des Astigmatismus der Hornhautbrechkraft aus der Differenz der Hornhautkrümmungen ist im Grunde genommen eine Schätzung, bei welcher die Krümmung der Hornhautrückfläche als im Grunde unbekannte Größe mitgenommen wird.

Am Astigmatismus der Refraktion sind aber außer dem Hornhautastigmatismus eine etwaige Dezentrierung der Linse sowie eine mögliche Verkantung der Linse als unbekannte Größen mitbeteiligt.

Zahlreiche krankhafte Veränderungen der Hornhaut führen zu einem nicht meßbaren, irregulären Astigmatismus, insbesondere Narbenbildungen in der Hornhaut nach Entzündungen und Verletzungen. Solche Narbenbildungen werden dann besonders störend sein, wenn sie sich im Bereich der Hornhautmitte befinden. Aber auch bei Erkrankungen, besonders Verletzungen am Hornhautrand, kann es zu Verziehungen und damit zu einem Astigmatismus der Hornhaut kommen. Insbesondere nach dem Starschnitt in der klassischen Form kommt es häufig zu einem Astigmatismus gegen die Regel, weil die Hornhaut durch den nach oben gerichteten Zug des Graefe-Messers in der Vertikalen abgeflacht wird. Dieser Astigmatismus gleicht sich allerdings im Laufe der Zeit zum größten Teil wieder aus. Es empfiehlt sich daher, bei der Verordnung von Starbrillen diese Rückbildung des Astigmatismus zu berücksichtigen und die astigmatische Korrektur möglichst klein zu halten. Zweckmäßigerweise geht man dabei so vor, daß man das sphärische Äquivalent des Glases beläßt und beide Hauptschnittrichtungen in Richtung auf das sphärische Äquivalent hin ändert. Bei der Kreuzzylindermethode läßt sich das am einfachsten durchführen, weil hier das sphärische Äquivalent ohnehin konstant bleibt.

2. Refraktionsänderungen seitens der Linse

a) Refraktionsänderung durch Fehlen der Linse

Die wichtigste durch die Linse bedingte Refraktionsänderung ist die Aphakie, das Fehlen der Linse. Die Ursache ist am häufigsten die notwendig gewordene operative Entfernung einer durch Trübungen optisch störend gewordenen Linse.

Die Brechkraft des Auges wird durch den Verlust der Linse verkleinert, die Achsenlänge bleibt unverändert, folglich wird das Auge hyperop.

Die Berechnung der so entstandenen Hyperopie soll hier auf der Grundlage des vereinfachten schematischen Auges von GULLSTRAND, abgerundet auf ganze dptr, angedeutet werden, um das Verständnis der auftretenden Größenordnungen und -änderungen zu erleichtern.

In situ besitzt die Linse eine Brechkraft von 21 dptr, welche mit der Hornhautbrechkraft von 43 addiert infolge des Abstandes beider Systeme eine Brechkraft von 60 dptr ergibt. Nach Verlust dieser Linse bleibt die Hornhautbrechkraft von 43 dptr alleine übrig, welche nicht ausreicht, den Bulbus von 24 mm Achsenlänge, dessen auf Luft reduzierte „Kürze" (Kürze im gleichen Sinne wie Nähe als Reziprokwert der Länge bzw. Weite gebraucht) von 1336:24 mm = 56 dptr optisch zu korrigieren ist, emmetrop zu machen.

Es bleibt ein Rest von

$$\begin{array}{r} 56 \\ -\ 43 \\ \hline +\ 13 \text{ dptr Hyperopie,} \end{array}$$

welcher besagt, wäre die Linse nicht an ihrem über 5 mm hinter der Hornhautvorderfläche gelegenen Ort, sondern würde sich derselben mit unendlich kleinem Abstand anschließen, so müßte ihre Brechkraft statt 20 dptr nur 13 dptr betragen. So stark müßte auch die Brechkraft einer Kontaktschale sein, welche die Aufgabe hätte, eine Aphakie auszugleichen.

Dabei sei nur nebenbei bemerkt, daß eine Linse, welche eine Brechkraft dieser Stärke haben soll, auf der Hornhautrückfläche eine andere Form benötigen würde als auf der Hornhautvorderfläche, weil im einen Falle ihre nicht an die Hornhaut grenzende brechende Fläche an das Kammerwasser, im anderen Falle an Luft grenzen würde.

Anstatt den Brechungsindex durch die Länge in Meter zu dividieren, dividiert man zur Erleichterung der Rechnung das 1000fache desselben durch Millimeter. 12 mm vor dem Hornhautscheitel, am üblichen Brillenort, benötigt ein solches Auge nur noch eine Korrektur von 11 dptr, um emmetrop gemacht zu werden. So benötigt das Glas, welches die Linse des menschlichen Auges ersetzen soll, das Starglas, nur etwa die Hälfte der Brechkraft, die die Linse selbst einst besessen hatte.

Durch diese Verschiebung der korrigierenden Linse nach vorn entsteht außerdem auf der Netzhaut ein größeres Bild. Als Faustregel mag wiederum die Vergrößerung der Pupille durch dieses Brillenglas als Vergrößerungskoeffizient gelten, welche eine Näherungsvorstellung davon vermittelt, um wieviel größer ein Aphaker die Dinge nach der Operation gegenüber seinem früheren Zustand sieht.

Somit müßte eigentlich die Sehschärfe nach der Staroperation besser sein als vorher, d. h. bevor die Linsentrübung begann.

Man kann nach FUKALA die Linse entfernen, um eine hohe Myopie zu behandeln. Ein Auge, welches nach einer solchen Operation emmetrop würde, benötigt eine Achsenlänge von 31 mm und wäre vor der Operation durch ein Glas von —16 dptr im üblichen Brillenpunkt korrigiert — unter Berücksichtigung der Aberration unter Zugrundelegung des exakten schematischen Auges würde sich statt dessen eine Korrektur von 17,5 dptr ergeben.

b) Refraktionsänderung durch Änderung des Linsenortes

Wir erwähnten schon, daß eine nach vorn verlagerte Linse eine geringere Brechkraft benötigen würde, um ein Auge emmetrop zu machen, mit anderen Worten, die Linse selbst vergrößert die Brechkraft des Auges, wenn sie in Richtung auf die Hornhaut verlagert wird, das Auge wird dadurch myop. Umgekehrt wird das Auge hyperop, wenn die Linse nach hinten verlagert wird, doch spielt dies eine geringere Rolle, weil bei einer Verlagerung der Linse meist auch noch eine Lockerung ihres Aufhängeapparates, der Zonula Zinnii, entsteht, wodurch sich wie beim Akkommodationsvorgang die Abplattung der Linse vermindert und die Linse sich infolge ihrer Eigenelastizität der Kugelform nähert. Dadurch erhöht sich aber die Brechkraft, und die Refraktion des Auges ändert sich in Richtung der Myopie.

c) Refraktionsänderung durch Änderung der Linsenform

Am ausgeprägtesten ist diese Myopie durch Linsenluxation bei Jugendlichen, insbesondere bei dem Marfanschen Syndrom, einer Erbkrankheit, bei der der mangelhafte Zug der Zonula die Abplattung der Linse völlig verhindert und die Linse praktisch ihre ursprüngliche embryonale Kugelform erhält (Sphärophakie). Hier sind tatsächlich hohe Myopiegrade ohne sichtliche Bulbusverlängerung zu beobachten, doch tritt nicht selten noch eine Achsenmyopie hinzu.

d) Refraktion bei Änderung der Linsensubstanz

Die Trübung einer Linse, welche zur operativen Entfernung derselben führt, entwickelt sich nur in den seltensten Fällen in kurzer Zeit. Im allgemeinen gehen der Entwicklung einer solchen Trübung Stoffwechselveränderungen der Linse voraus, welche zur Änderung der inneren und äußeren Struktur derselben führen können.

Die Alterung der Linse ist mit einem Verlust an Wasser und an Elastizität verbunden, der Prozeß der Abflachung schreitet nach Verlust der Akkommodationsfähigkeit noch weiter fort. Daher tritt im Alter zu der Presbyopie meist noch eine Zunahme der Hyperopie bzw. Abnahme einer etwaigen Myopie auf. Für den Beginn einer Katarakt sind im Hinblick auf die hierbei entstehenden Refraktionsänderungen besonders zwei Typen interessant: 1. Die Cataracta nuclearis, welche in einer verstärkten Opazität des Kerngebietes besteht. Diese zur Trübung führenden Stoffwechselstörungen bedingen meist auch noch eine Erhöhung des Brechungsindex in dem betreffenden Gebiet, so daß der stark gekrümmte und als starkes Sammelsystem wirkende Linsenkern nun noch stärker sammelnd wirkt, wodurch eine Refraktionsverschiebung in Richtung der Myopie zu beobachten ist. Umgekehrt führt eine mit Erhöhung des Brechungsindex einhergehende Trübung des Linsencortex, wie sie bei der beginnenden Cataracta corticalis auftritt, zu einer Abnahme der Gesamtbrechkraft der Linse, weil die Rindenzone für sich einem zerstreuenden System gleichkommt, welches von einer schwächer gekrümmten Konvexfläche und einer stärker gekrümmten Konkavfläche begrenzt wird. Der Beginn einer Cataracta corticalis geht daher meist mit einer Refraktionsänderung in Richtung der Hyperopie einher.

Stoffwechselstörungen, welche mit einer Änderung des Brechungsindex der Linse einhergehen, kommen insbesondere auch beim *Diabetes mellitus* vor. Nach BIETTI führt eine Hypoglykämie zur Hyperopie, eine Hyperglykämie zur Myopie.

„Sulfonamidmyopie". Hohe Sulfonamidgaben können ebenfalls zu einer vorübergehenden Erhöhung des Brechungsindex der Linse führen. Daher werden im Zusammenhang mit einer derartigen Therapie nicht selten flüchtige Myopien beobachtet.

3. Refraktionsänderungen durch Änderung der Bulbuslänge

a) Die hohe Myopie

Die klinisch bedeutungsvollste Änderung der Bulbuslänge ist eine Krankheit, deren Ursache auch heute trotz umfangreicher Literatur noch nicht hinreichend geklärt ist. Daher wird diese Krankheit ausschließlich nach den von ihr verursachten Refraktionsänderungen benannt: Es handelt sich um die progressive Myopie. Leider gibt es für diese Krankheit keine Therapie, lediglich die von ihr verursachte Refraktionsänderung kann durch zerstreuende Gläser ausgeglichen werden. Die Frage, ob eine solche Myopie voll auskorrigiert werden soll, ist Anschauungssache. Es besteht jedoch kein gesicherter Anhalt dafür, daß eine unvollkommene Korrektur einer Myopie ihr Fortschreiten aufhalten kann, noch umgekehrt dafür, daß eine Vollkorrektur das Fortschreiten begünstigt. Daher wird man die Wahl des Glases den Bedürfnissen des Patienten anpassen und im allgemeinen die optimale Sehschärfe zu erzielen versuchen.

Kenntlich ist die krankhafte Veränderung der Bulbuslänge an den „myopischen Augenhintergrundsveränderungen"; im einfachsten Falle temporaler Conus, bei schwereren Fällen größere Dehnungsherde der Aderhaut, degenerative Erkrankungen der Macula und eine Streckung der Netzhautgefäße. Die gefürchtetste Komplikation ist die Amotio retinae.

b) Achsenhyperopie bei Veränderungen im Bereich des hinteren Pols

Umgekehrt gibt es auch durch Verkürzung der Achsenlänge krankhafte Hyperopien. Diese werden aber allgemein nach den zugrundeliegenden Krankheiten bezeichnet. Hierzu gehören insbesondere entzündliche Prozesse im Bereich der Macula, wie die Retinitis centralis serosa, seröse Amotionen, Tumoren im Bereich der Macula, schließlich auch Orbitatumoren, welche zu einer Vordrängung des hinteren Pols führen können. Sie verschwindet gewöhnlich mit Rückbildung der Grundkrankheit. Die Stärke der so entstandenen Hyperopie läßt gewisse Rückschlüsse auf den Grad der Prominenz der Netzhaut zu: Eine Prominenz von 1 mm führt zu einer Hyperopie von rund 3 dptr.

Bei der Berechnung der Prominenz von Stauungspapillen ist diese Messung jedoch mit sehr großen Fehlern behaftet, weil an der Papille durch die schräge Einfallsrichtung der Strahlenbündel ohnehin schon eine andere Refraktion herrschen kann und zudem das Ergebnis der Messung in starkem Maße von der Linsenzone abhängt, durch welche die Papille beobachtet wird.

c) Der Astigmatismus fundi

ist keine Refraktionsanomalie, die auf einer Änderung der Bulbuslänge beruht. Die Bezeichnung ist jedenfalls irreführend: Man hat darunter wohl ursprünglich den sog. Restastigmatismus verstanden, welcher nach Korrektur des Hornhautastigmatismus häufig noch übrigbleibt. Die Korrektur des Astigmatismus auf der Grundlage der Ophthalmometermessung hat ja zu irreführenden Vorstellungen über das Wesen dieser Messung geführt, denn was tatsächlich mit dem Ophthalmometer gemessen werden kann, ist einzig und allein die Krümmung der Hornhautoberfläche. Die Hornhautbrechkraft kann hieraus nur unter Zugrundelegung gewisser angenommener Konstanten errechnet werden. Bei vorhandener Linse wird ein vorhandener „Restastigmatismus" gewöhnlich der Linse zur Last gelegt. Indessen können auch Dezentrierung der Hornhaut und der Pupille zu Astigmatismus führen, so daß der Astigmatismus der Hornhautoberfläche auch bei Aphakie eine unsichere Grundlage der Refraktionsbestimmung bildet. Weil man sich aber diesen „Restastigmatismus" nicht anders erklären konnte, hat man als Ursache wohl eine astigmatische Krümmung des Fundus vermutet.

Diese kann aber nicht Ursache eines Astigmatismus sein: Astigmatismus ist eine Eigenschaft gebrochener Strahlenbündel und brechender Flächen. Die bildauffangende Fläche, die Retina, kann hingegen nicht daran beteiligt sein, denn der Abstand eines Punktes dieser Fläche ist von den Hauptkrümmungsrichtungen derselben gänzlich unabhängig und in allen Richtungen gleich, d. h. diese Hauptkrümmungsrichtungen treten bei der Messung des Abstandes eines Punktes überhaupt nicht in Erscheinung. Eine unregelmäßige Krümmung des Fundus, auch in Form einer astigmatisch gekrümmten Fläche, kann niemals Ursache eines Astigmatismus sein, wohl aber eine Bildverzerrung verursachen.

Daher sollte die Bezeichnung „Astigmatismus fundi" am besten wohl ganz aus dem ophthalmologischen Sprachgebrauch verschwinden.

Namen- und Sachverzeichnis

MIX
Papier aus verantwortungsvollen Quellen
Paper from responsible sources
FSC® C105338

If you have any concerns about our products,
you can contact us on
ProductSafety@springernature.com

In case Publisher is established outside the EU,
the EU authorized representative is:
Springer Nature Customer Service Center GmbH
Europaplatz 3, 69115 Heidelberg, Germany

Printed by Libri Plureos GmbH
in Hamburg, Germany